4주완성 합격마스터 ─────────

산업안전지도사

1차 필기

3과목 | 기업진단 · 지도

안길웅 편저

도서
출판 **오스틴북스**

안녕하세요, 산업안전지도사 객관식 시험 교재를 선택하신 여러분, 환영합니다.

이 교재는 산업안전지도사 1차 객관식 시험에 대비하여 필요한 핵심 지식과 능력을 습득하는 데 도움을 드리기 위해 편리하게 구성되었습니다. 여러분의 목표는 단순히 시험을 통과하는 것이 아니라 안전 관리와 관련된 핵심 개념을 체득하여 현장에서 실질적인 안전성을 확보하는 것입니다.

이 교재를 통해 여러분은 합격을 위한 필수적인 요소들을 체계적으로 학습하고 준비할 수 있을 것입니다. 산업안전지도사 1차 객관식 시험은 100점 만점 중 60점을 획득해야 합격할 수 있는 시험이며, 이를 위한 공부 방법과 전략을 이 교재에서 찾아보실 수 있습니다.

1. 합격을 위한 최소한의 기준

   산업안전지도사 1차 객관식 시험은 100점 만점 중 60점을 얻어야 합격할 수 있습니다. 따라서 우리의 공부 목표는 60점 이상을 획득하는 것입니다. 이 교재는 그 목표를 달성하기 위한 필수적인 지식과 기술을 제공할 것입니다.

2. 직관적인 학습 방법

   이 교재는 판서지 내용을 표현하면서, 마치 숲과 나무를 관찰하듯이 직관적으로 이해할 수 있도록 시각화하고자 노력했습니다. 여러분은 전체 내용을 한눈에 파악하고 필요한 정보를 쉽게 찾아볼 수 있을 것입니다. 더불어 다양한 예시와 기출 문제를 활용하여 실력을 향상시키는데 도움이 될 것입니다.

3. 한 달의 꾸준한 노력

   마지막으로, 이 교재를 통해 한 달 동안 꾸준히 공부하면 합격점을 달성할 수 있을 것입니다. 한달 동안 꾸준한 노력을 통해 빠르게 성과를 얻을 수 있는 공부를 하게 될 것입니다. 자신의 목표를 분명하게 설정하고, 매일 조금씩 학습하면 어려운 시험도 극복할 수 있을 것입니다.

산업안전지도사의 역할은 근로자의 생명과 안전을 보호하는 중요한 역할입니다. 이 교재를 통해 여러분은 더 나은 작업 환경을 조성하고 안전성을 향상시키는데 일조할 수 있을 것입니다.

산업안전지도사 1차 객관식 시험을 향한 여정을 함께 나아가겠습니다. 모든 학습자분들의 노력을 응원하며, 행운을 빕니다. 여러분들의 산업안전지도사 합격을 기원합니다.

저자 안길웅

▶ ▶ ▶ **차 례**

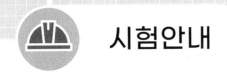

시험안내

1. 시험일정 및 시행지역

가. 시험일정

※ 홈페이지((www.q-net.or.kr/site/indusafe)참조

나. 시행지역

- 1차 시험: 서울, 부산, 대구, 광주, 대전
- 2·3차 시험: 서울에서만 시행
※ 시험장소는 원서접수 시 산업안전지도사 홈페이지에서 확인 가능

2. 응시자격 및 결격사유

가. 응시자격: 없음

- 단, 지도사 시험에서 부정행위를 한 응시자에 대해서는 그 시험을 무효로 하고, 그 처분을 한 날부터 5년간 시험응시자격을 정지함

나. 지도사 등록 결격사유(산업안전보건법 제145조 제3항)

- 다음 각 호의 어느 하나에 해당하는 사람
  1. 피성년후견인 또는 피한정후견인
  2. 파산선고를 받고 복권되지 아니한 사람
  3. 금고 이상의 실형을 선고받고 그 집행이 끝나거나(집행이 끝난 것으로 보는 경우를 포함한다) 집행이 면제된 날부터 2년이 지나지 아니한 사람
  4. 금고 이상의 형의 집행유예를 선고받고 그 유예기간 중에 있는 사람
  5. 산업안전보건법을 위반하여 벌금형을 선고받고 1년이 지나지 아니한 사람
  6. 산업안전보건법 제154조에 따라 등록이 취소된 후 2년이 지나지 아니한 사람

3. 응시원서 접수방법

- Q-Net 산업안전지도사 자격시험 홈페이지를 통한 인터넷 접수만 가능

4. 시험과목 및 시험방법

구 분	시 험 과 목	문항수	시험시간	시 험 방 법
1차 시험 (3과목)	① 공통필수 I (산업안전보건법령) ② 공통필수 II (산업안전일반) ③ 공통필수 III (기업진단·지도)	과목 당 25문항 (총 75문항)	90분	객 관 식 (5지 택일형)
2차 시험 (전공필수 – 택1)	① 기계안전공학 ② 전기안전공학 ③ 화공안전공학 ④ 건설안전공학	-단답형 5문항 -논술형 4문항 (3문항 작성, 필수2/택1)	100분	단답형 및 논술형
3차 시험	면접시험: 전문지식과 응용능력, 산업안전·보건제도에 대한 이해 및 인식 정도, 지도·상담 능력 등	1인당 20분 내외	면 접	

※ 시험관련 법률 등을 적용하여 정답을 구하여야 하는 문제는 "시험시행일" 현재 시행중인 법률 등을 적용하여야 함

5. 합격기준(산업안전보건법 시행령 제105조)

구분	합격결정기준
1,2차 시험	매 과목 100점을 만점으로 하여 매 과목 40점 이상, 전 과목 평균 60점 이상 득점한 자
3차 시험	10점 만점에 6점 이상 득점한 자

6. 1차시험 출제기준(산업안전보건법 시행령 별표32)

과목명	주요항목	세부항목
산업안전 보건법령	1. 산업안전보건법	1. 총칙 등에 관한 사항 2. 안전·보건관리체제 등에 관한 사항
	2. 산업안전보건법 시행령	3. 안전보건관리규정에 관한 사항 4. 유해·위험 예방조치에 관한 사항(산업안전보건기준에 관한 규칙 포함)
	3. 산업안전보건법 시행규칙	5. 근로자의 보건관리에 관한 사항 6. 감독과 명령에 관한 사항
	4. 산업안전보건기준에 관한 규칙	7. 산업안전지도사 및 산업위생지도사에 관한 사항 8. 보칙 및 벌칙에 관한 사항

시험안내

과목명	주요항목	세부항목
산업안전일반	1. 산업안전교육론	1. 교육의 필요성과 목적 2. 안전·보건교육의 개념 3. 학습이론 4. 근로자 정기안전교육 등의 교육내용 5. 안전교육방법(TWI, OJT, OFF.J.T 등) 및 교육평가 6. 교육실시방법(강의법, 토의법, 실연법, 시청각교육법등)
	2. 안전관리 및 손실방지론	1. 안전과 위험의 개념 2. 안전관리 제이론 3. 안전관리의 조직 4. 안전관리 수립 및 운용 5. 위험성평가 활동 등 안전활동 기법
	3. 신뢰성공학	1. 신뢰성의 개념 2. 신뢰성 척도와 계산 3. 보전성과 유용성 3. 신뢰성 시험과 추정 4. 시스템의 신뢰도
	4. 시스템안전공학	1. 시스템 위험분석 및 관리 2. 시스템 위험분석기법(PHA, FHA, FMEA, ETA, CA 등) 3. 결함수분석 및 정성적, 정량적 분석 4. 안전성평가의 개요 5. 신뢰도 계산 6. 위해위험방지계획
	5. 인간공학	1. 인간공학의 정의 2. 인간-기계체계 3. 체계설계와 인간요소 4. 정보입력표시(시각적, 청각적, 촉각, 후각 등의 표시장치) 5. 인간요소와 휴먼에러 6. 인간계측 및 작업공간 7. 작업환경의 조건 및 작업환경과 인간공학 8. 근골격계 부담 작업의 평가
	6. 산업재해 조사 및 원인분석	1. 재해조사의 목적 2. 재해의 원인분석 및 조사기법 3. 재해사례 분석절차 4. 산재분류 및 통계분석 5. 안전점검 및 진단

과목명	주요항목	세부항목
기업진단 · 지도	1. 경영학(인적자원관리, 조직관리, 생산관리)	1. 인적자원관리의 개념 및 관리방안에 관한 사항 2. 노사관계관리에 관한 사항 3. 조직관리의 개념에 관한 사항 4. 조직행동론에 관한 사항 5. 생산관리의 개념에 관한 사항 6. 생산시스템의 설계, 운영에 관한 사항 7. 생산관리 최신이론에 관한 사항
	2. 산업심리학	1. 산업심리 개념 및 요소 2. 직무수행과 평가 3. 직무태도 및 동기 4. 작업집단의 특성 5. 산업재해와 행동 특성 6. 인간의 특성과 직무환경 7. 직무환경과 건강 8. 인간의 특성과 인간관계
	3. 산업위생개론	1. 산업위생의 개념 2. 작업환경노출기준 개념 3. 작업환경 측정 및 평가 4. 산업환기 5. 건강검진과 근로자건강관리 6. 유해인자의 인체영향

◻ 7. 1차 시험 통계자료

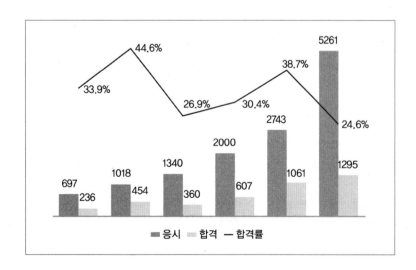

4주완성 합격마스터

산업안전지도사 1차 필기

3과목 기업진단 · 지도

제 1 장

인사관리

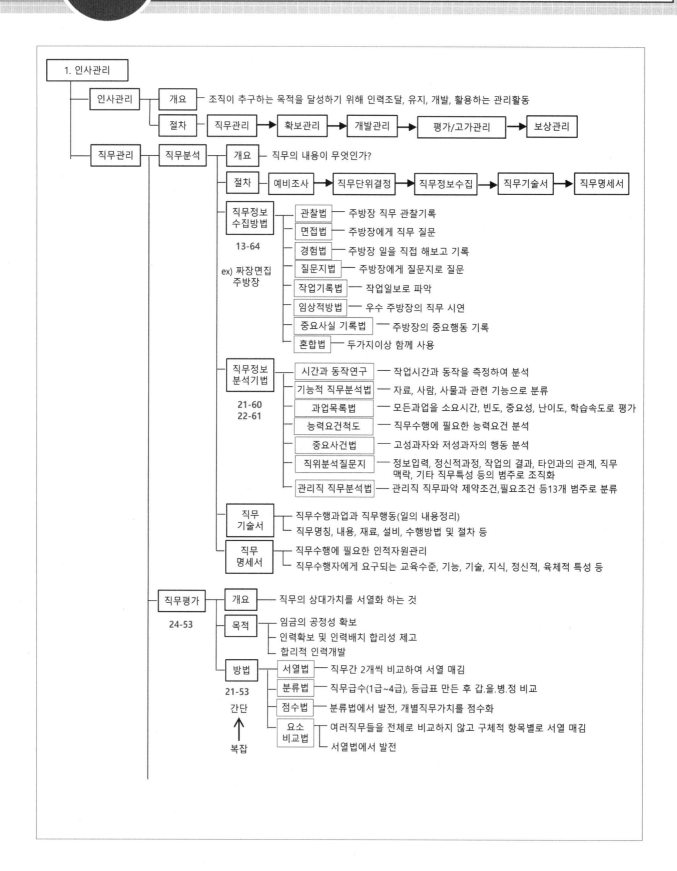

1. 인사관리

인사관리 ─ 개요 ─ 조직이 추구하는 목적을 달성하기 위해 인력조달, 유지, 개발, 활용하는 관리활동

절차 ─ 직무관리 → 확보관리 → 개발관리 → 평가/고가관리 → 보상관리

직무관리 ─ 직무분석 ─ 개요 ─ 직무의 내용이 무엇인가?

절차 ─ 예비조사 → 직무단위결정 → 직무정보수집 → 직무기술서 → 직무명세서

직무정보 수집방법
13-64
ex) 짜장면집 주방장
- 관찰법 ─ 주방장 직무 관찰기록
- 면접법 ─ 주방장에게 직무 질문
- 경험법 ─ 주방장 일을 직접 해보고 기록
- 질문지법 ─ 주방장에게 질문지로 질문
- 작업기록법 ─ 작업일보로 파악
- 임상적방법 ─ 우수 주방장의 직무 시연
- 중요사실 기록법 ─ 주방장의 중요행동 기록
- 혼합법 ─ 두가지이상 함께 사용

직무정보 분석기법
21-60
22-61
- 시간과 동작연구 ─ 작업시간과 동작을 측정하여 분석
- 기능적 직무분석법 ─ 자료, 사람, 사물과 관련 기능으로 분류
- 과업목록법 ─ 모든과업을 소요시간, 빈도, 중요성, 난이도, 학습속도로 평가
- 능력요건척도 ─ 직무수행에 필요한 능력요건 분석
- 중요사건법 ─ 고성과자와 저성과자의 행동 분석
- 직위분석질문지 ─ 정보입력, 정신적과정, 작업의 결과, 타인과의 관계, 직무 맥락, 기타 직무특성 등의 범주로 조직화
- 관리직 직무분석법 ─ 관리직 직무파악 제약조건,필요조건 등13개 범주로 분류

직무 기술서
- 직무수행과업과 직무행동(일의 내용정리)
- 직무명칭, 내용, 재료, 설비, 수행방법 및 절차 등

직무 명세서
- 직무수행에 필요한 인적자원관리
- 직무수행자에게 요구되는 교육수준, 기능, 기술, 지식, 정신적, 육체적 특성 등

직무평가
24-53
- 개요 ─ 직무의 상대가치를 서열화 하는 것
- 목적 ─ 임금의 공정성 확보 / 인력확보 및 인력배치 합리성 제고 / 합리적 인력개발
- 방법
21-53
간단 ↑ 복잡
  - 서열법 ─ 직무간 2개씩 비교하여 서열 매김
  - 분류법 ─ 직무급수(1급~4급), 등급표 만든 후 갑.을.병.정 비교
  - 점수법 ─ 분류법에서 발전, 개별직무가치를 점수화
  - 요소 비교법 ─ 여러직무들을 전체로 비교하지 않고 구체적 항목별로 서열 매김 / 서열법에서 발전

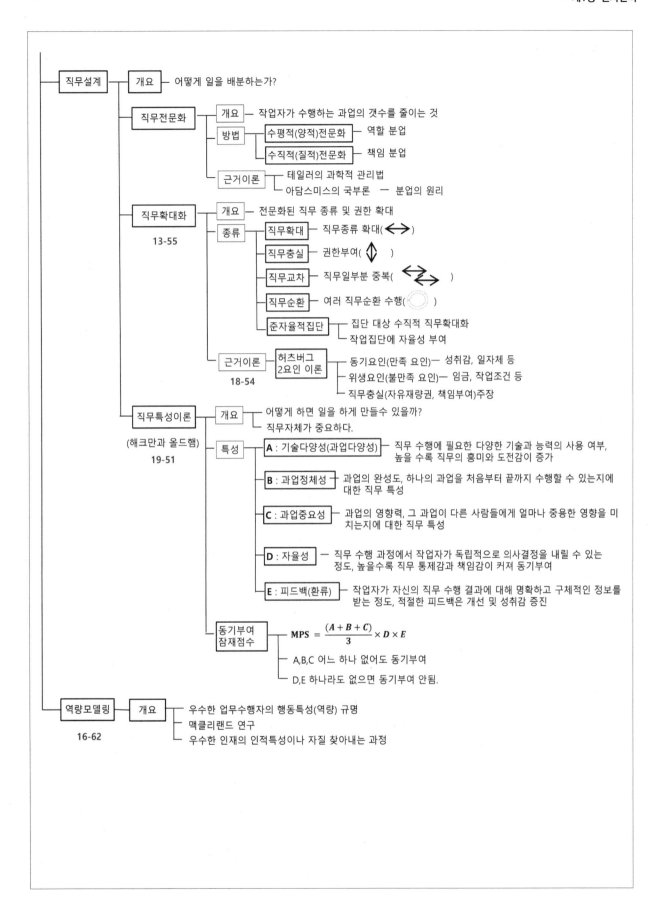

직무설계 ─ 개요 ─ 어떻게 일을 배분하는가?

직무전문화 ─ 개요 ─ 작업자가 수행하는 과업의 갯수를 줄이는 것
　　　　　─ 방법 ─ 수평적(양적)전문화 ─ 역할 분업
　　　　　　　　 ─ 수직적(질적)전문화 ─ 책임 분업
　　　　　─ 근거이론 ─ 테일러의 과학적 관리법
　　　　　　　　　　 ─ 아담스미스의 국부론 ─ 분업의 원리

직무확대화 ─ 개요 ─ 전문화된 직무 종류 및 권한 확대
13-55　　 ─ 종류 ─ 직무확대 ─ 직무종류 확대(↔)
　　　　　　　　 ─ 직무충실 ─ 권한부여(↕)
　　　　　　　　 ─ 직무교차 ─ 직무일부분 중복(↔)
　　　　　　　　 ─ 직무순환 ─ 여러 직무순환 수행(○)
　　　　　　　　 ─ 준자율적집단 ─ 집단 대상 수직적 직무확대화
　　　　　　　　　　　　　　　 ─ 작업집단에 자율성 부여
　　　　　─ 근거이론 ─ 허츠버그 2요인 이론 ─ 동기요인(만족 요인) ─ 성취감, 일자체 등
　　　　　　18-54　　　　　　　　　　　 ─ 위생요인(불만족 요인) ─ 임금, 작업조건 등
　　　　　　　　　　　　　　　　　　　 ─ 직무충실(자유재량권, 책임부여)주장

직무특성이론 ─ 개요 ─ 어떻게 하면 일을 하게 만들수 있을까?
(해크만과 올드햄)　　 ─ 직무자체가 중요하다.
19-51
　　　　　─ 특성 ─ A : 기술다양성(과업다양성) ─ 직무 수행에 필요한 다양한 기술과 능력의 사용 여부, 높을 수록 직무의 흥미와 도전감이 증가
　　　　　　　 ─ B : 과업정체성 ─ 과업의 완성도, 하나의 과업을 처음부터 끝까지 수행할 수 있는지에 대한 직무 특성
　　　　　　　 ─ C : 과업중요성 ─ 과업의 영향력, 그 과업이 다른 사람들에게 얼마나 중용한 영향을 미치는지에 대한 직무 특성
　　　　　　　 ─ D : 자율성 ─ 직무 수행 과정에서 작업자가 독립적으로 의사결정을 내릴 수 있는 정도, 높을수록 직무 통제감과 책임감이 커져 동기부여
　　　　　　　 ─ E : 피드백(환류) ─ 작업자가 자신의 직무 수행 결과에 대해 명확하고 구체적인 정보를 받는 정도, 적절한 피드백은 개선 및 성취감 증진
　　　　　─ 동기부여 잠재점수 ─ $MPS = \dfrac{(A+B+C)}{3} \times D \times E$
　　　　　　　　　　　　　 ─ A,B,C 어느 하나 없어도 동기부여
　　　　　　　　　　　　　 ─ D,E 하나라도 없으면 동기부여 안됨.

역량모델링 ─ 개요 ─ 우수한 업무수행자의 행동특성(역량) 규명
16-62　　　　　　 ─ 맥클리랜드 연구
　　　　　　　　 ─ 우수한 인재의 인적특성이나 자질 찾아내는 과정

▌예제 문제

55 직무와 관련된 설명으로 옳은 것은?

① 직무충실화는 허즈버그(F.Herzberg)가 2요인 이론을 직무에 구체적으로 적용하기 위하여 제창한 것이다.

② 직무분석에는 서열법, 분류법, 점수법, 요소비교법 등의 방법들이 활용된다.

③ 직무기술서에는 직무수행에 요구되는 기능, 지식, 육체적 능력과 교육수준이 기술되어 있다.

④ 직무명세서에는 직무가치와 직무확대에 대한 구체적인 지침이 제시되어 있다.

⑤ 직무평가의 1차적 목적은 직무기술서나 직무명세서를 작성하는 것이며, 2차적으로는 조직, 인사관리를 위한 자료를 제공하는 것이다.

54 허즈버그(F. Herzberg)가 제시한 2요인 이론(two factor theory)에서 동기부여요인(motivators)에 포함되지 않는 것은?

① 성취(achievement)　　② 임금(wage)
③ 책임(responsibility)　　④ 성장(growth)
⑤ 인정(recognition)

▋정답 및 해설

▶ 2013년 55번
■ 직무분석
① 허츠버그는 직무확대와 직무충실을 주장했다.
② 직무분석에는 관찰법, 면접법, 질문지법, 경험법, 작업기록법, 중요사실기록법, 임상적 방법 등이 있다.
③ 교육수준은 인적요건으로 직무명세서이다.
④ 직무명세서에는 인적특성이 제시되어 있다.
⑤ 직무평가의 목적은 임금의 공정성 확보, 인력확보 및 인력배치의 합리성 제고 등이다.

🔍답 ①

▶ 2018년 54번
■ 허츠버그의 2요인이론
허츠버그의 2요인 이론(Two-Factor Theory)은 직무 만족과 불만족을 설명하는 심리학적 이론으로, 프레더릭 허츠버그(Frederick Herzberg)가 1959년에 제안했다. 이 이론은 동기부여와 직무 태도에 대한 연구에서 도출되었으며, 직무 만족에 영향을 미치는 요인을 두 가지로 나눈다.
1. 동기 요인(Motivators) : 직무 만족을 높이는 요인들로, 개인의 내적 성취감이나 성장과 관련된 요소들이다. 동기 요인이 충족되면 직무 만족도가 증가하며, 이 요인은 '직무 만족에 기여하는 요인'이라고도 불린다.
   요인 - 성취감, 인정(인정받는 것), 직무 자체의 흥미와 도전, 책임감, 개인적 발전 기회
2. 위생 요인(Hygiene Factors) : 직무 불만족을 예방하는 요인들로, 외부적인 근무 환경과 관련된 요소들이다. 이 요인들이 충분히 충족되지 않으면 불만족을 야기하지만, 그렇다고 해서 이 요인들이 충족된다고 직무 만족도가 크게 증가하지는 않는다.
   요인 - 급여, 근무 조건, 회사 정책 및 행정, 대인 관계(동료, 상사), 직업 안정성

② 허츠버그의 요인이론의 임금은 동기부여요인이 아니다.

🔍답 ②

2013년

64 직무분석에 대한 설명으로 옳지 않은 것은?

① 특정직무에 대한 훈련 프로그램을 개발하기 위해서는 직무의 속성과 요구하는 기술을 알아야 한다.

② 효과적인 수행을 하기 위한 직무나 작업장을 설계하는데 도움을 준다.

③ 작업시 시간과 노력의 낭비를 제거할 수 있고 안전 저해요소나 위험요소를 발견 할 수 있다.

④ 특정직무에 대한 직무분석을 하는 기법으로 면접법, 질문지법, 관찰법, 행동기법, 중대사건기법, 투사기법 등이 있다.

⑤ 과업수행에 사용되는 도구, 기구, 수행목적, 요구되는 교육훈련, 임금수준 및 안전저해요소 등에 대한 정보가 포함되어 있다.

2015년

53 인적자원관리에서 이루어지는 기능 또는 활동에 관한 설명으로 옳은 것은?

① 직접보상은 유급휴가, 연금, 보험, 학자금지원 등이 있다.

② 직무평가는 구성원들의 목표치와 실적을 비교하여 기여도를 판단하는 활동이다.

③ 현장직무교육은 직무순환제, 도제제도, 멘토링 등이 있다.

④ 직무분석은 장래의 인적자원 수요를 파악하여 인력의 확보와 배치, 활용을 위한 계획을 수립하는 것이다.

⑤ 직무기술서의 작성은 직무를 성공적으로 수행하는데 필요한 작업자의 지식과 특성, 능력 등을 문서로 만드는 것이다.

▶ **2013년 64번**

■ 직무분석

직무분석(Job Analysis)은 조직에서 특정 직무의 본질을 이해하고 그에 필요한 지식, 기술, 능력, 직무 조건 등을 체계적으로 조사하고 분석하는 과정이다. 이를 통해 해당 직무를 수행하는 데 필요한 요건과 그 직무가 조직 내에서 어떻게 기능하는지를 파악할 수 있다. 직무분석은 인사관리, 채용, 성과 평가, 보상, 교육 훈련, 직무 설계 등 다양한 인적 자원 관리 활동에 중요한 기초 자료를 제공한다.

직무분석의 주요 방법

1) 관찰법: 분석 대상 직무를 실제로 수행하는 직원을 관찰하여 직무의 특성과 수행 과정을 기록하는 방법. 주로 반복적인 직무에 사용된다.

2) 면접법: 직무 수행자 또는 상급자와 면담을 통해 직무의 세부 사항과 요구되는 능력을 파악하는 방법. 복잡하거나 전문적인 직무에 유용하다.

3) 설문조사법: 직무 관련 항목에 대한 질문지를 통해 다수의 직무 수행자로부터 직무 특성을 수집하는 방법. 광범위한 직무 정보를 수집할 때 유리하다.

4) 작업 일지법: 직무 수행자가 자신의 일일 작업 활동을 기록하여 직무 분석에 필요한 데이터를 제공하는 방법. 장기간의 직무 활동을 이해하는 데 효과적이다.

5) 중요 사건 기법(Critical Incident Technique): 직무 수행 중 발생한 중요한 사건을 중심으로 직무의 핵심 요소와 직무 수행에 필요한 능력을 분석하는 방법.

④ 투사기법은 산업심리 성격검사 방법이다.   답 ④

▶ **2015년 53번**

■ 인적자원관리

인적자원관리(Human Resource Management, HRM)에서 이루어지는 주요 기능 및 활동은 조직의 인적 자원을 효과적으로 관리하고 활용하는 것을 목표로 한다. 이를 통해 조직의 목표를 달성하고, 직원의 만족도와 성과를 높이는 것이 HRM의 핵심 역할이다.

1. 인력 계획(Human Resource Planning)
2. 채용 및 선발(Recruitment and Selection)
3. 교육 및 개발(Training and Development)
4. 성과 관리(Performance Management)
5. 보상 관리(Compensation and Benefits)
6. 직무 설계(Job Design)
7. 인재 유지(Retention)
8. 노사 관계 관리(Labor Relations)
9. 직원 건강 및 안전 관리(Employee Health and Safety)
10. 다양성 관리(Diversity Management)
11. 경력 관리(Career Management)

① 직접보상은 금전적인 보상으로 적절한 임금관리를 말한다.
② 직무평가는 직무들간의 우선순위(경중)을 가르는 활동이다.
③ 도제교육(Apprenticeship)은 장기간에 걸쳐 체계적으로 학교와 기업현장 등을 오가며 직무역량을 기르는 직업교육 방식
④ 직무분석은 일련의 과정을 거쳐 직무기술서와 직무명세서를 작성하기 위함이다.
⑤ 작업자의 지식과 특성, 능력은 직무명세서의 요건이다.   답 ③

68 직무분석을 위한 정보를 수집하는 방법의 장점과 한계에 관한 설명으로 옳은 것을 모두 고른 것은?

> ㄱ. 관찰의 장점은 동일한 직무를 수행하는 재직자 간의 차이를 보여준다는 것이다.
> ㄴ. 면접의 장점은 직무에 대해 다양한 관점을 얻는다는 것이다.
> ㄷ. 질문지의 장점은 직무에 대해 매우 세부적인 내용을 얻을 수 있다는 것이다.
> ㄹ. 질문지의 한계는 직무가 수행되는 상황을 무시한다는 것이다.
> ㅁ. 직접수행의 한계는 분석가에게 폭넓은 훈련이 필요하다는 것이다.

① ㄱ, ㄷ, ㄹ   ② ㄴ, ㄷ, ㄹ

③ ㄴ, ㄷ, ㅁ   ④ ㄴ, ㄹ, ㅁ

⑤ ㄷ, ㄹ, ㅁ

62 조직내 종업원들에게 요구되는 바람직한 특성이나 성공적인 수행을 예측해주는 '인적 특성이나 자질'을 찾아내는 과정은?

① 작업자 지향 절차   ② 기능적 직무분석

③ 역량모델링   ④ 과업 지향적 절차

⑤ 연관분석

53 직무분석과 직무평가에 관한 설명으로 옳지 않은 것은?

① 직무분석은 인력확보와 인력개발을 위해 필요하다.
② 직무분석은 교육훈련 내용과 안전사고 예방에 관한 정보를 제공한다.
③ 직무명세서는 직무수행자가 갖추어야 할 자격요건인 인적특성을 파악하기 위한 것이다.
④ 직무평가 요소비교법은 평가대상 개별직무의 가치를 점수화하여 평가하는 기법이다.
⑤ 직무평가는 조직의 목표달성에 더 많이 공헌하는 직무를 다른 직무에 비해 더 가치가 있다고 본다.

▶ 2015년 68번

■ 직무정보 수집방법
ㄱ. 관찰법의 주요 목적이 재직자 간의 차이를 보여주는 것이 아니라, 관찰법은 주로 직무 자체를 이해하고 그 과정에서 수행되는 활동을 관찰하여 직무의 특성을 파악하는 데 목적이 있다. 이 방법은 직무가 어떻게 수행되는지, 직무의 세부 작업이 무엇인지 등을 파악하는 데 유리하다.
ㄷ. 질문지는 주로 많은 사람들에게 쉽게 배포할 수 있는 장점이 있지만, 직무에 대해 매우 세부적인 정보를 얻기에는 한계가 있다.

🔍답 ④

▶ 2016년 62번

■ 직무 역량 모델링
직무 역량 모델링(Job Competency Modeling)은 특정 직무를 성공적으로 수행하기 위해 필요한 지식, 기술, 능력, 행동 등을 체계적으로 정의하고, 이를 기준으로 직무에 적합한 인재를 선발, 평가, 개발하기 위한 도구이다. 직무 역량 모델은 조직이 목표를 달성하기 위해 필요한 핵심 역량을 식별하고, 그 역량을 기반으로 인적 자원 관리의 다양한 영역에서 활용된다.

🔍답 ③

▶ 2021년 53번

■ 직무평가와 직무분석
직무평가(Job Evaluation)는 조직 내 직무들의 상대적 가치를 체계적으로 평가하여, 직무 간의 서열을 정하고 보상 체계를 설정하는 과정이다. 즉, 각 직무가 조직에 얼마나 중요한 역할을 하는지를 분석하고, 그 중요도에 따라 직무의 급여 수준, 보상, 승진 기회를 결정하는 데 활용된다. 직무평가는 공정하고 일관된 보상 체계를 마련하는 데 핵심적인 역할을 한다.
직무평가 방법
1. 서열법 (Ranking Method) – 조직 내 모든 직무를 상대적 중요도에 따라 서열을 매기는 방법으로 소규모 조직 또는 직무가 단순한 경우
2. 분류법 (Job Classification Method) – 직무를 여러 등급(클래스)으로 분류하여, 각 등급에 적합한 직무를 분류하는 방법으로 정부 기관이나 대기업 등에서 널리 사용.
3. 요소 비교법 (Factor Comparison Method) – 직무를 여러 평가 요소(예: 책임, 기술, 노력, 작업 환경 등)로 나누어 각 요소별로 직무의 중요도를 비교하고 평가하는 방법으로 각 요소에 대해 상대적인 가치를 정하고, 이를 통해 직무 간 비교를 한다. 복잡한 직무나 조직 내 다양한 직무를 평가할 때 사용.
4. 점수법 (Point Method) – 직무의 각 요소(예: 기술, 책임, 노력, 근무 환경 등)를 기준으로 점수를 부여하고, 각 직무에 할당된 점수를 합산하여 직무의 총 점수를 산출하는 방법으로 점수가 높을수록 직무의 가치가 크다고 평가된다. 많은 직무를 평가해야 하는 중대형 조직에서 널리 사용

④ 평가대상인 개별직무의 가치를 점수화하여 표시하는 기법은 점수법이다.

🔍답 ④

60 2021년
직무분석을 위해 사용되는 방법들 중 정보입력, 정신적 과정, 작업의 결과, 타인과의 관계, 직무맥락, 기타 직무특성 등의 범주로 조직화되어 있는 것은?

① 과업질문지(Task Inventory: TI)
② 기능적 직무분석(Functional Job Analysis: FJA)
③ 직위분석질문지(Position Analysis Questionnaire: PAQ)
④ 직무요소질문지(Job Components Inventory: JCI)
⑤ 직무분석 시스템(Job Analysis System: JAS)

61 2022년
직무분석에 관한 설명으로 옳지 않은 것은?

① 직무분석가는 여러 직무 간의 관계에 관하여 정확한 정보를 주는 정보 제공자 이다.
② 작업자 중심 직무분석은 직무를 성공적으로 수행하는데 요구되는 인적 속성들을 조사함으로써 직무를 파악하는 접근 방법이다.
③ 작업자 중심 직무분석에서 인적 속성은 지식, 기술, 능력, 기타 특성 등으로 분류할 수 있다.
④ 과업 중심 직무분석 방법의 대표적인 예는 직위분석질문지(Position Analysis Questionnaire)이다.
⑤ 직무분석의 정보 수집 방법 중 설문조사는 효율적이며 비용이 적게 드는 장점이 있다.

64 2019년
직무분석에 관한 설명으로 옳은 것을 모두 고른 것은?

> ㄱ. 직무분석 접근 방법은 크게 과업중심(task-oriented)과 작업자중심(worker-oriented)으로 분류할 수 있다.
> ㄴ. 기업에서 필요로 하는 업무의 특성과 근로자의 자질을 파악할 수 있다.
> ㄷ. 해당 직무를 수행하는 근로자들에게 필요한 교육훈련을 계획하고 실시할 수 있다.
> ㄹ. 근로자에게 유용하고 공정한 수행 평가를 실시하기 위한 준거(criterion)를 획득할 수 있다.

① ㄱ, ㄴ   ② ㄴ, ㄷ
③ ㄴ, ㄹ   ④ ㄱ, ㄷ, ㄹ
⑤ ㄱ, ㄴ, ㄷ, ㄹ

▶ 2021년 60번　■ 직무분석질문지

직위분석질문지(Position Analysis Questionnaire, PAQ)는 직무 분석을 위한 도구 중 하나로, 특정 직위나 직무에 대해 체계적으로 분석할 수 있는 구조화된 질문지를 제공한다. PAQ는 다양한 직무에서 공통적으로 나타나는 작업 활동을 분석하고, 이를 기반으로 직무의 특성을 파악하는 데 사용된다. 주로 직무의 행동적 요소에 초점을 맞추며, 직무 수행에 필요한 지식, 기술, 능력 등을 평가하는 데 유용한 도구이다.

PAQ의 구성

1. 정보 입력(Information Input) – 직무 수행 시 어떤 정보가 입력되고, 그 정보가 어떻게 수집되며, 어떤 감각을 사용해 정보를 얻는지에 대한 질문
2. 정신적 과정(Mental Processes) – 직무 수행자가 정보나 문제를 어떻게 처리하고, 어떤 종류의 판단, 추론, 계획이 요구되는지를 평가하는 부분
3. 작업 산출(Work Output) – 직무에서 생산하거나 제공해야 하는 산출물, 도구 및 장비 사용 여부를 평가
4. 대인 관계(Interpersonal Relationships) – 직무 수행 시 다른 사람들과의 상호작용이 얼마나 중요한지를 평가
5. 직무 환경(Job Context) – 직무 수행이 이루어지는 물리적, 사회적 환경을 평가하는 항목
6. 기타 직무 특성(Other Job Characteristics) – 시간 관리, 독립성, 직무의 반복성 등과 같은 추가적인 직무 특성들을 다룬다.

정답 ③

▶ 2022년 61번　■ 직무정보 분석기법

과업 중심 직무분석(Task-Oriented Job Analysis): 이 방법은 직무를 구체적으로 어떤 과업(task)이 수행되는지에 중점을 두고 분석한다. 즉, 직무 수행자가 일상적으로 수행하는 작업, 절차, 순서 등을 세부적으로 분석하여 직무의 기술적이고 물리적인 측면을 파악하는 데 초점을 맞춘다.

④ 직위분석질문지(Position Analysis Questionnaire, PAQ)는 과업 중심 직무분석이 아니라, 직무 수행에 필요한 일반적인 행동적 요소나 특성에 중점을 두는 방식이다.

정답 ④

▶ 2019년 64번　■ 직무분석 접근방법

1. 과업 중심 접근(Task-Oriented Approach) – 과업 중심 접근 방법은 직무에서 수행되는 구체적인 작업, 과업(task), 절차 등에 중점을 둔다. 직무가 어떤 활동들로 구성되어 있는지, 그 활동이 어떤 방식으로 이루어지는지를 분석하는 방식이다. 직무 자체의 내용, 즉 무엇을 수행하는지, 작업의 목표와 절차는 무엇인지에 집중한다. 직무의 구체적인 작업 내용에 집중하므로, 작업 흐름 개선 및 효율성 향상에 기여할 수 있으나 직무 수행자의 개인적 능력이나 특성을 고려하지 않고, 변화하는 직무 환경에 적응하는 유연성이 부족할 수 있다.
2. 행동 중심 접근(Worker-Oriented Approach) – 행동 중심 접근 방법은 직무를 수행하는 데 필요한 행동적 특성이나 요구 사항을 분석한다. 즉, 직무 수행자가 어떤 능력, 기술, 지식, 행동을 보여야 하는지에 중점을 둔다. 직무 수행자의 개인적 특성이나 행동을 중시하여, 변화하는 직무 환경에서도 유연하게 적용할 수 있으나, 직무 자체의 구체적인 작업 내용보다는 사람의 특성에 초점을 맞추기 때문에, 직무 재설계나 작업 흐름 개선에는 덜 유리할 수 있다.
3. 혼합 접근법 (Hybrid Approach) – 과업 중심 접근과 행동 중심 접근을 모두 통합한 방식으로, 직무에서 수행되는 과업과 직무 수행에 필요한 행동적 요구 사항을 동시에 분석

정답 ⑤

51 **직무관리에 관한 설명으로 옳지 않은 것은?**

① 직무분석이란 직무의 내용을 체계적으로 분석하여 인사관리에 필요한 직무정보를 제공하는 과정이다.

② 직무설계는 직무 담당자의 업무 동기 및 생산성 향상 등을 목표로 한다.

③ 직무충실화는 작업자의 권한과 책임을 확대하는 직무설계방법이다.

④ 핵심직무특성 중 과업중요성은 직무담당자가 다양한 기술과 지식 등을 활용하도록 직무설계를 해야 한다는 것을 말한다.

⑤ 직무평가는 직무의 상대적 가치를 평가하는 활동이며, 직무평가 결과는 직무급의 산정에 활용된다.

53 **직무평가에 관한 설명으로 옳은 것을 모두 고른 것은?**

> ㄱ. 직무평가 대상은 직무 자체임
> ㄴ. 다른 직무들과의 상대적 가치를 평가
> ㄷ. 직무수행자를 평가
> ㄹ. 종업원의 기업목표달성 공헌도 평가
> ㅁ. 직무의 중요성, 난이도, 위험도의 반영

① ㄱ, ㄷ   ② ㄱ, ㄴ, ㄹ

③ ㄱ, ㄴ, ㅁ   ④ ㄷ, ㄹ, ㅁ

⑤ ㄴ, ㄷ, ㄹ, ㅁ

▶ 2019년 51번 ▪ 직무특성이론

④ 과업 중요성(Task Significance)은 직무 담당자가 다양한 기술과 지식을 활용하는 것과는 관련이 없다. 과업 중요성은 직무가 조직 내 또는 외부에서 다른 사람들에게 얼마나 중요한 영향을 미치는지를 의미하는 개념이다. 예를 들어, 병원에서 일하는 의료진의 직무는 환자의 건강과 생명에 중요한 영향을 미치기 때문에 과업 중요성이 매우 크다.

직무 담당자가 다양한 기술과 지식을 활용하도록 직무 설계를 해야 한다는 내용은 기술 다양성(Skill Variety)과 더 관련이 있다. 기술 다양성은 직무 수행자가 여러 가지 다른 기술, 지식, 능력을 사용하여 다양한 과업을 수행할 수 있는지를 설명하는 특성이다. ＠답 ④

▶ 2024년 53번 ▪ 직무평가

1. 직무평가 대상은 직무 자체이며, 다른 직무들과의 상대적 가치를 평가하여 서열화 하는 것이다.
2. 평가요소는 기술숙련(난이도), 직무에 요구되는 노력, 직무중요성, 작업 위험도를 반영한다.
3. 직무수행자를 평가하는 것은 직무분석이다.
4. 종업원의 기업목표달성 공헌도 평가는 인사평가에 해당한다. ＠답 ③

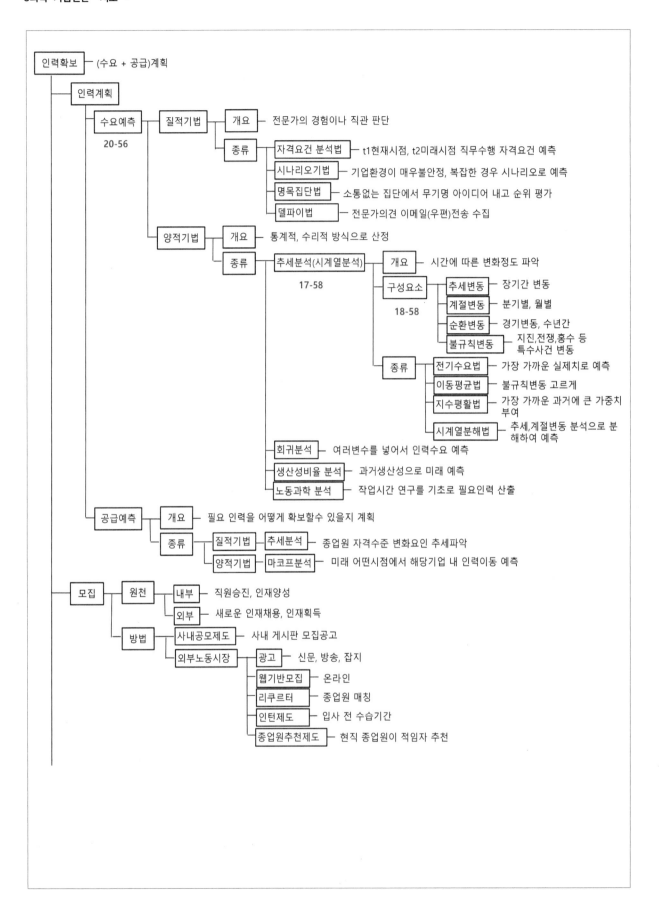

인력확보 ─ (수요 + 공급)계획

인력계획

수요예측 ─ 질적기법 ─ 개요 ─ 전문가의 경험이나 직관 판단
20-56

종류 ─ 자격요건 분석법 ─ t1현재시점, t2미래시점 직무수행 자격요건 예측

시나리오기법 ─ 기업환경이 매우불안정, 복잡한 경우 시나리오로 예측

명목집단법 ─ 소통없는 집단에서 무기명 아이디어 내고 순위 평가

델파이법 ─ 전문가의견 이메일(우편)전송 수집

양적기법 ─ 개요 ─ 통계적, 수리적 방식으로 산정

종류 ─ 추세분석(시계열분석) ─ 개요 ─ 시간에 따른 변화정도 파악
17-58

구성요소 ─ 추세변동 ─ 장기간 변동
18-58
계절변동 ─ 분기별, 월별

순환변동 ─ 경기변동, 수년간

불규칙변동 ─ 지진,전쟁,홍수 등 특수사건 변동

종류 ─ 전기수요법 ─ 가장 가까운 실제치로 예측

이동평균법 ─ 불규칙변동 고르게

지수평활법 ─ 가장 가까운 과거에 큰 가중치 부여

시계열분해법 ─ 추세,계절변동 분석으로 분해하여 예측

회귀분석 ─ 여러변수를 넣어서 인력수요 예측

생산성비율 분석 ─ 과거생산성으로 미래 예측

노동과학 분석 ─ 작업시간 연구를 기초로 필요인력 산출

공급예측 ─ 개요 ─ 필요 인력을 어떻게 확보할수 있을지 계획

종류 ─ 질적기법 ─ 추세분석 ─ 종업원 자격수준 변화요인 추세파악

양적기법 ─ 마코프분석 ─ 미래 어떤시점에서 해당기업 내 인력이동 예측

모집 ─ 원천 ─ 내부 ─ 직원승진, 인재양성

외부 ─ 새로운 인재채용, 인재획득

방법 ─ 사내공모제도 ─ 사내 게시판 모집공고

외부노동시장 ─ 광고 ─ 신문, 방송, 잡지

웹기반모집 ─ 온라인

리쿠르터 ─ 종업원 매칭

인턴제도 ─ 입사 전 수습기간

종업원추천제도 ─ 현직 종업원이 적임자 추천

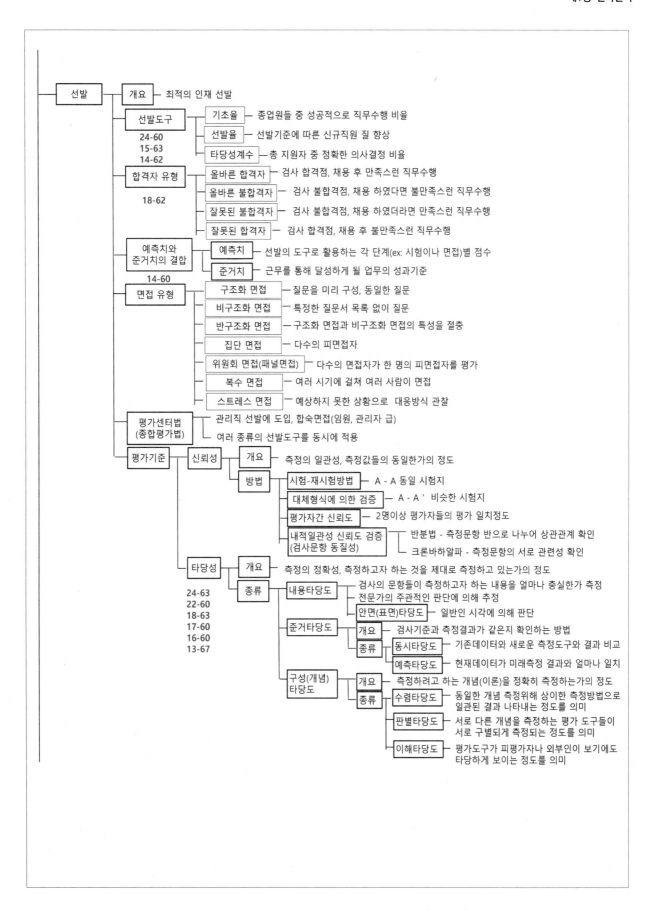

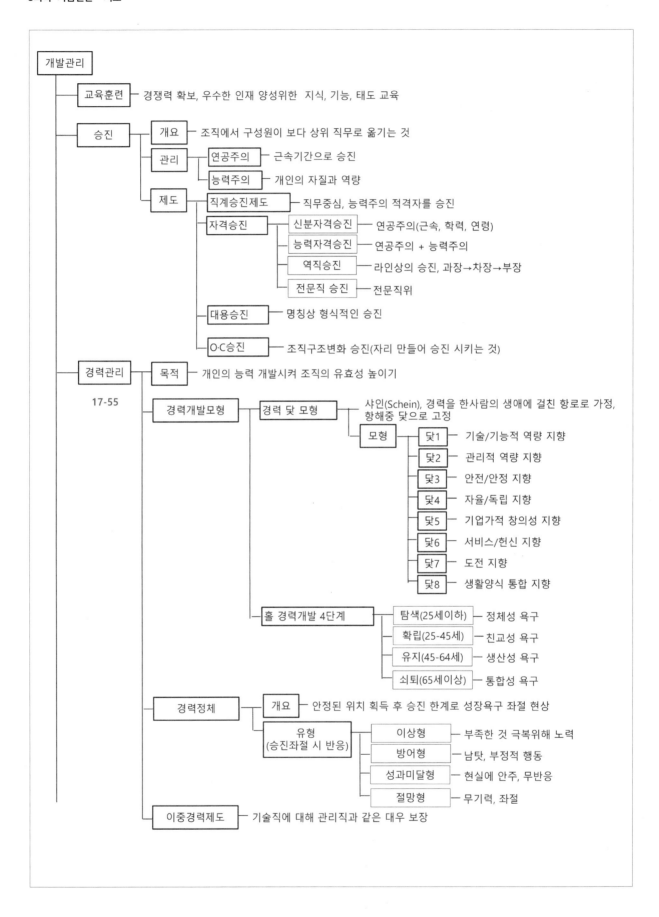

개발관리

├─ 교육훈련 ── 경쟁력 확보, 우수한 인재 양성위한 지식, 기능, 태도 교육

├─ 승진
│   ├─ 개요 ── 조직에서 구성원이 보다 상위 직무로 옮기는 것
│   ├─ 관리
│   │   ├─ 연공주의 ── 근속기간으로 승진
│   │   └─ 능력주의 ── 개인의 자질과 역량
│   ├─ 제도
│   │   ├─ 직계승진제도 ── 직무중심, 능력주의 적격자를 승진
│   │   └─ 자격승진
│   │   ├─ 신분자격승진 ── 연공주의(근속, 학력, 연령)
│   │   ├─ 능력자격승진 ── 연공주의 + 능력주의
│   │   ├─ 역직승진 ── 라인상의 승진, 과장→차장→부장
│   │   └─ 전문직 승진 ── 전문직위
│   ├─ 대용승진 ── 명칭상 형식적인 승진
│   └─ O·C승진 ── 조직구조변화 승진(자리 만들어 승진 시키는 것)

└─ 경력관리 17-55
    ├─ 목적 ── 개인의 능력 개발시켜 조직의 유효성 높이기
    ├─ 경력개발모형
    │   ├─ 경력 닻 모형 ── 샤인(Schein), 경력을 한사람의 생애에 걸친 항로로 가정, 항해중 닻으로 고정
    │   │   └─ 모형
    │   │   ├─ 닻1 ── 기술/기능적 역량 지향
    │   │   ├─ 닻2 ── 관리적 역량 지향
    │   │   ├─ 닻3 ── 안전/안정 지향
    │   │   ├─ 닻4 ── 자율/독립 지향
    │   │   ├─ 닻5 ── 기업가적 창의성 지향
    │   │   ├─ 닻6 ── 서비스/헌신 지향
    │   │   ├─ 닻7 ── 도전 지향
    │   │   └─ 닻8 ── 생활양식 통합 지향
    │   └─ 홀 경력개발 4단계
    │   ├─ 탐색(25세이하) ── 정체성 욕구
    │   ├─ 확립(25-45세) ── 친교성 욕구
    │   ├─ 유지(45-64세) ── 생산성 욕구
    │   └─ 쇠퇴(65세이상) ── 통합성 욕구
    ├─ 경력정체
    │   ├─ 개요 ── 안정된 위치 획득 후 승진 한계로 성장욕구 좌절 현상
    │   └─ 유형(승진좌절 시 반응)
    │   ├─ 이상형 ── 부족한 것 극복위해 노력
    │   ├─ 방어형 ── 남탓, 부정적 행동
    │   ├─ 성과미달형 ── 현실에 안주, 무반응
    │   └─ 절망형 ── 무기력, 좌절
    └─ 이중경력제도 ── 기술직에 대해 관리직과 같은 대우 보장

III MEMO IIIIIIIIIIIIIIIIIIIIIIIIIIIIIIIIIIIIIIIIIIIIII

▌예제 문제

58 수요예측을 위한 시계열분석에 관한 설명으로 옳지 않은 것은?

① 시계열분석은 장래의 수요를 예측하는 방법으로, 종속변수인 수요의 과거 패턴이 미래에도 그대로 지속된다는 가정에 근거를 두고 있다.

② 전기수요법은 가장 최근의 수요로 다음 기간의 수요를 예측하는 기법으로, 수요가 안정적일 경우 효율적으로 사용할 수 있다.

③ 이동평균법은 우연변동만이 크게 작용하는 경우 유용한 기법으로, 가장 최근 n기간 데이터를 산술평균하거나 가중평균하여 다음 기간의 수요를 예측할 수 있다.

④ 추세분석법은 과거 자료에 뚜렷한 증가 또는 감소의 추세가 있는 경우, 과거 수요와 추세선상 예측치 간 오차의 합을 최소화하는 직선 추세선을 구하여 미래의 수요를 예측할 수 있다.

⑤ 지수평활법은 추세나 계절변동을 모두 포함하여 분석할 수 있으나, 평활상수를 작게 하여도 최근 수요 데이터의 가중치를 과거 수요 데이터의 가중치보다 작게 부과할 수 없다.

58 수요예측을 위한 시계열 분석에서 변동에 해당하지 않는 것은?

① 추세변동(trend variation): 자료의 추이가 점진적, 장기적으로 증가 또는 감소하는 변동

② 계절변동(seasonal variation): 월, 계절에 따라 증가 또는 감소하는 변동

③ 위치변동(locational variation): 지역의 차이에 따라 증가 또는 감소하는 변동

④ 순환변동(cyclical variation): 경기순환과 같은 요인으로 인한 변동

⑤ 불규칙변동(irregular variation): 돌발사건, 전쟁 등으로 인한 변동

59 1년 중 여름에 아이스크림의 매출이 증가하고 겨울에는 스키 장비의 매출 이 증가한다고 할 때, 이를 설명하는 변동은?

① 추세변동   ② 공간변동   ③ 순환변동
④ 계절변동   ⑤ 우연변동

▌정답 및 해설

▶ **2017년 58번**

■ 추세분석(시계열분석)
④ 추세분석법은 과거 자료에 뚜렷한 증가 또는 감소의 추세가 있는 경우, 최소자승법을 사용해 과거 수요와 예측치 간 오차의 제곱합을 최소화하는 직선 또는 곡선 추세선을 구하여 미래의 수요를 예측할 수 있는 방법이다.
1. 추세분석법(Trend Analysis): 시간에 따라 변화하는 데이터를 분석하여 미래의 추세를 예측하는 방법이다. 주로 시간의 흐름에 따라 변화하는 수요 패턴을 분석하는 데 사용되며, 증가 또는 감소하는 패턴이 뚜렷하게 나타나는 경우 유용하다.
2. 직선 추세선(Linear Trend Line): 과거 데이터가 직선적인 패턴을 따르는 경우, 이 패턴을 설명하는 직선을 구해 미래를 예측한다. 이때, 최소자승법(Least Squares Method)을 사용하여 과거 실제 수요와 직선 추세선 간 오차의 제곱합을 최소화하는 방법으로 추세선을 도출한다. 〖답〗 ④

▶ **2018년 58번**

■ 시계열 구성요소
1. 추세변동 – 추세변동은 장기적으로 관찰되는 데이터의 일관된 증가 또는 감소 경향을 말한다. 시간이 지남에 따라 수요, 매출, 인구 등의 데이터가 일정한 방향으로 변하는 경우이다.
   예시: 몇 년간 꾸준히 매출이 증가하는 기업의 매출 데이터, 지속적으로 상승하는 부동산 가격.
2. 계절변동 – 계절변동은 일정한 주기(주로 1년)를 두고 반복되는 패턴을 말한다. 이러한 변동은 날씨, 휴일, 문화적 관습 등과 같은 요인에 의해 발생한다.
   예시: 여름철에 아이스크림 판매가 급증하는 현상, 연말 쇼핑 시즌에 매출이 급증하는 패턴.
3. 순환변동 – 순환변동은 경제 활동이나 산업 전반에 걸쳐 수년 또는 수십 년에 걸쳐 나타나는 장기적인 주기적 변동이다. 이는 경제의 경기 변동과 같은 큰 흐름에 영향을 받는다.
   예시: 경기 침체와 회복에 따른 기업의 매출 변동, 금융 시장의 호황과 불황 주기.
4. 불규칙변동 – 불규칙변동은 예측할 수 없는, 비정상적이고 일시적인 요인에 의해 발생하는 변동을 말한다. 이러한 변동은 예외적인 사건이나 외부 충격에 의해 발생한다.
   예시: 자연 재해, 전쟁, 팬데믹과 같은 예외적 사건에 따른 경제적 변화나 시장 충격. 〖답〗 ③

▶ **2022년 59번**

■ 시계열 구성요소 – 계절변동 (Seasonal Variation)
계절변동은 일정한 주기(주로 1년)를 두고 반복되는 패턴을 말한다. 이러한 변동은 날씨, 휴일, 문화적 관습 등과 같은 요인에 의해 발생한다. 계절성 패턴은 주로 연중 특정 기간에 반복되며, 주기적이고 예측 가능한 특성을 보인다.

예시: 여름철에 아이스크림 판매가 급증하는 현상, 연말 쇼핑 시즌에 매출이 급증하는 패턴. 〖답〗 ④

56
수요예측 방법에 관한 설명으로 옳은 것은?

① 델파이 방법은 일반 소비자를 대상으로 하는 정량적 수요예측 방법이다.
② 이동평균법은 과거 수요예측치의 평균으로 예측한다.
③ 시계열분석법의 변동요인에 추세(trend)는 포함되지 않는다.
④ 단순회귀분석법에서 수요량 예측은 최대자승법을 이용한다.
⑤ 지수평활법은 과거 실제 수요량과 예측치 간의 오차에 대해 지수적 가중치를 반영해 예측한다.

62
인사선발에 관한 설명으로 옳은 것은?

① 올바른 합격자(true positive)란 검사에서 합격점을 받아서 채용되었지만 채용된 후에는 불만족스러운 직무수행을 나타내는 사람이다.
② 잘못된 합격자(false positive)란 검사에서 불합격점을 받아서 떨어뜨렸지만 채용하였다면 만족스러운 직무수행을 나타냈을 사람이다.
③ 올바른 불합격자(true negative)란 검사에서 불합격점을 받아서 떨어뜨렸고 채용하였더라도 불만족스러운 직무수행을 나타냈을 사람이다.
④ 잘못된 불합격자(false negative)란 검사에서 합격점을 받아서 채용되었고 채용된 후에도 만족스러운 직무수행을 나타내는 사람이다.
⑤ 인사선발 과정의 궁극적인 목적은 올바른 합격자와 잘못된 불합격자를 최대한 늘리고 올바른 불합격자와 잘못된 합격자를 줄이는 것이다.

▶ 2020년 56번

■ 수요 예측(Demand Forecasting)

수요 예측(Demand Forecasting)은 미래의 제품이나 서비스에 대한 수요를 예측하는 과정으로, 이를 통해 기업은 적절한 생산 계획을 세우고 재고를 관리하며, 자원을 효율적으로 배분할 수 있다.

① 델파이 기법 (Delphi Method) – 여러 전문가들의 의견을 독립적으로 수집하고, 이를 반복적인 과정을 통해 종합하여 예측을 도출하는 방법으로 정성적 수요예측 방법이다.

② 이동평균법(Moving Average Method)은 과거 실제 수요 데이터의 평균을 사용하여 예측하는 방법이지, 과거 수요 예측치의 평균을 사용하는 것이 아니다.

③ 시계열분석법의 변동요인에는 추세, 계절변동, 순환변동, 불규칙변동이 있다.

④ 단순회귀분석법에서 수요량 예측은 최소자승법을 이용한다.

단순 회귀분석은 독립 변수(설명 변수)와 종속 변수(반응 변수) 간의 선형 관계를 분석하여, 주어진 독립 변수 값에 대해 종속 변수(예: 수요량)를 예측하는 데 사용된다.

1. 단순 회귀분석의 기본 개념
   1) 독립 변수(X): 수요량에 영향을 미치는 변수이다. 예를 들어, 가격, 마케팅 비용, 경제 지표 등이 될 수 있다.
   2) 종속 변수(Y): 예측하고자 하는 수요량

2. 최소자승법(Least Squares Method)의 역할
   최소자승법은 실제 데이터와 회귀선(예측된 값)의 차이를 최소화하는 방법으로 회귀선을 도출한다. 이 회귀선을 통해, 주어진 독립 변수 값에 따라 종속 변수(수요량)를 예측할 수 있으며 수요 예측의 정확성을 극대화할 수 있다.

🔍답 ⑤

▶ 2018년 62번

■ 합격자의 4가지 유형

1. 올바른 합격자 (True Positive) – 평가에서 합격 판정을 받았으며, 실제로도 그 직무나 시험에서 성공할 가능성이 높은 사람
   예시: 채용 과정에서 합격했으며, 이후 실제 직무에서도 뛰어난 성과를 내는 직원.

2. 잘못된 합격자 (False Positive) – 평가에서는 합격했지만, 실제로는 직무나 시험에서 부적합한 사람
   예시: 면접에서 합격했지만, 실제 업무에서는 성과가 저조한 직원.

3. 올바른 불합격자 (True Negative) – 평가에서 불합격 판정을 받았고, 실제로도 그 직무나 시험에서 부적합한 사람
   예시: 면접에서 불합격했고, 그 직무에 맞지 않는 성향을 가진 지원자.

4. 잘못된 불합격자 (False Negative) – 평가에서 불합격 판정을 받았지만, 실제로는 그 직무나 시험에서 성공할 가능성이 높은 사람
   예시: 서류 전형이나 면접에서 탈락했지만, 실제로는 뛰어난 능력을 가진 지원자.

🔍답 ③

63 인사선발에 관한 설명으로 옳은 것은?

① 선발검사의 효용성을 증가시키는 가장 중요한 요소는 검사 신뢰도이다.

② 인사선발에서 기초율이란 지원자들 중에서 우수한 지원자의 비율을 말한다.

③ 잘못된 불합격자(false negative)란 검사에서 불합격점을 받아서 떨어뜨렸고, 채용하였더라도 불만족스러운 직무수행을 나타냈을 사람이다.

④ 인사선발에서 예측변인의 합격점이란 선발된 사람들 중에서 우수와 비우수 수행자를 구분하는 기준이다.

⑤ 선발률과 예측변인의 가치간의 관계는 선발률이 낮을수록 예측변인의 가치가 더 커진다.

60 "신입사원 선발시험점수(예측점수)와 업무성과(준거점수)의 상관계수가 0.4 이다."의 설명으로 옳은 것은?

① 선발시험점수가 업무성과 변량의 16%를 설명한다.

② 입사 지원자의 16%가 합격할 것이다.

③ 선발시험점수가 업무성과 변량의 40%를 설명한다.

④ 입사 지원자의 40%가 합격할 것이다.

⑤ 입사 지원자의 선발시험점수가 40점 이상일 경우 합격한다.

▶ 2015년 63번　■ 인사선발

인사선발(Human Resource Selection)은 조직이 적합한 인재를 채용하기 위해 지원자들의 자격, 능력, 성격 등을 평가하고, 직무에 가장 적합한 후보자를 선발하는 과정이다. 인사선발은 조직의 목표 달성과 성과에 직접적인 영향을 미치기 때문에, 공정하고 체계적인 절차가 필요하다.

인사선발 과정

1. 직무 분석(Job Analysis) - 해당 직무에서 요구되는 지식, 기술, 능력(KSA: Knowledge, Skills, Abilities), 경험, 자질 등을 파악

2. 모집(Recruitment) - 다양한 채널을 통해 지원자를 모집하는 단계로 모집 방법에는 내부 모집(내부 인사 이동)과 외부 모집(구인 광고, 헤드헌팅, 채용박람회 등)이 있다.

3. 서류 전형(Screening or Application Review) - 제출된 이력서, 자기소개서 등을 검토하여 자격 요건에 부합하는 지원자를 가려내는 단계

4. 선발 시험(Selection Tests) - 지원자의 능력, 성격, 가치관 등을 평가하기 위해 다양한 시험을 실시한다. 시험의 종류는 직무 특성에 따라 달라진다.

5. 면접(Interview) - 지원자의 대인관계 능력, 의사소통 능력, 태도 등을 평가하는 단계이다. 면접은 지원자가 조직에 얼마나 적합한지를 확인하는 중요한 과정이다.

6. 배경 조사 및 추천서 확인(Background Check and References) - 지원자의 신원, 경력, 학력 등의 사실 여부를 확인하는 과정

7. 최종 선발 및 채용(Final Selection and Job Offer) - 최종적으로 선발된 후보자에게 채용 제안을 하고, 합의를 통해 고용 계약을 체결하는 단계

8. 평가 및 피드백(Post-Selection Evaluation) - 인사선발 과정이 효과적으로 이루어졌는지 평가하고, 향후 선발 절차를 개선할 피드백을 수집한다.

① 선발검사에서 신뢰도는 중요한 요소이지만, 선발검사의 효용성을 증가시키는 데 있어서 가장 중요한 요소는 신뢰도와 함께 타당도이다.

② 기초율(Base Rate)은 전체 지원자 중에서 실제로 직무에서 성공할 수 있는 사람들의 비율을 나타낸다. 기초율이 높을수록, 우수한 인재의 비율이 높고, 기초율이 낮을수록 우수한 인재가 적다.

③ 잘못된 합격자 (False Positive) - 평가에서는 합격했지만, 실제로는 직무나 시험에서 부적합한 사람
예시: 면접에서 합격했지만, 실제 업무에서는 성과가 저조한 직원.

④ 예측변인의 합격점(Cutoff Score)은 선발 과정에서 합격자와 불합격자를 구분하는 기준점이다. 주어진 선발 도구(예: 시험, 평가, 인터뷰)의 점수가 이 합격점 이상일 경우, 지원자는 합격자로 간주되고, 이보다 낮으면 불합격자로 간주된다.　　　　　　　　　　　　　　　　 ◎답 ⑤

▶ 2014년 60번　■ 상관계수(Correlation Coefficient)

상관계수(Correlation Coefficient)는 두 변수 간의 관계를 수치로 나타내는 값으로, 그 범위는 −1에서 1까지이다.

1: 두 변수 간에 완벽한 양의 상관관계가 있음을 의미한다. 한 변수가 증가하면 다른 변수도 완벽히 증가한다.

−1: 두 변수 간에 완벽한 음의 상관관계가 있음을 의미한다. 한 변수가 증가하면 다른 변수는 완벽히 감소한다.

0: 두 변수 간에 아무런 상관관계가 없음을 의미한다.

1. 상관계수 0.4의 의미: 상관계수 0.4는 양의 상관관계가 존재하지만 강하지 않은 중간 정도의 관계를 의미한다. 즉, 선발시험에서 높은 점수를 받은 신입사원이 실제 업무에서도 성과를 낼 가능성이 있지만, 그 관계가 매우 강하다고 할 수 없다.

2. 상관계수와 설명력(결정계수): 결정계수는 두 변수 간의 관계에서 한 변수가 다른 변수의 변동을 얼마나 설명하는지를 나타내는 지표이다.

$$결정계수(R^2) = r^2 = (0.4)^2 = 0.16$$

즉 선발시험점수가 업무성과의 변동성 중 16%를 설명한다는 의미로, 나머지 84%는 시험점수 외의 다른 요인(예: 대인관계 능력, 직무 관련 경험, 팀워크, 성격 등)들이 업무성과에 영향을 미친다고 해석할 수 있다.　　　　　　　　　　　　　　　　　　　　　　 ◎답 ①

2014년

62 선발도구의 효과성에 관한 설명으로 옳은 것만을 모두 고른 것은?

> ㄱ. 선발률이 1 이상이 되어야 선발도구의 사용은 의미가 있다.
> ㄴ. 선발도구의 타당도가 높을수록 선발도구의 효과성은 증가한다.
> ㄷ. 선발률이 낮을수록 선발도구의 효과성 가치는 작아진다.
> ㄹ. 기초율이 100%라면 새로운 선발도구의 사용은 의미가 없다.
> ㅁ. 선발도구의 효과성을 이해하는데 중요한 개념은 기초율, 선발률, 타당도이다.

① ㄱ, ㄴ   ② ㄱ, ㄹ
③ ㄴ, ㄷ, ㅁ   ④ ㄴ, ㄹ, ㅁ
⑤ ㄷ, ㄹ, ㅁ

2018년

60 심리평가에서 평가센터(assessment center)에 관한 설명으로 옳지 않은 것은?

① 신규채용을 위하여 입사 지원자들을 평가하거나 또는 승진 결정 등을 위하여 현재 종업원들을 평가하는 데 사용할 수 있다.
② 관리 직무에 요구되는 단일 수행차원에 대해 피평가자들을 평가한다.
③ 기본적인 평가방식은 집단 내 다른 사람들의 수행과 비교하여 개인의 수행을 평가하는 것이다.
④ 평가도구로는 구두발표, 서류함 기법, 역할수행 등이 있다.
⑤ 다수의 평가자들이 피평가자들을 평가한다.

▶ 2014년 62번

■ 선발도구 효과성

선발도구의 효과성이란, 인재를 선발하는 과정에서 사용되는 평가 도구나 방법이 얼마나 정확하고 신뢰성 있게 지원자의 능력과 직무 적합성을 평가할 수 있는지를 의미한다.

선발도구의 효과성을 결정하는 주요 요소

1. 타당도 (Validity) – 선발도구가 실제로 측정하려는 것을 얼마나 정확하게 측정하는지, 즉 직무 성공과 얼마나 연관성이 있는지를 나타내는 지표
2. 신뢰도 (Reliability) – 선발도구가 일관성 있게 측정하는 능력을 의미한다. 동일한 도구를 반복해서 사용할 때, 그 결과가 얼마나 일관성 있는지를 평가
3. 공정성 (Fairness) – 선발도구가 모든 지원자에게 공정하게 적용되는지, 즉 특정 집단에 유리하거나 불리하게 작용하지 않는지를 평가
4. 비용 효율성 (Cost-Effectiveness) – 선발도구를 사용함으로써 얻을 수 있는 이익(예: 우수한 인재 선발)을 비용(시간, 자원, 인력)과 비교하여 평가하는 요소

ㄱ. 선발률 $= \dfrac{\text{채용인원}}{\text{전체지원자}}$,

선발률이 낮다(1 이하): 채용 인원보다 지원자가 많다는 의미이다. 즉, 경쟁이 치열한 상황이다.
선발률이 높다(1 이상): 지원자 수보다 채용 인원이 많다는 의미이다. 즉, 경쟁이 상대적으로 적은 상황이다.

ㄷ. 선발률이 낮을수록, 즉 경쟁이 치열할수록 선발도구의 효과성은 더 커진다. 이 상황에서는 많은 지원자 중에서 소수의 적합한 인재를 선발해야 하기 때문에, 선발도구의 신뢰성과 타당성이 매우 중요해진다.

답 ④

▶ 2018년 60번

■ 평가센터(Assessment Center)

평가센터(Assessment Center)는 심리평가와 인사 선발에서 사용되는 종합적인 평가 방법으로, 지원자의 다양한 역량, 성격, 직무 적합성 등을 다각적으로 평가하는 데 사용된다. 평가센터는 여러 가지 평가 도구(심리검사, 모의 과제, 집단 토론, 역할 연기, 상황 분석 과제)와 방법을 조합하여 지원자의 능력과 잠재력을 심층적으로 분석하며, 특히 리더십, 의사소통 능력, 문제 해결 능력 등 행동적 역량을 평가하는 데 효과적이다. 특히 실제 직무와 유사한 상황에서 지원자의 행동을 평가할 수 있어, 직무 적합성과 향후 성과를 예측하는 데 매우 유용하다. 그러나 비용과 시간이 많이 소요될 수 있기 때문에, 주로 리더십 포지션이나 중요한 직무에서 사용된다.

② 평가센터는 단일 수행차원이 아닌 여러 차원에서 피평가자의 역량을 다각적으로 평가하는 방식이다. 특히 관리 직무에서는 다양한 역량이 요구되므로, 평가센터는 이를 종합적으로 평가하는 데 중점을 둔다.

답 ②

60 업무를 수행 중인 종업원들로부터 현재의 생산성 자료를 수집한 후 즉시 그들에게 검사를 실시하여 그 검사 점수들과 생산성 자료들과의 상관을 구하는 타당도는?

① 내적 타당도(internal validity)

② 동시 타당도(concurrent validity)

③ 예측 타당도(predictive validity)

④ 내용 타당도(content validity)

⑤ 안면 타당도(face validity)

63 심리평가에서 타당도와 신뢰도에 관한 설명으로 옳지 않은 것은?

① 구성타당도(construct validity)는 검사문항들이 검사용도에 적절한지에 대하여 검사를 받는 사람들이 느끼는 정도다.

② 내용타당도(content validity)는 검사의 문항들이 측정해야 할 내용들을 충분히 반영한 정도다.

③ 검사-재검사 신뢰도(test-retest reliability)는 검사를 반복해서 실시했을 때 얻어지는 검사 점수의 안정성을 나타내는 정도다.

④ 평가자 간 신뢰도(inter-rater reliability)는 두 명 이상의 평가자들로부터의 평가가 일치하는 정도다.

⑤ 내적 일치 신뢰도(internal-consistency reliability)는 검사 내 문항들 간의 동질성을 나타내는 정도다.

▶ 2022년 60번　■ 동시타당도

동시타당도는 선발 시험이나 평가 도구가 실제로 해당 직무에서의 현재 성과와 얼마나 일치하는지를 측정하는 것으로, 선발도구의 타당성을 검증하기 위해 사용된다. 이미 직무에 있는 사람들의 성과를 기준으로 타당성을 검증한다.

예측타당도(Predictive Validity)는 미래의 성과를 예측하기 위해 평가 도구가 얼마나 유효한지를 평가한다. 예를 들어, 채용 시점에 실시한 시험이 이후 직무 성과와 얼마나 관련이 있는지를 평가한다.　정답 ②

▶ 2018년 63번　■ 구성타당도(Construct Validity)

구성타당도(Construct Validity)는 검사나 평가 도구가 특정 이론적 개념(구성 개념)을 실제로 얼마나 잘 측정하고 있는지를 평가하는 타당성이다. 구성 개념은 심리적 특성(예: 지능, 성격, 창의성 등)이나 이론적 특성(예: 리더십, 동기부여 등)을 말하며, 구성타당도는 그 개념을 측정하는 도구가 얼마나 정확하고 적절하게 그 개념을 평가하고 있는지를 검증한다.

예를 들어, 지능이라는 구성 개념을 측정하는 검사는 실제로 지능을 제대로 측정해야 하고, 다른 불필요한 특성(예: 단순한 기억력만 측정하는 것)을 측정하지 않아야 한다.

1. 수렴타당도(Convergent Validity) – 동일하거나 유사한 개념을 측정하는 여러 다른 도구나 방법이 서로 일관된 결과를 나타내는 정도를 의미

예시: 성격의 외향성을 측정하는 두 가지 다른 성격 검사가 있다면, 그 결과는 일치하거나 유사해야 한다. 만약 두 검사가 모두 외향성을 측정하는데 유사한 점수를 보인다면, 수렴타당도가 높다고 할 수 있다.

2. 판별타당도(Discriminant Validity) – 서로 다른 구성 개념을 측정하는 평가 도구들이 서로 구별되게 측정되는 정도를 의미

예시: 외향성을 측정하는 성격 검사와 지능을 측정하는 지능 검사 결과가 낮은 상관관계를 보인다면, 이는 판별타당도가 높다는 뜻이다. 즉, 외향성과 지능은 다른 개념이므로 이들을 평가하는 도구 간에는 상관이 거의 없어야 한다.

3. 이해타당도(Face Validity) – 평가 도구가 피평가자나 외부인이 보기에도 타당하게 보이는 정도를 의미

예시: 외향성을 측정하는 설문지에 "다른 사람과 자주 대화하는 편인가?"와 같은 질문이 포함되어 있다면, 피평가자는 이 질문이 외향성 평가와 관련 있다고 느낄 것이다. 이때 피평가자가 평가 도구가 외향성을 측정하는 데 적절하다고 느끼면, 그 도구는 이해타당도가 높은 것으로 간주된다.　정답 ①

2017년

60 심리평가에서 신뢰도와 타당도에 관한 설명으로 옳은 것은?

① 내적일치 신뢰도(internal consistency reliability)를 알아보기 위해서는 동일한 속성을 측정하기 위한 검사를 두 가지 다른 형태로 만들어 사람들에게 두 가지형 모두를 실시한다.

② 다양한 신뢰도 측정방법들은 모두 유사한 의미를 지니고 있기 때문에 서로 바꾸어서 사용해도 된다.

③ 검사-재검사 신뢰도(test-retest reliability)는 두 번의 검사 시간간격이 길수록 높아진다.

④ 준거관련 타당도 중 동시 타당도(concurrent validity)와 예측 타당도(predictive validity) 간의 중요한 차이는 예측변인과 준거자료를 수집하는 시점 간 시간간격이다.

⑤ 검사가 학문적으로 받아들여지기 위해 바람직한 신뢰도 계수와 타당도 계수는 .70~.80의 범위에 존재한다.

2020년

62 인사 담당자인 김부장은 신입사원 채용을 위해 적절한 심리검사를 활용 하고자 한다. 심리검사에 관한 설명으로 옳지 않은 것은?

① 다른 조건이 모두 동일하다면 검사의 문항 수는 내적 일관성의 정도에 영향을 미치지 않는다.

② 반분 신뢰도(split-half reliability)는 검사의 내적 일관성 정도를 보여주는 지표이다.

③ 안면 타당도(face validity)는 검사문항들이 외관상 특정 검사의 문항으로 적절하게 보이는 정도를 의미한다.

④ 준거 타당도(criterion validity)에는 동시 타당도(concurrent validity)와 예측 타당도(predictive validity)가 있다.

⑤ 동형 검사 신뢰도(equivalent-form reliability)는 동일한 구성개념을 측정하는 두 독립적인 검사를 하나의 집단에 실시하여 측정한다.

▶ 2017년 60번

■ 신뢰도와 타당도

① 내적 일치 신뢰도(internal consistency reliability)는 검사가 동일한 속성을 일관되게 측정하는 지를 평가하는 방법으로, 동일한 검사의 각 문항들이 서로 얼마나 일관되게 측정하고 있는지를 살펴본다. 내적 일치 신뢰도는 동일한 검사 내의 문항들이 서로 얼마나 일관되게 측정하고 있는 지를 평가하는 것이므로, 두 가지 다른 형태의 검사를 사용할 경우, 이는 동형 검사 신뢰도 (parallel forms reliability)를 측정하는 방법에 해당한다.

② 각 신뢰도 측정 방법이 서로 다른 특성을 평가하고, 목적에 따라 적합한 방법이 다르기 때문에 서로 바꾸어 사용할 수 없다. 신뢰도를 정확하게 평가하려면 목적에 맞는 방법을 선택해야 한다.

③ 검사-재검사 신뢰도는 동일한 검사를 동일한 대상에게 일정한 시간 간격을 두고 다시 실시하여 두 결과가 얼마나 일관되게 나오는지를 평가하는 신뢰도이다. 이때, 두 번의 검사 사이의 시간 간격이 너무 길어지면, 여러 요인들이 개입하여 신뢰도가 낮아질 수 있다.

⑤ 타당도 계수는 검사가 실제로 측정하려는 개념을 얼마나 정확하게 측정하는지를 나타낸다. 즉, 측정 도구가 그 목적에 맞게 잘 작동하는지를 평가한다. 타당도 계수는 일반적으로 신뢰도 계수 보다 더 낮게 나올 수 있다.

0.40~0.50: 수용 가능한 타당도

0.50~0.70: 적절한 타당도

0.70 이상: 매우 높은 타당도

신뢰도는 일반적으로 0.70 이상이면 학문적으로 수용 가능하며, 바람직한 수준은 0.80 이상이다. ◉답 ④

▶ 2020년 62번

■ 문항 수와 신뢰도 관계

문항 수가 많아지면 더 많은 데이터 포인트가 생기기 때문에, 검사 결과가 더 안정적이고 일관되게 측정될 가능성이 높아진다. 이는 특정 문항의 오류나 변동성이 전체 검사에 미치는 영향을 줄이기 때문이다. 즉, 여러 문항이 동일한 개념을 측정하면 측정 오차가 분산되어 더 일관된 결과를 얻을 수 있다.

1. 크론바흐 알파(Cronbach's Alpha): 내적 일관성을 평가하는 대표적인 지표인 크론바흐 알파는 문항 수가 증가할수록 일반적으로 더 높아진다. 이는 같은 개념을 측정하는 문항이 많을수록 전체 검사가 더 신뢰도 있게 측정된다는 이론에 기반한다.

2. 반대로, 너무 적은 문항 수: 문항 수가 너무 적으면, 개별 문항의 오류나 변동성이 전체 검사 결과에 큰 영향을 미칠 수 있어 내적 일관성이 낮아질 가능성이 크다.

따라서 문항 수는 내적 일관성에 중요한 영향을 미친다. 문항 수가 많을수록 내적 일관성 신뢰도가 증가할 가능성이 높으므로, "검사의 문항 수는 내적 일관성의 정도에 영향을 미치지 않는다"는 진술 은 잘못된 것이다. ◉답 ①

60 심리평가에서 검사의 신뢰도와 타당도의 상호관계에 관한 설명으로 옳은 것은?

① 타당도가 높으면 신뢰도는 반드시 높다.

② 타당도가 낮으면 신뢰도는 반드시 낮다.

③ 신뢰도가 낮아도 타당도는 높을 수 있다.

④ 신뢰도가 높아야 타당도가 높게 나온다.

⑤ 신뢰도와 타당도는 직접적인 상호관계가 없다.

67 심리검사 결과를 분석할 때 상관계수를 이용하여 검증하는 타당도(validity)를 모두 고른 것은?

ㄱ. 구성 타당도	ㄴ. 내용 타당도
ㄷ. 준거관련 타당도	ㄹ. 수렴 타당도
ㅁ. 확산 타당도	

① ㄱ, ㄴ, ㄹ

② ㄱ, ㄴ, ㅁ

③ ㄷ, ㄹ, ㅁ

④ ㄱ, ㄴ, ㄷ, ㄹ

⑤ ㄱ, ㄷ, ㄹ, ㅁ

▶ 2016년 60번   ■ 신뢰도와 타당도의 상호관계
  1. 신뢰도가 높다고 해서 반드시 타당도가 높은 것을 의미하지 않는다.
  2. 타당도는 신뢰도가 낮으면 확보될 수 없다
  3. 신뢰도가 낮으면 항상 타당도가 낮다.
  4. 타당도가 낮다고 해서 반드시 신뢰도가 낮은 것은 아니다.
  5. 신뢰도는 타당도를 높이기 위한 필요조건이다.(타당도를 높이기 위해서는 신뢰도가 높아야 한다.)
  6. 타당도가 높으면 반드시 신뢰도가 높다.

🔍답 ①

▶ 2013년 67번   ■ 상관계수를 이용하여 검증하는 타당도
  1. 상관계수를 통한 타당도 검증 과정
    1) 상관계수 계산: 상관계수를 통해 두 측정 간의 관계를 분석한다. 상관계수 값은 −1에서 1 사이의 값으로 나타나며, 1에 가까울수록 두 변수 간의 관계가 강하다. 0.50 이상의 상관계수는 대체로 강한 상관관계를 의미하며, 타당도가 높다고 해석될 수 있다.
    2) 상관계수 해석: 상관계수가 높을수록 해당 검사가 특정 준거 또는 구성과 얼마나 잘 일치하는지 평가할 수 있다. 이때 상관계수의 크기에 따라 타당도를 결정할 수 있다. 예를 들어, 예측 타당도에서 상관계수가 0.70이라면, 해당 검사는 미래의 준거를 잘 예측한다고 할 수 있다.
  2. 상관계수를 이용하여 검증하는 주요 타당도 유형
    1) 구성 타당도는 검사가 이론적 개념을 제대로 측정하고 있는지를 평가하는 것이며, 수렴 타당도와 확산 타당도를 통해 더 구체적으로 측정된다.
    2) 준거관련 타당도는 검사의 결과가 외부의 기준(준거)과 일치하는지를 평가하며, 동시 타당도와 예측 타당도로 구분된다.
    3) 수렴 타당도는 동일한 개념을 측정하는 검사들 간의 상관관계를 평가하며, 상관계수가 높을수록 수렴 타당도가 높다.
    4) 확산 타당도(판별 타당도)는 서로 다른 개념을 측정하는 검사들 간의 상관관계를 평가하며, 상관계수가 낮을수록 확산 타당도가 높다.

🔍답 ⑤

55 경력개발에 관한 설명으로 옳은 것은?
2017년

① 경력 정체기에 접어들은 종업원들이 보여주는 반응유형은 방어형, 절망형, 성과 미달형, 이상형으로 구분된다.

② 샤인(E. Schein)은 개인의 경력욕구 유형을 관리지향, 기술-기능지향, 안전지향 등 세 가지로 구분하였다.

③ 홀(D. Hall)의 경력단계 모델에서 중년의 위기가 나타나는 단계는 확립단계이다.

④ 이중 경력경로(dual-career path)는 개인이 조직에서 경험하는 직무들이 수평적 뿐만 아니라 수직적으로 배열되어 있는 경우이다.

⑤ 경력욕구는 조직이 개인에게 기대하는 행동인 경력역할과 개인 자신이 추구하려고 하는 경력방향에 의해 결정된다.

60 유용성이 높은 인사 선발 도구에 관한 설명으로 옳지 않은 것은?
2024년

① 예측변인(Predictor)의 타당도가 커질수록 전체 집단의 평균적인 준거수행(Crterion)에 비해 합격한 집단의 평균적인 준거수행은 높아진다.

② 선발률이 낮을수록 예측변인의 가치는 커진다.

③ 기초율이 높을수록 사용한 선발 도구의 유용성 수준은 높아진다.

④ 선발률과 기초율의 상관은 0이다.

⑤ 예측변인의 점수와 준거수행으로 이루어진 산점도가 1사분면은 높고 3사분면은 낮은 타원형을 이룬다.

▶ 2017년 55번

■ 샤인의 경력 닻(Career Anchors) 이론

샤인은 개인이 경력을 발전시켜 나가는 과정에서 중요한 영향을 미치는 핵심 가치, 능력, 동기를 "경력 닻"이라고 표현했다. 이는 개인의 경력 선택에 중요한 지침이 되는 요소들로, 사람이 자신의 경력을 결정할 때 절대 포기할 수 없는 것들을 의미한다. 경력 닻은 개인이 자신의 경력에서 무엇을 중요하게 생각하는지를 파악하는 데 도움을 준다.

② 샤인(Edgar H. Schein)은 경력 닻(Career Anchors) 이론에서 개인의 경력 욕구를 단순히 세 가지로 구분하지 않았다. 샤인은 8가지 경력 닻을 제시하며, 개인의 경력 욕구와 가치를 더 넓은 범주에서 설명했다.

③ 홀(D. Hall)의 경력단계 모델 – 개인의 경력이 시간이 흐르면서 어떻게 변화하는지를 설명하는 이
   1. 탐색 단계(Exploration Stage) – 경력 초기에 해당하며, 개인이 자신의 능력과 관심사를 탐색하고, 어떤 직업을 선택할지를 고민하는 시기
   2. 확립 단계(Establishment Stage) – 개인이 선택한 직업 분야에서 성과를 내고, 조직 내에서 자리를 잡는 시기
   3. 유지 단계(Maintenance Stage) – 중년의 위기(Midlife Crisis)가 주로 나타나는 단계로 이 시기에는 자신이 이루어온 경력을 되돌아보고, 성취와 만족을 재평가하는 시기
   4. 쇠퇴 단계(Decline Stage) – 경력의 마무리 단계로 접어들며, 은퇴 준비를 하는 시기

④ "수평적이면서 수직적으로 배열된 경로"라는 설명은 이중 경력경로와는 다르다. 이중 경력경로는 수평적 배열보다는, 기술 전문가가 수직적으로 승진할 수 있는 별도의 경로를 제공하는 개념이다. 즉, 기술적 역량을 중시하는 직무에서도 수직적 승진을 할 수 있다는 뜻이지, 직무들이 수평적으로 배열된다는 의미는 아니다.

⑤ 경력욕구는 조직이 개인에게 기대하는 경력역할과 개인이 추구하는 경력방향이 중요한 요소로 작용하는 것은 맞지만, 그 외에도 개인의 가치관, 동기, 외부 환경, 개인적 경험 등 여러 요인이 경력욕구에 영향을 미친다. 조직의 기대와 개인의 경력방향은 경력욕구를 형성하는 중요한 요소 중 일부일 뿐이며, 이 외에도 개인의 성격, 경험, 사회적 맥락 등이 경력욕구에 중요한 영향을 미칠 수 있다.

답 ①

▶ 2024년 60번

■ 기초율과 선발 도구

1. 기초율(Base Rate)
   기초율은 선발 과정에서 적절한 사람(적합한 사람)이 모집단에서 차지하는 비율을 말한다. 즉, 특정 직무나 역할에 적합한 인재의 비율이 높을수록 기초율이 높다고 할 수 있다. 예를 들어, 기초율이 80%라면 모집단 중에서 80%가 이미 그 직무에 적합한 능력을 가지고 있다는 뜻이다.

2. 선발 도구의 유용성(Utility of Selection Tools)
   선발 도구의 유용성은 그 도구가 적합한 인재를 얼마나 잘 선발할 수 있는지를 평가하는 기준다. 이는 주로 선발 도구의 타당도(Validity), 기초율(Base Rate), 그리고 선발 비율(Selection Ratio)과 같은 요인들에 의해 결정된다.

③ 기초율이 높다는 것은 모집단 대부분이 이미 적합한 인재라는 의미이다. 따라서, 기초율이 매우 높으면 선발 도구의 유용성은 상대적으로 낮아질 수 있다. 그 이유는, 대부분의 지원자가 적합한 상황에서 굳이 복잡한 선발 도구를 사용하지 않아도 거의 모든 지원자가 적합하다는 결론에 도달할 가능성이 높기 때문이다. 예를 들어, 90%가 적합한 모집단에서 선발 도구를 사용할 경우, 그 도구가 추가적인 가치를 제공하는 정도는 크지 않을 수 있다.

④ 선발률과 기초율은 각각 선발 과정과 관련된 두 가지 독립적인 개념이다. 선발률은 전체 지원자 중에서 실제로 선발된 사람의 비율을 나타내는 반면, 기초율은 모집단에서 적합한 인재가 얼마나 있는지를 나타낸다. 기초율이 높거나 낮다고 해서 선발률에 직접적인 영향을 미치지는 않으며, 마찬가지로 선발률이 높거나 낮다고 해서 기초율에 영향을 주는 것은 아니다. 두 변수 간에는 직접적인 상관관계가 없기 때문에 상관계수는 0으로 나타난다. 즉 선발률과 기초율은 서로 다른 개념이며, 이 두 개념 사이에는 직접적인 상관관계가 없다.

답 ③, ④

63 산업심리학의 연구방법에 관한 설명으로 옳은 것은?

① 내적 타당도는 실험에서 종속변인의 변화가 독립변인과 가외변인의 영향에 따른 것이라고 신뢰하는 정도이다.

② 검사-재검사 신뢰도를 구할 때는 역균형화를 실시한다.

③ 쿠더 리차드슨 공식 20은 검사 문항들 간의 내적 일관성 정도를 알려준다.

④ 내용타당도와 안면타당도는 동일한 타당도이다.

⑤ 실험실 실험 보다 준실험에서 통제를 더 많이 한다.

▶ 2024년 63번

■ 산업심리학의 연구방법

① 내적 타당도는 독립변인이 종속변인에 미치는 영향을 정확하게 평가하는 데 필요한 개념이며, 가외변인의 영향을 최소화하거나 제거하는 것이 핵심이다. 가외변인이 영향을 미친다면 내적 타당도가 낮아진다. 따라서, 내적 타당도는 가외변인의 영향을 통제하는 것이 중요하며, 그 영향을 인정하는 것은 내적 타당도의 개념과 맞지 않는다.

② 검사-재검사 신뢰도를 구할 때 역균형화는 필요하지 않다. 역균형화는 여러 조건이 순차적으로 제공될 때 순서 효과를 통제하기 위한 방법이고, 검사-재검사 신뢰도에서는 동일한 검사를 두 번 실시하므로 역균형화가 적용되지 않는다.

③ 쿠더 리차드슨 공식 20(KR-20)은 심리검사나 교육 평가에서 이진형 응답(정답/오답)을 사용하는 검사의 내적 일관성 신뢰도를 측정하는 방법이다. 이 공식은 검사 내의 문항들이 얼마나 일관되게 동일한 개념을 측정하고 있는지를 평가하는 데 사용된다.

④ 내용 타당도와 안면 타당도는 동일한 개념이 아니며, 평가 방식과 목적이 다르다. 내용 타당도는 검사 문항이 측정하려는 개념을 얼마나 잘 반영하는지를 전문가의 판단에 따라 평가하는 것이며, 안면 타당도는 겉보기에 타당해 보이는지 여부를 평가하는 표면적 타당도이다.

⑤ 실험실 실험에서 더 많은 통제가 이루어진다. 준실험은 실험실 실험보다 통제 수준이 낮으며, 이는 외부 변수가 종속변인에 미치는 영향을 완전히 차단하기 어렵기 때문이다. 🔍답 ③

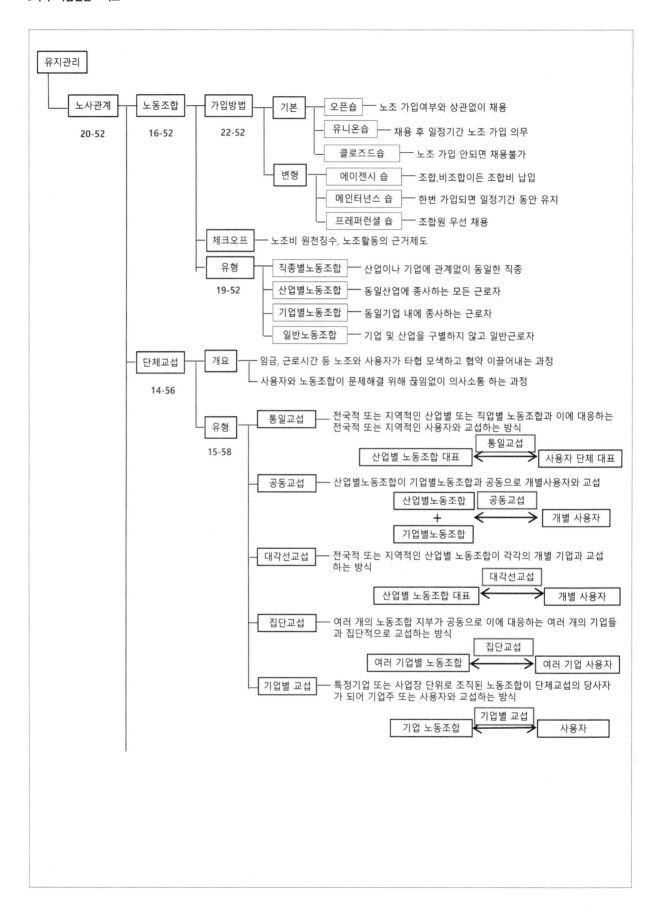

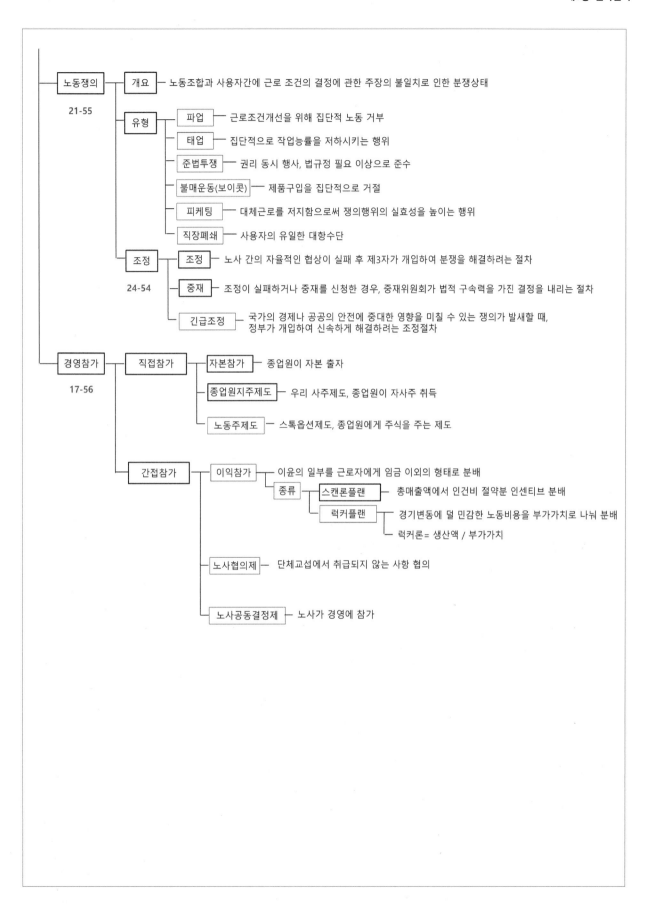

노동쟁의 21-55

개요 ─ 노동조합과 사용자간에 근로 조건의 결정에 관한 주장의 불일치로 인한 분쟁상태

유형
- 파업 ─ 근로조건개선을 위해 집단적 노동 거부
- 태업 ─ 집단적으로 작업능률을 저하시키는 행위
- 준법투쟁 ─ 권리 동시 행사, 법규정 필요 이상으로 준수
- 불매운동(보이콧) ─ 제품구입을 집단적으로 거절
- 피케팅 ─ 대체근로를 저지함으로써 쟁의행위의 실효성을 높이는 행위
- 직장폐쇄 ─ 사용자의 유일한 대항수단

조정 24-54
- 조정 ─ 노사 간의 자율적인 협상이 실패 후 제3자가 개입하여 분쟁을 해결하려는 절차
- 중재 ─ 조정이 실패하거나 중재를 신청한 경우, 중재위원회가 법적 구속력을 가진 결정을 내리는 절차
- 긴급조정 ─ 국가의 경제나 공공의 안전에 중대한 영향을 미칠 수 있는 쟁의가 발생할 때, 정부가 개입하여 신속하게 해결하려는 조정절차

경영참가 17-56

직접참가
- 자본참가 ─ 종업원이 자본 출자
- 종업원지주제도 ─ 우리 사주제도, 종업원이 자사주 취득
- 노동주제도 ─ 스톡옵션제도, 종업원에게 주식을 주는 제도

간접참가
- 이익참가 ─ 이윤의 일부를 근로자에게 임금 이외의 형태로 분배
  - 종류
    - 스캔론플랜 ─ 총매출액에서 인건비 절약분 인센티브 분배
    - 럭커플랜 ─ 경기변동에 덜 민감한 노동비용을 부가가치로 나눠 분배
    - 럭커론= 생산액 / 부가가치
- 노사협의제 ─ 단체교섭에서 취급되지 않는 사항 협의
- 노사공동결정제 ─ 노사가 경영에 참가

▌예제 문제

2016년
52 노사관계에 관한 설명으로 옳은 것은?

① 숍(shop) 제도는 노동조합의 규모와 통제력을 좌우할 수 있다.
② 체크오프(check off) 제도는 노동조합비의 개별납부제도를 의미한다.
③ 경영참가 방법 중 종업원 지주제도는 의사결정 참가의 한 방법이다.
④ 준법투쟁은 사용자측 쟁위행위의 한 방법이다.
⑤ 우리나라 노동조합의 주요 형태는 직종별 노동조합이다.

2023년
55 부당노동행위 중 근로자가 어느 노동조합에 가입하지 아니할 것 또는 탈퇴할 것을 고용조건으로 하거나 특정한 노동조합의 조합원이 될 것을 고용조건으로 하는 행위는?

① 불이익대우
② 단체교섭거부
③ 지배 · 개입 및 경비원조
④ 정당한 단체행동참가에 대한 해고 및 불이익대우
⑤ 황견계약

▌정답 및 해설

▶ **2016년 52번**   ■ 노사관계

    ② 체크오프 제도는 노동조합원이 개별적으로 노동조합비를 납부하는 것이 아니라, 사용자가 근로자의 임금에서 조합비를 자동으로 공제하여 노동조합에 대신 납부하는 제도이다. 이 제도는 노동조합비 납부의 편의성을 높이기 위해 마련된 것으로, 근로자는 직접 납부할 필요가 없으며, 임금 지급 시에 자동으로 조합비가 공제된다.

    ③ 종업원 지주제도는 주주로서 의사결정에 간접적으로 참여하는 방법 중 하나일 수 있지만, 직접적인 의사결정 참가 방식으로 보기는 어렵다. 의사결정 참여는 종업원이 일상적이고 구체적인 경영 의사결정 과정에 참여하는 것을 의미하며, 종업원 지주제도는 주로 종업원이 주주로서 경영 성과와 이익에 대한 관심을 가지는 방법이다.

    ④ 준법투쟁은 노동자 측의 쟁의행위로, 노동조합이나 근로자들이 사용자에게 압력을 가하기 위해 선택하는 방법이다. 사용자 측 쟁위행위는 노동조합의 쟁의행위에 맞서 사용자가 취할 수 있는 대응 방법을 의미한다. 대표적인 사용자 측의 쟁위행위로는 직장 폐쇄(lockout)가 있다. 직장 폐쇄는 노조의 파업이나 쟁의행위에 대응하여 사용자가 노동자들의 출근을 금지하고 작업을 중단하는 방식이다.

    ⑤ 대한민국의 노동조합에서 가장 일반적인 형태는 기업별 노동조합이다. 즉, 같은 기업에 소속된 노동자들이 하나의 노조를 구성하는 형태이다. 이와 달리 직종별 노동조합(Craft Union)은 특정 직종에 종사하는 노동자들이 직종을 기준으로 결성하는 노조 형태로, 우리나라에서는 상대적으로 드문 형태이다.

    🔍답 ①

▶ **2023년 55번**   ■ 황견계약

부당노동행위 중 근로자에게 특정 노동조합과 관련된 행동을 강요하는 행위는 "Yellow-Dog Contract(황견계약)" 또는 고용조건에 대한 노동조합 가입 강요 행위"로 불린다. 이는 사용자가 근로자에게 특정 노동조합에 가입하지 않거나 탈퇴할 것을 고용조건으로 하거나, 특정 노동조합의 조합원이 될 것을 고용조건으로 강요하는 행위를 의미하는 것으로 근로자의 자유로운 노동조합 활동을 저해하고, 노동 3권 중 단결권을 침해하는 것으로 간주된다.

    🔍답 ⑤

2022년

52 노사관계에서 숍제도(shop system)를 기본적인 형태와 변형적인 형태로 구분할 때, 기본적인 형태를 모두 고른 것은?

ㄱ. 클로즈드 숍(closed shop) ㄴ. 에이전시 숍(agency shop)
ㄷ. 유니온 숍(union shop) ㄹ. 오픈 숍(open shop)
ㅁ. 프레퍼렌셜 숍(preferential shop) ㅂ. 메인티넌스 숍(maintenance shop)

① ㄱ, ㄴ, ㄷ
② ㄱ, ㄷ, ㄹ
③ ㄱ, ㄷ, ㅂ
④ ㄴ, ㄹ, ㅁ
⑤ ㄴ, ㅁ, ㅂ

2019년

52 노동조합에 관한 설명으로 옳지 않은 것은?

① 직종별 노동조합은 산업이나 기업에 관계없이 같은 직업이나 직종 종사자들에 의해 결성된다.
② 산업별 노동조합은 기업과 직종을 초월하여 산업을 중심으로 결성된다.
③ 산업별 노동조합은 직종 간, 회사 간 이해의 조정이 용이하지 않다.
④ 기업별 노동조합은 동일 기업에 근무하는 근로자들에 의해 결성된다.
⑤ 기업별 노동조합에서는 근로자의 직종이나 숙련 정도를 고려하여 가입이 결정된다.

2014년

56 단체교섭의 절차에 관한 설명으로 옳지 않은 것은?

① 노사간의 교섭안을 차례로 제시하고 대응하며 양측에 요구사항을 수시로 수정해야 협상이 가능하다.
② 노사간의 교섭과정에서 끝까지 타협이 안 된다면 정부나 제3자의 조정 및 중재가 필요하다.
③ 노사간의 협상내용이 타결되면 단체협약서를 작성하고 협약내용을 관리할 필요가 있다.
④ 사용자가 파업근로자 대신 임시직을 채용하거나 비조합원들을 파업 장소로 이동 시켜 대체할 수 있다.
⑤ 노사간의 협상이 결렬되면 양측은 서로에 대해 파업과 직장폐쇄 등으로 실력을 행사할 수 있다.

▶ 2022년 52번

■ 숍 제도(shop system)

1. 기본적인 숍 제도

　　1) 오픈 숍(Open Shop) – 근로자가 노동조합에 가입할지 말지를 자유롭게 선택할 수 있는 제도이다. 노동조합에 가입하지 않아도 고용 및 근로 조건에 차별이 없으며, 모든 근로자가 동일한 조건에서 일할 수 있다.

　　2) 유니온 숍(Union Shop) – 근로자는 고용 시 즉시 노동조합에 가입할 필요는 없지만, 고용 후 일정 기간 내에 반드시 노동조합에 가입해야 하는 제도

　　3) 클로즈드 숍(Closed Shop) – 근로자가 고용되기 전에 반드시 노동조합에 가입해야 하는 제도이다. 노동조합에 가입하지 않은 근로자는 고용될 수 없으며, 기존 조합원만이 고용될 수 있다.

2. 변형적인 숍 제도

　　1) 에이전시 숍(Agency Shop) – 근로자가 노동조합에 가입하지 않아도 되지만, 노동조합이 제공하는 혜택에 대한 대가로 조합비와 유사한 비용을 지불해야 하는 제도이다. 이는 조합원이 아니더라도 노동조합의 혜택을 받는 근로자에게 적용된다.

　　2) 프레퍼렌셜 숍(Preferential Shop) – 노동조합원에게 고용과 승진에 있어 우선권을 부여하는 제도이다. 즉, 조합원이 아닌 근로자도 고용될 수 있지만, 조합원에게 우선권이 주어진다.

　　3) 메인티넌스 숍(Maintenance Shop) – 근로자가 고용 시 노동조합에 가입할 필요는 없지만, 한 번 노동조합에 가입한 후에는 고용이 유지되는 동안 조합원 자격을 유지해야 하는 제도이다. 즉, 고용이 지속되는 한 조합을 탈퇴할 수 없다.

🔍답 ②

▶ 2019년 52번

■ 노동조합의 유형

1. 직종별 노동조합(Craft Union) – 같은 직업이나 직종에 종사하는 근로자들이 산업이나 기업과 상관없이 결성하는 노동조합
예시: 목수, 전기기사, 간호사, 교사 등과 같은 특정 직업에 종사하는 근로자들이 하나의 산업이나 기업에 상관없이 결성할 수 있다.

2. 산업별 노동조합(Industrial Union) – 같은 산업에 종사하는 모든 근로자들이, 직종이나 직무에 관계없이 결성하는 노동조합을 의미

3. 기업별 노동조합 – 특정 기업 내의 근로자들로 구성된 노동조합을 의미

4. 일반노동조합 – 특정 직종이나 산업이 아닌 다양한 직업군, 업종, 또는 지역에서 일하는 근로자들을 대상으로 조직된 노동조합을 의미, 다국적 기업이나 플랫폼 노동자, 비정규직 근로자들의 문제를 해결하는 데 있어 중요한 역할을 할 수 있으며, 사회적 불평등을 해소하기 위한 중요한 노동운동 조직이다.

⑤ 기업별 노동조합의 기본적인 목적은 기업 내 근로자들의 권익을 보호하는 것이므로, 직종이나 숙련도에 따른 제한은 크게 두지 않고 다양한 근로자들이 참여하는 것이 일반적이다.

🔍답 ⑤

▶ 2014년 56번

■ 단체교섭의 절차
단체교섭은 노동조합과 사용자(기업)가 근로조건, 임금, 근무시간, 복지 등과 관련된 사항을 협의하기 위해 진행하는 공식적인 절차이다.
교섭 요구 및 응답 → 교섭 대표자 선정 → 교섭 의제 설정 → 교섭 진행 → 합의 도출 및 승인 → 합의 사항 이행 → 결렬 시 조정 및 쟁의 행위

④ 한국에서는 법적으로 쟁의 행위(파업) 중인 사업장에서 대체근로가 제한된다. 사용자는 파업 중인 근로자 대신 새로운 근로자를 고용하거나 기존 근로자들을 다른 부서로 이동시키는 방식으로 대체근로를 활용할 수 없다. 이는 노동조합의 파업권을 보호하고, 파업의 실효성을 유지하기 위한 제도적 장치이다. 다만, 비조합원이 자발적으로 파업에 불참하거나 계속해서 근무를 선택하는 경우, 그 근무 자체는 법적으로 문제가 되지 않는다.

🔍답 ④

52 **노사관계에 관한 설명으로 옳지 않은 것은?**

① 우리나라에서 단체협약은 1년을 초과하는 유효기간을 정할 수 없다.

② 1935년 미국의 와그너법(Wagner Act)은 부당노동행위를 방지하기 위하여 제정되었다.

③ 유니온 숍제는 비조합원이 고용된 이후, 일정기간 이후에 조합에 가입하는 형태이다.

④ 우리나라에서 임금교섭은 조합 수 기준으로 기업별 교섭 형태가 가장 많다.

⑤ 직장폐쇄는 사용자측의 대항행위에 해당한다.

58 **단체교섭의 방식에 관한 설명으로 옳지 않은 것은?**

① 기업별 교섭은 특정기업 또는 사업장 단위로 조직된 노동조합이 단체교섭의 당사자가 되어 기업주 또는 사용자와 교섭하는 방식이다.

② 공동교섭은 상부단체인 산업별, 직업별 노동조합이 하부단체인 기업별 노조나 기업 단위의 노조지부와 공동으로 지역적 사용자와 교섭하는 방식이다.

③ 대각선 교섭은 전국적 또는 지역적인 산업별 노동조합이 각각의 개별 기업과 교섭하는 방식이다.

④ 통일교섭은 전국적 또는 지역적인 산업별 또는 직업별 노동조합과 이에 대응하는 전국적 또는 지역적인 사용자와 교섭하는 방식이다.

⑤ 집단교섭은 여러 개의 노동조합 지부가 공동으로 이에 대응하는 여러 개의 기업들과 집단적으로 교섭하는 방식이다.

▶ 2020년 52번 ■ 노사관계

① 우리나라(한국)에서 단체협약의 유효기간에 관한 규정은 「노동조합 및 노동관계조정법」(노조법)에 명시되어 있다. 이 법에 따르면, 단체협약의 유효기간은 1년 이상 3년 이하로 정해야 한다. 따라서, 단체협약은 1년을 초과하는 유효기간을 정할 수 있다.

🔍답 ①

▶ 2015년 58번 ■ 단체교섭 유형

단체교섭은 노동조합과 사용자 사이에서 근로조건, 임금, 근무시간 등을 협의하는 중요한 과정이다. 그 방식은 다양하며, 상황에 따라 서로 다른 전략을 사용할 수 있다.

1. 통일교섭 – 여러 노동조합이 공동의 요구를 제시하고 사용자 측과 하나로 통합된 방식으로 교섭하는 방식, 노동조합 간 협력이 중요하며 여러 노조의 요구를 조정해야 하므로 사전 조율이 필요하다.

2. 공동교섭 – 상위 단체(산업별 노조나 직업별 노조)와 하위 단체(기업별 노조나 지부)가 공동으로 사용자 측과 교섭하는 방식, 상위 및 하위 노동조합이 협력하여 교섭을 진행하며 노동조합 간 조정이 필요하므로 사전 협의가 중요

3. 대각선교섭 – 산업별 노동조합과 개별 기업의 사용자 사이에서 교섭이 이루어지는 방식, 산업 전체를 대표하는 노동조합이 개별 기업과 교섭하는 것으로 기업별 노조의 역할이 축소될 수 있으며, 산업적 요구가 우선시 된다.

4. 집단교섭 – 여러 기업의 사용자들과 하나 이상의 노동조합이 집단으로 교섭하는 방식, 여러 기업이 함께 협상함으로써 노동자들에게 동일한 조건을 제공할 수 있으며, 노동조합 입장에서 교섭력이 커지지만, 사용자 간 합의가 어려울 수 있다.

5. 기업별교섭 - 개별 기업의 노동조합과 해당 기업의 사용자 간에 이루어지는 교섭 방식, 개별 기업의 특성에 맞춘 협상이 가능하며, 기업의 규모에 따라 교섭력 차이가 있을 수 있다. 대기업일수록 노조의 교섭력이 강할 수 있지만, 소규모 기업에서는 협상력이 약할 수 있다.

🔍답 ②

2021년
55 노동쟁의와 관련하여 성격이 다른 하나는?

① 파업   ② 준법투쟁
③ 불매운동   ④ 생산통제
⑤ 대체고용

2017년
56 경영참가제도에 관한 설명으로 옳지 않은 것은?

① 경영참가제도는 단체교섭과 더불어 노사관계의 양대 축을 형성하고 있다.
② 독일은 노사공동결정제를 실시하고 있다.
③ 스캔론플랜(Scanlon plan)은 경영참가제도 중 자본참가의 한 유형이다.
④ 종업원지주제(ESOP)는 원래 안정주주의 확보라는 기업방어적인 측면에서 시작 되었다.
⑤ 정치적인 측면에서 볼 때 경영참가제도의 목적은 산업민주주의를 실현하는데 있다.

▶ 2021년 55번   ■ 노동쟁의 행위의 유형

노동쟁의 행위는 노동조합과 사용자 간의 협상이 결렬되거나 갈등이 발생했을 때, 노동자들이 자신의 권리를 보호하고 요구를 관철시키기 위해 취하는 행위를 말한다. 이러한 행위는 법적 절차를 따르는 합법적인 경우도 있고, 법적 한계를 벗어난 경우도 있다.

1. 파업(Strike) – 노동자들이 집단적으로 작업을 중단하는 행위
   1) 전면 파업: 모든 노동자가 참여하는 전면적인 작업 중단.
   2) 부분 파업: 특정 부서나 직종의 노동자들만 참여하는 파업.
   3) 준법 투쟁(Work-to-rule): 법정 기준에 맞게만 일하며 생산성을 고의적으로 낮추는 방식.
2. 태업(Slowdown Strike or Sabotage) – 노동자들이 일을 완전히 중단하지는 않지만, 일부러 업무를 지연시키거나 비효율적으로 처리하는 방식, 예를 들어, 과도하게 엄격하게 작업 규정을 지키는 방식이 이에 해당
3. 보이콧(Boycott) – 노동자들이 사용자나 그와 관련된 제품 또는 서비스에 대한 구매나 이용을 거부하는 행위
   1) 1차 보이콧: 노동자들이 직접 자신이 속한 기업의 제품이나 서비스를 거부하는 행위.
   2) 2차 보이콧: 노동자들이 다른 소비자나 기업이 자신이 속한 기업의 제품이나 서비스를 구매하거나 이용하지 않도록 호소하는 행위.
4. 피케팅(Picketing) – 노동자들이 파업 중에 공장이나 직장 입구에서 시위를 하거나, 출입을 저지하는 행위
5. 직장 폐쇄(Lockout) – 사용자 측이 노동조합에 대응하여 노동자들의 작업장을 폐쇄하거나, 출근을 금지시키는 방식
6. 준법 투쟁(Work-to-rule) – 노동자들이 법적으로 정해진 규칙만 엄격하게 준수하여 업무를 수행함으로써 생산성을 의도적으로 저하시키는 쟁의 행위
7. 점거 농성(Sit-in Strike) – 노동자들이 공장이나 작업장을 점거한 채 나가지 않으면서 작업을 중단하는 방식
8. 일일 파업(One-day Strike) – 노동자들이 하루 동안만 파업을 하는 단기적인 쟁의 행위로 이는 사용자에게 경고의 의미를 주고, 추가적인 협상을 촉구하는 데 목적을 둔다.

ⓠ답 ⑤

▶ 2017년 56번   ■ 자본참가 유형

1. 자본참가 – 근로자가 기업의 소유와 경영에 자본적으로 참여하는 제도이다. 즉, 근로자가 회사의 주식을 소유하거나 이익 배당을 통해 기업의 자본에 기여하고, 기업의 경영 성과에 직접적인 이해관계를 가지는 방식을 의미한다.
   1) 스톡옵션(Stock Options) – 근로자에게 일정 기간 동안 미리 정해진 가격으로 회사의 주식을 매입할 수 있는 권리를 부여하는 제도
   2) 종업원 지주제(Employee Stock Ownership Plan, ESOP) – 회사가 근로자에게 회사의 주식을 부여하거나, 근로자가 주식을 매입할 수 있게 하는 제도
   3) 이익 배당제(Profit Sharing) – 회사의 경영성과에 따라 발생한 이익의 일부를 근로자에게 배당하는 제도
   4) 종업원 주식매입제(Employee Share Purchase Plans, ESPP) – 근로자가 회사의 주식을 할인된 가격으로 매입할 수 있는 기회를 제공하는 제도

③ 스캔론 플랜(Scanlon Plan)은 경영참가제도 중 하나이지만, 자본참가의 유형이라기보다는 이익분배제도(profit-sharing plan)에 속한다. 즉, 경영성과를 근로자와 공유하는 방식으로, 생산성 향상을 통한 성과를 근로자와 사용자 모두에게 이익으로 돌리는 제도이다.

ⓠ답 ③

54 **노동쟁의조정에 관한 설명으로 옳지 않은 것은?**

① 노동쟁의조정은 노동위원회가 담당한다.

② 노동쟁의조정은 조정, 중재, 긴급조정 등이 있다.

③ 노동쟁의조정 방법에 있어서 임의조정제도는 허용되지 않는다.

④ 확정된 중재내용은 단체협약과 동일한 효력을 갖는다.

⑤ 노동쟁의조정 중 조정은 노동위원회에서 조정안을 작성하여 관계당사자들에게 제시하는 방법이다.

▶ 2024년 54번 　　 ■ 노동쟁의 조정

노동쟁의조정은 노동자와 사용자 간에 발생한 노동쟁의를 해결하기 위해 제3자가 개입하여 조정하거나 중재하는 과정을 말한다. 노동쟁의는 주로 임금, 근로 조건, 복지, 고용 안정 등과 관련된 갈등에서 발생하며, 조정 절차는 이를 평화적으로 해결하기 위한 제도적 장치

1. 조정(Mediation) - 제3자(노동위원회 등)가 개입하여 노동자와 사용자가 합의에 이를 수 있도록 도와주는 방식이다. 조정자는 노사 양측의 의견을 경청하고, 해결책을 제시하며 중립적으로 조정한다.

2. 중재(Arbitration) - 강제적인 해결 방법으로, 제3자인 중재위원회가 최종 결정을 내리는 방식이다. 노사 양측은 중재위원회의 결정을 따를 법적 의무가 있으며, 이를 통해 분쟁을 종결한다.

3. 긴급조정(Emergency Arbitration) - 긴급조정은 국가 경제나 국민 생활에 중대한 영향을 미치는 쟁의가 발생할 우려가 있을 때, 정부가 개입하여 이를 강제적으로 조정하는 방식이다. 주로 공공부문이나 주요 산업에서 파업이나 직장 폐쇄가 발생하여 국가적 혼란을 야기할 수 있을 때 사용된다.

4. 자율조정(Voluntary Mediation) - 노사 양측이 자발적으로 조정자를 선정하여 협상하는 방식이다. 이 경우, 노동위원회가 아닌 외부의 전문가나 중재자가 개입할 수도 있다.

③ 임의조정: 노사 양측이 자발적으로 조정 절차를 선택하며, 제3자의 도움을 받지만, 제안된 해결책을 반드시 따를 필요는 없다.

강제조정(중재): 조정자가 제시한 해결책을 법적으로 따를 의무가 있으며, 노사 양측은 중재 결과를 반드시 수용해야 한다. 이는 주로 중재 절차를 통해 이루어진다.

따라서 노동쟁의 해결을 위한 방법 중 하나인 임의조정제도는 허용되며, 이는 노사 양측이 평화적인 방법으로 갈등을 해결할 수 있도록 돕는 중요한 절차이다.　　　　　　　　　　답 ③

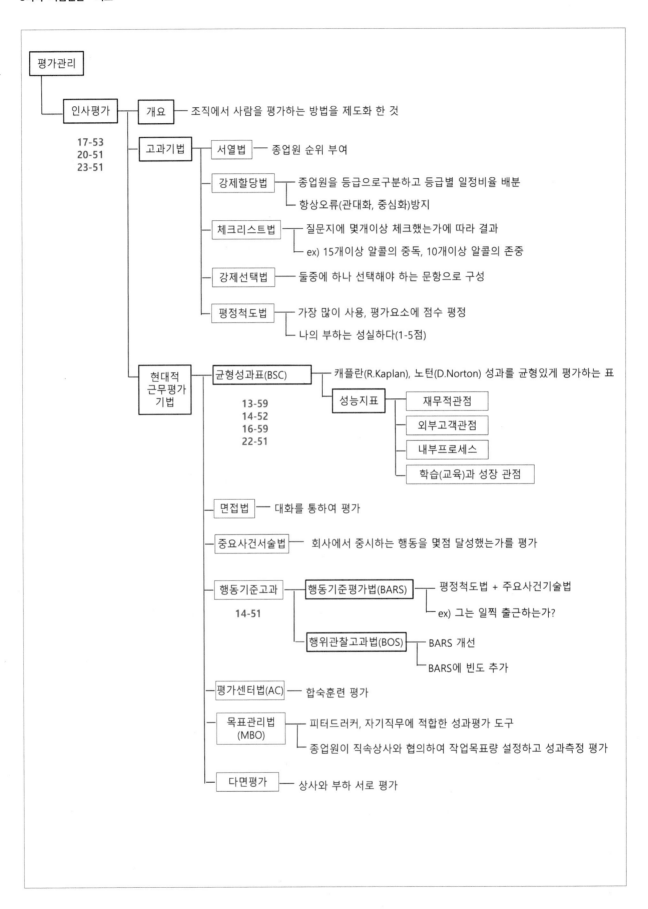

평가관리

인사평가
17-53
20-51
23-51

개요 ── 조직에서 사람을 평가하는 방법을 제도화 한 것

고과기법

서열법 ── 종업원 순위 부여

강제할당법 ── 종업원을 등급으로구분하고 등급별 일정비율 배분
── 항상오류(관대화, 중심화)방지

체크리스트법 ── 질문지에 몇개이상 체크했는가에 따라 결과
── ex) 15개이상 알콜의 중독, 10개이상 알콜의 존중

강제선택법 ── 둘중에 하나 선택해야 하는 문항으로 구성

평정척도법 ── 가장 많이 사용, 평가요소에 점수 평정
── 나의 부하는 성실하다(1-5점)

현대적 근무평가 기법

균형성과표(BSC)
13-59
14-52
16-59
22-51
── 캐플란(R.Kaplan), 노턴(D.Norton) 성과를 균형있게 평가하는 표

성능지표
재무적관점
외부고객관점
내부프로세스
학습(교육)과 성장 관점

면접법 ── 대화를 통하여 평가

중요사건서술법 ── 회사에서 중시하는 행동을 몇점 달성했는가를 평가

행동기준고과
14-51

행동기준평가법(BARS) ── 평정척도법 + 주요사건기술법
── ex) 그는 일찍 출근하는가?

행위관찰고과법(BOS) ── BARS 개선
── BARS에 빈도 추가

평가센터법(AC) ── 합숙훈련 평가

목표관리법(MBO) ── 피터드러커, 자기직무에 적합한 성과평가 도구
── 종업원이 직속상사와 협의하여 작업목표량 설정하고 성과측정 평가

다면평가 ── 상사와 부하 서로 평가

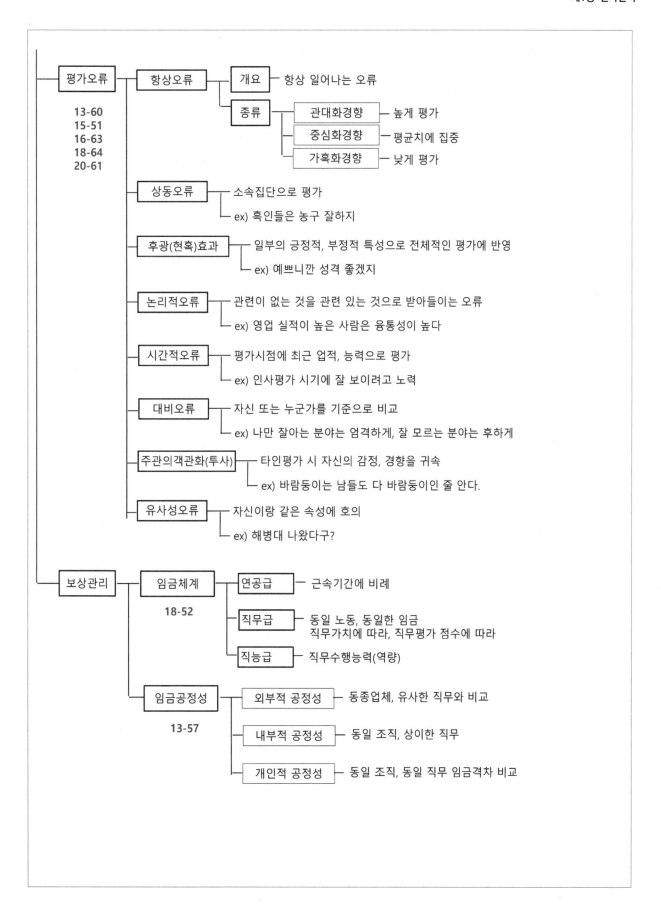

평가오류

13-60
15-51
16-63
18-64
20-61

항상오류 ─ 개요 ─ 항상 일어나는 오류
　　　　└ 종류 ─ 관대화경향 ─ 높게 평가
　　　　　　　　├ 중심화경향 ─ 평균치에 집중
　　　　　　　　└ 가혹화경향 ─ 낮게 평가

상동오류 ─ 소속집단으로 평가
　　　　 └ ex) 흑인들은 농구 잘하지

후광(현혹)효과 ─ 일부의 긍정적, 부정적 특성으로 전체적인 평가에 반영
　　　　　　　 └ ex) 예쁘니깐 성격 좋겠지

논리적오류 ─ 관련이 없는 것을 관련 있는 것으로 받아들이는 오류
　　　　　 └ ex) 영업 실적이 높은 사람은 융통성이 높다

시간적오류 ─ 평가시점에 최근 업적, 능력으로 평가
　　　　　 └ ex) 인사평가 시기에 잘 보이려고 노력

대비오류 ─ 자신 또는 누군가를 기준으로 비교
　　　　 └ ex) 나만 잘아는 분야는 엄격하게, 잘 모르는 분야는 후하게

주관의객관화(투사) ─ 타인평가 시 자신의 감정, 경향을 귀속
　　　　　　　　　 └ ex) 바람둥이는 남들도 다 바람둥이인 줄 안다.

유사성오류 ─ 자신이랑 같은 속성에 호의
　　　　　 └ ex) 해병대 나왔다구?

보상관리

임금체계

18-52

연공급 ─ 근속기간에 비례

직무급 ─ 동일 노동, 동일한 임금
　　　　 직무가치에 따라, 직무평가 점수에 따라

직능급 ─ 직무수행능력(역량)

임금공정성

13-57

외부적 공정성 ─ 동종업체, 유사한 직무와 비교

내부적 공정성 ─ 동일 조직, 상이한 직무

개인적 공정성 ─ 동일 조직, 동일 직무 임금격차 비교

예제 문제

2013년

59 BSC(Balanced Score Card)에 관한 설명으로 옳지 않은 것은?

① 내부 프로세스 관점과 학습 및 성장 관점도 평가의 주요 관점이다.

② 재무적 관점 이외에 고객관점도 평가의 주요 관점이다.

③ 로버트 카플란(R. Kaplan)과 노튼(D. Norton)이 제안한 성과 평가 방식이다.

④ 균형잡힌 성과 측정을 위한 것으로 대개 재무와 비재무지표, 결과와 과정, 내부와 외부, 노와 사 간의 균형을 추구하는 도구이다.

⑤ 전략 모니터링 또는 전략 실행을 관리하기 위한 도구로 활용하는 경우에는 성과 평가 결과를 보상에 연계시키지 않는 것이 바람직하다는 견해가 있다.

2014년

52 카플란(Kaplan)과 노턴(Norton)에 의해 개발된 균형성과표(BSC: balanced scorecard)의 운용체계는 4가지 관점에서 파생되는 핵심성공요인(KPI: key performance indicators)들의 유기적 인과관계로 구성되는데, 4가지 관점으로 모두 옳은 것은?

① 재무적 관점, 고객 관점, 외부 경쟁환경 관점, 학습 · 성장 관점

② 재무적 관점, 고객 관점, 내부 프로세스 관점, 학습 · 성장 관점

③ 재무적 관점, 자재 관점, 외부 경쟁환경 관점, 학습 · 성장 관점

④ 재무적 관점, 고객 관점, 외부 경쟁환경 관점, 직무표준 관점

⑤ 재무적 관점, 자재 관점, 내부 프로세스 관점, 직무표준 관점

▌정답 및 해설

▶ **2013년 59번**　　■ 균형성과표(BSC)

균형성과표(Balanced Scorecard, BSC)는 기업의 성과를 재무적인 지표뿐만 아니라 비재무적인 지표까지 균형 있게 평가하는 성과 관리 도구이다. 1992년 로버트 캐플런(Robert Kaplan)과 데이비드 노턴(David Norton)이 개발한 이 개념은 조직의 전략적 목표를 구체적인 성과 지표로 설정하고, 이를 측정하고 관리하는 데 도움을 준다.

BSC의 4가지 관점

1. 재무적 관점 – 기업의 전통적인 성과 지표인 매출, 이익, 비용, 투자 수익률 등 재무적인 측면을 다룹니다. 재무적 성과는 기업의 목표가 되는 이익 창출 여부를 평가하는 데 핵심적인 역할을 한다.
2. 고객 관점 – 고객 만족도와 고객의 요구 충족을 중심으로 고객이 기업의 제품이나 서비스를 어떻게 평가하는지를 측정한다. 고객 만족과 충성도가 높을수록 기업의 장기적인 성공 가능성이 커진다.
3. 내부 프로세스 관점 – 기업이 효율적으로 내부 운영을 관리하고, 제품 또는 서비스를 효율적으로 제공하는지 평가하는 관점이다. 이는 프로세스의 개선, 혁신, 운영 효율성 향상 등을 목표로 한다.
4. 학습과 성장 관점 – 조직 내 지식, 기술, 조직 문화 등을 강화하여 장기적으로 조직이 발전할 수 있는 기반을 마련하는 것을 평가한다. 이는 인적 자원 개발, 혁신적인 조직 문화, 기술력 향상 등이 포함된다.

　　　　　　　　　　　　　　　　　　　　　　　　　　　　　　　　　　　　　　답 ④

▶ **2014년 52번**　　■ 균형성과표(BSC)

BSC의 4가지 관점

1. 재무적 관점 – 기업의 전통적인 성과 지표인 매출, 이익, 비용, 투자 수익률 등 재무적인 측면을 다룹니다. 재무적 성과는 기업의 목표가 되는 이익 창출 여부를 평가하는 데 핵심적인 역할을 한다.
2. 고객 관점 – 고객 만족도와 고객의 요구 충족을 중심으로 고객이 기업의 제품이나 서비스를 어떻게 평가하는지를 측정한다. 고객 만족과 충성도가 높을수록 기업의 장기적인 성공 가능성이 커진다
3. 내부 프로세스 관점 – 기업이 효율적으로 내부 운영을 관리하고, 제품 또는 서비스를 효율적으로 제공하는지 평가하는 관점이다. 이는 프로세스의 개선, 혁신, 운영 효율성 향상 등을 목표로 한다.
4. 학습과 성장 관점 – 조직 내 지식, 기술, 조직 문화 등을 강화하여 장기적으로 조직이 발전할 수 있는 기반을 마련하는 것을 평가한다. 이는 인적 자원 개발, 혁신적인 조직 문화, 기술력 향상 등이 포함된다.

　　　　　　　　　　　　　　　　　　　　　　　　　　　　　　　　　　　　　　답 ②

2016년

59 카플란(R. Kaplan)과 노턴(D. Norton)이 주창한 BSC(Balance Score Card)에 관한 설명으로 옳은 것은?

① 균형성과표로 생산, 영업, 설계, 관리부문의 균형적 성장을 추구하기 위한 목적으로 활용된다.

② 객관적인 성과 측정이 중요하므로 정성적 지표는 사용하지 않는다.

③ 핵심성과지표(KPI)는 비재무적요소를 배제하여 책임소재의 인과관계가 명확한 평가가 이루어지도록 한다.

④ 기업문화와 비전에 입각하여 BSC를 설정하므로 최고경영자가 교체되어도 지속적으로 유지된다.

⑤ BSC의 실행을 위해서는 관리자들이 조직에서 어느 개인, 어느 부서가 어떤 지표의 달성에 책임을 지는지 확인하여야 한다.

2023년

51 인사평가의 방법을 상대평가법과 절대평가법으로 구분할 때 상대평가법에 속하는 기법을 모두 고른 것은?

ㄱ. 서열법　　　　　　　　　　　ㄴ. 쌍대비교법
ㄷ. 평정척도법　　　　　　　　　ㄹ. 강제할당법
ㅁ. 행위기준척도법

① ㄱ, ㄴ, ㄷ　　　　　　② ㄱ, ㄴ, ㄹ　　　　　　③ ㄱ, ㄷ, ㄹ
④ ㄴ, ㄷ, ㅁ　　　　　　⑤ ㄴ, ㄹ, ㅁ

2017년

53 인사고과에 관한 설명으로 옳은 것을 모두 고른 것은?

ㄱ. 캐플란(R. Kaplan)과 노턴(D. Norton)이 주장한 균형성과표(BSC)의 4가지 핵심 관점은 재무관점, 고객관점, 외부환경관점, 학습·성장관점이다.
ㄴ. 목표관리법(MBO)의 단점 중 하나는 권한위임이 이루어지기 어렵다는 것이다.
ㄷ. 체크리스트법(대조법)은 평가자로 하여금 피평가자의 성과, 능력, 태도 등을 구체적으로 기술한 단어나 문장을 선택하게 하는 인사고과법이다.
ㄹ. 대부분의 전통적인 인사고과법과는 달리, 종합평가법 혹은 평가센터법(ACM)은 미래의 잠재능력을 파악할 수 있는 인사고과법이다.
ㅁ. 행동기준평가법(BARS)은 척도설정 및 기준행동의 기술 - 중요과업의 선정-과업행동의 평가 순으로 이루어진다.

① ㄱ, ㅁ　　　　　　　② ㄷ, ㄹ　　　　　　　③ ㄱ, ㄴ, ㄷ
④ ㄷ, ㄹ, ㅁ　　　　　⑤ ㄱ, ㄷ, ㄹ, ㅁ

▶ 2016년 59번 ■ 균형성과표(BSC)

① BSC는 조직 전반의 성과와 목표를 종합적이고 균형 있게 평가하고 관리하는 도구이기 때문에, 특정 부문에만 국한된 것이 아니라는 점이 중요하다.

② BSC는 객관적인 성과 측정만을 중요시하지 않으며, 조직의 비재무적 성과와 정성적인 요소도 균형 있게 평가한다. BSC는 정량적 지표와 정성적 지표를 모두 포함하여 조직의 성과를 종합적으로 관리하는 도구이다.

③ 핵심성과지표(KPI)는 재무적 요소뿐만 아니라 비재무적 요소를 포함하여 성과를 평가하며, 이를 통해 책임 소재를 명확히 하면서도 조직의 전반적인 성과를 종합적으로 평가한다. 따라서 비재무적 요소를 배제한다는 표현은 잘못된 설명이다. KPI는 재무적·비재무적 성과를 모두 고려해 조직의 목표 달성과 장기적인 성공을 평가하는 도구이다.

④ BSC는 기업의 비전과 전략에 기반하여 설정되므로, 최고경영자가 교체되어도 일관성을 유지할 가능성이 큽니다. 하지만, 경영자의 전략적 우선순위나 경영 방향에 따라 BSC의 일부 성과 지표나 관점이 변경될 수 있다는 점에서 반드시 고정적으로 유지된다고 말하기는 어렵다. BSC는 조직의 변화에 맞춰 유연하게 대응할 수 있는 도구이다.

🔍답 ⑤

▶ 2023년 51번 ■ 인사고과

인사평가에서 상대평가법은 직원들 간의 상대적인 성과나 역량을 비교하여 평가하는 방식이다.

1. 서열법 – 직원들을 성과나 능력에 따라 순위를 매기는 방식이다. 성과가 가장 뛰어난 직원부터 가장 낮은 성과를 보인 직원까지 순서대로 나열하는 방식이다. 예시: A, B, C, D, E 다섯 명의 직원을 성과에 따라 1위부터 5위까지 서열을 매기는 방식.

2. 쌍대비교법 – 직원들 간의 성과나 능력을 2명씩 짝을 지어 비교하여, 누가 더 우수한지를 결정하는 방식이다. 모든 직원들이 다른 직원들과 한 번씩 쌍으로 비교되어 평가된다. 예시: A, B, C, D, E 다섯 명의 직원을 두 명씩 짝지어 비교(A vs B, A vs C, A vs D 등), 각 쌍에서 우수한 직원을 선택해 최종적으로 모든 비교 결과를 토대로 순위를 매기는 방식.

3. 강제할당법 – 강제할당법은 직원들의 성과를 미리 정해진 분포 비율에 따라 강제로 할당하는 방식이다. 예를 들어, 상위 20%, 중간 60%, 하위 20%와 같이 정해진 비율에 맞춰서 평가 결과를 나눕니다.

🔍답 ②

▶ 2017년 53번 ■ 인사고과

ㄱ. 균형성과표의 4가지 핵심 관점은 재무적 관점, 고객 관점, 내부 프로세스 관점, 학습과 성장 관점

ㄴ. MBO는 직원들에게 권한을 위임하고 자율성을 부여하는 관리 기법이다. MBO의 진정한 단점은 목표 설정 과정의 복잡성, 단기적 목표에 대한 과도한 집중, 성과 측정의 어려움 등에서 발생할 수 있다.

ㄷ. BARS의 과정은 중요 과업을 선정한 후, 해당 과업에서의 구체적인 행동을 기술하고, 그 행동에 척도를 설정한 후에 평가하는 순서로, 중요 과업의 선정 → 행동의 기술 → 척도 설정 → 행동 평가로 이루어진다.

🔍답 ②

2022년

51 균형성과표(BSC: Balanced Score Card)에서 조직의 성과를 평가하는 관점이 아닌 것은?

① 재무 관점   ② 고객 관점

③ 내부 프로세스 관점   ④ 학습과 성장 관점

⑤ 공정성 관점

2020년

51 인사평가 방법에 관한 설명으로 옳지 않은 것은?

① 서열(ranking)법은 등위를 부여해 평가하는 방법으로, 평가 비용과 시간을 절약할 수 있다.

② 평정척도(rating scale)법은 평가 항목에 대해 리커트(Likert) 척도 등을 이용해 평가한다.

③ BARS(Behaviorally Anchored Rating Scale) 평가법은 성과 관련 주요 행동에 대한 수행정도로 평가한다.

④ MBO(Management by Objectives) 평가법은 상급자와 합의하여 설정한 목표 대비 실적으로 평가한다.

⑤ BSC(Balanced Score Card) 평가법은 연간 재무적 성과 결과를 중심으로 평가한다.

2014년

51 관찰 및 측정이 가능하고 직무와 관련된 피평가자의 행동을 평가기준으로 하는 행동기준고과법(BARS: behaviorally anchored rating scales)의 개발 절차를 순서대로 옳게 나열한 것은?

① 행동기준고과법 개발위원회 구성 → 중요사건의 열거 → 중요사건의 범주화 → 중요사건의 재분류 → 중요사건의 등급화 → 확정 및 실시

② 행동기준고과법 개발위원회 구성 → 중요사건의 열거 → 중요사건의 범주화 → 중요사건의 등급화 → 중요사건의 재분류 → 확정 및 실시

③ 행동기준고과법 개발위원회 구성 → 중요사건의 열거 → 중요사건의 등급화 → 중요사건의 재분류 → 중요사건의 범주화 → 확정 및 실시

④ 행동기준고과법 개발위원회 구성 → 중요사건의 열거 → 중요사건의 등급화 → 중요사건의 범주화 → 중요사건의 재분류 → 확정 및 실시

⑤ 행동기준고과법 개발위원회 구성 → 중요사건의 열거 → 중요사건의 재분류 → 중요사건의 범주화 → 중요사건의 등급화 → 확정 및 실시

▶ **2022년 51번** ■ 균형성과표(BSC)
BSC의 4가지 관점

1. 재무적 관점 – 기업의 전통적인 성과 지표인 매출, 이익, 비용, 투자 수익률 등 재무적인 측면을 다룹니다. 재무적 성과는 기업의 목표가 되는 이익 창출 여부를 평가하는 데 핵심적인 역할을 한다.
2. 고객 관점 – 고객 만족도와 고객의 요구 충족을 중심으로 고객이 기업의 제품이나 서비스를 어떻게 평가하는지를 측정한다. 고객 만족과 충성도가 높을수록 기업의 장기적인 성공 가능성이 커진다
3. 내부 프로세스 관점 – 기업이 효율적으로 내부 운영을 관리하고, 제품 또는 서비스를 효율적으로 제공하는지 평가하는 관점이다. 이는 프로세스의 개선, 혁신, 운영 효율성 향상 등을 목표로 한다.
4. 학습과 성장 관점 – 조직 내 지식, 기술, 조직 문화 등을 강화하여 장기적으로 조직이 발전할 수 있는 기반을 마련하는 것을 평가한다. 이는 인적 자원 개발, 혁신적인 조직 문화, 기술력 향상 등이 포함된다.

답 ⑤

▶ **2020년 51번** ■ 균형성과표(BSC)
BSC 평가법은 연간 재무적 성과에만 집중하지 않는다. 대신, 재무적 성과와 비재무적 성과(고객 만족, 내부 프로세스 효율성, 학습과 성장)를 모두 포함하여 조직의 전반적인 성과를 균형 있게 평가한다. BSC는 조직의 장기적인 성공을 위해 다양한 관점을 종합적으로 고려하는 평가 도구이다.

답 ⑤

▶ **2014년 51번** ■ 행동기준고과법(BARS: Behaviorally Anchored Rating Scales)
행동기준고과법(BARS: Behaviorally Anchored Rating Scales)는 관찰 가능하고 직무와 관련된 구체적인 행동을 평가 기준으로 설정하여 피평가자를 평가하는 방법이다. 이 방법은 구체적인 행동을 중심으로 평가하므로, 평가자가 주관적으로 판단하기보다는 구체적인 행동 사례를 기준으로 평가를 수행한다.
BARS 개발 절차

1. 중요 직무 과업의 선정: 직무 분석을 통해 주요 과업을 식별.
2. 행동 사례 도출: 우수한 행동과 미흡한 행동을 구체적으로 기술.
3. 행동 분류 및 그룹화: 유사한 행동을 범주화하여 정리.
4. 평가 척도 설정: 행동을 우수한 행동에서 미흡한 행동까지 순서대로 배열하고, 척도를 설정.
5. 평가 도구 완성: 평가 기준과 척도를 종합하여 평가 도구를 제작.
6. 검증 및 피드백: 평가 도구를 테스트하고 피드백을 통해 수정 및 보완.

답 ①

2013년

60 A과장은 근무평정을 할 때 자신의 부하직원 B가 평소 성실하다는 이유로 자신이 직접 관찰하지 않아서 잘 모르는 B의 창의성, 도덕성, 기획력 등을 모두 높게 평가하였다. 이러한 경우 A과장은 어떤 평정오류를 범하고 있는가?

① 관대화오류　　　　　　　　　　　② 후광오류
③ 엄격화오류　　　　　　　　　　　④ 중앙집중오류
⑤ 대비오류

2015년

51 A기업에서는 평가등급을 5단계로 구분하고 가능한 정규분포를 이루도록 등급별 기준인원을 정하였으나, 평가자에 의하여 다음의 표와 같은 결과가 나타났다. 이와 같은 평가결과의 분포도상의 오류는? (평가등급의 상위 순서는 A, B, C, D, E 등급의 순이다.)

평가등급	A등급	B등급	C등급	D등급	E등급
기준인원	1명	2명	4명	2명	1명
평가결과	5명	3명	2명	0명	0명

① 논리적오류　　　　　　　　　　　② 대비오류
③ 관대화경향　　　　　　　　　　　④ 중심화경향
⑤ 가혹화경향

2016년

63 영업 1팀의 A팀장은 팀원들의 직무수행을 긍정적으로 평가하는 것으로 유명하다. 영업 1팀의 팀원들은 실제 직무수행 수준보다 언제나 높은 평가를 받는다. 한편 영업 2팀의 B팀장은 대부분 팀원을 보통 수준으로 평가한다. 특히 B팀장 자신이 잘 모르는 영역 평가에서 이러한 현상이 두드러진다. 직무수행 평가 패턴에서 A와 B팀장이 각각 범하고 있는 오류(또는 편향)를 순서대로(A, B) 옳게 나열한 것은?

```
ㄱ. 후광오류                    ㄴ. 관대화오류
ㄷ. 엄격화오류                  ㄹ. 중앙집중오류
ㅁ. 자기본위적 편향
```

① ㄱ, ㄷ　　　　　　　　　　　　　② ㄱ, ㄹ
③ ㄴ, ㄷ　　　　　　　　　　　　　④ ㄴ, ㄹ
⑤ ㄴ, ㅁ

▶ 2013년 60번　■ 후광 효과(Halo Effect)
후광 효과는 평가자가 피평가자의 한 가지 긍정적인 특성을 바탕으로, 다른 특성들까지도 긍정적으로 평가하는 경향을 말한다. 즉, 피평가자의 특정한 측면에서 좋은 인상을 받았을 때, 그와 관련이 없는 다른 측면들까지도 높게 평가하는 오류이다.

A과장의 경우: A과장은 B의 성실성이라는 한 가지 특성을 바탕으로, B의 창의성, 도덕성, 기획력 등 자신이 충분히 관찰하지 않은 부분까지 모두 높게 평가하고 있다. 이는 성실한 직원이라는 인상이 다른 역량까지도 모두 뛰어날 것이라는 잘못된 추정을 낳는 전형적인 후광 효과이다.　답 ②

▶ 2015년 51번　■ 관대화 경향(Leniency Bias)
관대화 경향(Leniency Bias)은 평가자가 피평가자들을 실제 능력이나 성과보다 과도하게 좋게 평가하는 경향을 말한다. 즉, 모든 피평가자들에게 지나치게 높은 점수를 주는 평가 오류이다. 이는 평가자가 평가 과정에서 객관성을 잃고 평가 대상자들을 너그럽게 대하는 경향에서 발생한다.　답 ③

▶ 2016년 63번　■ 평정오류
－A팀장: 관대화 경향(Leniency Bias) － A팀장은 팀원들의 직무수행을 항상 긍정적으로 평가하고, 실제 직무수행 수준보다 항상 높은 평가를 주는 경향이 있다. 이는 관대화 경향에 해당한다. 즉, 평가자가 피평가자들에게 너무 너그럽게 평가하여, 실제 성과보다 과도하게 높은 점수를 주는 오류이다.
－B팀장: 중심화 경향(Central Tendency Bias) － B팀장은 대부분 팀원을 보통 수준으로 평가하며, 특히 자신이 잘 모르는 영역에서는 더욱 보통 수준으로 평가하는 경향이 있다. 이는 중심화 경향에 해당한다. 중심화 경향은 평가자가 중간 점수(보통 수준)를 선호하여 극단적인 평가를 피하고, 대부분의 피평가자들을 평균적인 수준으로 평가하는 오류이다.　답 ④

2018년

64 인사평가 시기가 되자 홍길동 부장은 매우 우수한 성과를 보인 이순신 사원을 평가하고, 다음 차례로 이몽룡 사원을 평가하였다. 이 때 이몽룡 사원은 평균적인 성과를 보였음에도 불구하고, 평균 이하의 평가를 받았다. 홍길동 부장의 평가에서 발생한 오류는?

① 후광 오류
② 관대화 오류
③ 중앙집중화 오류
④ 대비 오류
⑤ 엄격화 오류

2020년

61 김부장은 직원의 직무수행을 평가하기 위해 평정척도를 이용하였다. 금년부터는 평정오류를 줄이기 위한 방법으로 '종업원 비교법'을 도입하고자 한다. 이때 제거 가능한 오류(a)와 여전히 존재하는 오류(b)를 옳게 짝지은 것은?

① a: 후광오류, b: 중앙집중오류
② a: 후광오류, b: 관대화오류
③ a: 중앙집중오류, b: 관대화오류
④ a: 관대화오류, b: 중앙집중오류
⑤ a: 중앙집중오류, b: 후광오류

2013년

68 작업자의 수행을 평가할 때 평가자에 의한 관대화 오류가 가장 많이 발생할 수 있는 방법은?

① 종업원 순위법
② 강제배분법
③ 도식적 평정법
④ 정신운동능력 평정법
⑤ 행동기준 평정법

▶ 2018년 64번

■ 대비 효과(Contrast Effect)

대비 효과는 이전에 평가한 사람의 성과가 현재 평가하는 사람의 성과에 영향을 미치는 오류이다. 즉, 우수한 성과를 보인 직원과 평균적인 성과를 보인 직원이 연속적으로 평가될 때, 평균적인 성과를 보인 직원이 상대적으로 낮게 평가되는 경향이다.

홍길동 부장의 경우 - 이순신 사원이 매우 우수한 성과를 보였기 때문에, 그 다음에 평가한 이몽룡 사원이 평균적인 성과를 보였음에도 불구하고, 이순신과 비교되어 평균 이하의 평가를 받았다. 이처럼 이전 평가가 후속 평가에 부정적인 영향을 미치는 것이 바로 대비 효과이다.   답 ④

▶ 2020년 61번

■ 평정오류

김부장이 평정오류를 줄이기 위해 종업원 비교법(예: 서열법, 강제할당법 등)을 도입할 경우, 특정 오류는 제거할 수 있지만, 다른 오류는 여전히 존재할 수 있다.

(a) 제거 가능한 오류: 관대화 경향, 중심화 경향, 엄격화 경향
1) 관대화 경향(Leniency Bias): 평가자가 모든 직원에게 과도하게 높은 점수를 주는 경향.
2) 중심화 경향(Central Tendency Bias): 평가자가 대부분의 직원을 보통 수준으로 평가하는 경향.
3) 엄격화 경향(Stringency Bias): 평가자가 모든 직원에게 과도하게 낮은 점수를 주는 경향.

(b) 여전히 존재하는 오류: 대비 효과, 후광 효과
1) 대비 효과(Contrast Effect): 한 직원의 성과가 이전에 평가된 다른 직원과 비교되어 영향을 받는 오류. 우수한 직원과 평균적인 직원이 연이어 평가될 때 대비되어 평균적인 직원이 더 낮게 평가되는 경우가 이에 해당한다.
2) 후광 효과(Halo Effect): 직원의 특정 한 가지 긍정적 특성이 다른 모든 평가 항목에도 긍정적인 영향을 미쳐, 전반적으로 높게 평가되는 오류.   답 ⑤

▶ 2013년 68번

■ 도식적 평정척도법(Graphic Rating Scale)

1. 개요 - 평가자가 작업자의 특정 성과나 특성을 평가할 때, 척도(예: 1점에서 5점까지 또는 1점에서 7점까지)로 점수를 부여하는 방식이다. 평가 항목에는 성과, 태도, 능력, 책임감 등이 포함될 수 있다.
2. 관대화 오류 발생 가능성 - 평가자가 피평가자에게 과도하게 높은 점수를 주는 경향이 나타날 수 있다. 특히, 평가자가 모든 항목에서 높은 점수를 주려는 경향이 있을 때, 도식적 평정척도법에서는 이를 방지할 뚜렷한 구조적 제약이 없기 때문에 관대화 오류가 쉽게 발생할 수 있다.   답 ③

52 직무급(job-based pay)에 관한 설명으로 옳은 것을 모두 고른 것은?

> ㄱ. 동일노동 동일임금의 원칙(equal pay for equal work)이 적용된다.
> ㄴ. 직무를 평가하고 임금을 산정하는 절차가 간단하다.
> ㄷ. 유능한 인력을 확보하고 활용하는 것이 가능하다.
> ㄹ. 직무의 상대적 가치를 기준으로 하여 임금을 결정한다.
> ㅁ. 직무를 중심으로 한 합리적인 인적자원관리가 가능하게 됨으로써 인건비의 효율성을 증대시킬 수 있다.

① ㄱ, ㄴ, ㄷ   ② ㄷ, ㄹ, ㅁ

③ ㄱ, ㄴ, ㄹ, ㅁ   ④ ㄱ, ㄷ, ㄹ, ㅁ

⑤ ㄱ, ㄴ, ㄷ, ㄹ, ㅁ

57 임금관리 공정성에 관한 설명으로 옳은 것은?

① 내부공정성은 노동시장에서 지불되는 임금액에 대비한 구성원의 임금에 대한 공평성 지각을 의미한다.

② 외부공정성은 단일 조직 내에서 직무 또는 스킬의 상대적 가치에 임금 수준이 비례하는 정도를 의미한다.

③ 직무급에서는 직무의 중요도와 난이도 평가, 역량급에서는 직무에 필요한 역량 기준에 따른 역량 평가에 따라 임금수준이 결정된다.

④ 개인공정성은 다양한 직무 간 개인의 특질, 교육정도, 동료들과의 인화력, 업무 몰입수준 등과 같은 개인적 특성이 임금에 반영되는 정도를 의미한다.

⑤ 조직은 조직구성원에 대한 면접조사를 통하여 자사 임금수준의 내부, 외부 공정성 수준을 평가할 수 있다.

▶ 2018년 52번

■ 직무급(Job-based Pay)

직무급(Job-based Pay)은 직무의 난이도, 중요성, 책임 등을 기준으로 임금을 결정하는 방식이다. 즉, 개인이 수행하는 직무 자체의 가치에 따라 임금이 책정되며, 개인의 능력이나 성과보다는 직무의 객관적인 특성을 기반으로 한 임금 제도이다.

1. 직무의 가치에 따른 임금 결정 - 각 직무의 난이도, 책임, 중요성 등을 평가하고, 그 직무의 상대적 가치에 따라 임금을 책정한다. 동일한 직무를 수행하는 사람은 동일한 임금을 받게 된다.

2. 개인 성과보다 직무 자체를 중시 - 개인의 성과나 능력보다는 직무의 객관적인 특성에 중점을 둡니다. 따라서 같은 직무를 수행하는 사람들은 비슷한 임금을 받는다.

3. 직무 평가 시스템 - 직무 평가(Job Evaluation)를 통해 직무의 상대적 중요성과 가치를 평가한다. 이를 바탕으로 임금이 결정되며, 조직 내 직무 간 임금 격차를 합리적으로 조정할 수 있다.
직무 평가 요소에는 지식, 기술, 복잡성, 문제 해결 능력 등이 포함될 수 있다.

4. 임금의 공정성 강조 - 직무급은 공정한 임금 체계를 강조한다. 개인의 특성이나 성과와 무관하게 동일한 직무를 수행하면 동일한 임금을 받기 때문에, 임금의 공정성이 강조된다.

ㄴ. 직무급에서 직무를 평가하고 임금을 산정하는 절차
직무 분석 → 직무 평가 → 직무 등급화 → 임금 체계 설정 → 정기적 재평가
직무급에서 직무 평가와 임금 산정 과정은 복잡하고 체계적인 절차를 필요로 한다. 각 직무의 가치 평가와 임금 결정은 공정성과 객관성을 확보하기 위해 철저한 분석과 비교가 필요하며, 이를 통해 조직 내 임금 형평성을 유지하고 외부 경쟁력을 갖출 수 있다.

✑답 ④

▶ 2013년 57번

■ 임금관리의 공정성

임금관리의 공정성은 조직 내에서 임금을 적절하고 합리적으로 분배하여 직원들이 공정하다고 느끼는 임금 체계를 구축하는 것을 의미한다. 이는 직원들의 동기 부여, 직무 만족, 성과에 큰 영향을 미치는 중요한 요소이다. 임금의 공정성은 내부 공정성과 외부 공정성으로 나눌 수 있으며, 다양한 측면에서 관리해야 한다.

1. 내부 공정성(Internal Equity) - 조직 내에서 비슷한 직무를 수행하는 직원들 간의 임금이 균형적이고 합리적으로 설정되어 있는지를 의미한다. 직원들은 자신이 속한 조직 내에서 다른 직원들과의 임금 수준을 비교하게 되며, 비슷한 직무와 책임을 가진 동료와 동등한 보상을 기대한다.
내부 공정성을 높이기 위한 방법: 직무 평가, 명확한 임금 체계, 동일 노동 동일 임금

2. 외부 공정성(External Equity) - 외부 공정성은 조직 외부에서 비슷한 직무를 수행하는 다른 조직의 직원들과 비교했을 때, 임금 수준이 경쟁력 있는지를 의미한다. 직원들은 자신이 수행하는 직무와 비슷한 직무를 다른 기업에서 얼마나 보상받는지를 고려하게 된다. 외부 공정성이 부족할 경우 우수한 인재가 이직할 가능성이 커진다.
외부 공정성을 높이기 위한 방법: 시장 임금 조사(Market Salary Survey), 경쟁력 있는 보상 정책

3. 분배 공정성(Distributive Justice) - 분배 공정성은 성과나 기여에 따라 임금이 적절하게 분배되는지를 의미한다. 직원들이 자신의 기여도에 맞게 공정한 보상을 받는다고 느낄 때 동기 부여가 되며, 그렇지 않으면 불만이 생길 수 있다.
분배 공정성을 높이기 위한 방법: 성과 기반 임금 제도, 투명한 성과 평가

4. 절차 공정성(Procedural Justice) - 절차 공정성은 임금 결정 과정이 얼마나 공정하고 투명하게 이루어지는지에 관한 것이다. 직원들이 임금이나 보상에 대해 의문이 있을 때, 그 결정 과정이 합리적이고 투명하다고 느낀다면 공정성을 인식할 수 있다.
절차 공정성을 높이기 위한 방법: 명확한 임금 결정 절차, 피드백과 소통

① 내부공정성은 조직 내 구성원 간의 임금 공평성에 대한 인식을 말하며, 노동시장과의 비교는 외부공정성에 해당된다.

② 외부공정성은 단일 조직 내에서 직무 간 임금 수준을 평가하는 것이 아니라, 조직 외부의 노동시장과 비교하여 조직 내 임금 수준의 적절성을 평가하는 개념이다.

④ 개인공정성은 직원이 자신의 성과, 능력, 기여에 따라 공정하게 임금을 받는지에 대한 인식을 말한다. 즉, 개별 직원의 역량, 노력, 성과가 임금에 적절히 반영되었는지 평가하는 것이다.

⑤ 면접조사는 조직 구성원의 인식을 파악하는 데 유용할 수 있지만, 내부 공정성과 외부 공정성을 제대로 평가하기 위해서는 객관적 데이터(예: 직무 평가, 시장 임금 조사)가 필요하다. 따라서, 면접조사는 공정성 평가의 보완적인 도구로 사용할 수 있지만, 단독으로 공정성 평가를 완전하게 수행하기에는 한계가 있다.

✑답 ③

4주완성 합격마스터
산업안전지도사 1차 필기
3과목 기업진단 · 지도

제 **2** 장

조직관리

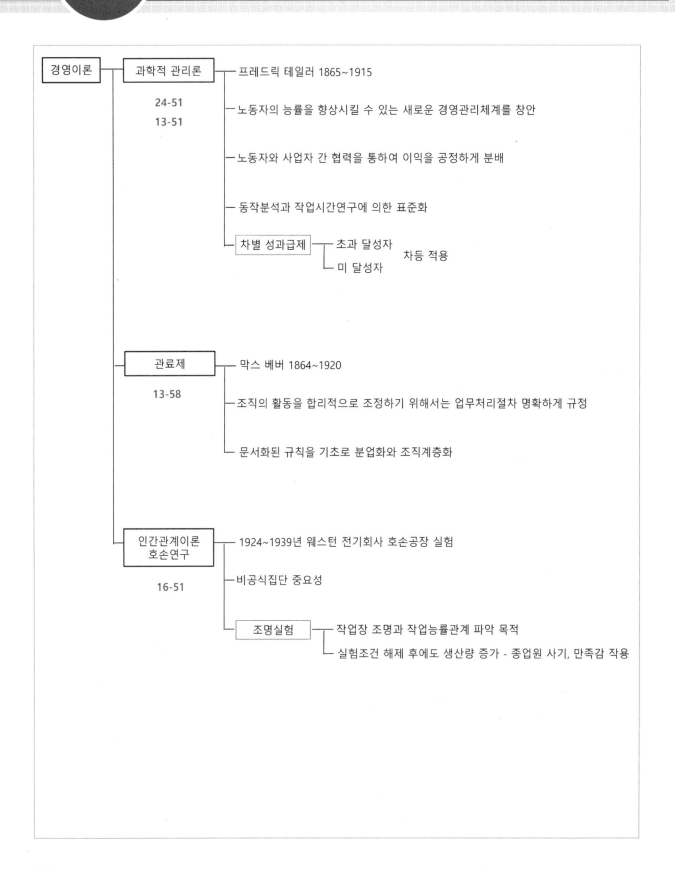

| | | MEMO | | | | | | | | | | | | | | | | | | | | | | | | | | | | | | | | | | | | |

예제 문제

2013년
51 테일러(Taylor)의 과학적 관리법(scientific management)에 관한 설명으로 옳은 것만을 모두 고른 것은?

> ㄱ. 부품을 표준화하고, 작업이 동시에 시작하여 동시에 끝나므로 동시 관리라고도 한다.
> ㄴ. 과업 중심의 관리로 인간의 심리적, 사회적 측면에 대한 문제의식이 부족하다.
> ㄷ. 동일작업에 대하여 과업을 달성하는 경우 고임금, 달성하지 못하는 경우에는 저임금을 지급한다.
> ㄹ. 작업을 전문화하고 전문화된 작업마다 직장(foreman)을 두어 관리하게 한다.
> ㅁ. 작업환경에 관계없이 작업자의 동기부여가 작업능률을 증가시키는 결과를 보여주었다.

① ㄱ, ㅁ   ② ㄷ, ㄹ

③ ㄴ, ㄷ, ㄹ   ④ ㄴ, ㄹ, ㅁ

⑤ ㄱ, ㄷ, ㄹ, ㅁ

2013년
58 막스 베버(M. Weber)가 제시한 관료제의 특징은?

① 조직의 활동을 합리적으로 조정하기 위해서는 업무처리를 위한 절차가 명확하게 규정되어야 한다.

② 조직구성원 간 의사소통의 활성화를 위해 수평적 조직구조를 선호한다.

③ 환경에 대한 적절한 대응을 위해 조직구성원 간의 정보공유를 중시한다.

④ '기계적 관료제'라 불리며 복잡한 환경의 대규모 조직에 효과적이다.

⑤ 하급자는 상급자의 감독과 통제 하에 놓이게 되나 성과 평가를 할 때에는 하급자도 상급자의 평가 과정에 참여한다.

▌정답 및 해설

▶ **2013년 51번**   ■ **테일러(Frederick Winslow Taylor)의 과학적 관리법(Scientific Management)**
테일러(Frederick Winslow Taylor)의 과학적 관리법(Scientific Management)은 작업의 효율성을 극대화하기 위해 노동 과정을 과학적으로 분석하고 표준화된 절차를 도입한 관리 방식이다. 테일러는 19세기 말에서 20세기 초에 산업 현장에서의 비효율성을 해결하고 생산성을 향상시키기 위해 과학적 관리법을 제안했다. 그의 접근법은 작업을 세밀하게 분석하여 표준화된 방법을 개발하고, 노동자의 능률을 최적화하는 것이 목표였다.
과학적 관리법의 주요 개념
1. 작업의 표준화
2. 차별적 성과급 제도
3. 과학적 작업 방법 도출
4. 관리와 노동의 분리
5. 노동자 훈련

ㄱ. 부품을 표준화하고 작업이 동시에 시작하고 끝나는 동시 관리 방식은 효율성과 생산성을 극대화하기 위한 중요한 관리 기법으로 포드 자동차의 조립 라인은 이러한 동시 관리와 관련된 대표적인 사례
ㅁ. 호손 실험(Hawthorne Experiments)은 작업 환경이 작업자의 동기부여와 작업능률에 어떤 영향을 미치는지 조사한 실험으로, 이 실험에서는 작업 환경의 변화(예: 조명)보다도 작업자의 심리적 상태나 감시받는 느낌이 더 큰 영향을 미친다는 결과가 나왔다. 호손 실험은 작업자의 심리적 동기가 작업 성과에 중요한 영향을 미친다는 것을 보여주었지만, 이는 테일러의 과학적 관리법과는 다른 시각이다.

🔍답 ③

▶ **2013년 58번**   ■ **막스 베버(Max Weber)가 제시한 관료제(Bureaucracy)**
막스 베버(Max Weber)가 제시한 관료제(Bureaucracy)는 조직의 합리성과 효율성을 극대화하기 위한 이상적 형태의 조직 구조이다. 베버는 관료제를 합리적·법적 지배에 기초한 조직 형태로 보았으며, 이를 통해 조직의 효율적인 운영을 가능하게 한다고 주장했다. 관료제의 핵심 특징은 명확한 규칙과 절차, 계층적 구조, 전문화 등에 있다.
막스 베버가 제시한 관료제의 특징:
1. 명확한 권한과 책임의 계층 구조 – 관료제에서는 조직이 계층 구조로 이루어져 있으며, 상위 계층에서 하위 계층으로 명확한 명령 체계가 존재한다.
2. 규칙과 절차의 중요성 – 관료제 조직은 공식적인 규칙과 절차에 따라 운영된다. 이는 모든 조직 구성원이 동일한 기준과 절차에 따라 업무를 수행할 수 있도록 하고, 객관성과 일관성을 유지할 수 있도록 한다.
3. 전문화된 직무 – 조직 내 구성원들은 전문화된 직무를 수행한다. 각 구성원은 특정한 업무에 대해 전문적인 지식과 기술을 가지고 있으며, 해당 업무만을 집중적으로 처리한다.
4. 임명에 의한 직무 배정 – 베버의 관료제에서는 개인의 능력과 자격을 바탕으로 직무에 배정된다. 개인의 성과나 자격에 따라 객관적 기준에 의해 임명되며, 혈연이나 연줄이 아니라 실력에 따라 직무가 배정된다.
5. 기록의 중요성 – 관료제 조직에서는 업무 처리 과정에서 발생하는 모든 것이 문서화된다. 이는 투명성을 높이고, 업무의 일관성을 보장하며, 책임 소재를 명확히 하기 위함이다.
6. 개인적 감정 배제 – 베버의 관료제에서는 개인적인 감정이나 관계가 조직 운영에 영향을 미치지 않도록 한다. 업무는 객관적 기준에 따라 처리되며, 개인의 감정적 판단이나 주관적인 요소는 배제된다.
7. 지속성과 안정성 – 관료제 조직은 명확한 규칙과 절차, 계층 구조, 전문화 등을 통해 지속적이고 안정적인 운영이 가능한다. 이를 통해 조직의 예측 가능성이 높아지고, 일관된 성과를 유지할 수 있다.

🔍답 ①

51 인간관계론의 호손실험에 관한 설명으로 옳지 않은 것은?

① 종업원의 작업능률에 영향을 미치는 요인을 연구하였다.

② 조명실험은 실험집단과 통제집단을 나누어 진행하였다.

③ 작업능률향상은 작업장에서 물리적 작업조건 변화가 가장 중요하다는 것을 확인하였다.

④ 면접조사를 통해 종업원의 감정이 작업에 어떻게 작용하는가를 파악하였다.

⑤ 작업능률은 비공식조직과 밀접한 관련이 있다는 것을 발견하였다.

51 테일러(F.Taylor)의 과학적 관리법에 관한 설명으로 옳은 것을 모두 고른 것은?

ㄱ. 고임금 고노무비	ㄴ. 개방체계
ㄷ. 차별성과급 제도	ㄹ. 시간연구
ㅁ. 작업장의 사회적 조건	ㅂ. 과업의 표준

① ㄱ   ② ㄴ, ㅁ

③ ㄱ, ㄷ, ㅂ   ④ ㄴ, ㄹ, ㅁ

⑤ ㄷ, ㄹ, ㅂ

▶ 2016년 51번

■ 호손 실험(Hawthorne Experiments)

호손 실험(Hawthorne Experiments)은 1920년대 후반부터 1930년대 초반까지 미국 일리노이주 시카고 근처의 호손(Hawthorne) 공장에서 진행된 일련의 실험으로, 작업 환경이 노동자의 생산성에 미치는 영향을 연구한 실험이다. 이 실험은 서부전기회사(Western Electric Company)와 하버드 대학의 엘튼 메이오(Elton Mayo)와 그의 연구팀에 의해 수행되었다. 호손 실험은 현대 경영학과 산업심리학에서 중요한 전환점이 되었으며, 인간관계론의 기초를 마련한 실험으로 평가받다.

호손 실험의 주요 단계와 내용:

1. 조명 실험 – 연구팀은 작업장 조도의 변화를 통해 조명이 생산성에 미치는 영향을 알아보고자 했다. 조도를 높이거나 낮추면 생산성이 변화할 것이라고 예상했다.

   결과: 조도가 밝아지거나 어두워질 때마다 생산성이 일정하게 향상되었으며, 조도가 매우 낮아질 때만 약간의 감소가 있었다. 이는 단순히 물리적 환경이 아니라, 작업자의 심리적 요인이 중요한 역할을 한다는 것을 시사했다.

2. 계전기 조립 실험 – 연구팀은 6명의 여직원을 별도의 방에 배치하여, 작업 조건을 조정하며 생산성을 관찰했다. 휴식 시간, 작업 시간, 임금 체계 등의 변화를 통해 생산성에 미치는 영향을 분석했다.

   결과: 작업 조건을 개선하면 생산성이 향상되었으나, 조건이 다시 원래대로 돌아가도 생산성이 유지되었다. 이는 작업 환경의 변화보다는 연구팀의 관심과 배려가 작업자들의 심리적 만족감을 높였고, 그로 인해 생산성이 향상되었음을 나타냈다.

3. 면접 프로그램 – 연구팀은 20,000명 이상의 근로자를 대상으로 심층 인터뷰를 진행하여, 그들의 직무 만족도, 불만, 동기 등을 조사했다. 이 과정에서 노동자들의 심리적 요인이 생산성과 직무 만족도에 큰 영향을 미친다는 것을 발견했다.

   결과: 작업자의 사회적 관계, 감정 상태 등이 직무 성과에 큰 영향을 미친다는 사실이 밝혀졌다. 이는 단순한 작업 환경 외에 인간적 요인이 중요하다는 점을 시사했다.

4. 배전기 조립 실험 – 연구팀은 작업자들이 정해진 작업량 이상으로 일을 하지 않으려는 경향을 발견했다. 이 실험은 작업자들이 비공식적 규범을 통해 서로의 생산성을 제한하며, 동료와의 관계가 생산성에 중요한 영향을 미친다는 점을 확인했다.

   결과: 공식적인 임금 체계나 작업 조건보다도, 작업자들 간의 사회적 관계와 비공식적 규범이 생산성을 결정하는 중요한 요소라는 사실이 드러났다.

③ 호손 실험은 물리적 작업 조건 변화가 작업 능률 향상에 가장 중요한 요소라고 확인한 것이 아니라, 오히려 작업자의 심리적, 사회적 요인이 생산성 향상에 더 큰 영향을 미친다는 사실을 밝혀냈다.   ◉답 ③

▶ 2024년 51번

■ 테일러(Frederick Winslow Taylor)의 과학적 관리법(Scientific Management)

테일러(Frederick Winslow Taylor)의 과학적 관리법(Scientific Management)은 작업의 효율성을 극대화하기 위해 노동 과정을 과학적으로 분석하고 표준화된 절차를 도입한 관리 방식이다. 테일러는 19세기 말에서 20세기 초에 산업 현장에서의 비효율성을 해결하고 생산성을 향상시키기 위해 과학적 관리법을 제안했다. 그의 접근법은 작업을 세밀하게 분석하여 표준화된 방법을 개발하고, 노동자의 능률을 최적화하는 것이 목표였다.

과학적 관리법의 주요 개념:

1. 작업의 표준화
2. 차별적 성과급 제도
3. 과학적 작업 방법 도출
4. 관리와 노동의 분리
5. 노동자 훈련   ◉답 ⑤

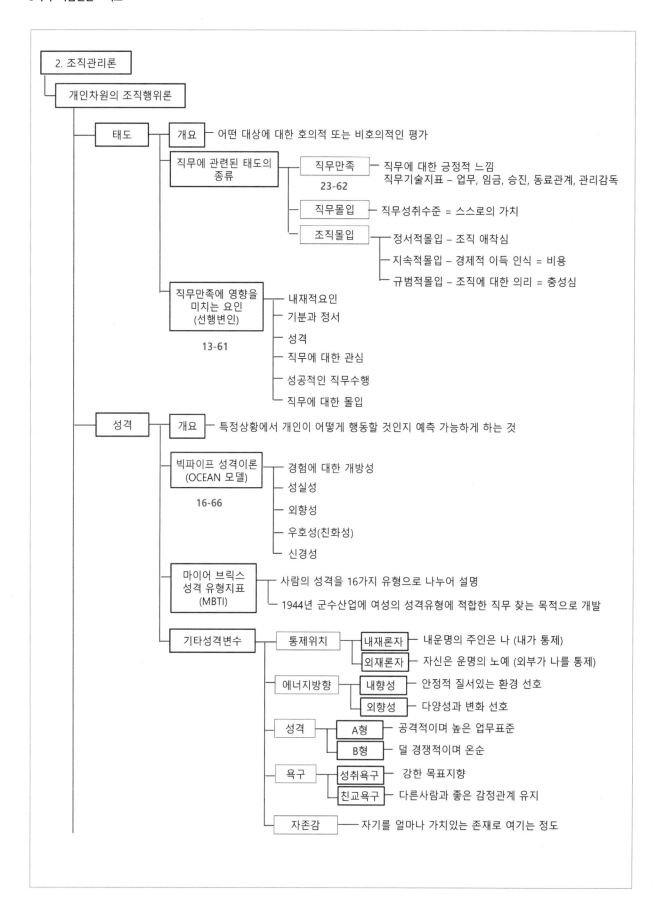

2. 조직관리론

개인차원의 조직행위론

태도

개요 ── 어떤 대상에 대한 호의적 또는 비호의적인 평가

직무에 관련된 태도의 종류

직무만족
23-62
── 직무에 대한 긍정적 느낌
직무기술지표 – 업무, 임금, 승진, 동료관계, 관리감독

직무몰입 ── 직무성취수준 = 스스로의 가치

조직몰입
── 정서적몰입 – 조직 애착심
── 지속적몰입 – 경제적 이득 인식 = 비용
── 규범적몰입 – 조직에 대한 의리 = 충성심

직무만족에 영향을 미치는 요인 (선행변인)
13-61
── 내재적요인
── 기분과 정서
── 성격
── 직무에 대한 관심
── 성공적인 직무수행
── 직무에 대한 몰입

성격

개요 ── 특정상황에서 개인이 어떻게 행동할 것인지 예측 가능하게 하는 것

빅파이프 성격이론 (OCEAN 모델)
16-66
── 경험에 대한 개방성
── 성실성
── 외향성
── 우호성(친화성)
── 신경성

마이어 브릭스 성격 유형지표 (MBTI)
── 사람의 성격을 16가지 유형으로 나누어 설명
── 1944년 군수산업에 여성의 성격유형에 적합한 직무 찾는 목적으로 개발

기타성격변수

통제위치
── 내재론자 ── 내운명의 주인은 나 (내가 통제)
── 외재론자 ── 자신은 운명의 노예 (외부가 나를 통제)

에너지방향
── 내향성 ── 안정적 질서있는 환경 선호
── 외향성 ── 다양성과 변화 선호

성격
── A형 ── 공격적이며 높은 업무표준
── B형 ── 덜 경쟁적이며 온순

욕구
── 성취욕구 ── 강한 목표지향
── 친교욕구 ── 다른사람과 좋은 감정관계 유지

자존감 ── 자기를 얼마나 가치있는 존재로 여기는 정도

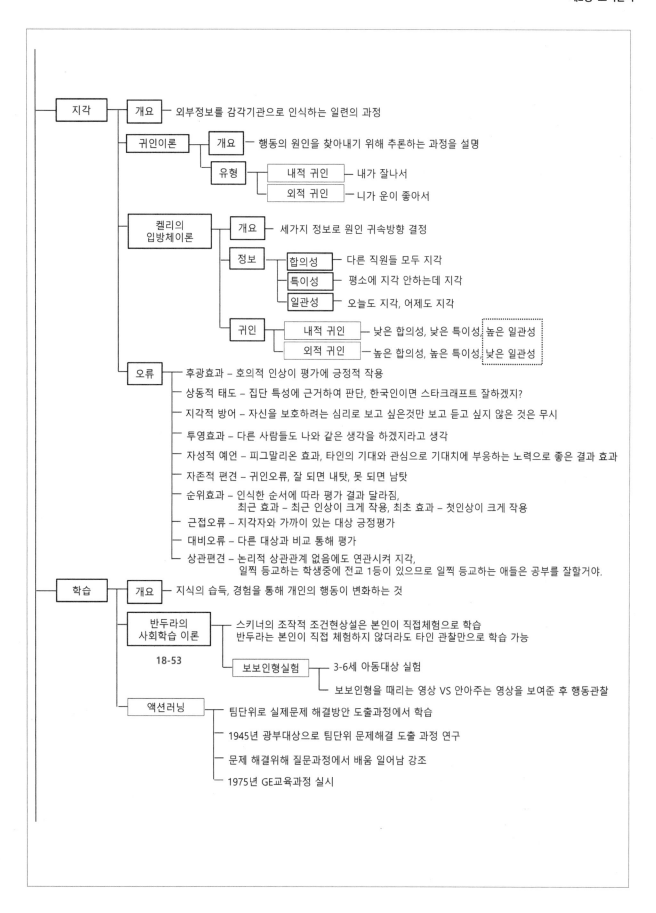

▌예제 문제

2023년

62 직무만족을 측정하는 대표적인 척도인 직무기술 지표(Job Descriptive Index: JDI)의 하위 요인이 아닌 것은?

① 업무 ② 동료
③ 관리 감독 ④ 승진 기회
⑤ 작업 조건

2013년

61 직무만족의 선행변인에 관한 설명으로 옳은 것은?

① 통제소재에서 내재론자들은 외재론자들보다 자신들의 직무에 대해 더 만족한다.
② 직무특성과 직무만족간의 상관은 질문지로 측정한 연구에서는 나타나지 않았다.
③ 집단주의적 아시아 문화권에서는 직무특성과 직무만족간에 상관이 높은 것으로 나타났다.
④ 급여만족은 분배공정성보다 절차공정성이 더 밀접한 관련이 있다.
⑤ 직무특성 차원과 직무만족간의 상관을 산출해 본 결과 직무만족과 가장 낮은 상관을 나타내는 직무 특성은 기술 다양성이었다.

█정답 및 해설

▶ 2023년 62번
■ 직무기술 지표(Job Descriptive Index, JDI)
1. 일 자체: 직무 내용과 도전성에 대한 만족도.
2. 감독: 상사와의 관계와 지도에 대한 만족도.
3. 동료: 동료와의 협력과 관계에 대한 만족도.
4. 보수: 급여와 보상에 대한 만족도.
5. 승진 기회: 승진 가능성과 경력 발전에 대한 만족도.

JDI는 직무 만족도를 구성하는 5가지 주요 요인(일 자체, 감독, 동료, 보수, 승진 기회)에 대한 직원의 만족도를 측정하는 도구이다. 이 척도는 조직 내 직무 만족에 대한 구체적인 피드백을 제공하여, 인사 관리와 조직 발전을 위한 중요한 정보로 활용될 수 있다.

답 ⑤

▶ 2013년 61번
■ 직무만족의 선행변인
직무만족의 선행변인은 직무만족에 영향을 미치는 다양한 요인들을 의미한다. 직무만족은 직무 특성, 개인적 특성, 조직 및 관리 요인, 작업 환경, 사회적 관계 등 다양한 요인에 의해 영향을 받다. 이들 선행변인들은 직무에서 느끼는 만족도를 결정짓는 중요한 요소로 작용하며, 이러한 요소를 잘 관리하면 직원들의 직무만족도를 향상시킬 수 있다.

② 많은 연구에서 설문조사나 질문지를 사용하여 직무특성과 직무만족 간의 상관관계를 측정한 결과, 유의미한 상관관계가 발견되었다. 특히, 직무에서 자율성이나 의미 있는 피드백을 받는 직원들은 더 높은 직무만족을 느끼는 경향이 있음을 확인한 연구들이 많다.
③ 집단주의적 아시아 문화권에서는 대인 관계, 조직 내에서의 소속감, 집단 내 조화가 직무만족에 더 중요한 영향을 미칠 수 있다. 직무특성 이론은 주로 개인주의적 문화에서 더 강한 상관관계를 보이며, 집단주의적 문화에서는 그 영향이 상대적으로 약할 수 있다.
④ 급여만족은 분배공정성과 더 밀접하게 관련이 있다. 즉, 직원들이 자신이 받는 급여가 공정하게 분배되었다고 인식할 때 급여만족이 높아진다. 반면, 절차공정성은 급여 결정 과정에 대한 공정성과 관련이 있지만, 급여 자체에 대한 만족에는 분배공정성이 더 중요한 역할을 한다.
⑤ 직무만족과의 상관관계가 가장 높은 직무특성은 자율성과 피드백이 될 가능성이 크며, 기술 다양성도 직무만족에 중요한 요인으로 작용한다.

답 ①

2016년

66 인사선발에서 활발하게 사용되는 성격측정 분야의 하나로 5요인(Big 5)성격모델이 있다. 성격의 5요인에 해당되지 않는 것은?

① 성실성(conscientiousness)

② 외향성(extraversion)

③ 신경성(neuroticism)

④ 직관성(immediacy)

⑤ 경험에 대한 개방성(openness to experience)

2018년

53 홍길동이 A회사에 입사한 후 3년이 지났다. 홍길동이 그 동안 있었던 승진자들을 살펴보니 모두 뛰어난 업적을 보인 사람들이었다. 이에 홍 길동은 자신도 뛰어난 성과를 보여 승진하겠다는 결심을 하고 지속적으로 열심히 노력하였다. 이 경우 홍길동과 관련된 학습이론은?

① 사회적 학습(social learning)

② 조직적 학습(organizational learning)

③ 고전적 조건화(classical conditioning)

④ 작동적 조건화(operant conditioning)

⑤ 액션 러닝(action learning)

▶ 2016년 66번

■ 5요인 성격 모델(Big Five Personality Model)

5요인 성격 모델(Big Five Personality Model)은 인사선발에서 활발하게 사용되는 성격 측정 도구 중 하나로, 개인의 성격을 다섯 가지 주요 차원으로 평가한다. 이 모델은 성격 특성이 직무 수행과 성과에 미치는 영향을 이해하고, 적합한 인재를 선발하는 데 중요한 역할을 한다. Big 5 모델은 다양한 산업과 직무에서 사용되며, 개인의 성향이 조직 내에서 성과, 팀워크, 적응력 등에 미치는 영향을 분석하는 데 유용한다.

Big 5 성격 모델의 다섯 가지 차원:

1. 외향성(Extraversion) – 사회적 상호작용, 활동성, 주도성을 나타내는 성격 특성
2. 호감성(Agreeableness) – 타인과의 관계에서 협조적이고 친근한 성향
3. 성실성(Conscientiousness) – 책임감과 신중함, 목표 지향성을 나타내는 특성
4. 정서적 안정성(Neuroticism, 낮을수록 긍정적) – 정서적 안정성은 불안, 스트레스, 부정적 감정을 얼마나 자주 느끼는지에 대한 특성
5. 경험에 대한 개방성(Openness to Experience) – 호기심과 새로운 경험을 추구하는 성향, 개방성이 높은 사람들은 혁신적 사고를 가지고 있으며, 변화를 잘 받아들인다.

🔍답 ④

▶ 2018년 53번

■ 사회적 학습이론(Social Learning Theory)

홍길동의 사례와 관련된 학습이론은 모델링(Modeling)을 기반으로 한 사회적 학습이론(Social Learning Theory)이다. 이 이론은 사람들이 다른 사람의 행동을 관찰하고 그 결과를 학습함으로써 자신의 행동을 변화시키거나 동기를 부여받는 과정을 설명한다.

홍길동이 승진한 사람들의 성과를 관찰한 후, 그들의 성공을 모델로 삼아 자신도 뛰어난 성과를 내면 승진할 수 있을 것이라고 결심하고 노력한 것은 사회적 학습이론의 전형적인 예이다.

🔍답 ①

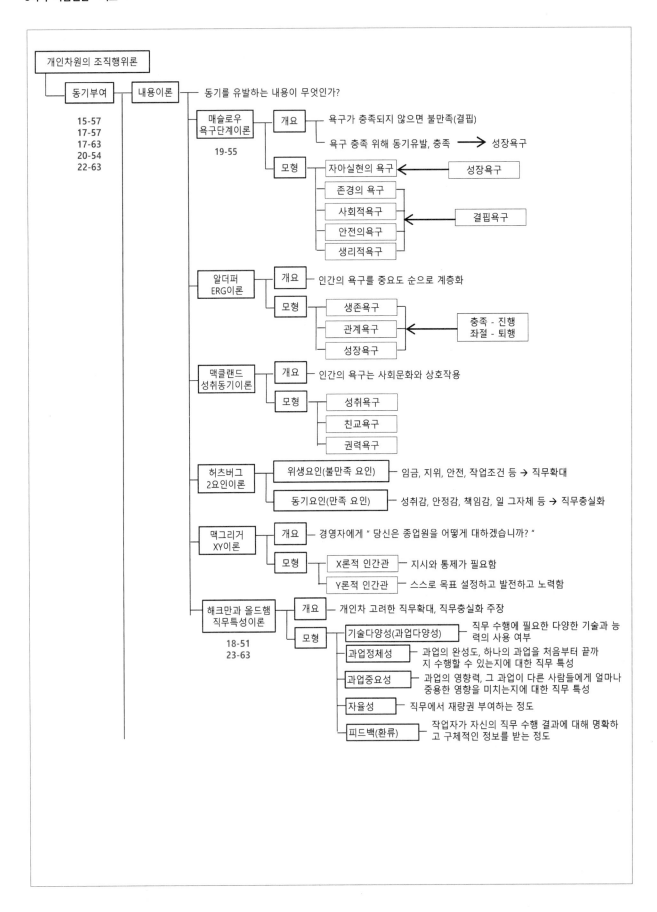

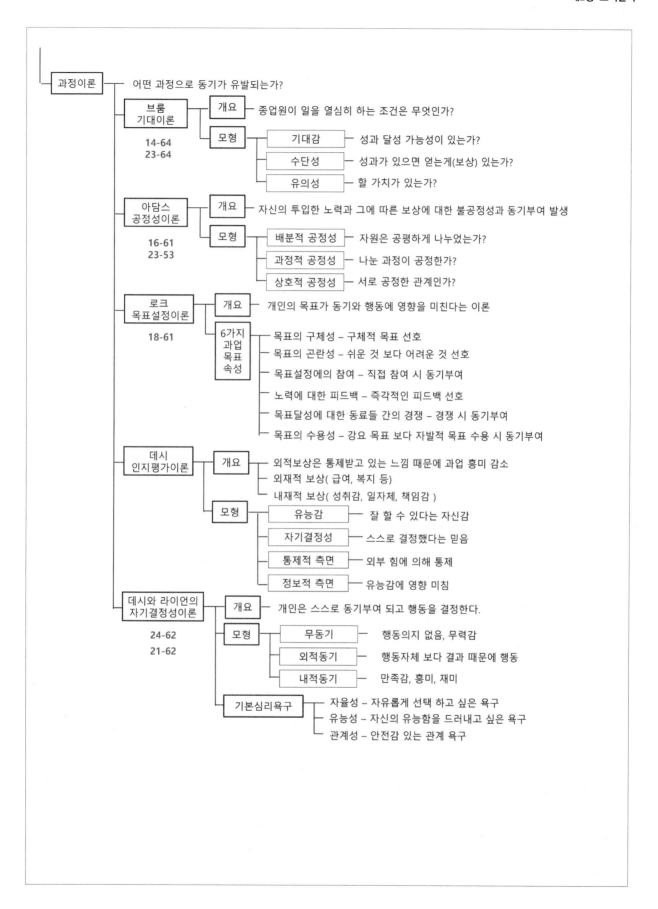

▌예제 문제

2015년
57 동기부여이론에 관한 설명으로 옳지 않은 것은?

① 데시(E. Deci)의 인지평가이론에 의하면 외재적 보상이 주어지면 내재적 동기가 증가 된다.

② 로크(E. Locke)의 목표설정이론에 의하면 목표가 종업원들의 동기유발에 영향을 미치며, 피드백이 주어지지 않을 때 보다는 피드백이 주어질 때 성과가 높다.

③ 엘더퍼(C. Alderfer)의 ERG이론은 매슬로우(A. Maslow)의 욕구단계이론과 달리 좌절-퇴행 개념을 도입하였다.

④ 브룸(V. Vroom)의 기대이론에 의하면 종업원의 직무수행 성과를 정확하고 공정하게 측정하는 것은 수단성을 높이는 방법이다.

⑤ 아담스(J. Adams)의 공정성이론에 의하면 종업원은 자신과 준거집단이나 준거인물의 투입과 산출 비율을 비교하여 불공정하다고 지각하게 될 때 공정성을 이루는 방향으로 동기유발 된다.

2023년
49 매슬로우(Maslow)의 동기부여이론(욕구5단계이론)에 관한 내용으로 옳지 않은 것은?

① 제1단계: 생리적 욕구(생명유지의 기본적 욕구)

② 제2단계: 도전 욕구(새로운 것에 대한 도전 욕구)

③ 제3단계: 사회적 욕구(소속감과 애정 욕구)

④ 제4단계: 존경 욕구(인정받으려는 욕구)

⑤ 제5단계: 자아실현 욕구(잠재적 능력의 실현 욕구)

2019년
55 매슬로우(A. Maslow)의 욕구단계이론 중 자아실현욕구를 조직행동에 적용한 것은?

① 도전적 과업 및 창의적 역할 부여

② 타인의 인정 및 칭찬

③ 화해와 친목분위기 조성 및 우호적인 작업팀 결성

④ 안전한 작업조건 조성 및 고용 보장

⑤ 냉난방 시설 및 사내식당 운영

▌정답 및 해설

▶ **2015년 57번** · 인지평가이론(Cognitive Evaluation Theory)

데시의 연구에 따르면, 외재적 보상(예: 돈, 상장, 보너스 등)이 주어지면 내재적 동기가 감소할 수 있다. 그 이유는 외재적 보상이 내재적 동기를 약화시키기 때문이다. 이 현상을 과잉정당화 효과 (Overjustification Effect)라고도 한다.

외재적 보상이 주어지면 사람들은 활동을 자체의 즐거움이나 자율성보다는 보상을 얻기 위한 수단으로 인식하게 된다. 이렇게 되면, 활동 자체에 대한 내재적 흥미가 줄어들고, 보상이 주어지지 않을 때는 동기 부여가 감소할 수 있다.

예시: 만약 누군가가 본래 즐거워서 하던 활동에 대해 외재적 보상을 받기 시작하면, 그 활동에 대한 내재적 흥미가 감소할 수 있다. 예를 들어, 그림을 그리는 것이 좋아서 그리던 사람이 금전적 보상을 받게 되면, 보상이 없는 상황에서는 그림 그리는 활동에 대한 동기가 줄어들 수 있다는 것이다. ㉠답 ①

▶ **2023년 49번** · 매슬로우(Maslow)의 동기부여 이론

1. 생리적 욕구(Physiological Needs) - 인간의 가장 기본적인 생존을 위한 욕구이다. 이는 음식, 물, 공기, 수면 등과 같은 생리적 필요를 의미한다.
2. 안전 욕구(Safety Needs) - 생리적 욕구가 충족되면, 사람들은 안정감과 안전을 추구하게 된다. 이는 신체적 안전뿐만 아니라 경제적 안정성, 건강, 그리고 미래에 대한 보호를 포함한다.
3. 사회적 욕구(Love and Belongingness Needs) - 안전 욕구가 충족되면, 사람들은 사랑과 소속감을 원하게 된다. 이는 가족, 친구, 동료와의 관계에서 소속감과 사랑을 느끼고자 하는 욕구이다.
4. 존경 욕구(Esteem Needs) - 사회적 욕구가 충족되면, 사람들은 자기 존중과 타인으로부터의 존경을 원하게 된다. 이 욕구는 자존감과 성취감을 느끼고, 타인으로부터 인정받고 존경받는 것을 포함한다.
5. 자아실현 욕구(Self-Actualization Needs) - 가장 높은 단계의 욕구로, 사람들은 자신의 잠재력을 최대한 발휘하고 자신의 능력을 실현하고자 한다. 이는 개인이 목표를 설정하고 성장하고 발전하는 과정에서 충족되는 욕구이다. ㉠답 ②

▶ **2019년 55번** · 매슬로우(A. Maslow)의 욕구단계이론 중 자아실현욕구를 조직행동에 적용한 사례

1. 직무 확대(Job Enrichment) - 직무 확대는 직원이 직무에서 더 많은 책임과 권한을 부여받고, 자신의 능력과 창의성을 발휘할 수 있는 기회를 제공받는 것을 의미한다. 이를 통해 직무에 대한 만족도와 자기 성취감을 높일 수 있다.
2. 자율적 근무 환경 제공 - 조직에서 자율성을 부여하여 직원들이 자신의 일에 대해 독립적으로 의사결정을 할 수 있는 환경을 제공하는 것이 자아실현 욕구 충족에 도움이 된다. 이는 직원들이 자신의 창의성과 능력을 발휘하여 문제 해결과 의사결정에 기여할 수 있는 기회를 제공하는 방식이다.
3. 자기 개발 및 교육 기회 제공 - 조직이 직원들에게 자기 개발 기회와 교육 프로그램을 제공하여, 자신의 역량을 성장시키고 전문성을 쌓을 수 있는 환경을 제공하는 것이 자아실현 욕구 충족에 기여한다.
4. 창의적 업무 및 혁신 장려 - 직원들이 창의적 사고와 혁신적인 아이디어를 자유롭게 제안하고 이를 실제로 적용할 수 있는 기회를 제공함으로써, 자아실현 욕구를 충족시킬 수 있다.
5. 승진 및 경력 개발 기회 제공 - 조직에서 직원들에게 명확한 경력 개발 계획을 제공하고, 성과에 따른 승진 기회를 제공함으로써 자아실현 욕구를 충족시킬 수 있다. ㉠답 ①

57 동기부여이론에 관한 설명으로 옳지 않은 것은?

① 동기부여이론을 내용이론과 과정이론으로 구분할 때 알더퍼(C. Alderfer)의 ERG 이론은 내용이론이다.

② 맥클랜드(D. McClelland)의 성취동기이론에서 성취욕구를 측정하기에 가장 적합한 것은 TAT(주제통각검사)이다.

③ 허츠버그(F. Herzberg)의 이요인이론에 따르면, 동기유발이 되기 위해서는 동기 요인은 충족시키고, 위생요인은 제거해 주어야 한다.

④ 브룸(V. Vroom)의 기대이론은 기대감, 수단성, 유의성에 의해 노력의 강도가 결정되는데 이들 중 하나라도 0이면 동기부여가 안된다고 한다.

⑤ 아담스(J. Adams)는 페스팅거(L. Festinger)의 인지부조화 이론을 동기유발과 연관시켜서 공정성 이론을 체계화하였다.

63 해크만(J. Hackman)과 올드햄(G. Oldham)의 직무특성 이론은 5개의 핵심 직무특성이 중요 심리상태라고 불리는 다음 단계와 직접적으로 연결된다고 주장하는데, '일의 의미감(meaningfulness) 경험'이라는 심리상태와 관련 있는 직무특성을 모두 고른 것은?

ㄱ. 기술 다양성	ㄴ. 과제 피드백
ㄷ. 과제 정체성	ㄹ. 자율성
ㅁ. 과제 중요성	

① ㄱ, ㄷ

② ㄱ, ㄷ, ㅁ

③ ㄴ, ㄹ, ㅁ

④ ㄷ, ㄹ, ㅁ

⑤ ㄴ, ㄷ, ㄹ, ㅁ

▶ **2017년 57번**

■ 허츠버그(Frederick Herzberg)의 이요인 이론(Two-Factor Theory)

허츠버그는 직무 만족과 불만족의 원인을 두 가지 다른 요인으로 설명했다. 동기 요인은 직무만족을 유발하는 요인이고, 위생 요인은 불만족을 방지하는 요인으로 구분된다.

1. 동기 요인(Motivators) – 직무 자체와 관련된 요인으로, 이를 통해 직원들이 만족을 느끼고 동기부여를 받을 수 있다. 동기 요인이 충족될 때, 직원들은 더 높은 성과와 성취감을 느끼게 된다.
   주요 예시:
   1) 성취감: 목표를 달성했을 때 느끼는 성취.
   2) 인정: 상사나 동료로부터 성과를 인정받는 것.
   3) 직무 자체의 흥미: 직무 내용이 흥미롭고 도전적일 때.
   4) 책임감: 업무에서 더 큰 책임과 자율성을 부여받는 것.
   5) 성장 기회: 경력 개발과 승진 기회를 제공받는 것.

2. 위생 요인(Hygiene Factors) – 직무 환경과 관련된 요인으로, 이를 적절히 관리하지 못할 경우 불만족을 유발할 수 있다. 하지만 위생 요인을 충족한다고 해서 반드시 직무 만족이나 동기부여가 증가하지는 않는다.
   주요 예시:
   1) 급여: 적절한 보상.
   2) 근무 조건: 작업 환경의 안전성과 쾌적성.
   3) 직장 내 인간관계: 상사나 동료와의 관계.
   4) 정책과 절차: 회사의 정책 및 관리 시스템의 공정성과 일관성.
   5) 고용 안정성: 직무의 안정성.

∴ 허츠버그의 이요인 이론에 따르면, 직무 만족과 동기부여를 위해서는 동기 요인을 충족시키는 것이 필수적이다. 반면, 위생 요인은 불만족을 방지하기 위해 제거해야 하지만, 그 자체로는 직무 만족을 유발하지 않는다. 따라서, 동기 요인을 충족시키고, 위생 요인을 적절히 관리하는 것이 효과적인 직무 만족과 동기부여 전략이다.

🔍답 ③

▶ **2023년 63번**

■ 해크만(J. Hackman)과 올드햄(G. Oldham)의 직무특성 이론(Job Characteristics Theory)

직무특성 이론의 주요 개념:

1. 핵심 직무 특성(Core Job Characteristics):
   1) 기술 다양성(Skill Variety): 직무가 다양한 기술과 능력을 필요로 하는지를 의미
   2) 직무 정체성(Task Identity): 직무가 하나의 완성된 결과물을 만들어내는지 여부를 의미
   3) 직무 중요성(Task Significance): 직무가 다른 사람들의 삶이나 업무에 얼마나 중요한 영향을 미치는지를 의미
   4) 자율성(Autonomy): 직무 수행에서 독립성과 자유를 얼마나 가지는지를 의미
   5) 피드백(Feedback): 직원이 직무 수행에 대한 결과나 성과에 대한 명확한 정보를 받을 수 있는지를 의미

2. 중요한 심리 상태(Critical Psychological States):
   1) <u>업무의 의미성(Experienced Meaningfulness of the Work): 직무가 직원에게 의미 있고 가치 있는 활동으로 인식될 때, 직원은 더 높은 동기를 느낄 수 있다. 이는 기술 다양성, 직무 정체성, 직무 중요성에 의해 영향을 받다.</u>
   2) 업무의 책임감(Experienced Responsibility for Outcomes of the Work): 직원이 직무에서 자신의 행동이 성과에 미치는 영향을 느끼는 것을 의미한다. 자율성이 이 심리 상태를 강화하는 데 중요한 역할을 한다.
   3) 성과에 대한 인식(Knowledge of the Actual Results of the Work): 직무 수행의 결과에 대한 명확한 피드백을 받는 것은 직원의 직무 성과와 개선 가능성을 높인다. 피드백은 이 심리 상태를 형성하는 중요한 요소이다.

🔍답 ②

2018년
51 5가지 핵심직무차원(core job dimensions)에 해크만(J. Hackman)과 올드햄(G. Oldham)이 제시한 직무특성모델(jobcharacteristic model)에서 포함되지 않는 것은?

① 기술다양성(skill variety) ② 성장욕구(growth need)
③ 과업정체성(task identity) ④ 자율성(autonomy)
⑤ 피드백(feedback)

2022년
63 작업동기 이론에 관한 설명으로 옳은 것을 모두 고른 것은?

> ㄱ. 기대 이론(expectancy theory)에서 노력이 수행을 이끌어 낼 것이라는 믿음을 도구성(instrumentality)이라고 한다.
> ㄴ. 형평 이론(equity theory)에 의하면 개인이 자신의 투입에 대한 성과의 비율과 다른 사람의 투입에 대한 성과의 비율이 일치하지 않는다고 느낀다면 이러한 불형평을 줄이기 위해 동기가 발생한다.
> ㄷ. 목표설정 이론(goal-setting theory)의 기본 전제는 명확하고 구체적이며 도전적인 목표를 설정하면 수행동기가 증가하여 더 높은 수준의 과업수행을 유발한다는 것이다.
> ㄹ. 작업설계 이론(work design theory)은 열심히 노력하도록 만드는 직무의 차원이나 특성에 관한 이론으로, 직무를 적절하게 설계하면 작업 자체가 개인의 동기를 촉진할 수 있다고 주장한다.
> ㅁ. 2요인 이론(two-factor theory)은 동기가 외부의 보상이나 직무 조건으로부터 발생하는 것이지 직무 자체의 본질에서 발생하는 것이 아니라고 주장한다.

① ㄱ, ㄴ, ㅁ ② ㄱ, ㄷ, ㄹ
③ ㄴ, ㄷ, ㄹ ④ ㄴ, ㄹ, ㅁ
⑤ ㄷ, ㄹ, ㅁ

2023년
64 브룸(V. Vroom)의 기대 이론(expectancy theory)에서 일정 수준의 행동이나 수행이 결과적으로 어떤 성과를 가져올 것이라는 믿음을 나타내는 것은?

① 기대(expectancy) ② 방향(direction)
③ 도구성(instrumentality) ④ 강도(intensity)
⑤ 유인가(valence)

▶ **2018년 51번**　■ 해크만(J. Hackman)과 올드햄(G. Oldham)의 직무특성 이론(Job Characteristics Theory)
　　　　　　　　　직무특성 이론의 주요 개념
　　　　　　　　　1. 핵심 직무 특성(Core Job Characteristics):
　　　　　　　　　　　1) 기술 다양성(Skill Variety): 직무가 다양한 기술과 능력을 필요로 하는지를 의미
　　　　　　　　　　　2) 직무 정체성(Task Identity): 직무가 하나의 완성된 결과물을 만들어내는지 여부를 의미
　　　　　　　　　　　3) 직무 중요성(Task Significance): 직무가 다른 사람들의 삶이나 업무에 얼마나 중요한 영향
　　　　　　　　　　　　을 미치는지를 의미
　　　　　　　　　　　4) 자율성(Autonomy): 직무 수행에서 독립성과 자유를 얼마나 가지는지를 의미
　　　　　　　　　　　5) 피드백(Feedback): 직원이 직무 수행에 대한 결과나 성과에 대한 명확한 정보를 받을 수 있
　　　　　　　　　　　　는지를 의미　　　　　　　　　　　　　　　　　　　　　　　　　　　　　　　**답** ②

▶ **2022년 63번**　■ 빅터 브룸(Victor Vroom)의 기대 이론(Expectancy Theory)
　　　　　　　　　개인이 특정 행동을 할 때 성과와 보상에 대한 기대를 어떻게 형성하는지를 설명한다.
　　　　　　　　　1. 기대감(Expectancy): 노력이 성과로 이어질 것이라는 믿음.
　　　　　　　　　2. 도구성(Instrumentality): 성과가 보상으로 이어질 것이라는 믿음.
　　　　　　　　　3. 유의성(Valence): 그 보상이 개인에게 얼마나 중요한지.

　　　　　　　　　ㄱ. 따라서 노력이 수행(성과)을 이끌어 낼 것이라는 믿음은 기대감(Expectancy)에 해당하며, 도구
　　　　　　　　　　성(Instrumentality)은 성과가 보상을 가져올 것이라는 믿음을 의미한다.

　　　　　　　　■ 허츠버그(F. Herzberg)의 2요인 이론(Two-Factor Theory)
　　　　　　　　　ㅁ. 동기는 직무 자체의 본질적인 특성에서 발생하며, 외부의 보상이나 직무 조건(위생 요인)은 불만
　　　　　　　　　　족을 방지하는 역할을 하지만, 직무 만족을 직접적으로 유발하지는 않는다.　　　　**답** ③

▶ **2023년 64번**　■ 빅터 브룸(Victor Vroom)의 기대 이론(Expectancy Theory)
　　　　　　　　　개인이 특정 행동을 할 때 성과와 보상에 대한 기대를 어떻게 형성하는지를 설명한다.
　　　　　　　　　1. 기대감(Expectancy): 노력이 성과로 이어질 것이라는 믿음.
　　　　　　　　　2. 도구성(Instrumentality): 성과가 보상으로 이어질 것이라는 믿음.　　　　　　　**답**
　　　　　　　　　3. 유의성(Valence): 그 보상이 개인에게 얼마나 중요한지.　　　　　　　　　　　①, ③

64 브룸(Vroom)은 직무동기의 힘을 3가지 인지적 요소들에 의한 함수관계로 정의 하였다. 다음 공식의 a와 b에 들어갈 요소를 순서대로 나열한 것은?

$$직무동기의\ 힘 = 기대 \times \sum_{1}^{n}(a \times b)$$

① 기대, 유인가
② 기대, 도구성
③ 공정성, 유인가
④ 공정성, 도구성
⑤ 유인가, 도구성

63 작업동기이론에 관한 설명으로 옳지 않은 것은?

① 기대이론(expectancy theory)은 다른 사람들 간의 동기의 정도를 예측하는 것보다는 한 사람이 서로 다양한 과업에 기울이는 노력의 수준을 예측하는데 유용하다.
② 형평이론(equity theory)에 따르면 개인마다 형평에 대한 선호도에 차이가 있으며, 이러한 형평 민감성은 사람들이 불형평에 직면하였을 때 어떤 행동을 취할지를 예측한다.
③ 목표설정이론(goal-setting theory)에 따르면 목표가 어려울수록 수행은 더욱 좋아질 가능성이 크지만, 직무가 복잡하고 목표의 수가 다수인 경우에는 수행이 낮아진다.
④ 자기조절이론(self-regulation theory)에서는 개인이 행위의 주체로서 목표를 달성하기 위하여 주도적인 역할을 한다고 주장한다.
⑤ 자기결정이론(self-determination theory)은 자기효능감이 긍정적인 결과를 초래할지 아니면 부정적인 결과를 초래할지에 대한 문제를 이해하는데 도움을 주는 이론이다.

62 자기결정이론(self-determination theory)에서 내적동기에 영향을 미치는 세 가지 기본욕구를 모두 고른 것은?

ㄱ. 자율성
ㄴ. 관계성
ㄷ. 통제성
ㄹ. 유능성
ㅁ. 소속성

① ㄱ, ㄴ, ㄷ
② ㄱ, ㄴ, ㄹ
③ ㄱ, ㄷ, ㅁ
④ ㄴ, ㄷ, ㅁ
⑤ ㄷ, ㄹ, ㅁ

▶ **2014년 64번**　■ 빅터 브룸(Victor Vroom)의 기대 이론(Expectancy Theory)

직무동기의 힘 (Motivation Force, MF) = Expectancy × Instrumentality × Valence

이 공식을 통해, 직무동기는 기대감, 도구성, 유의성이 모두 긍정적이고 높은 수준일 때 강하게 작용한다고 설명한다.

1) 기대감이 낮다면, 직원은 자신의 노력이 성과로 이어지지 않을 것이라고 생각하여 동기부여가 낮아진다.

2) 도구성이 낮다면, 성과를 내더라도 그 성과가 보상으로 이어지지 않을 것이라고 생각하기 때문에 동기부여가 약해진다.

3) 유의성이 낮다면, 보상 자체가 매력적이지 않으므로 직원은 그 보상을 위해 동기부여되지 않는다.　🔍답 ⑤

▶ **2017년 63번**　■ 자기결정이론(Self-Determination Theory, SDT)

1. 자기효능감(Self-Efficacy)는 개인이 특정 과제를 성공적으로 수행할 수 있다는 믿음을 의미한다. 이 개념은 앨버트 반두라(Albert Bandura)의 사회 인지 이론(Social Cognitive Theory)과 관련이 있으며, 개인의 성공적인 수행에 대한 기대를 다룹니다.

2. 자기결정이론(SDT)은 개인의 내재적 동기와 자율성에 중점을 두며, 자기효능감(즉, 유능감)이 일부 요소로 포함되긴 하지만, 이론의 초점은 개인이 얼마나 자율적으로 동기를 느끼고 행동하는지에 있다.　🔍답 ⑤

▶ **2021년 62번**　■ 자기결정이론(Self-Determination Theory, SDT)

1. 자율성(Autonomy): 사람이 스스로 선택하고 통제할 수 있는 능력을 느낄 때 동기가 발생한다. 자율성은 행동이 외부의 강요나 압박이 아닌, 개인의 내적 동기에서 비롯될 때 강화된다.

2. 유능감(Competence): 사람들이 자신이 유능하다고 느끼고, 자신의 행동이 효과적이라는 인식을 가질 때 동기가 증가한다. 과제 수행에 대한 자신감과 역량 강화가 중요한 역할을 한다.

3. 관계성(Relatedness): 개인이 다른 사람들과의 관계 속에서 소속감이나 유대감을 느낄 때, 동기부여가 강화된다. 사람들은 사회적 연결과 타인과의 긍정적 상호작용을 통해 동기를 얻는다.　🔍답 ②

2020년
54 동기부여 이론에 관한 설명으로 옳은 것을 모두 고른 것은?

> ㄱ. 매슬로우(A. Maslow)의 욕구 5단계이론에서 가장 상위계층의 욕구는 자기가 원하는 집단에 소속되어 우의와 애정을 갖고자 하는 사회적 욕구이다.
> ㄴ. 허츠버그(F. Herzberg)의 2요인이론에서 급여와 복리후생은 동기요인에 해당한다.
> ㄷ. 맥그리거(D. McGregor)의 X이론에 의하면 사람은 엄격한 지시 · 명령으로 통제되어야 조직목표를 달성할 수 있다.
> ㄹ. 맥클랜드(D. McClelland)는 주제통각시험(TAT)을 이용하여 사람의 욕구를 성취욕구, 권력욕구, 친교욕구로 구분하였다.

① ㄱ, ㄴ   ② ㄱ, ㄹ

③ ㄷ, ㄹ   ④ ㄱ, ㄴ, ㄷ

⑤ ㄴ, ㄷ, ㄹ

2023년
53 아담스(J. Adams)의 공정성이론에서 투입과 산출의 내용 중 투입이 아닌 것은?

① 시간   ② 노력

③ 임금   ④ 경험

⑤ 창의성

▶ 2020년 54번
- 매슬로우의 욕구 5단계 이론
  1. 생리적 욕구(Physiological Needs): 음식, 물, 수면 등 기본적인 생존을 위한 욕구.
  2. 안전 욕구(Safety Needs): 신체적 안전, 경제적 안정, 건강 등의 안정성을 추구하는 욕구.
  3. 사회적 욕구(Social Needs): 사랑, 소속감, 우정 등 타인과의 관계에서 오는 소속감과 애정을 추구하는 욕구.
  4. 존경 욕구(Esteem Needs): 자존감과 타인으로부터의 인정과 같은 자기 존중에 대한 욕구.
  5. 자아실현 욕구(Self-Actualization): 자기 잠재력을 최대한 발휘하고, 성장과 자기 실현을 추구하는 욕구.

  ㄱ. 가장 상위 계층의 욕구는 자아실현 욕구이며, 사회적 욕구는 중간 단계의 욕구에 해당한다.

- 허츠버그(F. Herzberg)의 2요인이론
  1. 동기 요인(Motivators) – 직무 자체와 관련된 요인으로, 이를 통해 직원들이 만족을 느끼고 동기 부여를 받을 수 있다. 동기 요인이 충족될 때, 직원들은 더 높은 성과와 성취감을 느끼게 된다.
  주요 예시:
  1) 성취감: 목표를 달성했을 때 느끼는 성취.
  2) 인정: 상사나 동료로부터 성과를 인정받는 것.
  3) 직무 자체의 흥미: 직무 내용이 흥미롭고 도전적일 때.
  4) 책임감: 업무에서 더 큰 책임과 자율성을 부여받는 것.
  5) 성장 기회: 경력 개발과 승진 기회를 제공받는 것.

  ㄴ. 허츠버그(F. Herzberg)의 2요인이론에서 동기요인은 성취감, 인정, 직무 자체의 흥미 등이다.　답 ③

▶ 2023년 53번
- 아담스(J. Stacy Adams)의 공정성이론(Equity Theory)
  아담스(J. Stacy Adams)의 공정성이론(Equity Theory)은 개인이 자신이 일에 기여한 노력(투입)과 그에 따른 보상(산출)을 다른 사람들과 비교하여 공정성을 인식하고, 이 인식이 동기부여와 행동에 영향을 미친다는 이론이다.
  1. 투입(Input) – 개인이 조직이나 직무에 기여하는 모든 것을 의미한다. 이는 물리적, 정신적, 그리고 정서적인 자원으로 구성될 수 있으며, 개인이 일에 노력하거나 제공하는 요소들을 포함한다.
  예시:
  1) 노력: 직무 수행을 위해 들인 시간과 에너지.
  2) 경력: 직무와 관련된 이전 경험이나 경력.
  3) 기술: 직무 수행에 필요한 지식과 기술.
  4) 교육: 학력, 자격증 등 직무에 필요한 교육적 배경.
  5) 책임감: 직무에서의 의무와 책임의 정도.
  6) 성실성: 개인의 헌신, 직무에 대한 태도.
  7) 창의성: 문제 해결이나 혁신을 위한 창의적 기여.
  2. 산출(Output) – 산출은 개인이 직무에 대한 보상으로 받는 모든 것을 의미한다. 이는 물리적 보상(금전적 보상)분만 아니라, 정서적 보상이나 심리적 만족도 포함된다.
  예시:
  1) 급여: 기본적인 금전적 보상.
  2) 복리후생: 의료 혜택, 연금, 휴가 등.
  3) 승진 기회: 직무 수행에 따른 승진.
  4) 인정: 상사나 동료로부터의 인정, 칭찬.
  5) 책임감: 더 높은 권한과 책임 부여.
  6) 경력 개발 기회: 교육, 훈련 기회 제공.
  7) 직무 만족: 직무 수행에 따른 심리적 만족감.　답 ③

61 2016년
종업원은 흔히 투입과 이로부터 얻게 되는 성과를 다른 종업원과 비교하게 된다. 그 결과, 과소보상으로 인한 불형평 상태가 지각되었을 때, 아담스의 형평이론에서 예측하는 종업원의 후속 반응에 관한 설명으로 옳지 않은 것은?

① 현재의 상황을 형평 상태로 되돌리기 위하여 자신의 투입을 낮출 것이다.

② 자신의 성과를 높이기 위하여 조직의 원칙에 반하는 비윤리적 행동도 불사할 수 있다.

③ 자신과 타인의 투입-성과 간 불형평 상태에 어떤 요인이 영향을 주었을 거라는 등 해당 상황을 왜곡하여 해석하기도 한다.

④ 애초에 비교 대상이 되었던 타인을 다른 비교 대상으로 교체할 수 있다.

⑤ 개인의 '형평민감성'이 높고 낮음에 관계없이 형평 상태로 되돌리려는 행동에서 차이가 없다.

62 2024년
내적(Intrinsic) 동기와 외적(Extrinsic) 동기의 특징과 관계를 체계적으로 다루는 동기이론으로 옳은 것은?

① 알더의 ERG이론

② 아담스의 형평이론

③ 로크의 목표설정이론

④ 맥클랜드의 성취동기이론

⑤ 리안(Ryan)과 디시(Deci)의 자기결정이론

▶ **2016년 61번**

■ 아담스(J. Stacy Adams)의 공정성이론(Equity Theory)

형평민감성은 개인이 불공정성을 경험했을 때 이를 얼마나 강하게 느끼고, 그에 따라 어떤 방식으로 반응하는지를 설명하는 개념이다.

1. 형평민감성이 높은 사람 - 공정성에 매우 민감하며, 자신이 불공정한 대우를 받는다고 느낄 때 강한 불만을 표출할 가능성이 큽니다. 과소보상(자신이 더 적게 보상을 받았다고 느낄 때)뿐만 아니라 과다보상(자신이 과도하게 보상을 받았다고 느낄 때)에도 민감하게 반응한다. 이들은 불공정성을 느낄 때, 이를 형평 상태로 되돌리기 위한 행동을 강하게 취할 가능성이 높다. 예를 들어, 더 많은 보상을 요구하거나 자신의 투입을 줄일 수 있다.

2. 형평민감성이 낮은 사람 - 공정성에 대해 덜 민감하며, 상대적으로 불공정성을 느끼더라도 덜 강하게 반응한다. 과다보상에 대해서는 큰 불편함을 느끼지 않을 수 있으며, 과소보상도 어느 정도 참아낼 가능성이 큽니다. 이들은 불공정성을 인식하더라도 형평 상태로 되돌리려는 행동을 덜 적극적으로 취할 수 있다.

🔍답 ⑤

▶ **2024년 62번**

■ 데시(Edward Deci)와 라이언(Richard Ryan)의 자기결정이론(Self-Determination Theory, SDT)

이 이론은 데시(Edward Deci)와 라이언(Richard Ryan)에 의해 제안되었으며, 인간의 동기가 내적 동기와 외적 동기의 상호작용에 의해 어떻게 형성되고 변화하는지 설명하는 이론이다.

1. 내적 동기(Intrinsic Motivation) - 행동 자체에서 얻는 즐거움이나 만족감에서 비롯되는 동기이다. 즉, 외부 보상 없이 활동 그 자체가 보상이 되는 경우이다.

   특징:

   1) 자기결정성이 강하게 작용하며, 활동의 과정이나 그 자체에서 즐거움, 흥미, 만족을 느끼는 경우.

   2) 도전적인 과제를 수행하고 이를 해결할 때 자기 성장과 성취감을 느낄 수 있음.

   3) 자율성, 유능감, 관계성이라는 기본 욕구가 충족될 때 내재적 동기가 강화된다.

2. 외적 동기(Extrinsic Motivation) - 외부에서 주어지는 보상(돈, 상, 칭찬 등)이나 결과 때문에 발생하는 동기이다. 행동이 외부적인 보상이나 회피를 목적으로 할 때 형성된다.

   특징:

   1) 보상이나 처벌을 통해 동기가 유발되며, 보상이나 처벌이 없을 경우 동기 수준이 낮아질 수 있음.

   2) 외부 환경의 영향을 크게 받으며, 자율성이 낮은 경우가 많음.

   3) 예를 들어, 급여나 승진을 얻기 위해 직무를 수행하는 경우.

3. 기본 욕구:

   1) 자율성(Autonomy): 자신의 행동을 스스로 선택하고 통제할 수 있는 능력.

   2) 유능감(Competence): 특정 과제를 성공적으로 수행할 수 있다는 믿음과 능력 발휘에 대한 자신감.

   3) 관계성(Relatedness): 다른 사람들과 사회적 유대를 형성하고 소속감을 느끼는 것.

🔍답 ⑤

2018년

61 목표설정 이론(goal setting theory)에서 종업원의 직무수행을 향상시킬 수 있는 요인들을 모두 고른 것은?

> ㄱ. 도전적인 목표
> ㄴ. 구체적인 목표
> ㄷ. 종업원의 목표 수용
> ㄹ. 목표 달성 과정에 대한 피드백

① ㄱ, ㄹ   ② ㄴ, ㄷ
③ ㄱ, ㄴ, ㄹ   ④ ㄴ, ㄷ, ㄹ
⑤ ㄱ, ㄴ, ㄷ, ㄹ

▶ **2018년 61번**

■ **목표설정 이론(Goal Setting Theory)**

목표설정 이론(Goal Setting Theory)은 에드윈 록(Edwin Locke)이 제안한 이론으로, 구체적이고 도전적인 목표가 직원의 직무 수행을 향상시키는 데 중요한 역할을 한다고 설명한다. 이 이론에 따르면, 목표는 행동을 조정하고 동기 부여를 촉진하며, 이를 통해 성과를 극대화할 수 있다.

직무수행을 향상시킬 수 있는 주요 요인

1. 구체적이고 명확한 목표(Specific and Clear Goals) – 목표는 구체적이고 명확하게 정의되어야 한다. 모호한 목표는 성과를 높이는 데 도움이 되지 않으며, 구체적인 목표는 직원들이 무엇을 해야 하는지 명확하게 인식하도록 한다. 예시: "판매를 10% 증가시키겠다"는 구체적 목표는 "판매를 늘리겠다"는 모호한 목표보다 더 효과적이다.

2. 도전적인 목표(Challenging Goals) – 목표는 도전적이어야 하지만, 동시에 달성 가능한 목표여야 한다. 너무 쉬운 목표는 직원에게 동기를 부여하지 못하고, 너무 어려운 목표는 좌절을 유발할 수 있다. 적절한 도전성을 가진 목표는 동기부여를 극대화할 수 있다. 예시: 직원이 현재 성과를 넘어설 수 있는 적절한 난이도의 목표가 필요한다.

3. 목표에 대한 피드백(Feedback on Progress) – 목표 수행 과정에서 정기적인 피드백이 제공되면, 직원은 자신의 성과를 파악하고 목표 달성을 위한 전략을 조정할 수 있다. 피드백은 긍정적인 방향으로 수정할 수 있는 기회를 제공한다. 예시: 상사가 주기적으로 성과 피드백을 제공하면, 직원은 목표 달성을 위한 효과적인 방법을 찾을 수 있다.

4. 목표에 대한 몰입(Goal Commitment) – 목표에 대한 종업원의 몰입도는 성과에 중요한 영향을 미칩니다. 직원이 목표에 개인적으로 동의하고 몰입할 때, 목표를 달성하려는 의지가 강해진다. 목표에 대한 자발적인 참여가 목표 달성에 도움이 된다. 예시: 직원들이 목표 설정 과정에 참여하거나 목표의 중요성을 스스로 인식할 때 몰입도가 높아진다.

5. 과제 복잡성(Task Complexity)– 과제가 너무 복잡하거나 난이도가 높으면 목표 달성이 어려울 수 있으므로, 과제는 직원의 역량과 경험에 맞게 적절한 수준으로 설정되어야 한다. 복잡한 과제는 단계적으로 나누어 수행하는 것이 효과적이다. 예시: 목표가 지나치게 복잡하다면 이를 세분화하여 직원이 쉽게 따라갈 수 있도록 설계할 수 있다.

6. 보상과 인정(Rewards and Recognition) – 목표 달성 시 보상이나 인정이 제공되면, 직원은 동기 부여가 강화된다. 보상은 금전적인 것일 수 있지만, 상사나 동료로부터의 인정도 중요한 역할을 한다. 예시: 목표를 달성한 직원에게 보너스나 포상을 제공하거나, 공개적으로 인정하는 것이 효과적일 수 있다.

7. 목표 간 일관성(Goal Alignment) – 설명: 조직의 목표와 직원 개인의 목표가 일치할 때, 직무 수행이 더 효과적이다. 조직의 전략적 목표와 개인의 목표를 연계하면 조직 성과와 개인 성과 모두를 높일 수 있다. 예시: 조직의 전략적 목표와 개인의 직무 목표가 일관성을 가질 때, 직원은 목표 달성의 의미를 더 크게 인식하게 된다.

🔍답 ⑤

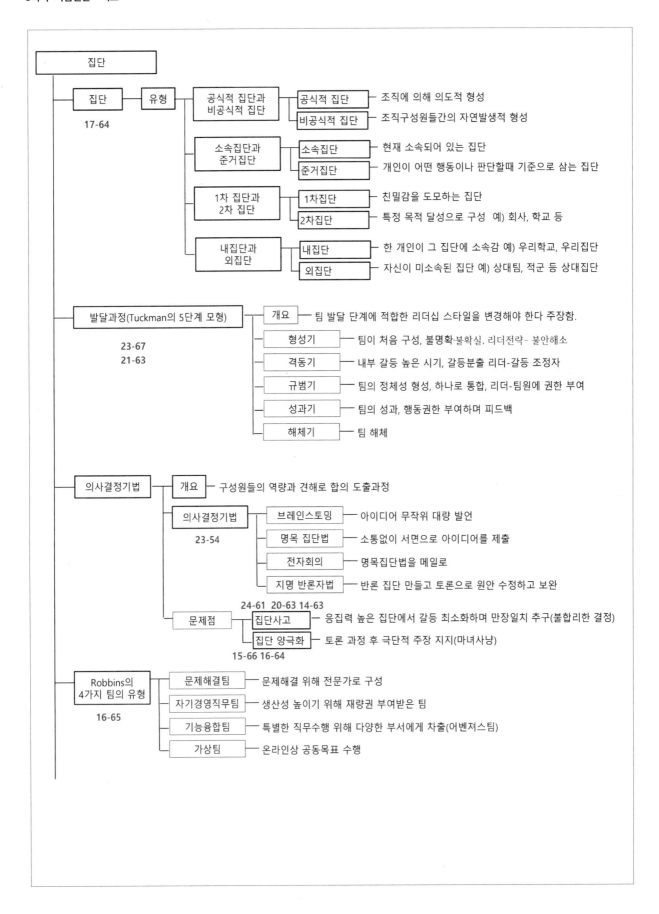

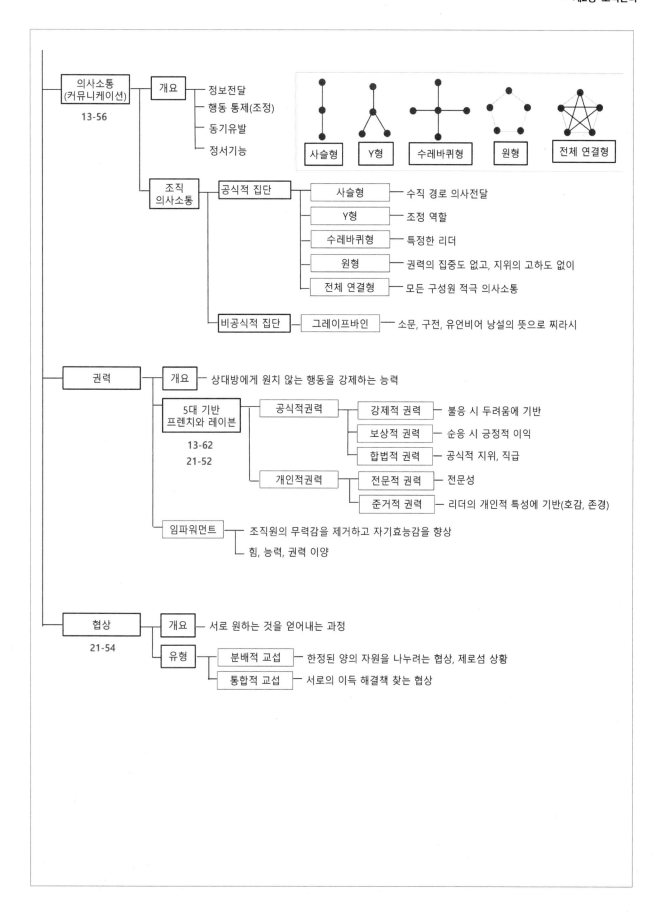

▌예제 문제

2023년

67 집단(팀)에 관한 다음 설명에 해당하는 모델은?

> • 집단이 발전함에 따라 다양한 단계를 거친다는 가정을 한다.
> • 집단발달의 단계로 5단계(형성, 폭풍, 규범화, 성과, 해산)를 제시하였다.
> • 시간의 경과에 따라 팀은 여러 단계를 왔다 갔다 반복하면서 발달 한다.

① 캠피온(Campion)의 모델　　　　② 맥그래스(McGrath)의 모델
③ 그래드스테인(Gladstein)의 모델　④ 해크만(Hackman)의 모델
⑤ 터크만(Tuckman)의 모델

2021년

63 터크맨(B. Tuckman)이 제안한 팀 발달의 단계 모형에서 '개별적 사람의 집합'이 '의미 있는 팀'이 되는 단계는?

① 형성기(forming)　　　　② 격동기(storming)
③ 규범기(norming)　　　　④ 수행기(performing)
⑤ 휴회기(adjourning)

▌정답 및 해설

▶ **2023년 67번**

■ 터크만(Bruce Tuckman)의 집단 발달 5단계 모델

터크만(Bruce Tuckman)의 집단 발달 5단계 모델은 집단(team)이나 팀이 발전하는 과정에서 다양한 단계를 거치며, 시간이 지남에 따라 집단이 더 효율적이고 성과를 낼 수 있게 된다고 가정한다.

1. 형성 단계(Forming) – 팀 구성원들이 처음으로 모이는 단계로, 서로에 대해 탐색하며 관계를 형성하는 초기 단계이다. 역할과 목표가 명확하지 않고, 신뢰 형성과 기대 설정이 주로 이루어진다. 특징: 팀원들은 서로를 조심스럽게 탐색하며, 관계를 구축하기 시작한다. 이 시점에서는 의사소통이 다소 표면적이고 공식적일 수 있다.

2. 폭풍 단계(Storming) – 팀원 간 의견 충돌이나 갈등이 발생하는 단계이다. 역할과 책임을 둘러싸고 긴장이나 불확실성이 생기며, 리더십에 대한 도전이 있을 수 있다. 특징: 팀원들이 갈등을 해결하기 위해 노력하지만, 이 과정에서 충돌이 발생할 수 있다. 이 단계는 팀이 성숙해가는 과정에서 필수적인 단계로 여겨진다.

3. 규범화 단계(Norming) – 팀이 점차 규칙을 세우고, 팀 내 역할과 책임이 명확하게 설정되는 단계이다. 팀원들이 서로에 대한 이해와 신뢰를 쌓으며, 협력이 원활하게 이루어진다. 특징: 팀 내 협력과 협동이 강화되고, 갈등이 줄어들면서 생산적 관계를 형성한다. 규범이 확립되어 팀의 문화가 형성된다.

4. 성과 단계(Performing) 팀이 높은 수준의 성과를 내는 단계로, 팀원들이 서로 잘 협력하고 목표 달성을 위해 효율적으로 일하는 시기이다. 팀원들이 자율적으로 문제를 해결하며, 생산성이 최고조에 이릅니다. 특징: 팀은 목표에 집중하고, 갈등 없이 문제 해결에 능숙한다. 이 단계에서는 팀이 성과를 낼 수 있는 최적의 상태에 도달한다.

5. 해산 단계(Adjourning) – 팀이 목표를 달성한 후, 팀원들이 해산하는 단계이다. 프로젝트가 완료되거나 임무가 끝나면 팀은 자연스럽게 해산된다. 이 단계에서 성과를 평가하고, 팀원들은 새로운 과제로 이동한다. 특징: 팀원들이 각자의 길로 흩어지거나, 새로운 팀으로 편성된다. 성공적인 팀일 경우, 성과에 대한 평가와 회고가 이루어진다.

🔍답 ⑤

▶ **2021년 63번**

■ 터크만(Bruce Tuckman)의 집단 발달 5단계 모델

3. 규범화 단계(Norming) – 이 단계에서 팀원들은 서로의 역할을 명확히 인식하고, 협력과 협동이 강화된다. 갈등이 줄어들고, 팀은 하나의 통합된 단위로서 의미 있는 팀으로 발전한다. 신뢰와 팀 규범이 확립되면서, 팀은 목표를 향해 조율된 방식으로 움직이며, 팀원 간의 관계가 원활해진다. 이때 팀원들은 더 이상 개별적으로 행동하지 않고, 팀 전체의 목표에 집중하면서 협력적인 관계를 형성한다.

🔍답 ③

2013년

56 커뮤니케이션과 의사결정에 관한 설명으로 옳은 것은?

① 암묵지를 체계적, 조직적으로 형식지화한다고 하여도 의사결정의 가치창출 수준은 높아지지 않는다.
② 커뮤니케이션 효과를 높이기 위하여 메시지 전달자는 공식 서신, 전자우편, 전화, 직접 대면 등 다양한 방식 중 한 가지 방식에 집중할 필요가 있다.
③ 커뮤니케이션의 문제 상황이 복잡한 경우 공식적인 수치와 공식적 서신이 소통 방식으로 적합하다.
④ 공식적인 서신과 공식적인 수치는 대면적 의사소통에 비하여 의미있는 정보를 전달할 잠재력이 높다.
⑤ 제한된 합리성이론에 따르면 '의사결정자가 현 상태에 만족한다면 새로운 대안 모색에 나서지 않는다'라고 한다.

2023년

54 집단의사결정기법에 관한 설명으로 옳지 않은 것은?

① 델파이법(Delphi technique)은 의사결정 시간이 짧아 긴박한 문제의 해결에 적합하다.
② 브레인스토밍(brainstorming)은 다른 참여자의 아이디어에 대해 비판할 수 없다.
③ 프리모텀(premortem) 기법은 어떤 프로젝트가 실패했다고 미리 가정하고 그 실패의 원인을 찾는 방법이다.
④ 지명반론자법은 악마의 옹호자(devil's advocate) 기법이라고도 하며, 집단사고의 위험을 줄이는 방법이다.
⑤ 명목집단법은 참여자들 간에 토론을 하지 못한다.

2015년

66 집단 의사결정에 관한 설명으로 옳지 않은 것은?

① 팀의 혁신을 촉진할 수 있는 최적의 상황은 과업에 대한 구성원 간의 갈등이 중간 정도일 때다.
② 집단극화는 집단 구성원의 소수가 모험적인 선택을 할 때 이를 따르는 상황에서 발생한다.
③ 집단사고는 개별 구성원의 생각으로는 좋지 않다고 생각하는 결정을 집단이 선택할 때 나타나는 현상이다.
④ 집단사고는 집단 응집성, 강력한 리더, 집단의 고립, 순응에 대한 압력 때문에 나타난다.
⑤ 집단사고를 예방하기 위해서 다양한 사회적 배경을 가진 집단 구성원이 있는 것이 좋다.

▶ 2013년 56번   ■ 커뮤니케이션과 의사결정

　① 암묵지와 형식지:

　　1) 암묵지(Tacit Knowledge): 개인이 경험과 직관을 통해 습득한 지식으로, 명확하게 표현하거나 문서화하기 어려운 지식이다. 예를 들어, 장인의 기술, 경험에 기반한 문제 해결 능력 등이 암묵지에 해당한다.

　　2) 형식지(Explicit Knowledge): 문서, 데이터, 매뉴얼 등으로 표현 가능하고 조직 내에서 공유할 수 있는 지식이다. 쉽게 전파되거나 저장되고, 체계적으로 관리될 수 있다.
　　　암묵지를 체계적, 조직적으로 형식지화하는 것은 의사결정의 질과 가치 창출 수준을 높일 수 있는 중요한 과정이다. 지식의 공유, 활용, 일관된 의사결정을 통해 조직은 더욱 효과적으로 문제를 해결하고, 더 나은 성과를 낼 수 있다.

　② 커뮤니케이션 효과를 높이기 위해서는 한 가지 방식에만 집중하는 것보다, 상황에 맞는 다양한 방식을 활용하는 것이 더 적절하다. 상황, 목적, 대상을 고려하여 다양한 커뮤니케이션 방법을 조합하여 사용하는 것이 메시지를 더 명확하고 효과적으로 전달하는 데 도움이 된다.

　③ 복잡한 문제 상황에서는 공식적 수치와 서신만으로는 한계가 있을 수 있다. 이러한 상황에서는 양방향 소통과 추가 설명을 위한 대면 회의, 전화 등의 커뮤니케이션 방식이 더 적합하다. 공식적인 자료는 중요한 정보를 제공하는 데 유용하지만, 이를 보완하기 위해 직접 소통이 필요하다.

　④ 공식적인 서신과 수치는 정확한 정보 제공이나 기록을 남기기 위한 목적으로 유용할 수 있지만, 대면적 의사소통은 비언어적 정보와 즉각적인 상호작용을 통해 더 다양하고 풍부한 정보를 전달할 수 있다. 의사소통의 목적과 상황에 따라 적합한 방식이 달라지며, 복합적인 정보를 전달해야 할 때는 대면 의사소통이 더 효과적일 가능성이 큽니다.　　　🔍답 ⑤

▶ 2023년 54번   ■ 델파이법(Delphi Technique) 특징

　1. 전문가 의견 수렴 – 델파이법은 전문가들의 의견을 익명으로 수집하고, 여러 차례 반복적으로 조사하여 의견의 일치를 이끌어내는 방법이다. 이를 통해 객관적이고 종합적인 결론을 도출한다.

　2. 의사결정 과정이 긴 편 – 델파이법은 반복적인 설문조사와 피드백 과정을 통해 이루어지기 때문에 시간이 많이 소요된다. 각 라운드마다 전문가들의 의견을 수집하고 분석하며, 다시 피드백을 제공하는 순환적인 과정이 반복된다.

　3. 긴급한 문제 해결에는 적합하지 않음 – 델파이법은 주로 장기적인 예측, 복잡한 문제에 대한 심층적 논의에 적합하며, 빠른 결정을 요구하는 상황에는 사용하기 어렵다.

　4. 익명성 유지 – 델파이법에서는 전문가들의 익명성을 유지함으로써 집단 압력이나 의견 주도 없이 객관적 의견 수렴을 목표로 한다. 이를 통해 더 신뢰성 있는 결과를 도출할 수 있다.　　　🔍답 ①

▶ 2015년 66번   ■ 집단 의사결정

　집단 의사결정(Group Decision-Making)은 여러 구성원이 함께 참여하여 결정을 내리는 과정으로, 개인이 혼자 의사결정을 내리는 것과는 다른 특징을 갖고 있다. 집단 의사결정은 다양한 관점과 정보를 반영할 수 있다는 장점이 있지만, 동시에 비효율적이거나 왜곡된 의사결정이 이루어질 위험도 존재한다.

　1. 집단사고(Groupthink) – 집단 의사결정 과정에서 구성원들이 동조 압력을 느끼거나, 갈등을 피하려는 경향이 강해지면 비판적 사고가 줄어들고, 일치된 결론을 지지하게 되는 현상이다. 이는 잘못된 결정을 내릴 가능성을 높인다. 집단사고는 내부의 이견이나 대안의 검토가 부족해지는 경향을 가져올 수 있다.

　2. 집단극화(Group Polarization) – 집단 의사결정 과정에서 토론이 진행되다 보면, 구성원들이 더 극단적인 의견으로 이동하는 경향이 생길 수 있다. 이는 집단 내에서 의견이 강화되어 더 위험하거나 극단적인 결정을 내리는 집단극화로 이어질 수 있다.

　② 집단극화는 집단 구성원 다수의 초기 의견이 논의를 통해 더 극단적으로 변화하는 현상이며, 소수의 모험적인 선택을 따르는 것과는 다릅니다. 집단 토론이나 상호작용을 통해 의견이 극단화되며, 이는 다수 의견이 더 강하게 표출되고 강화되는 경향이 있다.　　　🔍답 ②

64 **2016** 다음을 설명하는 용어는?

> 대부분의 중요한 의사결정은 집단적 토의를 거치기 마련이다. 이 과정에서 구성원들은 타인의 영향을 받거나 상황 압력 등에 따라 본인의 원래 태도에 비하여 더욱 모험적이거나 보수적인 방향으로 변화될 가능성이 있다.

① 집단사고   ② 집단극화   ③ 동조
④ 사회적 촉진   ⑤ 복종

64 **2017년** 조직 내 팀에 관한 설명으로 옳지 않은 것을 모두 고른 것은?

> ㄱ. 터크만(B. Tuckman)의 팀 생애주기는 형성(forming)-규범형성(norming)-격동(storming)-수행(performing)-해체(adjourning)의 순이다.
> ㄴ. 집단사고는 효과적인 팀 수행을 위하여 공유된 정신모델을 구축할 때 잠재적으로 나타나는 부정적인 면이다.
> ㄷ. 집단극화는 개별구성원의 생각으로는 좋지 않다고 생각하는 결정을 집단이 선택할 때 나타나는 현상이다.
> ㄹ. 무임승차(free riding)나 무용성 지각(felt dispensability)은 팀에서 개인에게 개별적인 인센티브를 주지 않음으로써 일어날 수 있는 사회적 태만이다.
> ㅁ. 마크(M. Marks)가 제안한 팀 과정의 3요인 모형은 전환과정, 실행과정, 대인과정으로 구성되어 있다.

① ㄱ, ㄴ   ② ㄱ, ㄷ   ③ ㄱ, ㄷ, ㅁ
④ ㄷ, ㄹ, ㅁ   ⑤ ㄱ, ㄴ, ㄷ, ㄹ

63 **2014년** 효과적인 팀 수행을 위해서 공유된 정신모델(shared mental model)을 구축 하고자 할 때, 주의해야 하는 잠재적 · 부정적 측면인 집단사고(groupthink)에 관한 설명으로 옳지 않은 것은?

① 집단사고의 예로는 1960년대 미국이 쿠바의 피그만을 침공한 것과 1980년대 우주왕복선 챌린저호의 폭발사고가 있다.
② 팀 구성원들은 만장일치로 의견을 도출해야 한다는 환상을 가지고 있다.
③ 자신이 속한 집단에 대한 강한 사회적 정체성을 느끼는 팀에서는 일어나지 않는다.
④ 팀 안에서 반대 의견을 표출하기가 힘들다.
⑤ 선택 가능한 대안들을 충분히 고려하지 않고 선택적으로 정보처리를 하는데서 발생한다.

▶ 2016년 64번   ■ 집단극화(Group Polarization)
집단극화(Group Polarization) - 집단 의사결정 과정에서 토론이 진행되다 보면, 구성원들이 더 극단적인 의견으로 이동하는 경향이 생길 수 있다. 이는 집단 내에서 의견이 강화되어 더 위험하거나 극단적인 결정을 내리는 집단극화로 이어질 수 있다.   🔍답 ②

▶ 2017년 64번   ■ 팀
ㄱ. 터크만(Bruce Tuckman)의 집단 발달 5단계 모델
　　1. 형성 단계(Forming) - 팀 구성원들이 처음으로 모이는 단계로, 서로에 대해 탐색하며 관계를 형성하는 초기 단계
　　2. 폭풍 단계(Storming) - 팀원 간 의견 충돌이나 갈등이 발생하는 단계
　　3. 규범화 단계(Norming) - 팀이 점차 규칙을 세우고, 팀 내 역할과 책임이 명확하게 설정되는 단계
　　4. 성과 단계(Performing) 팀이 높은 수준의 성과를 내는 단계로, 팀원들이 서로 잘 협력하고 목표 달성을 위해 효율적으로 일하는 시기
　　5. 해산 단계(Adjourning) - 팀이 목표를 달성한 후, 팀원들이 해산하는 단계

ㄷ. 집단극화는 구성원들의 의견이 논의 과정에서 더 극단적인 방향으로 변하는 현상으로, 개별 구성원이 생각하는 좋지 않은 결정을 집단이 선택하는 상황과는 다릅니다.
집단사고는 구성원들이 비판적 사고 없이 의견에 동조하여, 개별적으로는 동의하지 않지만 집단적으로 결정을 내리는 현상에 더 가깝다.   🔍답 ②

▶ 2014년 63번   ■ 집단사고(Groupthink)
　1. 정의: 집단사고는 집단 내에서 의견 일치를 지나치게 중시하여, 비판적 사고나 대안 검토 없이 결정을 내리는 현상이다. 집단 구성원들이 갈등을 피하거나 동조 압력에 의해 개별적으로는 동의하지 않는 결정을 집단 차원에서 선택하게 되는 경우를 말한다.
　2. 특징: 집단사고는 비판적 논의가 부족하거나 소수 의견이 배제되는 상황에서 발생하며, 결과적으로 잘못된 결정을 내릴 위험이 큽니다.
　3. 예시: 팀 내 강력한 리더가 특정한 결정을 고집하는 상황에서, 팀원들이 갈등을 피하기 위해 그 결정을 따르면서 잘못된 결정을 내리는 경우.

　③ 집단사고는 자신이 속한 집단에 대한 강한 사회적 정체성을 느끼는 팀에서도 발생할 수 있으며, 오히려 응집력과 사회적 정체성이 강할수록 비판적 사고가 억제되어 집단사고가 발생할 가능성이 더 커진다. 이를 예방하기 위해서는 다양한 의견을 장려하고, 비판적 검토를 촉진하는 환경을 조성하는 것이 중요하다.   🔍답 ③

63 다음에 설명하는 용어는?
2020년

> 응집력이 높은 조직에서 모든 구성원들이 하나의 의견에 동의하려는 욕구가 매우 강해, 대안적인 행동방식을 객관적이고 타당하게 평가하지 못함으로써 궁극적으로 비합리적이고 비현실적인 의사결정을 하게 되는 현상이다.

① 집단사고(groupthink)
② 사회적 태만(social loafing)
③ 집단극화(group polarization)
④ 사회적 촉진(social facilitation)
⑤ 남만큼만 하기 효과(sucker effect)

65 산업현장에서 운영되고 있는 팀(team)의 유형에 관한 설명으로 옳지 않은 것은?
2016년

① 전술적 팀(tactical team): 수행절차가 명확히 정의된 계획을 수행할 목적으로 하며, 경찰특공대 팀이 대표적임
② 문제해결 팀(problem-solving team): 특별한 문제나 이슈를 해결할 목적으로 구성되며, 질병통제센터의 진단팀이 대표적임
③ 창의적 팀(creative team): 포괄적 목표를 가지고 가능성과 대안을 탐색할 목적으로 구성되며, IBM의 PC 설계팀이 대표적임
④ 특수 팀(ad hoc team): 조직에서 일상적이지 않고 비전형적인 문제를 해결할 목적으로 구성되며, 팀의 임무를 완수한 후 해체됨
⑤ 다중 팀(multi-team): 개인과 조직시스템 사이를 조정(moderating)하는 메타(meta)적 성격을 갖고 있음

▶ **2020년 63번**

■ 집단사고(Groupthink)

1. 정의: 집단사고는 집단 내에서 의견 일치를 지나치게 중시하여, 비판적 사고나 대안 검토 없이 결정을 내리는 현상이다. 집단 구성원들이 갈등을 피하거나 동조 압력에 의해 개별적으로는 동의하지 않는 결정을 집단 차원에서 선택하게 되는 경우를 말한다.
2. 특징: 집단사고는 비판적 논의가 부족하거나 소수 의견이 배제되는 상황에서 발생하며, 결과적으로 잘못된 결정을 내릴 위험이 큽니다.
3. 예시: 팀 내 강력한 리더가 특정한 결정을 고집하는 상황에서, 팀원들이 갈등을 피하기 위해 그 결정을 따르면서 잘못된 결정을 내리는 경우.

② 사회적 태만(social loafing) – 사회적 태만은 집단 작업에서 발생할 수 있는 중요한 문제로, 개인이 집단 내에서 덜 노력하게 만드는 현상이다. 이를 방지하려면 개인의 기여도를 명확히 평가하고, 책임감을 부여하며, 적절한 동기부여와 역할 분담이 이루어져야 한다.

④ 사회적 촉진(social facilitation) – 사회적 촉진은 다른 사람들의 존재가 개인의 과제 수행에 긍정적인 영향을 미치는 현상으로, 주로 익숙한 과제에서 나타납니다. 반대로, 어려운 과제에서는 오히려 긴장감과 주의 분산으로 인해 사회적 억제가 발생할 수 있다. 이 현상은 일상적인 과제뿐 아니라 직장, 운동, 공연 등 다양한 상황에서 관찰된다. 예시: 운동선수는 많은 관중이 지켜보는 경기에서 더 나은 성과를 낼 가능성이 큽니다.

⑤ 남만큼만 하기 효과(sucker effect) – 남만큼만 하기 효과(Sucker Effect)는 팀 내 무임승차자를 발견했을 때, 자신만 과도하게 일하는 상황을 피하기 위해 다른 구성원들과 비슷한 수준으로 노력을 줄이려는 경향이다. 이는 사회적 태만을 유발하고, 팀 성과 저하로 이어질 수 있다. 이를 방지하기 위해서는 개별 기여도 평가, 역할 분담의 명확화, 팀 내 신뢰 강화가 필요한다. 🔍답 ①

▶ **2016년 65번**

■ 다중 팀(Multi-Team Systems, MTS)
다중 팀(Multi-Team Systems, MTS)은 개인과 조직 시스템 사이의 조정자 역할을 하며, 메타(meta)적 성격을 갖는 것으로 설명된다. 이는 여러 팀이 서로 협력하여 공동의 목표를 달성하기 위해 조직되는 시스템으로, 복잡한 과제를 해결하는 데 적합한 구조이다. 🔍답 ⑤

62 사회적 권력(social power)의 유형에 대한 설명으로 옳지 않은 것은?

① 합법권력: 상사의 직책에 고유하게 내재하는 권력

② 강압권력: 상사가 징계 해고 등 부하를 처벌할 수 있는 능력

③ 보상권력: 상사가 부하에게 수당, 승진 등 보상해 줄 수 있는 능력

④ 전문권력: 상사가 보유하고 있는 지식과 전문기술 등에 근거하는 능력

⑤ 참조권력: 상사가 부하에게 규범과 명확한 지침을 전달하고, 문제발생 시 도움을 줄 수 있는 능력

52 프렌치(J. French)와 레이븐(B. Raven)의 권력의 원천에 관한 설명으로 옳지 않은 것은?

① 공식적 권력은 특정역할과 지위에 따른 계층구조에서 나온다.

② 공식적 권력은 해당지위에서 떠나면 유지되기 어렵다.

③ 공식적 권력은 합법적 권력, 보상적 권력, 강압적 권력이 있다.

④ 개인적 권력은 전문적 권력과 정보적 권력이 있다.

⑤ 개인적 권력은 자신의 능력과 인격을 다른 사람으로부터 인정받아 생긴다.

▶ 2013년 62번   ■ 프렌치(John R. P. French)와 레이븐(Bertram Raven)의 사회적 권력(Social Power)
    1. 보상적 권력(Reward Power) - 다른 사람에게 보상을 제공하거나 그들이 원하는 것을 줄 수
       있는 능력에서 나오는 권력이다. 특징: 보상적 권력을 가진 사람은 금전적 보상, 승진 기회, 칭찬
       등과 같은 형태로 다른 사람을 동기부여하거나 행동을 조정할 수 있다. 예시: 상사가 직원에게
       성과에 따라 보너스를 제공하는 경우.
    2. 강압적 권력(Coercive Power) - 처벌이나 부정적 결과를 부과할 수 있는 능력에서 나오는 권력
       이다. 특징: 강압적 권력을 사용하는 사람은 처벌, 감봉, 해고 등의 위협을 통해 다른 사람의 행동
       을 통제하거나 변경하려고 한다. 이 권력은 주로 두려움을 기반으로 작동한다. 예시: 상사가 성과
       가 좋지 않은 직원에게 경고를 주거나 해고를 위협하는 경우.
    3. 합법적 권력(Legitimate Power) - 특정 직위나 역할에서 비롯되는 공식적인 권한에 기반한 권
       력이다. 특징: 조직 내에서 권위를 가진 직위나 역할에 의해 부여되는 권력이다. 권위의 원천은
       법, 규정, 조직의 구조 등이며, 직위에 따라 자연스럽게 행사되는 권력이다. 예시: 회사의 CEO가
       회사 정책을 수립하고 그에 따라 직원을 지시하는 경우.
    4. 전문적 권력(Expert Power) - 지식이나 기술과 같은 전문성에서 나오는 권력이다. 특징: 전문적
       권력은 특정 분야에 대한 지식이나 경험을 바탕으로 형성된다. 이 권력은 신뢰와 존경을 바탕으
       로 작동하며, 전문가로서의 의견이 중요한 영향을 미칠 수 있다. 예시: IT 전문가가 기술적인 문
       제에 대해 솔루션을 제안할 때 동료들이 이를 따르는 경우.
    5. 준거적 권력(Referent Power) - 다른 사람에게 존경받거나 매력적으로 보이는 개인이 갖는 권
       력이다. 특징: 준거적 권력은 개인의 카리스마, 매력, 존경으로부터 형성된다. 다른 사람들은 이
       러한 사람을 모방하고 싶어 하거나 그와 가까워지기를 원한다. 이는 관계 기반의 권력으로, 영향
       력 있는 인물이 지지자를 쉽게 모을 수 있다. 예시: 유명한 CEO나 연예인, 카리스마 있는 리더가
       사람들에게 큰 영향력을 미치는 경우.   답 ⑤

▶ 2021년 52번   ■ 프렌치(J. French)와 레이븐(B. Raven)의 권력의 원천
    1. 공식적 권력(Formal Power) - 주로 조직 내에서 직위나 역할, 직무와 같은 공식적인 위치에서
       나오는 권력
       1) 합법적 권력(Legitimate Power) - 조직 내 공식적인 직위나 역할에서 나오는 권력
       2) 보상적 권력(Reward Power) - 보상을 제공할 수 있는 능력에서 나오는 권력
       3) 강압적 권력(Coercive Power) - 처벌이나 불이익을 줄 수 있는 능력에서 나오는 권력
    2. 개인적 권력(Personal Power) - 개인의 성격, 능력, 지식 또는 관계에서 나오는 권력
       1) 전문적 권력(Expert Power) - 지식이나 전문성에서 나오는 권력
       2) 준거적 권력(Referent Power) - 개인이 다른 사람에게 매력적이거나 존경받는 존재로 인식
          될 때 발생하는 권력   답 ④

54 협상에 관한 설명으로 옳지 않은 것은?

① 협상은 둘 이상의 당사자가 희소한 자원을 어떻게 분배할지 결정하는 과정이다.
② 협상에 관한 접근방법으로 분배적 교섭과 통합적 교섭이 있다.
③ 분배적 교섭은 내가 이익을 보면 상대방은 손해를 보는 구조이다.
④ 통합적 교섭은 윈-윈 해결책을 창출하는 타결점이 있다는 것을 전제로 한다.
⑤ 분배적 교섭은 협상당사자가 전체자원(pie)이 유동적이라는 전제하에 협상을 진행한다.

61 집단 또는 팀에 관한 설명으로 옳지 않은 것은?

① 교차기능팀은 조직 내의 다양한 부서에 근무하는 사람들로 이루어진 팀이다.
② '남만큼만 하기 효과'는 사회적 태만의 한 현상이다.
③ 제니스(Janis)의 모형에서 집단사고의 선행요인 중 하나는 구성원들 간 낮은 응집성과 친밀성이다.
④ 다른 사람의 존재가 개인의 성과에 부정적 영향을 미치는 것을 사회적 억제라고 한다.
⑤ 높은 집단 응집성은 그 집단에 긍정적 효과와 부정적 효과를 준다.

▶ 2021년 54번

■ 협상

1. 분배적 협상(Distributive Negotiation) – 제로섬 게임의 협상으로, 협상 당사자들이 한정된 자원을 놓고 경쟁하는 상황에서 발생한다. 한쪽이 이득을 보면, 다른 쪽은 그만큼 손해를 보는 방식이다.예시: 두 회사가 인수합병 시 인수 가격을 놓고 벌이는 협상.

2. 통합적 협상(Integrative Negotiation) – 윈–윈 협상을 목표로, 협상 당사자들이 서로의 이익을 극대화하는 방향으로 협력하여 해결책을 찾는 협상이다. 예시: 두 회사가 공동 프로젝트를 진행하면서 서로의 자원을 결합해 가치를 극대화하려는 협상.

⑤ 분배적 교섭은 고정된 자원을 어떻게 나눌지에 대한 협상으로, 자원의 크기를 변경하거나 확대할 수 없다는 전제 하에 진행된다. 따라서 자원이 유동적이라는 가정은 분배적 교섭과는 맞지 않는 설명이다.

🔍답 ⑤

▶ 2024년 61번

■ 집단사고의 선행요인

1. 높은 응집성(Cohesiveness) – 집단 내에서 응집성이 너무 높을 경우, 구성원들은 집단의 일치된 의견을 유지하려는 압박을 느끼며 비판적 사고나 다양한 의견 제시를 꺼리게 된다. 이는 집단사고의 주요 요인이다.

2. 구조적 결함(Structural Faults) – 집단 리더의 권위가 강하거나, 집단 내 의사소통 구조가 비민주적인 경우, 비판적 의견이 제시되기 어려워진다.

3. 외부 압력(External Pressure) – 집단이 외부의 압력을 강하게 느낄 때, 신속하게 결정을 내려야 하거나 외부 비판에 대항하는 결정을 내리는 경우, 비판적 사고가 억제될 수 있다.

③ 제니스의 모형에서 집단사고의 선행요인 중 하나는 구성원들 간의 높은 응집성과 친밀성이다. 집단 내 응집성이 낮거나 친밀성이 부족할 경우 오히려 집단사고가 발생할 가능성이 적어지며, 더 많은 비판적 사고와 다양한 의견 제시가 이루어질 수 있다.

🔍답 ③

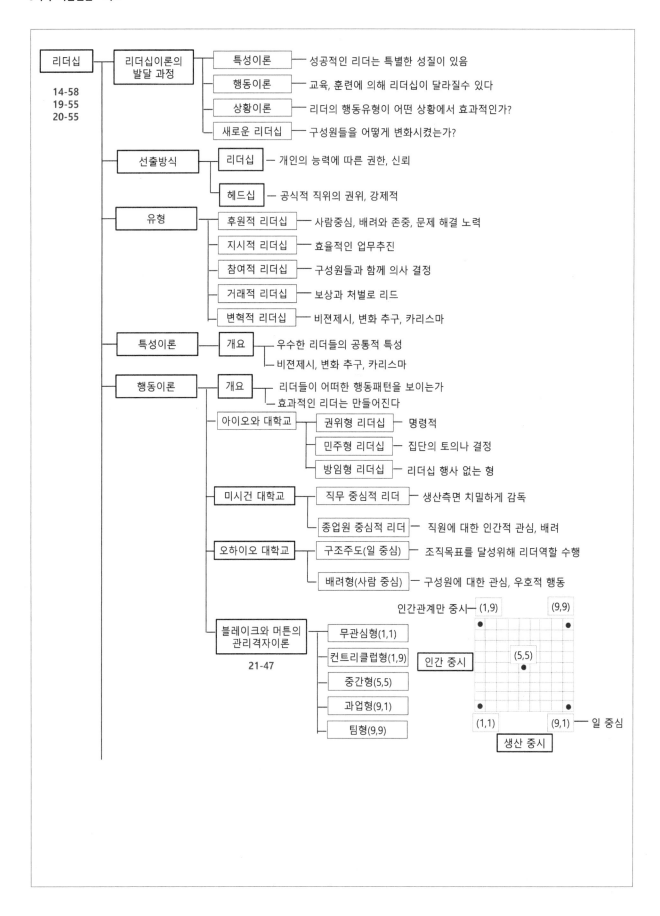

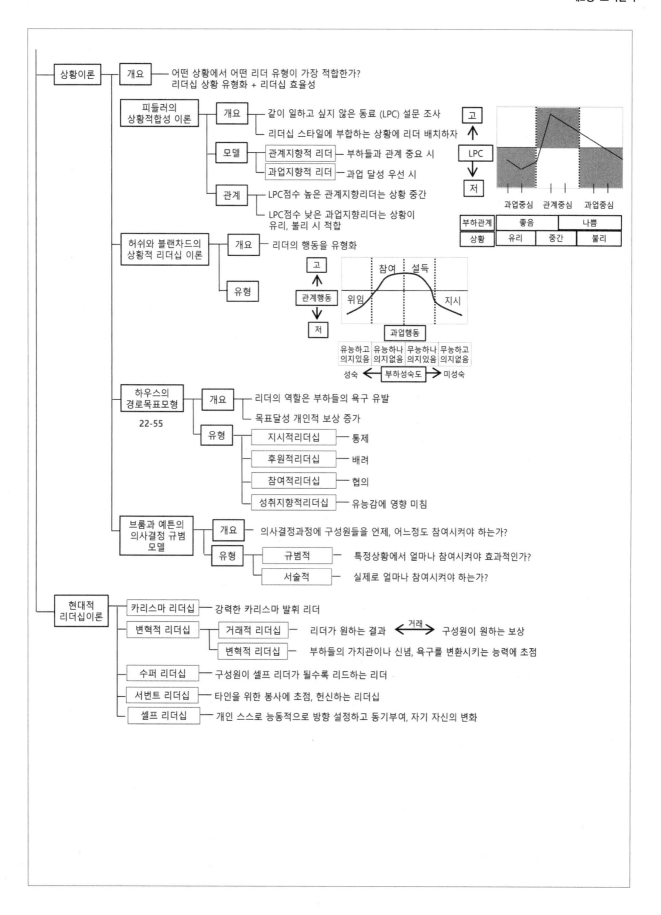

▌예제 문제

2014년
58 리더십 이론에 관한 설명으로 옳은 것은?

① 행동이론 중 미시간 대학의 연구에서 직무중심 리더는 부하의 인간적 측면에 관심을 갖고, 종업원 중심 리더는 부하의 업무에 관심을 갖고 있다는 것을 규명하였다.

② 상황이론 중 경로 – 목표 이론에서는 리더행동을 지시적 리더십, 지원적 리더십, 참여적 리더십, 성취지향적 리더십으로 분류하였다.

③ 특성이론에서는 여러 특성을 가진 리더가 모든 상황에서 효과적이라고 주장하였다.

④ 행동이론 중 오하이오 주립대학의 연구에서 배려하는 리더와 부하 사이의 관계는 상호신뢰를 형성하기가 어렵다는 것을 규명하였다.

⑤ 상황이론 중 규범모형은 기본적으로 부하들이 의사결정에 참여하는 정도가 상황의 특성에 맞게 달라질 필요가 없다고 가정하였다.

2020년
55 리더십(leadership)에 관한 설명으로 옳은 것은?

① 리더십 행동이론에서 리더의 행동은 상황이나 조건에 의해 결정된다고 본다.

② 리더십 특성이론에서 좋은 리더는 리더십 행동에 대한 훈련에 의해 육성될 수 있다고 본다.

③ 리더십 상황이론에서 리더십은 리더와 부하 직원들 간의 상호작용에 따라 달라질 수 있다고 본다.

④ 헤드십(headship)은 조직 구성원에 의해 선출된 관리자가 발휘하기 쉬운 리더십을 의미한다.

⑤ 헤드십은 최고경영자의 민주적인 리더십을 의미한다.

∎정답 및 해설

▶ **2014년 58번**　■ 리더십 이론

① 미시간 대학의 연구에서 직무중심 리더는 업무에 관심을 갖고, 종업원중심 리더는 부하의 인간적 측면에 더 관심을 가진다.

　1) 직무중심 리더(Task-Oriented Leader): 이러한 리더는 주로 업무 수행과 과업 달성에 중점을 둡니다. 이들은 목표를 설정하고, 과업을 할당하며, 효율성을 중시하고 성과를 높이기 위해 관리하고 통제하는 방식에 집중한다. 부하의 인간적 측면보다는 업무 성과에 관심을 더 두는 경향이 있다.

　2) 종업원중심 리더(Employee-Oriented Leader): 이 유형의 리더는 부하의 인간적 측면과 복지에 더 많은 관심을 기울이다. 팀원들과의 관계를 중시하고, 직원의 동기부여와 만족도를 높이는 데 집중한다. 이들은 업무보다는 부하 개인의 복지와 인간관계에 초점을 맞추고, 부하들이 스스로 업무를 잘 수행할 수 있도록 지원하는 방식으로 리더십을 발휘한다.

③ 특성이론은 타고난 특성이 리더십의 중요한 요소임을 강조하지만, 이론 자체로는 모든 상황에서 동일하게 효과적이라는 주장은 한계가 있다고 할 수 있다.

④ 오하이오 주립대학의 리더십은 배려(Consideration)와 구조주도(Initiating Structure)이다.

　1) 배려(Consideration): 배려하는 리더는 부하의 감정, 욕구, 복지에 신경을 쓰고, 부하와의 관계를 중시한다. 이 유형의 리더는 부하의 의견을 존중하며, 상호 신뢰와 존중을 바탕으로 관계를 구축하려고 노력한다. 따라서, 배려하는 리더와 부하 사이의 관계는 상호 신뢰를 형성하기 쉽다고 보았다.

　2) 구조주도(Initiating Structure): 구조를 주도하는 리더는 업무를 체계화하고, 명확한 지침과 규칙을 설정하여 조직 목표 달성에 중점을 둡니다. 이 리더는 주로 업무의 효율성과 생산성에 집중하며, 업무 진행을 조직적으로 관리한다.

⑤ 규범모형(Normative Model)은 Vroom과 Yetton이 제안한 리더십 이론으로, 부하들의 의사결정 참여 정도가 상황에 따라 달라져야 한다는 점을 강조하지, 상황에 관계없이 고정된 방식으로 부하들이 의사결정에 참여해야 한다고 가정하지 않다. 　　　　　　　　　　　　　　　**답** ②

▶ **2020년 55번**　■ 리더십 이론

① 행동이론은 리더의 행동이 상황에 의해 결정된다고 보지 않으며, 리더의 행동이 성과와 부하의 반응에 직접적으로 영향을 미친다고 보는 이론이다. 반대로, 리더의 행동이 상황에 따라 달라진다고 주장하는 것은 상황이론의 개념이다.

② 특성이론은 리더십이 주로 타고난 특성에 의해 좌우된다고 보며, 리더십 행동에 대한 훈련을 통해 리더가 육성될 수 있다는 관점은 특성이론과는 거리가 멉니다.

④ 헤드십은 공식적인 직위에 의해 주어진 권위를 바탕으로 작용하며, 구성원들의 선출과는 관계없이 직위 자체가 권위의 근거가 된다. 반면, 리더십은 구성원들의 신뢰와 지지를 바탕으로 영향력을 행사하는 것에 중점을 둡니다. 리더십은 직위나 권위와 무관하게 개인의 역량과 관계 형성 능력에 의해 발휘되는 경우가 많다.

⑤ 헤드십은 직위에 기반한 권위적 리더십에 더 가깝고, 민주적인 리더십은 참여와 협력을 중시하는 리더십 스타일로서, 이 둘은 서로 다른 개념이다. 　　　　　　　　　　　　　　　**답** ③

55 2022년
하우스(R. House)의 경로-목표 이론(path-goal theory)에서 제시되는 리더십 유형이 아닌 것은?

① 지시적 리더십(directive leadership)
② 지원적 리더십(supportive leadership)
③ 참여적 리더십(participative leadership)
④ 성취지향적 리더십(achievement-oriented leadership)
⑤ 거래적 리더십(transactional leadership)

47 2021년
관리격자이론에서 "생산에 관한 관심은 대단히 높으나 인간에 대한 관심이 극히 낮은 리더십"의 유형은?

① (1.1)형   ② (1.9)형
③ (9.1)형   ④ (9.9)형
⑤ (5.5)형

▶ **2022년 55번**

■ 하우스(R. House)의 경로-목표 이론(Path-Goal Theory)

하우스(R. House)의 경로-목표 이론(Path-Goal Theory)은 리더가 부하들이 목표를 달성할 수 있도록 동기부여하고, 그들의 경로를 명확히 설정해주는 것이 핵심이라는 이론이다. 이 이론에서 리더는 상황에 맞춰 여러 가지 리더십 스타일을 사용하여 부하들이 목표를 달성하는 데 도움을 준다.

1. 지시적 리더십(Directive Leadership) – 리더가 명확한 지침과 명령을 제공하고, 과업에 대해 구체적인 설명을 한다. 부하들에게 무엇을 해야 하고 어떻게 해야 할지를 명확히 제시하며, 작업 절차와 기대되는 성과를 명확하게 전달한다. 이 스타일은 직무가 불확실하거나 복잡한 상황에서 특히 효과적이다.

2. 후원적 리더십(Supportive Leadership) – 리더가 부하들의 복지와 욕구에 관심을 기울이고, 부하들과 따뜻한 관계를 형성하며, 개인의 감정적 요구를 충족시켜주는 방식이다. 이러한 리더십은 스트레스가 많거나 일상적인 업무에서 부하들이 지치지 않도록 지원한다. 부하들의 개인적 욕구나 감정적 요구가 클 때 적합한 리더십 스타일이다.

3. 참여적 리더십(Participative Leadership) – 리더가 부하들의 의견을 경청하고, 의사결정 과정에 그들을 적극적으로 참여시킨다. 리더는 부하들과 논의하고 그들의 아이디어를 수렴하며, 의사결정에 반영한다. 이 스타일은 부하들이 의사결정에 대한 참여 욕구가 클 때 효과적이다.

4. 성취지향적 리더십(Achievement-Oriented Leadership) – 리더가 높은 목표를 설정하고, 그 목표를 달성하기 위해 부하들에게 도전적인 과업을 부여하며, 부하들의 성과에 대해 높은 기대를 가지고 격려하는 스타일이다. 이때 리더는 부하들이 목표를 달성할 수 있도록 높은 수준의 성과를 기대한다.이 스타일은 부하들이 성취 동기가 높고, 도전적인 목표를 추구할 때 적합하다.

■ 거래적 리더십(Transactional Leadership)

거래적 리더십(Transactional Leadership)은 리더와 부하 간의 교환 관계에 초점을 맞춘 리더십 스타일이다. 이 리더십 스타일은 명확한 과업과 목표 설정, 그리고 성과에 따른 보상과 실패에 따른 처벌을 통해 리더와 부하가 관계를 맺는 방식이다. 즉, 거래적 리더십에서는 리더가 부하에게 주어진 목표를 달성하면 보상을 제공하고, 목표 달성에 실패하거나 성과가 낮으면 처벌을 가하는 방식으로 리더십을 발휘한다.   🔍답 ⑤

▶ **2021년 47번**

■ 관리격자 이론(Managerial Grid Theory)

관리격자 이론(Managerial Grid Theory)은 리더십 연구의 한 유형으로, 1964년 로버트 블레이크(Robert Blake)와 제인 모우튼(Jane Mouton)에 의해 개발되었다. 이 이론은 리더십 스타일을 두 가지 차원에서 분석한다: 과업에 대한 관심(Concern for Production)과 사람에 대한 관심(Concern for People). 이 두 가지 요소를 바탕으로 리더의 스타일을 격자(grid) 형태로 나타내며, 각 리더십 스타일을 9점 척도로 평가한다.

1. 관리격자 이론의 두 가지 차원:

   1) 과업에 대한 관심(Concern for Production) – 리더가 목표나 업무 성과, 생산성을 얼마나 중시하는지에 대한 척도이다. 이 차원은 과업 지향성을 의미하며, 리더가 업무 성과, 목표 달성, 조직 효율성을 위해 얼마나 노력하는지를 나타냅니다.

   2) 사람에 대한 관심(Concern for People) – 리더가 부하들의 욕구, 동기, 복지, 인간관계 등에 얼마나 관심을 가지는지를 측정하는 척도이다. 리더가 부하들과의 관계, 신뢰, 존중을 중시하는 정도를 의미하며, 사람 지향성을 나타냅니다.

2. 관리격자 모형의 리더십 스타일:

   1) 1,1형: 무관심형(임무 회피형) 리더십 –과업에도 사람에도 관심이 거의 없는 리더십 스타일이다. 리더는 최소한의 노력만 기울이며, 팀의 성과와 구성원의 만족 모두를 무시한다. 생산성이나 인간관계 모두에 낮은 관심을 보이기 때문에, 조직 성과가 낮고 팀워크도 부족한다.

   2) 9,1형: 과업 중심 리더십 – 과업에만 높은 관심을 보이고, 사람에 대한 관심은 낮은 스타일이다. 리더는 조직의 목표 달성에만 집중하며, 부하들의 개인적 욕구나 관계에 대한 관심이 적다. 이 리더십 스타일은 주로 권위적이며, 목표 달성을 위해 강압적으로 업무를 추진하는 경향이 있다.

   3) 1,9형: 컨크리클럽형 리더십 – 사람에 대한 관심은 높지만, 과업에 대한 관심이 낮은 스타일이다. 리더는 부하들과의 좋은 관계를 유지하는 데 집중하며, 부하들의 만족과 복지를 최우선으로 여깁니다.그러나 과업 성과나 조직 목표 달성에는 상대적으로 소홀해져서 생산성 저하가 발생할 수 있다.

   4) 5,5형: 중간형 리더십 – 과업과 사람에 대한 관심을 모두 중간 정도로 유지하는 스타일이다. 리더는 타협적으로 행동하며, 어느 정도의 성과와 부하들의 만족을 유지하려고 한다. 하지만 과업과 사람 어느 쪽에서도 뛰어나지 않아, 성과나 관계 모두에서 절충적인 결과를 얻게 된다.

   5) 9,9형: 팀형 리더십 – 과업과 사람 모두에 높은 관심을 기울이는 이상적인 리더십 스타일이다. 리더는 효과적인 성과 달성과 동시에 부하들의 만족과 팀워크를 중요시한다.이 스타일은 부하들의 참여와 협력을 통해 높은 성과를 이끌어내고, 동시에 부하들이 동기부여를 느끼며 조직에 헌신하게 만든다. 가장 이상적인 리더십으로 간주된다.   🔍답 ③

59 리더십 이론의 설명으로 옳은 것을 모두 고른 것은?

> ㄱ. 블레이크(R. Blake)와 머튼(J. Mouton)의 리더십 관리격자모형에 의하면 일(생산)에 대한 관심과 사람에 대한 관심이 모두 높은 리더가 이상적 리더이다.
>
> ㄴ. 피들러(F. Fiedler)의 리더십상황이론에 의하면 상황이 호의적일 때 인간중심형 리더가 과업지향형 리더보다 효과적인 리더이다.
>
> ㄷ. 리더-부하 교환이론(leader-member exchange theory)에 의하면 효율적인 리더는 믿을만한 부하들을 내 집단(in-group)으로 구분하여, 그들에게 더 많은 정보를 제공하고, 경력개발 지원 등의 특별한 대우를 한다.
>
> ㄹ. 변혁적 리더는 예외적인 사항에 대해 개입하고, 부하가 좋은 성과를 내도록 하기 위해 보상시스템을 잘 설계한다.
>
> ㅁ. 카리스마 리더는 강한 자기 확신, 인상관리, 매력적인 비전 제시 등을 특징으로 한다.

① ㄱ, ㄴ, ㄹ   ② ㄱ, ㄷ, ㅁ

③ ㄴ, ㄷ, ㄹ   ④ ㄱ, ㄴ, ㄷ, ㅁ

⑤ ㄱ, ㄷ, ㄹ, ㅁ

▶ 2019년 59번 ▪ 리더십 이론

ㄴ. 피들러의 리더십 상황이론에서 상황이 매우 호의적일 때는 과업지향형 리더가 더 효과적이며, 인간중심형 리더는 상황이 중간 정도로 호의적일 때 더 잘 맞다.

ㄹ. 거래적 리더십은 부하들의 성과에 따라 보상과 처벌을 사용하는 리더십 스타일로, 리더는 예외적인 사항에 개입하거나 보상 시스템을 통해 동기를 부여하는 데 중점을 둡니다.

변혁적 리더십은 부하들의 동기와 가치에 더 큰 영향을 미치며, 단순히 보상을 통해 동기를 부여하는 것을 넘어서는 접근 방식을 사용한다. 변혁적 리더는 부하들의 잠재력을 극대화하고, 그들이 더 높은 성과를 내도록 영감을 주며, 개인의 성장과 조직의 혁신을 촉진한다.

변혁적 리더십의 핵심 특징:

1) 이상화된 영향력(Idealized Influence) – 변혁적 리더는 부하들에게 존경과 신뢰를 받으며, 롤모델 역할을 한다. 그들의 가치관과 행동은 부하들이 따라하고 싶어하는 본보기가 된다.

2) 영감적 동기부여(Inspirational Motivation) – 변혁적 리더는 비전을 제시하고, 그 비전을 통해 부하들이 동기를 얻고 헌신하도록 만든다. 리더는 조직의 목표를 명확하게 전달하며, 부하에게 도전적이고 의미 있는 목표를 부여한다.

3) 지적 자극(Intellectual Stimulation) – 변혁적 리더는 부하들이 창의적 사고를 하도록 격려하고, 기존의 방식에 대해 의문을 제기하도록 돕는다. 이를 통해 부하들은 문제 해결에 새로운 방식으로 접근하게 되고, 조직의 혁신을 촉진할 수 있다.

4) 개별적 배려(Individualized Consideration) – 변혁적 리더는 부하들의 개별적 요구와 성장에 관심을 기울인다. 리더는 부하들에게 맞춤형 지원과 멘토링을 제공하여 그들이 자신의 잠재력을 발휘할 수 있도록 돕다.

🔍답 ②

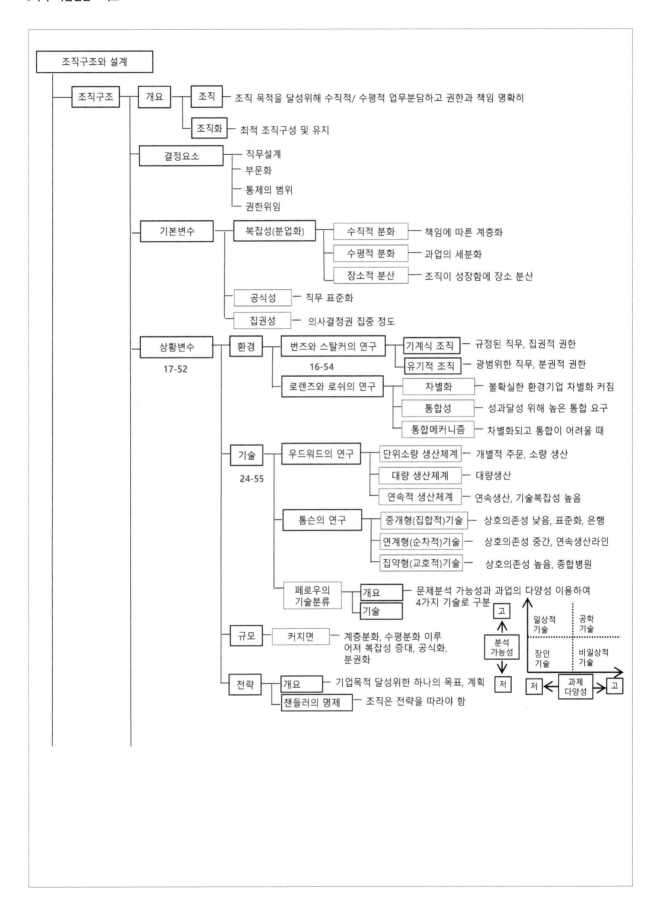

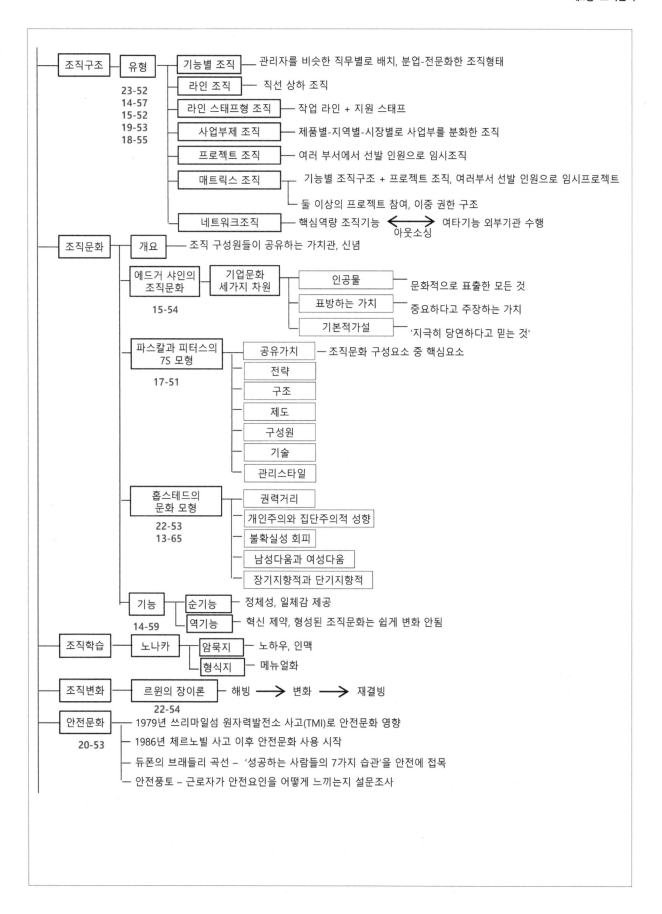

조직구조 ─ 유형 ┬ 기능별 조직 ── 관리자를 비슷한 직무별로 배치, 분업-전문화한 조직형태
　　　23-52　　├ 라인 조직 ── 직선 상하 조직
　　　14-57　　├ 라인 스태프형 조직 ── 작업 라인 + 지원 스태프
　　　15-52　　├ 사업부제 조직 ── 제품별-지역별-시장별로 사업부를 분화한 조직
　　　19-53　　├ 프로젝트 조직 ── 여러 부서에서 선발 인원으로 임시조직
　　　18-55　　├ 매트릭스 조직 ── 기능별 조직구조 + 프로젝트 조직, 여러부서 선발 인원으로 임시프로젝트
　　　　　　　　　　　　　　　　 └ 둘 이상의 프로젝트 참여, 이중 권한 구조
　　　　　　　　└ 네트워크조직 ── 핵심역량 조직기능 ⟷ 여타기능 외부기관 수행
　　　　　　　　　　　　　　　　　　　　　　　아웃소싱

조직문화 ┬ 개요 ── 조직 구성원들이 공유하는 가치관, 신념
　　　　　├ 에드거 샤인의 조직문화 ── 기업문화 세가지 차원 ┬ 인공물 ── 문화적으로 표출한 모든 것
　　　　　　　　15-54　　　　　　　　　　　　　　　　　　 ├ 표방하는 가치 ── 중요하다고 주장하는 가치
　　　　　　　　　　　　　　　　　　　　　　　　　　　　 └ 기본적가설 ── '지극히 당연하다고 믿는 것'
　　　　　├ 파스칼과 피터스의 7S 모형 ┬ 공유가치 ── 조직문화 구성요소 중 핵심요소
　　　　　　　　17-51　　　　　　　　├ 전략
　　　　　　　　　　　　　　　　　　 ├ 구조
　　　　　　　　　　　　　　　　　　 ├ 제도
　　　　　　　　　　　　　　　　　　 ├ 구성원
　　　　　　　　　　　　　　　　　　 ├ 기술
　　　　　　　　　　　　　　　　　　 └ 관리스타일
　　　　　├ 홉스테드의 문화 모형 ┬ 권력거리
　　　　　　　　22-53　　　　　　├ 개인주의와 집단주의적 성향
　　　　　　　　13-65　　　　　　├ 불확실성 회피
　　　　　　　　　　　　　　　　 ├ 남성다움과 여성다움
　　　　　　　　　　　　　　　　 └ 장기지향적과 단기지향적
　　　　　└ 기능 ┬ 순기능 ── 정체성, 일체감 제공
　　　　　　14-59　└ 역기능 ── 혁신 제약, 형성된 조직문화는 쉽게 변화 안됨

조직학습 ─ 노나카 ┬ 암묵지 ── 노하우, 인맥
　　　　　　　　　└ 형식지 ── 메뉴얼화

조직변화 ─ 르윈의 장이론 ── 해빙 ➡ 변화 ➡ 재결빙
　　　　　　22-54

안전문화 ┬ 1979년 쓰리마일섬 원자력발전소 사고(TMI)로 안전문화 영향
　20-53　├ 1986년 체르노빌 사고 이후 안전문화 사용 시작
　　　　　├ 듀폰의 브래들리 곡선 – '성공하는 사람들의 7가지 습관'을 안전에 접목
　　　　　└ 안전풍토 – 근로자가 안전요인을 어떻게 느끼는지 설문조사

▌예제 문제

52 기능별 부문화와 제품별 부문화를 결합한 조직구조는?

① 가상조직(virtual organization)

② 하이퍼텍스트조직(hypertext organization)

③ 애드호크라시(adhocracy)

④ 매트릭스조직(matrix organization)

⑤ 네트워크조직(network organization)

57 기능별 조직과 프로젝트(project) 팀조직을 결합시킨 형태의 조직으로, 1명의 직원이 2명 이상의 상사로부터 명령을 받을 수 있어 명령통일의 원칙(principle of unity command)에 혼란을 겪을 수 있는 조직구조는?

① 매트릭스 조직 ② 사업부제 조직

③ 네트워크 조직 ④ 가상네트워크 조직

⑤ 가상 조직

52 조직구조에 관한 설명으로 옳지 않은 것은?

① 가상네트워크 조직은 협력업체와 갈등해결 및 관계유지에 상대적으로 적은 시간이 필요하다.

② 기능별 조직은 각 기능부서의 효율성이 중요할 때 적합하다.

③ 매트릭스 조직은 이중보고 체계로 인하여 종업원들이 혼란을 느낄 수 있다.

④ 사업부제 조직은 2개 이상의 이질적인 제품으로 서로 다른 시장을 공략할 경우에 적합한 조직구조이다.

⑤ 라인스텝 조직은 명령전달과 통제기능을 담당하는 라인과 관리자를 지원하는 스텝으로 구성된다.

▌정답 및 해설

▶ **2023년 52번**

■ 매트릭스 조직 구조(Matrix Structure)

매트릭스 조직은 기능별 조직과 제품별 조직의 장점을 결합하여, 두 가지 부문화를 동시에 운영하는 조직 구조이다.

1) 기능별 부문화: 회사가 마케팅, 재무, 인사, 생산과 같은 기능에 따라 부서를 나누는 경우.
2) 제품별 부문화: 회사가 여러 제품 라인(예: 전자제품, 가전제품, 자동차 등)에 따라 부서를 나누는 경우.

매트릭스 조직 구조에서는 한 직원이 예를 들어 마케팅 부서에 소속되면서 동시에 특정 제품 팀(예: 자동차 제품 팀)에도 속할 수 있다. 이렇게 하면 마케팅 부서의 전문 지식을 유지하면서도, 특정 제품 팀의 목표와 관련된 실질적인 기여를 할 수 있다.

장점
1) 유연성: 매트릭스 조직은 급변하는 환경에서 신속하게 대응할 수 있다.
2) 전문성: 기능별 부서의 전문성을 유지하면서도, 제품이나 프로젝트별로 조직을 집중시킬 수 있다.
3) 효과적인 의사소통: 다양한 팀 간의 의사소통과 협력을 촉진한다.
단점
1) 이중 보고의 복잡성: 직원이 두 명 이상의 상사에게 보고해야 하므로, 권한과 책임의 충돌이 발생할 수 있다.
2) 의사결정 지연: 여러 상사 간의 조율이 필요하기 때문에 의사결정이 느려질 수 있다.
3) 갈등 가능성: 기능별 목표와 제품별 목표 간의 갈등이 발생할 수 있다.   🔍답 ④

▶ **2014년 57번**

■ 매트릭스 조직 구조(Matrix Structure)

매트릭스 조직은 기능별 조직과 제품별 조직의 장점을 결합하여, 두 가지 부문화를 동시에 운영하는 조직 구조이다.

1) 기능별 부문화: 회사가 마케팅, 재무, 인사, 생산과 같은 기능에 따라 부서를 나누는 경우.
2) 제품별 부문화: 회사가 여러 제품 라인(예: 전자제품, 가전제품, 자동차 등)에 따라 부서를 나누는 경우.

매트릭스 조직 구조에서는 한 직원이 예를 들어 마케팅 부서에 소속되면서 동시에 특정 제품 팀(예: 자동차 제품 팀)에도 속할 수 있다. 이렇게 하면 마케팅 부서의 전문 지식을 유지하면서도, 특정 제품 팀의 목표와 관련된 실질적인 기여를 할 수 있다.   🔍답 ①

▶ **2015년 52번**

■ 가상 네트워크 조직(Virtual Network Organization)

가상 네트워크 조직은 다양한 외부 협력업체와 협력 및 네트워크를 통해 운영되는 조직 형태로, 내부 자원을 최소화하고, 핵심 역량을 제외한 많은 활동을 외부에 아웃소싱하여 효율성을 높인다. 이러한 조직은 유연성과 신속한 대응을 가능하게 하지만, 협력업체와의 긴밀한 조정이 필요하며, 관계 관리도 매우 중요하다.   🔍답 ①

2016년

54 기술과 조직구조에 관한 설명으로 옳은 것을 모두 고른 것은?

> ㄱ. 모든 조직은 한 가지 이상의 기술을 가지고 있다.
>
> ㄴ. 비일상적 활동에 관여하는 조직은 기계적 구조를, 일상적 활동에 관여하는 조직은 유기적 구조를 선호한다.
>
> ㄷ. 조직구조의 영향요인으로 기술에 대하여 최초로 관심을 가진 학자는 우드 워드(J. Woodward) 이다.
>
> ㄹ. 톰슨(J. Thompson)은 기술유형을 체계적으로 분류한 학자로 중개형 기술, 연속형 기술, 집중형 기술로 유형화 했다.
>
> ㅁ. 여러 가지 기술을 구별하는 공통적인 주제는 일상성의 정도(degree of routineness)이다.

① ㄱ, ㄴ   ② ㄷ, ㄹ

③ ㄴ, ㄷ, ㄹ   ④ ㄷ, ㄹ, ㅁ

⑤ ㄱ, ㄷ, ㄹ, ㅁ

2017년

52 상황적합적 조직구조이론에 관한 설명으로 옳지 않은 것은?

① 우드워드(J. Woodward)는 기술을 단위생산기술, 대량생산기술, 연속공정기술로 나누었는데, 대량생산에는 기계적 조직구조가 적합하고, 연속공정에는 유기적 조 직구조가 적합하다고 주장하였다.

② 번즈(T. Burns)와 스탈커(G. Stalker)는 안정적인 환경에서는 기계적인 조직이, 불확실한 환경에서는 유기적인 조직이 효과적이라고 주장하였다.

③ 톰슨(J. Thompson)은 기술을 단위작업 간의 상호의존성에 따라 중개형, 장치형, 집약형으로 유형화하고, 이에 적합한 조직구조와 조정형태를 제시하였다.

④ 페로우(C. Perrow)는 기술을 다양성 차원과 분석가능성 차원을 기준으로 일상적 기술, 공학적 기술, 장인기술, 비일상적 기술로 유형화하였다.

⑤ 블라우(P. Blau), 차일드(J. Child)는 환경의 불확실성을 상황변수로 연구하였다.

▶ 2016년 54번　■ 조직 이론

1. 비일상적 활동(Non-routine Activities): 이러한 활동은 복잡하고 예측 불가능하며 변화가 많은 업무를 포함한다. 이러한 활동을 하는 조직은 유연하고 창의적인 대응이 필요하기 때문에 유기적 구조(Organic Structure)를 선호한다. 유기적 구조는 수평적인 의사소통, 분권화된 의사결정, 유연한 역할을 특징으로 하며, 변화와 복잡성에 적응할 수 있는 조직 구조이다.

2. 일상적 활동(Routine Activities): 일상적이고 반복적이며 예측 가능한 업무를 수행하는 조직은 효율성과 표준화를 중요시한다. 이러한 조직에서는 기계적 구조(Mechanistic Structure)가 더 적합하다. 기계적 구조는 수직적 의사소통, 중앙집권화된 의사결정, 엄격한 규칙과 절차를 강조하며, 안정적이고 효율적인 운영에 적합한 조직 구조이다.

🔍답　⑤

▶ 2017년 52번　■ 상황적합적 조직구조 이론(Contingency Theory of Organizational Structure)

상황적합적 조직구조 이론(Contingency Theory of Organizational Structure)은 조직의 성공적인 운영을 위해서는 조직 구조가 상황적 요인에 맞추어 적절하게 설계되어야 한다는 이론이다. 이 이론은 단일한 최선의 조직 구조가 존재하지 않으며, 조직이 처한 상황과 환경적 요인에 따라 조직 구조를 다르게 설계해야 한다고 주장한다.

1. 상황적 요인(Contingency Factors): 조직이 처한 환경과 관련된 요소들로, 조직 구조에 영향을 미치는 중요한 변수

　1) 환경: 조직이 활동하는 시장이나 산업의 환경이 안정적이거나 불확실한가에 따라 조직 구조가 달라진다.

　2) 조직 규모: 조직이 커지면 관료적인 구조로 변할 가능성이 높고, 작은 조직은 유연한 구조를 유지할 수 있다.

　3) 기술: 조직이 사용하는 기술의 복잡성이나 상호작용 정도에 따라 조직 구조가 달라질 수 있다.

　4) 전략: 조직의 목표와 전략이 무엇인지에 따라 구조적 변화가 필요한다.

　5) 조직 문화: 조직 내부의 가치관, 규범, 행동 방식이 조직 구조의 설계에 영향을 미칩니다.

2. 적합성(Fit): 상황적합적 조직구조 이론에서 핵심은 조직 구조와 상황적 요인이 적합하게 맞아야 조직이 효과적으로 운영될 수 있다는 것이다. 즉, 조직은 자신의 환경적 요인과 내부 요인에 맞추어 적합한 조직 구조를 선택해야 한다.

3. 다양한 조직 구조

　1) 기계적 구조(Mechanistic Structure): 이 구조는 엄격한 계층적 관계, 명확한 규칙과 절차, 집중된 의사결정을 특징으로 한다. 주로 안정적이고 예측 가능한 환경에서 효과적이다.

　2) 유기적 구조(Organic Structure): 이 구조는 유연성, 분권화된 의사결정, 자율성을 특징으로 하며, 변화가 많고 불확실한 환경에서 효과적이다. 유기적 구조는 빠르게 변화하는 환경에서 적응력을 높이는 데 유리한다.

⑤ 환경의 불확실성을 주요 상황변수로 다루었던 연구는 주로 로렌스(Paul Lawrence)와 로시(Lorsch)의 연구가 대표적이며, 블라우는 환경의 불확실성보다는 조직 규모와 구조의 관계에 더 중점을 두었다. 또한 차일드는 조직이 환경에 능동적으로 대응하는 과정에서 전략적 선택의 중요성을 강조하였다.

🔍답　⑤

2021년

51 조직구조 설계의 상황요인에 해당하는 것을 모두 고른 것은?

ㄱ. 조직의 규모	ㄴ. 표준화
ㄷ. 전략	ㄹ. 환경
ㅁ. 기술	

① ㄱ, ㄴ, ㄷ　　　　　　　　　② ㄱ, ㄴ, ㄹ

③ ㄴ, ㄷ, ㅁ　　　　　　　　　④ ㄱ, ㄴ, ㄷ, ㄹ

⑤ ㄱ, ㄷ, ㄹ, ㅁ

2019년

53 조직구조 유형에 관한 설명으로 옳지 않은 것은?

① 기능별 구조는 부서 간 협력과 조정이 용이하지 않고 환경변화에 대한 대응이 느리다.

② 사업별 구조는 기능 간 조정이 용이하다.

③ 사업별 구조는 전문적인 지식과 기술의 축적이 용이하다.

④ 매트릭스 구조에서는 보고체계의 혼선이 야기될 가능성이 높다.

⑤ 매트릭스 구조는 여러 제품라인에 걸쳐 인적자원을 유연하게 활용하거나 공유 할 수 있다.

▶ **2021년 51번**

■ 상황적합적 조직구조 이론(Contingency Theory of Organizational Structure)

상황적합적 조직구조 이론(Contingency Theory of Organizational Structure)은 조직의 성공적인 운영을 위해서는 조직 구조가 상황적 요인에 맞추어 적절하게 설계되어야 한다는 이론이다. 이 이론은 단일한 최선의 조직 구조가 존재하지 않으며, 조직이 처한 상황과 환경적 요인에 따라 조직 구조를 다르게 설계해야 한다고 주장한다.

1. 상황적 요인(Contingency Factors): 조직이 처한 환경과 관련된 요소들로, 조직 구조에 영향을 미치는 중요한 변수
    1) 환경: 조직이 활동하는 시장이나 산업의 환경이 안정적이거나 불확실한가에 따라 조직 구조가 달라진다.
    2) 조직 규모: 조직이 커지면 관료적인 구조로 변할 가능성이 높고, 작은 조직은 유연한 구조를 유지할 수 있다.
    3) 기술: 조직이 사용하는 기술의 복잡성이나 상호작용 정도에 따라 조직 구조가 달라질 수 있다.
    4) 전략: 조직의 목표와 전략이 무엇인지에 따라 구조적 변화가 필요한다.
    5) 조직 문화: 조직 내부의 가치관, 규범, 행동 방식이 조직 구조의 설계에 영향을 미칩니다. **답 ⑤**

▶ **2019년 53번**

■ 조직구조 유형

조직구조는 조직이 목표를 달성하기 위해 업무를 나누고, 조정하며, 관리하는 방식을 나타내며, 조직의 특성과 환경에 따라 다양한 유형이 존재한다.

1. 기능별 조직(Functional Structure): 조직이 기능에 따라 분화된 구조로, 마케팅, 재무, 인사, 생산 등 전문화된 기능별 부서로 나누어진다.
2. 라인 조직(Line Structure): 수직적 계층 구조가 명확한 구조로, 의사결정이 위에서 아래로 내려가는 형태이다. 명령과 책임의 계통이 명확하여, 상위 관리자가 하위 직원들에게 직접 명령을 내립니다.
3. 라인스태프형 조직(Line and Staff Structure): 라인 조직의 수직적 명령 계통에 스태프 부서가 추가된 형태이다. 라인 부서는 주로 의사결정과 실행을 담당하고, 스태프 부서는 전문적 자문과 지원 역할을 한다.
4. 사업부제 조직(Divisional Structure): 조직이 제품, 지역, 고객 등의 기준에 따라 여러 사업부로 나뉘어 운영되는 구조이다. 각 사업부는 독립적인 이익을 창출하며, 자체적인 자원과 기능을 가지고 있다.
5. 프로젝트 조직(Project Structure): 특정 프로젝트를 중심으로 일시적인 팀을 구성하여 운영하는 구조이다. 팀원들은 각 기능 부서에서 차출되어 프로젝트 완료 후 원래 부서로 돌아간다.
6. 매트릭스 조직(Matrix Structure): 기능별 조직과 프로젝트 조직의 장점을 결합한 구조로, 직원들이 이중 보고 체계를 가지며, 기능 부서와 프로젝트 팀 모두에 속하게 된다.
7. 네트워크 조직(Network Structure): 조직이 핵심 기능만 내부에서 수행하고, 나머지 기능은 외부 협력업체에 아웃소싱하는 구조이다. 조직은 외부 협력업체와의 네트워크를 통해 운영된다.

③ 사업부제 구조는 신속한 의사결정과 시장 적응력에서 강점을 가지지만, 전문적인 지식과 기술의 축적에는 한계가 있을 수 있다. 기능이 각 사업부로 분산되기 때문에 조직 전체 차원에서 전문지식과 기술이 일관되게 축적되기 어렵고, 중복된 자원 활용이 발생할 수 있다. 기능별 구조(Functional Structure)가 오히려 전문지식과 기술의 심화와 축적에 더 유리할 수 있다. **답 ③**

55 사업부제 조직구조(divisional structure)에 관한 설명으로 옳지 않은 것은?

① 각 사업부는 사업영역에 대해 독자적인 권한과 책임을 보유하고 있어 독립적인 이익센터(profit center)로서 기능할 수 있다.

② 각 사업부들이 경영상의 책임단위가 됨으로써 본사의 최고경영층은 일상 적인 업무로부터 벗어나 전사적인 차원의 문제에 집중할 수 있다.

③ 각 사업부 간에 기능의 중복현상이 발생하지 않는다.

④ 각 사업부마다 시장특성에 적합한 제품과 서비스를 생산하고 판매할 수 있게 됨으로써 시장세분화에 따른 제품차별화가 용이하다.

⑤ 각 사업부의 이해관계를 중시하는 사업부 이기주의로 인하여 사업부 간의 협조가 원활하지 못할 수 있다.

54 레윈(K. Lewin)의 조직변화의 과정으로 옳은 것은?

① 점검(checking) - 비전(vision) 제시 - 교육(education) - 안정(stability)

② 구조적 변화 - 기술적 변화 - 생각의 변화

③ 진단(diagnosis) - 전환(transformation) - 적응(adaptation) - 유지(maintenance)

④ 해빙(unfreezing) - 변화(changing) - 재동결(refreezing)

⑤ 필요성 인식 - 전략수립 - 실행 - 해결 - 정착

59 조직문화의 순기능에 관한 설명으로 옳지 않은 것은?

① 조직구성원들에게 일체감을 조성한다.

② 조직구성원들의 생각과 행동지침이나 규범을 제공한다.

③ 조직의 안정성과 계속성을 갖게 한다.

④ 조직구성원들에게 획일성을 갖게 한다.

⑤ 조직구성원들의 태도와 행동을 통제하는 기제(mechanism) 기능을 한다.

▶ 2018년 55번
■ 사업부제 조직구조(divisional structure)

사업부제 조직 구조에서는 각 사업부가 독립적으로 기능을 수행하기 때문에, 기능의 중복 현상이 발생할 수 있다. 이는 자원의 비효율성 및 관리 비용 증가로 이어질 수 있으며, 중복된 기능을 효율적으로 관리하는 것이 사업부제 조직의 중요한 과제가 될 수 있다. 　답 ③

▶ 2022년 54번
■ 커트 레윈(Kurt Lewin)의 조직 변화 이론

커트 레윈(Kurt Lewin)의 조직 변화 이론은 조직이 변화를 성공적으로 이루기 위해 거쳐야 하는 세 가지 주요 단계를 제시한다. 이 이론은 변화관리와 조직 개발 분야에서 널리 사용되며, 변화 과정을 해빙(Unfreezing), 변화(Moving or Changing), 재동결(Refreezing)의 3단계로 설명한다. 레윈의 변화 이론은 변화 과정에서 저항을 최소화하고, 변화가 조직에 안정적으로 정착할 수 있도록 돕는 체계적인 접근을 제시한다.
1. 해빙(Unfreezing): 기존의 방식을 풀어내고, 변화를 수용할 준비를 만드는 단계.
2. 변화(Moving or Changing): 실제로 변화를 실행하고, 새로운 행동을 도입하는 단계.
3. 재동결(Refreezing): 변화를 정착시키고, 새로운 방식이 조직 내에서 고착화되는 단계. 　답 ④

▶ 2014년 59번
■ 조직문화의 순기능
1. 조직 통합: 조직문화는 구성원들이 공동의 목표와 가치를 공유하도록 하여 통합된 조직을 만드는 데 기여한다. 공통의 문화를 통해 구성원들은 조직의 목표와 방향에 맞춰 행동하게 되고, 조직 내에서의 결속력과 일체감을 강화할 수 있다.
2. 동기부여: 긍정적인 조직문화는 구성원의 동기부여를 촉진하고, 그들의 직무 만족도와 몰입을 높이는 데 기여한다. 조직의 핵심 가치를 공유하는 구성원들은 더 높은 목표 의식을 가지고 업무에 임하게 되며, 이는 성과 향상으로 이어진다.
3. 의사결정 촉진: 조직문화는 의사결정의 기준을 제공하여, 구성원들이 일관성 있게 결정을 내릴 수 있도록 돕는다. 명확한 조직문화는 구성원들이 갈등 상황에서 어떻게 행동해야 하는지에 대한 방향성을 제시하고, 의사결정 과정을 단순화할 수 있다.
4. 변화 수용성 증가: 긍정적인 조직문화는 구성원들이 변화를 더 잘 받아들이도록 돕다. 조직문화가 유연하고 혁신을 장려하는 경우, 구성원들은 새로운 시스템이나 정책, 기술 도입에 대해 열린 태도를 가질 수 있다.
5. 조직 정체성 제공: 조직문화는 구성원들에게 조직 정체성을 제공한다. 구성원들은 자신이 속한 조직의 문화를 통해 소속감을 느끼며, 자신이 조직의 일원이라는 자부심을 가질 수 있다. 　답 ④

2013년

65 호프스테드(Hofstede)의 문화간 차이를 이해하는 4가지 차원에 속하지 않는 것은?

① 불확실성 회피
② 개인주의 - 집합주의
③ 남성성 - 여성성
④ 신뢰 - 불신
⑤ 세력차이

2015년

54 조직문화에 관한 설명으로 옳은 것을 모두 고른 것은?

> ㄱ. 조직문화는 일반적으로 빠르고 쉽게 변화한다.
> ㄴ. 파스칼과 아토스(R. Pascale and A. Athos)는 조직문화의 구성요소로 7가지를 제시하고 그 가운데 공유가치가 가장 핵심적인 의미를 갖는다고 주장하였다.
> ㄷ. 딜과 케네디(T. Deal and A. Kennedy)는 위험추구성향과 결과에 대한 피드백 기간이라는 2개의 기준에 의해 조직문화유형을 합의문화, 개발문화, 계층문화, 합리문화로 구분하고 있다.
> ㄹ. 샤인(E. Schein)에 의하면 기업의 성장기에는 소집단 또는 부서별 하위 문화가 형성되며, 조직문화의 여러 요소들이 제도화 된다.
> ㅁ. 홉스테드(G. Hofstede)에 의하면 불확실성 회피성향이 강한 사회의 구성원들은 미래에 대한 예측 불가능성을 줄이기 위해 더 많은 규칙과 규범을 제정하려는 노력을 기울인다.

① ㄱ, ㄴ, ㄹ
② ㄴ, ㄷ, ㄹ
③ ㄴ, ㄷ, ㅁ
④ ㄴ, ㄹ, ㅁ
⑤ ㄷ, ㄹ, ㅁ

▶ 2013년 65번

■ 호프스테드(Hofstede)의 문화간 차이를 이해하는 4가지 차원

1. 권력 거리 지수(Power Distance Index, PDI)
   1) 의미: 권력의 불평등을 수용하는 정도를 나타내는 지수이다. 즉, 조직이나 사회 내에서 권력이 고르게 분배되지 않고, 권력의 불평등을 사람들이 얼마나 자연스럽게 받아들이는지를 측정한다.
   2) 높은 권력 거리: 권위적이고 수직적인 조직 구조를 가진 사회로, 상사와 부하 간의 관계가 뚜렷하게 구분되며, 권력에 대한 도전이 적다. 예를 들어, 아시아와 중동의 일부 국가들이 이에 해당한다.
   3) 낮은 권력 거리: 상사와 부하 간의 관계가 평등에 가깝고, 수평적인 의사소통이 이루어지며, 권력의 차이가 적은 사회를 의미한다. 북유럽 국가들이 여기에 해당한다.

2. 개인주의 대 집단주의(Individualism vs. Collectivism, IDV)
   1) 의미: 개인주의와 집단주의는 개인이 개인적인 성취와 목표를 더 중시하는지, 아니면 집단의 이익과 목표를 더 중시하는지를 측정한다.
   2) 개인주의(Individualism): 개인의 성취와 권리를 중시하는 문화로, 사람들이 주로 자신과 가까운 가족에게만 집중하고, 개인의 독립성과 자유를 강조한다. 예를 들어, 미국과 서유럽 국가들이 대표적이다.
   3) 집단주의(Collectivism): 사람들은 주로 자신이 속한 집단의 목표와 이익을 우선시하며, 집단 내에서의 의무와 책임을 중시하는 사회이다. 아시아, 아프리카, 라틴아메리카의 일부 국가들이 집단주의 성향이 강한 국가이다.

3. 남성성 대 여성성(Masculinity vs. Femininity, MAS)
   1) 의미: 남성성과 여성성은 사회가 성취, 경쟁, 물질적 성공과 같은 남성적인 가치를 중시하는지, 혹은 사람 간의 관계, 협력, 삶의 질과 같은 여성적인 가치를 중시하는지를 나타냅니다.
   2) 남성성(Masculinity): 경쟁, 성취, 권력, 물질적 보상을 중시하는 사회로, 성공을 중요하게 여기며, 경쟁적이고 결과 중심적인 경향이 강한다. 예를 들어, 일본, 독일, 미국 등의 나라가 높은 남성성을 가진 국가이다.
   3) 여성성(Femininity): 삶의 질, 협력, 사람 간의 관계, 복지를 중시하는 사회로, 협력과 상호 지원, 평등을 중시한다. 예를 들어, 스웨덴, 노르웨이와 같은 북유럽 국가들이 대표적이다.

4. 불확실성 회피 지수(Uncertainty Avoidance Index, UAI)
   1) 의미: 불확실한 상황이나 미래에 대한 불확실성을 사람들이 얼마나 불안해하고 회피하려고 하는지를 나타내는 지수이다. 즉, 사회가 예측 불가능한 상황에 대해 얼마나 관용적인지 혹은 안정적 규칙과 질서를 선호하는지를 측정한다.
   2) 높은 불확실성 회피: 불확실한 상황을 회피하고, 명확한 규칙과 절차를 중요시하며, 안전하고 예측 가능한 상태를 유지하려는 성향이 강한다. 높은 불확실성 회피 성향을 가진 사회는 규율을 엄격히 따르고, 변화에 저항할 가능성이 높다. 예를 들어, 그리스, 일본, 프랑스가 이에 해당한다.
   3) 낮은 불확실성 회피: 불확실성을 덜 불안해하며, 새로운 상황에 대해 유연하게 대응하고, 변화와 모험을 즐기며 규칙과 절차에 덜 의존한다. 예를 들어, 덴마크, 스웨덴 등이 이에 해당한다. 답 ④

▶ 2015년 54번

■ 조직문화

ㄱ. 조직문화는 쉽고 빠르게 변화하지 않다. 조직문화를 변화시키기 위해서는 긴 시간과 체계적인 전략이 필요하며, 구성원들의 동의와 참여가 중요한 역할을 한다. 조직문화의 변화는 장기적인 관점에서 접근해야 성공할 가능성이 높다.

ㄷ. 딜과 케네디는 조직문화를 위험 추구 성향과 피드백 속도라는 두 가지 기준으로 구분하여, 강한 문화, 일 중독 문화, 베팅 문화, 절차 문화라는 네 가지 유형을 제시했다. 답 ④

2022년
53 홉스테드(G. Hofstede)가 국가 간 문화차이를 비교하는데 이용한 차원이 아닌 것은?

① 성과지향성(performance orientation)
② 개인주의 대 집단주의(individualism vs collectivism)
③ 권력격차(power distance)
④ 불확실성 회피성향(uncertainty avoidance)
⑤ 남성적 성향 대 여성적 성향(masculinity vs feminity)

2016년
53 조직문화에 관한 설명으로 옳지 않은 것은?

① 조직사회화란 신입사원이 회사에 대하여 학습하고 조직문화를 이해하기 위한 다양한 활동이다.
② 조직의 핵심가치가 더 강조되고 공유되고 있는 강한 문화(strong culture)가 조직에 끼치는 잠재적 역기능을 무시해서는 안 된다.
③ 조직문화는 하루아침에 갑자기 형성된 것이 아니고 한번 생기면 쉽게 없어지지 않는다.
④ 창업자의 행동이 역할모델로 작용하여 구성원들이 그런 행동을 받아들이고 창업자의 신념, 가치를 외부화(externalization) 한다.
⑤ 구성원 모두가 공동으로 소유하고 있는 가치관과 이념, 조직의 기본목적 등 조직체 전반에 관한 믿음과 신념을 공유가치라 한다.

2017년
51 파스칼(R. Pascale)과 애토스(A. Athos)의 7S 조직문화 구성요소 중 가장 핵심적인 요소는?

① 전략 ② 공유가치
③ 구성원 ④ 제도 · 절차
⑤ 관리스타일

▶ **2022년 53번**   ■ 호프스테드의 4가지 차원

　　1. 권력 거리 지수: 권력의 불평등을 수용하는 정도.

　　2. 개인주의 대 집단주의: 개인의 목표를 중시하는지, 집단의 목표를 중시하는지.

　　3. 남성성 대 여성성: 경쟁과 성취를 중시하는지, 관계와 협력을 중시하는지.

　　4. 불확실성 회피 지수: 불확실성을 얼마나 회피하려고 하는지.　　　　　　　🔍답 ①

▶ **2016년 53번**   ■ 조직문화의 내부화(Internalization)와 외부화(Externalization)

　　1. 내부화(Internalization): 내부화는 조직 구성원들이 조직의 가치, 신념, 규범 등을 개인적으로 받아들이고 내면화하는 과정이다. 이는 조직이 추구하는 문화가 구성원들의 행동과 의사결정에 자연스럽게 반영되도록 만든다.

　　2. 외부화(Externalization): 외부화는 구성원들이 내부화한 조직의 가치와 문화를 외부로 표현하는 과정이다. 즉, 조직 내부에서 구성원들이 받아들인 문화가 외부로 드러나고, 조직 전체의 행동과 절차, 관행에 반영된다.

　　④ 창업자의 행동이 역할모델로 작용하여 구성원들이 그런 행동을 받아들이고 창업자의 신념, 가치를 내부화 한다.　　　　　　　🔍답 ④

▶ **2017년 51번**   ■ 파스칼(R. Pascale)과 애토스(A. Athos)의 7S 모델

　　조직의 성과와 문화를 분석하는 데 유용한 툴로, 조직이 성공적으로 운영되기 위해서는 7가지 요소가 서로 조화롭게 맞춰져야 한다고 주장한다.

　　1. 공유된 가치(Shared Values): 조직이 존재하는 이유, 즉 조직의 정체성과 목표를 설명하며, 구성원들이 무엇을 중시하고, 어떤 방식으로 행동해야 하는지에 대한 기본적인 지침을 제공

　　2. 전략(Strategy): 조직이 목표를 달성하기 위한 장기적인 계획.

　　3. 구조(Structure): 조직의 공식적인 보고 체계 및 조직도.

　　4. 시스템(Systems): 일상적인 업무 처리 시스템 및 절차.

　　5. 스타일(Style): 리더십 스타일과 조직 내 상호작용 방식.

　　6. 인재(Staff): 조직 구성원과 그들의 역량 및 관리 방식.

　　7. 기술(Skills): 조직 구성원들이 보유한 핵심 역량과 기술.　　　　　　　🔍답 ②

53 2020년 조직문화 중 안전문화에 관한 설명으로 옳은 것은?

① 안전문화 수준은 조직구성원이 느끼는 안전 분위기나 안전풍토(safety climate) 에 대한 설문으로 평가할 수 있다.

② 안전문화는 TMI(Three Mile Island) 원자력발전소 사고 관련 국제원자력기구(IAEA) 보고서에 의해 그 중요성이 널리 알려졌다.

③ 브래들리 커브(Bradley Curve) 모델은 기업의 안전문화 수준을 병적-수동적-계산적-능동적-생산적 5단계로 구분하고 있다.

④ Mohamed가 제시한 안전풍토의 요인들은 재해율이나 보호구 착용률과 같이 구체적이어서 안전문화 수준을 계량화하기 쉽다.

⑤ Pascale의 7S모델은 안전문화의 구성요인으로 Safety, Strategy, Structure, System, Staff, Skill, Style을 제시하고 있다.

▶ **2020년 53번** ■ 안전문화(Safety Culture)

1. 안전문화(Safety Culture): 조직 전반에 걸쳐 자리잡은 안전에 대한 태도와 행동의 체계적 패턴을 의미하며, 조직 내의 안전 관련 가치와 신념을 반영한다. 안전문화는 시간에 걸쳐 형성된 깊은 수준의 문화적 요소이다.

2. 안전풍토(Safety Climate): 조직 구성원들이 단기적으로 느끼는 안전에 대한 인식으로, 안전 관련 정책이나 절차에 대한 즉각적인 의견이나 태도를 반영한다. 안전풍토는 일반적으로 설문조사를 통해 평가할 수 있다.

① 설문은 조직의 구성원들이 안전에 대해 실제로 어떻게 인식하고 있는지를 파악하고, 이를 통해 안전문화의 수준을 평가하는 데 중요한 도구가 된다. 설문 결과를 통해 조직은 안전 관련 정책이 잘 작동하는지, 개선이 필요한 부분이 있는지 파악할 수 있으며, 이를 바탕으로 안전 문화를 강화하기 위한 전략을 수립할 수 있다.

② 안전문화(Safety Culture)라는 개념은 TMI 사고(1979년) 이후 본격적으로 논의되기 시작한 것이 아니라, 체르노빌 원전 사고(1986년) 이후 국제적으로 주목받았다. TMI 사고는 원자력 산업에서 안전에 대한 경각심을 일으켰지만, 안전문화의 구체적인 개념과 중요성은 체르노빌 사고 이후 국제원자력기구(IAEA)의 보고서를 통해 체계적으로 정리되고 강조되었다.

③ 브래들리 커브(Bradley Curve)는 조직의 안전문화 성숙도를 병적, 반응적, 계산적, 생성적(능동적)의 4단계로 나누어 설명한다. 이 모델은 조직이 안전문화를 어떻게 인식하고 관리하는지를 측정하고, 각 단계에서의 특성을 통해 조직이 더 나은 안전문화를 구축할 수 있도록 가이드라인을 제공한다.

④ Mohamed의 안전풍토 요인은 주로 구성원의 주관적인 인식에 기반한 요소들로, 재해율이나 보호구 착용률과 같은 객관적인 지표를 측정하는 방식과는 다릅니다. 안전풍토는 조직의 안전문화를 간접적으로 평가하는 데 도움이 되지만, 그 자체가 구체적이고 계량화된 지표는 아니다. 재해율이나 보호구 착용률 같은 지표는 안전 성과를 측정하는 객관적인 결과로, 안전풍토의 결과를 보완하는 역할을 할 수 있다.

⑤ 파스칼(R. Pascale)과 애토스(A. Athos)의 7S 모델 1. 공유된 가치(Shared Values), 2. 전략(Strategy), 3. 구조(Structure), 4. 시스템(Systems), 5. 스타일(Style), 6. 인재(Staff), 7. 기술(Skills)

🔍답 ①

55 조직설계에 영향을 미치는 기술유형을 학자들이 제시한 것이다. (　　)에 들어갈 내용으로 옳은 것은?

> • 우드워드: 소량단위 생산기술, (ㄱ), 연속공정생산기술
> • 페로우: 일상적 기술, 비일상적 기술, (ㄴ), 공학적 기술
> • 톰슨: (ㄷ), 연속형 기술, 집약형 기술

① ㄱ: 대량생산기술, ㄴ: 장인기술 ㄷ: 중개형 기술
② ㄱ: 대량생산기술, ㄴ: 중개형 기술 ㄷ: 장인 기술
③ ㄱ: 중개형 기술, ㄴ: 장인 기술 ㄷ: 대량생산 기술
④ ㄱ: 장인 기술, ㄴ: 중개형 기술 ㄷ: 대량생산 기술
⑤ ㄱ: 장인 기술, ㄴ: 대량생산 기술 ㄷ: 중개형 기술

▶ **2024년 55번**

■ 조앤 우드워드(Joan Woodward)의 연구

조앤 우드워드(Joan Woodward)는 조직의 구조와 생산기술 사이의 관계를 연구하며, 조직이 사용하는 생산기술에 따라 구조가 달라져야 한다고 주장했다.

1. 소량단위 생산기술(Unit Production): 개별적으로 주문을 받아 소량 생산하는 방식. 예를 들어, 맞춤형 제품이나 특정 고객 요구에 따라 생산되는 경우가 해당된다.
2. 대량 생산기술(Mass Production): 표준화된 제품을 대량으로 생산하는 방식. 이는 자동화된 기계와 규격화된 절차에 따라 대규모로 생산이 이루어지는 기술을 의미한다. 이 기술은 생산 규모가 크고 효율성에 중점을 둡니다.
3. 연속공정 생산기술(Continuous Process Production): 화학, 석유, 전기 등과 같은 연속적인 공정을 통해 생산되는 방식. 이 기술은 공정이 멈추지 않고 지속적으로 생산이 이루어지는 경우를 말한다.

■ 찰스 페로우(Charles Perrow)의 기술분류

1. 일상적 기술(Routine Technology): 절차와 규칙이 명확하고, 반복적인 업무, 예: 대량생산 라인에서의 작업.
2. 비일상적 기술(Nonroutine Technology): 창의적이고 복잡한 문제 해결이 요구되는 기술, 예: 연구개발 업무.
3. 장인 기술(Craft Technology): 전문가의 경험과 숙련이 중요한 기술로, 예: 목공예나 맞춤형 제품 제작.
4. 공학적 기술(Engineering Technology): 복잡한 문제 해결이 필요하지만, 과학적 분석이나 계산이 가능한 기술, 예: 건축 설계, 엔지니어링 작업.

■ 톰슨(James D. Thompson)의 조직의 기술

1. 중개형 기술(Mediating Technology): 조직이 중개 역할을 하여 다른 두 집단을 연결하는 기술 예: 은행, 부동산 중개업, 인터넷 플랫폼.
2. 연속형 기술(Long-Linked or Sequential Technology): 작업이 연속적으로 이루어져야 하는 기술로, 각 단계가 순차적으로 연결되어야 다음 단계로 넘어갈 수 있다. 한 단계의 작업이 완료되어야만 다음 단계로 넘어가는 방식이다. 예: 자동차 조립 라인, 대량생산 시스템.
3. 집약형 기술(Intensive Technology): 여러 기능이나 기술을 집약적으로 사용하여 특정 문제를 해결하는 기술이다. 특정 상황에 맞춰 다양한 자원을 사용하여 복잡한 문제를 해결하는 경우이다. 예: 병원의 응급실, 연구소, 컨설팅 회사.

☜답 ①

4주완성 합격마스터
산업안전지도사 1차 필기
3과목 기업진단 · 지도

제 3 장

생산관리

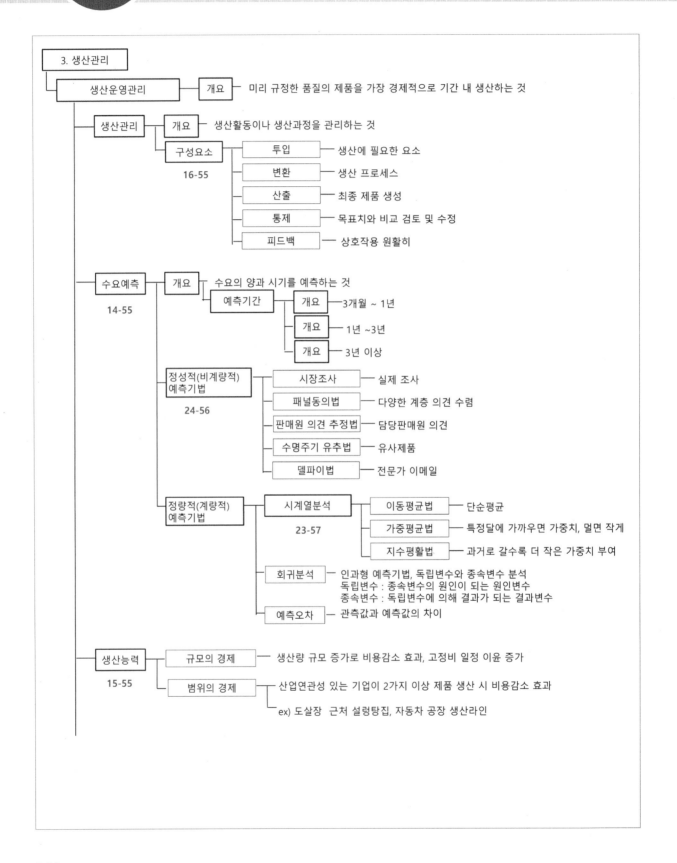

3. 생산관리

- 생산운영관리 — 개요 — 미리 규정한 품질의 제품을 가장 경제적으로 기간 내 생산하는 것
    - 생산관리 — 개요 — 생산활동이나 생산과정을 관리하는 것
        - 구성요소 (16-55)
            - 투입 — 생산에 필요한 요소
            - 변환 — 생산 프로세스
            - 산출 — 최종 제품 생성
            - 통제 — 목표치와 비교 검토 및 수정
            - 피드백 — 상호작용 원활히
    - 수요예측 (14-55)
        - 개요 — 수요의 양과 시기를 예측하는 것
            - 예측기간
                - 개요 — 3개월 ~ 1년
                - 개요 — 1년 ~3년
                - 개요 — 3년 이상
        - 정성적(비계량적) 예측기법 (24-56)
            - 시장조사 — 실제 조사
            - 패널동의법 — 다양한 계층 의견 수렴
            - 판매원 의견 추정법 — 담당판매원 의견
            - 수명주기 유추법 — 유사제품
            - 델파이법 — 전문가 이메일
        - 정량적(계량적) 예측기법
            - 시계열분석 (23-57)
                - 이동평균법 — 단순평균
                - 가중평균법 — 특정달에 가까우면 가중치, 멀면 작게
                - 지수평활법 — 과거로 갈수록 더 작은 가중치 부여
            - 회귀분석 — 인과형 예측기법, 독립변수와 종속변수 분석
              독립변수 : 종속변수의 원인이 되는 원인변수
              종속변수 : 독립변수에 의해 결과가 되는 결과변수
            - 예측오차 — 관측값과 예측값의 차이
    - 생산능력 (15-55)
        - 규모의 경제 — 생산량 규모 증가로 비용감소 효과, 고정비 일정 이윤 증가
        - 범위의 경제 — 산업연관성 있는 기업이 2가지 이상 제품 생산 시 비용감소 효과
          ex) 도살장 근처 설렁탕집, 자동차 공장 생산라인

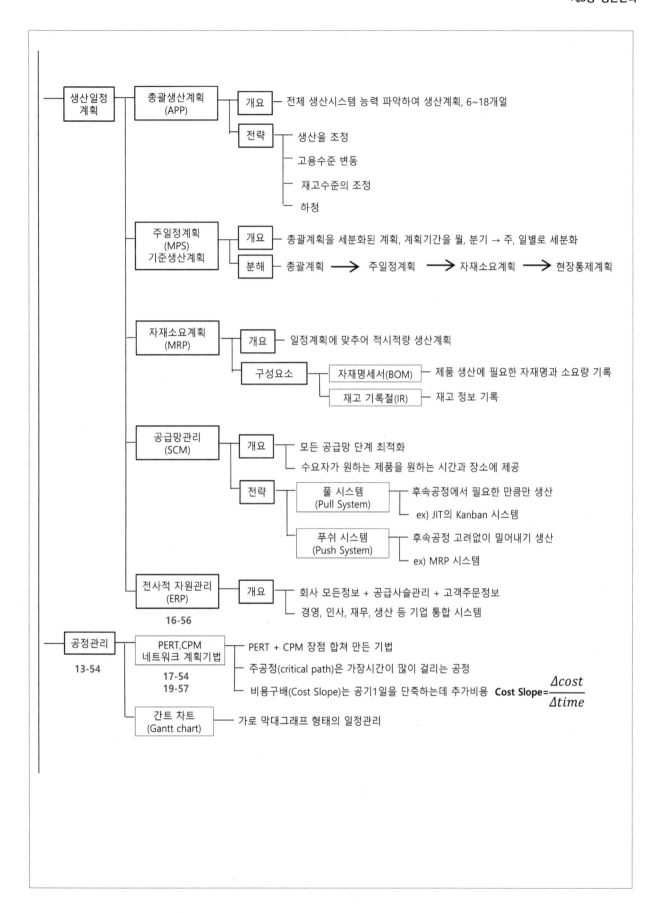

생산일정
계획

총괄생산계획
(APP)

　개요 ─ 전체 생산시스템 능력 파악하여 생산계획, 6~18개얼

　전략 ┬ 생산율 조정
　　　　├ 고용수준 변동
　　　　├ 재고수준의 조정
　　　　└ 하청

주일정계획
(MPS)
기준생산계획

　개요 ─ 총괄계획을 세분화된 계획, 계획기간을 월, 분기 → 주, 일별로 세분화

　분해 ─ 총괄계획 ➡ 주일정계획 ➡ 자재소요계획 ➡ 현장통제계획

자재소요계획
(MRP)

　개요 ─ 일정계획에 맞추어 적시적량 생산계획

　구성요소 ┬ 자재명세서(BOM) ─ 제품 생산에 필요한 자재명과 소요량 기록
　　　　　　└ 재고 기록철(IR) ─ 재고 정보 기록

공급망관리
(SCM)

　개요 ┬ 모든 공급망 단계 최적화
　　　　└ 수요자가 원하는 제품을 원하는 시간과 장소에 제공

　전략 ┬ 풀 시스템
　　　　│ (Pull System) ┬ 후속공정에서 필요한 만큼만 생산
　　　　│ 　　　　　　　　└ ex) JIT의 Kanban 시스템
　　　　└ 푸쉬 시스템
　　　　　 (Push System) ┬ 후속공정 고려없이 밀어내기 생산
　　　　　 　　　　　　　　└ ex) MRP 시스템

전사적 자원관리
(ERP)
16-56

　개요 ┬ 회사 모든정보 + 공급사슬관리 + 고객주문정보
　　　　└ 경영, 인사, 재무, 생산 등 기업 통합 시스템

공정관리
13-54

PERT,CPM
네트워크 계획기법
17-54
19-57

─ PERT + CPM 장점 합쳐 만든 기법
├ 주공정(critical path)은 가장시간이 많이 걸리는 공정
└ 비용구배(Cost Slope)는 공기1일을 단축하는데 추가비용　**Cost Slope=** $\dfrac{\Delta cost}{\Delta time}$

간트 차트
(Gantt chart)
─ 가로 막대그래프 형태의 일정관리

▌예제 문제

55 생산시스템은 투입, 변환, 산출, 통제, 피드백의 5가지 구성요소로 설명할 수 있다. 생산시스템에 관한 설명으로 옳지 않은 것은?

① 변환은 제조공정의 경우 고정비와 관련성이 크다.
② 투입은 생산시스템에서 재화나 서비스를 창출하기 위해 여러 가지 요소를 입력하는 것이다.
③ 변환은 여러 생산자원들을 효용성 있는 제품 또는 서비스로 바꾸는 것이다.
④ 산출에서는 유형의 재화 또는 무형의 서비스가 창출된다.
⑤ 피드백은 산출의 결과가 초기에 설정한 목표와 차이가 있는지를 비교하고 또한 목표를 달성할 수 있도록 배려하는 것이다.

57 수요를 예측하는데 있어 과거 자료보다는 최근 자료가 더 중요한 역할을 한다는 논리에 근거한 지수평활법을 사용하여 수요를 예측하고자 한다. 다음 자료의 수요 예측값(F_t)은?

> - 직전 기간의 지수평활 예측값(F_{t-1})=1,000
> - 평활 상수(α)=0.05
> - 직전 기간의 실제값(A_{t-1})=1,200

① 1,005   ② 1,010
③ 1,015   ④ 1,020
⑤ 1,200

▌정답 및 해설

▶ **2016년 55번**　■ 생산시스템(Production System)

1. 투입(Input): 생산 과정에 필요한 자원이나 입력 요소를 의미한다. 이는 노동력, 재료, 에너지, 정보, 자본 등 다양한 자원을 포함한다. 예시: 원재료, 기계, 인력, 자본 등.

2. 변환(Process/Transformation): 투입된 자원이 제품이나 서비스로 변환되는 과정이다. 이 단계에서 원재료가 가공되거나, 정보가 처리되며, 각종 작업이 이루어진다. 예시: 제조 공정, 조립 과정, 정보 처리 시스템.

3. 산출(Output): 변환 과정을 거쳐 나온 최종 제품이나 서비스이다. 이는 생산 시스템의 결과물로, 고객이나 시장에 전달된다. 예시: 완제품, 서비스 제공, 정보 보고서.

4. 통제(Control): 생산 과정이 계획된 대로 진행되고 있는지를 모니터링하고, 목표에 맞게 조정하는 과정이다. 통제는 효율성과 품질을 유지하기 위한 관리 활동을 포함한다. 예시: 품질 관리, 생산 일정 관리, 자원 관리 시스템.

5. 피드백(Feedback): 산출 결과에 대한 정보가 다시 시스템에 전달되어, 이를 바탕으로 생산 과정을 개선하거나 조정하는 활동을 의미한다. 피드백은 시스템의 효율성을 높이고, 지속적인 개선을 가능하게 한다. 예시: 고객의 만족도 조사, 생산 공정의 성과 평가, 불량률 분석.

⑤ 피드백은 산출의 결과와 목표를 비교하여 차이를 확인하고, 필요한 경우 이를 개선하는 중요한 기능을 수행한다.

답 ⑤

▶ **2023년 57번**　■ 지수평활법

지수평활법은 과거의 데이터를 기반으로 미래의 수요를 예측하는 기법이다. 이 방법은 최근의 자료에 더 큰 가중치를 부여하는 방식으로, 시간의 흐름에 따라 과거 데이터보다 최근 데이터를 더 중요하게 반영한다.

1. 지수평활법 공식:

$$F_t = F_{t-1} + \alpha(A_{t-1} - F_{t-1})$$

F_t = 다음 기간의 예측값

F_{t-1} = 직전 기간의 예측값 =1,000

α = 평활 상수, 0에서 1 사이의 값으로 최근 데이터에 얼마만큼의 가중치를 줄 것인지 결정하는 상수 α=0.05

A_{t-1} = 직전 기간의 실제값 =1,200

2. 계산 과정:

$$F_t = F_{t-1} + \alpha(A_{t-1} - F_{t-1}) = 1,200 + 0.05(1200-1000) = 1,010$$

답 ②

55 생산시스템을 설계하고 계획, 통제하는 초기단계로 총괄생산계획(APP: aggregate production planning), 주생산일정계획(MPS: master production schedule), 자재소요계획(MRP: material requirement planning) 등에 기초자료 로 활용되는 수요예측(demand forecasting) 방법에 관한 설명으로 옳지 않은 것은?

① 패널법(panel consensus)은 다양한 계층의 지식과 경험을 기초로 하고, 관련 예측정보를 공유한다.

② 소비자조사법(market research)은 설문지 및 전화에 의한 조사, 시험판매 등을 활용하여 예측한다.

③ 단순이동평균법(simple moving average method)의 예측값은 과거 n 기간 동안 실제 수요의 산술평균을 활용한다.

④ 시계열분해법(time series method)은 시계열을 4가지 구성요소로 분해하여 수요를 예측하는 방법이다.

⑤ 델파이법(delphi method)은 설득력 있는 특정인에 의해 예측결과가 영향을 받는 장점이 존재한다.

▶ 2014년 55번　　■ 수요예측(Demand Forecasting)

수요예측(Demand Forecasting)은 기업이 미래의 수요를 예측하는 중요한 과정으로, 생산계획, 재고관리, 인력 배치, 마케팅 전략 등을 수립하는 데 필수적이다.

1. 질적 방법(Qualitative Methods): 과거 데이터를 활용하기 어렵거나 신규 제품에 대한 수요를 예측할 때 전문가의 의견을 바탕으로 예측하는 방법

　1) 델파이 기법(Delphi Method):여러 전문가들의 의견을 반복적으로 수렴하고 조정하여 수요를 예측하는 방법이다. 익명성을 유지한 상태에서 의견을 모으고, 이를 바탕으로 합의를 도출한다.

　2) 시장 조사(Market Survey):잠재적 고객이나 시장의 수요를 조사하여 수요를 예측하는 방법이다. 설문조사나 인터뷰를 통해 소비자의 선호도를 파악하고 이를 바탕으로 예측을 수행한다.

　3) 패널 의견 합의법(Jury of Executive Opinion): 조직 내 여러 부서의 전문가들이 모여 토론을 통해 수요를 예측하는 방법이다. 여러 분야의 의견을 종합하여 수요를 예측한다.

　4) 역사적 유추법(Historical Analogy): 새로운 제품의 수요를 과거에 유사한 제품의 수요 패턴을 기반으로 예측하는 방법이다.

2. 계량적 방법(Quantitative Methods): 계량적 방법은 과거의 자료를 기반으로 수학적, 통계적 기법을 사용하여 미래의 수요를 예측하는 방법

　1) 시계열 분석법(Time Series Analysis): 과거 수요 패턴을 기반으로 미래 수요를 예측하는 방법이다. 주로 수요의 추세, 계절성, 주기성, 불규칙 변동을 고려하여 예측한다.

　　① 이동평균법(Moving Average): 과거 수요 데이터를 평균 내어 수요를 예측하는 방법이다. 특정 기간의 데이터를 평균 내어 단기 수요 예측에 주로 사용된다.

　　② 지수평활법(Exponential Smoothing): 과거 데이터에 가중치를 두어 최근 데이터를 더 많이 반영하는 방식이다. 평활 상수를 사용해 직전 예측값과 실제값의 차이를 반영하여 다음 수요를 예측한다.

　　③ 트렌드 분석법(Trend Analysis): 과거의 수요 데이터를 분석하여 추세를 찾아내고, 이를 기반으로 미래 수요를 예측하는 방법이다.

　2) 인과적 방법(Causal Models): 수요에 영향을 미치는 외부 요인(변수)들을 분석하여 수요를 예측하는 방법이다. 주로 여러 변수들 간의 상관관계를 바탕으로 예측한다.

　　① 회귀분석(Regression Analysis): 독립 변수(예: 광고비, 경제 지표)와 종속 변수(예: 수요) 간의 관계를 분석하여 수요를 예측하는 방법이다. 단순 회귀분석과 다중 회귀분석이 있다.

　　② 경제지표와의 상관분석(Correlation and Regression Analysis): 수요에 영향을 미칠 수 있는 거시 경제 변수와 수요 간의 상관관계를 분석하는 방법이다.

　　③ 인과 모형(Causal Models): 예측에 사용되는 여러 요인들을 분석하여, 수요에 영향을 미치는 요인들(예: 가격, 경쟁사 활동)을 바탕으로 수요를 예측하는 방법이다.

　3) 계절성 및 추세 조정법: 계절적 변동 분석(Seasonal Indexes): 수요가 계절에 따라 변화하는 경우, 과거 데이터를 바탕으로 계절성 패턴을 찾아내어 조정한 후 수요를 예측하는 방법이다.

　4) 추세-계절 조정법(Trend and Seasonal Adjusted Models):수요의 추세와 계절성을 모두 고려하여 수요를 예측하는 방법이다. 예를 들어, 겨울철에 판매가 급증하는 제품의 경우, 계절성을 고려한 예측이 필요하다.

🔍답 ⑤

2015년

55 생산시스템에 관한 설명으로 옳지 않은 것은?

① VMI는 공급자주도형 재고관리를 뜻한다.

② MRP는 자재소요량계획으로 제품생산에 필요한 부품의 투입시점과 투입량을 관리하는 시스템이다.

③ ERP는 조직의 자금, 회계, 구매, 생산, 판매 등의 업무 흐름을 통합 관리하는 정보 시스템이다.

④ SCM은 부품 공급업체와 생산업체 그리고 고객에 이르는 제반 거래 참여자들이 정보를 공유함으로써 고객의 요구에 민첩하게 대응하도록 지원하는 것이다.

⑤ BPR은 낭비나 비능률을 점진적이고 지속적으로 개선하는 기능중심의 경영관리기법 이다.

2016년

56 ERP 시스템의 특징에 관한 설명으로 옳지 않은 것은?

① 수주에서 출하까지의 공급망과 생산, 마케팅, 인사, 재무 등 기업의 모든 기간 업무를 지원하는 통합 시스템이다.

② 하나의 시스템으로 하나의 생산 · 재고거점을 관리하므로 정보의 분석과 피드백 기능의 최적화를 실현한다.

③ EDI(Electronic Data Interchange), CALS(Commerce At Light Speed), 인터넷 등으로 연결 시스템을 확립하여 기업 간 자원 활용의 최적화를 추구한다.

④ 대부분의 ERP 시스템은 특정 하드웨어 업체에 의존하지 않는 오픈 클라이언트 서버시스템 형태를 채택하고 있다.

⑤ 단위별 응용프로그램이 서로 통합, 연결되어 중복업무를 배제하고 실시간 정보 관리체계를 구축할 수 있다.

▶ 2015년 55번 · ■ 생산시스템

1. VMI (Vendor Managed Inventory): 벤더 관리 재고 시스템으로, 공급업체가 고객(기업)의 재고를 관리하는 방식이다. 고객사가 필요로 하는 재고를 공급업체가 직접 관리하며, 이를 통해 재고 관리 비용을 줄이고 재고의 효율성을 높이는 것이 목표이다.

2. MRP (Material Requirements Planning): 자재 소요 계획 시스템으로, 제품 생산에 필요한 자재의 종류와 양을 결정하고, 이를 기반으로 적시 생산을 할 수 있도록 자재 구매 및 생산 일정을 계획하는 시스템이다.

3. ERP (Enterprise Resource Planning): 전사적 자원 관리 시스템으로, 기업의 모든 자원(재무, 인사, 생산, 구매 등)을 통합적으로 관리하는 시스템이다. ERP는 데이터를 통합하고 기업 내 부서 간 협업을 원활하게 하여, 경영 효율성을 극대화한다.

4. SCM (Supply Chain Management): 공급망 관리 시스템으로, 공급망을 통해 원자재를 조달하고, 이를 제품으로 변환하여 최종 소비자에게 전달하는 과정을 효율적으로 관리하는 시스템이다.

5. BPR (Business Process Reengineering): 업무 프로세스 재설계로, 조직의 기존 업무 절차를 근본적으로 분석하고 재설계하여, 조직의 성과를 크게 향상시키기 위한 방법이다. BPR은 업무 효율성을 높이고, 비용 절감과 품질 개선을 목표로 한다.

⑤ BPR은 기존의 업무 방식을 근본적으로 재설계하는 급진적인 접근법이며, 점진적이고 지속적인 개선과는 다른 개념이다. BPR의 목표는 기존의 낭비나 비효율성을 부분적으로 개선하는 것이 아니라, 전체 프로세스를 혁신적으로 변화시켜 근본적인 성과 향상을 이루는 것이다.   〔답〕 ⑤

▶ 2016년 56번 · ■ ERP(Enterprise Resource Planning)

ERP(Enterprise Resource Planning) 시스템은 기업의 다양한 부서와 기능을 통합 관리하는 정보 시스템으로, 조직의 자원(재무, 인사, 생산, 물류 등)을 효율적으로 관리하기 위해 설계된 통합 시스템이다.

② ERP 시스템은 하나의 거점만을 관리하는 것이 아니라, 여러 거점을 동시에 중앙화된 방식으로 관리하는 것이 핵심이다. ERP 시스템을 통해 다양한 거점에서 발생하는 데이터를 통합하고, 실시간 분석과 피드백 기능을 제공함으로써 운영 효율성을 극대화할 수 있다. 이를 통해 기업의 전반적인 자원과 활동을 통합적으로 관리하고 최적의 성과를 도출할 수 있다.   〔답〕 ②

54 프로젝트 활동의 단축비용이 단축일수에 따라 비례적으로 증가한다고 할 때, 정상활동으로 가능한 프로젝트 완료일을 최소의 비용으로 하루 앞당기기 위해 속성으로 진행되어야 할 활동은?

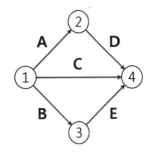 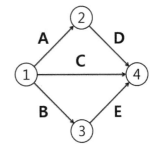

활동	직전 선행활동	활동시간(일)		활동비용(만원)	
		정상	속성	정상	속성
A	-	7	5	100	130
B	-	5	4	100	130
C	-	12	10	100	140
D	A	6	5	100	150
E	B	9	7	100	150

① A   ② B   ③ C
④ D   ⑤ E

57 어떤 프로젝트의 PERT(program evaluation and review technique) 네트워크와 활동소요시간이 아래와 같을 때, 옳지 않은 설명은?

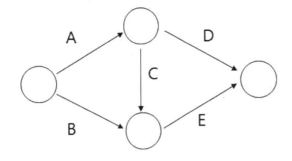

활동	소요시간(日)
A	10
B	17
C	10
D	7
E	8
계	52

① 주경로(critical path)는 A-C-E이다.
② 프로젝트를 완료하는 데에는 적어도 28일이 필요하다.
③ 활동 D의 여유시간은 11일이다.
④ 활동 E의 소요시간이 증가해도 주경로는 변하지 않는다.
⑤ 활동 A의 소요시간을 5일만큼 단축시킨다면 프로젝트 완료시간도 5일만큼 단축된다.

▶ **2017년 54번**

■ 시간 – 비용분석

① 공기가 가장 긴구간 ① →③ →⑤ B+E = 14일

② 단축가능일수 B구간 정상 5일 – 속성 1일 = 1일

E구간 정상 9일 – 속성 7일 = 2일

③ 활동비용증가 B구간 속성 130만원 – 정상 100만원 = 30만원

E구간 속성 150만원 – 정상 100만원 = 50만원

④

$$\text{Cost Slope} = \frac{\text{급속비용 – 정상비용}}{\text{정상공기 – 급속공기}} = \frac{\triangle \text{Cost}}{\triangle \text{Time}}$$

B구간 130-100/5일-4일 = 30만원

E구간 속성 150만원-정상 100만원/9일-7일 = 50만원/2일 = 25만원

⑤ ∴ 비용구배가 가장 작은 E구간에서 1일 단축

🔍답 ⑤

▶ **2019년 57번**

■ PERT(Program Evaluation and Review Technique)

PERT(Program Evaluation and Review Technique)는 프로젝트 관리 기법 중 하나로, 불확실한 프로젝트 일정을 효과적으로 계획하고 관리하기 위해 개발된 네트워크 분석 도구이다. PERT 네트워크는 주로 시간이 변동할 가능성이 높은 프로젝트에서 활용되며, 각각의 활동이 얼마나 시간이 걸릴지를 예측하는 데 도움을 준다.

PERT 네트워크의 구성 요소:

1 활동(Activity): 프로젝트를 완료하기 위해 수행해야 할 작업을 의미하며, 화살표(Edge)로 표시된다. 각각의 활동은 시작과 끝을 가지며, 특정한 시간이 소요된다.

2. 이벤트(Event): 활동의 시작점과 끝점을 의미하며, 노드(Node)로 표시된다. 한 활동이 완료되면 다음 활동이 시작될 수 있는 상태를 나타냅니다.

3.경로(Path): PERT 네트워크에서 시작 노드에서 종료 노드까지 연결된 모든 활동들의 연속을 경로라고 한다.

4. 주요 경로(Critical Path):프로젝트 완료에 가장 오래 걸리는 경로를 의미하며, 주어진 프로젝트에서 최소 완료 시간을 결정한다. 주요 경로에 있는 활동들은 여유 시간이 없으므로, 일정 지연이 발생하면 프로젝트 전체 일정이 지연된다.

5. 여유 시간(Slack): 특정 활동이 지연될 수 있는 최대 시간으로, 여유 시간이 없는 활동들은 프로젝트 전체 일정에 직접적인 영향을 미칩니다. 주요 경로의 활동들은 여유 시간이 0이다.

■ 주경로찾기

① A→D = 17일, A→C→E = 28일 ∴28일 –17일 = 11일

② 활동 A공정을 단축하면 주경로는 B→E(25일)로 28일-25일=3일로 ∴최대 3일 단축 가능

🔍답 ⑤

2013년

54 프로젝트 관리에 활용되는 PERT(program evaluation & review technique)와 CPM(critical path method)의 설명으로 옳은 것은?

① PERT는 개개의 활동에 대해 낙관적 시간치, 최빈 시간치, 비관적 시간치를 추정한 후 그들이 정규분포를 이룬다고 가정하여 평균기대 시간치를 구한다.

② CPM은 프로젝트의 완성시간을 앞당기기 위해 최소비용법을 활용하여 주공정상에 위치하는 작업들의 비용관계를 분석하여 소요시간을 줄인다.

③ 과거자료나 경험을 기초로 한 PERT는 활동중심의 확정적 시간을 사용하고, 불확실한 작업을 기초로 한 CPM은 단계중심의 확률적 시간 추정치를 사용한다.

④ PERT/CPM은 활동의 전후 관계를 명확히 하고 체계적인 일정 및 예상통제로 효율적 진도관리를 위해 간트(Gantt)차트와 같은 도식적 기법을 활용한다.

⑤ PERT/CPM은 TQM(total quality management)과 연계되어 있어 제품 및 서비스에 대한 고객만족 프로세스를 지향하는 프로젝트 관리도구로 적합하다.

▶ 2013년 54번   ■ PERT(Program Evaluation and Review Technique)와 CPM(Critical Path Method)

1. PERT(Program Evaluation and Review Technique): 불확실한 프로젝트에서 각 활동의 시간 변동성을 다루기 위해 설계된 기법으로, 세 가지 시간 추정을 통해 시간의 불확실성을 분석한다.

2. CPM(Critical Path Method): 고정된 시간과 비용으로 활동의 일정과 비용 최적화를 관리하는 기법으로, 주요 경로 분석을 통해 프로젝트 완료 시간을 계산하고 관리한다.

   1) 확정적 기법(Deterministic Approach): CPM은 각 활동의 소요 시간이 고정적이고 확실할 때 사용된다. 즉, 활동의 시간은 단일 값으로 제공되며, 시간이 불확실하지 않은 프로젝트에서 주로 사용된다.

   2) 비용-시간 관계 분석: CPM은 활동의 시간과 비용 간의 관계를 분석하는 데 중점을 둡니다. 이를 통해 프로젝트의 완료 시간을 단축하기 위해 추가적인 비용을 투입하는 경우, 최소 비용으로 시간을 줄이는 방법을 찾는 데 도움을 준다.

   3) 비용 분석: CPM은 각 활동의 시간과 비용을 연관지어 분석할 수 있다. 특히, 활동의 속성(단축) 비용을 고려하여 최적의 일정을 찾는 데 유용하다.

   4) 주요 경로(Critical Path): CPM에서는 가장 오래 걸리는 경로(주요 경로)를 찾아서, 이 경로 상의 활동을 최대한 효율적으로 관리한다. 주요 경로는 프로젝트의 최소 완료 시간을 결정하며, 이 경로 상의 활동들이 지연되면 프로젝트 전체 일정에 영향을 미칩니다.

이 두 기법은 프로젝트의 특성에 따라 각각 활용되며, 불확실성이 큰 프로젝트에는 PERT, 시간과 비용을 확정적으로 다룰 수 있는 프로젝트에는 CPM이 적합하다.

① PERT는 정규분포가 아닌 베타 분포를 기반으로, 낙관적, 최빈, 비관적 시간을 사용하여 평균 기대 시간을 계산한다.

③ PERT는 불확실성을 다루기 위해 확률적 시간 추정치를 사용하고, CPM은 확정적 시간을 사용한다.

④ PERT/CPM은 활동 간의 전후 관계와 주요 경로를 분석하는 데 중점을 두는 기법이고, 간트 차트는 주로 시간적 배치와 진척 상황을 시각적으로 표현하는 도구이다. 두 기법은 보완적으로 사용될 수 있지만, 활동 간의 전후 관계를 명확히 하는 것과 주요 경로 분석에서 간트 차트는 적합하지 않으며, 이는 PERT/CPM과의 본질적인 차이이다.

⑤ PERT/CPM은 프로젝트 일정 관리와 활동 간 의존성 분석에 중점을 둔 기법으로, TQM처럼 제품 및 서비스의 품질 개선이나 고객 만족을 직접적으로 다루지 않는다. 따라서 PERT/CPM이 TQM과 연계되어 고객 만족 프로세스를 지향하는 도구라는 설명은 틀린 내용이다. TQM은 품질 개선과 고객 만족을 목표로 하지만, PERT/CPM은 효율적인 프로젝트 일정 관리에 집중하는 도구이다.   정답 ②

2024년

56 수요예측 방법 중 주관적(정성적) 접근방법에 해당하지 않는 것은?

① 델파이법
② 이동평균법
③ 시장조사법
④ 자료유추법
⑤ 판매원 의견 종합법

2024년

57 총괄생산계획 기법 중 휴리스틱 계획기법에 해당하지 않는 것은?

① 선형계획법
② 매개변수에 의한 생산계획
③ 생산전환 탐색법
④ 서어치 디시즌 룰(Search Decision Rule)
⑤ 경영계수이론

▶ **2024년 56번** ■ 수요예측(Demand Forecasting)

수요예측(Demand Forecasting)은 기업이 미래의 수요를 예측하는 중요한 과정으로, 생산계획, 재고관리, 인력 배치, 마케팅 전략 등을 수립하는 데 필수적이다.

1. 질적 방법(Qualitative Methods): 과거 데이터를 활용하기 어렵거나 신규 제품에 대한 수요를 예측할 때 전문가의 의견을 바탕으로 예측하는 방법

   1) 델파이 기법(Delphi Method):여러 전문가들의 의견을 반복적으로 수렴하고 조정하여 수요를 예측하는 방법이다. 익명성을 유지한 상태에서 의견을 모으고, 이를 바탕으로 합의를 도출한다.

   2) 시장 조사(Market Survey):잠재적 고객이나 시장의 수요를 조사하여 수요를 예측하는 방법이다. 설문조사나 인터뷰를 통해 소비자의 선호도를 파악하고 이를 바탕으로 예측을 수행한다.

   3) 패널 의견 합의법(Jury of Executive Opinion): 조직 내 여러 부서의 전문가들이 모여 토론을 통해 수요를 예측하는 방법이다. 여러 분야의 의견을 종합하여 수요를 예측한다.

   4) 역사적 유추법(Historical Analogy): 새로운 제품의 수요를 과거에 유사한 제품의 수요 패턴을 기반으로 예측하는 방법이다.

답 ②

▶ **2024년 57번** ■ 총괄생산계획(Aggregate Production Planning, APP)

총괄생산계획(Aggregate Production Planning, APP)은 중기적인 생산 계획을 수립하는 기법으로, 기업이 일정 기간 동안의 생산 능력과 자원을 최적화하여 수요에 맞는 생산 계획을 수립하는 과정이다. 주로 6개월에서 18개월에 이르는 중기적인 기간을 다루며, 생산 비용, 재고 비용, 인력 관리 등의 요소를 고려하여 수요와 공급의 균형을 맞추는 데 중점을 둔다.

1. 총괄생산계획 전략:

   1) 수요 추종 전략(Chase Demand Strategy): 생산량을 수요에 맞추어 조정하는 전략이다. 수요가 증가하면 생산량을 늘리고, 수요가 감소하면 생산량을 줄이다. 장점: 재고를 최소화할 수 있음. 단점: 생산 변동에 따른 잔업, 임시 인력 고용, 설비 변경 등의 추가 비용이 발생할 수 있다.

   2) 평준화 전략(Level Strategy): 일정 기간 동안 고정된 생산량을 유지하는 전략이다. 수요가 많을 때는 재고를 쌓아두고, 수요가 적을 때는 재고를 소진하는 방식이다. 장점: 생산 안정성과 인력 유지가 용이하며, 변동 비용이 줄어든다. 단점: 재고 비용이 증가할 수 있다.

   3) 혼합 전략(Mixed Strategy): 수요 추종 전략과 평준화 전략을 혼합하여 상황에 따라 생산량과 재고를 조정하는 방식이다. 이를 통해 재고 비용과 생산 변동 비용을 균형 있게 관리할 수 있다.

2. 총괄생산계획 기법:

   1) 수리적 기법(수학적 모델링): 선형 계획법과 같은 수학적 최적화 기법을 사용하여 비용을 최소화하고 생산 일정과 자원 배분을 최적화하는 방식이다.

   2) 휴리스틱 기법(Heuristic Methods): 직관적이고 경험적인 규칙을 바탕으로 빠르게 근사적인 해결책을 찾는 기법이다. 복잡한 수리적 계산 대신, 경험과 직관을 활용한다.

      ① 매개변수에 의한 생산계획: 주요 매개변수(생산 능력, 재고, 수요)를 바탕으로 빠르고 유연하게 생산 계획을 세우는 방식.

      ② 생산전환 탐색법: 생산 공정을 전환하는 최적의 시점과 빈도를 결정하여 전환 비용과 시간을 최소화하는 방식.

      ③ 서어치 디시즌 룰: 경험적 규칙을 기반으로 최적이 아닌 적합한 의사결정을 빠르게 찾는 방법.

      ④ 경영계수이론: 관리자의 의사결정 데이터를 기반으로 계량적 모델을 통해 의사결정을 최적화하는 기법.

   3) 시뮬레이션 기법(Simulation Method): 다양한 상황을 모의 실험하여, 각기 다른 전략이 어떻게 작동할지 시뮬레이션을 통해 분석한다. 이 기법은 불확실한 변수에 대응할 수 있는 장점이 있다.

답 ①

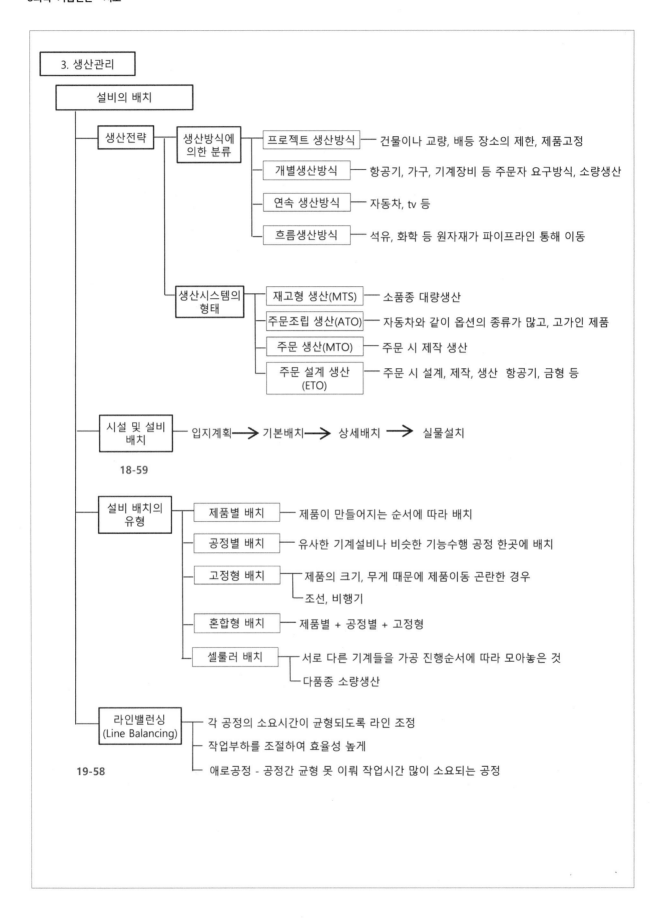

MEMO

예제 문제

2018년
59 설비배치계획의 일반적 단계에 해당하지 않는 것은?

① 구성계획(construct plan)

② 세부배치계획(detailed layout plan)

③ 전반배치(general overall layout)

④ 설치(installation)

⑤ 위치(location)결정

2019년
58 공장의 설비배치에 관한 설명으로 옳은 것을 모두 고른 것은?

> ㄱ. 제품별 배치(product layout)는 연속, 대량생산에 적합한 방식이다.
> ㄴ. 제품별 배치를 적용하면 공정의 유연성이 높아진다는 장점이 있다.
> ㄷ. 공정별 배치(process layout)는 범용설비를 제품의 종류에 따라 배치한다.
> ㄹ. 고정위치형 배치(fixed position layout)는 주로 항공기 제조, 조선, 토목건축 현장에서 찾아볼 수 있다.
> ㅁ. 셀형 배치(cellular layout)는 다품종소량생산에서 유연성과 효율성을 동시에 추구할 수 있다.

① ㄱ, ㅁ

② ㄱ, ㄹ, ㅁ

③ ㄴ, ㄷ, ㄹ

④ ㄱ, ㄴ, ㄹ, ㅁ

⑤ ㄱ, ㄷ, ㄹ, ㅁ

▌정답 및 해설

▶ **2018년 59번**　■ 일반적인 설비배치계획

    1. 전반배치(general overall layout): 전체 설비의 배치 구조를 계획하는 단계로, 설비의 주요 위치와 흐름을 정의한다.

    2. 세부배치계획(detailed layout plan): 전반배치에서 설정된 설비 배치를 더욱 구체화하고, 세부적으로 조정하는 단계이다. 설비 간의 간격, 통로, 작업 공간 등을 고려하여 최적의 배치를 결정한다.

    3. 위치(location) 결정: 설비가 배치될 정확한 위치를 결정하는 단계로, 효율적인 생산 흐름과 설비 간의 상호작용을 고려한다.

    4. 설치(installation): 배치가 확정된 후 설비를 물리적으로 설치히는 단계이디. 이 단게는 계획의 일부가 아닌 실행 단계에 해당한다.

                                                    🔍답 ①

▶ **2019년 58번**　■ 공장의 설비배치

    1. 제품별 배치(Product Layout)

        1) 특징: 제품별 배치는 연속 생산이나 대량 생산에 적합한 방식이다. 생산 라인이 특정 제품에 맞추어 설계되어 일관된 흐름을 유지한다.

        2) 적용: 자동차 조립 라인이나 전자제품 생산 같은 대량 생산에 적합하다.

        3) 장점: 높은 생산 효율성과 짧은 생산 시간을 확보할 수 있다.

        4) 단점: 유연성이 낮고, 생산 라인의 변경이 어렵기 때문에, 다양한 제품을 생산할 때는 비효율적이다.

    2. 공정별 배치(Process Layout)

        1) 특징: 공정별 배치는 같은 기능을 가진 기계나 작업을 한 곳에 배치하여 다양한 제품을 생산할 수 있는 유연성을 제공한다.

        2) 적용: 소량 생산이나 다품종 생산에 적합하며, 병원, 기계 가공 공장 등에서 사용된다.

        3) 장점: 유연성이 높아 다양한 제품을 처리할 수 있다.

        4) 단점: 작업 간의 이동 시간이 길어질 수 있으며, 대량 생산에 비효율적이다.

    3. 고정위치형 배치(Fixed Position Layout)

        1) 특징: 제품이 고정된 위치에 있고, 필요한 자재나 작업자가 그 위치로 이동하여 작업하는 방식이다. 주로 크기가 크거나 이동이 어려운 제품에 사용된다.

        2) 적용: 항공기 제조, 조선업, 건축현장 등.

        3) 장점: 대형 제품이나 고정된 장소에서 작업해야 하는 경우 적합하다.

        4) 단점: 작업자나 장비의 이동이 필요하여 비효율이 발생할 수 있다.

    4. 셀형 배치(Cellular Layout)

        1) 특징: 셀형 배치는 유사한 제품군을 처리할 수 있는 작업 셀을 구성하여 효율성과 유연성을 동시에 추구하는 방식이다. 여러 작업이 작은 작업 셀에서 이루어지며, 다품종 소량 생산에 적합하다.

        2) 적용: 부품 조립, 다양한 소규모 제품 생산에 사용된다.

        3) 장점: 높은 유연성과 효율성을 동시에 달성할 수 있다.

        4) 단점: 셀 구성과 셀 내 작업의 균형을 맞추는 것이 어려울 수 있다.

    ㄴ. 제품별 배치는 유연성이 낮다. 특정 제품에 맞춰 생산 라인이 고정되기 때문에 다양한 제품을 생산하는 데는 비효율적이다.

    ㄷ. 공정별 배치는 제품의 종류에 따라 배치하는 것이 아니라, 공정이나 기능에 따라 배치하는 방식이기 때문이다.

                                                    🔍답 ②

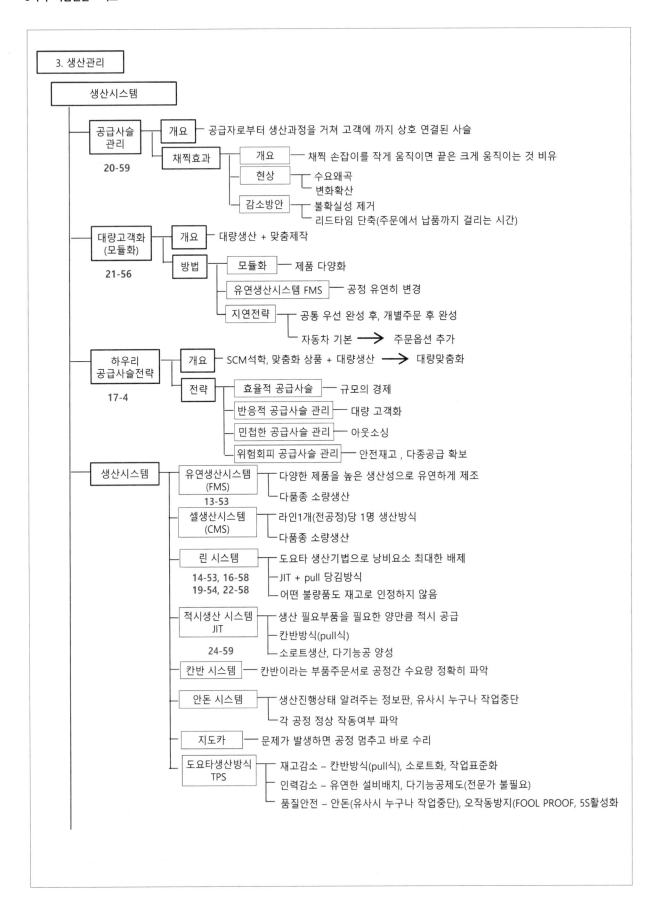

3. 생산관리

생산시스템

공급사슬 관리
20-59
- 개요 — 공급자로부터 생산과정을 거쳐 고객에 까지 상호 연결된 사슬
- 채찍효과
  - 개요 — 채찍 손잡이를 작게 움직이면 끝은 크게 움직이는 것 비유
  - 현상
    - 수요왜곡
    - 변화확산
  - 감소방안
    - 불확실성 제거
    - 리드타임 단축(주문에서 납품까지 걸리는 시간)

대량고객화 (모듈화)
21-56
- 개요 — 대량생산 + 맞춤제작
- 방법
  - 모듈화 — 제품 다양화
  - 유연생산시스템 FMS — 공정 유연히 변경
  - 지연전략
    - 공통 우선 완성 후, 개별주문 후 완성
    - 자동차 기본 ⟶ 주문옵션 추가

하우리 공급사슬전략
17-4
- 개요 — SCM석학, 맞춤화 상품 + 대량생산 ⟶ 대량맞춤화
- 전략
  - 효율적 공급사슬 — 규모의 경제
  - 반응적 공급사슬 관리 — 대량 고객화
  - 민첩한 공급사슬 관리 — 아웃소싱
  - 위험회피 공급사슬 관리 — 안전재고 , 다종공급 확보

생산시스템
- 유연생산시스템 (FMS) 13-53
  - 다양한 제품을 높은 생산성으로 유연하게 제조
  - 다품종 소량생산
- 셀생산시스템 (CMS)
  - 라인1개(전공정)당 1명 생산방식
  - 다품종 소량생산
- 린 시스템 14-53, 16-58 19-54, 22-58
  - 도요타 생산기법으로 낭비요소 최대한 배제
  - JIT + pull 당김방식
  - 어떤 불량품도 재고로 인정하지 않음
- 적시생산 시스템 JIT 24-59
  - 생산 필요부품을 필요한 양만큼 적시 공급
  - 칸반방식(pull식)
  - 소로트생산, 다기능공 양성
- 칸반 시스템 — 칸반이라는 부품주문서로 공정간 수요량 정확히 파악
- 안돈 시스템
  - 생산진행상태 알려주는 정보판, 유사시 누구나 작업중단
  - 각 공정 정상 작동여부 파악
- 지도카 — 문제가 발생하면 공정 멈추고 바로 수리
- 도요타생산방식 TPS
  - 재고감소 – 칸반방식(pull식), 소로트화, 작업표준화
  - 인력감소 – 유연한 설비배치, 다기능공제도(전문가 불필요)
  - 품질안전 – 안돈(유사시 누구나 작업중단), 오작동방지(FOOL PROOF, 5S활성화

||| MEMO |||||||||||||||||||||||||||||||||||||||||||||||||

▌예제 문제

2013년
53 생산 시스템에 관한 설명으로 옳지 않은 것은?

① 모듈생산시스템(MPS: modular production system)은 단납기화 요구강화와 원가 절감을 위하여 부품 또는 단위의 조합에 따라 고객의 다양한 주문에 대응하는 생산 시스템이다.

② 자재소요계획(MRP: material requirements planning)은 주일정계획(기준생산일정)을 기초로 하여 완제품 생산에 필요한 자재 및 구성부품의 종류, 수량 시기 등을 계획하는 시스템이다.

③ 적시생산시스템(JIT: just in time)은 제품생산에 요구되는 부품 등 자재를 필요한 시기에 필요한 수량만큼 적기에 생산, 조달하여 낭비요소를 근본적으로 제거하려는 생산 시스템이다.

④ 유연생산시스템(FMS: flexible manufacturing system)은 CAD, CAM 및 MRP 등의 기술을 도입, 생산 설비를 빠르게 전환하여 소품종 대량생산을 효율적으로 행하는 시스템이다.

⑤ 셀생산시스템(CMS: cellular manufacturing system)은 숙련된 작업자가 컨베이어 라인이 없는 셀(cell) 내부에서 전체공정을 책임지고 완수하는 사람중심의 자율 생산 시스템이다.

2017년
59 하우 리(H. Lee)가 제안한 공급사슬 전략 중, 수요의 불확실성이 낮고 공급의 불확실성이 높은 경우 필요한 전략은?

① 효율적 공급사슬   ② 반응적 공급사슬
③ 민첩한 공급사슬   ④ 위험회피 공급사슬
⑤ 지속가능 공급사슬

▌정답 및 해설

▶ **2013년 53번**
■ 유연생산시스템(FMS: Flexible Manufacturing System)
유연생산시스템(FMS)은 다품종 소량생산을 효율적으로 처리하기 위해 설계된 시스템이다. 이는 다양한 제품을 짧은 시간 안에 전환하여 생산할 수 있는 유연성을 제공하는 시스템으로, 제품 설비를 신속하게 전환할 수 있어 여러 종류의 제품을 생산하는 데 유리한다.
소품종 대량생산은 고정된 생산 라인에서 특정 제품을 대량으로 생산하는 방식으로, 제품별 배치와 같은 대량생산 시스템에 더 적합한 방식이다.

정답 ④

▶ **2017년 59번**
■ 하우 리(Hau L. Lee)의 공급사슬 전략(Supply Chain Strategy)
하우 리(Hau L. Lee)가 제안한 공급사슬 전략(Supply Chain Strategy)은 효율성과 유연성을 동시에 추구하면서, 공급망이 시장 환경과 수요 변동에 적응할 수 있도록 설계된 전략이다. 그는 특히 불확실성과 리스크가 큰 환경에서 공급망이 어떻게 적응할 수 있는지를 강조하였다.

1. 효율적 공급사슬(Efficient Supply Chain)
   1) 목적: 비용 최소화와 운영 효율성 극대화.
   2) 적합한 환경: 수요가 안정적이고 예측 가능한 환경에서 사용된다. 주로 대량생산과 고정된 수요를 처리하는 데 적합하다.
   3) 특징: 저비용 생산과 재고 관리에 중점을 둡니다. 생산 공정의 표준화가 이루어져 있으며, 규모의 경제를 추구한다. 수요 예측이 정확한 경우에 사용되며, 변동이 적고 재고 관리 비용을 줄일 수 있다.
   4) 예시: 일상 소비재(예: 식료품, 대량 소비재) 제조업체에서 주로 사용.

2. 반응적 공급사슬(Responsive Supply Chain)
   1) 목적: 고객의 변동하는 수요에 신속하게 대응하는 것을 목표로 함.
   2) 적합한 환경: 변동성이 크고, 수요 예측이 어려운 환경에서 적합하다. 특히, 고객 요구가 자주 변하는 경우 사용된다.
   3) 특징: 짧은 리드타임을 통해 빠르게 대응할 수 있는 생산 및 공급 체계를 갖추고 있다. 다품종 소량 생산에 적합하며, 수요에 맞게 생산 라인을 신속히 전환할 수 있다. 고객의 요구에 따라 맞춤형 제품이나 유연한 생산 시스템을 제공한다.
   4) 예시: 패션 산업이나 전자제품과 같은 제품 라이프사이클이 짧은 업종에서 사용된다.

3. 민첩한 공급사슬(Agile Supply Chain)
   1) 목적: 효율성과 유연성을 결합하여, 급격한 시장 변화나 예측 불가능한 상황에 대응할 수 있도록 설계됨.
   2) 적합한 환경: 수요 변동성이 크고 불확실성이 높은 시장 환경에서 적합하다. 특히, 신속한 대응이 필요한 경우 사용된다.
   3) 특징: 시장 변화에 민첩하게 대응할 수 있는 구조를 갖추고 있다. 공급망 내에서 협력을 통해 정보와 자원을 공유하고, 빠르게 의사결정을 내릴 수 있다. 공급사슬이 유연하게 조정되며, 생산 시스템의 유연성을 극대화한다.
   4) 예시: 첨단 기술 산업, 특히 전자제품이나 스마트폰과 같은 신기술 제품을 생산하는 기업에서 사용된다.

4. 위험회피형 공급사슬(Risk-Hedging Supply Chain)
   1) 목적: 공급망에서 리스크를 최소화하고, 안정적인 공급을 보장하는 데 중점을 둡니다.
   2) 적합한 환경: 공급망에서 자원 공급이 불안정하거나, 중요한 자재가 부족할 가능성이 있는 환경에서 사용된다.
   3) 특징: 다수의 공급원을 확보하여 리스크를 분산하고, 안정적인 자재 공급을 보장한다. 재고나 안전 재고를 늘려 예상치 못한 공급망 차질에 대비한다. 공급망 내의 협력과 정보 공유를 통해 리스크 관리를 강화한다.
   4) 예시: 원자재 공급이 불안정한 산업, 예를 들어 천연 자원을 사용하는 산업이나 글로벌 공급망 의존 도가 높은 산업에서 주로 사용된다.

정답 ④

2021년

56 대량고객화(mass customization)에 관한 설명으로 옳지 않은 것은?

① 높은 가격과 다양한 제품 및 서비스를 제공하는 개념이다.

② 대량고객화 달성 전략의 하나로 모듈화 설계와 생산이 사용된다.

③ 대량고객화 관련 프로세스는 주로 주문조립생산과 관련이 있다.

④ 정유, 가스 산업처럼 대량고객화를 적용하기 어렵고 효과 달성이 어려운 제품이나 산업이 존재한다.

⑤ 주문접수 시까지 제품 및 서비스를 연기(postpone)하는 활동은 대량고객화 기법중의 하나이다.

▶ **2021년 56번** ■ 대량고객화(Mass Customization)

대량고객화(Mass Customization)는 대량 생산의 효율성을 유지하면서도, 동시에 고객 개개인의 요구에 맞춘 맞춤형 제품이나 서비스를 제공하는 생산 전략이다. 즉, 맞춤형 제품을 대량 생산 체계로 제공하는 방식이다. 이 개념은 고객의 개별적인 요구를 만족시키면서도 비용 효율성을 유지하려는 기업들에게 매우 중요하다.

1. 대량고객화의 특징

   1) 고객 맞춤형 제품 제공: 대량 생산이 가능하도록 표준화된 부품을 사용하지만, 고객의 요구에 맞게 제품이나 서비스를 개별화할 수 있다. 고객은 제품의 디자인, 기능, 색상, 옵션 등 다양한 요소를 자신의 필요에 맞게 선택할 수 있다.

   2) 대량 생산의 효율성 유지: 표준화된 부품과 모듈을 사용하여 대량 생산의 효율성을 유지하면서도, 유연한 생산 체계를 통해 맞춤형 제품을 생산한다. 이는 생산 비용을 최소화하면서 고객 맞춤형 제품을 제공할 수 있게 해준다.

   3) 유연한 생산 시스템: 유연한 제조 기술(Flexible Manufacturing Systems, FMS), 컴퓨터 통합 제조(CIM), CAD/CAM 등의 기술을 활용하여 생산 라인을 신속하게 전환할 수 있어야 한다. 유연한 생산 시스템은 다양한 제품을 빠르게 전환하여 생산할 수 있도록 도와준다.

   4) 정보 기술의 활용: 온라인 플랫폼과 정보 기술을 활용하여 고객이 자신의 요구를 직접 선택하고 주문할 수 있게 한다. 이를 통해 기업은 고객의 피드백을 즉시 반영할 수 있다.예를 들어, 고객이 웹사이트에서 자신의 제품 옵션을 선택하면, 생산 시스템이 이를 반영하여 제품을 제조하는 방식이다

2. 대량고객화의 예시

   1) Dell: 컴퓨터 맞춤화 서비스로 유명한 Dell은 고객이 원하는 사양(예: 프로세서, 메모리, 저장 장치 등)을 선택할 수 있게 하여, 맞춤형 컴퓨터를 대량 생산하면서도 비용 효율성을 유지해 경쟁력 있는 가격으로 제공했다.

   2) Nike ID: 고객이 자신만의 디자인을 선택할 수 있는 Nike의 맞춤형 신발 서비스로, 다양한 색상과 디자인을 선택하면서도 가격이 크게 상승하지 않도록 관리한다.

① 대량고객화(Mass Customization)는 고객 맞춤형 제품을 제공하는 동시에 대량 생산의 비용 효율성을 유지하여, 합리적인 가격으로 제품을 제공하는 것을 목표로 한다. 따라서 높은 가격과 관련된 개념이 아니며, 맞춤형 제품과 서비스를 제공하면서도 다양성과 비용 절감을 동시에 추구하는 전략이다.

_답 ①

59
식음료 제조업체의 공급망관리팀 팀장인 홍길동은 유통단계에서 최종 소비자의 주문량 변동이 소매상, 도매상, 제조업체로 갈수록 증폭되는 현상을 발견하였다. 이에 관한 설명으로 옳지 않은 것은?

① 공급사슬 상류로 갈수록 주문의 변동이 증폭되는 현상을 채찍효과(bullwhip effect)라고 한다.

② 유통업체의 할인 이벤트 등으로 가격 변동이 클 경우 주문량 변동이 감소할 것이다.

③ 제조업체와 유통업체의 협력적 수요예측시스템은 주문량 변동이 감소하는데 기여할 것이다.

④ 공급사슬의 정보공유가 지연될수록 주문량 변동은 증가할 것이다.

⑤ 공급사슬의 리드타임(lead time)이 길수록 주문량 변동은 증가할 것이다.

▶ 2020년 59번　■ 채찍효과(Bullwhip Effect)

채찍효과(Bullwhip Effect)는 공급사슬(Supply Chain)에서 상류로 갈수록 주문의 변동성이 증폭되는 현상을 의미한다. 즉, 최종 소비자의 수요 변동이 공급망을 따라 제조업체, 유통업체, 도매업체, 공급업체 등으로 전달될 때, 상류로 갈수록 수요 변동이 과장되어 전달되는 현상을 말한다.

1. 채찍효과의 특징:
　1) 소비자의 작은 수요 변동이 공급사슬 상류로 전달되면서, 상류로 갈수록 그 변동성이 점점 커지는 현상이다. 이름에서 알 수 있듯이, 채찍을 휘두를 때 손잡이에서 시작된 작은 움직임이 끝부분으로 갈수록 더 큰 진동을 일으키는 것과 같은 원리이다.
　2) 이로 인해 재고 과잉이나 재고 부족이 발생할 수 있으며, 공급망 운영의 비효율성이 증가한다.

2. 채찍효과가 발생하는 주요 원인:
　1) 수요 예측 오류: 각 공급망 단계에서 수요 예측을 개별적으로 수행하기 때문에, 상류로 갈수록 수요 변동에 대한 예측이 잘못되기 쉽다. 각 단계는 자체적인 안전재고를 쌓기 때문에 변동성이 커진다.
　2) 주문 배치 시기 차이: 주문이 한 번에 대량으로 이루어지거나 일정한 간격 없이 불규칙적으로 이루어지면, 상류 공급망에서는 이를 잘못 해석하여 수요가 급격히 증가하거나 감소한다고 판단할 수 있다.
　3) 가격 변동: 공급망에서 프로모션이나 할인 행사로 인해 주문량이 일시적으로 증가하는 경우, 상류 공급망에서는 이를 지속적인 수요 증가로 착각하고 과잉 생산 및 재고를 쌓을 수 있다.
　4) 공급 부족에 대한 우려: 수요가 급증하거나 공급 부족에 대한 불안감이 생기면, 각 공급망 단계에서 과도한 주문을 발생시켜 변동성을 증가시킬 수 있다. 이는 패닉 구매와 같은 현상으로도 나타납니다.
　5) 정보 공유 부족: 공급망 내에서 각 단계가 소비자 수요에 대한 정보를 충분히 공유하지 않으면, 상류 업체들은 자신만의 판단에 의존해 주문을 늘리거나 줄이면서 수요 변동을 과장할 수 있다.

3. 채찍효과의 결과:
　1) 재고 과잉 또는 재고 부족: 상류로 갈수록 수요 예측이 잘못되면 과잉 재고 또는 재고 부족이 발생하여 공급망 효율성을 떨어뜨립니다.
　2) 비용 증가: 잘못된 수요 예측으로 인해 불필요한 생산, 재고 유지 비용, 물류 비용이 증가할 수 있다.
　4) 공급망의 불안정성: 채찍효과는 공급망 전반에 걸쳐 불안정한 운영을 초래하며, 주문 변동성에 대한 대응이 어려워진다.

4. 채찍효과를 줄이기 위한 방안:
　1) 수요 예측 개선: 각 공급망 단계에서 수요 정보를 공유하고, 실시간 수요 데이터를 활용해 보다 정확한 예측을 할 수 있다.
　2) 정보 공유: 공급망 전 단계에서 수요 정보를 투명하게 공유하여, 상류 업체들이 최종 소비자의 실제 수요를 보다 정확히 파악할 수 있도록 한다.
　3) 재고 관리 최적화: 재고 관리 시스템을 개선하고, 안전 재고 수준을 적절히 설정하여 과잉 재고를 방지한다.
　4) 주문 간소화: 주문 간격을 줄이고, 주문을 균등하게 배치하여 수요 변동이 상류로 급격히 전파되는 것을 방지한다.
　5) 가격 안정화: 할인이나 대량 구매를 유도하는 프로모션을 신중하게 운영하여, 일시적인 수요 폭증을 최소화한다.

② 유통업체의 할인 이벤트나 가격 변동은 주문량 변동을 증가시키는 요인으로, 채찍효과를 증폭시키는 원인 중 하나이다. 가격 변동은 주문량 변동성을 크게 만들 수 있으며, 이는 공급사슬 상류로 갈수록 더욱 심화될 수 있다.

🔍답　②

2019년

54 JIT(just-in-time) 생산방식의 특징으로 옳지 않은 것은?

① 간판(kanban)을 이용한 푸시(push) 시스템

② 생산준비시간 단축과 소(小)로트 생산

③ U자형 라인 등 유연한 설비배치

④ 여러 설비를 다룰 수 있는 다기능 작업자 활용

⑤ 불필요한 재고와 과잉생산 배제

2022년

58 JIT(Just In Time) 생산시스템의 특징에 해당하지 않는 것은?

① 부품 및 공정의 표준화   ② 공급자와의 원활한 협력

③ 채찍효과 발생   ④ 다기능 작업자 필요

⑤ 칸반시스템 활용

▶ **2019년 54번**   ▪ JIT(Just-In-Time)

JIT(Just-In-Time) 생산방식은 재고를 최소화하고, 필요한 부품이나 자재를 필요한 시점에만 생산 및 공급하는 방식이다. 일본의 도요타(Toyota)에서 처음 도입된 이 방식은 낭비를 제거하고 효율성을 극대화하기 위해 고안된 생산 관리 기법이다.

1. JIT 생산방식의 주요 특징:

    1) 재고 최소화: 필요할 때만 필요한 양만큼의 재료나 부품을 공급받아 생산하므로, 과잉 재고를 줄이고 재고 유지 비용을 절감할 수 있다. 이를 통해 불필요한 자본의 낭비를 줄이고, 재고로 인한 관리 비용을 최소화한다.

    2) 적시 생산(Just-in-Time): JIT에서는 고객 주문이나 생산 계획에 맞추어 필요한 시점에 필요한 만큼만 생산한다. 이를 통해 생산 속도와 수요를 일치시켜 과잉 생산을 방지한다.

    3) 낭비 제거: JIT의 또 다른 중요한 목표는 낭비(Waste)를 제거하는 것이다. 여기서 낭비란 불필요한 재고, 대기 시간, 과잉 생산, 불필요한 이동, 비효율적인 작업 과정 등을 포함한다.

    4) 유연한 생산: JIT는 유연한 생산 시스템을 통해 빠르게 수요 변화에 대응할 수 있다. 수요가 증가하거나 감소할 때, 신속하게 생산 계획을 변경할 수 있도록 시스템을 설계한다. 소량 다품종 생산이 요구되는 상황에서도 JIT는 효과적으로 적용될 수 있다.

    5) 협력적인 공급망: JIT는 공급업체와의 긴밀한 협력이 필수적이다. 부품이 필요한 시점에 적시에 공급되어야 하므로, 공급망 내의 정확한 정보 공유와 신뢰가 중요하다. 공급 지연이나 품질 문제가 발생하면 생산에 즉각적인 영향을 미치기 때문에, 공급업체의 품질 관리와 납기 준수가 핵심이다.

    6) 품질 관리 강화: JIT는 품질 관리를 중요시한다. 불량품이 발생하면 즉시 생산 라인에 영향을 미치기 때문에, 불량률을 최소화하는 것이 매우 중요하다. 이를 위해 전 공정에서 품질 관리를 강화하고, 문제가 발생하면 즉시 해결할 수 있는 체계를 구축한다.

    7) 작업 표준화: JIT에서는 작업의 표준화가 강조된다. 표준화된 작업 절차를 통해 생산 과정의 일관성을 유지하고, 효율성을 극대화할 수 있다. 표준화된 절차를 통해 작업자 간의 차이를 줄이고, 생산성을 높인다.

    8) 낭비의 시각화 및 카이젠(Kaizen): JIT는 문제의 시각화를 중시한다. 문제나 지연이 발생하면, 즉시 눈에 띄게 보고하여 빠르게 대응할 수 있도록 한다. 또한 카이젠(Kaizen), 즉 지속적인 개선을 통해 공정의 비효율성을 줄이고 생산성을 높이기 위한 노력이 지속된다.

① 간판(Kanban)은 풀 시스템의 도구로 사용되며, 실제 수요에 맞춰 생산이 이루어지도록 하는 방식이다. JIT 시스템에서 간판을 이용한 푸시 시스템이라는 설명은 틀린 내용이다. 푸시 시스템은 미리 생산해 재고를 쌓아두고 관리하는 방식으로, JIT의 재고 최소화와는 상반되는 개념이다.   🔍답 ①

▶ **2022년 58번**   ▪ JIT(Just-In-Time)

JIT(Just-In-Time) 생산 시스템은 재고를 최소화하고, 낭비를 줄이며, 고객 수요에 맞춰 적시에 생산하는 효율적인 생산 관리 방식이다. 이를 통해 생산성과 품질을 높일 수 있지만, 공급망의 정확성과 품질 관리가 매우 중요하다.

1. JIT 생산방식의 주요 특징:

    1) 재고 최소화
    2) 적시 생산(Just-in-Time)
    3) 낭비 제거
    4) 유연한 생산
    5) 협력적인 공급망
    6) 품질 관리 강화
    7) 작업 표준화
    8) 낭비의 시각화 및 카이젠(Kaizen)   🔍답 ③

58
JIT(Just In Time) 시스템의 특징에 관한 설명으로 옳은 것은?

① 수요예측을 통해 생산의 평준화를 실현한다.
② 팔리는 만큼만 만드는 Push 생산방식이다.
③ 숙련공을 육성하기 위해 작업자의 전문화를 추구한다.
④ Fool proof 시스템을 활용하여 오류를 방지한다.
⑤ 설비배치를 U라인으로 구성하여 준비교체 횟수를 최소화 한다.

53
도요타생산방식(TPS: toyota production system)에서 낭비를 철저하게 제거하기 위한 방법으로 활용된 적시생산시스템(JIT: just in time)에 관한 설명으로 옳은 것만을 모두 고른 것은?

> ㄱ. 기본적 요소는 간판(kanban)방식, 생산의 평준화, 생산준비시간의 단축과 대로트화, 작업 표준화, 설비배치와 단일기능공제도이다.
> ㄴ. 오릭키(Orlicky)에 의하여 개발된 자재관리 및 재고통제기법으로, 종속 수요품의 소요량과 소요시기를 결정하기 위한 시스템이다.
> ㄷ. 자동화, 작업자의 라인정지 권한 부여, 안돈(andon), 오작동 방지, 5S의 활성화로 일관성 있는 고품질을 달성하고 있는 시스템이다.
> ㄹ. 고객 주문에 의해 생산이 시작되며, 부품의 생산과 공급이 후속 공정의 필요에 의해 결정되는 풀(pull)시스템의 자재흐름 체계이다.
> ㅁ. 생산준비비용(주문비용)과 재고유지비용의 균형점에서 로트 크기(lot size)를 결정하며, 로트 크기가 큰 것을 추구하는 시스템이다.

① ㄱ, ㄹ
② ㄴ, ㅁ
③ ㄷ, ㄹ
④ ㄱ, ㄷ, ㄹ
⑤ ㄴ, ㄷ, ㅁ

▶ 2016년 58번

■ JIT(Just-In-Time)

①, ② JIT 시스템은 수요 예측을 기반으로 한 생산이 아니라, 실제 수요에 반응하여 필요한 시점에 필요한 만큼만 생산하는 Pull 시스템이다. 따라서 수요예측을 통해 생산의 평준화를 실현한다는 설명은 JIT 시스템의 원리와 맞지 않으며, JIT에서는 실제 수요에 기반하여 생산이 이루어지도록 설계된다.

③ JIT 시스템은 작업자의 전문화보다는 다기능화를 중시한다. 작업자가 여러 작업을 수행할 수 있도록 훈련하여 생산 라인의 유연성과 효율성을 높이는 것이 JIT의 핵심이다.

⑤ U라인 설비 배치는 JIT 시스템에서 작업 흐름의 효율성을 극대화하고, 작업자 이동의 최소화와 작업 유연성을 높이기 위해 사용된다. U자 형태로 설비를 배치함으로써 작업자는 한 위치에서 여러 작업을 쉽게 수행할 수 있으며, 작업 간의 전환이 빠르고 유연하게 이루어진다. U라인 배치는 작업자와 기계 간의 상호작용을 최적화하여 효율적인 생산 흐름을 구현하는 데 초점을 맞추며, 준비교체와는 직접적인 관련이 없다.

준비교체(SMR: Setup and Machine Resetting)는 기계를 다른 작업이나 제품으로 전환할 때 필요한 시간과 작업을 의미한다. 준비교체 횟수를 줄이는 것은 JIT의 중요한 목표 중 하나이지만, 이는 주로 SMED(Single-Minute Exchange of Dies) 기법과 같은 설비 전환 속도 개선을 통해 이루어진다.

답 ④

▶ 2014년 53번

■ 적시생산시스템(JIT: just in time) 기본요소

1. 간판(Kanban) 방식: 간판은 시각적인 신호를 통해 생산 공정 간의 재고 흐름을 조절하는 방식이다. 부품이나 자재가 필요할 때 간판 신호를 보내어 필요한 시점에 필요한 양만큼 생산을 요청한다. 이 방식은 Pull 시스템의 대표적인 예이다.

2. 생산의 평준화(Heijunka): 생산의 평준화는 생산량을 균일하게 유지하여 수요 변동으로 인한 변화를 최소화하는 것을 목표로 한다. 이를 통해 재고 과잉을 방지하고, 생산 흐름을 안정적으로 유지한다.

3. 생산준비시간의 단축(SMED: Single-Minute Exchange of Dies): 준비 시간 단축은 기계나 공정을 다른 작업으로 전환하는 데 필요한 시간을 최소화하는 것을 말한다. 이를 통해 소량 다품종 생산을 더욱 효율적으로 운영할 수 있다. 대량 생산이 아니라 작은 로트로 생산을 빠르게 전환함으로써, JIT는 유연성을 극대화할 수 있다.

4. 작업 표준화: 작업 표준화는 모든 작업이 일정하게 수행되도록 표준화된 절차를 수립하는 것이다. 이를 통해 일관성 있는 품질을 유지하고 생산성을 높일 수 있다. 표준화는 JIT 시스템의 품질 관리와 낭비 제거의 중요한 요소 중 하나이다.

5. 설비 배치(U라인 배치): U라인 배치는 작업자의 효율적인 이동과 작업 유연성을 극대화하기 위한 설비 배치 방식이다. 작업자가 짧은 이동 거리 내에서 여러 공정을 처리할 수 있게 하여 생산의 흐름을 원활하게 한다. 이를 통해 작업 효율성을 높이고 병목 현상을 줄일 수 있다.

ㄱ. JIT 시스템에서의 기본 요소는 간판 방식, 생산의 평준화, 생산 준비 시간 단축, 작업 표준화, 설비 배치 등이다. 하지만 대로트화와 단일기능공제도는 JIT 시스템의 기본 원칙에 맞지 않으며, JIT는 소량 다품종 생산과 다기능공을 통한 유연성을 강조하는 시스템이다.

ㄴ. MRP(Materical Requirements Planning)는 오릭키(Orlicky)에 의해 개발된 자재 관리 기법으로, 수요 예측을 바탕으로 자재를 미리 준비하는 푸시 시스템이다. 그러나 JIT 시스템은 실제 수요에 맞춰 생산하는 풀 시스템이기 때문에, MRP는 JIT와 다른 개념이다

ㅁ. JIT 시스템은 로트 크기를 작게 유지하고 소량 다품종 생산을 추구하는 시스템이다. 생산준비비용과 재고유지비용의 균형점에서 대량 생산을 추구하는 EOQ와는 다르며, JIT는 소량 생산과 유연성을 통해 재고를 최소화하고 효율성을 극대화한다

답 ③

59 도요타 생산방식의 주축을 이루는 JIT(Just In Time) 시스템의 장점에 해당되지 않는 것은?

① 한정된 수의 공급자와 친밀한 유대관계를 구축한다.

② 미래의 수요예측에 근거한 기본일정계획을 달성하기 위해 종속품목의 양과 시기를 결정한다.

③ JIT 생산으로 원자재, 재공품, 제품의 재고수준을 줄인다.

④ 유연한 설비배치와 다기능공으로 작업자 수를 줄인다.

⑤ 생산성의 낭비제거로 원가를 낮추고 생산성을 향상시킨다.

▶ 2024년 59번

■ 적시생산시스템(JIT: just in time)

JIT 시스템은 미래의 수요 예측을 기반으로 자재의 양과 시기를 결정하지 않다. JIT는 실제 수요에 기반한 풀(Pull) 시스템으로, 필요한 시점에 필요한 양만 생산하고 공급받는 것을 목표로 한다. 미래 수요 예측에 기반한 기본 일정 계획을 달성하기 위해 자재 관리를 하는 것은 MRP 시스템의 특징으로, JIT와는 맞지 않는 설명이다.

종속 품목이란, 완제품을 만들기 위해 필요한 부품이나 자재를 의미한다. JIT 시스템에서는 종속 품목의 양과 시기는 수요 예측이 아닌, 실제 생산 요구에 따라 결정된다. 즉, 상위 제품의 생산 요청이 있을 때만 하위 부품이 필요하게 된다.

🔍답 ②

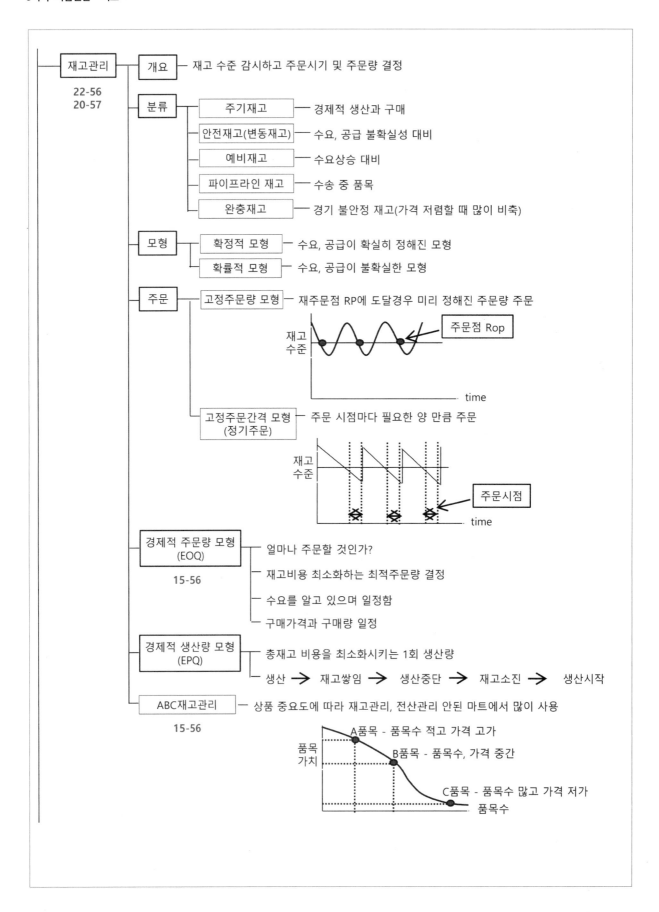

재고관리
22-56
20-57

개요 ── 재고 수준 감시하고 주문시기 및 주문량 결정

분류

주기재고 ── 경제적 생산과 구매

안전재고(변동재고) ── 수요, 공급 불확실성 대비

예비재고 ── 수요상승 대비

파이프라인 재고 ── 수송 중 품목

완충재고 ── 경기 불안정 재고(가격 저렴할 때 많이 비축)

모형

확정적 모형 ── 수요, 공급이 확실히 정해진 모형

확률적 모형 ── 수요, 공급이 불확실한 모형

주문

고정주문량 모형 ── 재주문점 RP에 도달경우 미리 정해진 주문량 주문

재고 수준 / time / 주문점 Rop

고정주문간격 모형 (정기주문) ── 주문 시점마다 필요한 양 만큼 주문

재고 수준 / time / 주문시점

경제적 주문량 모형 (EOQ)
15-56
── 얼마나 주문할 것인가?
── 재고비용 최소화하는 최적주문량 결정
── 수요를 알고 있으며 일정함
── 구매가격과 구매량 일정

경제적 생산량 모형 (EPQ)
── 총재고 비용을 최소화시키는 1회 생산량
── 생산 ➡ 재고쌓임 ➡ 생산중단 ➡ 재고소진 ➡ 생산시작

ABC재고관리
15-56
── 상품 중요도에 따라 재고관리, 전산관리 안된 마트에서 많이 사용

품목 가치 / 품목수
A품목 - 품목수 적고 가격 고가
B품목 - 품목수, 가격 중간
C품목 - 품목수 많고 가격 저가

MEMO

▌예제 문제

52 재고의 기능에 따른 분류에 관한 설명으로 옳지 않은 것은?

① 안전재고: 제품 수요, 리드타임 등의 불확실한 수요에 대비하기 위한 재고
② 분리재고: 공정을 기준으로 공정전 · 후의 재고로 분리될 경우의 재고
③ 파이프라인 재고: 공장에서 물류센터, 물류센터에서 대리점 등으로 이동 중에 있는 재고
④ 투기재고: 원자재 고갈, 가격인상 등에 대비하여 미리 확보해두는 재고
⑤ 완충재고: 생산 계획에 따라 주기적인 주문으로 주문기간 동안 존재하는 재고

56 재고관리에 관한 설명으로 옳은 것은?

① 재고비용은 재고유지비용과 재고부족비용의 합이다.
② 일반적으로 재고는 많이 비축할수록 좋다.
③ 경제적주문량(EOQ) 모형에서 재고유지비용은 주문량에 비례한다.
④ 1회 주문량을 Q라고 할 때, 평균재고는 Q/3이다.
⑤ 경제적주문량(EOQ) 모형에서 발주량에 따른 총 재고비용선은 역U자 모양이다.

▮정답 및 해설

▶ 2013년 52번

■ 재고의 유형

1. 주기재고 (Cycle Stock): 주기재고는 정기적인 생산 또는 주문 주기에 따라 유지되는 재고로, 정상적인 운영을 위해 필요한 기본적인 재고이다. 생산량이나 주문량이 많거나 정기적인 주기 안에서 소비될 수 있는 수량을 기준으로 유지된다. 예시: 한 공장에서 매주 공급받는 원자재는 다음 주문이 이루어질 때까지 사용할 주기재고이다.

2. 안전재고 (Safety Stock): 안전재고는 수요 변동이나 공급 지연과 같은 불확실성에 대비해 유지되는 추가적인 재고이다. 예기치 않은 수요 증가나 공급 차질로 인해 재고가 소진될 경우를 대비하여 준비된 재고로, 재고 부족을 방지하기 위한 완충 역할을 한다. 예시: 어떤 제품의 수요가 갑자기 증가하거나 공급업체의 납기가 늦어질 경우, 안전재고는 생산이나 판매에 차질이 없도록 도와준다.

3. 예비재고 (Anticipation Stock): 예비재고는 미리 예측된 수요 증가나 시즌성 수요에 대비해 사전에 확보해두는 재고이다. 주로 프로모션, 계절적 요인, 특별 이벤트나 공급 중단을 예상하여 준비된다. 예시: 겨울철 난방기기 제조업체가 여름에 난방기기의 수요 증가를 예상하고 미리 생산하여 확보해 두는 재고이다.

4. 파이프라인재고 (Pipeline Stock): 파이프라인재고는 운송 중이거나 공급망 상에서 이동 중인 재고를 의미한다. 아직 목적지에 도달하지 않았지만 이미 주문되거나 생산이 완료된 제품으로, 물류 시스템에서 이동 중인 재고라고 할 수 있다. 예시: 해외에서 선적된 원자재가 항구로 이동 중일 때, 그 원자재는 파이프라인재고로 간주된다.

5. 완충재고 (Buffer Stock): 완충재고는 공급의 불확실성이나 공정의 변동성을 흡수하기 위해 마련된 재고이다. 주로 공급망의 중간 단계에서 발생하는 문제를 완화하기 위한 역할을 한다. 공정 간의 작업 속도 차이나 생산 변동으로 인해 생기는 차이를 보완하고, 재고 부족 상황을 방지하기 위한 용도로 유지된다. 예시: 생산 라인 A에서 생산된 부품이 라인 B에서 필요할 때, 라인 B의 생산 변동을 흡수하기 위해 완충재고가 활용된다. ◎답 ⑤

▶ 2022년 56번

■ 재고관리

① 재고비용은 1. 재고유지비용 (Holding Cost): 재고를 유지하는 데 필요한 비용, 2. 재고부족비용 (Stockout Cost): 재고가 부족할 때 발생하는 비용, 3. 주문비용 (Ordering Cost) 또는 생산준비비용 (Set-up Cost): 재고를 주문하거나 생산할 때 발생하는 비용.을 포함한다.

② 재고를 많이 비축한다고 해서 항상 좋은 것은 아니다. 오히려 과도한 재고는 재고유지비용 증가, 자본 비효율성, 재고 손실 및 폐기 위험 등 여러 가지 문제를 초래할 수 있다. 적정 수준의 재고를 유지하는 것이 중요하며, 수요와 공급의 변동성을 고려해 효율적으로 관리하는 것이 바람직하다.

④ 평균재고는 보통 $Q/2$로 계산된다. 이는 최대재고(Q)에서 최소재고(0)까지 재고가 균등하게 감소하는 것을 가정한 일반적인 공식이다.

⑤ EOQ 모형에서 발주량에 따른 총 재고비용선은 역U자 모양이 아닌 U자 모양을 그립니다. 발주량이 너무 작으면 주문비용이 증가하고, 발주량이 너무 크면 재고유지비용이 증가하여, 두 비용의 균형이 맞는 지점에서 총 재고비용이 최소화된다. ◎답 ③

58 2023년
재고량에 관한 의사결정을 할 때 고려해야 하는 재고유지 비용을 모두 고른 것은?

ㄱ. 보관설비 비용	ㄴ. 생산준비 비용
ㄷ. 진부화 비용	ㄹ. 품절 비용
ㅁ. 보험 비용	

① ㄱ, ㄴ, ㄷ　　　　　　　　　② ㄱ, ㄴ, ㄹ
③ ㄱ, ㄷ, ㅁ　　　　　　　　　④ ㄱ, ㄹ, ㅁ
⑤ ㄴ, ㄷ, ㄹ

56 2015년
인형을 판매하는 A사는 경제적주문량(EOQ) 모형을 이용하여 재고정책을 수립 하려고 한다. 다음과 같은 조건일 때 1회의 경제적주문량은?

• 연간수요량	20,000개
• 1회 주문비용	5,000원
• 연간단위당 재고유지비용	50원
• 개당 제품가격	10,000원

① 1,000개　　　　　　　　　② 2,000개
③ 3,000개　　　　　　　　　④ 3,500개
⑤ 4,000개

▶ 2023년 58번

■ 재고유지비용(Holding Cost) - 재고유지비용은 재고를 보유하고 유지하는 데 드는 모든 비용

1. 자본비용(Capital Cost): 재고 자본에 투자된 금액에 대한 기회비용을 의미한다. 자본이 재고에 묶여 있으면 다른 투자 기회에서 이익을 얻지 못하게 되므로, 자본 사용에 따른 비용을 고려해야 한다.

2. 보관비용(Storage Cost): 재고를 보관하는 데 필요한 비용으로, 창고 임대료, 전기 및 냉난방비, 재고 관리 시스템 비용 등이 포함된다.

3. 보험 및 세금(Insurance and Taxes): 재고에 대해 보험을 들어야 하며, 일부 지역에서는 재고에 대한 세금이 부과될 수 있다.

4. 재고 손실 비용(Shrinkage Cost): 재고가 보관되는 동안 발생할 수 있는 손실로, 도난, 파손, 부패, 유통기한 초과로 인해 발생하는 비용이다.

5. 재고 감모비용(Obsolescence Cost): 시간이 지나면서 재고의 가치가 감소하거나 구식이 되어 사용할 수 없게 되는 경우에 발생하는 비용이다. 기술 제품이나 패션 산업처럼 제품 주기가 짧은 산업에서 많이 발생하며, 오래 보유할수록 감가상각이 커지게 된다.

6. 재고 처리비용(Handling Cost): 재고를 취급하고 이동하는 데 드는 비용으로, 인건비, 장비 비용(포크리프트, 트럭 등), 물류 관리 비용 등이 포함된다. 재고가 많을수록 이동과 처리에 더 많은 시간과 자원이 필요하며, 이로 인해 비용이 증가한다.

7. 품질 유지 비용(Quality Maintenance Cost): 일부 재고는 품질 관리가 필요하다. 예를 들어, 일정 온도나 습도에서 보관해야 하는 제품의 경우 냉장 및 냉동 비용, 습도 관리 비용 등이 발생할 수 있다.

진부화비용(Obsolescence Cost) = 재고 감모비용(Obsolescence Cost)　　　　　　🔍답 ③

▶ 2015년 56번

■ 경제적 주문량(EOQ, Economic Order Quantity)

$$EOQ = \sqrt{\frac{2 \times D \times S}{H}} = \sqrt{\frac{2 \times 20,000 \times 5,000}{50}} = 2,000개$$

H-연간 단위당 재고유지비용 (Holding Cost per unit per year) = 50원
D-연간 수요량 (Annual Demand) = 20,000개
S-1회 주문비용 (Ordering Cost per order) = 5,000원

1. 주문비용(Ordering Cost): 재고를 주문할 때마다 발생하는 비용이다. A사의 경우 1회 주문 시 발생하는 비용이 5,000원이다. 주문을 많이 할수록 주문비용이 늘어납니다.

2. 재고유지비용(Holding Cost): 재고를 유지하는 데 드는 비용이다. 이는 재고를 많이 보유할수록 증가한다. 여기에는 창고 임대료, 보험, 재고 손실, 감가상각 등이 포함되며, A사에서는 재고 1개를 연간 유지하는 데 50원이 든다.

3. A사는 1회에 2,000개씩 주문하는 것이 가장 비용 효율적이다. 즉, 2000개씩 주문하면 주문비용과 재고유지비용을 최소화하면서 재고를 효율적으로 관리할 수 있다.　　🔍답 ②

2018년

57 ABC 재고관리에 관한 설명으로 옳지 않은 것은?

① 자재 및 재고자산의 차별 관리방법이며, A등급, B등급, C등급으로 구분된다.

② 품목의 중요도를 결정하고, 품목의 상대적 중요도에 따라 통제를 달리하는 재고관리시스템이다.

③ 파레토 분석(Pareto Analysis) 결과에 따라 품목을 등급으로 나누어 분류 한다.

④ 일반적으로 A등급에 속하는 품목의 수가 C등급에 속하는 품목의 수보다 많다.

⑤ 각 등급별 재고 통제수준은 A등급은 엄격하게, B등급은 중간 정도로, C등급은 느슨하게 한다.

2020년

57 재고관리에 관한 설명으로 옳지 않은 것은?

① 경제적주문량(EOQ) 모형에서 재고유지비용은 주문량에 비례한다.

② 신문판매원 문제(newsboy problem)는 확정적 재고모형에 해당한다.

③ 고정주문량모형은 재고수준이 미리 정해진 재주문점에 도달할 경우 일정량을 주문하는 방식이다.

④ ABC 재고관리는 재고의 품목 수와 재고 금액에 따라 중요도를 결정하고 재고 관리를 차별적으로 적용하는 기법이다.

⑤ 재고로 인한 금융비용, 창고 보관료, 자재 취급비용, 보험료는 재고유지비용에 해당한다.

▶ **2018년 57번**

■ ABC 재고관리

ABC 재고관리는 재고 품목을 중요도에 따라 세 가지 카테고리로 분류하여 관리하는 기법이다. 파레토 원칙(80/20 법칙)을 바탕으로 한 이 방법은, 전체 재고의 일부가 기업에 더 큰 영향을 미친다는 가정에서 출발한다. 재고관리의 효율성을 높이기 위해 중요한 품목에 더 많은 자원을 집중하는 데 목적이 있다.

1. ABC 재고관리의 분류:

   1) A 품목: 매우 중요한 품목으로, 재고 품목 수는 적지만 총 재고 가치의 약 70-80%를 차지한다. 보통 수요 예측과 주문 주기 관리에 많은 자원을 투입해 철저히 관리한다. 예시: 고가의 제품이나 주요 부품, 수요가 매우 높은 핵심 제품.

   2) B 품목: 중요한 품목으로, 총 재고의 15-25% 정도의 가치를 차지하며 A 품목보다는 중요도가 낮지만 여전히 중요한 품목이다. 적당한 수준의 관리와 모니터링이 필요하며, 중간 정도의 자원을 투입하여 관리한다. 예시: 중간 가격대의 부품이나 제품.

   3) C 품목: 덜 중요한 품목으로, 재고 품목의 수는 많지만 총 재고 가치의 약 5% 정도만 차지한다. 관리에 상대적으로 적은 자원이 투입되며, 주문 주기나 재고 수준에 대한 모니터링 빈도가 낮을 수 있다. 예시: 저가의 대량 부품, 사용 빈도가 적은 비핵심 제품.

2. 관리 집중도 차별화:

   1) A 품목은 철저하게 관리되며, 재고 수준을 자주 점검하고 더 빈번한 발주를 통해 재고를 최적화한다.

   2) B 품목은 중간 정도의 관리를 통해 적절한 재고 수준을 유지한다.

   3) C 품목은 느슨하게 관리되어, 비용 절감을 위해 자원을 최소화하여 관리된다.

🔍답 ④

▶ **2020년 57번**

■ 신문판매원 문제(Newsboy Problem)

1. 신문판매원 문제(Newsboy Problem)의 개념:

   1) 신문판매원 문제는 수요가 불확실한 상황에서 재고 수준을 결정하는 문제로, 판매자는 수요를 정확히 알 수 없는 상황에서 재고를 얼마나 준비해야 할지 고민하는 문제이다.

   2) 재고를 너무 적게 준비하면 재고 부족으로 인한 판매 기회를 잃을 수 있고, 재고를 너무 많이 준비하면 재고 초과로 인한 비용이 발생한다. 따라서 불확실한 수요를 고려해 최적의 재고량을 결정하는 것이 중요하다.

2. 확정적 재고모형:

   1) 확정적 재고모형(Deterministic Inventory Model)은 수요와 리드타임이 고정되어 있을 때 사용하는 모델이다. 즉, 모든 수요가 미리 예측 가능하고 변동이 없는 상황에서 최적의 재고량을 결정하는 모형이다.

   2) 대표적인 예로 경제적 주문량(EOQ) 모형이 있다. 여기서 수요와 리드타임이 확정적이므로 불확실성이 없고, 항상 일정한 수요가 발생하는 상황에서 재고를 관리한다.

3. 확률적 재고모형:

   1) 확률적 재고모형(Stochastic Inventory Model)은 수요나 리드타임이 불확실하고, 확률분포를 따를 때 사용하는 모델이다. 수요의 변동성이나 불확실성을 반영하여 재고 정책을 결정한다.

   2) 신문판매원 문제는 불확실한 수요를 가정하고 있으며, 이러한 상황에서 최적의 재고량을 결정하기 위해 확률적인 접근을 사용한다. 수요는 확률분포에 따라 달라질 수 있기 때문에, 이는 확률적 재고모형에 해당한다.

🔍답 ②

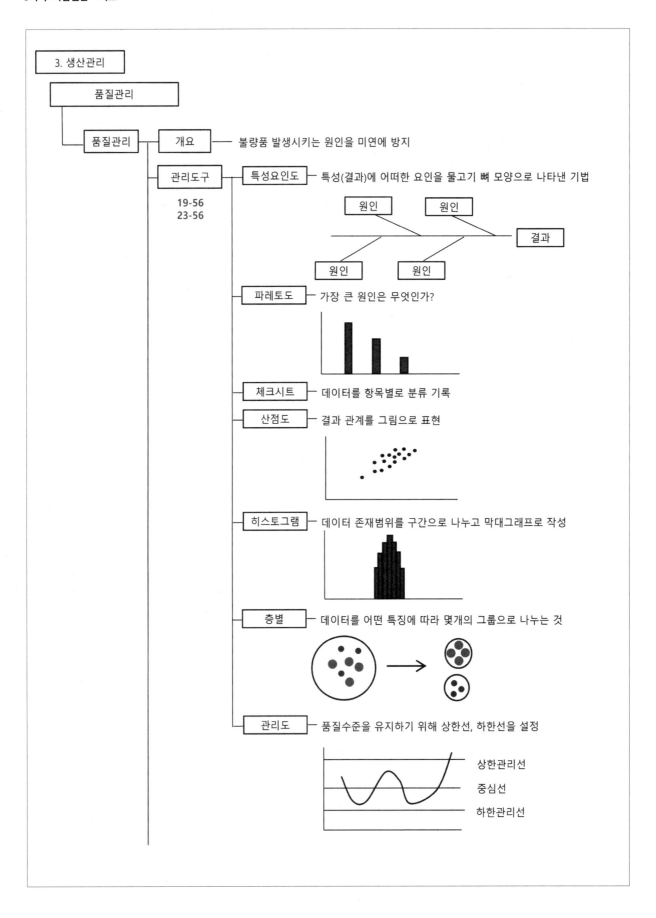

3. 생산관리

품질관리

품질관리 ─ 개요 ─── 불량품 발생시키는 원인을 미연에 방지

관리도구 ─ 특성요인도 ─ 특성(결과)에 어떠한 요인을 물고기 뼈 모양으로 나타낸 기법

19-56
23-56

원인   원인

결과

원인   원인

파레토도 ─ 가장 큰 원인은 무엇인가?

체크시트 ─ 데이터를 항목별로 분류 기록

산점도 ─ 결과 관계를 그림으로 표현

히스토그램 ─ 데이터 존재범위를 구간으로 나누고 막대그래프로 작성

층별 ─ 데이터를 어떤 특징에 따라 몇개의 그룹으로 나누는 것

관리도 ─ 품질수준을 유지하기 위해 상한선, 하한선을 설정

상한관리선

중심선

하한관리선

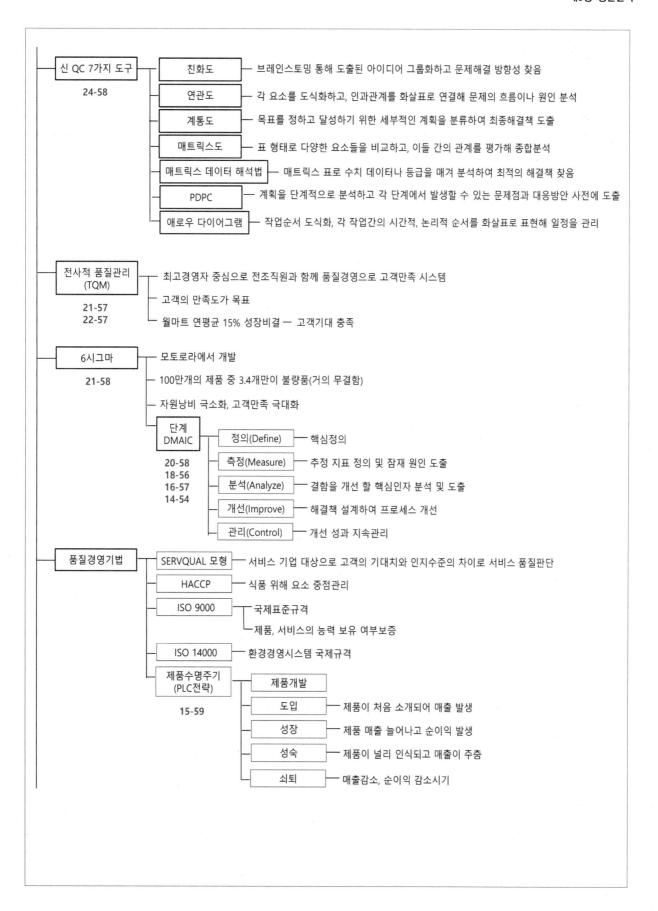

▌예제 문제

54 혁신적인 품질개선을 목적으로 개발된 기업 경영전략인 6시그마 프로젝트 수행단계(DMAIC)에 관한 설명으로 옳지 않은 것은?

① 정의(define): 문제점을 찾아내는 첫 단계
② 측정(measurement): 문제 수준을 계량화하는 단계
③ 통합(integration): 원인과 대책을 통합하는 단계
④ 분석(analysis): 상태 파악과 원인분석을 하는 단계
⑤ 관리(control): 관리계획을 실행하는 단계

57 6시그마 품질혁신 활동에 관한 설명으로 옳지 않은 것은?

① 모토롤라사의 빌 스미스(Bill Smith)라는 경영간부의 착상으로 시작되었다.
② 6시그마 활동을 도입하는 조직은 규격 공차가 표준편차(시그마)의 6배라는 우수한 품질수준을 추구한다.
③ DPMO란 100만 기회 당 부적합이 발생되는 건수를 뜻하는 용어로 시그마수준과 1 대 1로 대응되는 값으로 변환될 수 있다.
④ 6시그마 수준의 공정이란 치우침이 없을 경우 부적합품률이 10억개에 2개 정도로 추정되는 품질수준이란 뜻이다.
⑤ 6시그마 활동을 효과적으로 실행하기 위해 블랙벨트(BB) 등의 조직원을 육성하여 프로젝트 활동을 수행하게 한다.

▎정답 및 해설

▶ **2014년 54번**

■ 6시그마(Six Sigma) DMAIC
1. Define(정의): 문제와 목표를 명확히 정의하고 프로젝트를 계획.
2. Measure(측정): 프로세스 성능을 측정하고 데이터를 수집.
3. Analyze(분석): 데이터를 분석하여 문제의 근본 원인을 파악.
4. Improve(개선): 최적의 개선 방안을 실행하여 성능을 향상.
5. Control(관리): 개선된 결과를 지속적으로 유지하고 관리.

☜답 ③

▶ **2016년 57번**

■ 6시그마(Six Sigma)
6시그마 품질혁신 활동은 제품과 서비스의 품질을 향상시키고, 프로세스의 변동성을 줄이며, 비용 절감과 고객 만족도를 높이는 데 목표를 둔 경영 기법이다. 6시그마(Six Sigma)는 통계적 기법을 활용해 불량률을 최소화하고, 프로세스의 효율성을 극대화하기 위해 정량적 데이터를 기반으로 문제를 해결하는 품질혁신 활동이다.
1. 6시그마의 핵심 목표:
  1) 변동성 감소: 프로세스의 변동성을 줄여 안정적이고 예측 가능한 결과를 얻음.
  2) 불량률 최소화: 6시그마는 백만 개당 3.4개 미만의 불량을 목표로 함(99.99966%의 품질 수준).
  3) 고객 만족도 향상: 고객 요구를 반영한 품질 개선 활동을 통해 고객 만족도를 극대화함.
  4) 비용 절감: 낭비 제거와 프로세스 최적화로 생산성 향상 및 운영 비용 절감.
2. 6시그마 품질혁신 활동의 주요 구성 요소:
  1) DMAIC 사이클: 문제 해결과 품질 개선을 위한 표준 프로세스. 각 단계는 정의(Define), 측정(Measure), 분석(Analyze), 개선(Improve), 관리(Control)로 이루어져 있으며, 이 절차를 통해 문제의 근본 원인을 분석하고 해결한다.
  2) 통계적 기법 활용: 통계적 기법을 기반으로 하여 프로세스의 성능을 측정하고, 데이터 기반 의사결정을 한다. 주요 통계 도구로는 히스토그램, 파레토 차트, 분산 분석(ANOVA), 가설 검정, 통계적 공정관리(SPC) 등이 사용된다.
  3) CTQ(Critical to Quality) 관리: CTQ는 고객이 가장 중요하게 여기는 품질 요소를 의미한다. 6시그마 활동에서는 고객 요구에 따라 핵심 품질 지표를 설정하고, 이를 중심으로 프로세스 개선을 진행한다.
  4) 변동성 관리: 6시그마는 프로세스 변동성을 줄여 일관된 결과를 얻는 것을 목표로 한다. 변동성이 크면 품질이 불안정해지고 불량률이 증가할 수 있다.
  5) 프로세스 최적화: 제조 공정이나 서비스 제공 프로세스에서 불필요한 단계나 낭비를 제거하고, 생산성과 품질을 동시에 향상시키기 위해 프로세스 최적화 작업을 진행한다. 이를 통해 원가 절감과 시간 단축을 이루며, 기업 전체의 효율성을 높인다.
  6) 지속적 개선(Kaizen): 6시그마 활동은 한 번의 개선으로 끝나지 않고, 지속적으로 품질을 개선하고, 변동성을 줄이는 활동을 이어간다.
  7) 교육과 훈련: 6시그마는 전문적인 지식과 기법이 필요하기 때문에, 이를 담당하는 벨트 체계(Black Belt, Green Belt 등)에 따라 교육과 훈련이 필수적이다. 기업 내에서 6시그마 프로젝트를 수행할 수 있는 전문 인력을 양성하고, 그들이 중심이 되어 품질 혁신 활동을 이끌어 나간다.
2. 6시그마 벨트 체계:
  1) 챔피언(Champion): 경영진이나 고위 관리자들이 6시그마 프로젝트의 후원자 역할을 하며, 프로젝트의 목표와 자원을 지원한다.
  2) 마스터 블랙 벨트(Master Black Belt): 6시그마 전문가로, 조직 내 여러 6시그마 프로젝트를 총괄하고, 프로젝트 리더들을 지도한다.
  3) 블랙 벨트(Black Belt): 6시그마 프로젝트의 리더로, 프로젝트를 직접 수행하고 팀을 이끌며 성과를 도출한다.
  4) 그린 벨트(Green Belt): 6시그마 프로젝트에 참여하여 블랙 벨트를 지원하고, 일부 프로젝트의 책임을 맡다.

② 6시그마는 공정의 중심이 규격 한계로부터 6배의 표준편차(6σ) 만큼 떨어져 있음을 의미하지만, 공정 편차(shift)를 고려하면 실제 목표는 4.5시그마 수준에서 불량률을 관리하는 것이다. 이를 통해 6시그마 수준의 성능을 보장한다.

☜답 ②

56 2023년

식스 시그마(Six Sigma) 분석도구 중 품질 결함의 원인이 되는 잠재적인 요인들을 체계적으로 표현해주며, Fishbone Diagram으로도 불리는 것은?

① 린 차트   ② 파레토 차트
③ 가치흐름도   ④ 원인결과 분석도
⑤ 프로세스 관리도

56 2019년

품질개선 도구와 그 주된 용도의 연결로 옳지 않은 것은?

① 체크시트(check sheet): 품질 데이터의 정리와 기록
② 히스토그램(histogram): 중심위치 및 분포 파악
③ 파레토도(Pareto diagram): 우연변동에 따른 공정의 관리상태 판단
④ 특성요인도(cause and effect diagram): 결과에 영향을 미치는 다양한 원인들을 정리
⑤ 산점도(scatter plot): 두 변수 간의 관계를 파악

56 2018년

6시그마 경영은 모토로라(Motorola)사에서 혁신적인 품질개선의 목적으로 시작된 기업경영전략이다. 6시그마 경영과 과거의 품질경영을 비교 설명한 것으로 옳은 것은?

① 과거의 품질경영 방식은 전체 최적화였으나 6시그마 경영은 부분 최적화라고 할 수 있다.
② 과거의 품질경영 계획대상은 공장 내 모든 프로세스였으나 6시그마 경영은 문제점이 발생한 곳 중심이라고 할 수 있다.
③ 과거의 품질경영 교육은 체계적이고 의무적이었으나 6시그마 경영은 자발적 참여를 중시한다.
④ 과거의 품질경영 관리단계는 DMAIC를 사용하였으나 6시그마 경영은 PDCA cycle을 사용한다.
⑤ 과거의 품질경영 방침결정은 하의상달 방식이었으나 6시그마 경영은 상의하달 방식으로 이루어진다.

▶ 2023년 56번　■ Fishbone Diagram(피쉬본 다이어그램)

Fishbone Diagram(피쉬본 다이어그램), 또는 원인결과 분석도(Cause-and-Effect Diagram)는 문제의 원인과 결과를 시각적으로 분석하기 위한 도구이다. 이 다이어그램은 물고기 뼈(fishbone)처럼 생긴 모양 때문에 이런 이름을 가지며, 이시카와 다이어그램(Ishikawa Diagram)이라고도 불립니다. 주로 문제의 근본 원인을 체계적으로 찾고 분석하는 데 사용된다.　　🔍답 ④

▶ 2019년 56번　■ 파레토도(Pareto Diagram)

파레토도는 문제의 원인이나 불량 등에서 중요한 소수의 원인이 전체 문제의 대다수를 차지한다는 파레토 법칙(80/20 법칙)을 시각적으로 표현한 도구이다. 우연 변동이나 공정 관리를 위한 도구가 아니라, 가장 중요한 문제의 원인을 찾아내고 우선순위를 정하는 데 사용된다. 주로 불량 발생 원인, 고객 불만 등의 원인 분석에서 사용되며, 중요한 몇 가지 요소가 전체 결과에 큰 영향을 미친다는 사실을 시각화한다.　　🔍답 ③

▶ 2018년 56번　■ 6시그마 경영

①, ② 6시그마 경영은 부분 최적화가 아닌, 전체 최적화를 목표로 한다. 6시그마는 개별 부서나 공정만을 개선하는 것이 아니라, 조직 전체의 프로세스 개선을 통해 종합적인 성과를 극대화하려는 접근법이다.

③ 과거의 품질경영은 주로 생산 현장 중심으로, 품질 검사나 문제 해결에 필요한 교육이 이루어졌다. 이 역시 체계적인 부분도 있었지만, 오늘날의 6시그마는 그보다 더욱 구조화된 방식으로 교육과 훈련이 이루어진다. 6시그마는 과거보다 훨씬 더 정교하게 교육 체계를 갖추고, 전문성을 강조하며 이를 통해 전사적으로 품질을 관리하는 경영 기법이다.

④ DMAIC는 6시그마 경영의 핵심 방법론이며, PDCA 사이클은 과거의 품질경영에서 널리 사용된 방법이다.

⑤ 6시그마는 전사적 참여와 협력을 중시하는 경영 방식이다. 과거의 품질경영은 주로 상의하달 방식으로 운영되었으며, 6시그마 경영은 경영진의 지시(상의하달)와 현장의 참여(하의상달)가 조화롭게 이루어지는 구조가 정확한 표현이다.　　🔍답 ⑤

2020년

58 품질경영기법에 관한 설명으로 옳지 않은 것은?

① SERVQUAL 모형은 서비스 품질수준을 측정하고 평가하는데 이용될 수 있다.

② TQM은 고객의 입장에서 품질을 정의하고 조직 내의 모든 구성원이 참여하여 품질을 향상하고자 하는 기법이다.

③ HACCP은 식품의 품질 및 위생을 생산부터 유통단계를 거쳐 최종 소비될 때까지 합리적이고 철저하게 관리하기 위하여 도입되었다.

④ 6시그마 기법에서는 품질특성치가 허용한계에서 멀어질수록 품질비용이 증가하는 손실함수 개념을 도입하고 있다.

⑤ ISO 9000 시리즈는 표준화된 품질의 필요성을 인식하여 제정되었으며 제3자(인증기관)가 심사하여 인증하는 제도이다.

2021년

58 6시그마와 린을 비교 설명한 것으로 옳은 것은?

① 6시그마는 낭비 제거나 감소에, 린은 결점 감소나 제거에 집중한다.

② 6시그마는 부가가치 활동 분석을 위해 모든 형태의 흐름도를, 린은 가치흐름도를 주로 사용한다.

③ 6시그마는 임원급 챔피언의 역할이 없지만, 린은 임원급 챔피언의 역할이 중요하다.

④ 6시그마는 개선활동에 파트타임(겸임) 리더가, 린은 풀타임(전담) 리더가 담당한다.

⑤ 6시그마의 개선 과제는 전략적 관점에서 선정하지 않지만, 린은 전략적 관점에서 선정한다.

▶ 2020년 58번 ■ 품질경영기법

손실함수(Loss Function) 개념은 6시그마가 아닌 도요타의 타구치 기법(Taguchi Method)에서 주로 사용된다. 6시그마는 변동성 관리와 불량률 최소화를 중점으로 하고 있으며, 품질특성치의 변동이 공정에 미치는 영향을 분석하지만, 타구치 손실함수 개념을 도입한 것은 아니다.　　　🔍답 ④

▶ 2021년 58번 ■ 6시그마(Six Sigma)와 린(Lean)의 비교

항목	6시그마(Six Sigma)	린(Lean)
목표	변동성 감소와 불량률 최소화	낭비 제거와 프로세스 흐름 개선
주요초점	공정의 변동을 줄이고, 품질을 향상시키는 것	자원의 낭비를 줄이고, 효율성을 극대화하는 것
접근방식	데이터 중심의 통계적 분석을 통해 문제 해결	프로세스 흐름을 분석하고 비효율적인 활동을 제거
사용도구	DMAIC(Define, Measure, Analyze, Improve, Control) 절차를 통해 문제를 체계적으로 분석하고 개선	가치흐름도(Value Stream Mapping), 5S, 카이젠(Kaizen), 칸반(Kanban)
중점사항	불량률을 최소화하여 고품질 제품을 생산하는 것	프로세스 속도 향상과 낭비 제거에 집중
적용분야	복잡한 공정에서 발생하는 품질 문제 해결에 주로 사용	생산성 향상과 프로세스 최적화가 필요한 분야
문제해결 방식	통계적 도구(예: 가설검정, 회귀분석 등)를 사용하여 변동성과 결함을 분석	낭비의 원인을 파악하고, 즉각적인 개선 활동을 시행
성과측정	불량률(PPM, Parts Per Million), 시그마 수준 등을 기준으로 성과 측정	리드타임, 재고 감소, 효율성 등의 지표로 성과 측정
프로젝트 관리	프로젝트 기반으로 문제를 해결 (특정 문제에 집중)	지속적인 개선(Continuous Improvement)을 통해 모든 단계에서 낭비를 줄임

🔍답 ②

57 품질경영에 관한 설명으로 옳지 않은 것은?

① 쥬란(J. Juran)은 품질삼각축(quality trilogy)으로 품질 계획, 관리, 개선을 주장했다.

② 데밍(W. Deming)은 최고경영진의 장기적 관점 품질관리와 종업원 교육훈련 등을 포함한 14가지 품질경영 철학을 주장했다.

③ 종합적 품질경영(TQM)의 과제 해결 단계는 DICA(Define, Implement, Check, Act)이다.

④ 종합적 품질경영(TQM)은 프로세스 향상을 위해 지속적 개선을 지향한다.

⑤ 종합적 품질경영(TQM)은 외부 고객만족 뿐만 아니라 내부 고객만족을 위해 노력한다.

57 품질경영에 관한 설명으로 옳은 것은?

① 품질비용은 실패비용과 예방비용의 합이다.

② R-관리도는 검사한 물품을 양품과 불량품으로 나누어서 불량의 비율을 관리하고자 할 때 이용한다.

③ ABC품질관리는 품질규격에 적합한 제품을 만들어 내기 위해 통계적 방법에 의해 공정을 관리하는 기법이다.

④ TQM은 고객의 입장에서 품질을 정의하고 조직 내의 모든 구성원이 참여하여 품질을 향상하고자 하는 기법이다.

⑤ 6시그마운동은 최초로 미국의 애플이 혁신적인 품질개선을 목적으로 개발한 기업경영전략이다.

▶ 2021년 57번

■ 종합적 품질경영(TQM, Total Quality Management) 핵심 개념:
종합적 품질경영(TQM, Total Quality Management)은 조직의 모든 구성원이 참여하여 지속적으로 품질을 개선하고, 고객 만족을 극대화하는 경영 철학 및 방법론이다. TQM은 단순한 품질 관리 차원을 넘어, 조직 전반에 걸친 품질 문화를 형성하고 전사적인 품질 활동을 통해 기업의 경쟁력을 강화하는 것을 목표로 한다.

1. 고객 중심: 고객 만족이 TQM의 중심 철학이다. 고객의 요구와 기대를 충족시키기 위해, 내부 고객(직원)과 외부 고객(소비자) 모두를 고려한 품질 관리를 강조한다. 고객의 목소리(VOC, Voice of Customer)를 반영하여 제품 및 서비스를 개선하고, 고객 만족도를 지속적으로 모니터링한다.

2. 전사적 참여: TQM은 조직의 모든 구성원이 품질 개선 활동에 참여해야 한다고 강조한다. 이는 최고 경영진부터 일선 직원에 이르기까지 모든 부서가 품질 향상을 위해 협력해야 한다는 의미이다. 조직의 각 부문이 협력하여 품질 문제를 해결하고, 전사적으로 품질 목표를 공유한다.

3. 지속적인 개선(CQI, Continuous Quality Improvement): TQM은 품질 개선이 한 번의 활동이 아니라 지속적인 과정이어야 한다고 봅니다. 문제 해결과 프로세스 개선은 계속해서 이루어져야 하며, 이를 통해 비효율성을 제거하고 경쟁력을 강화할 수 있다. 이를 위해 PDCA 사이클(Plan, Do, Check, Act)이 자주 사용된다.

4. 프로세스 중심의 관리: TQM은 제품 품질만이 아니라, 이를 만드는 과정의 품질에도 중점을 둡니다. 프로세스 개선을 통해 변동성을 줄이고, 효율성을 높이며, 불량률을 낮추는 것을 목표로 한다. 각 부서의 프로세스 흐름을 분석하여 낭비를 줄이고, 문제를 사전에 예방할 수 있는 시스템을 구축한다.

5. 사실 기반 의사결정: 데이터와 통계적 분석을 바탕으로 문제를 해결하고 의사결정을 내립니다. TQM에서는 문제를 객관적으로 분석하여 근본 원인을 찾고, 이를 개선하는 데 초점을 둡니다. 통계적 공정 관리(SPC), Pareto 차트, Fishbone Diagram 등 다양한 분석 도구가 활용된다.

6. 통합된 시스템: TQM은 조직 내에서 품질 목표와 비전이 통합된 시스템을 구축하여 모든 부서가 협력할 수 있는 체계를 갖춥니다. 이러한 시스템은 품질과 관련된 지표를 설정하고, 성과를 모니터링하며, 지속적인 개선을 위해 사용된다.

③ TQM의 대표적인 과제 해결 단계는 일반적으로 PDCA(Plan, Do, Check, Act) 사이클을 사용한다. 🔍답 ③

▶ 2022년 57번

■ 품질경영(Quality Management)
품질경영(Quality Management)은 제품 및 서비스의 품질을 지속적으로 개선하고, 고객 만족을 극대화하며, 효율성을 높이는 경영 활동을 의미한다. 이는 단순히 제품의 품질을 유지하는 차원을 넘어, 전사적인 품질 문화를 구축하여 기업 경쟁력을 강화하는 경영 철학이다. 품질경영은 계획(Planning), 관리(Control), 보증(Assurance), 개선(Improvement)을 포함한 일련의 관리 활동을 통해 이루어진다.

1. 품질 계획(Quality Planning): 고객의 요구와 기대를 이해하고, 이를 충족하기 위한 품질 목표를 설정한다. 품질 목표를 달성하기 위해 필요한 정책, 절차, 자원을 계획하고, 이를 바탕으로 품질 기준을 정의한다. 계획 단계에서는 구체적인 품질 요구 사항과 이를 달성하기 위한 프로세스를 설계하는 것이 중요하다.

2. 품질 관리(Quality Control): 품질 관리는 프로세스 및 제품의 품질을 유지하기 위해 실행되는 모니터링과 검사 활동을 의미한다. 통계적 공정 관리(SPC), 관리도(Control Chart) 등의 도구를 사용해 변동성을 줄이고, 불량률을 최소화하며, 공정이 설정된 기준에 맞게 운영되는지 확인한다. 이 과정에서 데이터 기반의 문제 해결과 분석이 이루어진다.

3. 품질 보증(Quality Assurance): 품질 보증은 제품이나 서비스가 사전에 설정된 품질 기준을 지속적으로 충족하도록 체계적인 프로세스를 구축하는 활동이다. 이를 위해 표준화된 절차를 정의하고, ISO 9001과 같은 국제 품질 관리 표준을 도입하여 조직 전반에서 품질이 일관되게 유지되도록 한다.

4. 품질 개선(Quality Improvement): 지속적인 품질 개선 활동을 통해 프로세스 효율성을 높이고 고객 만족도를 향상시킨다. 6시그마(Six Sigma), 린(Lean), PDCA 사이클(Plan, Do, Check, Act) 등 다양한 품질 개선 기법을 통해 낭비를 제거하고, 변동성을 줄이며, 품질을 지속적으로 향상시킨다.

① 품질비용은 예방비용, 평가비용, 그리고 실패비용(내부 실패비용 + 외부 실패비용)의 합으로 구성된다.

② R-관리도는 공정의 변동성을 관리하는 데 사용되는 도구로, 불량품의 비율을 관리하는 데는 적합하지 않다. 불량의 비율을 관리하려면 p-관리도를 사용하는 것이 올바른 방법이다.

③ ABC 품질관리는 제품이나 재고를 중요도에 따라 그룹화하여 관리하는 방법이며, 이는 재고 관리 기법으로 주로 사용된다. 반면, 통계적 공정 관리는 공정 중 발생하는 변동성을 통계적 방법으로 분석하여 품질 규격에 맞는 제품을 생산하는 데 사용하는 기법이다.

⑤ 6시그마 운동은 미국의 모토로라(Motorola)가 1980년대 중반에 혁신적인 품질 개선을 위해 개발한 경영 전략이다. 모토로라는 6시그마를 통해 공정의 불량률을 최소화하고 품질 혁신을 이루고자 했으며, 이후 GE(제너럴 일렉트릭) 등 여러 기업에서 채택하여 세계적으로 널리 확산되었다. 🔍답 ④

2015년

59 제품생애주기(Product Life Cycle)에 관한 설명으로 옳지 않은 것은?

① 도입기는 고객의 요구에 따라 잦은 설계변경이 있을 수 있으므로 공정의 유연성이 필요하다.

② 쇠퇴기는 제품이 진부화되어 매출이 줄어든다.

③ 성장기는 수요가 증가하므로 공정중심의 생산시스템에서 제품중심으로 변경하여 생산능력을 크게 확장시켜야 한다.

④ 성숙기는 성장기에 비하여 이익 수준이 낮다.

⑤ 성장기는 도입기에 비하여 마케팅 역할이 크게 요구되는 시기이다.

2021년

59 생산운영관리의 최신 경향 중 기업의 사회적 책임과 환경경영에 관한 설명으로 옳은 것을 모두 고른 것은?

> ㄱ. ISO 29000은 기업의 사회적 책임에 관한 국제 인증제도이다.
> ㄴ. 포터(M. Porter)와 크래머(M. Kramer)가 제안한 공유가치창출(CSV: Creating Shared Value)은 기업의 경쟁력 강화보다 사회적 책임을 우선시 한다.
> ㄷ. 지속가능성이란 미래 세대의 니즈(needs)와 상충되지 않도록 현 사회의 니즈(needs)를 충족시키는 정책과 전략이다.
> ㄹ. 청정생산(cleaner production) 방법으로는 친환경원자재의 사용, 청정 프로세스의 활용과 친환경생산 프로세스 관리 등이 있다.
> ㅁ. 환경경영시스템인 ISO 14000은 결과 중심 경영시스템이다.

① ㄱ, ㄴ   ② ㄷ, ㄹ

③ ㄹ, ㅁ   ④ ㄷ, ㄹ, ㅁ

⑤ ㄱ, ㄷ, ㄹ, ㅁ

▶ 2015년 59번　　■ 제품 생애주기(Product Life Cycle, PLC)

제품 생애주기(Product Life Cycle, PLC)는 제품이 시장에 출시된 후부터 퇴출될 때까지 거치는 일련의 단계들을 설명하는 모델이다. 각 단계는 판매량, 이익, 시장 경쟁, 마케팅 전략 등에 따라 구분되며, 이를 통해 기업은 적절한 마케팅 전략과 경영 의사결정을 할 수 있다

1. 제품 생애주기의 4단계:
   1) 도입기(Introduction Stage): 제품이 시장에 처음 도입되는 단계로, 고객 인식을 높이고 수요를 창출하는 것이 중요하다. 이 단계에서는 주로 혁신적 구매자들이 제품을 구매한다.
   2) 성장기(Growth Stage): 제품이 시장에서 성공적으로 자리 잡고 수요가 빠르게 증가하는 단계이다. 제품이 대중에게 받아들여지고, 시장 점유율이 빠르게 확대된다.
   3) 성숙기(Maturity Stage): 시장이 포화 상태에 도달하고, 제품에 대한 수요 증가가 둔화되는 단계이다. 경쟁이 매우 치열해지며, 제품 차별화가 어려워질 수 있다.
   4) 쇠퇴기(Decline Stage): 시장에서의 수요가 감소하고, 제품이 수명을 다하는 단계이다. 기술 변화나 소비자 선호 변화로 인해 제품의 수명이 끝나가는 단계이다.

2. 제품 생애주기의 그래프:
   1) 도입기: 판매량과 이익이 낮고 천천히 증가
   2) 성장기: 판매량과 이익이 급격히 증가
   3) <u>성숙기: 판매량이 최고점에 도달하고 이익은 감소</u>
   4) 쇠퇴기: 판매량과 이익이 모두 감소

🔍답 ④

▶ 2021년 59번　　■ 생산운영관리

ㄱ. 기업의 사회적 책임(CSR)에 관한 국제 표준은 ISO 26000이다. ISO 29000 시리즈는 석유 및 가스 산업과 관련된 표준으로, 사회적 책임과는 관련이 없다.

ㄴ. CSV(공유가치창출)는 사회적 책임을 우선시하는 것이 아니라, 기업의 경쟁력 강화와 사회적 가치 창출을 동시에 달성하려는 경영 전략이다. 이는 사회적 문제 해결이 기업의 경제적 이익과 경쟁력을 강화할 수 있다는 철학에 기반하고 있다.

ㄷ. ISO 14000 시리즈는 프로세스 중심의 환경경영시스템을 다루는 표준이며, 결과 중심이 아닌 프로세스 관리와 환경 성과 개선을 위한 절차와 시스템을 중시한다. 조직이 환경 목표를 설정하고 이를 달성하기 위한 체계적인 관리 시스템을 구축하고 실행하는 것이 핵심이다.

🔍답 ②

58 2024년
다음은 QC 7가지 도구 중 무엇에 관한 설명인가?

> 문제를 해결하는 활동에 필요한 실시사항을 시계열적인 순서에 따라 네트워크로 나타낸 화살표 그림을 이용하여 최적의 일정계획을 위한 진척도를 관리하는 방법

① 친화도
② 계통도
③ PDPC법(Process Decision Program Chart)
④ 애로우 다이어그램
⑤ 매트릭스 다이어그램

▶ **2024년 58번**

■ QC 7가지 도구(QC Seven Tools) – 데이터 분석과 시각화를 통해 문제를 파악하고 개선책을 도출하는 데 이용

1. 파레토 차트(Pareto Chart): 80/20 법칙(파레토 법칙)에 따라 주요 문제와 부차적인 문제를 시각적으로 구분하여 우선순위를 정할 수 있다.
2. 원인-결과도(Fishbone Diagram, Ishikawa Diagram): 문제의 근본 원인을 파악하기 위해 사용된다.
3. 히스토그램(Histogram): 데이터 분포를 시각적으로 표현한 막대그래프
4. 산점도(Scatter Diagram): 두 변수 간의 관계를 시각적으로 보여주어 공정의 변수 간 연관성을 확인하여 개선 가능성을 탐색한다.
5. 체크시트(Check Sheet): 주로 현장 데이터를 수집하고 패턴을 파악하는 데 사용된다.
6. 층별 분석(Stratification): 데이터를 특성별로 구분하여 분석하는 기법
7. 관리도(Control Chart): 공정이 안정적으로 운영되고 있는지, 또는 변동성이 발생하고 있는지를 통계적으로 모니터링하는 도구이다. 관리 한계선(상한선과 하한선)을 설정하고, 데이터가 이 범위 내에 있는지를 확인하여 공정의 이상 여부를 판단한다. 특별한 원인에 의한 변동이 발생할 때 이를 감지하여 조치할 수 있도록 한다.

■ 신 QC 7가지 도구

1. 친화도(Affinity Diagram): 많은 양의 아이디어나 의견, 데이터를 논리적으로 그룹화하고 패턴을 찾는 도구이다. 주로 브레인스토밍과 같은 아이디어 창출 과정에서 활용된다.
2. 계통도(Tree Diagram): 목표나 계획을 달성하기 위해 단계별로 세분화된 작업을 시각적으로 표현하는 도구이다. 복잡한 문제나 계획을 단계별로 분석하고 구조화하는 데 유용한다.
3. PDPC법(Process Decision Program Chart): 프로세스 계획에서 예상치 못한 문제나 장애 요소를 사전에 분석하고, 대응 전략을 수립하는 도구이다. 리스크 관리와 대안 마련에 효과적이다.
4. 애로우 다이어그램(Arrow Diagram): 프로젝트나 작업을 순차적으로 계획하고 효율적인 작업 흐름을 설계하는 도구이다. 작업 간의 순서와 의존 관계를 시각적으로 나타내며, 프로젝트 일정 관리와 효율적인 자원 배분에 도움을 준다.
5. 매트릭스 다이어그램(Matrix Diagram): 두 개 이상의 요인 간의 관계를 시각적으로 분석하는 도구이다. 행렬 형태로 구성되며, 각 요인 간의 상호작용이나 관련성을 분석하여 문제 해결에 필요한 정보를 제공한다. 의사결정 과정에서 다양한 요인의 관련성을 평가하고, 복잡한 문제를 체계적으로 분석하는 데 유용한다.
6. 매트릭스 데이터 분석법(Matrix Data Analysis Method): 매트릭스 다이어그램을 기반으로 수치적 데이터를 활용하여 변수 간의 상관관계를 정량적으로 분석하는 방법이다. 복잡한 상호 관계를 정량화하여 분석 결과를 도출하는 데 사용된다.
7. 인과관계 다이어그램(Relationship Diagram): 문제 간의 인과 관계를 시각적으로 분석하는 도구로, 복잡한 문제에서 원인과 결과의 상호 의존성을 파악한다. 문제 간의 연결성을 시각화하여 핵심 원인을 도출하고, 효과적인 문제 해결책을 마련하는 데 도움을 준다.

🔍답 ④

4주완성 합격마스터
산업안전지도사 1차 필기

3과목 기업진단 · 지도

제 **4** 장

- -

산업심리학

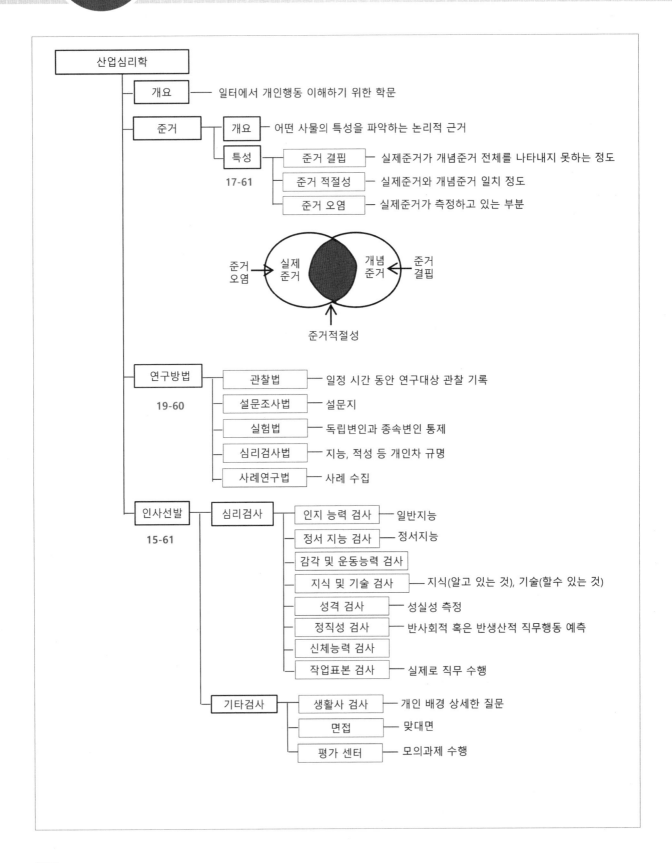

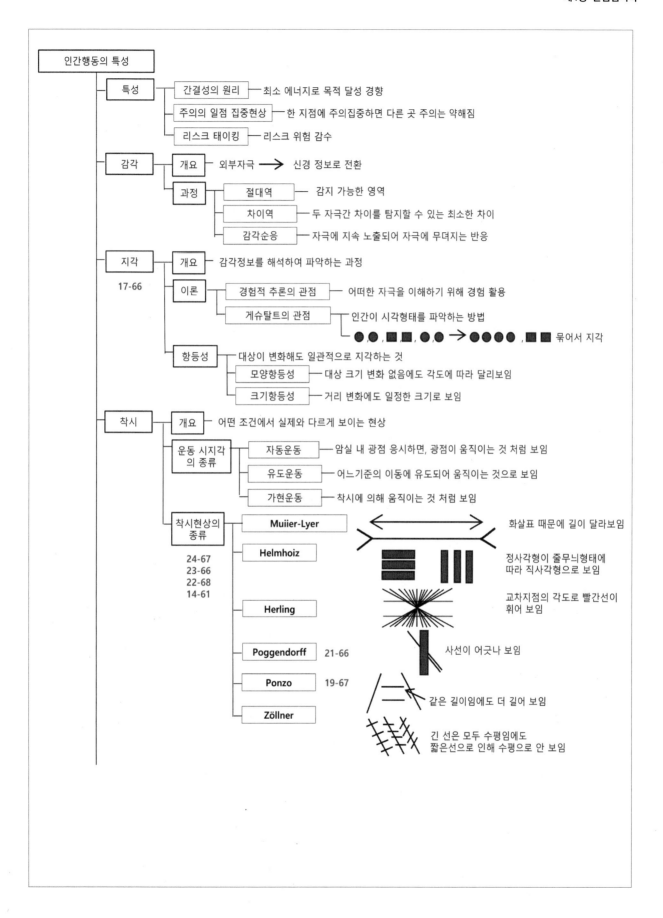

▌예제 문제

2017년
61 개인의 수행을 판단하기 위해 사용되는 준거의 특성 중 실제준거가 개념준거 전체를 나타내지 못하는 정도를 의미하는 것은?

① 준거 결핍(criterion deficiency)
② 준거 오염(criterion contamination)
③ 준거 불일치(criterion discordance)
④ 준거 적절성(criterion relevance)
⑤ 준거 복잡성(criterion composite)

2019년
60 산업심리학의 연구방법에 관한 설명으로 옳지 않은 것은?

① 관찰법: 행동표본을 관찰하여 주요 현상들을 찾아 기술하는 방법이다.
② 사례연구법: 한 개인이나 대상을 심층 조사하는 방법이다.
③ 설문조사법: 설문지 혹은 질문지를 구성하여 연구하는 방법이다.
④ 실험법: 원인이 되는 종속변인과 결과가 되는 독립변인의 인과관계를 살펴보는 방법이다.
⑤ 심리검사법: 인간의 지능, 성격, 적성 및 성과를 측정하고 정보를 제공하는 방법이다.

▌정답 및 해설

▶ **2017년 61번**　■ 준거특성

1. 준거결핍(Criterion Deficiency): <u>준거결핍은 평가 기준(준거)이 평가 대상이 되는 전체 영역을 충분히 포함하지 못하는 상태</u>를 말한다. 즉, 평가해야 할 실제 업무 성과나 능력 중에서 일부 중요한 요소들이 평가에서 제외된 상태이다. 예시: 어떤 직무에서 중요한 기술이 있음에도 불구하고, 평가 항목에 그 기술이 포함되지 않으면 준거결핍이 발생한다.

2. 준거적절성(Criterion Relevance): 준거적절성은 평가 준거가 실제로 측정하려는 수행이나 능력과 얼마나 관련이 있는지를 나타냅니다. 타당성과 유사한 개념이다. 즉, 평가 기준이 실제 직무 성과와 얼마나 밀접하게 연관되어 있는지, 그리고 그 성과를 잘 대표할 수 있는지를 의미한다. 예시: 판매직에서의 평가 준거로 고객 만족도를 포함시키는 것은 준거적절성이 높은 사례이다.

3. 준거오염(Criterion Contamination): 준거오염은 평가 기준에 본래 평가 대상과 관련 없는 요소가 평가 결과에 영향을 미치는 상태를 의미한다. 즉, 평가 항목이 직무와 무관한 요소나 주관적인 요인에 의해 오염되어, 평가의 정확성이 떨어지게 되는 상태이다. 예시: 성과 평가 시 평가자의 개인적 감정이나 선호가 평가에 반영되어, 평가 대상자의 실제 성과와 무관한 요소가 영향을 미치는 경우가 준거오염이다. 또한, 평가 항목에 불필요한 측정 항목이 포함된 경우도 준거오염에 해당한다.

🔍답 ①

▶ **2019년 60번**　■ 산업심리학의 연구방법

1. 관찰법(Observation Method): 연구자가 자연스러운 환경에서 직무 수행이나 작업 행동을 직접 관찰하고 기록하는 방법이다.

2. 설문조사법(Survey Method): 질문지나 인터뷰를 통해 연구 대상자에게 직접 질문을 던지고, 그 응답을 수집하여 분석하는 방법이다.

3. 실험법(Experimental Method): 독립 변수(예: 근무 시간, 보상 체계 등)를 조작하여 종속 변수 (예: 작업 성과, 직무 만족 등) 간의 인과관계를 분석하는 방법이다.

4. 심리검사법(Psychological Testing): 표준화된 심리검사 도구를 사용하여 개인의 인지적 능력, 성격, 태도, 기술 등을 측정하는 방법이다.

5. 사례연구법(Case Study Method): 특정 조직이나 사례를 깊이 있게 연구하여 그 과정과 결과를 분석하는 방법이다.

🔍답 ④

2015년

61 심리검사에 관한 설명으로 옳은 것을 모두 고른 것은?

> ㄱ. 성격형 정직성 검사는 생산적 행동을 예측하는 것으로 밝혀진 성격특성을 평가한다.
> ㄴ. 속도 검사는 시간제한이 있으며, 배정된 시간 내에 모든 문항을 끝낼 수 없도록 설계한다.
> ㄷ. 정신운동능력 검사는 물체를 조작하고 도구를 사용하는 능력을 평가한다.
> ㄹ. 정서지능 평가에는 특질 유형의 검사와 정보처리 유형의 검사 등이 있다.
> ㅁ. 생활사 검사는 직무수행을 예측하지만 응답자의 거짓반응은 예방하기 어렵다.

① ㄱ, ㄴ, ㄹ   ② ㄱ, ㄷ, ㄹ
③ ㄱ, ㄹ, ㅁ   ④ ㄴ, ㄷ, ㄹ
⑤ ㄴ, ㄷ, ㅁ

2023년

45 암실 내에서 정지된 작은 빛을 응시하고 있으면 그 빛이 움직이는 것처럼 보이는 것을 자동운동이라고 한다. 자동운동이 생기기 쉬운 조건으로 옳은 것은?

① 광점이 클 것   ② 광의 강도가 작을 것
③ 시야의 다른 부분이 밝을 것   ④ 대상이 복잡할 것
⑤ 광의 눈부심과 조도가 클 것

▶ 2015년 61번　■ 인사선발 심리검사 유형

인사선발 심리검사는 직무에 적합한 인재를 선발하기 위해 심리적 특성이나 능력을 측정하는 표준화된 검사 도구를 사용하는 방법이다. 이러한 심리검사는 지원자의 직무 수행 능력, 성격, 인지적 능력 등을 평가하는 데 활용되며, 조직과 직무에 맞는 적합성을 판단하는 중요한 도구이다.

1. 인지 능력 검사(Cognitive Ability Test): 지적 능력과 문제 해결 능력을 평가하는 검사이다. 예시: IQ 검사, GMAT, GRE 등이 포함된다.
2. 정서 지능 검사(Emotional Intelligence Test): 개인의 정서적 역량을 평가하여 대인관계 능력과 감정 조절 능력을 파악한다. 예시: EQ-i(Emotional Quotient Inventory) 등이 있다.
3. 감각 및 운동 능력 검사(Sensory and Motor Ability Test): 감각 능력과 신체적 조정 능력을 평가하여 직무와 관련된 신체적 요구를 파악한다. 예시: 반응 속도 검사, 지각 검사 등이 있다.
4. 지식 및 기술 검사(Knowledge and Skill Test): 직무와 관련된 특정 지식과 기술을 평가하여 지원자가 해당 직무를 수행할 수 있는 능력을 보유했는지 확인한다. 예시: IT 기술 테스트, 자격증 시험, 전문 분야의 기술 시험.
5. 성격 검사(Personality Test): 개인의 성격 특성을 평가하여 직무 적합성과 조직 문화에 맞는지를 확인한다. 예시: Big Five 성격 검사, MBTI, MMPI.
6. 정직성 검사(Integrity Test): 지원자의 정직성, 윤리적 행동, 신뢰성을 평가하여 직무에서의 책임감과 규칙 준수 여부를 판단한다. 예시: 온라인 정직성 검사, 윤리적 판단 검사.
7. 신체 능력 검사(Physical Ability Test): 신체적 힘, 지구력, 유연성 등의 신체적 능력을 측정하여 신체적 요구가 높은 직무에서 적합성을 평가한다. 예시: 체력 테스트, 소방관 체력 평가, 군사 적성 검사.
8. 작업 표본 검사(Work Sample Test): 지원자가 직무와 관련된 실제 작업을 얼마나 잘 수행할 수 있는지를 평가한다. 예시: 기술직에서의 작업 시연, 운전 테스트, 기계 조작 테스트.

※ 생활사 검사(Biographical Information Test, Biodata): 지원자의 과거 행동과 경험을 바탕으로 미래 성과를 예측한다. 예시: Biodata 설문지나 자기 보고서.　답 ④

▶ 2023년 45번　■ 자동운동(Autokinetic Effect)

자동운동(Autokinetic Effect)은 정지된 작은 빛을 어두운 배경에서 오래 응시할 때, 그 빛이 실제로는 움직이지 않음에도 불구하고 움직이는 것처럼 보이는 현상을 말한다. 자동운동이 발생하기 쉬운 조건은 암실과 같은 어두운 환경, 작고 고정된 빛, 참조할 기준이 없는 경우, 오랜 시간 응시, 시각적 피로 등이다. 이 현상은 주로 시각적 불확실성에 의해 발생하며, 우리의 뇌가 안구 운동과 같은 미세한 변화를 움직임으로 잘못 해석하는 데서 기인한다.　답 ②

2017년

66 인간지각 특성에 관한 설명으로 옳지 않은 것은?

① 평행한 직선들이 평행하게 보이지 않는 방향착시는 가현운동에 의한 착시의 일종이다.

② 선택, 조직, 해석의 세 가지 지각과정 중 게슈탈트 지각 원리들이 나타나는 것은 조직 과정이다.

③ 전체적인 맥락에서 문자나 그림 등의 빠진 부분을 채워서 보는 지각 원리는 폐쇄성(closure)이다.

④ 일반적으로 감시하는 대상이 많아지면 주의의 폭은 넓어지고 깊이는 얕아진다.

⑤ 주의력의 특성으로는 선택성, 방향성, 변동성이 있다.

2022년

68 아래의 그림에서 a에서 b까지의 선분 길이와 c에서 d까지의 선분 길이가 다르게 보이지만 실제로는 같다. 이러한 현상을 나타내는 용어는?

① 포겐도르프(Poggendorf) 착시현상

② 뮬러-라이어(Müller-Lyer) 착시현상

③ 폰조(Ponzo) 착시현상

④ 쵤너(Zöllner) 착시현상

⑤ 티체너(Titchener) 착시현상

▶ 2017년 66번

■ 가현운동(Phi Phenomenon)

가현운동은 정지된 이미지들이 일정한 간격으로 나타날 때, 마치 움직이는 것처럼 보이는 착시이다. 가현운동은 영화나 애니메이션에서 프레임이 연속적으로 보여질 때 움직임을 느끼게 하는 현상과 유사한다.이 현상은 운동 착시의 일종으로, 실제로는 움직임이 없지만, 우리 뇌가 연속된 정지 이미지를 움직이는 것으로 해석하는 것이다.

평행 직선이 평행하게 보이지 않는 착시: 평행한 직선이 실제로는 평행하지만 왜곡되어 보이는 착시는 주변 요소들의 영향에 의해 발생하는 기하학적 착시이다.

이러한 착시에는 대표적으로 즐러너 착시(Zöllner Illusion), 뮐러-라이어 착시(Müller-Lyer Illusion), 헤링 착시(Hering Illusion) 등이 있다.

■ 게슈탈트 지각 원리와 조직 과정

1. 게슈탈트 원리는 조직 과정에서 개별 자극을 전체적인 형태로 묶는 역할을 한다. 이를 통해 지각된 정보를 효율적으로 처리하고 이해할 수 있다.

2. 게슈탈트 원리의 예시:

   1) 근접성 원리(Proximity): 가까이 있는 요소들을 하나의 그룹으로 인식.
   2) 유사성 원리(Similarity): 유사한 특징을 가진 자극들을 묶어서 하나로 인식.
   3) 폐쇄성 원리(Closure): 불완전한 형태를 완전한 것으로 인식하려는 경향.
   4) 연속성 원리(Continuity): 연속적인 패턴이나 흐름이 있는 자극을 선호하여 인식.

■ 주의력의 주요 특성

1. 선택성(Selectivity): 여러 자극 중에서 하나를 선택적으로 주의하는 특성, 예시: 시끄러운 환경에서 자신에게 중요한 대화나 소리에만 집중하는 경우, 칵테일 파티 효과가 선택성의 대표적인 예이다.

2. 방향성(Directionality): 주의가 어떤 특정한 대상이나 위치로 향하는 경향을 의미, 예시: 특정 물체나 사람에게 시각적으로 집중하거나, 감정적인 사건에 마음이 끌리는 경우.

3. 변동성(Variability): 주의의 집중 상태가 시간에 따라 변화하는 것, 예시: 한 가지 작업에 집중하던 중 갑자기 다른 생각이나 외부 자극에 주의가 흩어지는 경우.

🔍답 ①

▶ 2022년 68번

■ 뮐러-라이어 착시의 구성:

뮐러-라이어(Müller-Lyer) 착시현상은 기하학적 착시의 한 형태로, 두 개의 동일한 길이의 선이 서로 다른 모양의 화살촉이나 화살깃을 가졌을 때, 길이가 다르게 보이는 현상을 말한다. 이 착시는 1889년 프란츠 카를 뮐러-라이어(Franz Carl Müller-Lyer)에 의해 처음으로 소개되었다.

🔍답 ②

66 착시를 크기 착시와 방향 착시로 구분하는 경우, 동일한 물리적인 길이와 크기를 가지는 선이나 형태를 다르게 지각하는 크기 착시에 해당하지 않는 것은?

① 뮐러-라이어(Müller-Lyer) 착시　　② 폰조(Ponzo) 착시
③ 에빙하우스(Ebbinghaus) 착시　　④ 포겐도르프(Poggendorf) 착시
⑤ 델뵈프(Delboeuf) 착시

66 아래 그림에서 (a)와 (c)가 일직선으로 보이지만 실제로는 (a)와 (b)가 일직선이다. 이러한 현상을 나타내는 용어는?

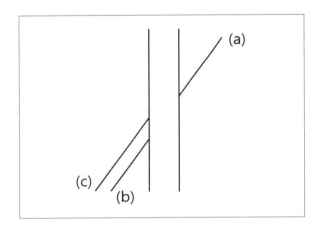

① 뮐러-라이어(Müller-Lyer) 착시현상

② 티체너(Titchener) 착시현상

③ 폰조(Ponzo) 착시현상

④ 포겐도르프(Poggendorf) 착시현상

⑤ 쵤너(Zöllner) 착시현상

67 아래 그림에서 평행한 두 선분은 동일한 길이임에도 불구하고 위의 선분이 더 길어 보인다. 이러한 현상을 나타내는 용어는?

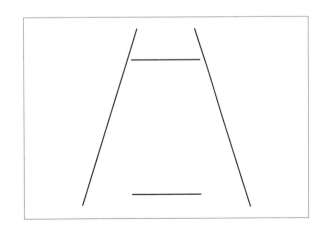

① 포겐도르프(Poggendorf) 착시현상

② 뮐러-라이어(Müller-Lyer) 착시현상

③ 폰조(Ponzo) 착시현상

④ 티체너(Titchener) 착시현상

⑤ 쵤너(Zöllner) 착시현상

▶ 2023년 66번

■ 착시

1. 착시 구분
   1) 크기 착시: 동일한 물리적 길이나 크기를 다르게 지각하는 현상.
   2) 방향 착시: 선이나 형태의 방향을 왜곡하여 지각하는 현상.

2. 각 착시 유형 설명
   1) 뮐러-라이어(Müller-Lyer) 착시: 같은 길이의 선이 화살표 방향에 따라 길이가 다르게 보이는 크기 착시.
   2) 폰조(Ponzo) 착시: 수렴하는 선에 의해 같은 길이의 선이 멀리 있는 것이 더 길어 보이는 크기 착시.
   3) 에빙하우스(Ebbinghaus) 착시: 같은 크기의 원이 주변 원들의 크기에 의해 더 크거나 작아 보이는 크기 착시.
   4) 포겐도르프(Poggendorf) 착시: 기울어진 배경 때문에 직선이 이어지지 않는 것처럼 보이는 방향 착시.
   5) 델뵈프(Delboeuf) 착시: 두 개의 원이 주변 원들의 크기에 의해 다르게 보이는 크기 착시.   🔍답 ④

▶ 2021년 66번

■ 포겐도르프 착시(Poggendorf Illusion)

포겐도르프 착시(Poggendorf Illusion)는 기하학적 착시의 한 형태로, 직선의 연장선이 중간에 다른 물체나 기울어진 선에 의해 가려졌을 때, 그 직선들이 일직선으로 이어지지 않는 것처럼 보이는 현상을 말한다. 이 착시는 1860년 독일의 물리학자 포겐도르프(Johann Christian Poggendorf)에 의해 처음 발견되었다.   🔍답 ④

▶ 2019년 67번

■ 폰조 착시(Ponzo Illusion)

폰조 착시(Ponzo Illusion)는 기하학적 크기 착시의 일종으로, 평행한 두 선이 수렴하는 선(예: 철로와 같은 원근법을 나타내는 선) 안에 놓여 있을 때, 두 선이 같은 길이임에도 불구하고 더 멀리 있는 선이 더 길게 보이는 현상을 말한다. 이 착시는 1913년 이탈리아 심리학자 마리오 폰조(Mario Ponzo)가 처음으로 소개했다.   🔍답 ③

2014년

61 동일한 길이의 두 선분에서 양쪽끝 화살표의 방향이 달라짐에 따라 선분의 길이가 서로 다르게 지각되는 착시 현상은?

① 뮬러 – 라이어 착시　　　② 유도운동 착시

③ 파이운동 착시　　　　　④ 자동운동 착시

⑤ 스트로보스코픽운동 착시

2024년

67 면적에 관한 착시현상으로 옳은 것은?

① 뮬러-라이어 착시

② 폰조 착시

③ 포겐도르프 착시

④ 에빙하우스 착시

⑤ 죌너 착시

▶ 2014년 61번

■ 뮐러-라이어 착시(Müller-Lyer Illusion)

뮐러-라이어 착시(Müller-Lyer Illusion)는 기하학적 착시의 한 형태로, 동일한 길이의 선이 끝에 달린 화살표의 방향에 따라 길이가 다르게 보이는 현상이다. 이 착시는 1889년 독일의 사회학자 프란츠 카를 뮐러-라이어(Franz Carl Müller-Lyer)에 의해 처음 소개되었다.

답 ①

▶ 2024년 67번

■ 에빙하우스 착시(Ebbinghaus Illusion)

에빙하우스 착시(Ebbinghaus Illusion)는 면적에 관한 착시로, 같은 크기의 원이 주변에 있는 다른 원들에 의해 더 크거나 더 작게 보이는 현상이다. 이 착시는 상대적인 크기 지각과 관련이 있어, 면적에 관한 착시의 대표적인 예이다.

1. 뮐러-라이어 착시: 화살표 방향에 따라 선의 길이가 다르게 보이는 착시로, 길이 착시이다.
2. 폰조 착시: 수렴하는 선에 의해 같은 길이의 선이 다르게 보이는 착시로, 크기 착시이다.
3. 포겐도르프 착시: 기울어진 직선이 가려졌을 때 일직선이 어긋나 보이는 착시로, 방향 착시이다.
4. 즐러너 착시(Zöllner Illusion): 평행선이 대각선의 영향으로 기울어져 보이는 착시로, 방향 착시이다.

답 ④

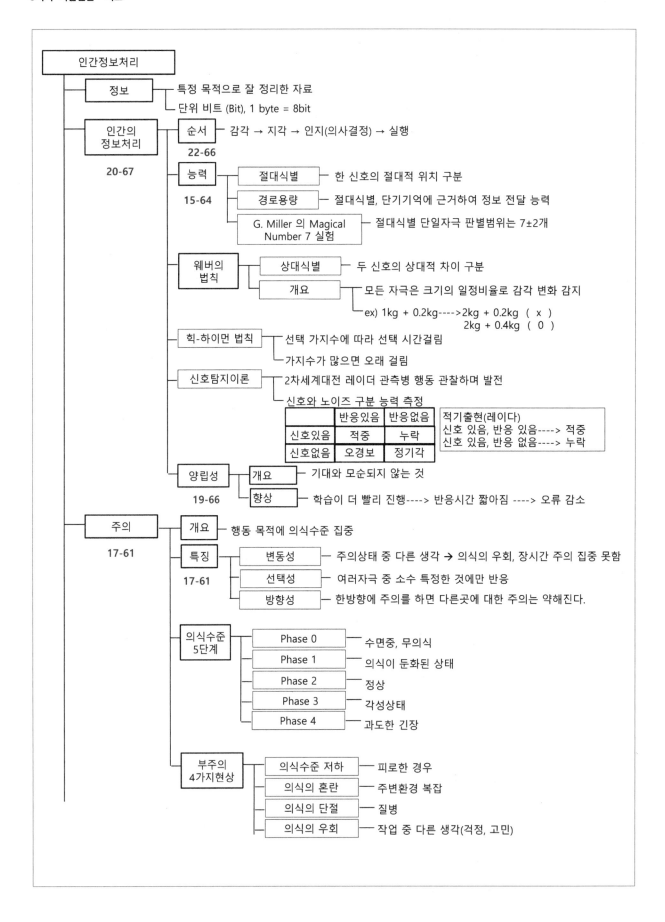

║║ MEMO ║║

▌예제 문제

65 인간정보처리(human information processing)이론에서 정보량과 관련된 설명이다. 다음 중 옳지 않은 것은?

① 인간정보처리이론에서 사용하는 정보 측정단위는 비트(bit)다.

② 힉-하이만 법칙(Hick-Hyman law)은 선택반응시간과 자극 정보량 사이의 선형함수 관계로 나타난다.

③ 자극-반응 실험에서 인간에게 입력되는 정보량(자극 정보량)과 출력되는 정보량(반응 정보량)은 동일하다고 가정한다.

④ 정보란 불확실성을 감소시켜 주는 지식이나 소식을 의미한다.

⑤ 자극-반응 실험에서 전달된(transmitted) 정보량을 계산하기 위해서는 소음(noise) 정보량과 손실(loss) 정보량도 고려해야 한다.

64 인간의 정보처리 능력에 관한 설명으로 옳지 않은 것은?

① 경로용량은 절대식별에 근거하여 정보를 신뢰성 있게 전달할 수 있는 최대용량이다.

② 단일 자극이 아니라 여러 차원을 조합하여 사용하는 경우에는 정보전달의 신뢰성이 감소한다.

③ 절대식별이란 특정 부류에 속하는 신호가 단독으로 제시되었을 때 이를 식별할 수 있는 능력이다.

④ 인간의 정보처리 능력은 단기기억에 대한 처리능력을 의미하며, 절대식별 능력으로 조사한다.

⑤ 밀러(Miller)에 의하면 인간의 절대적 판단에 의한 단일 자극의 판별범위는 보통 5~9가지이다.

66 인간의 일반적인 정보처리 순서에서 행동실행 바로 전 단계에 해당하는 것은?

① 자극   ② 지각

③ 주의   ④ 감각

⑤ 결정

▌정답 및 해설

▶ **2018년 65번**

■ 정보량(Information Amount)

정보량(Information Amount)은 특정 사건이나 정보가 발생할 가능성의 불확실성을 줄여주는 정도로 설명된다. 즉, 정보량이 많을수록 불확실성이 크게 줄어든다. 정보량은 주어진 사건의 발생 확률에 의해 결정된다. 확률이 낮을수록, 해당 사건이 발생했을 때 더 많은 정보량을 제공하게 된다. 예시로, 자주 발생하는 사건(예: 날씨가 맑음)은 정보량이 적지만, 드물게 발생하는 사건(예: 폭설)은 정보량이 더 큽니다.

1. 정보량의 단위: 비트(bit) 정보량을 측정하는 기본 단위로, 2개의 선택지가 있는 경우(예: 참/거짓, 0/1) 하나의 비트로 나타낼 수 있다. 정보량은 비트로 측정되며, 사건이 발생할 확률에 따라 정보량이 다르게 계산된다. 예시로, 동전 던지기에서 앞면과 뒷면의 확률은 각각 50%이다. 이 경우, 결과에 대한 정보량은 1비트이다.

2. 인간 정보 처리 이론에서 정보량과 한계: 조지 밀러(George Miller)는 인간이 단기 기억에서 7±2 개의 정보 단위(청킹, chunk)를 동시에 처리할 수 있다고 주장한 바 있다. 이는 사람이 한 번에 한정된 정보량만을 효과적으로 처리할 수 있다는 점을 강조한 개념이다. 인간 정보 처리 시스템은 감각 기억, 단기 기억, 장기 기억을 거쳐 정보를 인코딩하고 처리한다. 이 과정에서 과도한 정보량이 들어오면 과부하가 발생할 수 있다.

③ 인간 정보 처리(Human Information Processing) 이론에 따르면, 입력된 정보량(자극)과 출력된 정보량(반응)이 항상 동일하지는 않다. 이는 정보 처리 과정에서 여러 요소들이 정보의 선택, 해석, 압축, 그리고 왜곡에 영향을 미치기 때문이다.

🔍답 ③

▶ **2015년 64번**

■ 정보량(Information Amount)

단일 자극은 정보 전달에서 한 가지 신호에 의존하므로, 그 신호가 잡음이나 오류에 취약할 수 있다. 반면에 여러 차원을 이용한 자극은 여러 신호를 통해 추가적인 정보를 제공하여, 하나의 신호가 잘못 인식될 경우 다른 차원이 이를 보완할 수 있다. 예를 들어, 시각, 청각, 촉각 같은 다양한 자극이 함께 제공되면, 하나의 감각에서 오류가 발생해도 다른 감각을 통해 정보를 확인하고 신뢰성을 유지할 수 있다.

🔍답 ②

▶ **2022년 66번**

■ 인간 정보 처리 과정

인간 정보 처리 과정은 감각 → 지각 → 인지 → 실행의 순서로 진행되며, 외부 자극을 받아들여 이를 해석하고, 의사결정 후 행동으로 이어진다.

1. 감각: 외부 자극을 감지하는 단계.
2. 지각: 감각 정보를 해석하고 조직화하여 인식하는 단계.
3. 인지: 지각된 정보를 바탕으로 기억, 판단, 추론하는 단계.
4. 실행: 인지된 결과를 바탕으로 실제 행동을 수행하는 단계.

🔍답 ⑤

2020년

67 인간의 정보처리과정에 관한 설명으로 옳은 것을 모두 고른 것은?

> ㄱ. 단기기억의 용량은 덩이 만들기(chunking)를 통해 확장할 수 있다.
> ㄴ. 감각기억에 있는 정보를 단기기억으로 이전하기 위해서는 주의가 필요하다.
> ㄷ. 신호검출이론(signal-detection theory)에서 누락(miss)은 신호가 없는데도 있다고 잘못 판단하는 경우이다.
> ㄹ. Weber의 법칙에 따르면 10kg의 물체에 대한 무게 변화감지역(JND)이 1kg의 물체에 대한 무게 변화감지역보다 더 크다.

① ㄴ, ㄷ ② ㄱ, ㄴ, ㄹ
③ ㄱ, ㄷ, ㄹ ④ ㄴ, ㄷ, ㄹ
⑤ ㄱ, ㄴ, ㄷ, ㄹ

2019년

66 다음 중 인간의 정보처리와 표시장치의 양립성(compatibility)에 관한 내용으로 옳은 것을 모두 고른 것은?

> ㄱ. 양립성은 인간의 인지기능과 기계의 표시장치가 어느 정도 일치하는가를 말한다.
> ㄴ. 양립성이 향상되면 입력과 반응의 오류율이 감소한다.
> ㄷ. 양립성이 감소하면 사용자의 학습시간은 줄어들지만, 위험은 증가한다.
> ㄹ. 양립성이 향상되면 표시장치의 일관성은 감소한다.

① ㄱ, ㄴ ② ㄴ, ㄷ
③ ㄷ, ㄹ ④ ㄱ, ㄴ, ㄹ
⑤ ㄱ, ㄴ, ㄷ, ㄹ

▶ 2020년 67번
■ 신호검출이론(Signal Detection Theory, SDT)

신호검출이론(Signal Detection Theory, SDT)은 사람이나 시스템이 불확실한 환경에서 정보를 처리하고 신호를 감지하는 방식을 설명하는 이론이다. 주로 감각 처리나 의사 결정 과정에서 사용되며, 잡음(noise) 속에서 의미 있는 신호를 어떻게 구분하는지를 다룹니다. 이 이론은 인간의 지각, 기억, 그리고 의사 결정의 정확도를 측정할 때도 자주 사용된다.

1. 명중(적중)(Hit): 신호가 실제로 존재하며, 이를 정확하게 감지한 경우.
2. 누락(Miss): 신호가 존재하지만, 이를 감지하지 못한 경우.
3. 오경보(False Alarm): 신호가 존재하지 않는데도, 있다고 잘못 판단한 경우.
4. 정기각(정거부)(Correct Rejection): 신호가 없으며, 이를 정확히 감지한 경우.

답 ②

▶ 2019년 66번
■ 양립성(compatibility between human information processing and display devices)

인간의 정보처리와 표시장치의 양립성(compatibility between human information processing and display devices)은 인간이 정보를 처리하는 방식과 이를 제공하는 시스템 또는 장치 간의 조화를 의미한다. 이는 주로 인간공학(ergonomics) 또는 휴먼-컴퓨터 인터페이스(Human-Computer Interface, HCI) 설계에서 중요한 개념으로, 인간의 인지적, 감각적, 물리적 특성을 고려하여 정보가 효율적으로 전달되고 해석되도록 설계하는 것을 목표로 한다.

ㄷ. 양립성이 감소하면, 즉 인간의 정보처리 방식과 표시 장치나 시스템의 설계가 잘 맞지 않으면, 학습 시간이 줄어드는 것이 아니라 오히려 학습 시간이 늘어나게 된다. 사용자는 시스템을 더 오랜 시간 동안 학습해야 하며, 그 과정에서 이해하기 어려운 설계나 비일관적인 인터페이스로 인해 오류가 발생할 가능성도 커진다.

ㄹ. 양립성(compatibility)이 향상된다는 것은 사용자가 시스템이나 표시 장치와의 상호작용에서 더 직관적이고 쉽게 정보를 처리할 수 있음을 의미한다. 이 과정에서 일관성(consistency)은 매우 중요한 역할을 한다. 일관성은 사용자가 정보를 예측하고 신속하게 처리할 수 있도록 돕는다. 표시 장치가 일관되면, 사용자는 동일한 패턴이나 형식으로 정보를 반복적으로 처리할 수 있어 학습과 사용이 용이해진다. 즉, 양립성과 일관성은 상호 보완적이다. 양립성이 높아지면 시스템은 더 직관적이고 일관되게 설계되므로 사용자가 더 빠르고 정확하게 정보를 처리할 수 있다.

답 ①

2016년

68 주의(attention)에 관한 설명으로 옳은 것은?

① 용량의 제한이 없기 때문에 한 번에 여러 과제를 동시에 수행할 수 있다.

② 많은 사람들 가운데 오직 한 사람의 목소리에만 주의를 기울일 수 있는 것은 선택주의(selective attention) 덕분이다.

③ 선택된 자극의 여러 속성을 통합하고 처리하기 위해 분할주의(divided attention)가 필요하다.

④ 운전하면서 친구와 대화하기처럼 두 과제 모두를 성공적으로 수행하기 위해서는 초점주의(focused attention)가 필요하다.

⑤ 무덤덤한 여러 얼굴 가운데 유일하게 화난 얼굴은 의식하지 않아도 쉽게 눈에 띄는데, 이는 무주의 맹시(inattentional blindness) 때문이다.

2019년

62 인간의 정보처리 방식 중 정보의 한 가지 측면에만 초점을 맞추고 다른 측면은 무시하는 것은?

① 선택적 주의(selective attention)

② 분할 주의(divided attention)

③ 도식(schema)

④ 기능적 고착(functional fixedness)

⑤ 분위기 가설(atmosphere hypothesis)

▶ 2016년 68번

■ 주의(attention)

① 주의는 용량이 제한되어 있기 때문에 한 번에 여러 과제를 동시에 수행하는 데 한계가 있다. 멀티태스킹을 시도하면 각 과제에 할당되는 주의 자원이 줄어들어 성능이 저하되고 오류가 발생할 가능성이 높아진다.

② 선택적 주의는 우리 주변의 다양한 자극(시각, 청각, 촉각 등) 중에서 특정 자극에만 집중하고, 나머지 자극은 무시하는 능력을 말한다. 이를 통해 우리는 혼잡한 환경에서도 필요한 정보에만 주의를 기울일 수 있다.

③ 분할주의(Divided Attention)는 여러 자극이나 과제에 동시에 주의를 기울이는 능력을 말한다. 즉, 두 가지 이상의 작업을 병행할 때 사용하는 주의 전략이다. 그러나 여러 자극의 속성을 통합하여 처리하는 작업은 보통 하나의 자극에 집중하여 그 자극의 여러 속성을 처리하는 것이기 때문에, 분할주의는 필요하지 않다.

④ 분할주의(divided attention)는 두 가지 이상의 과제에 동시에 주의를 나누어 수행하는 능력이다. 운전하면서 친구와 대화를 나누는 상황은 분할주의의 대표적인 예이다. 운전이라는 중요한 과제와 대화라는 부수적인 과제를 동시에 수행하려면 주의를 나누어야 하므로, 이때는 분할주의가 필요하다.

⑤ 무주의 맹시(inattentional blindness)는 사람이 시각적으로 명확히 존재하는 자극을 보고 있음에도 불구하고, 주의를 기울이지 않으면 그 자극을 인식하지 못하는 현상을 말한다. 즉, 어떤 물체나 사건에 주의를 두지 않으면 그것을 보지 못하는 상태이다. 이 현상은 주의가 다른 곳에 집중되어 있을 때 발생하며, 중요한 시각 정보가 주의 바깥에 있으면 그것을 인식하지 못하는 경우를 설명한다. 따라서 무주의 맹시는 특정 자극을 눈에 띄지 않게 만드는 현상이지, 자극이 쉽게 눈에 띄는 이유를 설명하는 것은 아니다.

화난 얼굴이 무덤덤한 얼굴들 사이에서 쉽게 눈에 띄는 현상은 주의와 감정적 처리와 관련된 진화적 메커니즘 덕분이라고 설명할 수 있다. 인간은 위협적인 자극(예: 화난 얼굴)을 더 빠르고 쉽게 인식할 수 있도록 진화해 왔다. 이는 생존에 중요한 정보에 더 신속하게 반응하기 위한 본능적 메커니즘으로, 이를 감정적 우선 처리(emotional prioritization)라고 한다. 특히, 화난 얼굴은 공격성이나 위협을 상징하기 때문에 주의를 끌기 쉽다.

🔍답 ②

▶ 2019년 62번

■ 선택적 주의(Selective Attention)

선택적 주의는 여러 자극이 존재하는 상황에서 그 중 하나의 자극에만 집중하고 나머지 자극을 의도적으로 무시하는 주의 과정이다. 이는 복잡한 환경에서 필요한 정보를 효율적으로 처리하기 위한 방법으로, 사람들이 중요하거나 관련성 있는 자극에만 집중하고 주의를 나누지 않도록 도와준다.

예시: 칵테일 파티 효과 - 시끄러운 파티에서 여러 대화가 동시에 들리는 상황에서도 자신과 관련된 대화나 특정 목소리에만 집중하는 능력이 선택적 주의의 한 예이다.

🔍답 ①

66 인간의 뇌파에 관한 설명으로 옳지 않은 것은?

① 델파(δ)파는 무의식, 실신 상태에서 주로 나타나는 뇌파이다.

② 세타(θ)파는 피로나 졸림 등의 상태에서 주로 나타나는 뇌파이다.

③ 알파(α)파는 편안한 휴식 상태에서 상태에서 주로 나타나는 뇌파이다.

④ 베타(β)파는 적극적으로 활동할 때 주로 나타나는 뇌파이다.

⑤ 오메가(Ω)파는 과도한 집중과 긴장 상태에서 주로 나타나는 뇌파이다.

▶ **2024년 66번** ■ 인간의 뇌파

   1. 델타(δ)파 (0.5 ~ 4 Hz)

      1) 특징: 델타파는 가장 느린 뇌파로, 주로 깊은 수면 상태에서 나타납니다.

      2) 상태: 깊은 수면, 무의식 상태, 신체의 회복과 재생.

      3) 관련 상황: 깊은 수면 단계(비렘 수면 단계), 의식이 거의 없는 상태.

   2. 세타(θ)파 (4 ~ 8 Hz)

      1) 특징: 세타파는 명상, 꿈꾸는 상태, 깊은 이완 상태에서 나타납니다.

      2) 상태: 얕은 수면, 명상, 상상력과 창의성이 활성화되는 상태.

      3) 관련 상황: 깊은 이완, 명상 상태, 창의적 사고, 꿈꾸기.

   3. 알파(α)파 (8 ~ 12 Hz)

      1) 특징: 알파파는 이완된 각성 상태에서 나타나는 뇌파로, 마음이 안정되고 편안할 때 활성화된다.

      2) 상태: 안정된 이완, 편안함, 가벼운 명상, 휴식 상태.

      3) 관련 상황: 눈을 감고 쉬는 상태, 휴식, 주의가 집중되지 않는 편안한 상태.

   4. 베타(β)파 (12 ~ 30 Hz)

      1) 특징: 베타파는 집중과 각성 상태에서 나타나며, 정신적으로 활동적인 상태를 나타냅니다.

      2) 상태: 각성, 집중, 문제 해결, 의식적인 인지 활동.

      3) 관련 상황: 주의 집중, 스트레스, 문제 해결, 논리적 사고.

   5. 감마(γ)파 (30 Hz 이상)

      1) 특징: 감마파는 높은 수준의 인지 활동과 관련이 있으며, 뇌의 여러 영역이 함께 활동할 때 나타납니다.

      2) 상태: 높은 수준의 인지 활동, 정보 처리, 학습.

      3) 관련 상황: 복잡한 문제 해결, 학습, 정보 통합.　　🔍답 ⑤

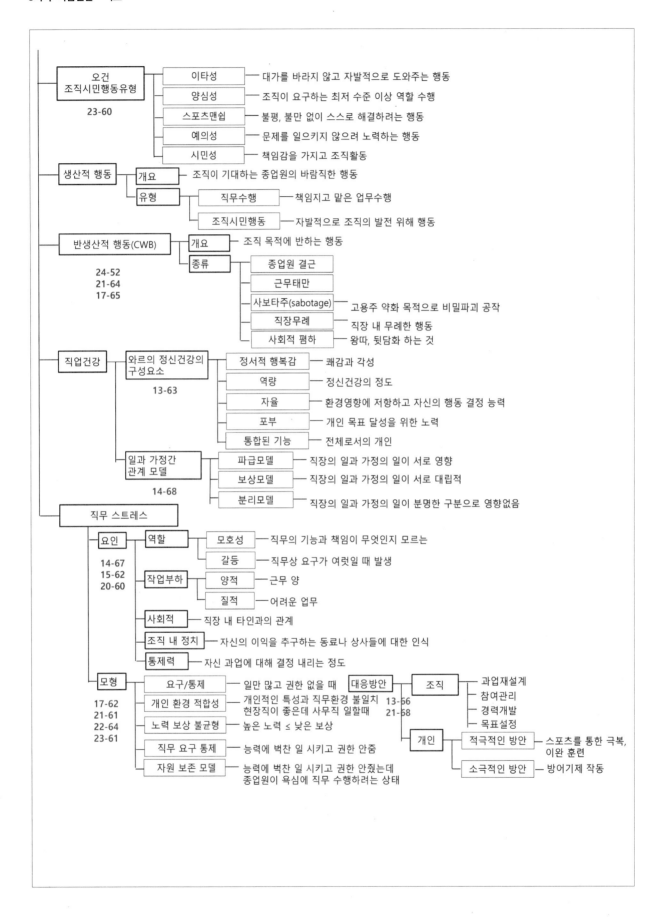

||| MEMO |||||||||||||||||||||||||||||||||||||||||||||||||

▌예제 문제

2023년

60 오건(D. Organ)이 범주화한 조직시민행동의 유형에서 불평, 불만, 험담 등을 하지 않고, 있지도 않은 문제를 과장해서 이야기 하지 않는 행동에 해당하는 것은?

① 시민덕목(civic virtue)
② 이타주의(altruism)
③ 성실성(conscientiousness)
④ 스포츠맨십(sportsmanship)
⑤ 예의(courtesy)

2017년

65 반생산적 업무행동(CWB)에 관한 설명으로 옳지 않은 것은?

① 반생산적 업무행동의 사람기반 원인에는 성실성(conscientiousness), 특성분노(trait anger), 자기 통제력(self control), 자기애적 성향(narcissism) 등이 있다.
② 반생산적 업무행동의 주된 상황기반 원인에는 규범, 스트레스에 대한 정서적 반응, 외적 통제소재, 불공정성 등이 있다.
③ 조직의 재산이나 조직 성원의 일을 의도적으로 파괴하거나 손상을 입히는 반생산적 업무행동은 심각성, 반복가능성, 가시성에 따라 구분되어 진다.
④ 사회적 폄하(social undermining)는 버릇없거나 의욕을 떨어뜨리는 행동으로 직장에서 용수철 효과(spiraling effect)처럼 작용하는 반생산적 업무행동이다.
⑤ 직장폭력과 공격을 유발하는 중요한 예측치는 조직에서 일어난 일이 얼마나 중요하게 인식되는가를 의미하는 유발성 지각(perceived provocation)이다.

▌정답 및 해설

▶ **2023년 60번**
■ 오건(Dennis W. Organ)이 범주화한 조직시민행동(Organizational Citizenship Behavior, OCB)의 유형
오건(Dennis W. Organ)이 범주화한 조직시민행동(Organizational Citizenship Behavior, OCB)의 유형은 조직에서 직무와 직접 관련되지 않은, 그러나 조직의 효율성과 분위기를 향상시키는 자발적 행동을 설명한다.

1. 이타주의(Altruism):
   1) 특징: 동료나 조직 구성원들에게 자발적으로 도움을 주는 행동이다.
   2) 예시: 동료가 직무에 어려움을 겪을 때 도움을 주거나, 신입사원의 교육을 자발적으로 도와주는 행동.
2. 양심성(Conscientiousness):
   1) 특징: 조직의 규칙과 절차를 충실히 따르고, 기대 이상의 책임감과 성실함을 보이는 행동이다.
   2) 예시: 규정된 시간보다 더 일찍 출근하거나, 최소한의 기준 이상으로 업무를 완수하려는 노력.
3. 예의(Courtesy):
   1) 특징: 동료나 다른 구성원들과의 상호작용에서 발생할 수 있는 갈등을 방지하기 위해 신중하게 행동하는 것이다.
   2) 예시: 자신의 행동이나 결정이 동료에게 영향을 미칠 수 있는 경우 미리 알려주거나 배려하는 행동.
4. 신사적 태도(Sportsmanship):
   1) 특징: 어려운 상황에서도 불평하지 않고, 조직에 긍정적인 태도를 유지하는 행동이다.
   2) 예시: 일이 잘 풀리지 않거나 불만이 있는 상황에서도 불평하지 않고 긍정적으로 문제를 해결하려는 태도.
5. 시민덕목(Civic Virtue):
   1) 특징: 조직 활동에 적극적으로 참여하고, 조직의 발전에 기여하려는 관심과 행동을 보이는 것이다.
   2) 예시: 회의에 적극적으로 참여하거나, 조직 내 변화에 대해 관심을 갖고 건설적인 의견을 제시하는 행동.

정답 ④

▶ **2017년 65번**
■ 반생산적 업무행동(CWB, Counterproductive Work Behavior)
1. 종업원 결근: 이유 없이 자주 직장에 나오지 않는 행동. 예시: 특별한 이유 없이 자주 결근하거나, 직장에서 임의로 빠지는 행동.
2. 근무 태만: 업무를 소홀히 하거나, 의도적으로 비효율적으로 처리하는 행동. 예시: 주어진 일을 느리게 처리하거나, 의도적으로 업무 품질을 낮추는 행동.
3. 사보타주: 조직의 자산을 손상시키거나 운영에 차질을 일으키는 고의적인 방해 활동. 예시: 기계나 장비를 고의로 손상시키거나, 조직 운영에 차질을 빚도록 유도하는 행동.
4. 직장 무례: 동료나 상사에게 무례하거나 비협조적인 태도를 보이는 행동. 예시: 동료를 무시하거나, 의도적으로 비협조적인 태도를 취하는 행동.
5. 사회적 폄하: 동료나 상사의 평판과 성과를 깎아내리거나 방해하는 행동. 예시: 동료의 평판을 깎아내리는 험담을 퍼뜨리거나, 성과를 축소하거나 무시하는 행동.

④ 용수철 효과(Spiraling Effect)는 부정적인 행동이나 사건이 점점 확대되고 강화되는 현상을 설명하는 용어로, 처음에 작은 일이 시간이 지나면서 큰 문제로 발전하는 과정을 말한다. 이 용어는 다양한 맥락에서 사용할 수 있지만, 직장 내 갈등, 스트레스, 반생산적 업무행동과 같은 상황에서 주로 언급된다.

정답 ④

2021년

64 반생산적 업무행동(CWB) 중 직·간접적으로 조직 내에서 행해지는 일을 방해하려는 의도적 시도를 의미하며 다음과 같은 사례에 해당하는 것은?

> • 고의적으로 조직의 장비나 재산의 일부를 손상시키기
> • 의도적으로 재료나 공급물품을 낭비하기
> • 자신의 업무영역을 더럽히거나 지저분하게 만들기

① 철회(withdrawal)
② 사보타주(sabotage)
③ 직장무례(workplace incivility)
④ 생산일탈(production deviance)
⑤ 타인학대(abuse toward others)

2013년

63 와르(Warr)의 정신 건강 구성요소에 대한 설명으로 옳지 않은 것은?

① 정서적 행복감: 쾌감과 각성이라는 두 가지 독립된 차원을 가지고 있다.
② 결단: 환경적 영향력에 저항하고 자신의 의견이나 행동을 결정할 수 있는 개인의 능력을 의미한다.
③ 역량: 생활에서 당면하는 문제들을 효과적으로 다룰 수 있는 충분한 심리적 자원을 가지고 있는 정도를 의미한다.
④ 포부: 포부수준이 높다는 것은 동기수준과 관계가 있으며, 새로운 기회를 적극적으로 탐색하고, 목표 달성을 위하여 도전하는 것을 의미한다.
⑤ 통합된 기능: 목표달성이 어려울 때 느끼는 긴장감과 그렇지 않을 때 느끼는 이완감 사이에 조화로운 균형을 유지할 수 있는 정도를 의미한다.

▶ 2021년 64번　■ 사보타주(Sabotage)

사보타주(Sabotage)는 의도적으로 조직의 운영, 자산 또는 성과에 해를 입히는 행동을 말한다. 이 행동은 조직의 물리적 자산을 파괴하거나, 업무 수행을 방해하여 생산성과 효율성을 저하시킨다. 사보타주는 개인적 불만이나 조직에 대한 반발심에서 비롯될 수 있으며, 주로 고의적인 파괴 행위로 나타납니다.

답　②

▶ 2013년 63번　■ 피터 와르(Peter Warr)의 정신 건강 구성요소

와르(Warr)는 심리학자 피터 와르(Peter Warr)가 제시한 정신 건강(mental health)의 구성요소를 통해 개인의 정신적 안녕을 설명했다. 그는 정신 건강을 단일한 개념이 아니라, 다양한 차원의 요소들이 상호작용하는 복합적인 구조로 보았다. 와르의 정신 건강 구성요소는 개인의 삶에서 긍정적인 정신 건강을 유지하는 데 필수적인 요인들로, 개인의 직장 생활이나 일상에서 중요하게 다뤄진다.

1. 정신적 행복감 (Mental Well-being): 삶의 전반적인 만족감과 즐거움을 경험하는 상태를 의미한다. 이는 긍정적인 감정 상태와 관련이 깊으며, 기쁨, 평안함, 만족감 같은 감정을 자주 경험할 때 정신적 행복감이 증가한다.

2. 역량 (Competence): 개인이 자신이 하는 일이나 활동에서 유능하다고 느끼는 능력이다. 개인이 스스로의 능력을 충분히 발휘하고 있다고 느끼는 상황에서 정신적 안정과 만족감을 느낄 수 있다.

3. 자율성 (Autonomy): 자신의 행동과 결정을 스스로 조정하고 통제할 수 있는 능력을 의미한다. 자율성은 개인이 자유롭게 선택하고 결정을 내릴 수 있는 환경에서 정신적 안정과 만족감을 높이는 중요한 요소이다.

4. 포부 (Aspirations): 미래에 대한 계획이나 목표를 가지고 있으며, 이를 실현하기 위해 노력하는 상태를 말한다. 포부는 개인의 인생 목표나 직장에서의 성과에 대한 기대감을 포함한다. 명확한 목적의식은 정신 건강에 긍정적인 영향을 미칩니다.

5. 통합된 기능 (Integrated Functioning): 개인이 사회적 환경이나 조직 내에서 자신의 역할을 명확히 인식하고, 그 역할을 성공적으로 수행하며 다른 사람들과 협력할 수 있는 능력을 의미한다. 이는 사회적 통합감과도 관련이 있다.

② 자율성(Autonomy): 환경적 영향력에 저항하고, 자신의 의견이나 행동을 스스로 결정할 수 있는 개인의 능력이다. 이는 개인이 직장이나 일상생활에서 외부 압력이나 통제에 흔들리지 않고, 스스로 선택하고 책임을 질 수 있는 상태를 의미한다.

답　②

68 2014년
일과 가정간의 관계를 설명하는 3가지 기본 모델을 모두 고른 것은?

> ㄱ. 파급모델(spillover model)
> ㄴ. 과학자 - 실무자 모델(scientist - practitioner model)
> ㄷ. 보충모델(compensation model)
> ㄹ. 유인 - 선발 - 이탈 모델(attraction - selection - attrition model)
> ㅁ. 분리모델(segmentation model)

① ㄱ, ㄴ, ㄷ   ② ㄱ, ㄷ, ㄹ

③ ㄱ, ㄷ, ㅁ   ④ ㄴ, ㄷ, ㄹ

⑤ ㄴ, ㄹ, ㅁ

60 2020년
스트레스의 작용과 대응에 관한 설명으로 옳지 않은 것은?

① A유형이 B유형 성격의 사람에 비해 스트레스에 더 취약하다.
② Selye가 구분한 스트레스 3단계 중에서 2단계는 저항단계이다.
③ 스트레스 관련 정보수집, 시간관리, 구체적 목표의 수립은 문제중심적 대처 방법이다.
④ 자신의 사건을 예측할 수 있고, 통제 가능하다고 지각하면 스트레스를 덜 받는다.
⑤ 긴장(각성) 수준이 높을수록 수행 수준은 선형적으로 감소한다.

▶ **2014년 68번**   ▪ 일과 가정 간의 관계를 설명하는 세 가지 기본 모델

1. 파급모델(Spillover Model): 일과 가정이 서로 영향을 주고받는 모델. 직장에서의 경험이 가정에, 가정에서의 경험이 직장에 영향을 미침.
2. 보충모델(Compensation Model): 한 영역에서의 결핍을 다른 영역에서 보충하려는 모델. 직장에서의 부족함을 가정에서, 가정에서의 부족함을 직장에서 보상하려 함.
3. 분리모델(Segmentation Model): 일과 가정이 서로 독립적으로 존재하며, 각 영역이 서로 영향을 주지 않도록 철저히 분리하는 모델.

정답 ③

▶ **2020년 60번**   ▪ 스트레스의 작용과 대응

1. 스트레스 요인(Stressors)
    1) 환경적 요인: 직장, 학교, 사회적 관계에서 발생하는 압력이나 요구. 예를 들어, 과도한 업무, 직무 갈등, 재정적 문제 등이 이에 해당한다.
    2) 개인적 요인: 자신의 기대에 대한 부담, 완벽주의, 부정적 사고방식 등이 개인적 스트레스 요인이 될 수 있다.
    3) 사회적 요인: 인간관계 갈등, 가족 문제, 사회적 압박 등이 스트레스를 유발할 수 있다.
2. 스트레스 반응(Reaction to Stress)
    1) 신체적 반응: 신체는 스트레스 요인에 반응하여 교감신경계가 활성화되고, "싸움 또는 도피 반응(fight or flight response)"이 일어납니다. 아드레날린이 분비되며, 심박수 증가, 혈압 상승, 근육 긴장 등이 나타납니다.
    2) 심리적 반응: 불안, 우울, 집중력 저하, 의욕 상실 등의 정서적 반응이 나타날 수 있다.
    3) 행동적 반응: 스트레스를 받은 사람은 불면증, 과도한 음주나 흡연, 식습관 변화 등 부적응적인 행동을 보일 수 있다.

▪ 예르키스-도슨 법칙(Yerkes-Dodson Law)

1. 정의: 이 법칙은 각성 수준과 수행 수준 간의 관계가 역U자형 곡선을 따른다고 설명한다. 즉, 각성 수준이 중간 정도일 때 수행 수준이 가장 높고, 각성 수준이 너무 낮거나 너무 높으면 수행 수준이 저하된다는 것이다.
2. 각성 수준이 낮을 때: 긴장이나 각성이 너무 낮으면 동기부여가 부족하거나 집중력이 떨어져 수행이 저하될 수 있다. 이 상태에서는 충분히 주의를 기울이지 않거나, 무관심한 상태가 되어 업무 성과가 저하된다.
3. 각성 수준이 적절할 때: 각성이 중간 수준일 때는 최적의 동기와 집중 상태에 도달하게 된다. 이때, 개인은 집중력과 에너지가 가장 잘 발휘되어 최고의 성과를 내는 경향이 있다.
4. 각성 수준이 너무 높을 때: 각성이 지나치게 높아지면 긴장과 스트레스가 증가하여, 심리적 부담이 커지고 집중력이 흐트러져 수행이 저하된다. 과도한 긴장은 불안이나 압박감으로 인해 주의력과 판단력이 떨어지게 된다.

⑤ 긴장(각성) 수준이 높을수록 수행 수준이 선형적으로 감소하는 것이 아니라, 각성 수준과 수행 수준은 역U자형 곡선의 관계를 따릅니다. 즉, 적절한 수준의 긴장이 있을 때 수행 능력이 최적화되며, 각성이 너무 낮거나 너무 높으면 수행 능력이 떨어지게 된다.

정답 ⑤

61 직업 스트레스에 관한 설명으로 옳지 않은 것은?

① 비르(T. Beehr)와 프랜즈(T. Franz)는 직업 스트레스를 의학적 접근, 임상·상담적 접근, 공학심리학적 접근, 조직심리학적 접근 등 네 가지 다른 관점에서 설명할 수 있다고 제안하였다.

② 요구-통제 모델(Demands-Control Model)은 업무량 이외에도 다양한 요구가 존재한다는 점을 인식하고, 이러한 다양한 요구가 종업원의 안녕과 동기에 미치는 영향을 연구한다.

③ 자원보존 이론(Conservation of Resources Theory)은 종업원들은 시간에 걸쳐 자원을 축적하려는 동기를 가지고 있으며, 자원의 실제적 손실 또는 손실의 위협이 그들에게 스트레스를 경험하게 한다고 주장한다.

④ 셀리에(H. Selye)의 일반적 적응증후군 모델은 경고(alarm), 저항(resistance), 소진(exhaustion)의 세 가지 단계로 구성된다.

⑤ 직업 스트레스 요인 중 역할 모호성(role ambiguity)은 종업원이 자신의 직무 기능과 책임이 무엇인지 불명확하게 느끼는 정도를 말한다.

61 직업 스트레스 모델 중 종단 설계를 사용하여 업무량과 이외의 다양한 직 무요구가 종업원의 안녕과 동기에 미치는 영향을 살펴보기 위한 것은?

① 요구 - 통제 모델(Demands-Control model)

② 자원보존이론(Conservation of Resources theory)

③ 사람 - 환경 적합 모델(Person-Environment Fit model)

④ 직무 요구 - 자원 모델(Job Demands-Resources model)

⑤ 노력 - 보상 불균형 모델(Effort-Reward Imbalance model)

▶ 2023년 61번

■ 요구-통제 모델(Demands-Control Model)

1. 요구-통제 모델의 주요 개념:

1) 업무 요구(Demands): 주로 업무량, 업무의 복잡성, 시간적 압박 등의 요소로 구성된다. 여기서 요구는 직무 수행 시 개인이 경험하는 압력이나 스트레스를 의미하며, 과도한 요구는 스트레스를 증가시킬 수 있다.

2) 업무 통제(Control): 개인이 직무에서 결정권을 가지고 자신의 업무를 조정할 수 있는 능력을 의미한다. 업무에서 통제력이 높을수록, 즉 자신의 업무 방식을 스스로 결정할 수 있을 때 스트레스가 낮아지고 직무 만족도와 동기가 높아지는 경향이 있다.

2. 요구-통제 모델의 핵심 가설:

1) 높은 요구와 낮은 통제가 결합될 때, 개인은 가장 높은 수준의 스트레스를 경험할 가능성이 큽니다. 이러한 상태를 고위험 직무(high-strain job)라고 부릅니다.

2) 반면, 높은 요구와 높은 통제가 결합된 경우, 스트레스를 잘 관리하고 성과를 높일 수 있는 적극적 직무(active job) 상태에 도달할 수 있다.

② 요구-통제 모델은 업무 요구와 통제 수준이 종업원의 스트레스와 건강에 미치는 영향을 설명하는 모델이며, 다양한 요구나 동기보다는 직무 스트레스와 통제력에 초점을 맞추고 있다. 　🔍답 ②

▶ 2021년 61번

■ 직무 요구-자원 모델(Job Demands-Resources model, JD-R 모델)

1. 직무 요구(Job Demands):

1) 정의: 직무 수행에 있어 종업원에게 신체적, 심리적, 정서적, 인지적 에너지를 요구하는 모든 요소를 말한다. 이 요구는 개인에게 스트레스를 유발할 수 있으며, 장기적으로는 번아웃으로 이어질 수 있다.

2) 예시:

① 업무량: 과도한 업무 부담

② 시간 압박: 주어진 시간 내에 많은 일을 처리해야 하는 상황

③ 정서적 요구: 고객이나 동료와의 갈등 처리, 감정 노동

④ 인지적 요구: 복잡한 문제 해결, 집중을 요구하는 업무

2. 직무 자원(Job Resources):

1) 정의: 직무 요구를 해결하는 데 도움을 주고, 동기를 촉진하며 스트레스를 완화하는 모든 물리적, 심리적, 사회적, 조직적 자원을 말한다. 직무 자원은 직무 요구로 인한 부정적인 영향을 상쇄하고, 종업원의 동기를 촉진하여 직무 만족도를 높이는 역할을 한다.

2) 예시:

① 조직적 자원: 상사의 지원, 동료의 협력, 명확한 역할 및 책임 정의

② 개인적 자원: 개인의 기술, 직무 관련 지식, 자기 효능감

③ 심리적 자원: 개인의 스트레스 대처 능력, 정서적 안정감

④ 물리적 자원: 안전한 작업 환경, 적절한 장비　🔍답 ④

2013년

66 작업장 스트레스의 대처방안 중 조직차원의 기법에 해당하는 것만을 모두 고른 것은?

> ㄱ. 바이오 피드백   ㄴ. 작업 과부하의 제거
> ㄷ. 사회적 지지의 제공   ㄹ. 이완훈련
> ㅁ. 조직분위기 개선

① ㄱ, ㄴ, ㄷ   ② ㄱ, ㄷ, ㄹ
③ ㄴ, ㄷ, ㅁ   ④ ㄴ, ㄹ, ㅁ
⑤ ㄷ, ㄹ, ㅁ

2021년

68 조직 스트레스원 자체의 수준을 감소시키기 위한 방법으로 옳은 것을 모두 고른 것은?

> ㄱ. 더 많은 자율성을 가지도록 직무를 설계하는 것
> ㄴ. 조직의 의사결정에 대한 참여기회를 더 많이 제공하는 것
> ㄷ. 직원들과 더 효과적으로 의사소통할 수 있도록 관리자를 훈련하는 것
> ㄹ. 갈등해결기법을 효과적으로 사용할 수 있도록 종업원을 훈련하는 것

① ㄱ, ㄴ   ② ㄷ, ㄹ
③ ㄱ, ㄴ, ㄹ   ④ ㄴ, ㄷ, ㄹ
⑤ ㄱ, ㄴ, ㄷ, ㄹ

2017년

62 직업 스트레스 모델 중 다양한 직무요구에 대해 종업원들의 외적요인(조직의 지원, 의사결정과정에 대한 참여)과 내적요인(자신의 업무요구에 대한 종업원의 정신적 접근방법)이 개인적으로 직면하는 스트레스 요인에 완충 역할을 한다는 것은?

① 자원보존(Conservation of Resources, COR) 이론
② 요구 - 통제 모델(Demands-Control Model)
③ 요구 - 자원 모델(Demands-Resources Model)
④ 사람 - 환경 적합 모델(Person-Environment Fit Model)
⑤ 노력 - 보상 불균형 모델(Effort-Reward Imbalance Model)

▶ 2013년 66번 　■ 조직 차원의 스트레스 대처방안
1. 직무 설계 개선: 직무 설계를 적절히 관리함으로써, 직원들이 지나치게 과중한 업무를 맡거나 비현실적인 요구를 받지 않도록 하는 방법이다. 예시: 직무 분담 재조정, 불필요한 업무 절차 제거, 업무 목표의 명확화.
2. 근무 시간 및 워크라이프 밸런스 지원: 근무 시간 관리 및 휴식 정책을 개선하여 직원들이 균형 있는 일과 삶을 유지할 수 있도록 돕는 방법이다. 예시: 유연근무제 도입, 과로 방지 정책 수립, 연차 사용 촉진.
3. 사회적 지원 강화: 조직 내에서 직원 간, 상사와 직원 간의 사회적 지지를 강화하여 스트레스를 줄이고 조직 내 협력 문화를 증진하는 방법이다. 예시: 멘토링 프로그램 도입, 팀 빌딩 활동, 스트레스해소를 위한 직원 상담 서비스 제공.
4. 명확한 역할과 책임 부여: 각 직원이 맡은 역할과 책임이 명확히 정의되면, 역할 갈등과 역할 모호성으로 인한 스트레스가 감소할 수 있다. 예시: 역할과 업무 설명서 제공, 정기적인 피드백을 통해 역할에 대한 명확성 유지.
5. 관리 기술 향상: 관리자와 리더가 효과적인 리더십과 커뮤니케이션 기술을 개발하여 직원들의 스트레스를 관리하고, 건강한 조직 문화를 조성하는 방법이다. 예시: 리더십 훈련 프로그램, 스트레스 징후 인식 및 대처법 교육.
6. 스트레스 관리 프로그램 도입: 직장 내에서 스트레스를 완화할 수 있는 프로그램을 도입하여, 직원들이 신체적, 정신적 스트레스를 줄일 수 있도록 돕는 방법이다. 예시: 직장 내 요가 및 명상 클래스, 심리 상담 서비스, 스트레스 완화 워크숍.
7. 적절한 보상 및 인센티브 시스템: 직원의 노력과 성과에 대한 적절한 보상 시스템을 구축하여, 성취감과 만족감을 느끼게 하고 스트레스를 줄이는 방법이다. 예시: 성과 기반 인센티브 제공, 승진 기회 확대, 공정한 평가 기준 확립.
8. 작업 환경 개선: 물리적 작업 환경을 개선하여 신체적·정신적 스트레스를 줄이는 방법이다. 예시: 인체공학적 가구 제공, 쾌적한 작업 공간 제공, 안전 규정 강화.　　　　　🔍답 ③

▶ 2021년 68번 　■ 조직 차원의 스트레스 대처방안
1. 직무 설계 개선
2. 근무 시간 및 워크라이프 밸런스 지원
3. 사회적 지원 강화
4. 명확한 역할과 책임 부여
5. 관리 기술 향상
6. 스트레스 관리 프로그램 도입
7. 적절한 보상 및 인센티브 시스템
8. 작업 환경 개선　　　　　🔍답 ⑤

▶ 2017년 62번 　■ 직무 요구-자원 모델(Job Demands-Resources model, JD-R 모델)
JD-R 모델은 직무 요구(demands)와 직무 자원(resources)이 개인의 스트레스와 건강에 미치는 영향을 설명하는 이론이다. 이 모델에서 직무 요구는 피로와 스트레스를 유발하는 외적 요인(예: 업무량, 시간 압박 등)을 말하며, 직무 자원은 이러한 요구를 완충하고 스트레스를 줄여주는 역할을 하는 요인이다.
외적 요인으로는 조직의 지원, 의사결정 과정에 대한 참여 등이 있으며, 내적 요인은 자신의 직무 요구에 대한 종업원의 정신적 접근방법(예: 자기 효능감, 동기 부여) 등이 해당한다. 이 요인들은 직무 스트레스에 대한 완충 역할을 하며, 긍정적인 요인들이 잘 작동할 경우 종업원들의 스트레스가 줄어드는 효과가 있다.　　　　　🔍답 ③

64 직업 스트레스 모델에 관한 설명으로 옳지 않은 것은?

① 노력 - 보상 불균형 모델(Effort-Reward Imbalance Model)은 직장에서 제공하는 보상이 종업원의 노력에 비례하지 않을 때 종업원이 많은 스트레스를 느낀다고 주장한다.

② 요구 - 통제 모델(Demands-Control Model)에 따르면 작업장에서 스트레스가 가장 높은 상황은 종업원에 대한 업무 요구가 높고 동시에 종업원 자신이 가지는 업무통제력이 많을 때이다.

③ 직무요구 - 자원 모델(Job Demands-Resources Model)은 업무량 이외에도 다양한 요구가 존재한다는 점을 인식하고, 이러한 다양한 요구가 종업원의 안녕과 동기에 미치는 영향을 연구한다.

④ 자원보존 모델(Conservation of Resources Model)은 자원의 실제적 손실 또는 손실의 위협이 종업원에게 스트레스를 경험하게 한다고 주장한다.

⑤ 사람 - 환경 적합 모델(Person-Environment Fit Model)에 의하면 종업원은 개인과 환경간의 적합도가 낮은 업무 환경을 스트레스원(stressor)으로 지각한다.

62 직무스트레스 요인에 관한 설명으로 옳지 않은 것은?

① 역할 내 갈등은 직무상 요구가 여럿일 때 발생한다.

② 역할 모호성은 상사가 명확한 지침과 방향성을 제시하지 못하는 경우에 유발된다.

③ 작업부하는 업무 요구량에 관한 것으로 직접 유형과 간접 유형이 있다.

④ 요구 - 통제 모형에 의하면 통제력은 요구의 부정적 효과를 줄이거나 완충해 주는 역할을 한다.

⑤ 대인관계 갈등과 타인과의 소원한 관계는 다양한 스트레스 반응을 유발할 수 있다.

▶ 2022년 64번

■ 직무 요구(demands)와 직무 통제(control)
1. 직무 요구는 업무량, 시간 압박, 복잡성 등의 스트레스 유발 요소를 뜻한다.
2. 직무 통제는 종업원이 자신의 업무를 얼마나 스스로 조정하고 결정할 수 있는지, 즉 업무에 대한 자율성과 권한을 말한다.

이 모델에 따르면 스트레스가 가장 높은 상황은 직무 요구는 높으나 직무 통제는 낮을 때이다. 즉, 높은 업무 요구와 낮은 통제력이 결합된 상황이 스트레스 유발에 가장 큰 영향을 미친다고 봅니다. 반대로, 직무 요구가 높더라도 종업원이 통제할 수 있는 권한이 높으면 스트레스는 완화될 수 있다고 설명한다.

🔍답 ②

▶ 2015년 62번

■ 직무 스트레스 요인
1. 직무 요구(Job Demands)
   1) 과도한 업무량: 업무가 과도하거나 시간에 쫓겨 처리해야 할 때 발생하는 스트레스.
   2) 시간 압박: 일정 마감에 대한 압박감이 클 때.
   3) 역할 모호성: 자신의 역할이나 책임이 명확하지 않아서 업무 수행이 어려울 때.
   4) 역할 갈등: 상충되는 지시나 요구가 있을 때, 또는 직무와 개인 생활 간의 충돌이 있을 때.
   5) 복잡한 업무: 업무가 지나치게 복잡하거나 기술적 요구가 높을 때.
   6) 신체적 요구: 신체적으로 피곤하게 만드는 직무(육체 노동 등).
2. 직무 자원(Job Resources)
   1) 사회적 지원 부족: 동료나 상사로부터 충분한 지원을 받지 못할 때.
   2) 의사소통 부족: 상사나 동료들과의 소통이 원활하지 않아서 업무에 혼란이 있을 때.
   3) 승진 기회 부족: 직장에서의 경력 발전 기회가 없을 때.
   4) 불충분한 훈련과 교육: 직무에 필요한 기술이나 지식을 충분히 배우지 못한 상태에서 일을 해야 할 때.

■ 작업부하 - 직무 요구량
1. 양적 작업부하: 일정 시간 안에 처리해야 하는 업무의 양이 너무 많은 경우, 즉 업무량 자체가 과도할 때를 의미한다.
2. 질적 작업부하: 업무의 복잡성이나 난이도가 높아서 종업원의 능력이나 자원으로 처리하기 어려운 상황을 말한다.
3. 정신적 작업부하: 복잡한 문제 해결이나 고도의 집중력이 필요한 경우에 발생하는 부담.
4. 신체적 작업부하: 육체적 노동이나 긴 시간 서 있거나 움직이는 등의 신체적 요구가 클 때 발생하는 부담.

🔍답 ③

67 작업스트레스에 관한 설명으로 옳은 것은?

① 급하고 의욕이 강한 A유형 성격의 사람들은 스트레스 조절능력이 강해서 느긋하고 이완된 B유형의 사람들과 비교하여 심장질환에 걸릴 확률이 절반 정도로 낮다.

② 스트레스 출처에 대한 이해가능성, 예측가능성, 통제가능성 중에서 스트레스 완화효과가 가장 큰 것은 예측가능성이다.

③ 내적 통제형의 사람들은 자신들이 스트레스 출처에 대해 직접적인 영향력을 행사하려고 하지 않고 그냥 견딘다.

④ 공항에서 근무하는 소방관의 경우 한 건의 화재도 없이 몇 주 동안 대기근무만 하였을 때 스트레스가 없다.

⑤ 작업스트레스는 역할 과부하에서 주로 발생하며, 역할들 간의 갈등으로는 발생 하지 않는다.

52 조직에서 생산적 행동과 반생산적 행동에 관한 설명으로 옳지 않은 것은?

① 조직시민행동은 생산적 행동에 속한다.

② 조직시민행동은 친사회적 행동이며 역할 외 행동이라고도 한다.

③ 일탈행동은 반생산적 행동에 속하지만 조직에 해로운 행동은 아니다.

④ 조직시민행동은 개인(Individual)과 조직(Organizational)으로 분류되기도 한다.

⑤ 반생산적 행동은 개인적 범주와 조직적 범주로 분류할 수 있다.

▶ 2014년 67번 ■ 정보량(Information Amount)

① A유형 성격의 사람들은 스트레스 조절 능력이 약하고, 심혈관 질환에 걸릴 위험이 더 높다. 반대로, B유형 성격의 사람들은 느긋하고 스트레스를 덜 받기 때문에 심장질환에 걸릴 위험이 낮다.

③ 내적 통제형(internal locus of control)의 사람들은 자신의 행동과 선택이 결과에 영향을 미친다고 믿는다. 따라서 그들은 스트레스나 문제 상황에서 수동적으로 견디지 않고, 적극적으로 해결하려는 행동을 취한다. 외적 통제형(external locus of control)의 사람들은 자신의 삶에서 일어나는 일들이 운, 운명, 타인의 통제에 달려 있다고 생각한다. 이 성향을 가진 사람들은 스트레스 상황에서 스스로 변화를 만들기보다는 외부 요인에 의존하거나 단순히 스트레스를 견디는 경향이 있을 수 있다.

④ 대기 상태의 스트레스: 화재 등 긴급 상황이 발생하지 않더라도, 소방관은 언제 발생할지 모르는 응급 상황에 즉각 대응해야 한다는 압박을 느낍니다. 이러한 대기 상태가 계속될 경우, 긴장감이 누적되어 스트레스를 유발할 수 있다.

역할 모호성: 업무 중 화재 등 실제적인 사건이 발생하지 않는다면, 자신의 역할에 대한 의미와 가치를 느끼지 못하는 경우도 있을 수 있다. 이로 인해 직무 만족도가 떨어지거나, 자신의 역할에 대한 의문으로 스트레스를 겪을 수 있다.

⑤ 역할 과부하: 역할 과부하는 직무 요구가 지나치게 많아지거나 시간이 부족한 상황에서 발생하는 스트레스 요인이다. 과도한 업무량, 높은 요구가 주된 요인으로, 이는 작업 스트레스를 유발하는 주요 원인 중 하나이다.

역할 갈등: 역할들 간의 갈등(role conflict)은 직무 수행 중 서로 상충되는 요구나 기대가 존재할 때 발생한다. 예를 들어, 상사로부터 서로 다른 요구를 받거나, 직무 요구와 개인적인 가치나 목표가 충돌할 때, 이러한 역할 갈등은 스트레스를 유발할 수 있다.

🔍답 ②

▶ 2024년 52번 ■ 일탈행동(deviant behavior)

일탈행동은 조직의 규범을 어기고 조직이나 구성원에게 부정적인 영향을 미치는 행동을 의미한다. 이러한 행동은 주로 조직에 해로운 행동으로 나타납니다. 일탈행동은 주로 다음 두 가지로 구분될 수 있다:

1) 대인적 일탈: 다른 구성원들에게 해를 끼치는 행동(예: 괴롭힘, 무례함, 언어적 폭력 등).
2) 조직적 일탈: 조직 자체에 해를 끼치는 행동(예: 무단 결근, 생산성 저하, 재산 파괴 등).

③ 일탈행동은 조직에 부정적인 영향을 미치는 행동으로, 조직의 효율성과 생산성을 저하시킬 수 있으며, 조직 문화와 동료 관계에 악영향을 끼칩니다.

🔍답 ③

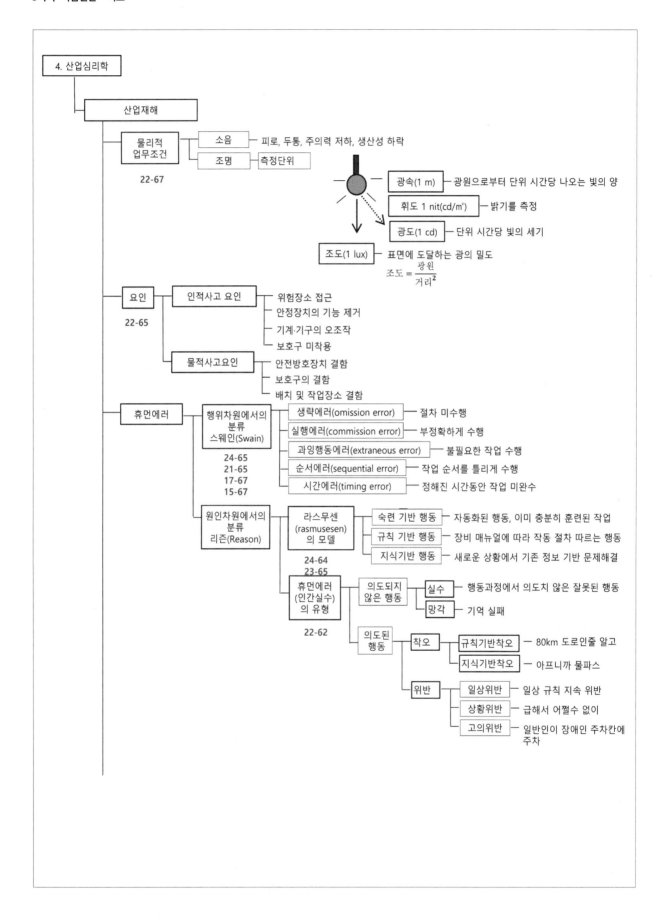

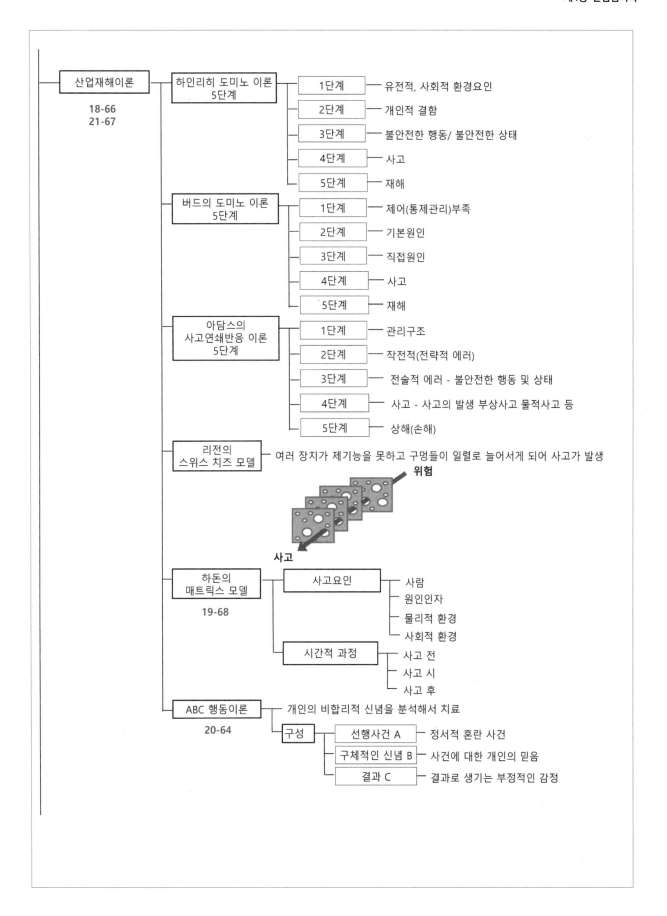

예제 문제

2022년
65 산업재해의 인적 요인이라고 볼 수 없는 것은?

① 작업 환경　　　　　② 불안전행동　　　　　③ 인간 오류
④ 사고 경향성　　　　⑤ 직무 스트레스

2022년
62 리전(J. Reason)의 불안전행동에 관한 설명으로 옳지 않은 것은?

① 위반(violation)은 고의성 있는 위험한 행동이다.
② 실책(mistake)은 부적절한 의도(계획)에서 발생한다.
③ 실수(slip)는 의도하지 않았고 어떤 기준에 맞지 않는 것이다.
④ 착오(lapse)는 의도를 가지고 실행한 행동이다.
⑤ 불안전행동 중에는 실제 행동으로 나타나지 않고 당사자만 인식하는 것도 있다.

2023년
65 라스뮈센(J. Rasmussen)의 수행수준 이론에 관한 설명으로 옳은 것은?

① 실수(slip)의 기본적인 분류는 3가지 주제에 대한 것으로 의도형성에 따른 오류, 잘못된 활성화에 의한 오류, 잘못된 촉발에 의한 오류이다.
② 인간의 행동을 숙련(skill)에 바탕을 둔 행동, 규칙(rule)에 바탕을 둔 행동, 지식(knowledge)에 바탕을 둔 행동으로 분류한다.
③ 오류의 종류로 인간공학적 설계오류, 제작오류, 검사오류, 설치 및 보수오류, 조작오류, 취급오류를 제시한다.
④ 오류를 분류하는 방법으로 오류를 일으키는 원인에 의한 분류, 오류의 발생 결과에 의한 분류, 오류가 발생하는 시스템 개발단계에 의한 분류가 있다.
⑤ 사람들의 오류를 분석하고 심리수준에서 구체적으로 설명할 수 있는 모델이며 욕구체계, 기억체계, 의도체계, 행위체계가 존재한다.

▌정답 및 해설

▶ **2022년 65번**   ▪ 산업재해의 인적 요인 - 주로 작업자 자신의 행동, 능력, 태도 등과 관련된 요소

1. 부주의 및 방심
2. 지식과 기술 부족
3. 안전 수칙 미준수
4. 과도한 자신감
5. 육체적 및 정신적 피로
6. 건강 상태
7. 스트레스와 심리적 상태
8. 경험 부족
9. 위험 인식 부족
10. 과도한 작업 속도 및 압박
11. 작업 중 주의 산만   🔍답 ①

▶ **2022년 62번**   ▪ 리전(J. Reason)의 불안전행동

1. 위반 (Violation): 의도적으로 규칙을 어기는 행동.
2. 실책 (Mistake): 잘못된 결정을 내리는 비의도적인 실수.
3. 실수 (Slip): 행동을 실행하는 과정에서 발생하는 비의도적인 오류.
4. 착오 (Lapse): 기억력이나 주의력 문제로 발생하는 비의도적인 실수.   🔍답 ④

▶ **2023년 65번**   ▪ Rasmussen의 인간 오류 이론

1. 기술 기반 행동(Skill-based behavior): 숙련된 행동이나 자동화된 행동을 할 때 발생하는 오류이다. 이 수준의 오류는 주로 실수(slip)로 나타납니다. 의도는 옳지만, 행동을 실행하는 과정에서 실수가 발생하는 경우이다. 예를 들어, 익숙한 작업을 하다가 순간적인 주의 부족으로 잘못된 행동을 하는 경우.
2. 규칙 기반 행동(Rule-based behavior): 문제를 해결하기 위해 기존에 알고 있는 규칙을 적용하는 과정에서 발생하는 오류이다. 이 수준에서는 규칙을 잘못 적용하거나 규칙을 잘못 해석하는 경우가 오류로 이어진다.
3. 지식 기반 행동(Knowledge-based behavior): 새로운 문제 상황에서 기존 규칙이나 지식이 부족할 때 발생하는 오류이다. 이 수준에서는 지식의 부족이나 잘못된 판단으로 인해 실수가 발생한다.   🔍답 ②

2020년

65 휴먼에러 발생 원인을 설명하는 모델 중, 주로 익숙하지 않은 문제를 해결할 때 사용하는 모델이며 지름길을 사용하지 않고 상황파악, 정보수집, 의사결정, 실행의 모든 단계를 순차적으로 실행하는 방법은?

① 위반행동 모델(violation behavior model)
② 숙련기반행동 모델(skill-based behavior model)
③ 규칙기반행동 모델(rule-based behavior model)
④ 지식기반행동 모델(knowledge-based behavior model)
⑤ 일반화 에러 모형(generic error modeling system)

2021년

65 스웨인(A. Swain)과 커트맨(H.Cuttmann)이 구분한 인간오류(human error)의 유형에 관한 설명으로 옳지 않은 것은?

① 생략오류(omission error): 부분으로는 옳으나 전체로는 틀린 것을 옳다고 주장 하는 오류
② 시간오류(timing error): 업무를 정해진 시간보다 너무 빠르게 혹은 늦게 수행 했을 때 발생하는 오류
③ 순서오류(sequence error): 업무의 순서를 잘못 이해했을 때 발생하는 오류
④ 실행오류(commission error): 수행해야 할 업무를 부정확하게 수행하기 때문에 생겨나는 오류
⑤ 부가오류(extraneous error): 불필요한 절차를 수행하는 경우에 생기는 오류

2015년

67 행위적 관점에서 분류한 휴먼에러의 유형에 해당하는 것은?

① 순서 오류(sequence error)
② 피드백 오류(feedback error)
③ 입력 오류(input error)
④ 의사결정 오류(decision making error)
⑤ 출력 오류(output error)

▶ 2020년 65번
- 지식 기반 행동(Knowledge-based behavior) 모델
  지식 기반 행동은 작업자가 새롭고 익숙하지 않은 문제에 직면했을 때, 기존의 규칙이나 기술을 사용할 수 없는 상황에서 사용되는 방법이다. 이 방법은 지름길을 사용하지 않고 문제 해결의 각 단계를 체계적으로 밟아나가며 진행된다. 즉, 상황 파악, 정보 수집, 의사 결정, 실행의 과정을 순차적으로 따르는 것이다. 이 과정은 새로운 상황에서 작업자가 기존의 경험이나 지식을 통해 문제를 해결할 수 없을 때 발생하며, 주로 논리적 추론과 분석을 통해 문제를 해결하려고 시도한다.
  🔍답 ④

▶ 2021년 65번
- 스웨인(A. Swain)의 인간 오류(Human Error)
  1. 생략 에러 (Omission Error): 작업자가 필요한 행동을 수행하지 않은 경우 발생하는 오류이다. 즉, 특정 단계에서 필수적인 행동을 생략함으로써 시스템에 오류가 발생한다. 예시: 공장에서 작업자가 장비 작동 절차 중 중요한 검사를 생략하고 장비를 가동하는 경우.
  2. 실행 에러 (Execution Error): 작업자가 의도한 행동을 잘못 실행했을 때 발생하는 오류이다. 실행은 했지만 의도한 결과와는 다른 결과를 초래하는 행동이다. 예시: 작업자가 기계를 작동하려고 버튼을 눌렀으나, 실수로 잘못된 버튼을 누르는 경우.
  3. 과잉 행동 에러 (Commission Error): 작업자가 필요 이상의 행동을 수행하거나, 시스템에 필요하지 않은 행동을 할 때 발생하는 오류이다. 예시: 절차에서 요구되지 않은 추가 작업을 임의로 실행하여 시스템에 오류를 발생시키는 경우.
  4. 순서 에러 (Sequence Error): 작업자가 정해진 작업 순서를 잘못 수행할 때 발생하는 오류이다. 순서대로 해야 할 작업이 잘못된 순서로 실행되어 오류가 발생한다. 예시: 항공기 점검 절차에서 먼저 해야 할 점검 항목을 나중에 하고, 나중에 해야 할 항목을 먼저 실행하는 경우.
  5. 시간 에러 (Timing Error): 적절한 시점에 행동을 하지 않거나, 너무 빠르거나 늦게 행동할 때 발생하는 오류이다. 예시: 기계를 정지시켜야 할 시점을 놓쳐 사고가 발생하는 경우, 또는 너무 이른 시점에 특정 조치를 취해 문제가 발생하는 경우.
  🔍답 ①

▶ 2015년 67번
- 행위적 관점에서 분류한 휴먼 에러의 유형
  행위적 관점에서 분류한 휴먼 에러의 유형은 주로 작업자가 행동을 수행하는 과정에서 의도와 실제 행동 간에 발생하는 차이로 인해 생기는 오류들이다. 이 오류들은 행동을 하지 않았거나(생략), 잘못된 행동을 했거나(실행), 불필요한 행동을 추가로 했거나(과잉 행동), 행동의 순서나 시간의 오류와 관련된 실수로 나뉩니다. 이를 통해 작업자의 실수를 체계적으로 분석하고, 오류 방지 대책을 마련할 수 있다.
  🔍답 ①

2017년

67 휴먼에러(human error)에 관한 설명으로 옳은 것은?

① 리전(J. Reason)의 휴먼에러 분류는 행위의 결과만을 보고 분류하므로 에러 분류가 비교적 쉽고 빠른 장점이 있다.

② 지식기반 착오(knowledge based mistake)는 무의식적 행동 관례 및 저장된 행동 양상에 의해 제어되는 것이다.

③ 라스무센(J. Rasmussen)은 인간의 불완전한 행동을 의도적인 경우와 비의도적인 경우로 구분하여 에러 유형을 분류하였다.

④ 누락오류, 작위오류, 시간오류, 순서오류는 원인적 분류에 해당하는 휴먼에러이다.

⑤ 스웨인(A. Swain)은 휴먼에러를 작업 완수에 필요한 행동과 불필요한 행동을 하는 과정에서 나타나는 에러로 나누었다.

2022년

67 조명의 측정단위에 관한 설명으로 옳은 것을 모두 고른 것은?

> ㄱ. 광도는 광원의 밝기 정도이다.
> ㄴ. 조도는 물체의 표면에 도달하는 빛의 양이다.
> ㄷ. 휘도는 단위 면적당 표면에서 반사 혹은 방출되는 빛의 양이다.
> ㄹ. 반사율은 조도와 광도간의 비율이다.

① ㄱ, ㄷ   ② ㄴ, ㄹ

③ ㄱ, ㄴ, ㄷ   ④ ㄱ, ㄷ, ㄹ

⑤ ㄱ, ㄴ, ㄷ, ㄹ

2021년

67 산업재해이론 중 하인리히(H. Heinrich)가 제시한 이론에 관한 설명으로 옳은 것은?

① 매트릭스 모델(Matrix model)을 제안하였으며, 작업자의 긴장수준이 사고를 유발한다고 보았다.

② 사고의 원인이 어떻게 연쇄반응을 일으키는지 도미노(domino)를 이용하여 설명하였다.

③ 재해는 관리부족, 기본원인, 직접원인, 사고가 연쇄적으로 발생하면서 일어나는 것으로 보았다.

④ 재해의 직접적인 원인은 불안전행동과 불안전상태를 유발하거나 방치한 전술적 오류에서 비롯된다고 보았다.

⑤ 스위스 치즈 모델(Swiss cheese model)을 제시하였으며, 모든 요소의 불안전이 겹쳐져서 사고가 발생한다고 주장하였다.

▶ **2017년 67번**

■ 일탈행동(deviant behavior)

① Reason의 휴먼 에러 분류는 단순히 행위의 결과만을 보고 오류를 분류하는 것이 아니라, 행위의 인지적 과정과 실수의 원인에 초점을 맞춘 분류 방식이다. 단순히 결과만을 보고 판단하는 것이 아니라, 행동이 어떻게 잘못되었는지와 그 원인을 분석하는 데 중점을 둡니다

② 지식기반 착오(knowledge-based mistake)는 무의식적 행동이나 관례, 저장된 행동 양상에 의해 제어되는 것이 아니라, 주로 새롭고 익숙하지 않은 문제에 직면했을 때 지식이나 판단이 부족해서 발생하는 오류이다.

③ Rasmussen의 인간 오류 분류는 기술 기반 행동(Skill-based behavior), 규칙 기반 행동(Rule-based behavior), 지식 기반 행동(Knowledge-based behavior)의 세 가지 수준에서 오류를 분류한다.

④ 누락오류, 작위오류, 시간오류, 순서오류는 행위적 관점 분류에 해당하는 휴먼에러이다.

답 ⑤

▶ **2022년 67번**

■ 반사율(Reflectance)

물체 표면이 빛을 반사하는 능력을 나타내는 물리적 특성이다. 즉, 물체가 얼마나 많은 빛을 반사하는지를 나타내며, 입사광 대비 반사광의 비율로 정의된다. 반사율은 0에서 1 사이의 값을 가지며, 1은 모든 빛을 반사하고 0은 전혀 반사하지 않는 상태를 의미한다.

답 ③

▶ **2021년 67번**

■ 하인리히(H. Heinrich) 산업재해 예방 이론

H. W. 하인리히(Herbert William Heinrich)는 산업재해 예방 이론에서 중요한 인물로, 그의 대표적인 이론인 도미노 이론(Domino Theory)과 1:29:300 법칙을 통해 산업재해와 사고 발생에 대한 체계적인 이해를 제공했다. 그의 이론들은 재해의 원인을 분석하고 사고 예방을 위한 구체적인 접근 방식을 제시하는 데 중점을 둡니다.

■ 스위스 치즈 모델(Swiss Cheese Model)

스위스 치즈 모델(Swiss Cheese Model)은 제임스 리전(James Reason)이 제시한 사고와 재해 발생에 대한 이론이다. 이 모델은 안전 시스템에서 발생하는 사고를 설명하기 위해 여러 방어층을 거쳐 사고를 예방하려고 하지만, 그 방어층에 있는 결함들이 겹쳐질 때 사고가 발생한다고 주장한다.

답 ②

2018년

66 하인리히(H. Heinrich)의 연쇄성 이론에 관한 설명으로 옳지 않은 것은?

① 연쇄성 이론은 도미노 이론이라고 불리기도 한다.
② 사고를 예방하는 방법은 연쇄적으로 발생하는 사고원인들 중에서 어떤 원인을 제거하여 연쇄적인 반응을 막는 것이다.
③ 연쇄성 이론에 의하면 5개의 도미노가 있다.
④ 사고 발생의 직접적인 원인은 불안전한 행동과 불안전한 상태다.
⑤ 연쇄성 이론에서 첫 번째 도미노는 개인적 결함이다.

2019년

68 다음 중 산업재해이론과 그 내용의 연결로 옳지 않은 것은?

① 하인리히(H. Heinrich)의 도미노 이론: 사고를 촉발시키는 도미노 중에서 불안전상태와 불안전행동을 가장 중요한 것으로 본다.
② 버드(F. Bird)의 수정된 도미노 이론: 하인리히(H. Heinrich)의 도미노 이론을 수정한 이론으로, 사고 발생의 근본적 원인을 관리 부족이라고 본다.
③ 애덤스(E. Adams)의 사고연쇄반응 이론: 불안전행동과 불안전상태를 유발하거나 방치하는 오류는 재해의 직접적인 원인이다.
④ 리전(J. Reason)의 스위스 치즈 모델: 스위스 치즈 조각들에 뚫려 있는 구멍들이 모두 관통되는 것처럼 모든 요소의 불안전이 겹쳐져서 산업재해가 발생한다는 이론이다.
⑤ 하돈(W. Haddon)의 매트릭스 모델: 작업자의 긴장 수준이 지나치게 높을 때, 사고가 일어나기 쉽고 작업 수행의 질도 떨어지게 된다는 것이 핵심이다.

2023년

68 산업재해이론 중 아담스(E. Adams)의 사고연쇄 이론에 관한 설명으로 옳은 것은?

① 관리구조의 결함, 전술적 오류, 관리기술 오류가 연속적으로 발생하게 되며 사고와 재해로 이어진다.
② 불안전상태와 불안전행동을 어떻게 조절하고 관리할 것인가에 관심을 가지고 위험해결을 위한 노력을 기울인다.
③ 긴장 수준이 지나치게 높은 작업자가 사고를 일으키기 쉽고 작업수행의 질도 떨어진다.
④ 작업자의 주의력이 저하하거나 약화될 때 작업의 질은 떨어지고 오류가 발생해서 사고나 재해가 유발되기 쉽다.
⑤ 사고나 재해는 사고를 낸 당사자나 사고발생 당시의 불안전행동, 그리고 불안전행동을 유발하는 조건과 감독의 불안전 등이 동시에 나타날 때 발생한다.

▶ 2018년 66번 | ■ 하인리히(H. Heinrich) 도미노이론
- 1단계 – 사회적 환경 및 유전적 요인: 개인의 성격이나 행동에 영향을 미치는 배경적 요인으로, 가정 환경, 교육, 문화 등이 포함된다. 이는 개인의 행동 패턴을 형성하는 데 중요한 역할을 한다.
- 2단계 – 개인적 결함: 부주의, 무지, 불안정한 행동 습관 등 개인의 결함이 사고의 원인이 될 수 있다.
- 3단계 – 불안전한 행동 및 상태: 잘못된 행동이나 작업 환경의 결함, 장비의 불량 등이 이 단계에 해당한다. 이는 사고를 직접적으로 유발하는 요소로 작용한다.
- 4단계 – 사고: 불안전한 행동이나 상태로 인해 실제로 사고가 발생하는 단계이다. 이는 사람이 넘어지거나, 부딪치거나, 다치는 등 구체적인 사고 상황이다.
- 5단계 – 상해: 사고로 인해 발생하는 부상 또는 재산 손실을 의미한다.　　　　　　🔍답 ⑤

▶ 2019년 68번 | ■ 하돈 매트릭스(Haddon Matrix)
하돈 매트릭스(Haddon Matrix)는 사고와 재해 예방을 위한 종합적 사고 분석 도구로, 주로 교통사고 및 공중보건 분야에서 사용된다. 이 모델은 사고나 재해가 발생하는 과정에서 인간, 차량/기계/환경, 그리고 사회적 요인을 포함한 다양한 요인들이 복합적으로 작용한다는 것을 강조한다.

⑤ 하돈 매트릭스는 작업자의 긴장 수준과 직접적인 관련이 없으며, 대신 사고를 여러 요인과 시간적 단계로 나누어 분석하는 종합적인 사고 분석 도구이다. 이를 통해 사고 예방과 피해 최소화를 위한 전략을 체계적으로 세울 수 있다.　　　　　　🔍답 ⑤

▶ 2023년 68번 | ■ E. Adams의 사고연쇄 이론(Accident Chain Theory)
- 1단계 관리구조의 결함 – 사고 예방과 관련된 조직의 관리 체계나 구조적인 문제를 의미
- 2단계 작전적 에러 – 작업 현장에서 발생하는 실행 단계의 오류를 의미
- 3단계 전술적 에러 – 관리자 또는 감독자가 현장에서 실수를 범하는 것을 의미
- 4단계 사고 – 앞서 발생한 여러 가지 관리적, 운영적, 전술적 오류가 연쇄적으로 작용하여 사고가 실제로 발생하는 단계
- 5단계 상해 – 사고로 인한 결과적인 피해가 나타나는 단계로 작업자의 신체적 부상이나 사망, 재산 손실 등의 피해가 발생하며, 사고로 인해 발생한 손실을 의미　🔍답 ①, ②

64 라스무센의 인간행동 분류에 관한 설명으로 옳은 것을 모두 고른 것은?

> ㄱ. 숙련기반행동은 사람이 충분히 습득하여 자동적으로 하는 행동을 말한다.
> ㄴ. 지식기반행동은 입력된 정보를 그때마다 의식적이고 체계적으로 처리해서 나타난 행동을 말한다.
> ㄷ. 규칙기반행동은 친숙하지 않은 상황에서 기억속의 규칙에 기반한 무의식적 행동을 말한다.
> ㄹ. 수행기반행동은 다수의 시행착오를 통해 학습한 행동을 말한다.

① ㄱ, ㄴ ② ㄴ, ㄹ
③ ㄷ, ㄹ ④ ㄱ, ㄴ, ㄷ
⑤ ㄱ, ㄷ, ㄹ

65 스웨인(Swain)이 분류한 휴먼에러 유형에 해당하는 것을 모두 고른 것은?

> ㄱ. 조작에러(Performance Error)
> ㄴ. 시간에러(Time Error)
> ㄷ. 위반에러(Violation Error)

① ㄱ ② ㄴ
③ ㄱ, ㄷ ④ ㄴ, ㄷ
⑤ ㄱ, ㄴ, ㄷ

▶ 2024년 64번

■ Rasmussen의 인간 오류 이론

1. 기술 기반 행동(Skill-based behavior): 숙련된 행동이나 자동화된 행동을 할 때 발생하는 오류이다. 이 수준의 오류는 주로 실수(slip)로 나타납니다. 의도는 옳지만, 행동을 실행하는 과정에서 실수가 발생하는 경우이다. 예를 들어, 익숙한 작업을 하다가 순간적인 주의 부족으로 잘못된 행동을 하는 경우.

2. 규칙 기반 행동(Rule-based behavior): 문제를 해결하기 위해 기존에 알고 있는 규칙을 적용하는 과정에서 발생하는 오류이다. 이 수준에서는 규칙을 잘못 적용하거나 규칙을 잘못 해석하는 경우가 오류로 이어진다.

3. 지식 기반 행동(Knowledge-based behavior): 새로운 문제 상황에서 기존 규칙이나 지식이 부족할 때 발생하는 오류이다. 이 수준에서는 지식의 부족이나 잘못된 판단으로 인해 실수가 발생한다.

답 ①

▶ 2024년 65번

■ 스웨인(A. Swain)의 인간 오류(Human Error)

1. 생략 에러 (Omission Error): 작업자가 필요한 행동을 수행하지 않은 경우 발생하는 오류이다. 즉, 특정 단계에서 필수적인 행동을 생략함으로써 시스템에 오류가 발생한다. 예시: 공장에서 작업자가 장비 작동 절차 중 중요한 검사를 생략하고 장비를 가동하는 경우.

2. 실행 에러 (Execution Error): 작업자가 의도한 행동을 잘못 실행했을 때 발생하는 오류이다. 실행은 했지만 의도한 결과와는 다른 결과를 초래하는 행동이다. 예시: 작업자가 기계를 작동하려고 버튼을 눌렀으나, 실수로 잘못된 버튼을 누르는 경우.

3. 과잉 행동 에러 (Commission Error): 작업자가 필요 이상의 행동을 수행하거나, 시스템에 필요하지 않은 행동을 할 때 발생하는 오류이다. 예시: 절차에서 요구되지 않은 추가 작업을 임의로 실행하여 시스템에 오류를 발생시키는 경우.

4. 순서 에러 (Sequence Error): 작업자가 정해진 작업 순서를 잘못 수행할 때 발생하는 오류이다. 순서대로 해야 할 작업이 잘못된 순서로 실행되어 오류가 발생한다. 예시: 항공기 점검 절차에서 먼저 해야 할 점검 항목을 나중에 하고, 나중에 해야 할 항목을 먼저 실행하는 경우.

5. 시간 에러 (Timing Error): 적절한 시점에 행동을 하지 않거나, 너무 빠르거나 늦게 행동할 때 발생하는 오류이다. 예시: 기계를 정지시켜야 할 시점을 놓쳐 사고가 발생하는 경우, 또는 너무 이른 시점에 특정 조치를 취해 문제가 발생하는 경우.

답 ②

4주완성 합격마스터
산업안전지도사 1차 필기
3과목 기업진단 · 지도

제 5 장

산업위생

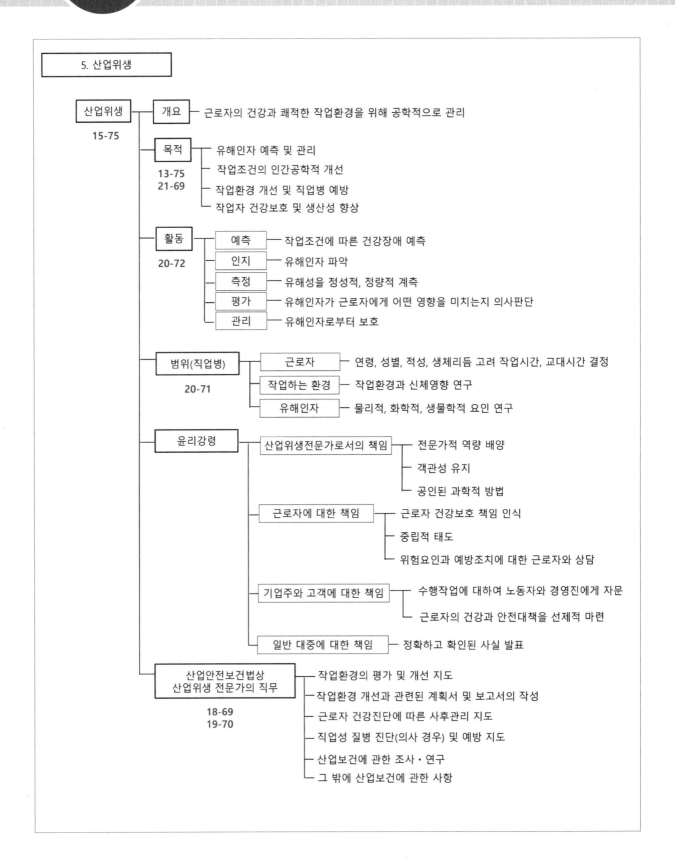

||| MEMO |||||||||||||||||||||||||||||||||||||||||||||||

▌예제 문제

2020년
72 미국산업위생학회에서 산업위생의 정의에 관한 설명으로 옳지 않은 것은?

① 인지란 현재 상황의 유해인자를 파악하는 것으로 위험성 평가(Risk Assessment)를 통해 실행할 수 있다.
② 측정은 유해인자의 노출 정도를 정량적으로 계측하는 것이며 정성적 계측도 포함한다.
③ 평가의 대표적인 활동은 측정된 결과를 참고자료 혹은 노출기준과 비교하는 것이다.
④ 관리에서 개인보호구의 사용은 최후의 수단이며 공학적, 행정적인 관리와 병행해야 한다.
⑤ 예측은 산업위생 활동에서 마지막으로 요구되는 활동으로 앞 단계들에서 축적된 자료를 활용하는 것이다.

2021년
69 산업위생의 목적에 해당하는 것을 모두 고른 것은?

ㄱ. 유해인자 예측 및 관리	ㄴ. 작업조건의 인간공학적 개선
ㄷ. 작업환경 개선 및 직업병 예방	ㄹ. 작업자의 건강보호 및 생산성 향상

① ㄱ, ㄴ, ㄷ
② ㄱ, ㄴ, ㄹ
③ ㄱ, ㄷ, ㄹ
④ ㄴ, ㄷ, ㄹ
⑤ ㄱ, ㄴ, ㄷ, ㄹ

2020년
71 산업위생의 범위에 관한 설명으로 옳지 않은 것은?

① 새로운 화학물질을 공정에 도입하려고 계획할 때, 알려진 참고자료를 바탕으로 노출 위험성을 예측한다.
② 화학물질 관리를 위해 국소배기장치를 직접 제작 및 설치한다.
③ 작업환경에서 발생할 수 있는 감염성질환을 포함한 생물학적 유해인자에 대한 위험성 평가를 실시한다.
④ 노출기준이 설정되지 않은 물질에 대하여 노출수준을 측정하고 참고자료와 비교하여 평가한다.
⑤ 동일한 직무를 수행하는 노동자 그룹별로 직무특성을 상세하게 기술하고 유사 노출그룹을 분류한다.

▌정답 및 해설

▶ **2020년 72번**　■ 미국산업위생학회(American Industrial Hygiene Association, AIHA)의 산업위생(Industrial Hygiene)

　　1. 예측: 발생 가능한 위험 요소를 미리 예상하고 대비
　　2. 인지: 실제로 존재하는 위험 요소를 인식
　　3. 측정: 위험 요소를 정량적으로 측정
　　4. 평가: 측정된 데이터를 바탕으로 위험의 심각성을 평가
　　5. 관리: 위험을 최소화하거나 제거하기 위한 조치를 취함　　　　🔍답 ⑤

▶ **2021년 69번**　■ 산업위생의 주요 목적

　　1. 근로자의 건강 보호
　　2. 사고와 재해 예방
　　3. 작업 환경 개선
　　4. 법적 규제 준수
　　5. 조기 발견 및 예방 – 작업 중 발생할 수 있는 위험 요소를 사전에 발견하고 예방
　　6. 근로자의 복지 증진　　　　🔍답 ⑤

▶ **2020년 71번**　■ 산업위생의 범위

　　산업위생의 주요 역할은 위험 요소를 인식하고, 평가하며, 관리하는 것이지만, 국소배기장치의 직접 제작 및 설치는 주로 기계 설계자나 엔지니어링 팀이 담당하는 기술적인 업무이다. 즉, 산업위생의 역할은 국소배기장치의 필요성을 인식하고 평가하는 것이지, 장치를 직접 제작하거나 설치하는 것이 아니다.　　　　🔍답 ②

2017년

71 산업위생전문가의 윤리강령 중 사업주에 대한 책임에 해당하지 않는 것은?

① 쾌적한 작업환경을 만들기 위하여 산업위생의 이론을 적용하고 책임있게 행동한다.

② 신뢰를 바탕으로 정직하게 권고하고 결과와 개선점은 정확히 보고한다.

③ 결과와 결론을 위해 사용된 모든 자료들을 정확히 기록 · 보관한다.

④ 업무 중 취득한 기밀에 대해 비밀을 보장한다.

⑤ 근로자의 건강에 대한 궁극적인 책임은 사업주에게 있음을 인식시킨다.

2018년

69 산업위생전문가(industrial hygienist)의 주요 활동으로 옳지 않은 것은?

① 근로자 건강영향을 설문으로 묻고 진단한다.

② 근로자의 근무기간별 직무활동을 기록한다.

③ 근로자가 과거에 소속된 공정을 설문으로 조사한다.

④ 구매할 기계장비에서 발생될 수 있는 유해요인을 예측한다.

⑤ 유해인자 노출을 평가한다.

2019년

70 산업위생의 목적 달성을 위한 활동으로 옳지 않은 것은?

① 메탄올의 생물학적 노출지표를 검사하기 위하여 작업자의 혈액을 채취하여 분석한다.

② 노출기준과 작업환경측정결과를 이용하여 작업환경을 평가한다.

③ 피토관을 이용하여 국소배기장치 닥트의 속도압(동압)과 정압을 주기적으로 측정한다.

④ 금속 흄 등과 같이 열적으로 생기는 분진 등이 발생하는 작업장에서는 1급 이상의 방진마스크를 착용하게 한다.

⑤ 인간공학적 평가도구인 OWAS를 활용하여 작업자들에 대한 작업 자세를 평가한다.

▶ 2017년 71번　　■ 산업위생전문가의 기업주나 고객에 대한 책임

1. 기밀 유지: 업무 중 알게 된 기업주의 기밀 정보는 보호되어야 하지만, 근로자의 건강과 안전에 영향을 미치는 정보는 예외가 될 수 있다.

2. 정직하고 정확한 보고: 산업위생 전문가는 정확하고 신뢰할 수 있는 정보를 제공해야 하며, 데이터를 왜곡하거나 축소해서는 안 된다.

3. 법적 규제 준수: 기업주나 고객의 요구가 있더라도, 법적 기준과 규제에 맞춰 안전과 건강을 관리해야 한다.

④ 산업위생전문가는 업무 중 취득한 기밀을 보장하는 것이 원칙이지만, 근로자의 안전과 법적 의무가 더 중요할 경우, 그 기밀을 공개할 수 있는 윤리적 책임을 지고 있다. 따라서 사업주에 대한 절대적인 비밀 보장이 아니라, 근로자의 건강과 안전을 최우선으로 고려하여 기밀을 유지하거나 공개할 의무가 있다.

🔍답 ④

▶ 2018년 69번　　■ 산업안전보건법 상 산업위생전문가의 주요 직무

산업위생전문가(Industrial Hygienist)의 역할은 작업 환경의 유해 요인을 인식, 평가, 통제하는 것이며, 그 중에서 근로자의 건강 상태를 진단하거나 의학적인 진단을 내리는 것은 의사의 역할이지, 산업위생전문가의 역할이 아니다. 따라서, 근로자의 건강 영향을 설문으로 묻고 진단하는 것은 산업위생전문가의 주된 활동이 아니며, 이는 산업안전보건법에 따른 의료 전문가의 역할과 혼동될 수 있다.

🔍답 ①

▶ 2019년 70번　　■ 산업위생의 목적 달성을 위한 활동

산업위생의 목적 달성을 위한 활동에서 작업자의 혈액을 채취하여 메탄올의 생물학적 노출지표를 검사하는 것은 산업위생전문가의 역할이 아니며, 이는 의학적 검사로써 의료 전문가나 산업의학 전문의의 역할에 해당한다. 따라서, 산업위생전문가가 직접 작업자의 혈액을 채취하고 분석하는 것은 적절하지 않다.

🔍답 ①

2015년

75 산업위생 분야에 관한 설명으로 옳지 않은 것은?

① 산업위생 목적은 궁극적으로 근로환경 개선을 통한 근로자의 건강보호에 있다.

② 국내 사업장의 산업위생 분야를 관장하는 행정부처는 고용노동부이다.

③ B. Ramazzini 는 직업병의 원인으로 작업환경 중 유해물질과 부자연스러운 작업 자세를 제안하였다.

④ 사업장에서 산업보건 직무담당자를 보건관리자라고 한다.

⑤ 세계보건기구는 산업보건 관련 국제연합기구로서 근로조건의 개선도모를 목적으로 1919년에 설치되었다.

2013년

75 산업위생과 관련된 설명 중 옳은 것은?

① 작업환경 중 유해요인으로부터 근로자의 건강을 보호하기 위해 국제적으로 통일하여 제정한 노출기준은 MAK이다.

② 최근 사업장에 도입되고 있는 위험성 평가(risk assessment)는 산업위생 분야의 작업환경측정과는 관련성이 없는 제도라고 할 수 있다.

③ 산업위생은 근로자 개인위생을 기본으로 하고 있으며, 개인의 생활습관 및 체력 관리를 통하여 건강을 유지 · 관리하는 것을 최우선으로 하고 있다.

④ 산업위생의 궁극적 목적은 근로자의 건강을 보호하기 위한 대책을 강구하는 것으로 일반적인 대책의 우선순위는 제거-대체-공학적개선-행정적개선-개인보호구 착용 순이다.

⑤ 작업환경 중 건강 유해요인은 크게 물리적, 화학적, 생물학적, 육체적 또는 정신적 부담 요인으로 나눌 수 있으며, 이중에서 산업위생분야는 정신적 부담 요인을 제외한 나머지를 관리대상으로 한다.

▶ 2015년 75번　　■ 산업보건

⑤ 1919년에 설립된 기구는 국제노동기구(ILO)이며, ILO는 근로자의 조건 개선과 산업보건에 중요한 역할을 담당하고 있다.

1948년에 설립된 세계보건기구(WHO)는 공중보건을 총괄하는 기구로, 근로자의 건강을 포함한 다양한 보건 문제를 다루고 있다.　　　　　　　　　　　　　　　　　　🔍답 ⑤

▶ 2013년 75번　　■ 산업위생

① MAK(Maximale Arbeitsplatz-Konzentration)는 독일에서 제정한 작업장 내 유해 물질의 최대 허용 농도를 의미한다. 즉, 근로자가 하루 8시간, 주 40시간 근무하는 기준에서 유해 물질에 노출되었을 때, 건강에 해를 끼치지 않는 농도를 나타냅니다. 국제적으로 통일된 노출 기준은 TLV(Threshold Limit Value, 임계치 한계값)이며, 이는 미국 산업위생협회(ACGIH)에서 제정한 기준이다. TLV는 산업계에서 전 세계적으로 참고되는 노출 기준으로, 여러 국가에서 유해 물질 노출 한계를 정할 때 참고하거나 사용한다.

② 위험성 평가는 작업장의 위험 요소를 체계적으로 파악하고, 이를 수량화하고 분석하여 통제 전략을 수립하는 과정이므로, 작업환경 측정과 매우 밀접한 관련이 있다.

③ 산업위생의 주된 목표는 작업장에서 발생할 수 있는 위험 요소를 관리하여 근로자의 건강을 보호하는 것이며, 개인의 생활습관이나 체력 관리는 산업위생의 초점이 아니다.

⑤ 산업위생 분야는 정신적 부담 요인을 포함하여 작업장에서 발생하는 모든 유해 요인을 관리 대상으로 한다.　　　　　　　　　　　　　　　　　　🔍답 ④

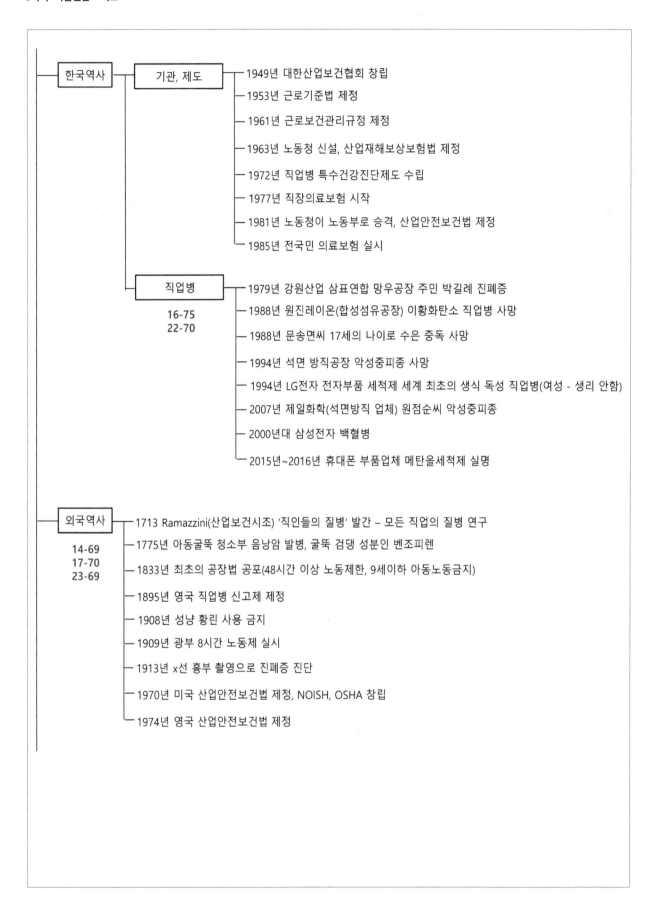

한국역사

기관, 제도
- 1949년 대한산업보건협회 창립
- 1953년 근로기준법 제정
- 1961년 근로보건관리규정 제정
- 1963년 노동청 신설, 산업재해보상보험법 제정
- 1972년 직업병 특수건강진단제도 수립
- 1977년 직장의료보험 시작
- 1981년 노동청이 노동부로 승격, 산업안전보건법 제정
- 1985년 전국민 의료보험 실시

직업병
16-75
22-70
- 1979년 강원산업 삼표연합 망우공장 주민 박길례 진폐증
- 1988년 원진레이온(합성섬유공장) 이황화탄소 직업병 사망
- 1988년 문송면씨 17세의 나이로 수은 중독 사망
- 1994년 석면 방직공장 악성중피종 사망
- 1994년 LG전자 전자부품 세척제 세계 최초의 생식 독성 직업병(여성 - 생리 안함)
- 2007년 제일화학(석면방직 업체) 원점순씨 악성중피종
- 2000년대 삼성전자 백혈병
- 2015년~2016년 휴대폰 부품업체 메탄올세척제 실명

외국역사
14-69
17-70
23-69
- 1713 Ramazzini(산업보건시조) '직인들의 질병' 발간 – 모든 직업의 질병 연구
- 1775년 아동굴뚝 청소부 음낭암 발병, 굴뚝 검댕 성분인 벤조피렌
- 1833년 최초의 공장법 공포(48시간 이상 노동제한, 9세이하 아동노동금지)
- 1895년 영국 직업병 신고제 제정
- 1908년 성냥 황린 사용 금지
- 1909년 광부 8시간 노동제 실시
- 1913년 x선 흉부 촬영으로 진폐증 진단
- 1970년 미국 산업안전보건법 제정, NOISH, OSHA 창립
- 1974년 영국 산업안전보건법 제정

||| MEMO ||||||||||||||||||||||||||||||||||||||||||

▍예제 문제

2016년
75 우리나라 산업보건 역사에 관한 설명으로 옳은 것은?

① 원진레이온 이황화탄소 중독을 계기로 산업안전보건법이 제정되었다.

② 1988년 문송면씨 사망으로 수은 중독이 사회적 이슈가 되었다.

③ 2004년 외국인 근로자 다발성 신경 손상에 의한 하지마비(앉은뱅이병) 원인인자는 벤젠이었다.

④ 2016년 메탄올 중독 사건은 특수건강진단에서 밝혀졌다.

⑤ 1995년 전자부품제조 근로자 생식독성의 원인인자는 납이였다.

2017년
70 1900년 이전에 일어난 산업보건 역사에 해당하지 않는 것은?

① 영국에서 음낭암 발견

② 독일 뮌헨대학에서 위생학 개설

③ 영국에서 공장법 제정

④ 영국에서 황린 사용금지

⑤ 독일에서 노동자질병보호법 제정

▌정답 및 해설

▶ 2016년 75번
- 산업보건 역사
  ① 산업안전보건법은 1977년에 제정되었다. 원진레이온 이황화탄소 중독 사건은 1970년대부터 1980년대에 걸쳐 이황화탄소 중독으로 인해 많은 근로자들이 건강 피해를 입었던 사건이다.
  ③ 2004년 외국인 근로자들이 전자제품 제조업에서 노말헥산에 장기간 노출되면서 말초 신경 손상으로 인해 하지마비와 같은 증상이 발생했다. 벤젠(Benzene)은 조혈기에 영향을 미치는 유해 물질로, 주로 골수 손상과 혈액질환과 연관된다.
  ④ 2016년 메탄올 중독 사건에서는 스마트폰 부품 제조 공정에서 메탄올을 사용하면서 적절한 환기 시스템이나 보호 장비 없이 작업이 진행되었기 때문이다. 근로자들이 메탄올 증기에 장기간 노출되었고, 그 결과 시력 상실을 포함한 심각한 건강 피해가 발생했다. 이 사건은 작업장에서 안전 관리 소홀과 유해 물질 노출 관리 부실로 인해 발생했으며, 피해자들이 병원에서 치료를 받으면서 중독 사실이 밝혀졌다.
  ⑤ 1995년 전자부품 제조 근로자 생식독성 사건의 원인은 에틸렌글리콜에테르가 주요 원인물질로 남성의 정자 감소, 정자 손상 등의 문제를 일으킬 수 있는 것으로 보고되었다. 납은 주로 신경계 손상, 조혈계 손상, 신장 손상 등을 일으킬 수 있으며, 생식 독성과도 관련이 있지만, 전자부품 제조 공정에서 문제가 된 유기 용제와는 다른 상황이다.   **답** ②

▶ 2017년 70번
- 황린(White Phosphorus)
  황린(White Phosphorus)은 19세기 성냥 제조에 사용되었으나, 이 물질에 노출된 근로자들이 파스티병(Phossy Jaw)이라는 심각한 질환을 앓기 시작했다. 파스티병은 턱뼈의 괴사를 일으키는 질환으로, 황린이 턱뼈에 축적되어 발생하는 것으로 밝혀졌다.

  1888년 영국 성냥공장 여성 노동자들의 파업은 황린의 위험성에 대한 인식을 높였으며, 그 결과 황린 사용을 규제하려는 움직임이 본격화되었다.

  1906년: 영국 정부는 황린을 성냥 제조에 사용하는 것을 금지하는 법을 제정했다. 이로 인해 성냥 제조업체는 황린 대신 안전한 물질인 적린(Red Phosphorus)을 사용하기 시작했다.   **답** ④

2014년

69 산업혁명 전후의 산업보건 역사에 관한 설명으로 옳지 않은 것은?

① 산업혁명으로 공장이라는 형태의 밀집된 생산시스템이 시작되었다.

② 산업혁명 이전에도 금속의 채광 및 제련업에 종사하는 사람들의 직업병 문제가 제기되었다.

③ 증기기관이 발명되어 생산의 기계화가 진행되면서 화학물질 사용량이 크게 감소하였다.

④ 굴뚝청소부 음낭암의 원인이 굴뚝의 검댕(soot)이라는 것이 밝혀졌고, 이것이 최초의 직업성 암의 사례이다.

⑤ 초기의 공장은 청소, 작업복의 세탁불량, 작업장 내 식사 등 위생적인 문제 해결만으로도 작업환경이 개선되었기 때문에 산업위생이라는 이름이 붙었다.

2022년

70 우리나라에서 발생한 대표적인 직업병 집단 발생 사례들이다. 가장 먼저 발생한 것부터 연도순으로 나열한 것은?

> ㄱ. 경남 소재 에어컨 부속 제조업체의 세척 작업 중 트리클로로메탄에 의한 간독성 사례
> ㄴ. 전자부품 업체의 2-bromopropane에 의한 생식독성 사례
> ㄷ. 휴대전화 부품 협력업체의 메탄올에 의한 시신경 장해 사례
> ㄹ. 노말-헥산에 의한 외국인 근로자들의 다발성 말초신경계 장해 사례
> ㅁ. 원진레이온에서 발생한 이황화탄소 중독 사례

① ㄱ → ㄴ → ㄷ → ㄹ → ㅁ   ② ㄱ → ㅁ → ㄹ → ㄷ → ㄴ

③ ㄹ → ㄷ → ㄴ → ㄱ → ㅁ   ④ ㅁ → ㄴ → ㄹ → ㄷ → ㄱ

⑤ ㅁ → ㄹ → ㄷ → ㄴ → ㄱ

2023년

69 다음은 산업위생을 연구한 학자이다. 누구에 관한 설명인가?

> • 독일 의사
> • "광물에 대하여(De Re Metallica)" 저술
> • 먼지에 의한 규폐증 기록

① Alice Hamilton   ② Percival Pott

③ Thomas Percival   ④ Georgius Agricola

⑤ Pliny the Elder

▶ 2014년 69번

■ 산업혁명 전후의 외국의 산업보건 역사

1. 1533년: 파라켈수스(Paracelsus)가 광산 노동자의 질병에 대한 연구를 시작하여 직업병에 대한 관심을 불러일으킴.
2. 1713년: 베르나르디노 라마치니(Bernardino Ramazzini)가 "직업병에 대하여(De Morbis Artificum Diatriba)" 출간. 다양한 직업에서 발생하는 질병을 최초로 체계적으로 기록함.
3. 1760년~1840년: 산업혁명 기간 동안 기계화된 대량생산이 도입되면서 열악한 작업 환경, 아동 노동 및 장시간 노동이 만연함. 공장 근로자들은 화학물질, 먼지, 소음 등으로 인해 직업병과 산업재해에 노출됨.
4. 1802년: 영국에서 공장법(Health and Morals of Apprentices Act)이 제정됨. 아동 노동에 대한 최초의 규제가 포함되었으나, 효과는 미미했음.
5. 1833년: 영국에서 공장법(Factory Act)이 개정되어 아동 노동을 규제하고, 성인 근로자에게도 제한된 노동 시간을 적용하기 시작. 근로 환경 개선을 위한 초기 법적 장치 마련.
6. 1842년: 에드윈 채드윅(Edwin Chadwick)이 영국의 노동자 생활 상태와 공중 보건에 대한 보고서를 발표. 이는 산업보건 개선에 대한 필요성을 제기한 중요한 사건으로 기록됨.
7. 1867년: 영국에서 공장검사관제도가 도입되어 작업장의 안전과 위생 상태를 감독하는 법이 시행됨.
8. 1884년: 독일에서 비스마르크 주도로 산업재해 보상법(Workers' Compensation Law)이 제정됨. 근로자가 직무 중 발생한 부상에 대해 보상을 받을 수 있는 제도가 도입됨.
9. 1906년: 영국에서 황린 사용 금지법이 제정됨. 이는 성냥 제조업에서 발생하던 파스티병(Phossy Jaw)을 예방하기 위해 마련된 법으로, 위험한 화학물질을 제한하는 중요한 사례 중 하나임.
10. 1911년: 미국에서 뉴욕 트라이앵글 공장 화재가 발생하여 146명의 여성 노동자가 사망함. 이 사건을 계기로 미국에서는 산업 안전과 노동자의 권리 보호에 대한 인식이 확산됨.
11. 1919년: 국제노동기구(International Labour Organization, ILO)가 설립됨. ILO는 근로자의 권리와 건강을 보호하기 위한 국제적 기준을 마련하는 중요한 기구로 발전함.
12. 1948년: 세계보건기구(WHO)가 설립되며, 산업보건이 공중보건의 중요한 분야로 다루어짐. WHO는 전 세계적으로 근로자의 건강을 보호하기 위한 연구와 지침을 마련함.
13. 1970년: 미국에서 직업안전보건법(Occupational Safety and Health Act, OSHA)이 제정됨. 이 법은 작업장의 안전과 근로자 건강을 보호하기 위해 중요한 역할을 함. **답 ③**

▶ 2022년 70번

■ 산업혁명 전후의 외국의 산업보건 역사

1. 1980~1994년 원진레이온에서 발생한 이황화탄소 중독 사례
2. 1994년 전자부품 업체의 2-bromopropane에 의한 생식독성 사례
3. 2005년 노말-헥산에 의한 외국인 근로자들의 다발성 말초신경계 장해 사례
4. 2016년 휴대전화 부품 협력업체의 메탄올에 의한 시신경 장해 사례
5. 2022년 경남 소재 에어컨 부속 제조업체의 세척 작업 중 트리클로로메탄에 의한 간독성 사례 **답 ④**

▶ 2023년 69번

■ 게오르크 아그리콜라(Georgius Agricola)

아그리콜라는 16세기 독일의 의사이자 광물학자로, 그의 저서 "광물에 대하여(De Re Metallica)"에서 광물 채굴 및 금속 처리에 대한 체계적인 정보를 제공하였다.

1. 규폐증 기록: 아그리콜라는 광업에서 발생하는 먼지와 그로 인한 건강 문제, 특히 규폐증 (silicosis)에 대해 처음으로 기록했다. 이는 광물 채굴 작업에서의 건강 위험성을 강조한 중요한 발견이다.
2. "광물에 대하여(De Re Metallica)": 이 저서는 광업과 관련된 여러 가지 기술과 방법을 다루고 있으며, 현대의 광물학과 공업에 큰 영향을 미쳤다. **답 ④**

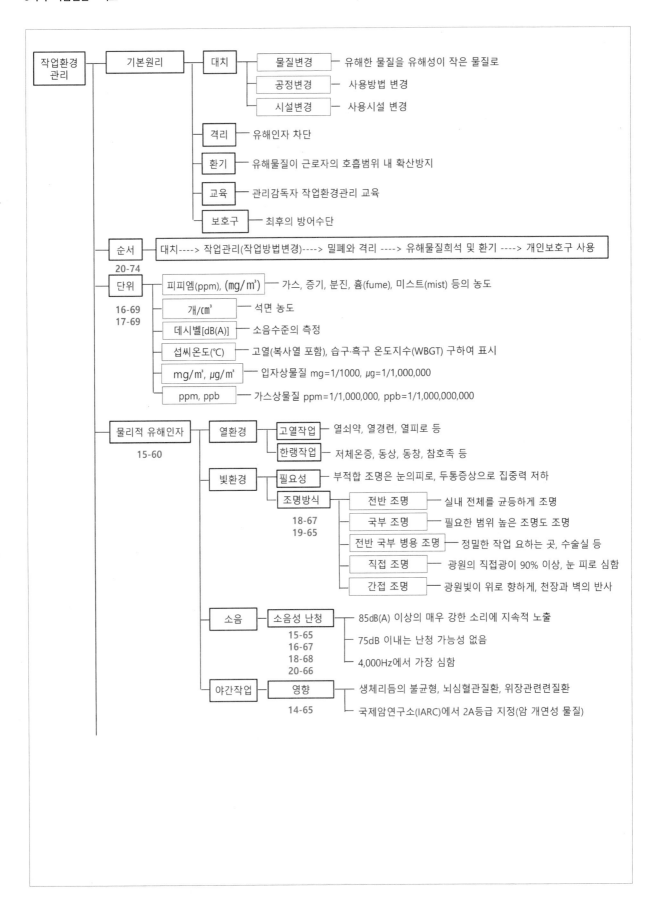

작업환경관리 ─ 기본원리 ─ 대치 ┬ 물질변경 ── 유해한 물질을 유해성이 작은 물질로
　　　　　　　　　　　　　├ 공정변경 ── 사용방법 변경
　　　　　　　　　　　　　└ 시설변경 ── 사용시설 변경

　　　　　　　　 ├ 격리 ── 유해인자 차단
　　　　　　　　 ├ 환기 ── 유해물질이 근로자의 호흡범위 내 확산방지
　　　　　　　　 ├ 교육 ── 관리감독자 작업환경관리 교육
　　　　　　　　 └ 보호구 ── 최후의 방어수단

　　　　　├ 순서 ── 대치----> 작업관리(작업방법변경)----> 밀폐와 격리 ----> 유해물질희석 및 환기 ----> 개인보호구 사용
　　　　　　　20-74

　　　　　├ 단위 ┬ 피피엠(ppm), (mg/m³) ── 가스, 증기, 분진, 흄(fume), 미스트(mist) 등의 농도
　　　　　 16-69 ├ 개/cm³ ── 석면 농도
　　　　　 17-69 ├ 데시벨[dB(A)] ── 소음수준의 측정
　　　　　　　　 ├ 섭씨온도(℃) ── 고열(복사열 포함), 습구·흑구 온도지수(WBGT) 구하여 표시
　　　　　　　　 ├ mg/m³, μg/m³ ── 입자상물질 mg=1/1000, μg=1/1,000,000
　　　　　　　　 └ ppm, ppb ── 가스상물질 ppm=1/1,000,000, ppb=1/1,000,000,000

　　　　　└ 물리적 유해인자 ┬ 열환경 ┬ 고열작업 ── 열쇠약, 열경련, 열피로 등
　　　　　　　　 15-60 　　　　　　　└ 한랭작업 ── 저체온증, 동상, 동창, 참호족 등

　　　　　　　　　　　　　├ 빛환경 ┬ 필요성 ── 부적합 조명은 눈의피로, 두통증상으로 집중력 저하
　　　　　　　　　　　　　　　　　└ 조명방식 ┬ 전반 조명 ── 실내 전체를 균등하게 조명
　　　　　　　　　　　　　　　　 18-67 　　├ 국부 조명 ── 필요한 범위 높은 조명도 조명
　　　　　　　　　　　　　　　　 19-65 　　├ 전반 국부 병용 조명 ── 정밀한 작업 요하는 곳, 수술실 등
　　　　　　　　　　　　　　　　　　　　├ 직접 조명 ── 광원의 직접광이 90% 이상, 눈 피로 심함
　　　　　　　　　　　　　　　　　　　　└ 간접 조명 ── 광원빛이 위로 향하게, 천장과 벽의 반사

　　　　　　　　　　　　　├ 소음 ┬ 소음성 난청 ── 85dB(A) 이상의 매우 강한 소리에 지속적 노출
　　　　　　　　　　　　　　　15-65 ├ 75dB 이내는 난청 가능성 없음
　　　　　　　　　　　　　　　16-67 └ 4,000Hz에서 가장 심함
　　　　　　　　　　　　　　　18-68
　　　　　　　　　　　　　　　20-66

　　　　　　　　　　　　　└ 야간작업 ── 영향 ┬ 생체리듬의 불균형, 뇌심혈관질환, 위장관련련질환
　　　　　　　　　　　　　　　14-65 　　　　　└ 국제암연구소(IARC)에서 2A등급 지정(암 개연성 물질)

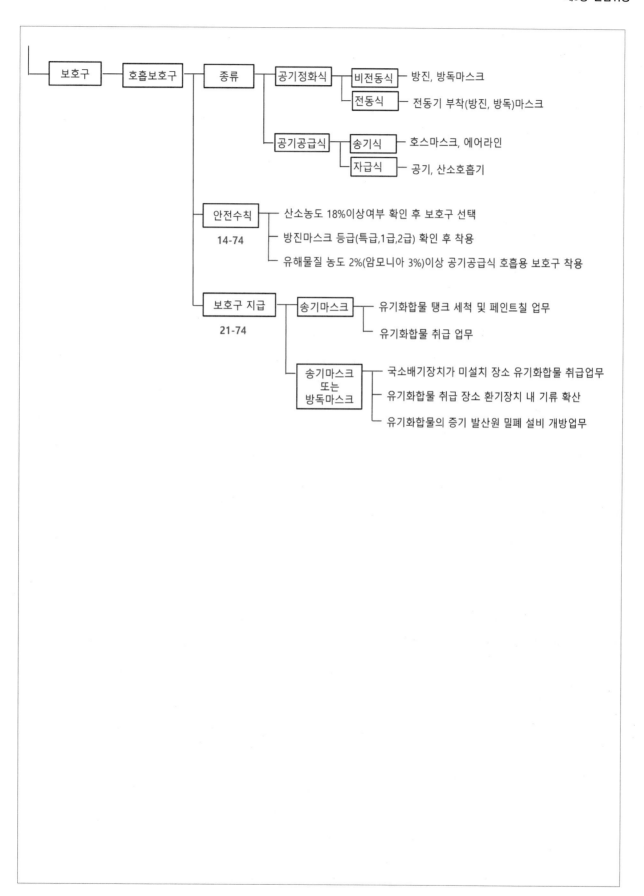

▌예제 문제

2017년
69 화학물질 및 물리적 인자의 노출기준에서 공기 중 석면 농도의 표시 단위는?

① ppm   ② mg/m^3
③ mppcf   ④ CFU/m^3
⑤ $개/cm^3$

2016년
69 공기 중 화학물질 농도(섬유 포함)를 표현하는 단위가 아닌 것은?

① ppm   ② $\mu g/m^3$
③ CFU/m^3 ④ 개수/cc
⑤ mg/m^3

2020년
74 산업위생관리의 기본원리 중 작업관리에 해당하는 것은?

① 유해물질의 대체   ② 국소배기 시설
③ 설비의 자동화   ④ 작업방법 개선
⑤ 생산공정의 변경

▌정답 및 해설

▶ 2017년 69번 ■ 공기 중 석면 농도의 표시 단위

공기 중 석면 농도의 표시 단위는 주로 섬유 수로 측정되며, 일반적으로 섬유 수/cm³(세제곱센티미터당 섬유 수)로 나타냅니다. 이 단위는 공기 중에 존재하는 석면 섬유의 농도를 평가하는 데 사용되며, 석면에 대한 노출 기준을 설정할 때 중요한 역할을 한다. ◈답 ⑤

▶ 2016년 69번 ■ 공기 중 화학물질 농도를 표현하는 단위

1. 일반적인 화학물질 농도
   1) ppm (parts per million): 백만 분의 일로, 공기 중 특정 물질의 농도를 나타내는 단위이다. 예를 들어, 1 ppm은 1 리터의 공기 중 1 밀리리터의 해당 화학물질이 포함되어 있다는 뜻이다.
   2) ppb (parts per billion): 10억 분의 일로, 매우 낮은 농도의 화학물질 농도를 나타내는 데 사용된다.
   3) μg/m³ (마이크로그램/세제곱미터): 공기 중의 특정 화학물질 농도를 마이크로그램 단위로 측정하며, 주로 유해 물질의 농도를 나타내는 데 사용된다.
2. 섬유 농도
   1) 섬유 수/cm³ (fibers per cubic centimeter): 공기 중의 섬유 농도를 측정할 때 사용되는 단위이다. 섬유 수/cm³는 공기 1 세제곱센티미터당 존재하는 섬유의 수를 나타냅니다.
   2) μg/m³: 특정 섬유의 질량 농도를 나타낼 때도 사용되며, 이는 섬유의 종류와 길이에 따라 다르게 적용될 수 있다.
3. CFU/m³ - 공기 중의 미생물 농도를 측정하는 데 사용 ◈답 ③

▶ 2020년 74번 ■ 산업위생관리의 기본원리

1. 대치 (Substitution): 위험한 화학물질이나 유해한 작업 조건을 덜 위험한 대체물이나 조건으로 교체하는 방법이다. 예시: 유해한 용제를 덜 유해한 물질로 대체하거나, 기계에서 사용하는 독성 화학물질을 안전한 물질로 바꾸는 것.
2. 격리 (Isolation): 위험 요소를 작업 환경에서 격리하여 근로자의 노출을 최소화하는 방법이다. 예시: 유해 화학물질을 처리하는 작업을 별도의 공간에서 수행하거나, 위험 기계 장비를 안전한 거리에서 조작하도록 설계하는 것.
3. 환기 (Ventilation): 작업 환경 내 유해 물질의 농도를 낮추기 위해 공기를 순환시키는 방법이다. 이는 자연 환기 또는 기계 환기로 나눌 수 있다. 예시: 국소 배기 시스템을 설치하여 유해 화학물질이 포함된 공기를 제거하거나, 환기 팬을 통해 신선한 공기를 공급하는 것.
4. 교육 (Training): 근로자에게 안전한 작업 방법과 유해 물질에 대한 정보를 제공하여 자가 보호 능력을 향상시키는 방법이다. 예시: 정기적인 안전 교육, 화학물질 안전 데이터 시트(SDS) 교육, 응급 상황 대처 훈련 등을 실시하는 것.
5. 작업 관리 (Work Management): 작업 과정과 절차를 체계적으로 개선하여 위험을 최소화하는 방법이다. 예시: 표준 운영 절차(SOP) 마련, 작업 순서 개선, 안전 규정 준수 등을 통해 근로자의 안전을 강화하는 것.
6. 보호구 (Personal Protective Equipment, PPE): 근로자가 위험에 노출되지 않도록 보호하는 장비 및 도구이다. 예시: 마스크, 방진복, 안전 안경, 귀마개 등 개인 보호 장비를 제공하여 근로자가 안전하게 작업할 수 있도록 하는 것. ◈답 ④

2018년
67 작업장의 적절한 조명수준을 결정하려고 한다. 다음 중 옳은 것을 모두 고른 것은?

> ㄱ. 직접조명은 간접조명보다 조도는 높으나 눈부심이 일어나기 쉽다.
> ㄴ. 정밀 조립작업을 수행할 경우에는 일반 사무작업을 할 때보다 권장조도가 높다.
> ㄷ. 40세 이하의 작업자보다 55세 이상의 작업자가 작업할 때 권장조도가 높다.
> ㄹ. 작업환경에서 조명의 색상은 작업자의 건강이나 생산성과 무관하다.
> ㅁ. 표면 반사율이 높을수록 조도를 높여야 한다.

① ㄱ, ㄴ   ② ㄱ, ㄴ, ㄷ
③ ㄱ, ㄷ, ㅁ   ④ ㄴ, ㄷ, ㄹ
⑤ ㄱ, ㄴ, ㄷ, ㄹ, ㅁ

2019년
65 조명과 직무환경에 관한 설명으로 옳지 않은 것은?

① 조도는 어떤 물체나 표면에 도달하는 빛의 양을 말한다.
② 동일한 환경에서 직접조명은 간접조명보다 더 밝게 보이도록 하며, 눈부심과 눈의 피로도를 줄여준다.
③ 눈부심은 시각 정보 처리의 효율을 떨어트리고, 눈의 피로도를 증가시킨다.
④ 작업장에 조명을 설치할 때에는 빛의 밝기뿐만 아니라 빛의 배분도 고려해야 한다.
⑤ 최적의 밝기는 작업자의 연령에 따라서 달라진다.

2016
67 소음에 관한 설명으로 옳은 것을 모두 고른 것은?

> ㄱ. 소음의 크기 지각은 소음의 주파수와 관련이 없다.
> ㄴ. 8시간 근무를 기준으로 작업장 평균 소음 크기가 60dB이면 청력손실의 위험이 있다.
> ㄷ. 큰 소음에 반복적으로 노출되면 일시적으로 청지각의 임계값이 변할 수 있다.
> ㄹ. 소음원과 작업자 사이에 차단벽을 설치하는 것은 효과적인 소음 통제 방법이다.
> ㅁ. 한 여름에는 전동 공구 작업자에게 귀마개를 착용하지 않도록 한다.

① ㄱ, ㄴ   ② ㄴ, ㄷ
③ ㄷ, ㄹ   ④ ㄱ, ㄹ, ㅁ
⑤ ㄴ, ㄷ, ㄹ

▶ 2018년 67번 ▪ 작업장의 적절한 조명수준

ㄹ. 조명의 색상이 적절하지 않거나, 눈에 부담을 주는 색상(예: 너무 강렬한 색상)은 눈의 피로를 유발할 수 있다. 이는 장시간 작업 시 시각적 불편을 초래하고, 결국 건강 문제로 이어질 수 있다.

ㅁ. 표면 반사율은 특정 표면이 빛을 반사하는 비율을 나타냅니다. 반사율이 높은 표면(예: 흰색 벽, 밝은 색상의 바닥)은 더 많은 빛을 반사하여 주변 환경을 밝게 만든다. 표면 반사율이 높은 경우 조도를 상대적으로 낮추어도 충분한 밝기를 유지할 수 있다.

🔍답 ②

▶ 2019년 65번 ▪ 직접 조명과 간접 조명

1. 직접 조명 (Direct Lighting): 조명 기구에서 나오는 빛이 직접적으로 작업 공간이나 표면에 비추는 형태이다. 일반적으로 강한 조도를 제공하며, 특정 지점에 집중적으로 빛을 비출 수 있다. 하지만 이로 인해 눈부심이 발생할 수 있으며, 특히 밝은 조명 아래에서 장시간 작업할 경우 눈의 피로를 유발할 수 있다.

2. 간접 조명 (Indirect Lighting): 조명 기구에서 나오는 빛이 벽, 천장 등 다른 표면에 반사되어 작업 공간을 밝히는 형태이다. 간접 조명은 부드러운 빛을 제공하며, 일반적으로 눈부심이 적고, 눈의 피로도를 줄이는 데 도움이 된다. 반사된 빛이 고르게 퍼지기 때문에 공간이 더 밝게 느껴질 수 있다.

🔍답 ②

▶ 2016년 67번 ▪ 소음

ㄱ. 주파수는 소리의 진동 수를 나타내며, 일반적으로 헤르츠(Hz)로 측정된다. 사람의 귀는 보통 20 Hz에서 20,000 Hz 범위의 소리를 들을 수 있다. 사람의 귀는 다양한 주파수에 대해 다르게 반응한다. 특정 주파수 대역(특히 1,000 Hz에서 4,000 Hz)의 소음이 더 민감하게 들리며, 이는 인간 청각의 특성 때문이다. 같은 소음 크기라도 주파수가 낮거나 높으면 지각하는 강도가 달라질 수 있다. 예를 들어, 고주파 소음은 저주파 소음보다 더 크게 느껴질 수 있다.

ㄴ. 8시간 근무 시 소음 수준이 85 dB 이상일 경우, 청력 손실 위험이 커지며, 이 수준에서 개인 보호 장비(PPE)나 소음 저감 조치가 필요하다.

ㄷ. 여름철에 귀마개를 착용하면 더위가 느껴질 수 있지만, 귀마개를 착용하는 것이 청력을 보호하는 데 필수적이다. 더위를 고려하더라도 안전을 우선시해야 하며, 적절한 보호 장비를 사용해야 한다.

🔍답 ③

2020년

66 소음의 특성과 청력손실에 관한 설명으로 옳지 않은 것은?

① 0dB 청력수준은 20대 정상 청력을 근거로 산출된 최소역치수준이다.
② 소음성 난청은 달팽이관의 유모세포 손상에 따른 영구적 청력손실이다.
③ 소음성 난청은 주로 1,000Hz 주변의 청력손실로부터 시작된다.
④ 소음작업이란 1일 8시간 작업을 기준으로 85dBA 이상의 소음이 발생하는 작업 이다.
⑤ 중이염 등으로 고막이나 이소골이 손상된 경우 기도와 골도 청력에 차이가 발생 할 수 있다.

2015년

65 소음의 영향에 관한 설명으로 옳지 않은 것은?

① 의미있는 소음이 의미없는 소음보다 작업능률 저해 효과가 더 크게 나타난다.
② 강력한 소음에 노출된 직후에 일시적으로 청력이 저하되는 것을 일시성 청력손실이라 하며, 휴식하면 회복된다.
③ 초기 소음성 청력손실은 대화 범주 이상의 주파수에서 생겨 대화에 장애를 느끼지 못하다가 이후에 다른 주파수까지 진행된다.
④ 소음 작업장에서 전화벨 소리가 잘 안 들리고, 작업지시 내용 등을 알아듣기 어려운 현상을 은폐효과(masking effect)라고 한다.
⑤ 일시적 청력 손실은 300Hz ~ 3,000Hz 사이에서 가장 많이 발생하며, 3,000Hz 부근의 음에 대한 청력저하가 가장 심하다.

2018년

68 소리와 소음에 관한 설명으로 옳은 것은?

① 인간의 가청주파수 영역은 20,000Hz~30,000Hz다.
② 인간이 지각한(perceived) 음의 크기는 음의 세기(dB)와 항상 정비례한다.
③ 강력한 소음에 노출된 직후에 발생하는 일시적 청력손실은 휴식을 취하더라도 회복되지 않는다.
④ 우리나라 소음노출기준은 소음강도 90dB(A)에 8시간 노출될 때를 허용기준선으로 정하고 있다.
⑤ 소음노출지수가 100% 이상이어야 소음으로부터 안전한 작업장이다.

▶ 2020년 66번 · ■ 소음의 특성과 청력손실
소음성 난청은 대개 2,000 Hz에서 4,000 Hz 사이의 주파수에서 시작되는 경우가 많다. 이 주파수 대역은 소음에 가장 민감한 영역으로, 소음에 장기간 노출될 경우 가장 먼저 손상되는 부분이다. 4,000 Hz 범위의 주파수에서 가장 두드러지게 나타납니다.

답 ③

▶ 2015년 65번 · ■ 의미 있는 소음 vs. 의미 없는 소음
1. 의미 있는 소음: 의미 있는 소음은 작업 수행과 관련이 있거나, 특정한 정보를 전달하는 소리(예: 기계 작동 소음, 동료의 대화)이다. 이러한 소음은 작업자의 주의를 끌고, 작업에 대한 집중력을 분산시킬 수 있다. 결과적으로, 작업 능률이 저하될 수 있으며, 작업자가 정보를 처리하고 반응하는 데 더 많은 인지적 부담이 발생할 수 있다.
2. 의미 없는 소음: 의미 없는 소음은 작업과 관련이 없거나 무작위적인 소리(예: 배경 소음, 교통 소음 등)이다. 이러한 소음은 일반적으로 작업에 대한 주의를 크게 분산시키지 않으며, 작업자가 작업을 수행하는 데 방해가 덜 되는 경향이 있다. 물론, 너무 큰 의미 없는 소음은 여전히 작업 능률에 영향을 미칠 수 있지만, 의미 있는 소음보다 저해 효과는 상대적으로 적을 수 있다.

■ 은폐효과(Masking Effect)
은폐효과(Masking Effect)는 소음이나 음향 환경에서 특정 소리가 다른 소리로 인해 들리지 않거나, 인식하기 어려워지는 현상을 의미한다. 이는 작업 환경에서 소음 관리와 효과적인 의사소통을 위해 고려해야 할 중요한 요소이다.
1. 주파수와 강도: 일반적으로 주파수가 비슷하거나 가까운 소리일수록 더 강한 은폐효과를 보이다. 예를 들어, 특정 주파수의 음악 소리가 다른 주파수의 소음에 의해 가려질 수 있다.
2. 강한 소음: 강도가 높은 소음이 주변에서 발생할 때, 그 소음이 더 낮은 강도의 소리를 가릴 수 있다. 예를 들어, 고속도로 근처에서의 차량 소음이 주변의 대화 소리를 가리는 경우이다.

■ 소음의 특성과 청력손실
소음성 난청은 대개 2,000 Hz에서 4,000 Hz 사이의 주파수에서 시작되는 경우가 많다. 이 주파수 대역은 소음에 가장 민감한 영역으로, 소음에 장기간 노출될 경우 가장 먼저 손상되는 부분이다. 4,000 Hz 범위의 주파수에서 가장 두드러지게 나타납니다.

답 ⑤

▶ 2018년 68번 · ■ 소리와 소음
① 인간의 가청 주파수 범위는 20 Hz에서 20,000 Hz까지이며, 30,000 Hz는 인간이 일반적으로 들을 수 없는 범위이다.
② 인간이 지각하는 음의 크기는 음의 세기(dB)와 항상 정비례하지 않으며, 음량 인지는 비선형적인 관계에 있다. 이로 인해 소음 관리 및 음향 설계 시 이러한 특성을 고려해야 한다.
③ 강력한 소음에 노출된 직후에 발생하는 일시성 청력손실은 일시적이고 휴식 후 회복될 수 있는 현상이다. 그러나 이를 간과하고 지속적으로 노출될 경우 영구적인 청력 손실로 이어질 수 있으므로, 주의가 필요하다.
⑤ 소음 노출 지수는 100% 이하이어야 안전한 작업장으로 간주되며, 100%를 초과하는 경우에는 소음으로부터 안전하지 않다고 볼 수 있다. 따라서 소음 관리와 예방 조치를 통해 작업 환경을 개선하는 것이 중요하다.

답 ④

2014년

65 교대근무의 부정적 효과에 관한 설명으로 옳지 않은 것은?

① 야간작업은 멜라토닌 생성 · 조절을 방해하여 면역체계를 약화시킨다.

② 순환적 야간근무보다 고정적 야간근무가 신체 · 심리적 건강을 더 위협한다.

③ 교대작업은 배우자나 자녀와의 여가생활을 어렵게 하여 사회적 문제를 유발할 수 있다.

④ 순행적 교대근무보다 역행적 교대근무가 적응하기 더 어렵다.

⑤ 야간조명은 자연광선 효과를 대신할 수 없고, 낮잠은 밤에 자는 것과 같은 효과를 나타내지 못한다.

2014년

74 유해요인 노출로부터 근로자를 보호하기 위한 개인보호구에 관한 설명으로 옳은 것은?

① 산소농도가 18% 이하인 작업장에서는 방독마스크를 착용하여야 한다.

② 나노입자에 노출되는 경우 특급 방진마스크를 착용하도록 한다.

③ 발암성 유기용제에 노출되는 경우 특급 이상의 방진마스크를 착용하여야 한다.

④ 방진마스크는 여과효율이 낮을수록, 흡기저항이 높을수록 성능은 향상된다.

⑤ 방독마스크는 오래 사용하면 여과효율은 증가하지만 흡배기 저항은 감소한다.

▶ 2014년 65번 ■ 교대근무의 부정적 효과
② 고정적 야간근무가 신체와 심리적 건강을 더 위협한다는 주장은 일반화할 수 없으며, 개인의 적응 능력, 근무 형태의 특성 및 개별적인 상황에 따라 다를 수 있다. 각 근무 형태의 장단점을 고려하여 적절한 관리와 지원이 필요하다.

답 ②

▶ 2014년 74번 ■ 개인보호구
① 산소 농도가 18% 이하인 작업장에서는 방독마스크가 아닌 산소 호흡기를 착용해야 하며, 이는 생명 안전을 위해 필수적인 조치이다.
② 나노입자는 크기가 1~100 나노미터인 매우 작은 입자로, 일반적인 먼지나 입자보다 훨씬 작다. 이 때문에 폐 깊숙이 침투할 수 있으며, 건강에 위험을 초래할 수 있다. 나노입자를 차단하기 위해서는 일반적인 방진마스크가 아닌, 특급 방진마스크(예: N95 또는 P100 등급의 마스크)와 같은 고성능 필터를 갖춘 마스크가 필요하다. 이들은 작은 입자와 유해 물질을 효과적으로 차단할 수 있도록 설계되어 있다.
③ 발암성 유기용제에 노출되는 경우에는 유기 가스 필터가 장착된 방독마스크를 사용하는 것이 더 효과적이다. 작업 환경과 유해 물질의 특성에 맞춰 적절한 개인 보호 장비를 선택하는 것이 필수적이다.
④ 방진마스크의 성능은 여과효율이 높을수록 좋고, 흡기저항이 낮을수록 호흡이 용이해져 성능이 향상된다.
⑤ 방독마스크의 여과효율은 사용함에 따라 오래 사용할수록 감소한다. 필터에 오염물질이 쌓이게 되면 시간이 지남에 따라 여과효율이 낮아져 원래의 성능을 발휘하지 못하게 된다. 방독마스크를 오래 사용하면 필터가 오염되어 흡배기 저항이 증가한다. 흡기저항이 높으면 호흡하기 어려워지며, 이로 인해 사용자가 마스크를 제대로 착용하지 않거나 불편함을 느껴서 성능이 저하될 수 있다.

답 ②

2021년

74 산업안전보건기준에 관한 규칙상 사업주가 근로자에게 송기마스크나 방독 마스크를 지급하여 착용하도록 하여야 하는 업무에 해당하지 않는 것은?

① 국소배기장치의 설비 특례에 따라 밀폐설비나 국소배기장치가 설치되지 아니한 장소에서의 유기화합물 취급업무

② 임시작업인 경우의 설비 특례에 따라 밀폐설비나 국소배기장치가 설치되지 아니한 장소에서의 유기화합물 취급업무

③ 단시간작업인 경우의 설비 특례에 따라 밀폐설비나 국소배기장치가 설치되지 아니한 장소에서의 유기화합물 취급업무

④ 유기화합물 취급 장소에 설치된 환기장치 내의 기류가 확산될 우려가 있는 물체를 다루는 유기화합물 취급업무

⑤ 유기화합물 취급 장소에서 청소 등으로 유기화합물이 제거된 설비를 개방하는 업무

2015년

60 작업장에서 사고와 질병을 유발하는 위해요인에 관한 설명으로 옳은 것은?

① 5요인 성격 특질과 사고의 관계를 보면, 성실성이 낮은 사람이 높은 사람보다 사고를 일으킬 가능성이 더 낮다.

② 소리의 수준이 10dB까지 증가하면 소리의 크기는 10배 증가하며, 20dB까지 증가하면 20배 증가한다.

③ 컴퓨터 자판 작업이나 타이핑 작업을 많이 하는 사람들은 수근관 증후군(carpal tunnel syndrome)의 위험성이 높다.

④ 직장에서 소음에 대한 노출은 청각 손상에 영향을 주지만 심장혈관계 질병과는 관련이 없다.

⑤ 사회복지기관과 병원은 직장 폭력이 발생할 위험성이 가장 적은 장소이다.

▶ 2021년 74번

■ 제450조(호흡용 보호구의 지급 등)

① 사업주는 근로자가 다음 각 호의 어느 하나에 해당하는 업무를 하는 경우에 해당 근로자에게 송기마스크를 지급하여 착용하도록 하여야 한다.

   1. 유기화합물을 넣었던 탱크(유기화합물의 증기가 발산할 우려가 없는 탱크는 제외한다) 내부에서의 세척 및 페인트칠 업무

   2. 제424조제2항에 따라 유기화합물 취급 특별장소에서 유기화합물을 취급하는 업무

② 사업주는 근로자가 다음 각 호의 어느 하나에 해당하는 업무를 하는 경우에 해당 근로자에게 송기마스크나 방독마스크를 지급하여 착용하도록 하여야 한다.

   1. 제423조제1항 및 제2항, 제424조제1항, 제425조, 제426조 및 제428조제1항에 따라 밀폐설비나 국소배기장치가 설치되지 아니한 장소에서의 유기화합물 취급업무

   2. 유기화합물 취급 장소에 설치된 환기장치 내의 기류가 확산될 우려가 있는 물체를 다루는 유기화합물 취급업무

   3. 유기화합물 취급 장소에서 유기화합물의 증기 발산원을 밀폐하는 설비(청소 등으로 유기하합물이 제거된 설비는 제외한다)를 개방하는 업무

③ 사업주는 제1항과 제2항에 따라 근로자에게 송기마스크를 착용시키려는 경우에 신선한 공기를 공급할 수 있는 성능을 가진 장치가 부착된 송기마스크를 지급하여야 한다.

④ 사업주는 금속류, 산·알칼리류, 가스상태 물질류 등을 취급하는 작업장에서 근로자의 건강장해 예방에 적절한 호흡용 보호구를 근로자에게 지급하여 필요시 착용하도록 하고, 호흡용 보호구를 공동으로 사용하여 근로자에게 질병이 감염될 우려가 있는 경우에는 개인 전용의 것을 지급하여야 한다.

⑤ 근로자는 제1항, 제2항 및 제4항에 따라 지급된 보호구를 사업주의 지시에 따라 착용하여야 한다.

🔍답 ⑤

▶ 2015년 60번

■ 작업장에서 사고와 질병을 유발하는 위해요인

① 성실성은 개인의 조직적이고 신뢰할 수 있는 행동을 나타냅니다. 성실성이 높은 사람은 책임감이 강하고, 계획적으로 행동하며, 규칙을 준수하는 경향이 있다. 성실성이 낮은 사람은 성실성이 높은 사람보다 사고를 일으킬 가능성이 더 높다. 이는 성실성이 낮은 개인이 안전 규정을 준수하지 않거나 주의력이 떨어지는 경향이 있기 때문이다.

② 10 dB의 증가는 소리의 강도가 10배 증가한 것을 의미한다. 그러나 20 dB까지 증가할 때 소리의 크기가 20배로 느껴지는 않다. 실제로는 10 dB에서 20 dB로의 증가는 소리의 강도가 100배 증가하는 것을 의미한다.

④ 직장 내 소음 노출이 심혈관계 질환의 위험 증가와 연관이 있다는 것이 밝혀졌다. 지속적인 소음 노출은 스트레스를 유발하고, 이는 고혈압, 심장병, 뇌졸중 등의 위험 요소로 작용할 수 있다.

⑤ 직장 폭력은 일반적으로 스트레스, 갈등, 커뮤니케이션 문제 등 다양한 요인에 의해 발생할 수 있으며, 사회복지기관과 병원은 이러한 요인이 복합적으로 작용하는 환경이다.

🔍답 ③

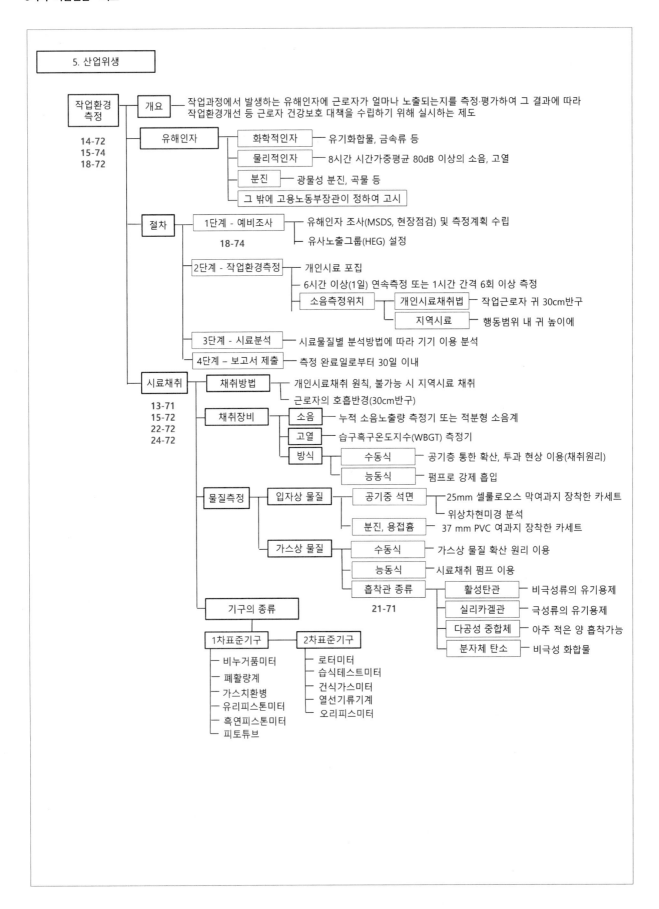

5. 산업위생

작업환경
측정

14-72
15-74
18-72

개요 — 작업과정에서 발생하는 유해인자에 근로자가 얼마나 노출되는지를 측정·평가하여 그 결과에 따라
작업환경개선 등 근로자 건강보호 대책을 수립하기 위해 실시하는 제도

유해인자
- 화학적인자 — 유기화합물, 금속류 등
- 물리적인자 — 8시간 시간가중평균 80dB 이상의 소음, 고열
- 분진 — 광물성 분진, 곡물 등
- 그 밖에 고용노동부장관이 정하여 고시

절차
- 1단계 - 예비조사
  18-74
  - 유해인자 조사(MSDS, 현장점검) 및 측정계획 수립
  - 유사노출그룹(HEG) 설정
- 2단계 - 작업환경측정
  - 개인시료 포집
  - 6시간 이상(1일) 연속측정 또는 1시간 간격 6회 이상 측정
  - 소음측정위치
    - 개인시료채취법 — 작업근로자 귀 30cm반구
    - 지역시료 — 행동범위 내 귀 높이에
- 3단계 - 시료분석 — 시료물질별 분석방법에 따라 기기 이용 분석
- 4단계 – 보고서 제출 — 측정 완료일로부터 30일 이내

시료채취

13-71
15-72
22-72
24-72

채취방법
- 개인시료채취 원칙, 불가능 시 지역시료 채취
- 근로자의 호흡반경(30cm반구)

채취장비
- 소음 — 누적 소음노출량 측정기 또는 적분형 소음계
- 고열 — 습구흑구온도지수(WBGT) 측정기
- 방식
  - 수동식 — 공기층 통한 확산, 투과 현상 이용(채취원리)
  - 능동식 — 펌프로 강제 흡입

물질측정
- 입자상 물질
  - 공기중 석면
    - 25mm 셀룰로오스 막여과지 장착한 카세트
    - 위상차현미경 분석
  - 분진, 용접흄 — 37 mm PVC 여과지 장착한 카세트
- 가스상 물질
  - 수동식 — 가스상 물질 확산 원리 이용
  - 능동식 — 시료채취 펌프 이용
  - 흡착관 종류
    21-71
    - 활성탄관 — 비극성류의 유기용제
    - 실리카겔관 — 극성류의 유기용제
    - 다공성 중합체 — 아주 적은 양 흡착가능
    - 분자체 탄소 — 비극성 화합물

기구의 종류
- 1차표준기구
  - 비누거품미터
  - 폐활량계
  - 가스치환병
  - 유리피스톤미터
  - 흑연피스톤미터
  - 피토튜브
- 2차표준기구
  - 로터미터
  - 습식테스트미터
  - 건식가스미터
  - 열선기류기계
  - 오리피스미터

||| MEMO |||||||||||||||||||||||||||||||||||||||||||||||

예제 문제

2015년
72 산업위생전문가가 수행한 활동으로 옳지 않은 것은?

① 트리클로로에틸렌을 사용하는 작업자가 하루 10시간 동안 이 물질에 노출되는 것을 발견하고, 노출기준을 보정하여 측정치를 평가하였다.

② 결정체 석영은 노출기준이 호흡성 분진으로 되어 있어 이에 노출되는 작업자에 대하여 은막여과지로 채취하였다.

③ 유성페인트를 여러 가지 유기용제가 포함된 시너로 희석하여 도장하는 작업장에서 노출평가 시 각각의 노출기준과 상호작용을 고려하여 평가하였다.

④ 발암성이 있는 목재분진도 있으므로 원목의 재질을 조사하여 평가하였다.

⑤ 폭이 넓은 도금조에 측방형 후드가 설치되어 있는 작업장에서 적절한 제어속도가 나오지 않아 이를 푸쉬-풀 후드로 교체할 것을 제안하였다.

2015년
74 다음 작업환경 측정 및 평가에 관한 설명으로 옳은 것은?

① 가스상 물질을 시료 채취할 때 일반적으로 수동식 방법이 능동식 방법 보다 정확성과 정밀도가 더 높다.

② 유기용제나 중금속의 검출한계는 시료를 반복 분석하여 구할 수 있지만, 중량분석을 하는 호흡성 분진은 검출한계를 구할 수 없다.

③ 월 30시간 미만인 임시 작업을 행하는 작업장의 경우 법적으로 작업환경측정 대상에서 제외될 수 있다.

④ 작업환경측정 자료에서 만일 기하표준편차가 1 미만이라면 이 통계치는 높은 신뢰성을 가졌다고 할 수 있다.

⑤ 콜타르피치, 코크스오븐배출물질, 디젤배출물질에 공통적으로 함유된 산업보건학적 유해인자 중 하나는 다핵방향족탄화수소이다.

▌정답 및 해설

▶ 2015년 72번

■ 시료채취

①, ③, ④, ⑤ 유해한 물질에 노출되는 작업자를 평가하고 노출 기준을 보정하는 과정은 작업자의 건강과 안전을 보호하는데 중요한 절차이다. 이 과정은 화학물질 관리 및 작업 환경 개선에 기여한다. .

② 석영 광물성 분진은 37mm PVC 여과지를 장착한 카세트를 사용하여 시료를 채취하고 적외선 분광 분석기를 이용하여 분석한다. PVC 여과지는 분진의 중량분석에 이용

🔍답 ②

▶ 2015년 74번

■ 작업환경 측정 및 평가

① 능동식 방법은 펌프나 흡입 장치를 사용하여 공기 샘플을 강제로 끌어들이다. 이 방법은 일정한 유량을 유지하며, 주어진 시간 동안의 정확한 농도를 측정할 수 있다. 가스상 물질을 정확히 측정할 수 있어 샘플링 속도와 조건을 조절할 수 있는 이점이 있다. 반면에 수동식 방법은 대개 개방형 통기구나 시료 튜브를 통해 자연스럽게 공기를 수집하는 방식이다. 이 방법은 외부 환경의 영향을 받을 수 있으며, 샘플의 채취 속도나 양이 일정하지 않을 수 있다.수동식 방법은 수집하는 시간에 따라 결과가 달라질 수 있어 정밀도가 떨어질 수 있다.

② 검출한계(Detection Limit)는 특정 물질이 측정 가능한 최소 농도를 의미한다. 호흡성 분진의 중량 분석에서는 샘플을 수집한 후, 이를 정량적으로 분석하여 분진의 질량을 측정한다. 이를 통해 검출한계를 설정할 수 있다.

③ 측정대상 제외 사업장 - 임시(월 24시간 미만) 및 단시간(1일 1시간 미만) 작업

④ 기하표준편차가 1 미만이라는 것은 변동성이 낮다는 것을 의미하지만, 이는 신뢰성과 직접적으로 연결되지 않는다. 데이터의 신뢰성을 평가하기 위해서는 다른 통계적 지표와 함께 전체 데이터의 품질을 종합적으로 고려해야 한다.

⑤ 다핵 방향족 탄화수소(Polycyclic Aromatic Hydrocarbons, PAHs)는 두 개 이상의 벤젠 고리가 결합된 화합물로, 주로 화석 연료의 연소, 산업 공정 및 자연적 과정에서 생성된다. PAHs는 발암성을 포함하여 다양한 건강 문제와 관련이 있으며, 호흡기 질환, 피부 질환 등을 유발할 수 있다.

🔍답 ⑤

74 작업환경측정(유해인자 노출평가) 과정에서 예비조사 활동에 해당하지 않는 것은?

① 여러 유해인자 중 위험이 큰 측정대상 유해인자 선정

② 시료채취전략 수립

③ 노출기준 초과여부 결정

④ 공정과 직무 파악

⑤ 노출 가능한 유해인자 파악

71 우리나라 작업환경측정에서 화학적 인자와 시료채취 매체의 연결이 옳은 것은?

① 2-브로모프로판 - 실리카겔관

② 디메틸포름아미드 - 활성탄관

③ 시클로헥산 - 실리카겔관

④ 트리클로로에틸렌 - 활성탄관

⑤ 니켈 - 활성탄관

▶ **2018년 74번**

■ 작업환경 측정(유해인자 노출 평가) 과정에서의 예비조사 활동

1. 작업장 환경 파악 – 작업장의 레이아웃, 작업 방식, 장비 및 사용되는 물질에 대한 기본 정보를 수집한다. 근로자들이 수행하는 작업의 종류와 시간, 근무 패턴을 이해한다.
2. 유해 인자 식별 – 작업장에서 발생할 수 있는 유해 인자(화학물질, 물리적 요인, 생물학적 요인 등)를 파악한다. 문서 검토, 이전의 안전 점검 보고서, 근로자 인터뷰 등을 통해 유해 인자를 식별한다.
3. 위험도 평가 – 각 유해 인자가 근로자에게 미치는 위험 수준을 평가한다. 이에는 해당 인자의 성질, 노출 경로 및 잠재적 영향을 고려한다.
4. 기존 데이터 검토 – 기존의 작업환경 측정 결과나 건강 기록을 검토하여, 이전에 발생한 문제나 노출 수준을 확인한다.
5. 필요한 측정 장비 및 방법 선정 – 유해 인자를 평가하기 위한 적절한 측정 방법과 장비를 결정한다. 이는 샘플링 기법, 분석 방법 및 검출 한계를 포함한다.
6. 근로자 교육 및 의사소통 – 예비조사 과정에서 근로자와의 소통을 통해 그들의 의견과 경험을 듣고, 필요한 경우 교육을 제공한다. 작업환경 측정의 중요성을 설명하고, 향후 평가 과정에 대한 정보를 공유한다.
7. 조사 계획 수립 – 예비조사를 바탕으로 측정 계획을 수립한다. 이는 측정 시기, 장소, 샘플링 방법 등을 포함한다.

🔍답 ③

▶ **2021년 71번**

■ 흡착관 종류

1. 활성탄관
   1) 구성: 활성탄 필터로 채워져 있음.
   2) 용도: 휘발성 유기 화합물(VOCs) 및 악취 물질을 흡착하여 측정.
   3) 특징: 높은 흡착 능력을 가지며, 유기 화합물에 효과적.
2. 실리카겔관
   1) 구성: 실리카겔로 채워져 있음.
   2) 용도: 수분 및 특정 극성 유기 화합물을 흡착.
   3) 특징: 높은 흡착 능력을 가지지만, 특정 화합물에 한정적임.
3. 고체 흡착관 (Sorbent Tubes)
   1) 구성: 다양한 흡착제(예: Tenax, XAD 등)로 채워져 있음.
   2) 용도: 특정 화합물(예: 다환 방향족 탄화수소, 특정 유기 화합물) 샘플링.
   3) 특징: 다양한 화합물에 대한 선택성을 가지며, 장기적인 샘플링에 적합.
4. 중금속 샘플링관
   1) 구성: 특수 코팅된 필터나 매체.
   2) 용도: 대기 중 중금속(예: 납, 수은) 측정.
   3) 특징: 특정 중금속에 대한 흡착능력이 있음.
5. 고체 필터관
   1) 구성: 고체 필터 매체.
   2) 용도: 미세한 고체 입자나 먼지 측정.
   3) 특징: 입자의 크기와 성질에 따라 다양한 필터 매체 사용.

🔍답 ④

2022년

72 수동식 시료채취기(passive sampler)에 관한 설명으로 옳지 않은 것은?

① 간섭의 원리로 채취한다.
② 장점은 간편성과 편리성이다.
③ 작업장 내 최소한의 기류가 있어야 한다.
④ 시료채취시간, 기류, 온도, 습도 등의 영향을 받는다.
⑤ 매우 낮은 농도를 측정하려면 능동식에 비하여 더 많은 시간이 소요된다.

2013년

71 작업환경 측정방법에 관한 설명으로 옳은 것은?

① 일반적으로 입자상 물질의 측정결과 단위는 mg/m^3 또는 ppm으로 표기한다.
② 시너와 같은 비극성 유기용제를 공기 중에서 시료채취하기 위해서는 실리카겔관을 매체로 사용한다.
③ 일반적으로 실내에서 온열환경을 측정하기 위해서는 자연습구온도(NWBT)와 흑구온도(GT)만 측정한다.
④ 작업장 근로자의 소음 노출수준을 측정하기 위해 사용하는 지시소음계는 'fast' 모드로 설정하여 측정하여야 한다.
⑤ MCE 여과지를 이용하여 석면을 포집하기 전·후에 실시하는 시료채취펌프의 유량보정을 실제보다 낮게 평가했다면 최종 측정결과인 공기 중 석면농도는 과소평가하게 된다.

▶ 2022년 72번 ■ 수동식 시료채취기(passive sampler)
1. 개요 - 수동식 시료채취기(passive sampler)는 외부의 힘 없이 자연적인 공기 흐름이나 확산을 이용하여 공기 중의 유해 물질을 채취하는 장치이다.
2. 장점
1) 간편성: 전원이 필요 없고, 설치와 사용이 간편한다. 필드에서 쉽게 사용할 수 있다.
2) 비용 효율성: 일반적으로 비용이 저렴하며, 여러 지점에서 동시에 샘플링할 수 있다.
3) 장기 모니터링: 장기간 동안의 샘플링이 가능하여 평균적인 농도를 평가하는 데 유용한다.
3. 단점
1) 정확도: 수동식 방법은 수집 속도가 일정하지 않아 정확도가 떨어질 수 있다.
2) 유해 물질의 선택성: 특정 화합물에 대해서만 효과적이며, 모든 화학 물질에 대한 샘플링이 가능하지 않다.
3) 환경적 영향을 받을 수 있음: 주변 환경의 변화(온도, 습도 등)에 따라 샘플링 결과에 영향을 줄 수 있다.

① 작용원리 - 수동식 시료채취기는 공기 중의 화학 물질이 흡착제로 자연적으로 확산되어 흡착되는 원리를 이용한다. 이는 일반적으로 간섭을 초래하는 것이 아니라, 주어진 농도에 따라 일정한 속도로 샘플을 수집하는 방식이다.

답 ①

▶ 2013년 71번 ■ 작업환경 측정방법
① 입자상물질(mg/m^3, $\mu g/m^3$), 가스상물질(ppm, ppb)
② 실리카겔은 극성 물질에 대한 흡착 능력이 뛰어나지만, 비극성 유기용제에 대해서는 효과적이지 않다. 따라서, 비극성 화합물인 시너와 같은 유기용제를 흡착하는 데 적합하지 않다.
③ 실내에서 온열환경을 측정할 때는 자연습구온도(NWBT)와 흑구온도(GT)만으로는 부족하며, 공기 온도, 상대습도 및 기타 환경 요인도 함께 고려해야 한다.
④ 'fast' 모드는 빠른 시간 상수로 소음의 순간적인 변화에 빠르게 반응하여 실시간 소음 수준을 측정한다. 이는 소음이 빠르게 변하는 작업 환경에서 유용한다. 'slow' 모드는 느린 시간 상수로, 보다 평균적인 소음 수준을 측정하는 데 사용된다.
⑤ 시료 채취 유량은 공기 중의 석면 농도를 정확하게 측정하는 데 중요한 요소이다. 유량이 높을수록 동일한 시간 동안 더 많은 공기가 여과지를 통과하게 되어 석면의 총량이 증가한다. 만약 유량을 실제보다 낮게 평가하게 되면, 포집된 석면의 양을 측정할 때 유량을 낮춘 값으로 나누게 된다. 이는 결과적으로 공기 중의 석면 농도가 실제보다 낮게 산출되는 결과를 초래한다. 유량을 낮게 평가함으로써 최종적으로 계산된 석면 농도는 과소평가되어, 실제 노출 수준보다 안전하다고 잘못 판단할 수 있다. 이는 근로자 건강에 대한 적절한 평가를 방해할 수 있다.

답 ③

72 작업환경측정에 관한 설명으로 옳은 것은?

① 비극성 유기용제는 주로 활성탄으로 채취한다.

② 작업환경측정에서 일반적으로 개인시료는 직독식 측정기기를, 지역시료는 시료 채취용 펌프를 이용한다.

③ 최고노출기준(ceiling)이 설정되어 있는 화학물질은 15분 동안 측정하여야 한다.

④ 소음노출량계로 소음을 측정할 때에는 Threshold는 80dB, Criteria는 90dB, Exchange rate는 5dB로 설정한다.

⑤ 산업안전보건법에 의하여 실시하는 작업환경측정에서 8시간 시간가중평균(8hr-TWA)을 측정하기 위해서는 최소한 5시간 이상 측정하여야 한다.

72 유해물질 측정과 분석에 관한 설명으로 옳은 것은?

① 공기 중 먼지 농도를 표현하는 단위는 ppm이다.

② 공기 채취 펌프와 화학물질 분석기기는 1차 표준기구이다.

③ 미세먼지에서 중금속은 크로마토그래피로 정량한다.

④ 개인시료(personal sample) 채취에 의한 농도는 종합적인 유해인자 노출을 나타낸다.

⑤ 공기 중 유기용제는 대부분 고체 흡착관으로 채취한다.

72 공기시료채취펌프를 무마찰 비누거품관을 이용하여 보정하고자 한다. 비누 거품관의 부피는 500cm³이었고 3회에 걸쳐 측정한 평균시간이 20초였다면, 펌프의 유량(L/min)은?

① 1.0   ② 1.5

③ 2.0   ④ 2.5

⑤ 3.0

▶ 2014년 72번 ■ 작업환경측정

① 비극성 유기용제는 일반적으로 탄소 중심의 구조를 가진 화합물로, 극성이 없는 성질을 가지고 있다. 예를 들어, 벤젠, 톨루엔, 시클로헥산 등이 이에 해당한다. 활성탄은 다공성 구조를 가지며, 높은 표면적을 통해 비극성 화합물을 효과적으로 흡착할 수 있는 능력이 있다. 이는 비극성 유기 용제를 샘플링하는 데 매우 적합하다.

② 개인 시료는 근로자가 실제로 노출되는 유해 물질의 농도를 측정하기 위해, 개인 호흡기 보호구와 연결된 흡입기나 수동식 흡착관을 사용할 수 있다. 지역 시료는 특정 장소에서의 유해 물질 농도를 측정하는 방식이다. 이 경우 시료 채취용 펌프를 사용하여 공기 샘플을 채취한다. 지역 시료는 일반적으로 고정된 장소에서 일정 시간 동안 공기 샘플을 채취하여, 작업 환경의 전반적인 상태를 평가하는 데 사용된다.

③ 최고 노출 기준은 특정 화학물질에 대해 단기적으로 허용되는 최대 농도를 나타내며, 이 기준을 초과해서는 안 된다. 일반적으로 최고 노출 기준이 설정된 화학물질은 15분 또는 그 이하의 시간 동안 샘플링하여, 해당 시간 내에 농도가 최고 노출 기준을 초과하지 않는지 확인한다.

⑤ 산업안전보건법에 따른 작업환경 측정에서 1일 작업시간 동안 6시간 이상 연속 측정하거나 작업 시간을 등 간격으로 나누어 6시간 이상 연속분리 측정해야 한다.

🔍답 ①, ④

▶ 2018년 72번 ■ 유해물질 측정과 분석

① ppm은 주로 가스나 액체에서 특정 성분의 비율을 나타내는 단위로 사용된다. 이는 주로 기체의 농도를 표현할 때 유용한다. 먼지 농도는 고체 입자로 존재하는 물질의 농도를 나타내므로, 일반적으로 mg/m^3 단위를 사용하여 공기 중의 특정 먼지의 질량을 측정한다.

② 1차 표준기구는 물리량을 정확하게 측정하기 위한 기준 장치로, 국가 또는 국제적으로 공인된 기준에 따라 정의된다. 예를 들어, 질량, 길이, 전류의 기준 장치가 이에 해당한다. 공기 채취 펌프와 화학물질 분석기기는 1차 표준기구가 아니며, 이들은 측정 과정을 지원하는 장비일 뿐이다.

③ 크로마토그래피는 일반적으로 유기 화합물의 분리 및 분석에 많이 사용된다. 미세먼지에서 중금속을 정량하기 위해서는 유도 결합 플라즈마 질량 분석기(ICP-MS), 원자 흡광 분석기(AA), 또는 X선 형광 분석(XRF)와 같은 기법이 더 일반적으로 사용된다.

④ 개인시료 채취는 특정 유해인자에 대한 근로자의 노출을 평가하는 데 중요한 역할을 하지만, 이를 통해 전체적인 종합적 유해인자 노출을 완벽하게 나타내는 것은 아니다. 따라서 다양한 유해 인자와 노출 경로를 고려한 포괄적인 평가가 필요하다.

🔍답 ⑤

▶ 2019년 72번 ■ 공기 시료 채취 펌프의 유량 계산

1. 부피를 리터로 변환:

$500cm^3 = 500ml = 0.5l$

2. 초당 유량 계산:

유량$(L/s) = \dfrac{부피}{시간} = \dfrac{0.5L}{20s} = 0.025L/s$

3. 분당 유량으로 변환:

유량$(L/\min) = 0.025L/s \times 60s/\min = 1.5L/\min$

🔍답 ②

73 작업장에서 휘발성 유기화합물(분자량 100, 비중 0.8) 1 L가 완전히 증발하였을 때, 공기 중 이 물질이 차지하는 부피(L)는? (단, 25℃, 1기압)

① 179.2

② 192.8

③ 195.6

④ 241.0

⑤ 244.5

74 비누거품미터의 뷰렛 용량은 500ml이고, 거품이 지나가는데 10초가 소요되었다면 공기시료채취기의 유량 (L/min)은?

① 2.0

② 3.0

③ 4.0

④ 5.0

⑤ 6.0

71 작업환경측정 및 정도관리 등에 관한 고시에서 정하는 용어의 정의로 옳지 않은 것은?

① "정확도'란 일정한 물질에 대해 반복측정·분석을 했을 때 나타나는 자료 분석치의 변동크기가 얼마나 작은가 하는 수치상의 표현을 말한다.

② "직접채취방법"이란 시료공기를 흡수, 흡착 등의 과정을 거치지 아니하고 직접 채취대 또는 진공채취병 등의 채취용기에 물질을 채취하는 방법을 말한다.

③ "호흡성분진"이란 호흡기를 통하여 폐포에 축적될 수 있는 크기의 분진을 말한다.

④ "흡입성분진"이란 호흡기의 어느 부위에 침착하더라도 독성을 일으키는 분진을 말한다.

⑤ "고체채취방법"이란 시료공기를 고체의 입자층을 통해 흡입, 흡착하여 해당 고체입자에 측정하려는 물질을 채취하는 방법을 말한다.

▶ 2019년 73번 ■ 이상 기체 상태 방정식

① P V = n R T 는 보일의 법칙, 샤를의 법칙, 아보가드로의 법칙을 하나의 식으로 표현한 식

② V = WRT / PM, 800×0.08205×298 / 1×100 = 195.6ℓ

W=무게 1ℓ×비중0.8=800g, R=기체상수(0.08205), T=절대온도(273+25℃=298℃), P=압력 🔍답 ③

▶ 2017년 74번 ■ 채취유량

① 공기채취기구의 채취유량(L/min) = 비누거품이 통과한 용량(L)/비누거품이 통과한 시간(min)

② $유량(L/\min) = \dfrac{뷰렛 용량}{시간(초)} \times \dfrac{60}{1000}$

$= \dfrac{500ml}{10초} \times \dfrac{60}{1000} = 3.0(L/\min)$ 🔍답 ②

▶ 2024년 71번 ■ 작업환경측정 및 정도관리 등에 관한 고시

- "액체채취방법"이란 시료공기를 액체 중에 통과시키거나 액체의 표면과 접촉시켜 용해·반응·흡수·충돌 등을 일으키게 하여 해당 액체에 작업환경측정(이하 "측정"이라 한다)을 하려는 물질을 채취하는 방법
- "고체채취방법"이란 시료공기를 고체의 입자층을 통해 흡입, 흡착하여 해당 고체입자에 측정하려는 물질을 채취하는 방법
- "직접채취방법"이란 시료공기를 흡수, 흡착 등의 과정을 거치지 아니하고 직접채취대 또는 진공채취병 등의 채취용기에 물질을 채취하는 방법
- "개인 시료채취"란 개인시료채취기를 이용하여 가스·증기·분진·흄(fume)·미스트(mist) 등을 근로자의 호흡위치(호흡기를 중심으로 반경 30㎝인 반구)에서 채취하는 것
- "지역 시료채취"란 시료채취기를 이용하여 가스·증기·분진·흄(fume)·미스트(mist) 등을 근로자의 작업행동 범위에서 호흡기 높이에 고정하여 채취하는 것
- "호흡성분진"이란 호흡기를 통하여 폐포에 축적될 수 있는 크기의 분진
- "흡입성분진"이란 호흡기의 어느 부위에 침착하더라도 독성을 일으키는 분진
- "정도관리"란 법 제126조제2항에 따라 작업환경측정·분석 결과에 대한 정확성과 정밀도를 확보하기 위하여 작업환경측정기관의 측정·분석능력을 확인하고, 그 결과에 따라 지도·교육 등 측정·분석능력 향상을 위하여 행하는 모든 관리적 수단
- "정확도"란 분석치가 참값에 얼마나 접근하였는가 하는 수치상의 표현
- "정밀도"란 일정한 물질에 대해 반복측정·분석을 했을 때 나타나는 자료 분석치의 변동크기가 얼마나 작은가 하는 수치상의 표현 🔍답 ①

72 작업환경측정 및 정도관리 등에 관한 고시에서 정하는 시료채취에 관한 설명으로 옳은 것은?

① 8명이 있는 단위작업 장소에서는 평균 노출근로자 2명 이상에 대하여 동시에 개인 시료채취 방법으로 측정한다.

② 개인 시료채취 시 동일 작업근로자 수가 20명을 초과하는 경우에는 매 5명당 1명 이상 추가하여 측정하여야 한다.

③ 개인 시료채취 시 동일 작업근로자 수가 50명을 초과하는 경우에는 최대 시료채취 근로자 수를 10명으로 조정할 수 있다.

④ 개인 시료채취 방법으로 측정을 하는 경우 단위작업장소 내에서 1개 이상의 지점에 대하여 동시에 측정하여야 한다.

⑤ 지역 시료채취 시 단위작업 장소의 넓이가 50평방미터 이상인 경우에는 매 30평방미터마다 1개 지점 이상을 추가로 측정하여야 한다.

▶ 2024년 72번

■ 작업환경측정 및 정도관리 등에 관한 고시

제19조(시료채취 근로자수)

① 단위작업 장소에서 최고 노출근로자 2명 이상에 대하여 동시에 개인 시료채취 방법으로 측정하되, 단위작업 장소에 근로자가 1명인 경우에는 그러하지 아니하며, 동일 작업근로자수가 10명을 초과하는 경우에는 매 5명당 1명 이상 추가하여 측정하여야 한다. 다만, 동일 작업근로자수가 100명을 초과하는 경우에는 최대 시료채취 근로자수를 20명으로 조정할 수 있다.

② 지역 시료채취 방법으로 측정을 하는 경우 단위작업장소 내에서 2개 이상의 지점에 대하여 동시에 측정하여야 한다. 다만, 단위작업 장소의 넓이가 50평방미터 이상인 경우에는 매 30평방미터마다 1개 지점 이상을 추가로 측정하여야 한다.

① 최고 노출근로자 2명 이상

② 동일 작업근로자수가 10명을 초과하는 경우에는 매 5명당 1명 이상 추가하여 측정하여야 한다.

③ 다만, 동일 작업근로자수가 100명을 초과하는 경우에는 최대 시료채취 근로자수를 20명으로 조정할 수 있다.

④ 지역 시료채취 방법으로 측정을 하는 경우 단위작업장소 내에서 2개 이상의 지점에 대하여 동시에 측정하여야 한다

🔍답 ⑤

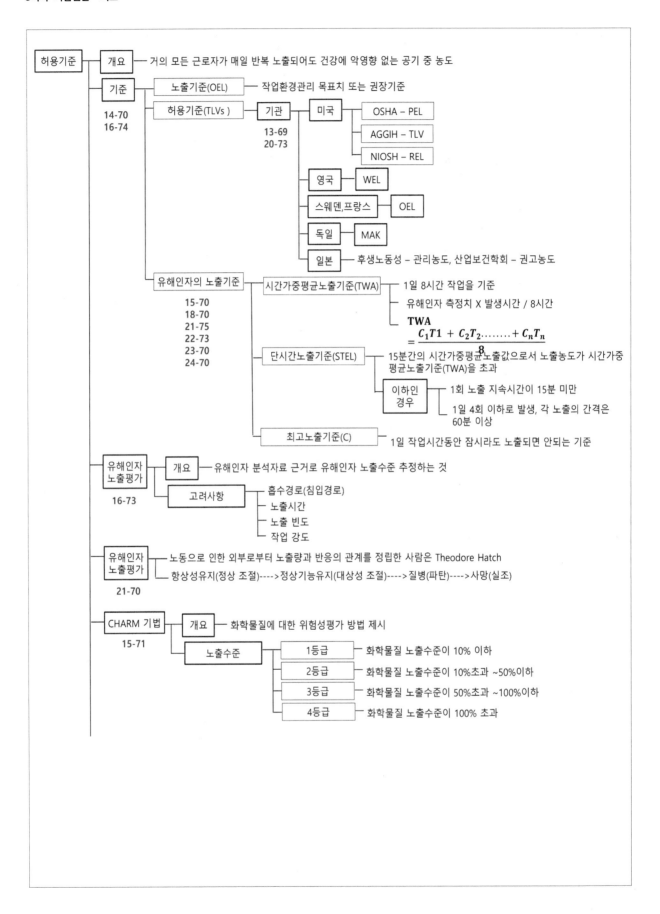

허용기준
- 개요 ─ 거의 모든 근로자가 매일 반복 노출되어도 건강에 악영향 없는 공기 중 농도
- 기준
  - 14-70
  - 16-74
  - 노출기준(OEL) ─ 작업환경관리 목표치 또는 권장기준
  - 허용기준(TLVs)
    - 기관
      - 13-69
      - 20-73
      - 미국
        - OSHA – PEL
        - AGGIH – TLV
        - NIOSH – REL
      - 영국 ─ WEL
      - 스웨덴,프랑스 ─ OEL
      - 독일 ─ MAK
      - 일본 ─ 후생노동성 – 관리농도, 산업보건학회 – 권고농도
  - 유해인자의 노출기준
    - 15-70
    - 18-70
    - 21-75
    - 22-73
    - 23-70
    - 24-70
    - 시간가중평균노출기준(TWA)
      - 1일 8시간 작업을 기준
      - 유해인자 측정치 X 발생시간 / 8시간
      - $$TWA = \frac{C_1 T1 + C_2 T_2 .... + C_n T_n}{8}$$
    - 단시간노출기준(STEL)
      - 15분간의 시간가중평균노출값으로서 노출농도가 시간가중평균노출기준(TWA)을 초과
      - 이하인 경우
        - 1회 노출 지속시간이 15분 미만
        - 1일 4회 이하로 발생, 각 노출의 간격은 60분 이상
    - 최고노출기준(C) ─ 1일 작업시간동안 잠시라도 노출되면 안되는 기준

유해인자 노출평가
- 16-73
- 개요 ─ 유해인자 분석자료 근거로 유해인자 노출수준 추정하는 것
- 고려사항
  - 흡수경로(침입경로)
  - 노출시간
  - 노출 빈도
  - 작업 강도

유해인자 노출평가
- 21-70
- 노동으로 인한 외부로부터 노출량과 반응의 관계를 정립한 사람은 Theodore Hatch
- 항상성유지(정상 조절)---->정상기능유지(대상성 조절)---->질병(파탄)---->사망(실조)

CHARM 기법
- 15-71
- 개요 ─ 화학물질에 대한 위험성평가 방법 제시
- 노출수준
  - 1등급 ─ 화학물질 노출수준이 10% 이하
  - 2등급 ─ 화학물질 노출수준이 10%초과 ~50%이하
  - 3등급 ─ 화학물질 노출수준이 50%초과 ~100%이하
  - 4등급 ─ 화학물질 노출수준이 100% 초과

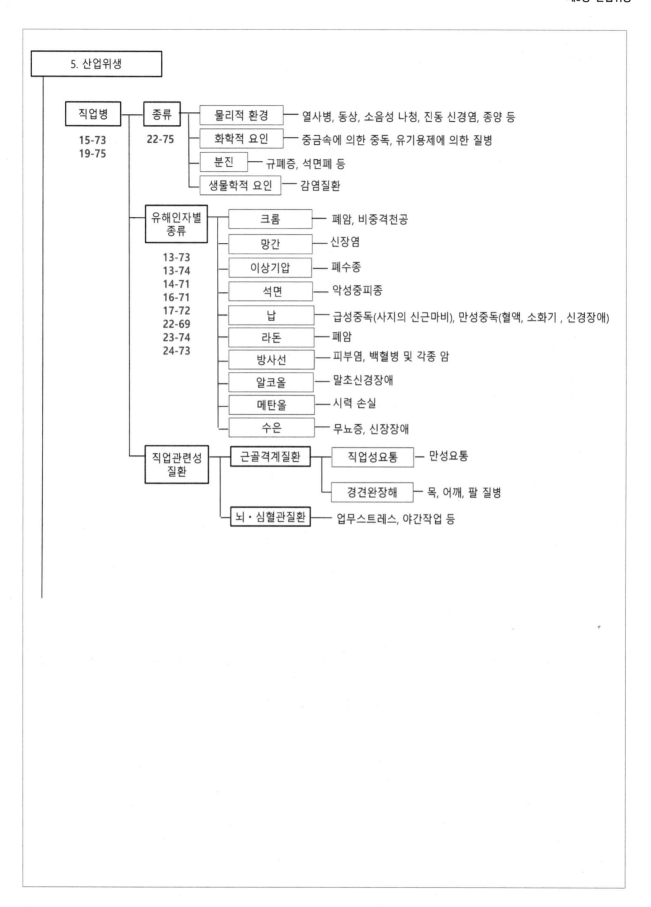

▌예제 문제

2013년

70 축전지 제조 작업장에서 측정된 5개의 공기 중 카드뮴 시료의 농도가 0.02, 0.08, 0.05, 0.25, 0.01mg/m³일 때, 다음 중 옳은 것은?

① 측정치들은 정규분포를 하고 있다.
② 대표치는 노출기준을 초과하였다.
③ 측정치의 변이가 너무 커서 재측정하여야 한다.
④ 측정치의 대표치인 기하평균(GM)은 0.082mg/m³이다.
⑤ 측정치의 변이인 기하표준편차(GSD)는 약 0.098이다.

2014년

70 근로자 보호를 위한 작업환경 노출기준에 관한 설명으로 옳은 것은?

① 단시간 노출기준은 8시간 시간가중평균 노출기준보다 높게 설정된다.
② TLV란 미국 산업안전보건청(OSHA)에서 설정한 법적 노출기준을 말한다.
③ 단시간 노출기준은 주로 만성독성을 일으키는 물질을 대상으로 설정된다.
④ 노출기준은 직업병의 발생여부를 판단하는 기준이다.
⑤ 두 가지 이상의 화학물질에 동시에 노출될 때는 기준이 낮은 화학물질을 기준으로 노출기준여부를 판단한다.

2013년

69 우리나라와 세계적으로 널리 인용되고 있는 노출기준에 대해 명칭과 제정기관이 옳은 것만을 모두 고른 것은?

보기	노출기준의 명칭	제정기관(국가)
ㄱ	PEL	HSE(영국)
ㄴ	REL	OSHA(미국)
ㄷ	TLV	ACGIH(미국)
ㄹ	WEEL	NIOSH(미국)
ㅁ	허용기준	고용노동부(대한민국)

① ㄱ, ㄴ ② ㄱ, ㄷ
③ ㄷ, ㄹ ④ ㄷ, ㅁ
⑤ ㄹ, ㅁ

▌정답 및 해설

▶ 2013년 70번   ▪ 노출기준
① 카드뮴 노출기준 고용노동부 0.03 mg/㎥(TWA), ACGIH 0.01 mg/㎥
② 노출지수(EI)=Cn/TLVn, C1=각 혼합물질의 공기 중 농도, TLV=각 혼합물질의 노출기준
③ EI=(0.02+0.08+0.05+0.25+0.01)/0.03=13.66
④ EI가 1보다 크면 노출기준을 초과한다고 평가함.   정답 ②

▶ 2014년 70번   ▪ 작업환경 노출기준
② TLV는 특정 유해물질에 대한 노출 기준으로, 건강에 미치는 영향을 최소화하기 위해 설정된다. 이는 권장 노출 기준으로, 법적 구속력은 없다.
③ STEL은 근로자가 15분 동안 노출될 수 있는 최대 농도를 나타내며, 주로 급성 또는 단기적인 건강 영향을 미치는 물질에 대해 설정된다. 이 기준은 짧은 시간 동안 높은 농도로 노출되었을 때의 건강 위험을 최소화하기 위해 존재한다.
④ 노출기준은 특정 농도 이상에서 노출될 경우 건강에 해로운 영향을 미칠 가능성을 평가하는 데 도움을 준다. 그러나 직업병의 발생 여부는 노출기준 이외에도 여러 요인(예: 노출 기간, 개인의 건강 상태, 유전적 요인 등)에 따라 달라질 수 있다.
⑤ 각 화학물질에 대한 노출 기준은 그 물질이 단독으로 노출될 때의 건강 영향을 바탕으로 설정된다. 따라서 복합 노출 상황에서는 각각의 물질에 대한 기준을 따로 고려하고, 이들 간의 상호작용을 평가해야 한다.   정답 ①

▶ 2013년 69번   ▪ 노출기준과 기관

	노출기준
미국	OSHA - PEL(permissible exposure limits) ACGIH - TLV(Threshold Limit Values) NIOSH - REL(Recommended exposure limit)
영국	WEL(Workplace Exposure Limits)
스웨덴,프랑스	OEL(Occupational Exposure Limits)
일본	후생노동성 - 관리농도 산업보건학회 - 권고농도
독일	MAK(Maximale Arbeitsplatz-Konzentration)

정답 ④

74 유해인자 노출기준에 관한 설명으로 옳은 것은?

2016년

① ACGIH TLV는 미국에서 법적 구속력이 있다.

② 대부분의 노출기준은 인체 실험에 의한 결과에서 설정된 것이다.

③ 우리나라 노출기준은 미국 OSHA PEL을 준용하고 있다.

④ 노출기준이 초과하면 질병이 대부분 발생한다.

⑤ 일반적으로 노출기준 설정은 인체면역에 의한 보상 수준을 고려한 것이다.

73 국가별 노출기준 중 법적 제재력이 없는 것은?

2020년

① 독일 GCIHHCC의 MAK

② 영국 HSE의 WEL

③ 일본 노동성의 CL

④ 우리나라 고용노동부의 허용기준

⑤ 미국 OSHA의 PEL

73 유해인자 노출평가에서 고려할 사항이 아닌 것은?

2016년

① 흡수경로(침입경로)

② 노출시간

③ 노출빈도

④ 작업강도

⑤ 작업숙련도

70 노출기준 설정방법 등에 관한 설명으로 옳지 않은 것은?

2021년

① 노동으로 인한 외부로부터 노출량(dose)과 반응(response)의 관계를 정립한 사람은 Pearson Norman(1972)이다.

② 노출에 따른 활동능력의 상실과 조절능력의 상실 관계는 지수형 곡선으로 나타난다.

③ 항상성(homeostasis)이란 노출에 대해 적응할 수 있는 단계로 정상조절이 가능한 단계이다.

④ 정상기능 유지단계는 노출에 대해 방어기능을 동원하여 기능장해를 방어할 수 있는 대상성(compensation) 조절기능 단계이다.

⑤ 대상성(compensation) 조절기능 단계를 벗어나면 회복이 불가능하여 질병이 야기된다.

▶ **2016년 74번** ■ 유해인자 노출기준

① TLV는 권장 사항이고, PEL은 법적으로 강제되는 기준이다. 따라서 TLV는 OSHA의 법적 기준이 아니다.

② 노출 기준은 인체 실험에 의한 결과분만 아니라, 동물 실험, 역학 연구, 및 기타 과학적 데이터를 종합하여 설정된다. 따라서 단순히 인체 실험 결과만을 바탕으로 한다고 보기는 어렵다.

③ 우리나라의 노출 기준은 OSHA의 PEL을 참고할 수 있지만, 이를 직접적으로 준용한다고 보기는 어렵다. 한국의 기준은 국내 환경과 상황에 맞게 독자적으로 설정되고 있다.

④ 노출기준이 초과한다고 해서 반드시 질병이 발생하는 것은 아니며, 여러 요인에 따라 결과가 달라질 수 있다. 따라서 노출기준은 건강을 보호하기 위한 예방적인 기준으로 이해해야 한다. **답 ⑤**

▶ **2020년 73번** ■ 독일의 GCIHHCC 의 MAK(Maximale Arbeitsplatz-Konzentration)

MAK 값은 특정 화학물질이 작업장에서 안전하게 노출될 수 있는 최대 농도를 정의하며, 근로자의 건강을 보호하기 위한 지침으로 사용된다. MAK 값은 법적 구속력이 없지만, 독일 내에서 작업장 안전 관리 및 건강 보호의 중요한 기준으로 활용된다. **답 ①**

▶ **2016년 73번** ■ 노출평가 시 고려사항

① 흡수경로(침입경로)
② 노출시간
③ 노출 빈도
④ 작업 강도 **답 ⑤**

▶ **2021년 70번** ■ 유해인자 노출기준 설정방법

① 노동 노출량(dose)과 반응(response)의 관계를 정립한 사람은 Theodore Hatch
② 항상성(homeostasis) – 노출에 대해 적응할 수 있는 단계로 정상조절이 가능한 단계
③ 정상기능 유지단계 – 노출에 대해 방어기능을 동원하여 기능장애를 방어할 수 있는 단계
④ 대상성 조절기능 단계를 벗어나면 회복이 불가능하여 질병을 야기 **답 ①**

2018년

70 화학물질 급성 중독으로 인한 건강영향을 예방하기 위한 노출기준만으로 옳은 것은?

① TWA, STEL   ② Excursion limit, TWA

③ STEL, Ceiling   ④ STEL, TLV

⑤ Excursion limit, TLV

2023년

70 화학물질 및 물리적 인자의 노출기준에 관한 설명으로 옳지 않은 것은?

① "최고노출기준(C)"이란 근로자가 1일 작업시간동안 잠시라도 노출되어서는 아니 되는 기준이다.

② 노출기준을 이용할 경우에는 근로시간, 작업의 강도, 온열조건, 이상기압도 고려하여야 한다.

③ "Skin" 표시물질은 피부자극성을 뜻하는 것은 아니며, 점막과 눈 그리고 경피로 흡수되어 전신 영향을 일으킬 수 있는 물질이다.

④ 발암성 정보물질의 표기는 화학물질의 분류 · 표시 및 물질안전보건자료에 관한 기준에 따라 1A, 1B, 2로 표기한다.

⑤ "단시간노출기준(STEL)"이란 15분간의 시간가중평균노출값으로서 노출농도가 시간가중평균노출기준(TWA)을 초과하고 단시간노출기준(STEL) 이하인 경우에는 1회 노출 지속시간이 15분 미만이어야 하고, 이러한 상태가 1일 3회 이하로 발생하여야 하며, 각 노출의 간격은 45분 이상이어야 한다.

2022년

73 화학물질 및 물리적 인자의 노출기준에서 STEL에 관한 설명이다. ( )안의 ㄱ, ㄴ, ㄷ을 모두 합한 값은?

> "단시간노출기준(STEL)"이란 (ㄱ) 분의 시간가중평균노출값으로서 노출농도가 시간가중평균노출기준(TWA)을 초과하고 단시간노출기준 이하인 경우에는 1회 노출 지속시간이 (ㄴ) 분 미만이어야 하고, 이러한 상태가 1일 4회 이하로 발생하여야 하며, 각 노출의 간격은 (ㄷ) 분 이상 이어야 한다.

① 15   ② 30

③ 65   ④ 90

⑤ 105

▶ 2018년 70번

■ 노출 기준

1. 단시간 노출 기준 (STEL): STEL은 근로자가 15분 동안 노출될 수 있는 최대 허용 농도를 의미한다. 이 기준은 급성 노출의 위험을 최소화하기 위해 설정된다.

2. 최고 노출 기준 (Ceiling, C): 최고 노출 기준은 특정 화학물질에 대해 절대로 초과해서는 안되는 농도를 나타냅니다. 이 값은 주어진 시간 동안 지속적으로 노출될 경우 건강에 심각한 영향을 미칠 수 있는 수준이다.

_답 ③

▶ 2023년 70번

■ 단시간노출기준(STEL)

"단시간노출기준(STEL)"이란 15분간의 시간가중평균노출값으로서 노출농도가 시간가중평균노출기준(TWA)을 초과하고 단시간노출기준(STEL) 이하인 경우에는 1회 노출 지속시간이 15분 미만이어야 하고, 이러한 상태가 1일 4회 이하로 발생하여야 하며, 각 노출의 간격은 60분 이상이어야 한다.

_답 ⑤

▶ 2022년 73번

■ 단시간노출기준(STEL)

"단시간노출기준(STEL)"이란 15분간의 시간가중평균노출값으로서 노출농도가 시간가중평균노출기준(TWA)을 초과하고 단시간노출기준(STEL) 이하인 경우에는 1회 노출 지속시간이 15분 미만이어야 하고, 이러한 상태가 1일 4회 이하로 발생하여야 하며, 각 노출의 간격은 60분 이상이어야 한다.

_답 ④

2015년

71 CHARM(Chemical Hazard Risk Management) 시스템에 따른 사업장의 화학 물질에 대한 위험성평가에 있어서 작업환경측정 결과를 활용한 노출수준 등급 구분으로 옳지 않은 것은?

① 4등급 - 화학물질 노출기준 초과
② 3등급 - 화학물질 노출기준의 50% 이상 ~ 100% 이하
③ 2등급 - 화학물질 노출기준의 10% 이상 ~ 50% 미만
④ 1등급 - 화학물질 노출기준의 10% 미만
⑤ 1등급 상향조정 - 직업병 유소견자가 확인된 경우

2015년

70 다음 중 노출기준(occupational exposure limits)에 관한 설명으로 옳은 것은?

① 고용노동부 노출기준은 작업환경 측정 결과의 평가와 작업환경 개선 기준으로 사용 할 수 있다.
② 일반 대기오염의 평가 또는 관리상의 기준으로는 사용할 수 없으나, 실내공기오염의 관리 기준으로는 사용할 수 있다.
③ MSDS에서 아세톤의 노출기준은 500 ppm, 폭발하한한계(LEL)는 2.5%로 표시되었다면, LEL은 노출기준보다 500배 높은 수준이다.
④ 우리나라는 작업자가 노출되는 소음을 누적노출량계로 측정할 때 Threshold 80dB, Criteria 90dB, Exchange rate 5dB 기준을 적용하므로, 만일 78dBA에 8시간 동안 노출되었다면 누적소음량은 10~50% 사이에 있을 것이다.
⑤ 최고노출기준(C)은 1일 작업시간 중 잠시라도 넘어서는 안 되는 농도이므로, 만일 15분 동안 측정했다면 측정치를 15로 보정하여 노출기준과 비교한다.

2021년

75 화학물질 및 물리적 인자의 노출기준에서 유해물질별 그 표시 내용의 연결이 옳은 것은?

① 인듐 및 그 화합물 - 흡입성
② 크롬산 아연 - 발암성 1A
③ 일산화탄소 - 호흡성
④ 불화수소 - 생식세포 변이원성 2
⑤ 트리클로로에틸렌 - 생식독성 1A

▶ 2015년 71번 ∎ CHARM (Chemical Hazard Risk Management) 시스템

1등급 - 화학물질 노출수준이 10% 이하

2등급 - 화학물질 노출수준이 10% 초과 ~ 50% 이하

3등급 - 화학물질 노출수준이 50% 초과 ~ 100% 이하

4등급 - 화학물질 노출수준이 100% 초과 　🔍답 ⑤

▶ 2015년 70번 ∎ 작업환경측정

② 일반 대기오염과 실내공기오염에 대한 기준은 서로 다르며, 각기 다른 목적으로 설정된다. 일반 대기오염에 대한 기준은 보통 국가 또는 국제적인 환경 보호 기관(예: EPA, WHO)에서 설정한 기준에 따라 정의된다. 이는 공공의 건강과 환경을 보호하기 위해 마련된 것이다. 또한 실내공기 오염의 경우, 일반적으로 건물의 환기, 사용되는 물질, 실내 환경에서의 건강 영향을 고려하여 별도로 관리 기준이 설정된다. 이 기준은 근로자 및 거주자의 건강을 보호하기 위해 필요한다.

③ 아세톤의 노출기준: 500 ppm, 아세톤의 폭발하한계(LEL): 2.5%

LEL을 ppm으로 변환한다.(2.5%=2.5×10,000 ppm=25,000 ppm)

노출기준과 LEL을 비교하면 $\dfrac{LEL}{노출기준} = \dfrac{25,000ppm}{500ppm} = 50$

라서, 아세톤의 LEL은 노출기준보다 50배 높은 수준이다.

④ Threshold가 80 dB이므로, 78 dBA는 Threshold 이하의 소음으로 간주된다. 즉, 누적 소음량을 계산할 때 포함되지 않다. 만약 78 dBA에 8시간 동안 노출되었다면, 소음은 기준에 미치지 못하므로 실제로 누적 소음량은 0%로 간주된다. 누적 소음량이 10~50%에 해당한다고 하는 것은 78 dBA의 소음이 80 dB Threshold를 초과해야만 가능하지만, 실제로는 그 이하이므로 해당 범위에 들어가지 않다. 따라서 78 dBA에 8시간 노출된 경우, 누적 소음량은 0%로 간주된다.

⑤ 최고 노출 기준(Ceiling, C)은 특정 화학물질에 대해 절대적으로 초과해서는 안 되는 농도를 나타내며, 1일 작업시간 중 어떤 경우에도 이 기준을 초과할 수 없다. 15분 동안 측정한 경우, 최고 노출 기준은 15분 동안의 농도를 기준으로 비교해야 하며, 노출 기준에 따라 보정할 필요가 없다. 　🔍답 ①

▶ 2021년 75번 ∎ 노출기준

일련 번호	유해물질의 명칭		화학식	노출기준				비 고 (CAS번호 등)
	국문표기	영문표기		TWA		STEL		
				ppm	mg/㎥	ppm	mg/㎥	
243	불화수소	Hydrogen fluoride, as F	HF	0.5	–	C 3	–	[7664-39-3] Skin
488	인듐 및 그 화합물	Indium & compounds, as In(Indium & compounds as Fume) (Respirable fraction)	In	–	0.01	–	–	[7440-74-6] 호흡성
491	일산화탄소	Carbon monoxide	CO	30	–	200	–	[630-08-0] 생식독성 1A
617	트리클로로 에틸렌	Trichloroethylene	CCl₂CHCl	10	–	25	–	[79-01-6] 발암성 1A, 생식세포 변이원성 2

🔍답 ②

2022년

74 라돈에 관한 설명으로 옳지 않은 것은?

① 색, 냄새, 맛이 없는 방사성 기체이다.

② 밀도는 9.73g/L로 공기보다 무겁다.

③ 국제암연구기구(IARC)에서는 사람에게서 발생하는 폐암에 대하여 제한적 증거가 있는 group 2A로 분류하고 있다.

④ 고용노동부에서는 작업장에서의 노출기준으로 600 Bq/m³를 제시하고 있다.

⑤ 미국 환경보호청(EPA)에서는 4 pCi/L를 규제기준으로 제시하고 있다.

2019년

71 화학물질 및 물리적 인자의 노출기준 중 2018년에 신설된 유해인자로 옳은 것은?

① 우라늄(가용성 및 불용성 화합물) ② 몰리브덴(불용성 화합물)

③ 이브롬화에틸렌 ④ 이염화에틸렌

⑤ 라돈

2023년

71 근로자건강진단 실무지침에서 화학물질에 대한 생물학적 노출지표의 노출 기준 값으로 옳지 않은 것은?

① 노말-헥산: [소변 중 2,5-헥산디온, 5mg/L]

② 메틸클로로포름: [소변 중 삼염화초산, 10mg/L]

③ 크실렌: [소변 중 메틸마뇨산, 1.5g/g crea]

④ 톨루엔: [소변 중 o-크레졸, 1mg/g crea]

⑤ 인듐: [혈청 중 인듐, 1.2μg/L]

▶ 2022년 74번

■ 라돈 (Radon)

라돈 (Radon)은 자연적으로 발생하는 방사성 기체로, 원자번호 86의 화학 원소이다. 주로 우라늄이나 토륨이 포함된 암석 및 토양에서 발생하며, 여러 중요한 특성과 건강 영향을 가지고 있다.

1. 물리적 성질 – 무색, 무취의 기체로, 공기보다 약간 무겁다. 방사성: 라돈은 알파 방사선을 방출하며, 이는 세포에 손상을 줄 수 있다.
2. 건강 위험 – 라돈은 폐암과 밀접한 관련이 있으며, 특히 흡연자에게 더 큰 위험을 초래한다. 세계보건기구(WHO)는 라돈을 1급 발암물질로 분류하고 있으며, 실내 라돈 농도가 100 Bq/m³를 초과할 경우 위험이 증가한다고 경고한다.

③ 라돈은 국제암연구기구(IARC)에서 Group 1으로 분류되어 있다. Group 1은 "인간에게 발암성이 확실히 있는 물질"로, 라돈은 폐암의 주요 원인으로 알려져 있어 이 그룹에 속한다.
⑤ 미국환경보호청(US EPA)은 1986년에 "라돈에 대한 시민가이드"에서 폐암 유발 경고를 하면서, 실내 공간 기준치로 4 pCi/L(148 Bq/m³) 이하로 규제기준을 제시하였다. 공기 중 라돈의 농도는 Bq/m³이나 pCi/L로 표시하며, 1 pCi/L는 37 Bq/m³에 해당한다.

■ IARC 발암물질 분류

1. Group 1: 인간에게 발암성이 확실한 물질, 예: 흡연, 아스베스토스, 라돈.
2. Group 2A: 인간에게 아마 발암성이 있을 것으로 판단되는 물질, 예: 갈륨, 일부 바이러스 (예: HPV).
3. Group 2B: 인간에게 발암성이 있을 가능성이 있는 물질, 예: 커피, 자외선 노출.
4. Group 3: 인간에 대한 발암성 여부가 불확실한 물질, 예: 특정 식물 추출물.
5. Group 4: 인간에게 발암성이 없는 물질, 예: 구연산. ☜답 ③

▶ 2019년 71번

■ 라돈 (Radon)

라돈 (Radon)은 자연적으로 발생하는 방사성 기체로, 원자번호 86의 화학 원소이다. 주로 우라늄이나 토륨이 포함된 암석 및 토양에서 발생하며, 여러 중요한 특성과 건강 영향을 가지고 있다.

1. 물리적 성질 – 무색, 무취의 기체로, 공기보다 약간 무겁다. 방사성: 라돈은 알파 방사선을 방출하며, 이는 세포에 손상을 줄 수 있다.
2. 건강 위험 – 라돈은 폐암과 밀접한 관련이 있으며, 특히 흡연자에게 더 큰 위험을 초래한다. 세계보건기구(WHO)는 라돈을 1급 발암물질로 분류하고 있으며, 실내 라돈 농도가 100 Bq/m³를 초과할 경우 위험이 증가한다고 경고한다. ☜답 ⑤

▶ 2023년 71번

■ 생물학적 노출지표 노출기준

1차 생물학적 노출지표물질 시료채취 방법 및 채취량

유해물질명	시료채취 종류	시기	지표물질명	채취량	채취용기 및 요령	이동 및 보관	분석기한
톨루엔	소변	당일	o-크레졸	10mL 이상	플라스틱 소변용기	4℃ (2~8℃)	5일 이내

☜답 ④

2023년
73 카드뮴 및 그 화합물에 대한 특수건강진단 시 제1차 검사항목에 해당하는 것은? (단, 근로자는 해당 작업에 처음 배치되는 것은 아니다.)

① 소변 중 카드뮴   ② 베타 2 마이크로글로불린

③ 혈중 카드뮴   ④ 객담세포검사

⑤ 단백뇨정량

2023년
74 근로자 건강진단 실시기준에서 유해요인과 인체에 미치는 영향으로 옳지 않은 것은?

① 니켈 - 폐암, 비강암, 눈의 자극증상

② 오산화바나듐 - 천식, 폐부종, 피부습진

③ 베릴륨 - 기침, 호흡곤란, 폐의 육아종 형성

④ 카드뮴 - 만성 폐쇄성 호흡기 질환 및 폐기종

⑤ 망간 - 접촉성 피부염, 비중격 점막의 괴사

2014년
71 다음은 대표적인 직업병과 그 원인이 되는 물질을 연결한 것이다. 직업병의 원인이 되는 요인으로 옳지 않은 것은?

① 비중격천공 - 크롬   ② 중피종 - 석면

③ 신장장해 - 수은   ④ 진폐증 - 유리규산

⑤ 말초신경장해 - 메탄올

▶ **2023년 73번**

■ 금속류 생물학적 노출지표 노출기준

구분	번호	유해물질명	시료채취		지표물질명	한국 KOSHA(20
			종류	시기		
1차	2	납 과 그 무기화합물	혈액	수시	납	30µg/dℓ
	8	수은과 그 화합물	소변	작업전	수은	200µg/ℓ
	11	4알킬연	혈액	수시	납	30µg/dℓ
	16	카드뮴과 그 화합물	혈액	수시	카드뮴	5µg/ℓ

■ 카드뮴 및 그 화합물의 특수건강진단 시 검사항목
  ① 1차 검사항목: 혈중 카드뮴
  ② 2차 검사항목: 소변 중 카드뮴, 단백뇨정량, 베타2 마이크로글로불린

답 ③

▶ **2023년 74번**

■ 망간 (Manganese)
  철강 산업에서 중요한 성분으로, 강도의 향상 및 내구성을 높이기 위해 사용된다. 또한 배터리, 도료, 유리 및 고무 제조 등 다양한 화학 공정에서도 사용된다.

  망간은 인체에 필수적인 미량 원소로, 효소의 기능과 대사 과정에 중요한 역할을 한다. 그러나 과다 노출 시 독성을 유발할 수 있다.

  과도한 망간 노출은 신경계에 영향을 미쳐 망간 중독(Manganism)을 일으킬 수 있으며, 이는 파킨슨병 유사 증상을 초래할 수 있다.

답 ⑤

▶ **2014년 71번**

■ 메탄올
  메탄올은 주로 중추신경계에 영향을 미쳐 메탄올 중독을 유발하고, 이로 인해 시각 장애나 심각한 신경계 손상이 발생할 수 있다.

  말초신경장해는 일반적으로 디아졸롬(benzenes), 아세틸렌, 중금속(납, 수은 등), 또는 특정 유기용제에 의한 노출로 인해 발생한다.

답 ⑤

2017년
72 납 중독시 나타나는 heme 합성 장해에 관한 설명으로 옳지 않은 것은?

① 혈중 유리철분 감소　　　　　② 혈청 중 δ-ALA 증가
③ δ-ALAD 작용 억제　　　　④ 적혈구내 프로토폴피린 증가
⑤ heme 합성효소 작용 억제

2016년
71 다음 중 유해인자별 건강영향을 연결한 것으로 옳은 것은?

① 디젤배출물 - 폐암　　　　　② 수은 - 피부암
③ 벤젠 - 비강암　　　　　　　④ 에탄올 - 시각 손상
⑤ 황산 - 뇌암

2022년
69 유해인자와 주요 건강 장해의 연결이 옳지 않은 것은?

① 감압환경: 관절 통증　　　　② 일산화탄소: 재생불량성 빈혈
③ 망간: 파킨슨병 유사 증상　　④ 납: 조혈기능 장해
⑤ 사염화탄소: 간독성

2022년
75 세균성 질환이 아닌 것은?

① 파상풍(tetanus)　　　　　　② 탄저병(anthrax)
③ 레지오넬라증(legionnaires' disease)　　④ 결핵(tuberculosis)
⑤ 광견병(rabies)

▶ **2017년 72번** ■ 납 중독 시 나타나는 heme 합성 장애

1. 효소 억제: 납은 헴 합성 과정에서 중요한 효소인 알라닌 탈아미노화 효소(ALAS)와 포르피린 합성 효소(ferrochelatase)에 대한 억제 작용을 한다. ALAS는 포르피린의 전구체인 바르바르산(BAR)을 헴으로 전환하는 데 필요한 효소이다.
2. 포르피린 축적: 효소의 억제로 인해 헴이 제대로 합성되지 않으면, 헴의 전구체인 포르피린이 체내에 축적된다. 이로 인해 포르피린증 (porphyria)과 같은 상태가 발생할 수 있다.
3. 혈액 생성 장애: 헴은 헤모글로빈의 주요 성분으로, 헴 생성의 장애는 결국 적혈구의 생성과 기능에 영향을 미치고, 이로 인해 빈혈이 발생할 수 있다.
4. 임상적 증상: 납 중독으로 인한 heme 합성 장애는 피로, 창백함, 두통, 복통 등 다양한 증상을 유발할 수 있으며, 심한 경우 신경계와 장기 기능에도 영향을 미칠 수 있다.

① 헴(heme)은 철분(Fe)이 포함된 화합물로, 헴 합성 과정에서 철분이 중요한 역할을 한다. 헴 합성의 장애는 일반적으로 납이 헴 합성에 관여하는 효소를 억제하여 발생한다. 납 중독은 헴 합성을 방해하지만, 이 과정이 직접적으로 혈중 유리 철분의 감소를 초래하지는 않는다. 오히려 헴 합성의 감소로 인해 체내에서 헴을 합성하지 못하게 되면, 철분이 제대로 사용되지 못하고 혈중에서 철분이 증가할 수 있다. ⊛답 ①

▶ **2016년 71번** ■ 유해인자별 건강영향

1. 수은 (Mercury) – 수은은 신경계에 대한 독성이 크며, 특히 메틸수은 형태로 생물체에 축적되어 뇌 및 신경 손상을 일으킬 수 있다. 또한, 면역계, 호흡기 및 소화계에 악영향을 미치고, 태아에게는 발달 장애를 유발할 수 있다.
2. 벤젠 (Benzene) – 벤젠은 발암물질로 분류되며, 백혈병 및 기타 혈액 질환과 관련이 있다. 장기 노출 시 면역계에 영향을 미치고, 생식 및 신경계에도 해로운 영향을 줄 수 있다.
3. 에탄올 (Ethanol) – 에탄올은 간 손상 및 알코올 중독을 유발할 수 있으며, 장기적으로는 간경변 및 여러 형태의 암(특히 간암)과 관련이 있다. 또한, 신경계에 영향을 미쳐 인지 기능 저하를 초래할 수 있다.
4. 황산 (Sulfuric Acid) – 황산은 호흡기 자극제로, 흡입 시 기관지 및 폐에 손상을 줄 수 있다. 피부 및 눈에 접촉할 경우 화학적 화상을 유발하며, 장기적으로는 폐 질환 및 다른 건강 문제를 일으킬 수 있다. ⊛답 ①

▶ **2022년 69번** ■ 일산화탄소 (Carbon Monoxide, CO)
무색, 무취의 가스로, 주로 연소 과정에서 발생한다.
건강영향 – 산소운반방해, 신경계 영향(두통, 어지러움, 피로감, 혼란, 심한 경우 실신이나 뇌손상), 호흡기 자극(장기 노출 시 폐기능 저하), 심혈관계 문제, 치명적 노출 시 사망 ⊛답 ②

▶ **2022년 75번** ■ 세균성질환
병원성 세균은 질병을 일으키는 세균을 의미하고 광견병은 바이러스로 세균이 아님. ⊛답 ⑤

2015년

73 다음 유해인자의 평가 및 인체영향에 관한 설명으로 옳은 것은?

① 호흡성 입자상 물질(a)과 흡입성 입자상 물질(b)의 농도비(a/b)는 일반적으로 용접 작업장이 목재 가공작업장 보다 크다.

② 석면이 치명적인 이유는 폐포에 있는 대식세포가 석면에 전혀 접근하지 못하여 탐식작용을 못하기 때문이다.

③ 옥외 작업장에서 누출될 수 있는 불화수소를 관리하기 위하여 작업환경 노출기준인 0.5ppm을 3으로 나누어(24시간 노출) 0.17ppm을 기준으로 정하였다.

④ 석영, 크리스토발라이트, 트리디마이트는 모두 실리카가 주성분인 물질로 암을 유발한다.

⑤ 주성분이 카드뮴인 나노입자는 피부흡수를 우선적으로 고려하여야 한다.

2013년

73 다음 작업에서 발생하는 유해요인과 건강장애가 옳게 짝지어진 것은?

① 유리가공작업 - 적외선 - 백내장(cataract)

② 페인트칠작업 - 카드뮴 - 백혈병(leukemia)

③ 금속세척작업 - 노말헥산 - 진폐증(pneumoconiosis)

④ 굴착작업 - 진동 - 사구체신염(glomerular nephritis)

⑤ 목재가공작업 - 목분진 - 간혈관육종(hepatic angiosarcoma)

▶ 2015년 73번

■ 유해인자의 평가 및 인체영향

② 석면은 미세한 섬유 구조를 가지고 있어, 호흡 시 폐포에 쉽게 침투한다. 이 섬유들은 매우 얇고 길어 폐 내에서 쉽게 이동할 수 있다. 대식세포는 석면 섬유를 탐식하려고 하지만, 석면 섬유는 대식세포에 의해 효과적으로 제거되지 않는다. 이로 인해 석면이 폐포에 축적되며, 장기적인 염증과 세포 손상을 유발한다. 석면은 폐암과 악성 중피종(pleural mesothelioma)과 같은 특정 암의 원인으로 알려져 있다. 석면의 섬유가 세포를 손상시키고, 유전자 변화를 일으킬 수 있기 때문이다.

③ 불화수소의 작업환경 노출기준은 보통 단기 노출(STEL) 및 시간 가중 평균(TWA)에 따라 설정된다. 0.5 ppm은 일반적으로 8시간 작업 기준에 대한 TWA로 설정된 값이다. 24시간 기준으로 단순히 0.5 ppm을 3으로 나누어 0.17 ppm으로 설정하는 것은 적절하지 않다.

④ 석영, 크리스토발라이트, 트리디마이트는 모두 실리카가 주성분인 물질이지만, 모두 암을 유발하는 것은 아니다.

⑤ 나노입자는 크기가 매우 작기 때문에 피부를 포함한 여러 경로를 통해 체내로 흡수될 수 있는 가능성이 높다. 카드뮴은 일반적으로 호흡기나 섭취를 통해 노출되는 경우가 많으므로 다양한 노출 경로를 함께 고려해야 한다.

답 ①

▶ 2013년 73번

■ 유해요인과 그로 인해 발생할 수 있는 건강장애

1. 카드뮴 (Cadmium)
유해요인: 카드뮴은 주로 금속가공, 배터리 제조, 도료에서 발견된다.
건강장애: 카드뮴에 노출되면 신장 손상, 뼈의 약화, 호흡기 질환 및 암(특히 폐암)이 발생할 수 있다.

2. 노말헥산 (n-Hexane)
유해요인: 주로 용제로 사용되며, 페인트 및 접착제에서 흔히 발견된다.
건강장애: 노말헥산에 노출되면 신경계 손상, 특히 말초신경장해가 발생할 수 있으며, 장기적인 노출은 신경병증을 유발할 수 있다.

3. 진동 (Vibration)
유해요인: 진동은 기계작업, 건설, 공구 사용 등에서 발생한다.
건강장애: 장기간의 진동 노출은 진동 유발 손상(Vibration White Finger) 및 손목과 팔의 혈류장애와 같은 혈관 신경병증을 유발할 수 있다.

4. 목분진 (Wood Dust)
유해요인: 목재 가공 및 제재 과정에서 발생한다.
건강장애: 목분진에 노출되면 호흡기 질환, 천식, 그리고 특정 유형의 암(비강암 및 부비동암)이 발생할 수 있다.

답 ①

2013년
74 유해인자별 건강장애에 관한 설명으로 옳은 것은?

① 아세톤에 만성적으로 노출되면 다발성 신경염이 발생한다.
② 크롬은 손톱 및 구강점막의 색소침착, 모공의 흑점화, 간장애를 일으킨다.
③ 삼염화에틸렌은 스펀지의 원료로 사용되며, 화재시 치명적인 가스를 발생시켜 폐수종을 일으킨다.
④ 라돈은 방사성 물질 중 유일한 기체상의 물질이며, 폐포나 기관지에 침착되어 β-입자를 방출한다.
⑤ 납에 의한 건강상의 영향은 신경독성, 복통, 혈색소 합성이 저해되어 나타나는 빈혈 증상 등을 들 수 있다.

2019년
75 다음에서 설명하는 화학물질은?

> • 2006년에 이 화학물질을 취급하던 중국동포가 수개월 만에 급성간독 성을 일으켜 사망한 사례가 있었다.
> • 이 화학물질은 폴리우레탄을 이용해 아크릴 등의 섬유, 필름, 표면코팅, 합성가죽 등을 제조하는 과정에서 노출될 수 있다.

① 벤젠　　　　　　② 메탄올　　　　　　③ 노말헥산
④ 이황화탄소　　　⑤ 디메틸포름아미드

2020년
75 유기용제의 일반적인 특성 및 독성에 관한 설명으로 옳은 것을 모두 고른 것은?

> ㄱ. 탄소사슬의 길이가 길수록 유기화학물질의 중추신경 억제효과는 증가한다.
> ㄴ. 염화메틸렌이 사염화탄소보다 더 강력한 마취특성을 가지고 있다.
> ㄷ. 불포화탄화수소는 포화탄화수소보다 자극성이 작다.
> ㄹ. 유기분자에 아민이 첨가되면 피부에 대한 부식성이 증가한다.

① ㄱ, ㄴ　　　　　　② ㄱ, ㄷ　　　　　　③ ㄱ, ㄹ
④ ㄴ, ㄷ　　　　　　⑤ ㄴ, ㄹ

▶ 2013년 74번   ■ 유해인자별 건강장애

① 아세톤은 주로 중추신경계에 영향을 미치는 화합물로 알려져 있으며, 만성적인 노출은 신경계 증상을 유발할 수 있다. 일반적으로 아세톤에 대한 만성 노출은 두통, 현기증, 피로감 및 인지 기능 저하와 같은 증상을 유발할 수 있다.

② 6가 크롬은 손톱 및 구강점막의 색소침착, 모공의 흑점화, 간장애를 일으키며, 1급 발암물질로 분류되며, 특히 폐암 및 비강암과 관련이 있다. 산업 현장에서의 장기 노출이 위험을 증가시킨다.

③ 트리클로로에틸렌(Trichloroethylene, TCE)이란 화학식 CHCl=CCl2의 수소원자 3개를 염소 원자로 치환한 화합물. 삼염화에틸렌이라고도 한다. 무색의 액체로 약간 달콤한 냄새를 띄고 있는 유기용제이며, 일반환경에는 존재하지 않지만 이 물질을 취급하는 사업장에서는 근로자가 노출될 수 있다. 사업장에서 TCE 는 금속부품의 기름을 제거하는데 주로 사용되고 있고, 접착제나 페인트 제거제, 수정액 등에도 함유되어 있다. 작업 중에 TCE 를 취급하거나 TCE 가 함유된 물질을 사용하면 공기중에 발생된 TCE 를 흡입하거나 피부 접촉을 통해 인체에 노출된다.

④ 라돈 (Radon)은 사언석으로 말생하는 방사성 기체로, 원자번호 86의 화학 원소이다. 주로 우라 늄이나 토륨이 포함된 암석 및 토양에서 발생하며, 여러 중요한 특성과 건강 영향을 가지고 있다.

   1. 물리적 성질 – 무색, 무취의 기체로, 공기보다 약간 무겁다. 방사성: 라돈은 알파 방사선을 방출하며, 이는 세포에 손상을 줄 수 있다.

   2. 건강 위험 – 라돈은 폐암과 밀접한 관련이 있으며, 특히 흡연자에게 더 큰 위험을 초래한다. 세계보건기구(WHO)는 라돈을 1급 발암물질로 분류하고 있으며, 실내 라돈 농도가 100 Bq/m^3를 초과할 경우 위험이 증가한다고 경고한다.   답 ⑤

▶ 2019년 75번   ■ 디메틸포름아미드 (Dimethylformamide, DMF)

   1. 용도

     1) 용매: 고분자 및 유기 화합물의 용매로 많이 사용된다. 특히 섬유 및 플라스틱 제조에서 유용한다.

     2) 화학 합성: DMF는 다양한 화학 반응에서 중간체로 사용되며, 특히 아민 및 에스터 합성에 이용된다.

     3) 제약: 제약 산업에서도 사용되며, 약물 합성과 관련된 용도로 쓰이다.

   2. 건강 영향:

     1) 독성: DMF는 피부 자극, 호흡기 자극을 유발할 수 있으며, 장기적인 노출 시 간 손상이나 신경계 영향이 발생할 수 있다.

     2) 생식 독성: 일부 연구에서는 DMF가 생식 건강에 부정적인 영향을 미칠 수 있다고 보고되었다.   답 ⑤

▶ 2020년 75번   ■ 유기용제의 일반적인 특성 및 독성

   ㄴ. 염화메틸렌: 중간 강도의 마취제로 사용되며, 빠른 흡수 속도를 가지고 있다. 일반적으로 수술 중 마취제로 사용되기도 한다. 사염화탄소: 과거에는 마취제로 사용되었으나, 현재는 독성과 간 손상의 위험 때문에 사용이 제한되고 있다.

   ㄷ. 포화 탄화수소는 모든 탄소-탄소 결합이 단일 결합으로 구성된 화합물이다. 예를 들어, 알케인 (예: 메탄, 에탄). 불포화 탄화수소는 하나 이상의 이중 결합이나 삼중 결합을 포함하는 화합물이다. 예를 들어, 알켄(예: 에틸렌), 알카인(예: 아세틸렌). 불포화 탄화수소는 이중 결합이나 삼중 결합을 포함하기 때문에, 화학 반응성이 더 크고 일반적으로 더 강한 자극성을 나타냅니다. 이로 인해 호흡기 자극, 피부 자극 등의 증상을 유발할 수 있다.   답 ③

70 화학물질 및 물리적 인자의 노출기준에서 노출기준 사용상의 유의사항으로 옳지 않은 것은?

① 각 유해인자의 노출기준은 해당 유해인자가 단독으로 존재하는 경우의 노출기준이다.
② 노출기준은 1일 8시간 작업을 기준으로 하여 제정된 것이다.
③ 노출기준은 직업병진단에 사용하거나 노출기준 이하의 작업환경이라는 이유만으로 직업성질병의 이환을 부정하는 근거 또는 반증자료로 사용하여서는 아니 된다.
④ 노출기준은 대기오염의 평가 또는 관리상의 지표로 사용하여서는 아니 된다.
⑤ 상승작용을 하는 화학물질이 2종 이상 혼재하는 경우에는 유해인자별로 각각 독립적인 노출기준을 사용하여야 한다.

73 다음 설명에 해당하는 중금속은?

> • 중독의 임상증상은 급성 복부 산통의 위장계통 장해, 손처짐을 동반하는 팔과 손의 마비가 특징인 신경근육계통의 장해, 주로 급성 뇌병증이 심한 중추신경계통의 장해로 구분할 수 있다.
> • 적혈구의 친화성이 높아 뼈조직에 결합된다.
> • 중독으로 인한 빈혈증은 heme의 생합성 과정에 장해가 생겨 혈색소량이 감소하고 적혈구의 생존기간이 단축된다.

① 크롬　　　　　　　　　　　　② 수은
③ 납　　　　　　　　　　　　　④ 비소
⑤ 망간

74 포름알데히드에 관한 설명으로 옳은 것을 모두 고른 것은?

> ㄱ. 자극성 냄새가 나는 무색기체이다.
> ㄴ. 호흡기를 통해 빠르게 흡수되고 피부접촉에 의한 노출은 극히 적다.
> ㄷ. 대사경로는 포름알데히드 → 포름산 → 이산화탄소이다.
> ㄹ. 생물학적 모니터링을 위한 생체지표가 많이 존재하며 발암성은 없다.

① ㄱ, ㄹ　　　　　　　　　　　② ㄴ, ㄷ
③ ㄱ, ㄴ, ㄷ　　　　　　　　　④ ㄱ, ㄴ, ㄹ
⑤ ㄱ, ㄴ, ㄷ, ㄹ

▶ **2024년 70번**

■ 상승작용

상승작용은 두 가지 이상의 화학물질이 함께 존재할 때, 각 물질의 독성이 단순히 합산된 것보다 더 큰 독성 효과를 나타내는 현상이다. 이는 각 물질이 상호작용하여 더 큰 피해를 줄 수 있음을 의미한다.

⑤ 상승작용이 있는 화학물질이 혼재할 경우, 단순히 독립적인 노출기준을 사용하는 것이 아니라, 두 물질의 독성이 결합하여 새로운 독성 수준을 형성할 수 있다는 점을 고려해야 한다. 따라서 독립적인 기준만으로는 혼합물의 위험성을 완전히 평가할 수 없다. 　　🔍답 ⑤

▶ **2024년 73번**

■ 납 (Lead) 건강영향

1. 신경계 손상: 특히 어린이에게 신경 발달에 부정적인 영향을 미칠 수 있다.
2. 혈액 및 면역계: 납 중독은 빈혈과 면역력 저하를 유발할 수 있다.
3. 장기 손상: 신장, 간, 생식계에 손상을 줄 수 있다.
4. 발암성: IARC에서 납을 2B군(인간에게 아마 발암성이 있을 가능성이 있는 물질)으로 분류하고 있다. 　　🔍답 ③

▶ **2024년 74번**

■ 포름알데히드 (Formaldehyde)

1. 물리적 성질
   1) 무색의 기체로, 강한 자극성 냄새가 있다.
   2) 물에 잘 용해되며, 일반적으로 포름알데히드 수용액(포름린) 형태로 사용된다.
2. 건강영향
   1) 자극: 눈, 코, 목을 자극하며, 고농도에 노출될 경우 호흡기 문제를 유발할 수 있다.
   2) 알레르기 반응: 피부에 접촉할 경우 알레르기성 피부염을 유발할 수 있다.
   3) 발암성: IARC에서 포름알데히드를 1급 발암물질로 분류하고 있으며, 특히 상부 호흡기와 비 인두암과 관련이 있다. 　　🔍답

전항 정답

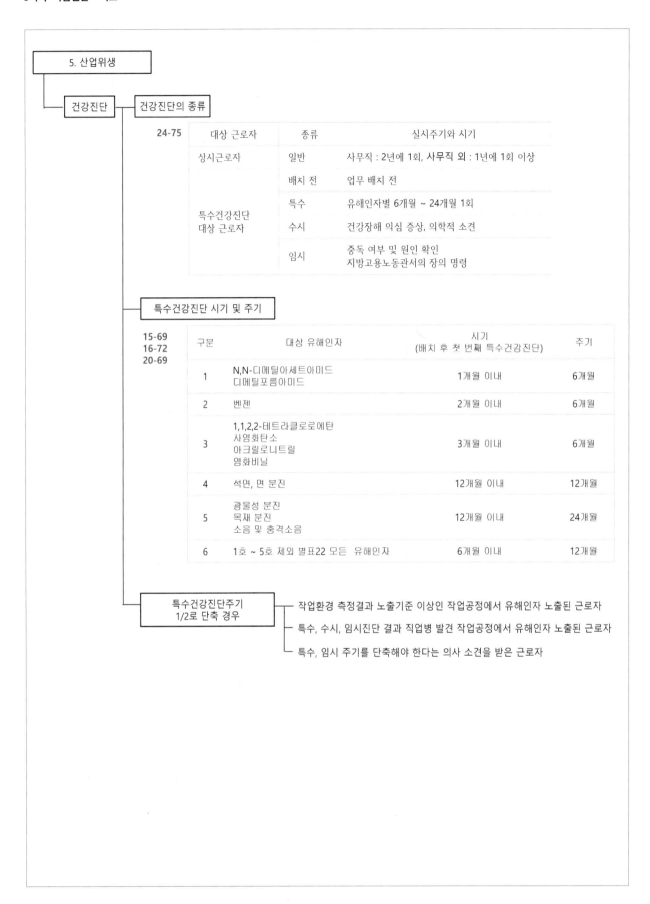

5. 산업위생

건강진단 — 건강진단의 종류

24-75

대상 근로자	종류	실시주기와 시기
상시근로자	일반	사무직 : 2년에 1회, 사무직 외 : 1년에 1회 이상
	배치 전	업무 배치 전
특수건강진단 대상 근로자	특수	유해인자별 6개월 ~ 24개월 1회
	수시	건강장해 의심 증상, 의학적 소견
	임시	중독 여부 및 원인 확인 지방고용노동관서의 장의 명령

특수건강진단 시기 및 주기

15-69
16-72
20-69

구분	대상 유해인자	시기 (배치 후 첫 번째 특수건강진단)	주기
1	N,N-디메틸아세트아미드 디메틸포름아미드	1개월 이내	6개월
2	벤젠	2개월 이내	6개월
3	1,1,2,2-테트라클로로에탄 사염화탄소 아크릴로니트릴 염화비닐	3개월 이내	6개월
4	석면, 면 분진	12개월 이내	12개월
5	광물성 분진 목재 분진 소음 및 충격소음	12개월 이내	24개월
6	1호 ~ 5호 제외 별표22 모든 유해인자	6개월 이내	12개월

특수건강진단주기 1/2로 단축 경우

- 작업환경 측정결과 노출기준 이상인 작업공정에서 유해인자 노출된 근로자
- 특수, 수시, 임시진단 결과 직업병 발견 작업공정에서 유해인자 노출된 근로자
- 특수, 임시 주기를 단축해야 한다는 의사 소견을 받은 근로자

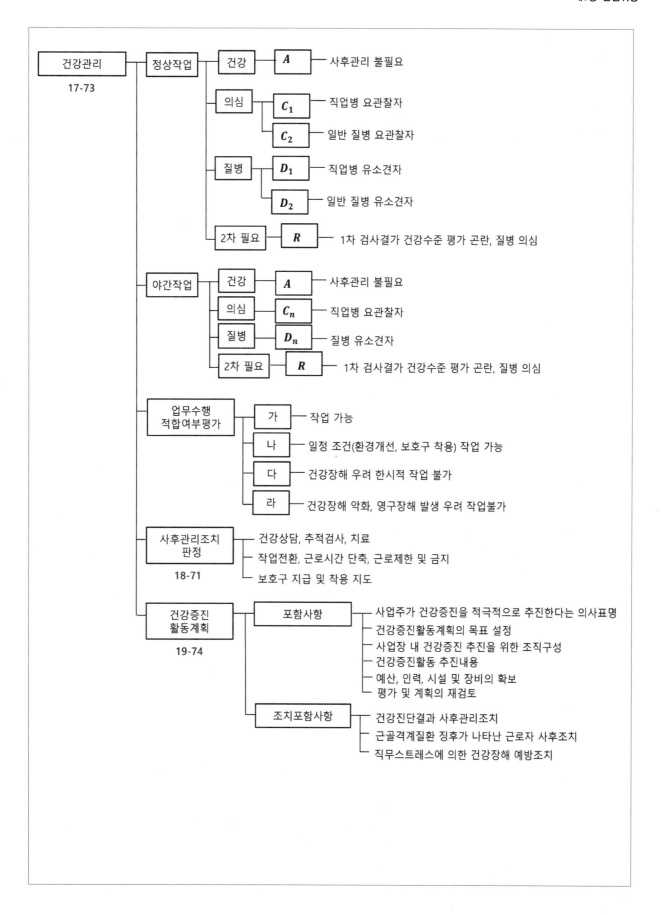

▌예제 문제

2020년
69 근로자 건강진단에 관한 설명으로 옳지 않은 것은?

① 납땜 후 기판에 묻어 있는 이물질을 제거하기 위하여 아세톤을 취급하는 근로자는 특수건강진단 대상자이다.

② 우레탄수지 코팅공정에 디메틸포름아미드 취급 근로자의 배치 후 첫 번째 특수 건강진단 시기는 3개월 이내이다.

③ 6개월간 오후 10시부터 다음날 오전 6시 사이의 시간 중 작업을 월 평균 60시간 이상 수행하는 근로자는 야간작업 특수건강진단 대상자이다.

④ 직업성 천식 및 직업성 피부염이 의심되는 근로자에 대한 수시건강진단의 검사 항목이 있다.

⑤ 정밀기계 가공작업에서 금속가공유 취급 시 노출되는 근로자는 배치 전 · 특수건강 진단 대상자이다.

2017년
73 근로자 건강진단 실시기준에 따른 건강관리구분 CN의 내용은?

① 직업성 질병으로 진전될 우려가 있어 추적검사 등 관찰이 필요한 근로자

② 일반질병으로 진전될 우려가 있어 추적관찰이 필요한 근로자

③ 질병으로 진전될 우려가 있어 야간작업시 추적관찰이 필요한 근로자

④ 질병의 소견을 보여 야간작업시 사후관리가 필요한 근로자

⑤ 건강진단 1차 검사결과 건강수준의 평가가 곤란하거나 질병이 의심되는 근로자

▌정답 및 해설

▶ 2020년 69번

■ 특수건강진단의 시기 및 주기

■ 산업안전보건법 시행규칙 [별표 23]

특수건강진단의 시기 및 주기(제202조제1항 관련)

구분	대상 유해인자	시기 (배치 후 첫 번째 특수 건강진단)	주기
1	N,N-디메틸아세트아미드 디메틸포름아미드	1개월 이내	6개월
2	벤젠	2개월 이내	6개월
3	1,1,2,2-테트라클로로에탄 사염화탄소 아크릴로니트릴 염화비닐	3개월 이내	6개월
4	석면, 면 분진	12개월 이내	12개월
5	광물성 분진 목재 분진 소음 및 충격소음	12개월 이내	24개월
6	제1호부터 제5호까지의 대상 유해인자를 제외한 별표22의 모든 대상 유해인자	6개월 이내	12개월

 답 ②

▶ 2017년 73번

■ 건강관리 구분(야간작업)

A	건강관리상 사후관리가 필요 없는 근로자(건강한 근로자)
Cn	질병으로 진전될 우려가 있어 야간작업 시 추적관찰이 필요한 근로자(질병 요관찰자)
Dn	질병의 소견을 보여 야간작업시 사후관리가 필요한 근로자(질병 유소견자)
R	건강진단 1차 검사결과 건강수준의 평가가 곤란하거나 질병이 의심되지 근로자(2차건강진단 대상자)

답 ③

2015년

69 직무 배치 후 유해인자에 대한 첫 번째 특수건강진단의 시기 및 주기로 옳지 않은 것은?

유해인자	첫 번째 진단 시기	주 기
① 나무 분진	6개월 이내	12개월
② N,N-디메틸아세트아미드	1개월 이내	6개월
③ 벤젠	2개월 이내	6개월
④ 면 분진	12개월 이내	12개월
⑤ 충격소음	12개월 이내	24개월

2016년

72 다음 중 특수건강진단 대상 유해인자가 아닌 것은?

① 염화비닐   ② 트리클로로에틸렌

③ 니켈   ④ 수산화나트륨

⑤ 자외선

▶ 2015년 69번 ■ 특수건강진단의 시기 및 주기

■ 산업안전보건법 시행규칙 [별표 23]

특수건강진단의 시기 및 주기(제202조제1항 관련)

구분	대상 유해인자	시기 (배치 후 첫 번째 특수 건강진단)	주기
1	N,N-디메틸아세트아미드 디메틸포름아미드	1개월 이내	6개월
2	벤젠	2개월 이내	6개월
3	1,1,2,2-테트라클로로에탄 사염화탄소 아크릴로니트릴 염화비닐	3개월 이내	6개월
4	석면, 면 분진	12개월 이내	12개월
5	광물성 분진 목재 분진 소음 및 충격소음	12개월 이내	24개월
6	제1호부터 제5호까지의 대상 유해인자를 제외한 별표22의 모든 대상 유해인자	6개월 이내	12개월

답 ①

▶ 2016년 72번 ■ 특수건강진단의 시기 및 주기

■ 산업안전보건법 시행규칙 [별표 23]

특수건강진단의 시기 및 주기(제202조제1항 관련)

구분	대상 유해인자	시기 (배치 후 첫 번째 특수 건강진단)	주기
1	N,N-디메틸아세트아미드 디메틸포름아미드	1개월 이내	6개월
2	벤젠	2개월 이내	6개월
3	1,1,2,2-테트라클로로에탄 사염화탄소 아크릴로니트릴 염화비닐	3개월 이내	6개월
4	석면, 면 분진	12개월 이내	12개월
5	광물성 분진 목재 분진 소음 및 충격소음	12개월 이내	24개월
6	제1호부터 제5호까지의 대상 유해인자를 제외한 별표22의 모든 대상 유해인자	6개월 이내	12개월

답 ④

2018년

71 특수건강진단 결과의 활용으로 옳지 않은 것은?

① 근로자가 소속된 공정별로 분석하여 직무관련성을 추정한다.

② 근로자의 근무시기별로 비교하여 직무관련성을 분석한다.

③ 특수건강진단 대상자가 걸린 질병의 직무 영향을 고찰한다.

④ 직업병 요관찰자 또는 유소견자는 작업을 전환하는 방안을 강구한다.

⑤ 유해인자 노출기준 초과여부를 평가한다.

2021년

73 산업안전보건법 시행규칙 별지 제85호 서식(특수 · 배치전 · 수시 · 임시 건 강진단 결과표)의 작성 사항이 아 닌 것은?

① 작업공정별 유해요인 분포 실태

② 유해인자별 건강진단을 받은 근로자 현황

③ 질병코드별 질병유소견자 현황

④ 질병별 조치 현황

⑤ 건강진단 결과표 작성일, 송부일, 검진기관명

2019년

74 근로자 건강증진활동 지침에 따라 건강증진활동 계획을 수립할 때, 포함해야 하는 내용을 모두 고른 것은?

> ㄱ. 건강진단결과 사후관리조치
> ㄴ. 작업환경측정결과에 대한 사후조치
> ㄷ. 근골격계질환 징후가 나타난 근로자에 대한 사후조치
> ㄹ. 직무스트레스에 의한 건강장해 예방조치

① ㄱ, ㄴ   ② ㄱ, ㄹ

③ ㄱ, ㄷ, ㄹ   ④ ㄴ, ㄷ, ㄹ

⑤ ㄱ, ㄴ, ㄷ, ㄹ

2024년

75 산업안전보건법령상 근로자 건강진단의 종류가 아닌 것은?

① 특수건강진단   ② 배치전건강진단

③ 건강관리카드 소지자 건강진단   ④ 종합건강진단

⑤ 임시건강진단

▶ 2018년 71번 ■ 사후관리 조치 판정

① 건강상담　　　　　　　　② 보호구지급 및 착용지도
③ 추적검사　　　　　　　　④ 근무중 치료
⑤ 근로시간단축　　　　　　⑥ 작업전환
⑦ 근로제한 및 금지
⑧ 산재요양신청서 직접 작성 등 해당 근로자에 대한 직업병 확진 의뢰 안내

⑤ 특수 건강 진단은 특정 유해인자에 노출된 근로자의 건강 상태를 평가하기 위한 것이다. 이는 노출로 인한 건강 영향을 확인하고, 조기 진단 및 예방 조치를 취하는 데 초점을 맞춥니다. 노출 기준 초과 여부는 작업 환경의 모니터링, 측정, 그리고 노출 기록과 함께 종합적으로 평가해야 한다.　🔍답 ⑤

▶ 2021년 73번 ■ 건강진단 결과표 작성사항

1. 유해인자별 건강진단을 받은 근로자 현황
2. 질병코드별 질병유소견자 현황
3. 질병별 조치 현황
4. 건강진단 결과표 작성일, 송부일, 검진기관명　🔍답 ①

▶ 2019년 74번 ■ 제4조(건강증진활동계획 수립·시행)

① 사업주는 근로자의 건강증진을 위하여 다음 각 호의 사항이 포함된 건강증진활동계획을 수립·시행하여야 한다.
 1. 사업주가 건강증진을 적극적으로 추진한다는 의사표명
 2. 건강증진활동계획의 목표 설정
 3. 사업장 내 건강증진 추진을 위한 조직구성
 4. 직무스트레스 관리, 올바른 작업자세 지도, 뇌심혈관계질환 발병위험도 평가 및 사후관리, 금연, 절주, 운동, 영양개선 등 건강증진활동 추진내용
 5. 건강증진활동을 추진하기 위해 필요한 예산, 인력, 시설 및 장비의 확보
 6. 건강증진활동계획 추진상황 평가 및 계획의 재검토
 7. 그 밖에 근로자 건강증진활동에 필요한 조치
② 사업주는 제1항에 따른 건강증진활동계획을 수립할 때에는 다음 각 호의 조치를 포함하여야 한다.
 1. 법 제43조제5항에 따른 건강진단결과 사후관리조치
 2. 안전보건규칙 제660조제2항에 따른 근골격계질환 징후가 나타난 근로자에 대한 사후조치
 3. 안전보건규칙 제669조에 따른 직무스트레스에 의한 건강장해 예방조치
③ 상시 근로자 50명 미만을 사용하는 사업장의 사업주는 근로자건강센터를 활용하여 건강증진활동계획을 수립·시행할 수 있다.　🔍답 ③

▶ 2024년 75번 ■ 건강진단의 종류

대상근로자		종류	실시주기와 시기
상시 근로자		일반	사무직:2년에 1회, 사무직 외:1년에 1회 이상
특수건강진단 대상 근로자		배치 전	업무 배치 전
		특수	유해인자별 6개월 ~ 24개월 1회
		수시	건강장해 의심 증상, 의학적 소견
		임시	중독여부 및 원인 확인 지방고용노동관서의 장의 명령

🔍답 ④

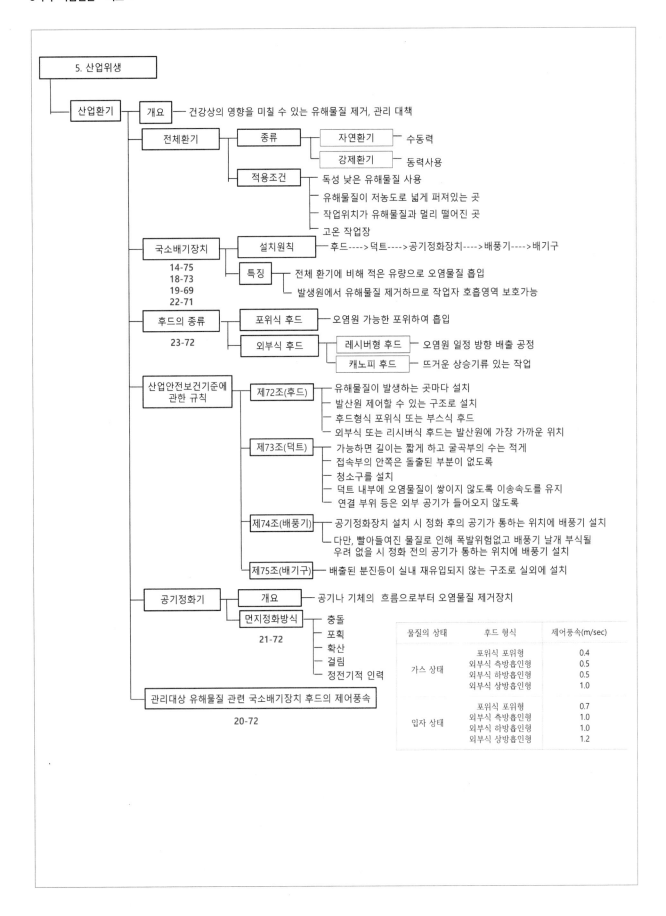

5. 산업위생

산업환기 ─ 개요 ─ 건강상의 영향을 미칠 수 있는 유해물질 제거, 관리 대책

전체환기 ─ 종류 ─ 자연환기 ─ 수동력
                    강제환기 ─ 동력사용
         적용조건 ─ 독성 낮은 유해물질 사용
                  유해물질이 저농도로 넓게 퍼져있는 곳
                  작업위치가 유해물질과 멀리 떨어진 곳
                  고온 작업장

국소배기장치 ─ 설치원칙 ─ 후드----> 덕트----> 공기정화장치----> 배풍기----> 배기구
14-75
18-73   특징 ─ 전체 환기에 비해 적은 유량으로 오염물질 흡입
19-69   발생원에서 유해물질 제거하므로 작업자 호흡영역 보호가능
22-71

후드의 종류 ─ 포위식 후드 ─ 오염원 가능한 포위하여 흡입
23-72   외부식 후드 ─ 레시버형 후드 ─ 오염원 일정 방향 배출 공정
                        캐노피 후드 ─ 뜨거운 상승기류 있는 작업

산업안전보건기준에 ─ 제72조(후드) ─ 유해물질이 발생하는 곳마다 설치
관한 규칙   발산원 제어할 수 있는 구조로 설치
                                 후드형식 포위식 또는 부스식 후드
                                 외부식 또는 리시버식 후드는 발산원에 가장 가까운 위치
              제73조(덕트) ─ 가능하면 길이는 짧게 하고 굴곡부의 수는 적게
                            접속부의 안쪽은 돌출된 부분이 없도록
                            청소구를 설치
                            덕트 내부에 오염물질이 쌓이지 않도록 이송속도를 유지
                            연결 부위 등은 외부 공기가 들어오지 않도록
              제74조(배풍기) ─ 공기정화장치 설치 시 정화 후의 공기가 통하는 위치에 배풍기 설치
                              다만, 빨아들여진 물질로 인해 폭발위험없고 배풍기 날개 부식될
                              우려 없을 시 정화 전의 공기가 통하는 위치에 배풍기 설치
              제75조(배기구) ─ 배출된 분진등이 실내 재유입되지 않는 구조로 실외에 설치

공기정화기 ─ 개요 ─ 공기나 기체의 흐름으로부터 오염물질 제거장치
           먼지정화방식 ─ 충돌
           21-72   포획
                          확산
                          걸림
                          정전기적 인력

관리대상 유해물질 관련 국소배기장치 후드의 제어풍속
20-72

물질의 상태	후드 형식	제어풍속(m/sec)
가스 상태	포위식 포위형	0.4
	외부식 측방흡인형	0.5
	외부식 하방흡인형	0.5
	외부식 상방흡인형	1.0
입자 상태	포위식 포위형	0.7
	외부식 측방흡인형	1.0
	외부식 하방흡인형	1.0
	외부식 상방흡인형	1.2

322

||| MEMO ||||||||||||||||||||||||||||||||||||||||||

▌예제 문제

72 후드 개구부 면에서 제어속도(capture velocity)를 측정해야 하는 후드 형태에 해당하는 것은?

① 외부식 후드
② 포위식 후드
③ 리시버(receiver)식 후드
④ 슬롯(slot) 후드
⑤ 캐노피(canopy) 후드

73 작업장에서 기계를 이용한 환기(ventilation)에 관한 설명으로 옳은 것은?

① HVACs(공조시설)는 발암물질을 제거하기 위해 설치하는 환기장치이다.
② 국소배기장치 덕트 크기(size)는 후드 유입 공기량(Q)과 반송속도(V)를 근거로 결정한다.
③ HVACs(공조시설) 공기 유입구와 국소배기장치 배기구는 서로 가까이 설치하는 것이 좋다.
④ HVACs(공조시설)에서 신선한 공기와 환류공기(returned air)의 비는 7:3이 적정하다.
⑤ 국소배기장치에서 송풍기는 공기정화장치 앞에 설치하는 것이 좋다.

69 국소배기장치의 환기효율을 위한 설계나 설치방법으로 옳지 않은 것은?

① 사각형관 닥트보다는 원형관 닥트를 사용한다.
② 공정에 방해를 주지 않는 한 포위형 후드로 설치한다.
③ 푸쉬-풀(push-pull) 후드의 배기량은 급기량보다 많아야 한다.
④ 공기보다 증기밀도가 큰 유기화합물 증기에 대한 후드는 발생원보다 낮은 위치에 설치한다.
⑤ 유기화합물 증기가 발생하는 개방처리조(open surface tank) 후드는 일반적인 사각형 후드 대신 슬롯형 후드를 사용한다.

75 작업장에 설치되어 있는 기존의 국소배기시스템에 관한 설명으로 옳지 않은 것은?

① 덕트의 길이를 줄이면 후드에서의 풍량은 감소한다.
② 송풍기 날개의 회전수를 2배 늘리면 송풍기의 풍량은 2배 증가한다.
③ 송풍기의 배출구 뒤쪽에 있는 덕트 내의 압력은 대기압보다 높다.
④ 덕트 내에 분진이 퇴적되어 내경이 좁아지면 후드정압이 감소한다.
⑤ 송풍기의 앞쪽에 있는 덕트에 구멍이 생기면 후드에서 풍량이 감소한다.

▌정답 및 해설

▶ 2023년 72번   ■ 후드제어속도

외부식후드 – 후드에서 가장 멀리 떨어진 지점에서 측정

포위식후드 – 후드 개구부 면에서 측정

ⓛ답 ②

▶ 2018년 73번   ■ 환기(ventilation)

① HVAC 시스템은 온도 조절분만 아니라, 공기 질을 개선하고 환기를 통해 실내 환경을 쾌적하게 유지하는 역할을 한다. 특정 발암물질(예: 휘발성 유기 화합물, 포름알데히드 등)의 제거를 위해서는 적절한 필터와 환기 전략이 필요하다.

③ 공기 유입구와 배기구가 가까이 위치할 경우, 배기된 오염된 공기가 다시 유입구로 흡입될 수 있다. 이는 공기 질을 저하시킬 분만 아니라, 근로자가 유해물질에 노출될 위험을 증가시킨다. HVAC 시스템 설계 시, 공기 유입구와 배기구 간의 적절한 거리와 위치를 고려하여 설치하는 것이 중요하다. 이는 전반적인 환기 성능을 개선하고 공기 질을 유지하는 데 필수적이다.

④ 신선한 공기의 비율이 너무 낮으면 실내 공기 질이 저하될 수 있으며, 건강에 부정적인 영향을 미칠 수 있다. 7:3 비율은 일반적인 기준이지만, 일부 환경에서는 더 많은 신선한 공기를 요구할 수 있다.

⑤ 송풍기가 공기 정화 장치 뒤에 위치해야, 송풍기가 흡입한 오염된 공기를 먼저 정화한 후 깨끗한 공기를 실내로 배출할 수 있다. 만약 송풍기가 정화 장치 앞에 설치된다면, 오염된 공기가 정화되지 않은 상태로 송풍기로 흡입될 수 있다.

ⓛ답 ②

▶ 2019년 69번   ■ 국소배기장치의 환기효율을 위한 설계나 설치방법

④ 공기보다 밀도가 큰 증기는 일반적으로 바닥 근처에 머무르며, 중력에 의해 아래로 가라앉다. 따라서 후드가 발생원보다 낮은 위치에 설치되면 증기가 후드에 쉽게 흡입되지 않다. 후드는 발생원보다 높은 위치에 설치하여 증기가 자연스럽게 흡입될 수 있도록 해야 한다. 이로 인해 유해한 증기를 효과적으로 제거하고, 작업 환경을 안전하게 유지할 수 있다.

ⓛ답 ④

▶ 2014년 75번   ■ 국소배기시스템

① 덕트가 길어질수록 공기가 흐르는 데 저항이 증가한다. 따라서 긴 덕트는 풍량을 감소시키는 원인이 된다. 반대로, 덕트의 길이를 줄이면 저항이 감소하고, 결과적으로 후드에서의 풍량이 증가할 수 있다. 짧은 덕트는 공기가 더 원활하게 흐를 수 있도록 하여, 후드에서 더 많은 양의 공기를 흡입할 수 있게 한다. 이는 후드의 효율성을 향상시키고, 유해한 물질을 더 효과적으로 제거하는 데 도움이 된다.

ⓛ답 ①

2022년
71 국소배기장치에 관한 설명으로 옳은 것을 모두 고른 것은?

> ㄱ. 공기보다 무거운 증기가 발생하더라도 발생원보다 낮은 위치에 후드를 설치해서는 안 된다.
> ㄴ. 오염물질을 가능한 모두 제거하기 위해 필요환기량을 최대화한다.
> ㄷ. 공정에 지장을 받지 않으면 후드 개구부에 플랜지를 부착하여 오염원 가까이 설치한다.
> ㄹ. 주관과 분지관 합류점의 정압 차이를 크게 한다.

① ㄱ, ㄴ
② ㄱ, ㄷ
③ ㄴ, ㄹ
④ ㄷ, ㄹ
⑤ ㄱ, ㄴ, ㄷ, ㄹ

2020년
70 관리대상 유해물질 관련 국소배기장치 후드의 제어풍속에 관한 설명으로 옳지 않은 것은?

① 가스 상태 물질 포위식 포위형 후드는 제어풍속이 0.4m/s 이상이다.
② 가스 상태 물질 외부식 측방흡인형 후드는 제어풍속이 0.5m/s 이상이다.
③ 가스 상태 물질 외부식 상방흡인형 후드는 제어풍속이 1.0m/s 이상이다.
④ 입자 상태 물질 포위식 포위형 후드는 제어풍속이 1.0m/s 이상이다.
⑤ 입자 상태 물질 외부식 상방흡인형 후드는 제어풍속이 1.2m/s 이상이다.

2017년
75 덕트 내 공기에 의한 마찰손실을 표시하는 레이놀드수(Reynolds No.)에 포함되지 않는 요소는?

① 공기 속도(velocity)
② 덕트 직경(diameter)
③ 덕트면 조도(roughness)
④ 공기 밀도(density)
⑤ 공기 점도(viscosity)

2021년
72 공기정화장치 중 집진(먼지제거) 장치에 사용되는 방법 또는 원리에 해당하지 않는 것은?

① 세정
② 여과(여포)
③ 흡착
④ 원심력
⑤ 전기 전하

▶ 2022년 71번 ■ 국소배기장치

ㄴ. 필요환기량을 최대화하면 에너지 소비가 증가하고, 이로 인해 운영 비용이 크게 상승할 수 있다. 따라서 효율적인 비용 관리를 고려해야 한다. 환기가 과도하게 이루어지면 내부 환경이 과도하게 건조해지거나, 외부에서 유입되는 오염물질이 증가할 수 있다. 즉, 지나치게 많은 환기가 오히려 원치 않는 결과를 초래할 수 있다. 오염물질 제거를 위해서는 적정한 환기량을 설정하고, 필요한 경우 추가적인 공기 정화 장치를 사용하는 것이 효과적이다. 필요환기량은 작업 환경의 특성과 오염물질의 종류에 따라 달라지므로, 이를 적절히 평가해야 한다.

ㄹ. 정압 차이가 클 경우, 배기 시스템의 공기 흐름이 불안정해질 수 있다. 이는 국소배기장치의 효율성을 저하시킬 수 있다. 국소배기장치에서 공기가 원활하게 흐르려면, 주관과 분지관 합류점에서의 정압 차이를 적절하게 유지해야 한다. 정압 차이가 너무 크면 공기 흐름이 저하되고, 오염물질이 제대로 제거되지 않을 수 있다.

답 ②

▶ 2020년 70번 ■ 관리대상 유해물질 관련 국소배기장치 후드의 제어풍속(제31조 관련)

[별표 2]

관리대상 유해물질 관련 국소배기장치 후드의 제어풍속(제31조 관련)

물질의 상태	후드 형식	제어풍속(m/sec)
가스 상태	포위식 포위형	0.4
	외부식 측방흡인형	0.5
	외부식 하방흡인형	0.5
	외부식 상방흡인형	1.0
입자 상태	포위식 포위형	0.7
	외부식 측방흡인형	1.0
	외부식 하방흡인형	1.0
	외부식 상방흡인형	1.2

답 ④

▶ 2017년 75번 ■ 덕트

레이놀드 수

Re= $Re = \dfrac{Dv\rho}{\mu}$

ρ는 유체의 밀도, v는 유체의 속력, D는 유체의 특성길이, μ는 유체의 점성계수

답 ③

▶ 2021년 72번 ■ 먼지정화방식

① 충돌
② 포획
③ 확산
④ 걸림
⑤ 정전기적 인력

답 ③

2016년

70 원형 덕트에서 반송속도가 10m/sec이고, 이곳을 흐르는 공기량은 20m³/min이다. 이 덕트 직경의 크기 (mm)는?

① 약 100   ② 약 200

③ 약 300   ④ 약 400

⑤ 약 500

2018년

75 나노먼지가 주로 발생되는 공정 또는 작업이 아닌 것은?

① 용접   ② 유리 용융

③ 선철 용해   ④ CNC 가공

⑤ 디젤 연소(diesel combustion)

▶ 2016년 70번   ■ 원형 덕트의 직경

1. 주어진 정보

반송속도 $v = 10m/\sec$

공기량 $Q = 20m^3/\min = \dfrac{20}{60}m^3/\sec = 0.333m^3/\sec$

2. 덕트의 단면적

Q=A·v A는 단면적(㎡)이고, v는 속도

$A = \dfrac{Q}{v} = \dfrac{0.333}{10} = 0.0333m^2$

3. 원형 덕트의 단면적 공식

$A = \pi \cdot (\dfrac{d}{2})^2$, d는 덕트의 직경

$0.333 = 3.14 \cdot (\dfrac{d}{2})^2$, $\dfrac{d}{2} = \sqrt{\dfrac{0.0333}{3.14}}$, d=0.206m, 206mm

🔍답 ②

▶ 2018년 75번   ■ 나노먼지

① 나노미세먼지는 입자 크기가 100㎚(0.1㎛) 이하인 먼지로, 입자 크기 2.5㎛ 이하인 초미세먼지 중에서도 더 작은 먼지를 말한다. 주로 자동차 배기가스 등에 많이 포함돼 있다.

② CNC 가공은 컴퓨터로 제어되는 기계로 부품을 제조하는 모든 프로세스로 나노먼지 발생 보다는 기계 가공 부산물 발생

🔍답 ④

4주완성 합격마스터
산업안전지도사 1차 필기
3과목 기업진단·지도

부록 1

과년도 기출문제

51 테일러(F.Taylor)의 과학적 관리법에 관한 설명으로 옳은 것을 모두 고른 것은?

> ㄱ. 고임금 고노무비
> ㄴ. 개방체계
> ㄷ. 차별성과급 제도
> ㄹ. 시간연구
> ㅁ. 작업장의 사회적 조건
> ㅂ. 과업의 표준

① ㄱ
② ㄴ, ㅁ
③ ㄱ, ㄷ, ㅂ
④ ㄴ, ㄹ, ㅁ
⑤ ㄷ, ㄹ, ㅂ

52 조직에서 생산적 행동과 반생산적 행동에 관한 설명으로 옳지 않은 것은?

① 조직시민행동은 생산적 행동에 속한다.
② 조직시민행동은 친사회적 행동이며 역할 외 행동이라고도 한다.
③ 일탈행동은 반생산적 행동에 속하지만 조직에 해로운 행동은 아니다.
④ 조직시민행동은 개인(Individual)과 조직(Organizational)으로 분류되기도 한다.
⑤ 반생산적 행동은 개인적 범주와 조직적 범주로 분류할 수 있다.

53 직무평가에 관한 설명으로 옳은 것을 모두 고른 것은?

> ㄱ. 직무평가 대상은 직무 자체임
> ㄴ. 다른 직무들과의 상대적 가치를 평가
> ㄷ. 직무수행자를 평가
> ㄹ. 종업원의 기업목표달성 공헌도 평가
> ㅁ. 직무의 중요성, 난이도, 위험도의 반영

① ㄱ, ㄷ
② ㄱ, ㄴ, ㄹ
③ ㄱ, ㄴ, ㅁ
④ ㄷ, ㄹ, ㅁ
⑤ ㄴ, ㄷ, ㄹ, ㅁ

51 ▪ **테일러(Frederick Winslow Taylor)의 과학적 관리법(Scientific Management)**

테일러(Frederick Winslow Taylor)의 과학적 관리법(Scientific Management)은 작업의 효율성을 극대화하기 위해 노동 과정을 과학적으로 분석하고 표준화된 절차를 도입한 관리 방식이다. 테일러는 19세기 말에서 20세기 초에 산업 현장에서의 비효율성을 해결하고 생산성을 향상시키기 위해 과학적 관리법을 제안했다. 그의 접근법은 작업을 세밀하게 분석하여 표준화된 방법을 개발하고, 노동자의 능률을 최적화하는 것이 목표였다.

과학적 관리법의 주요 개념
1. 작업의 표준화
2. 차별적 성과급 제도
3. 과학적 작업 방법 도출
4. 관리와 노동의 분리
5. 노동자 훈련　　　　　　　　　　　　　　　　　　　　　　　　　　　　　　　　🔍**정답** ⑤

52 ▪ **일탈행동(deviant behavior)**

일탈행동은 조직의 규범을 어기고 조직이나 구성원에게 부정적인 영향을 미치는 행동을 의미한다. 이러한 행동은 주로 조직에 해로운 행동으로 나타납니다. 일탈행동은 주로 다음 두 가지로 구분될 수 있다:
1) 대인적 일탈: 다른 구성원들에게 해를 끼치는 행동(예: 괴롭힘, 무례함, 언어적 폭력 등).
2) 조직적 일탈: 조직 자체에 해를 끼치는 행동(예: 무단 결근, 생산성 저하, 재산 파괴 등).

③ 일탈행동은 조직에 부정적인 영향을 미치는 행동으로, 조직의 효율성과 생산성을 저하시킬 수 있으며, 조직 문화와 동료 관계에 악영향을 끼칩니다.　　　　　　　　　　　🔍**정답** ③

53 ▪ **직무평가**
1. 직무평가 대상은 직무 자체이며, 다른 직무들과의 상대적 가치를 평가하여 서열화 하는 것이다.
2. 평가요소는 기술숙련(난이도), 직무에 요구되는 노력, 직무중요성, 작업 위험도를 반영한다.
3. 직무수행자를 평가하는 것은 직무분석이다.
4. 종업원의 기업목표달성 공헌도 평가는 인사평가에 해당한다.　　　　　　　　🔍**정답** ③

54 노동쟁의조정에 관한 설명으로 옳지 않은 것은?

① 노동쟁의조정은 노동위원회가 담당한다.

② 노동쟁의조정은 조정, 중재, 긴급조정 등이 있다.

③ 노동쟁의조정 방법에 있어서 임의조정제도는 허용되지 않는다.

④ 확정된 중재내용은 단체협약과 동일한 효력을 갖는다.

⑤ 노동쟁의조정 중 조정은 노동위원회에서 조정안을 작성하여 관계당사자들에게 제시하는 방법이다.

55 조직설계에 영향을 미치는 기술유형을 학자들이 제시한 것이다 (   )에 들어갈 내용으로 옳은 것은?

> • 우드워드 : 소량단위 생산기술, (ㄱ), 연속공정생산기술
> • 페로우 : 일상적 기술, 비일상적 기술, (ㄴ), 공학적 기술
> • 톰슨 : (ㄷ), 연속형 기술, 집약형 기술

① ㄱ: 대량생산기술, ㄴ: 장인기술 ㄷ: 중개형 기술

② ㄱ: 대량생산기술, ㄴ: 중개형 기술 ㄷ: 장인 기술

③ ㄱ: 중개형 기술, ㄴ: 장인 기술 ㄷ: 대량생산 기술

④ ㄱ: 장인 기술, ㄴ: 중개형 기술 ㄷ: 대량생산 기술

⑤ ㄱ: 장인 기술, ㄴ: 대량생산 기술 ㄷ: 중개형 기술

54

■ **노동쟁의 조정**

노동쟁의조정은 노동자와 사용자 간에 발생한 노동쟁의를 해결하기 위해 제3자가 개입하여 조정하거나 중재하는 과정을 말한다. 노동쟁의는 주로 임금, 근로 조건, 복지, 고용 안정 등과 관련된 갈등에서 발생하며, 조정 절차는 이를 평화적으로 해결하기 위한 제도적 장치

1. 조정(Mediation) - 제3자(노동위원회 등)가 개입하여 노동자와 사용자가 합의에 이를 수 있도록 도와주는 방식이다. 조정자는 노사 양측의 의견을 경청하고, 해결책을 제시하며 중립적으로 조정한다.
2. 중재(Arbitration) - 강제적인 해결 방법으로, 제3자인 중재위원회가 최종 결정을 내리는 방식이다. 노사 양측은 중재위원회의 결정을 따를 법적 의무가 있으며, 이를 통해 분쟁을 종결한다.
3. 긴급조정(Emergency Arbitration) - 긴급조정은 국가 경제나 국민 생활에 중대한 영향을 미치는 쟁의가 발생할 우려가 있을 때, 정부가 개입하여 이를 강제적으로 조정하는 방식이다. 주로 공공부문이나 주요 산업에서 파업이나 직장 폐쇄가 발생하여 국가적 혼란을 야기할 수 있을 때 사용된다.
4. 자율조정(Voluntary Mediation) - 노사 양측이 자발적으로 조정자를 선정하여 협상하는 방식이다. 이 경우, 노동위원회가 아닌 외부의 전문가나 중재자가 개입할 수도 있다.

③ 임의조정: 노사 양측이 자발적으로 조정 절차를 선택하며, 제3자의 도움을 받지만, 제안된 해결책을 반드시 따를 필요는 없다.
강제조정(중재): 조정자가 제시한 해결책을 법적으로 따를 의무가 있으며, 노사 양측은 중재 결과를 반드시 수용해야 한다. 이는 주로 중재 절차를 통해 이루어진다.
따라서 노동쟁의 해결을 위한 방법 중 하나인 임의조정제도는 허용되며, 이는 노사 양측이 평화적인 방법으로 갈등을 해결할 수 있도록 돕는 중요한 절차이다.

정답 ③

55

■ **조앤 우드워드(Joan Woodward)의 연구**

조앤 우드워드(Joan Woodward)는 조직의 구조와 생산기술 사이의 관계를 연구하며, 조직이 사용하는 생산기술에 따라 구조가 달라져야 한다고 주장했다.

1. 소량단위 생산기술(Unit Production): 개별적으로 주문을 받아 소량 생산하는 방식. 예를 들어, 맞춤형 제품이나 특정 고객 요구에 따라 생산되는 경우가 해당된다.
2. 대량 생산기술(Mass Production): 표준화된 제품을 대량으로 생산하는 방식. 이는 자동화된 기계와 규격화된 절차에 따라 대규모로 생산이 이루어지는 기술을 의미한다. 이 기술은 생산 규모가 크고 효율성에 중점을 둡니다.
3. 연속공정 생산기술(Continuous Process Production): 화학, 석유, 전기 등과 같은 연속적인 공정을 통해 생산되는 방식. 이 기술은 공정이 멈추지 않고 지속적으로 생산이 이루어지는 경우를 말한다.

■ **찰스 페로우(Charles Perrow)의 기술분류**

1. 일상적 기술(Routine Technology): 절차와 규칙이 명확하고, 반복적인 업무, 예: 대량생산 라인에서의 작업.
2. 비일상적 기술(Nonroutine Technology): 창의적이고 복잡한 문제 해결이 요구되는 기술, 예: 연구개발 업무.
3. 장인 기술(Craft Technology): 전문가의 경험과 숙련이 중요한 기술로, 예: 목공예나 맞춤형 제품 제작.
4. 공학적 기술(Engineering Technology): 복잡한 문제 해결이 필요하지만, 과학적 분석이나 계산이 가능한 기술,예: 건축 설계, 엔지니어링 작업.

■ **톰슨(James D. Thompson)의 조직의 기술**

1. 중개형 기술(Mediating Technology): 조직이 중개 역할을 하여 다른 두 집단을 연결하는 기술 예: 은행, 부동산 중개업, 인터넷 플랫폼.
2. 연속형 기술(Long-Linked or Sequential Technology): 작업이 연속적으로 이루어져야 하는 기술로, 각 단계가 순차적으로 연결되어야 다음 단계로 넘어갈 수 있다. 한 단계의 작업이 완료되어야만 다음 단계로 넘어가는 방식이다. 예: 자동차 조립 라인, 대량생산 시스템.
3. 집약형 기술(Intensive Technology): 여러 기능이나 기술을 집약적으로 사용하여 특정 문제를 해결하는 기술이다. 특정 상황에 맞춰 다양한 자원을 사용하여 복잡한 문제를 해결하는 경우이다. 예: 병원의 응급실, 연구소, 컨설팅 회사.

정답 ①

56 수요예측 방법 중 주관적(정성적) 접근방법에 해당하지 않는 것은?

① 델파이법
② 이동평균법
③ 시장조사법
④ 자료유추법
⑤ 판매원 의견 종합법

57 총괄생산계획 기법 중 휴리스틱 계획기법에 해당하지 않는 것은?

① 선형계획법
② 매개변수에 의한 생산계획
③ 생산전환 탐색법
④ 서어치 디시즌 룰(Search Decision Rule)
⑤ 경영계수이론

56 ▪ **수요예측(Demand Forecasting)**

수요예측(Demand Forecasting)은 기업이 미래의 수요를 예측하는 중요한 과정으로, 생산계획, 재고관리, 인력 배치, 마케팅 전략 등을 수립하는 데 필수적이다.

1. 질적 방법(Qualitative Methods): 과거 데이터를 활용하기 어렵거나 신규 제품에 대한 수요를 예측할 때 전문가의 의견을 바탕으로 예측하는 방법

   1) 델파이 기법(Delphi Method):여러 전문가들의 의견을 반복적으로 수렴하고 조정하여 수요를 예측하는 방법이다. 익명성을 유지한 상태에서 의견을 모으고, 이를 바탕으로 합의를 도출한다.

   2) 시장 조사(Market Survey):잠재적 고객이나 시장의 수요를 조사하여 수요를 예측하는 방법이다. 설문 조사나 인터뷰를 통해 소비자의 선호도를 파악하고 이를 바탕으로 예측을 수행한다.

   3) 패널 의견 합의법(Jury of Executive Opinion): 조직 내 여러 부서의 전문가들이 모여 토론을 통해 수요를 예측하는 방법이다. 여러 분야의 의견을 종합하여 수요를 예측한다.

   4) 역사적 유추법(Historical Analogy): 새로운 제품의 수요를 과거에 유사한 제품의 수요 패턴을 기반으로 예측하는 방법이다.

🔍**정답** ②

57 ▪ **총괄생산계획(Aggregate Production Planning, APP)**

총괄생산계획(Aggregate Production Planning, APP)은 중기적인 생산 계획을 수립하는 기법으로, 기업이 일정 기간 동안의 생산 능력과 자원을 최적화하여 수요에 맞는 생산 계획을 수립하는 과정이다. 주로 6개월에서 18개월에 이르는 중기적인 기간을 다루며, 생산 비용, 재고 비용, 인력 관리 등의 요소를 고려하여 수요와 공급의 균형을 맞추는 데 중점을 둔다.

1. 총괄생산계획 전략

   1) 수요 추종 전략(Chase Demand Strategy): 생산량을 수요에 맞추어 조정하는 전략이다. 수요가 증가하면 생산량을 늘리고, 수요가 감소하면 생산량을 줄이다. 장점: 재고를 최소화할 수 있음. 단점: 생산 변동에 따른 잔업, 임시 인력 고용, 설비 변경 등의 추가 비용이 발생할 수 있다.

   2) 평준화 전략(Level Strategy): 일정 기간 동안 고정된 생산량을 유지하는 전략이다. 수요가 많을 때는 재고를 쌓아두고, 수요가 적을 때는 재고를 소진하는 방식이다. 장점: 생산 안정성과 인력 유지가 용이하며, 변동 비용이 줄어든다. 단점: 재고 비용이 증가할 수 있다.

   3) 혼합 전략(Mixed Strategy): 수요 추종 전략과 평준화 전략을 혼합하여 상황에 따라 생산량과 재고를 조정하는 방식이다. 이를 통해 재고 비용과 생산 변동 비용을 균형 있게 관리할 수 있다.

2. 총괄생산계획 기법

   1) 수리적 기법(수학적 모델링): 선형 계획법과 같은 수학적 최적화 기법을 사용하여 비용을 최소화하고 생산 일정과 자원 배분을 최적화하는 방식이다.

   2) 휴리스틱 기법(Heuristic Methods): 직관적이고 경험적인 규칙을 바탕으로 빠르게 근사적인 해결책을 찾는 기법이다. 복잡한 수리적 계산 대신, 경험과 직관을 활용한다.

     ① 매개변수에 의한 생산계획: 주요 매개변수(생산 능력, 재고, 수요)를 바탕으로 빠르고 유연하게 생산 계획을 세우는 방식.

     ② 생산전환 탐색법: 생산 공정을 전환하는 최적의 시점과 빈도를 결정하여 전환 비용과 시간을 최소화하는 방식.

     ③ 서어치 디시즌 룰: 경험적 규칙을 기반으로 최적이 아닌 적합한 의사결정을 빠르게 찾는 방법.

     ④ 경영계수이론: 관리자의 의사결정 데이터를 기반으로 계량적 모델을 통해 의사결정을 최적화하는 기법.

   3) 시뮬레이션 기법(Simulation Method): 다양한 상황을 모의 실험하여, 각기 다른 전략이 어떻게 작동할지 시뮬레이션을 통해 분석한다. 이 기법은 불확실한 변수에 대응할 수 있는 장점이 있다.

🔍**정답** ①

58 다음은 QC 7가지 도구 중 무엇에 관한 설명인가?

> 문제를 해결하는 활동에 필요한 실시사항을 시계열적인 순서에 따라 네트워크로 나타낸 화살표 그림을 이용하여 최적의 일정계획을 위한 진척도를 관리하는 방법

① 친화도
② 계통도
③ PDPC법(Process Decision Program Chart)
④ 애로우 다이어그램
⑤ 매트릭스 다이어그램

59 도요타 생산방식의 주축을 이루는 JIT(Just In Time) 시스템의 장점에 해당되지 않는 것은?

① 한정된 수의 공급자와 친밀한 유대관계를 구축한다.
② 미래의 수요예측에 근거한 기본일정계획을 달성하기 위해 종속품목의 양과 시기를 결정한다.
③ JIT 생산으로 원자재, 재공품, 제품의 재고수준을 줄인다.
④ 유연한 설비배치와 다기능공으로 작업자 수를 줄인다.
⑤ 생산성의 낭비제거로 원가를 낮추고 생산성을 향상시킨다.

58 ▪ **QC 7가지 도구(QC Seven Tools)** – 데이터 분석과 시각화를 통해 문제를 파악하고 개선책을 도출하는 데 이용

1. 파레토 차트(Pareto Chart): 80/20 법칙(파레토 법칙)에 따라 주요 문제와 부차적인 문제를 시각적으로 구분하여 우선순위를 정할 수 있다.
2. 원인-결과도(Fishbone Diagram, Ishikawa Diagram): 문제의 근본 원인을 파악하기 위해 사용된다.
3. 히스토그램(Histogram): 데이터 분포를 시각적으로 표현한 막대그래프
4. 산점도(Scatter Diagram): 두 변수 간의 관계를 시각적으로 보여주어 공정의 변수 간 연관성을 확인하여 개선 가능성을 탐색한다.
5. 체크시트(Check Sheet): 주로 현장 데이터를 수집하고 패턴을 파악하는 데 사용된다.
6. 층별 분석(Stratification): 데이터를 특성별로 구분하여 분석하는 기법
7. 관리도(Control Chart): 공정이 안정적으로 운영되고 있는지, 또는 변동성이 발생하고 있는지를 통계적으로 모니터링하는 도구이다. 관리 한계선(상한선과 하한선)을 설정하고, 데이터가 이 범위 내에 있는지를 확인하여 공정의 이상 여부를 판단한다. 특별한 원인에 의한 변동이 발생할 때 이를 감지하여 조치할 수 있도록 한다.

▪ **신 QC 7가지 도구**

1. 친화도(Affinity Diagram): 많은 양의 아이디어나 의견, 데이터를 논리적으로 그룹화하고 패턴을 찾는 도구이다. 주로 브레인스토밍과 같은 아이디어 창출 과정에서 활용된다.
2. 계통도(Tree Diagram): 목표나 계획을 달성하기 위해 단계별로 세분화된 작업을 시각적으로 표현하는 도구이다. 복잡한 문제나 계획을 단계별로 분석하고 구조화하는 데 유용한다.
3. PDPC법(Process Decision Program Chart): 프로세스 계획에서 예상치 못한 문제나 장애 요소를 사전에 분석하고, 대응 전략을 수립하는 도구이다. 리스크 관리와 대안 마련에 효과적이다.
4. 애로우 다이어그램(Arrow Diagram): 프로젝트나 작업을 순차적으로 계획하고 효율적인 작업 흐름을 설계하는 도구이다. 작업 간의 순서와 의존 관계를 시각적으로 나타내며, 프로젝트 일정 관리와 효율적인 자원 배분에 도움을 준다.
5. 매트릭스 다이어그램(Matrix Diagram): 두 개 이상의 요인 간의 관계를 시각적으로 분석하는 도구이다. 행렬 형태로 구성되며, 각 요인 간의 상호작용이나 관련성을 분석하여 문제 해결에 필요한 정보를 제공한다. 의사결정 과정에서 다양한 요인의 관련성을 평가하고, 복잡한 문제를 체계적으로 분석하는 데 유용한다.
6. 매트릭스 데이터 분석법(Matrix Data Analysis Method): 매트릭스 다이어그램을 기반으로 수치적 데이터를 활용하여 변수 간의 상관관계를 정량적으로 분석하는 방법이다. 복잡한 상호 관계를 정량화하여 분석 결과를 도출하는 데 사용된다.
7. 인과관계 다이어그램(Relationship Diagram): 문제 간의 인과 관계를 시각적으로 분석하는 도구로, 복잡한 문제에서 원인과 결과의 상호 의존성을 파악한다. 문제 간의 연결성을 시각화하여 핵심 원인을 도출하고, 효과적인 문제 해결책을 마련하는 데 도움을 준다.

🔍정답 ④

59 ▪ **적시생산시스템(JIT: just in time)**
JIT 시스템은 미래의 수요 예측을 기반으로 자재의 양과 시기를 결정하지 않다. JIT는 실제 수요에 기반한 풀(Pull) 시스템으로, 필요한 시점에 필요한 양만 생산하고 공급받는 것을 목표로 한다. 미래 수요 예측에 기반한 기본 일정 계획을 달성하기 위해 자재 관리를 하는 것은 MRP 시스템의 특징으로, JIT와는 맞지 않는 설명이다.

종속 품목이란, 완제품을 만들기 위해 필요한 부품이나 자재를 의미한다. JIT 시스템에서는 종속 품목의 양과 시기는 수요 예측이 아닌, 실제 생산 요구에 따라 결정된다. 즉, 상위 제품의 생산 요청이 있을 때만 하위 부품이 필요하게 된다.

🔍정답 ②

60 유용성이 높은 인사 선발 도구에 관한 설명으로 옳지 않은 것은?

① 예측변인(Predictor)의 타당도가 커질수록 전체 집단의 평균적인 준거수행(Crterion)에 비해 합격한 집단의 평균적인 준거수행은 높아진다.

② 선발률이 낮을수록 예측변인의 가치는 커진다.

③ 기초율이 높을수록 사용한 선발 도구의 유용성 수준은 높아진다.

④ 선발률과 기초율의 상관은 0이다.

⑤ 예측변인의 점수와 준거수행으로 이루어진 산점도가 1사분면은 높고 3사분면은 낮은 타원형을 이룬다.

61 집단 또는 팀에 관한 설명으로 옳지 않은 것은?

① 교차기능팀은 조직 내의 다양한 부서에 근무하는 사람들로 이루어진 팀이다.

② '남만큼만 하기 효과'는 사회적 태만의 한 현상이다.

③ 제니스(Janis)의 모형에서 집단사고의 선행요인 중 하나는 구성원들 간 낮은 응집성과 친밀성이다.

④ 다른 사람의 존재가 개인의 성과에 부정적 영향을 미치는 것을 사회적 억제라고 한다.

⑤ 높은 집단 응집성은 그 집단에 긍정적 효과와 부정적 효과를 준다.

60 ▪ 기초율과 선발 도구

1. 기초율(Base Rate)

   기초율은 선발 과정에서 적절한 사람(적합한 사람)이 모집단에서 차지하는 비율을 말한다. 즉, 특정 직무나 역할에 적합한 인재의 비율이 높을수록 기초율이 높다고 할 수 있다. 예를 들어, 기초율이 80%라면 모집단 중에서 80%가 이미 그 직무에 적합한 능력을 가지고 있다는 뜻이다.

2. 선발 도구의 유용성(Utility of Selection Tools)

   선발 도구의 유용성은 그 도구가 적합한 인재를 얼마나 잘 선발할 수 있는지를 평가하는 기준이다. 이는 주로 선발 도구의 타당도(Validity), 기초율(Base Rate), 그리고 선발 비율(Selection Ratio)과 같은 요인들에 의해 결정된다.

③ 기초율이 높다는 것은 모집단 대부분이 이미 적합한 인재라는 의미이다. 따라서, 기초율이 매우 높으면 선발 도구의 유용성은 상대적으로 낮아질 수 있다. 그 이유는, 대부분의 지원자가 적합한 상황에서 굳이 복잡한 선발 도구를 사용하지 않아도 거의 모든 지원자가 적합하다는 결론에 도달할 가능성이 높기 때문이다. 예를 들어, 90%가 적합한 모집단에서 선발 도구를 사용할 경우, 그 도구가 추가적인 가치를 제공하는 정도는 크지 않을 수 있다.

④ 선발률과 기초율은 각각 선발 과정과 관련된 두 가지 독립적인 개념이다. 선발률은 전체 지원자 중에서 실제로 선발된 사람의 비율을 나타내는 반면, 기초율은 모집단에서 적합한 인재가 얼마나 있는지를 나타낸다. 기초율이 높거나 낮다고 해서 선발률에 직접적인 영향을 미치지는 않으며, 마찬가지로 선발률이 높거나 낮다고 해서 기초율에 영향을 주는 것은 아니다. 두 변수 간에는 직접적인 상관관계가 없기 때문에 상관계수는 0으로 나타난다. 즉 선발률과 기초율은 서로 다른 개념이며, 이 두 개념 사이에는 직접적인 상관관계가 없다.

🔍정답 ③, ④

61 ▪ 집단사고의 선행요인

1. 높은 응집성(Cohesiveness) - 집단 내에서 응집성이 너무 높을 경우, 구성원들은 집단의 일치된 의견을 유지하려는 압박을 느끼며 비판적 사고나 다양한 의견 제시를 꺼리게 된다. 이는 집단사고의 주요 요인이다.

2. 구조적 결함(Structural Faults) - 집단 리더의 권위가 강하거나, 집단 내 의사소통 구조가 비민주적인 경우, 비판적 의견이 제시되기 어려워진다.

3. 외부 압력(External Pressure) - 집단이 외부의 압력을 강하게 느낄 때, 신속하게 결정을 내려야 하거나 외부 비판에 대항하는 결정을 내리는 경우, 비판적 사고가 억제될 수 있다.

③ 제니스의 모형에서 집단사고의 선행요인 중 하나는 구성원들 간의 높은 응집성과 친밀성이다. 집단 내 응집성이 낮거나 친밀성이 부족할 경우 오히려 집단사고가 발생할 가능성이 적어지며, 더 많은 비판적 사고와 다양한 의견 제시가 이루어질 수 있다.

🔍정답 ③

62 내적(Intrinsic) 동기와 외적(Extrinsic) 동기의 특징과 관계를 체계적으로 다루는 동기이론으로 옳은 것은?

① 알더의 ERG이론

② 아담스의 형평이론

③ 로크의 목표설정이론

④ 맥클랜드의 성취동기이론

⑤ 리안(Ryan)과 디시(Deci)의 자기결정이론

63 산업심리학의 연구방법에 관한 설명으로 옳은 것은?

① 내적 타당도는 실험에서 종속변인의 변화가 독립변인과 가외변인의 영향에 따른 것이라고 신뢰하는 정도이다.

② 검사-재검사 신뢰도를 구할 때는 역균형화를 실시한다.

③ 쿠더 리차드슨 공식 20은 검사 문항들 간의 내적 일관성 정도를 알려준다.

④ 내용타당도와 안면타당도은 동일한 타당도이다.

⑤ 실험실 실험 보다 준실험에서 통제를 더 많이 한다.

62 ▪ 데시(Edward Deci)와 라이언(Richard Ryan)의 자기결정이론(Self-Determination Theory, SDT)

이 이론은 데시(Edward Deci)와 라이언(Richard Ryan)에 의해 제안되었으며, 인간의 동기가 내적 동기와 외적 동기의 상호작용에 의해 어떻게 형성되고 변화하는지 설명하는 이론이다.

1. 내적 동기(Intrinsic Motivation) - 행동 자체에서 얻는 즐거움이나 만족감에서 비롯되는 동기이다. 즉, 외부 보상 없이 활동 그 자체가 보상이 되는 경우이다.

특징
1) 자기결정성이 강하게 작용하며, 활동의 과정이나 그 자체에서 즐거움, 흥미, 만족을 느끼는 경우.
2) 도전적인 과제를 수행하고 이를 해결할 때 자기 성장과 성취감을 느낄 수 있음.
3) 자율성, 유능감, 관계성이라는 기본 욕구가 충족될 때 내재적 동기가 강화된다.

2. 외적 동기(Extrinsic Motivation) - 외부에서 주어지는 보상(돈, 상, 칭찬 등)이나 결과 때문에 발생하는 동기이다. 행동이 외부적인 보상이나 회피를 목적으로 할 때 형성된다.

특징
1) 보상이나 처벌을 통해 동기가 유발되며, 보상이나 처벌이 없을 경우 동기 수준이 낮아질 수 있음.
2) 외부 환경의 영향을 크게 받으며, 자율성이 낮은 경우가 많음.
3) 예를 들어, 급여나 승진을 얻기 위해 직무를 수행하는 경우.

3. 기본 욕구
1) 자율성(Autonomy): 자신의 행동을 스스로 선택하고 통제할 수 있는 능력.
2) 유능감(Competence): 특정 과제를 성공적으로 수행할 수 있다는 믿음과 능력 발휘에 대한 자신감.
3) 관계성(Relatedness): 다른 사람들과 사회적 유대를 형성하고 소속감을 느끼는 것.

🔍정답 ⑤

63 ▪ 산업심리학의 연구방법

① 내적 타당도는 독립변인이 종속변인에 미치는 영향을 정확하게 평가하는 데 필요한 개념이며, 가외변인의 영향을 최소화하거나 제거하는 것이 핵심이다. 가외변인이 영향을 미친다면 내적 타당도가 낮아진다. 따라서, 내적 타당도는 가외변인의 영향을 통제하는 것이 중요하며, 그 영향을 인정하는 것은 내적 타당도의 개념과 맞지 않는다.

② 검사-재검사 신뢰도를 구할 때 역균형화는 필요하지 않다. 역균형화는 여러 조건이 순차적으로 제공될 때 순서 효과를 통제하기 위한 방법이고, 검사-재검사 신뢰도에서는 동일한 검사를 두 번 실시하므로 역균형화가 적용되지 않는다.

③ 쿠더 리차드슨 공식 20(KR-20)은 심리검사나 교육 평가에서 이진형 응답(정답/오답)을 사용하는 검사의 내적 일관성 신뢰도를 측정하는 방법이다. 이 공식은 검사 내의 문항들이 얼마나 일관되게 동일한 개념을 측정하고 있는지를 평가하는 데 사용된다.

④ 내용 타당도와 안면 타당도는 동일한 개념이 아니며, 평가 방식과 목적이 다르다. 내용 타당도는 검사 문항이 측정하려는 개념을 얼마나 잘 반영하는지를 전문가의 판단에 따라 평가하는 것이며, 안면 타당도는 겉보기에 타당해 보이는지 여부를 평가하는 표면적 타당도이다.

⑤ 실험실 실험에서 더 많은 통제가 이루어진다. 준실험은 실험실 실험보다 통제 수준이 낮으며, 이는 외부 변수가 종속변인에 미치는 영향을 완전히 차단하기 어렵기 때문이다.

🔍정답 ③

64 라스무센의 인간행동 분류에 관한 설명으로 옳은 것을 모두 고른 것은?

ㄱ. 숙련기반행동은 사람이 충분히 습득하여 자동적으로 하는 행동을 말한다.
ㄴ. 지식기반행동은 입력된 정보를 그때마다 의식적이고 체계적으로 처리해서 나타난 행동을 말한다.
ㄷ. 규칙기반행동은 친숙하지 않은 상황에서 기억속의 규칙에 기반한 무의식적 행동을 말한다.
ㄹ. 수행기반행동은 다수의 시행착오를 통해 학습한 행동을 말한다.

① ㄱ, ㄴ   ② ㄴ, ㄹ   ③ ㄷ, ㄹ
④ ㄱ, ㄴ, ㄷ   ⑤ ㄱ, ㄷ, ㄹ

65 스웨인(Swain)이 분류한 휴먼에러 유형에 해당하는 것을 모두 고른 것은?

ㄱ. 조작에러(Performance Error)
ㄴ. 시간에러(Time Error)
ㄷ. 위반에러(Violation Error)

① ㄱ   ② ㄴ   ③ ㄱ, ㄷ
④ ㄴ, ㄷ   ⑤ ㄱ, ㄴ, ㄷ

64 ▪ **Rasmussen의 인간 오류 이론**

1. 기술 기반 행동(Skill-based behavior): 숙련된 행동이나 자동화된 행동을 할 때 발생하는 오류이다. 이 수준의 오류는 주로 실수(slip)로 나타납니다. 의도는 옳지만, 행동을 실행하는 과정에서 실수가 발생하는 경우이다. 예를 들어, 익숙한 작업을 하다가 순간적인 주의 부족으로 잘못된 행동을 하는 경우.

2. 규칙 기반 행동(Rule-based behavior): 문제를 해결하기 위해 기존에 알고 있는 규칙을 적용하는 과정에서 발생하는 오류이다. 이 수준에서는 규칙을 잘못 적용하거나 규칙을 잘못 해석하는 경우가 오류로 이어진다.

3. 지식 기반 행동(Knowledge-based behavior): 새로운 문제 상황에서 기존 규칙이나 지식이 부족할 때 발생하는 오류이다. 이 수준에서는 지식의 부족이나 잘못된 판단으로 인해 실수가 발생한다.   🔍정답 ①

65 ▪ **스웨인(A. Swain)의 인간 오류(Human Error)**

1. 생략 에러 (Omission Error): 작업자가 필요한 행동을 수행하지 않은 경우 발생하는 오류이다. 즉, 특정 단계에서 필수적인 행동을 생략함으로써 시스템에 오류가 발생한다. 예시: 공장에서 작업자가 장비 작동 절차 중 중요한 검사를 생략하고 장비를 가동하는 경우.

2. 실행 에러 (Execution Error): 작업자가 의도한 행동을 잘못 실행했을 때 발생하는 오류이다. 실행은 했지만 의도한 결과와는 다른 결과를 초래하는 행동이다. 예시: 작업자가 기계를 작동하려고 버튼을 눌렀으나, 실수로 잘못된 버튼을 누르는 경우.

3. 과잉 행동 에러 (Commission Error): 작업자가 필요 이상의 행동을 수행하거나, 시스템에 필요하지 않은 행동을 할 때 발생하는 오류이다. 예시: 절차에서 요구되지 않은 추가 작업을 임의로 실행하여 시스템에 오류를 발생시키는 경우.

4. 순서 에러 (Sequence Error): 작업자가 정해진 작업 순서를 잘못 수행할 때 발생하는 오류이다. 순서대로 해야 할 작업이 잘못된 순서로 실행되어 오류가 발생한다. 예시: 항공기 점검 절차에서 먼저 해야 할 점검 항목을 나중에 하고, 나중에 해야 할 항목을 먼저 실행하는 경우.

5. 시간 에러 (Timing Error): 적절한 시점에 행동을 하지 않거나, 너무 빠르거나 늦게 행동할 때 발생하는 오류이다. 예시: 기계를 정지시켜야 할 시점을 놓쳐 사고가 발생하는 경우, 또는 너무 이른 시점에 특정 조치를 취해 문제가 발생하는 경우.   🔍정답 ②

66 인간의 뇌파에 관한 설명으로 옳지 않은 것은?

① 델파(δ)파는 무의식, 실신 상태에서 주로 나타나는 뇌파이다.

② 세타(θ)파는 피로나 졸림 등의 상태에서 주로 나타나는 뇌파이다.

③ 알파(α)파는 편안한 휴식 상태에서 상태에서 주로 나타나는 뇌파이다.

④ 베타(β)파는 적극적으로 활동할 때 주로 나타나는 뇌파이다.

⑤ 오메가(Ω)파는 과도한 집중과 긴장 상태에서 주로 나타나는 뇌파이다.

67 면적에 관한 착시현상으로 옳은 것은?

① 뮬러-라이어 착시

② 폰조 착시

③ 포겐도르프 착시

④ 에빙하우스 착시

⑤ 죌너 착시

68 신체와 환경의 열교환 종류에 관한 설명으로 옳지 않은 것은?

① 대류는 피부와 공기의 온도 차이로 생긴 기류를 통해서 열을 교환 하는 것이다.

② 반사는 피부에서 열이 혼합되면서 열전달이 발생하는 것이다.

③ 증발은 땀이 피부의 열로 가열되어 수증기로 변하면서 열교환이 발생하는 것이다.

④ 복사는 전자파에 의해 물체들 사이에서 일어나는 열전달 방법이다.

⑤ 전도는 신체가 고체나 유체와 직접 접촉할 때 열이 전달되는 방법이다.

66 ▪ 인간의 뇌파

1. 델타(δ)파 (0.5 ~ 4 Hz)
1) 특징: 델타파는 가장 느린 뇌파로, 주로 깊은 수면 상태에서 나타납니다.
2) 상태: 깊은 수면, 무의식 상태, 신체의 회복과 재생.
3) 관련 상황: 깊은 수면 단계(비렘 수면 단계), 의식이 거의 없는 상태.

2. 세타(θ)파 (4 ~ 8 Hz)
   1) 특징: 세타파는 명상, 꿈꾸는 상태, 깊은 이완 상태에서 나타납니다.
   2) 상태: 얕은 수면, 명상, 상상력과 창의성이 활성화되는 상태.
   3) 관련 상황: 깊은 이완, 명상 상태, 창의적 사고, 꿈꾸기.

3. 알파(α)파 (8 ~ 12 Hz)
   1) 특징: 알파파는 이완된 각성 상태에서 나타나는 뇌파로, 마음이 안정되고 편안할 때 활성화된다.
   2) 상태: 안정된 이완, 편안함, 가벼운 명상, 휴식 상태.
   3) 관련 상황: 눈을 감고 쉬는 상태, 휴식, 주의가 집중되지 않는 편안한 상태.

4. 베타(β)파 (12 ~ 30 Hz)
   1) 특징: 베타파는 집중과 각성 상태에서 나타나며, 정신적으로 활동적인 상태를 나타냅니다.
   2) 상태: 각성, 집중, 문제 해결, 의식적인 인지 활동.
   3) 관련 상황: 주의 집중, 스트레스, 문제 해결, 논리적 사고.

5. 감마(γ)파 (30 Hz 이상)
   1) 특징: 감마파는 높은 수준의 인지 활동과 관련이 있으며, 뇌의 여러 영역이 함께 활동할 때 나타납니다.
   2) 상태: 높은 수준의 인지 활동, 정보 처리, 학습.
   3) 관련 상황: 복잡한 문제 해결, 학습, 정보 통합.

🔍정답 ⑤

67 ▪ 에빙하우스 착시(Ebbinghaus Illusion)

에빙하우스 착시(Ebbinghaus Illusion)는 면적에 관한 착시로, 같은 크기의 원이 주변에 있는 다른 원들에 의해 더 크거나 더 작게 보이는 현상이다. 이 착시는 상대적인 크기 지각과 관련이 있어, 면적에 관한 착시의 대표적인 예이다.

1. 뮐러-라이어 착시: 화살표 방향에 따라 선의 길이가 다르게 보이는 착시로, 길이 착시이다.
2. 폰조 착시: 수렴하는 선에 의해 같은 길이의 선이 다르게 보이는 착시로, 크기 착시이다.
3. 포겐도르프 착시: 기울어진 직선이 가려졌을 때 일직선이 어긋나 보이는 착시로, 방향 착시이다.
4. 즐러너 착시(Zöllner Illusion): 평행선이 대각선의 영향으로 기울어져 보이는 착시로, 방향 착시이다.

🔍정답 ④

68 ▪ 열교환의 종류

1. 전도-신체가 고체나 유체와 직접 접촉할 때 열이 전달되는 방법
2. 대류-피부와 공기의 온도차이로 생긴 기류를 통해서 열을 교환
3. 복사-전자파에 의해 물체들 사이에서 일어나는 열전달 방법
4. 증발-땀이 피부의 열로 가열되어 수증기로 변하면서 열교환 발생

🔍정답 ②

69 산업안전보건기준에 관한 규칙에서 정하고 있는 특별관리물질이 아닌 것은?

① 디메틸포름아미드(68-12-2), 벤젠(71-43-2), 포름알데히드(50-00-0)

② 납(7439-92-1) 및 그 무기화합물, 1-브로모프로판(06-94-5), 아크릴로니트릴(107-13-1)

③ 아크릴아미드(79-06-1), 포름아미드(75-12-7), 사염화탄소(56-23-5)

④ 트리클로로에틸렌(79-01-6), 2-브로모프로판(75-26-3), 1,3-부타디엔(106-99-0)

⑤ 니트로글리세린(55-63-0), 트리에틸아민(121-44-8), 이황화탄소(75-15-0)

70 화학물질 및 물리적 인자의 노출기준에서 노출기준 사용상의 유의사항으로 옳지 않은 것은?

① 각 유해인자의 노출기준은 해당 유해인자가 단독으로 존재하는 경우의 노출기준이다.

② 노출기준은 1일 8시간 작업을 기준으로 하여 제정된 것이다.

③ 노출기준은 직업병진단에 사용하거나 노출기준 이하의 작업환경이라는 이유만으로 직업성질병의 이환을 부정하는 근거 또는 반증자료로 사용하여서는 아니 된다.

④ 노출기준은 대기오염의 평가 또는 관리상의 지표로 사용하여서는 아니 된다.

⑤ 상승작용을 하는 화학물질이 2종 이상 혼재하는 경우에는 유해인자별로 각각 독립적인 노출기준을 사용하여야 한다.

69 ■ 산업안전보건기준에 관한 규칙 [별표 12] 〈개정 2022. 10. 18.〉

관리대상 유해물질의 종류(제420조, 제439조 및 제440조 관련)

1. 유기화합물(123종)
    2) 니트로글리세린(Nitroglycerin; 55-63-0)
    13) 디메틸포름아미드(Dimethylformamide; 68-12-2)(특별관리물질)
    46) 벤젠(Benzene; 71-43-2)(특별관리물질)
    48) 1,3-부타디엔(1,3-Butadiene; 106-99-0)(특별관리물질)
    54) 1-브로모프로판(1-Bromopropane; 106-94-5)(특별관리물질)
    55) 2-브로모프로판(2-Bromopropane; 75-26-3)(특별관리물질)
    59) 사염화탄소(Carbon tetrachloride; 56-23-5)(특별관리물질)
    71) 아크릴로니트릴(Acrylonitrile; 107-13-1)(특별관리물질)
    72) 아크릴아미드(Acrylamide; 79-06-1)(특별관리물질)
    96) 이황화탄소(Carbon disulfide; 75-15-0)
    106) 트리에틸아민(Triethylamine; 121-44-8)
    109) 트리클로로에틸렌(Trichloroethylene; 79-01-6)(특별관리물질)
    114) 포름아미드(Formamide; 75-12-7)(특별관리물질)
    115) 포름알데히드(Formaldehyde; 50-00-0)(특별관리물질)
2. 금속류(25종)
    2) 납[7439-92-1] 및 그 무기화합물(Lead and its inorganic compounds)(특별관리물질)   🔍정답 ⑤

70 ■ 상승작용

상승작용은 두 가지 이상의 화학물질이 함께 존재할 때, 각 물질의 독성이 단순히 합산된 것보다 더 큰 독성 효과를 나타내는 현상이다. 이는 각 물질이 상호작용하여 더 큰 피해를 줄 수 있음을 의미한다.

⑤ 상승작용이 있는 화학물질이 혼재할 경우, 단순히 독립적인 노출기준을 사용하는 것이 아니라, 두 물질의 독성이 결합하여 새로운 독성 수준을 형성할 수 있다는 점을 고려해야 한다. 따라서 독립적인 기준만으로 는 혼합물의 위험성을 완전히 평가할 수 없다.   🔍정답 ⑤

71 작업환경측정 및 정도관리 등에 관한 고시에서 정하는 용어의 정의로 옳지 않은 것은?

① "정확도'란 일정한 물질에 대해 반복측정·분석을 했을 때 나타나는 자료 분석치의 변동크기가 얼마나 작은가 하는 수치상의 표현을 말한다.

② "직접채취방법"이란 시료공기를 흡수, 흡착 등의 과정을 거치지 아니하고 직접 채취대 또는 진공채취병 등의 채취용기에 물질을 채취하는 방법을 말한다.

③ "호흡성분진"이란 호흡기를 통하여 폐포에 축적될 수 있는 크기의 분진을 말한다.

④ "흡입성분진"이란 호흡기의 어느 부위에 침착하더라도 독성을 일으키는 분진을 말한다.

⑤ "고체채취방법"이란 시료공기를 고체의 입자층을 통해 흡입, 흡착하여 해당 고체입자에 측정하려는 물질을 채취하는 방법을 말한다.

72 작업환경측정 및 정도관리 등에 관한 고시에서 정하는 시료채취에 관한 설명으로 옳은 것은?

① 8명이 있는 단위작업 장소에서는 평균 노출근로자 2명 이상에 대하여 동시에 개인 시료채취 방법으로 측정한다.

② 개인 시료채취 시 동일 작업근로자 수가 20명을 초과하는 경우에는 매 5명당 1명 이상 추가하여 측정하여야 한다.

③ 개인 시료채취 시 동일 작업근로자 수가 50명을 초과하는 경우에는 최대 시료채취 근로자 수를 10명으로 조정할 수 있다.

④ 개인 시료채취 방법으로 측정을 하는 경우 단위작업장소 내에서 1개 이상의 지점에 대하여 동시에 측정하여야 한다.

⑤ 지역 시료채취 시 단위작업 장소의 넓이가 50평방미터 이상인 경우에는 매 30평방미터마다 1개 지점 이상을 추가로 측정하여야 한다.

71 ■ 작업환경측정 및 정도관리 등에 관한 고시
- "액체채취방법"이란 시료공기를 액체 중에 통과시키거나 액체의 표면과 접촉시켜 용해·반응·흡수·충돌 등을 일으키게 하여 해당 액체에 작업환경측정(이하 "측정"이라 한다)을 하려는 물질을 채취하는 방법
- "고체채취방법"이란 시료공기를 고체의 입자층을 통해 흡입, 흡착하여 해당 고체입자에 측정하려는 물질을 채취하는 방법
- "직접채취방법"이란 시료공기를 흡수, 흡착 등의 과정을 거치지 아니하고 직접채대 또는 진공채취병 등의 채취용기에 물질을 채취하는 방법
- "개인 시료채취"란 개인시료채취기를 이용하여 가스·증기·분진·흄(fume)·미스트(mist) 등을 근로자의 호흡위치(호흡기를 중심으로 반경 30㎝인 반구)에서 채취하는 것
- "지역 시료채취"란 시료채취기를 이용하여 가스·증기·분진·흄(fume)·미스트(mist) 등을 근로자의 작업행동 범위에서 호흡기 높이에 고정하여 채취하는 것
- "호흡성분진"이란 호흡기를 통하여 폐포에 축적될 수 있는 크기의 분진
- "흡입성분진"이란 호흡기의 어느 부위에 침착하더라도 독성을 일으키는 분진
- "정도관리"란 법 제126조제2항에 따라 작업환경측정·분석 결과에 대한 정확성과 정밀도를 확보하기 위하여 작업환경측정기관의 측정·분석능력을 확인하고, 그 결과에 따라 지도·교육 등 측정·분석능력 향상을 위하여 행하는 모든 관리적 수단
- "정확도"란 분석치가 참값에 얼마나 접근하였는가 하는 수치상의 표현
- "정밀도"란 일정한 물질에 대해 반복측정·분석을 했을 때 나타나는 자료 분석치의 변동크기가 얼마나 작은가 하는 수치상의 표현

🔍정답 ①

72 ■ 작업환경측정 및 정도관리 등에 관한 고시
제19조(시료채취 근로자수)
① 단위작업 장소에서 최고 노출근로자 2명 이상에 대하여 동시에 개인 시료채취 방법으로 측정하되, 단위작업 장소에 근로자가 1명인 경우에는 그러하지 아니하며, 동일 작업근로자수가 10명을 초과하는 경우에는 매 5명당 1명 이상 추가하여 측정하여야 한다. 다만, 동일 작업근로자수가 100명을 초과하는 경우에는 최대 시료채취 근로자수를 20명으로 조정할 수 있다.
② 지역 시료채취 방법으로 측정을 하는 경우 단위작업장소 내에서 2개 이상의 지점에 대하여 동시에 측정하여야 한다. 다만, 단위작업 장소의 넓이가 50평방미터 이상인 경우에는 매 30평방미터마다 1개 지점 이상을 추가로 측정하여야 한다.

① 최고 노출근로자 2명 이상
② 동일 작업근로자수가 10명을 초과하는 경우에는 매 5명당 1명 이상 추가하여 측정하여야 한다.
③ 다만, 동일 작업근로자수가 100명을 초과하는 경우에는 최대 시료채취 근로자수를 20명으로 조정할 수 있다.
④ 지역 시료채취 방법으로 측정을 하는 경우 단위작업장소 내에서 2개 이상의 지점에 대하여 동시에 측정하여야 한다

🔍정답 ⑤

73 다음 설명에 해당하는 중금속은?

> • 중독의 임상증상은 급성 복부 산통의 위장계통 장해, 손처짐을 동반하는 팔과 손의 마비가 특징인 신경근육계통의 장해, 주로 급성 뇌병증이 심한 중추신경계통의 장해로 구분할 수 있다.
> • 적혈구의 친화성이 높아 뼈조직에 결합된다.
> • 중독으로 인한 빈혈증은 heme의 생합성 과정에 장해가 생겨 혈색소량이 감소하고 적혈구의 생존기간이 단축된다.

① 크롬   ② 수은   ③ 납
④ 비소   ⑤ 망간

74 포름알데히드에 관한 설명으로 옳은 것을 모두 고른 것은?

> ㄱ. 자극성 냄새가 나는 무색기체이다.
> ㄴ. 호흡기를 통해 빠르게 흡수되고 피부접촉에 의한 노출은 극히 적다.
> ㄷ. 대사경로는 포름알데히드 → 포름산 → 이산화탄소이다.
> ㄹ. 생물학적 모니터링을 위한 생체지표가 많이 존재하며 발암성은 없다.

① ㄱ, ㄹ
② ㄴ, ㄷ
③ ㄱ, ㄴ, ㄷ
④ ㄱ, ㄴ, ㄹ
⑤ ㄱ, ㄴ, ㄷ, ㄹ

75 산업안전보건법령상 근로자 건강진단의 종류가 아닌 것은?

① 특수건강진단
② 배치전건강진단
③ 건강관리카드 소지자 건강진단
④ 종합건강진단
⑤ 임시건강진단

73 ▪ 납 (Lead) 건강영향

1. 신경계 손상: 특히 어린이에게 신경 발달에 부정적인 영향을 미칠 수 있다.
2. 혈액 및 면역계: 납 중독은 빈혈과 면역력 저하를 유발할 수 있다.
3. 장기 손상: 신장, 간, 생식계에 손상을 줄 수 있다.
4. 발암성: IARC에서 납을 2B군(인간에게 아마 발암성이 있을 가능성이 있는 물질)으로 분류하고 있다.   🔍정답 ③

74 ▪ 포름알데히드 (Formaldehyde)

1. 물리적 성질
   1) 무색의 기체로, 강한 자극성 냄새가 있다.
   2) 물에 잘 용해되며, 일반적으로 포름알데히드 수용액(포름린) 형태로 사용된다.

2. 건강영향
   1) 자극: 눈, 코, 목을 자극하며, 고농도에 노출될 경우 호흡기 문제를 유발할 수 있다.
   2) 알레르기 반응: 피부에 접촉할 경우 알레르기성 피부염을 유발할 수 있다.
   3) 발암성: IARC에서 포름알데히드를 1급 발암물질로 분류하고 있으며, 특히 상부 호흡기와 비인두암과
      관련이 있다.   🔍정답 **전항 정답**

75 ▪ 건강진단의 종류

대상근로자	종류	실시주기와 시기
상시 근로자	일반	사무직:2년에 1회, 사무직 외:1년에 1회 이상
특수건강진단 대상 근로자	배치 전	업무 배치 전
	특수	유해인자별 6개월 ~ 24개월 1회
	수시	건강장해 의심 증상, 의학적 소견
	임시	중독여부 및 원인 확인 지방고용노동관서의 장의 명령

🔍정답 ④

2023년 기출문제

51 인사평가의 방법을 상대평가법과 절대평가법으로 구분할 때 상대평가법에 속하는 기법을 모두 고른 것은?

ㄱ. 서열법	ㄴ. 쌍대비교법
ㄷ. 평정척도법	ㄹ. 강제할당법
ㅁ. 행위기준척도법	

① ㄱ, ㄴ, ㄷ   ② ㄱ, ㄴ, ㄹ

③ ㄱ, ㄷ, ㄹ   ④ ㄴ, ㄷ, ㅁ

⑤ ㄴ, ㄹ, ㅁ

52 기능별 부문화와 제품별 부문화를 결합한 조직구조는?

① 가상조직(virtual organization)

② 하이퍼텍스트조직(hypertext organization)

③ 애드호크라시(adhocracy)

④ 매트릭스조직(matrix organization)

⑤ 네트워크조직(network organization)

51 ▪ 인사고과

인사평가에서 상대평가법은 직원들 간의 상대적인 성과나 역량을 비교하여 평가하는 방식이다.

1. 서열법 – 직원들을 성과나 능력에 따라 순위를 매기는 방식이다. 성과가 가장 뛰어난 직원부터 가장 낮은 성과를 보인 직원까지 순서대로 나열하는 방식이다. 예시: A, B, C, D, E 다섯 명의 직원을 성과에 따라 1위부터 5위까지 서열을 매기는 방식.

2. 쌍대비교법 – 직원들 간의 성과나 능력을 2명씩 짝을 지어 비교하여, 누가 더 우수한지를 결정하는 방식이다. 모든 직원들이 다른 직원들과 한 번씩 쌍으로 비교되어 평가된다. 예시: A, B, C, D, E 다섯 명의 직원을 두 명씩 짝지어 비교(A vs B, A vs C, A vs D 등), 각 쌍에서 우수한 직원을 선택해 최종적으로 모든 비교 결과를 토대로 순위를 매기는 방식.

3. 강제할당법 – 강제할당법은 직원들의 성과를 미리 정해진 분포 비율에 따라 강제로 할당하는 방식이다. 예를 들어, 상위 20%, 중간 60%, 하위 20%와 같이 정해진 비율에 맞춰서 평가 결과를 나눕니다. 🔍**정답** ②

52 ▪ 매트릭스 조직 구조(Matrix Structure)

매트릭스 조직은 기능별 조직과 제품별 조직의 장점을 결합하여, 두 가지 부문화를 동시에 운영하는 조직 구조이다.

1) 기능별 부문화: 회사가 마케팅, 재무, 인사, 생산과 같은 기능에 따라 부서를 나누는 경우.

2) 제품별 부문화: 회사가 여러 제품 라인(예: 전자제품, 가전제품, 자동차 등)에 따라 부서를 나누는 경우.

매트릭스 조직 구조에서는 한 직원이 예를 들어 마케팅 부서에 소속되면서 동시에 특정 제품 팀(예: 자동차 제품 팀)에도 속할 수 있다. 이렇게 하면 마케팅 부서의 전문 지식을 유지하면서도, 특정 제품 팀의 목표와 관련된 실질적인 기여를 할 수 있다.

장점

1) 유연성: 매트릭스 조직은 급변하는 환경에서 신속하게 대응할 수 있다.

2) 전문성: 기능별 부서의 전문성을 유지하면서도, 제품이나 프로젝트별로 조직을 집중시킬 수 있다.

3) 효과적인 의사소통: 다양한 팀 간의 의사소통과 협력을 촉진한다.

단점

1) 이중 보고의 복잡성: 직원이 두 명 이상의 상사에게 보고해야 하므로, 권한과 책임의 충돌이 발생할 수 있다.

2) 의사결정 지연: 여러 상사 간의 조율이 필요하기 때문에 의사결정이 느려질 수 있다.

3) 갈등 가능성: 기능별 목표와 제품별 목표 간의 갈등이 발생할 수 있다. 🔍**정답** ④

53 아담스(J Adams)의 공정성이론에서 투입과 산출의 내용 중 투입이 아닌 것은?

① 시간
② 노력
③ 임금
④ 경험
⑤ 창의성

54 집단의사결정기법에 관한 설명으로 옳지 않은 것은?

① 델파이법(Delphi technique)은 의사결정 시간이 짧아 긴박한 문제의 해결에 적합하다.
② 브레인스토밍(brainstorming)은 다른 참여자의 아이디어에 대해 비판할 수 없다.
③ 프리모텀(premortem) 기법은 어떤 프로젝트가 실패했다고 미리 가정하고 그 실패의 원인을 찾는 방법이다.
④ 지명반론자법은 악마의 옹호자(devil's advocate) 기법이라고도 하며, 집단사고의 위험을 줄이는 방법이다.
⑤ 명목집단법은 참여자들 간에 토론을 하지 못한다.

55 부당노동행위 중 근로자가 어느 노동조합에 가입하지 아니할 것 또는 탈퇴할 것을 고용조건으로 하거나 특정한 노동조합의 조합원이 될 것을 고용조건으로 하는 행위는?

① 불이익대우
② 단체교섭거부
③ 지배 · 개입 및 경비원조
④ 정당한 단체행동참가에 대한 해고 및 불이익대우
⑤ 황견계약

53 ▪ **아담스(J. Stacy Adams)의 공정성이론(Equity Theory)**

아담스(J. Stacy Adams)의 공정성이론(Equity Theory)은 개인이 자신이 일에 기여한 노력(투입)과 그에 따른 보상(산출)을 다른 사람들과 비교하여 공정성을 인식하고, 이 인식이 동기부여와 행동에 영향을 미친다는 이론이다.

1. 투입(Input) – 개인이 조직이나 직무에 기여하는 모든 것을 의미한다. 이는 물리적, 정신적, 그리고 정서적인 자원으로 구성될 수 있으며, 개인이 일에 노력하거나 제공하는 요소들을 포함한다.

   예시:

   1) 노력: 직무 수행을 위해 들인 시간과 에너지.
   2) 경력: 직무와 관련된 이전 경험이나 경력.
   3) 기술: 직무 수행에 필요한 지식과 기술.
   4) 교육: 학력, 자격증 등 직무에 필요한 교육적 배경.
   5) 책임감: 직무에서의 의무와 책임의 정도.
   6) 성실성: 개인의 헌신, 직무에 대한 태도.
   7) 창의성: 문제 해결이나 혁신을 위한 창의적 기여.

2. 산출(Output) – 산출은 개인이 직무에 대한 보상으로 받는 모든 것을 의미한다. 이는 물리적 보상(금전적 보상)분만 아니라, 정서적 보상이나 심리적 만족도 포함된다.

   예시:

   1) 급여: 기본적인 금전적 보상.
   2) 복리후생: 의료 혜택, 연금, 휴가 등.
   3) 승진 기회: 직무 수행에 따른 승진.
   4) 인정: 상사나 동료로부터의 인정, 칭찬.
   5) 책임감: 더 높은 권한과 책임 부여.
   6) 경력 개발 기회: 교육, 훈련 기회 제공.
   7) 직무 만족: 직무 수행에 따른 심리적 만족감.

   🔍정답 ③

54 ▪ **델파이법(Delphi Technique) 특징**

1. 전문가 의견 수렴 – 델파이법은 전문가들의 의견을 익명으로 수집하고, 여러 차례 반복적으로 조사하여 의견의 일치를 이끌어내는 방법이다. 이를 통해 객관적이고 종합적인 결론을 도출한다.

2. 의사결정 과정이 긴 편 – 델파이법은 반복적인 설문조사와 피드백 과정을 통해 이루어지기 때문에 시간이 많이 소요된다. 각 라운드마다 전문가들의 의견을 수집하고 분석하며, 다시 피드백을 제공하는 순환적인 과정이 반복된다.

3. 긴급한 문제 해결에는 적합하지 않음 – 델파이법은 주로 장기적인 예측, 복잡한 문제에 대한 심층적 논의에 적합하며, 빠른 결정을 요구하는 상황에는 사용하기 어렵다.

4. 익명성 유지 – 델파이법에서는 전문가들의 익명성을 유지함으로써 집단 압력이나 의견 주도 없이 객관적 의견 수렴을 목표로 한다. 이를 통해 더 신뢰성 있는 결과를 도출할 수 있다.

   🔍정답 ①

55 ▪ **황견계약**

부당노동행위 중 근로자에게 특정 노동조합과 관련된 행동을 강요하는 행위는 "Yellow-Dog Contract(황견계약)" 또는 고용조건에 대한 노동조합 가입 강요 행위"로 불린다. 이는 사용자가 근로자에게 특정 노동조합에 가입하지 않거나 탈퇴할 것을 고용조건으로 하거나, 특정 노동조합의 조합원이 될 것을 고용조건으로 강요하는 행위를 의미하는 것으로 근로자의 자유로운 노동조합 활동을 저해하고, 노동 3권 중 단결권을 침해하는 것으로 간주된다.

   🔍정답 ⑤

56 식스 시그마(Six Sigma) 분석도구 중 품질 결함의 원인이 되는 잠재적인 요인들을 체계적으로 표현해주며, Fishbone Diagram으로도 불리는 것은?

① 린 차트
② 파레토 차트
③ 가치흐름도
④ 원인결과 분석도
⑤ 프로세스 관리도

57 수요를 예측하는데 있어 과거 자료보다는 최근 자료가 더 중요한 역할을 한다는 논리에 근거한 지수평활법을 사용하여 수요를 예측하고자 한다 다음 자료의 수요 예측값(F_t)은?

> • 직전 기간의 지수평활 예측값(F_{t-1})=1,000
> • 평활 상수(α)=0.05
> • 직전 기간의 실제값(A_{t-1})=1,200

① 1,005
② 1,010
③ 1,015
④ 1,020
⑤ 1,200

58 재고량에 관한 의사결정을 할 때 고려해야 하는 재고유지 비용을 모두 고른 것은?

> ㄱ. 보관설비 비용
> ㄴ. 생산준비 비용
> ㄷ. 진부화 비용
> ㄹ. 품절 비용
> ㅁ. 보험 비용

① ㄱ, ㄴ, ㄷ
② ㄱ, ㄴ, ㄹ
③ ㄱ, ㄷ, ㅁ
④ ㄱ, ㄹ, ㅁ
⑤ ㄴ, ㄷ, ㄹ

56 ▪ Fishbone Diagram(피쉬본 다이어그램)

Fishbone Diagram(피쉬본 다이어그램), 또는 원인결과 분석도(Cause-and-Effect Diagram)는 문제의 원인과 결과를 시각적으로 분석하기 위한 도구이다. 이 다이어그램은 물고기 뼈(fishbone)처럼 생긴 모양 때문에 이런 이름을 가지며, 이시카와 다이어그램(Ishikawa Diagram)이라고도 불립니다. 주로 문제의 근본 원인을 체계적으로 찾고 분석하는 데 사용된다.

🔍 정답 ④

57 ▪ 지수평활법

지수평활법은 과거의 데이터를 기반으로 미래의 수요를 예측하는 기법이다. 이 방법은 최근의 자료에 더 큰 가중치를 부여하는 방식으로, 시간의 흐름에 따라 과거 데이터보다 최근 데이터를 더 중요하게 반영한다.

1. 지수평활법 공식:

$$F_t = F_{t-1} + \alpha(A_{t-1} - F_{t-1})$$

F_t = 다음 기간의 예측값

F_{t-1} = 직전 기간의 예측값 =1,000

α = 평활 상수, 0에서 1 사이의 값으로 최근 데이터에 얼마만큼의 가중치를 줄 것인지 결정하는 상수 α=0.05

A_{t-1} = 직전 기간의 실제값 =1,200

2. 계산 과정: $F_t = F_{t-1} + \alpha(A_{t-1} - F_{t-1})$ =1,200+0.05(1200-1000)=1,010

🔍 정답 ②

58 ▪ 재고유지비용(Holding Cost) – 재고유지비용은 재고를 보유하고 유지하는 데 드는 모든 비용

1. 자본비용(Capital Cost): 재고 자본에 투자된 금액에 대한 기회비용을 의미한다. 자본이 재고에 묶여 있으면 다른 투자 기회에서 이익을 얻지 못하게 되므로, 자본 사용에 따른 비용을 고려해야 한다.
2. 보관비용(Storage Cost): 재고를 보관하는 데 필요한 비용으로, 창고 임대료, 전기 및 냉난방비, 재고 관리 시스템 비용 등이 포함된다.
3. 보험 및 세금(Insurance and Taxes): 재고에 대해 보험을 들어야 하며, 일부 지역에서는 재고에 대한 세금이 부과될 수 있다.
4. 재고 손실 비용(Shrinkage Cost): 재고가 보관되는 동안 발생할 수 있는 손실로, 도난, 파손, 부패, 유통기한 초과로 인해 발생하는 비용이다.
5. 재고 감모비용(Obsolescence Cost): 시간이 지나면서 재고의 가치가 감소하거나 구식이 되어 사용할 수 없게 되는 경우에 발생하는 비용이다. 기술 제품이나 패션 산업처럼 제품 주기가 짧은 산업에서 많이 발생하며, 오래 보유할수록 감가상각이 커지게 된다.
6. 재고 처리비용(Handling Cost): 재고를 취급하고 이동하는 데 드는 비용으로, 인건비, 장비 비용(포크리프트, 트럭 등), 물류 관리 비용 등이 포함된다. 재고가 많을수록 이동과 처리에 더 많은 시간과 자원이 필요하며, 이로 인해 비용이 증가한다.
7. 품질 유지 비용(Quality Maintenance Cost): 일부 재고는 품질 관리가 필요한다. 예를 들어, 일정 온도나 습도에서 보관해야 하는 제품의 경우 냉장 및 냉동 비용, 습도 관리 비용 등이 발생할 수 있다.

진부화비용(Obsolescence Cost) = 재고 감모비용(Obsolescence Cost)

🔍 정답 ③

59 서비스 수율관리(yield management)가 효과적으로 나타나는 경우가 아닌 것은?

① 변동비가 높고 고정비가 낮은 경우
② 재고가 저장성이 없어 시간이 지나면 소멸하는 경우
③ 예약으로 사전에 판매가 가능한 경우
④ 수요의 변동이 시기에 따라 큰 경우
⑤ 고객특성에 따라 수요를 세분화할 수 있는 경우

60 오건(D Organ)이 범주화한 조직시민행동의 유형에서 불평, 불만, 험담 등을 하지 않고, 있지도 않은 문제를 과장해서 이야기 하지 않는 행동에 해당하는 것은?

① 시민덕목(civic virtue)
② 이타주의(altruism)
③ 성실성(conscientiousness)
④ 스포츠맨십(sportsmanship)
⑤ 예의(courtesy)

59 ▪ **서비스 수율관리(Yield Management)**

1. 기본원리 – 수율관리는 항공사, 호텔 등과 같이 고정비가 높고 변동비가 상대적으로 낮은 산업에서 가장 효과적이다. 이들 산업에서는 자원이 제한되어 있으며, 한 번 자원이 소비되면 더 이상 수익을 창출할 수 없다. 예를 들어, 항공사에서는 비행기가 떠나면 남은 좌석은 더 이상 팔 수 없기 때문에 좌석당 가격을 최적화하는 것이 중요하다.

2. 고정비가 높은 경우 – 고정비는 생산량과 관계없이 일정하게 발생하는 비용이다. 항공사, 호텔과 같은 업종에서는 시설 유지비, 항공기 운행 비용, 직원 급여 등이 고정비에 해당된다. 이런 산업에서 수익을 최대화하려면 한정된 자원을 최대한 활용해야 하므로, 가격을 동적으로 조정해 수익을 극대화하는 수율관리가 효과적이다.

3. 변동비가 높은 경우 – 변동비는 생산량에 따라 달라지는 비용이다. 변동비가 높은 산업에서는 추가적인 서비스를 제공할 때마다 비용이 급격하게 증가하므로, 추가 수익을 창출하기 위해 가격을 낮추거나 변동시키는 전략이 별다른 이점이 없다. 예를 들어, 변동비가 높은 제조업이나 서비스업에서는 수율관리를 통해 가격을 유동적으로 조정하더라도, 추가적인 비용 부담이 크기 때문에 이익을 극대화하기 어렵다.

그러므로 변동비가 높고 고정비가 낮은 경우에는 수율관리의 핵심적인 전략이 효과적으로 작동하지 않는다. 정답 ①

60 ▪ **오건(Dennis W. Organ)이 범주화한 조직시민행동(Organizational Citizenship Behavior, OCB)의 유형**

오건(Dennis W. Organ)이 범주화한 조직시민행동(Organizational Citizenship Behavior, OCB)의 유형은 조직에서 직무와 직접 관련되지 않은, 그러나 조직의 효율성과 분위기를 향상시키는 자발적 행동을 설명한다.

1. 이타주의(Altruism):
   1) 특징: 동료나 조직 구성원들에게 자발적으로 도움을 주는 행동이다.
   2) 예시: 동료가 직무에 어려움을 겪을 때 도움을 주거나, 신입사원의 교육을 자발적으로 도와주는 행동.
2. 양심성(Conscientiousness):
   1) 특징: 조직의 규칙과 절차를 충실히 따르고, 기대 이상의 책임감과 성실함을 보이는 행동이다.
   2) 예시: 규정된 시간보다 더 일찍 출근하거나, 최소한의 기준 이상으로 업무를 완수하려는 노력.
3. 예의(Courtesy):
   1) 특징: 동료나 다른 구성원들과의 상호작용에서 발생할 수 있는 갈등을 방지하기 위해 신중하게 행동하는 것이다.
   2) 예시: 자신의 행동이나 결정이 동료에게 영향을 미칠 수 있는 경우 미리 알려주거나 배려하는 행동.
4. 신사적 태도(Sportsmanship):
   1) 특징: 어려운 상황에서도 불평하지 않고, 조직에 긍정적인 태도를 유지하는 행동이다.
   2) 예시: 일이 잘 풀리지 않거나 불만이 있는 상황에서도 불평하지 않고 긍정적으로 문제를 해결하려는 태도.
5. 시민덕목(Civic Virtue):
   1) 특징: 조직 활동에 적극적으로 참여하고, 조직의 발전에 기여하려는 관심과 행동을 보이는 것이다.
   2) 예시: 회의에 적극적으로 참여하거나, 조직 내 변화에 대해 관심을 갖고 건설적인 의견을 제시하는 행동. 정답 ④

61 직업 스트레스에 관한 설명으로 옳지 않은 것은?

① 비르(T. Beehr)와 프랜즈(T. Franz)는 직업 스트레스를 의학적 접근, 임상·상담적 접근, 공학심리
   학적 접근, 조직심리학적 접근 등 네 가지 다른 관점에서 설명할 수 있다고 제안하였다.

② 요구-통제 모델(Demands-Control Model)은 업무량 이외에도 다양한 요구가 존재한다는 점을 인
   식하고, 이러한 다양한 요구가 종업원의 안녕과 동기에 미치는 영향을 연구한다.

③ 자원보존 이론(Conservation of Resources Theory)은 종업원들이 시간에 걸쳐 자원을 축적하려
   는 동기를 가지고 있으며, 자원의 실제적 손실 또는 손실의 위협이 그들에게 스트레스를 경험하게
   한다고 주장한다.

④ 셀리에(H. Selye)의 일반적 적응증후군 모델은 경고(alarm), 저항(resistance), 소진(exhaustion)
   의 세 가지 단계로 구성된다.

⑤ 직업 스트레스 요인 중 역할 모호성(role ambiguity)은 종업원이 자신의 직무 기능과 책임이 무엇
   인지 불명확하게 느끼는 정도를 말한다.

62 직무만족을 측정하는 대표적인 척도인 직무기술 지표(Job Descriptive Index: JDI)의 하위 요인이 아닌
것은?

① 업무   ② 동료
③ 관리 감독   ④ 승진 기회
⑤ 작업 조건

61 ▪ **요구-통제 모델(Demands-Control Model)**
1. 요구-통제 모델의 주요 개념:
   1) 업무 요구(Demands): 주로 업무량, 업무의 복잡성, 시간적 압박 등의 요소로 구성된다. 여기서 요구는 직무 수행 시 개인이 경험하는 압력이나 스트레스를 의미하며, 과도한 요구는 스트레스를 증가시킬 수 있다.
   2) 업무 통제(Control): 개인이 직무에서 결정권을 가지고 자신의 업무를 조정할 수 있는 능력을 의미한다. 업무에서 통제력이 높을수록, 즉 자신의 업무 방식을 스스로 결정할 수 있을 때 스트레스가 낮아지고 직무 만족도와 동기가 높아지는 경향이 있다.
2. 요구-통제 모델의 핵심 가설:
   1) 높은 요구와 낮은 통제가 결합될 때, 개인은 가장 높은 수준의 스트레스를 경험할 가능성이 큽니다. 이러한 상태를 고위험 직무(high-strain job)라고 부릅니다.
   2) 반면, 높은 요구와 높은 통제가 결합된 경우, 스트레스를 잘 관리하고 성과를 높일 수 있는 적극적 직무(active job) 상태에 도달할 수 있다.

② 요구-통제 모델은 업무 요구와 통제 수준이 종업원의 스트레스와 건강에 미치는 영향을 설명하는 모델이며, 다양한 요구나 동기보다는 직무 스트레스와 통제력에 초점을 맞추고 있다.

🔍**정답** ②

62 ▪ **직무기술 지표(Job Descriptive Index, JDI)**
1. 일 자체: 직무 내용과 도전성에 대한 만족도.
2. 감독: 상사와의 관계와 지도에 대한 만족도.
3. 동료: 동료와의 협력과 관계에 대한 만족도.
4. 보수: 급여와 보상에 대한 만족도.
5. 승진 기회: 승진 가능성과 경력 발전에 대한 만족도.

JDI는 직무 만족도를 구성하는 5가지 주요 요인(일 자체, 감독, 동료, 보수, 승진 기회)에 대한 직원의 만족도를 측정하는 도구이다. 이 척도는 조직 내 직무 만족에 대한 구체적인 피드백을 제공하여, 인사 관리와 조직 발전을 위한 중요한 정보로 활용될 수 있다.

🔍**정답** ⑤

63 해크만(J Hackman)과 올드햄(G Oldham)의 직무특성 이론은 5개의 핵심 직무특성이 중요 심리상태라고 불리는 다음 단계와 직접적으로 연결된다고 주장하는데, '일의 의미감(meaningfulness) 경험'이라는 심리상태와 관련 있는 직무특성을 모두 고른 것은?

ㄱ. 기술 다양성	ㄴ. 과제 피드백
ㄷ. 과제 정체성	ㄹ. 자율성
ㅁ. 과제 중요성	

① ㄱ, ㄷ   ② ㄱ, ㄷ, ㅁ
③ ㄴ, ㄹ, ㅁ   ④ ㄷ, ㄹ, ㅁ
⑤ ㄴ, ㄷ, ㄹ, ㅁ

64 브룸(V Vroom)의 기대 이론(expectancy theory)에서 일정 수준의 행동이나 수행이 결과적으로 어떤 성과를 가져올 것이라는 믿음을 나타내는 것은?

① 기대(expectancy)   ② 방향(direction)
③ 도구성(instrumentality)   ④ 강도(intensity)
⑤ 유인가(valence)

65 라스뮈센(J Rasmussen)의 수행수준 이론에 관한 설명으로 옳은 것은?

① 실수(slip)의 기본적인 분류는 3가지 주제에 대한 것으로 의도형성에 따른 오류, 잘못된 활성화에 의한 오류, 잘못된 촉발에 의한 오류이다.
② 인간의 행동을 숙련(skill)에 바탕을 둔 행동, 규칙(rule)에 바탕을 둔 행동, 지식(knowledge)에 바탕을 둔 행동으로 분류한다.
③ 오류의 종류로 인간공학적 설계오류, 제작오류, 검사오류, 설치 및 보수오류, 조작오류, 취급오류를 제시한다.
④ 오류를 분류하는 방법으로 오류를 일으키는 원인에 의한 분류, 오류의 발생 결과에 의한 분류, 오류가 발생하는 시스템 개발단계에 의한 분류가 있다.
⑤ 사람들의 오류를 분석하고 심리수준에서 구체적으로 설명할 수 있는 모델이며 욕구체계, 기억체계, 의도체계, 행위체계가 존재한다.

63 ▪ **해크만(J. Hackman)과 올드햄(G. Oldham)의 직무특성 이론(Job Characteristics Theory)**

직무특성 이론의 주요 개념:

1. 핵심 직무 특성(Core Job Characteristics):
   1) 기술 다양성(Skill Variety): 직무가 다양한 기술과 능력을 필요로 하는지를 의미
   2) 직무 정체성(Task Identity): 직무가 하나의 완성된 결과물을 만들어내는지 여부를 의미
   3) 직무 중요성(Task Significance): 직무가 다른 사람들의 삶이나 업무에 얼마나 중요한 영향을 미치는 지를 의미
   4) 자율성(Autonomy): 직무 수행에서 독립성과 자유를 얼마나 가지는지를 의미
   5) 피드백(Feedback): 직원이 직무 수행에 대한 결과나 성과에 대한 명확한 정보를 받을 수 있는지를 의미

2. 중요한 심리 상태(Critical Psychological States):
   1) 업무의 의미성(Experienced Meaningfulness of the Work): 직무가 직원에게 의미 있고 가치 있는 활동으로 인식될 때, 직원은 더 높은 동기를 느낄 수 있다. 이는 기술 다양성, 직무 정체성, 직무 중요성에 의해 영향을 받다.
   2) 업무의 책임감(Experienced Responsibility for Outcomes of the Work): 직원이 직무에서 자신의 행동이 성과에 미치는 영향을 느끼는 것을 의미한다. 자율성이 이 심리 상태를 강화하는 데 중요한 역할을 한다.
   3) 성과에 대한 인식(Knowledge of the Actual Results of the Work): 직무 수행의 결과에 대한 명확한 피드백을 받는 것은 직원의 직무 성과와 개선 가능성을 높인다. 피드백은 이 심리 상태를 형성하는 중요한 요소이다.

🔍정답 ②

64 ▪ **빅터 브룸(Victor Vroom)의 기대 이론(Expectancy Theory)**

개인이 특정 행동을 할 때 성과와 보상에 대한 기대를 어떻게 형성하는지를 설명한다.

1. 기대감(Expectancy): 노력이 성과로 이어질 것이라는 믿음.
2. 도구성(Instrumentality): 성과가 보상으로 이어질 것이라는 믿음.
3. 유의성(Valence): 그 보상이 개인에게 얼마나 중요한지.

🔍정답
①, ③

65 ▪ **Rasmussen의 인간 오류 이론**

1. 기술 기반 행동(Skill-based behavior): 숙련된 행동이나 자동화된 행동을 할 때 발생하는 오류이다. 이 수준의 오류는 주로 실수(slip)로 나타납니다. 의도는 옳지만, 행동을 실행하는 과정에서 실수가 발생하는 경우이다. 예를 들어, 익숙한 작업을 하다가 순간적인 주의 부족으로 잘못된 행동을 하는 경우.
2. 규칙 기반 행동(Rule-based behavior): 문제를 해결하기 위해 기존에 알고 있는 규칙을 적용하는 과정에서 발생하는 오류이다. 이 수준에서는 규칙을 잘못 적용하거나 규칙을 잘못 해석하는 경우가 오류로 이어진다.
3. 지식 기반 행동(Knowledge-based behavior): 새로운 문제 상황에서 기존 규칙이나 지식이 부족할 때 발생하는 오류이다. 이 수준에서는 지식의 부족이나 잘못된 판단으로 인해 실수가 발생한다.

🔍정답 ②

66 착시를 크기 착시와 방향 착시로 구분하는 경우, 동일한 물리적인 길이와 크기를 가지는 선이나 형태를 다르게 지각하는 크기 착시에 해당하지 않는 것은?

① 뮬러-라이어(Müller-Lyer) 착시
② 폰조(Ponzo) 착시
③ 에빙하우스(Ebbinghaus) 착시
④ 포겐도르프(Poggendorf) 착시
⑤ 델뵈프(Delboeuf) 착시

67 집단(팀)에 관한 다음 설명에 해당하는 모델은?

- 집단이 발전함에 따라 다양한 단계를 거친다는 가정을 한다.
- 집단발달의 단계로 5단계(형성, 폭풍, 규범화, 성과, 해산)를 제시하였다.
- 시간의 경과에 따라 팀은 여러 단계를 왔다 갔다 반복하면서 발달 한다.

① 캠피온(Campion)의 모델
② 맥그래스(McGrath)의 모델
③ 그래드스테인(Gladstein)의 모델
④ 해크만(Hackman)의 모델
⑤ 터크만(Tuckman)의 모델

66 ▪ 착시

1. 착시 구분
   1) 크기 착시: 동일한 물리적 길이나 크기를 다르게 지각하는 현상.
   2) 방향 착시: 선이나 형태의 방향을 왜곡하여 지각하는 현상.

2. 각 착시 유형 설명
   1) 뮐러-라이어(Müller-Lyer) 착시: 같은 길이의 선이 화살표 방향에 따라 길이가 다르게 보이는 크기 착시.
   2) 폰조(Ponzo) 착시: 수렴하는 선에 의해 같은 길이의 선이 멀리 있는 것이 더 길어 보이는 크기 착시.
   3) 에빙하우스(Ebbinghaus) 착시: 같은 크기의 원이 주변 원들의 크기에 의해 더 크거나 작아 보이는 크기 착시.
   4) 포겐도르프(Poggendorf) 착시: 기울어진 배경 때문에 직선이 이어지지 않는 것처럼 보이는 방향 착시.
   5) 델뵈프(Delboeuf) 착시: 두 개의 원이 주변 원들의 크기에 의해 다르게 보이는 크기 착시. 🔍정답 ④

67 ▪ **터크만(Bruce Tuckman)의 집단 발달 5단계 모델**

터크만(Bruce Tuckman)의 집단 발달 5단계 모델은 집단(team)이나 팀이 발전하는 과정에서 다양한 단계를 거치며, 시간이 지남에 따라 집단이 더 효율적이고 성과를 낼 수 있게 된다고 가정한다.

1. 형성 단계(Forming) – 팀 구성원들이 처음으로 모이는 단계로, 서로에 대해 탐색하며 관계를 형성하는 초기 단계이다. 역할과 목표가 명확하지 않고, 신뢰 형성과 기대 설정이 주로 이루어진다. 특징: 팀원들은 서로를 조심스럽게 탐색하며, 관계를 구축하기 시작한다. 이 시점에서는 의사소통이 다소 표면적이고 공식적일 수 있다.

2. 폭풍 단계(Storming) – 팀원 간 의견 충돌이나 갈등이 발생하는 단계이다. 역할과 책임을 둘러싸고 긴장이나 불확실성이 생기며, 리더십에 대한 도전이 있을 수 있다. 특징: 팀원들이 갈등을 해결하기 위해 노력하지만, 이 과정에서 충돌이 발생할 수 있다. 이 단계는 팀이 성숙해가는 과정에서 필수적인 단계로 여겨진다.

3. 규범화 단계(Norming) – 팀이 점차 규칙을 세우고, 팀 내 역할과 책임이 명확하게 설정되는 단계이다. 팀원들이 서로에 대한 이해와 신뢰를 쌓으며, 협력이 원활하게 이루어진다. 특징: 팀 내 협력과 협동이 강화되고, 갈등이 줄어들면서 생산적 관계를 형성한다. 규범이 확립되어 팀의 문화가 형성된다.

4. 성과 단계(Performing) – 팀이 높은 수준의 성과를 내는 단계로, 팀원들이 서로 잘 협력하고 목표 달성을 위해 효율적으로 일하는 시기이다. 팀원들이 자율적으로 문제를 해결하며, 생산성이 최고조에 이릅니다. 특징: 팀은 목표에 집중하고, 갈등 없이 문제 해결에 능숙한다. 이 단계에서는 팀이 성과를 낼 수 있는 최적의 상태에 도달한다.

5. 해산 단계(Adjourning) – 팀이 목표를 달성한 후, 팀원들이 해산하는 단계이다. 프로젝트가 완료되거나 임무가 끝나면 팀은 자연스럽게 해산된다. 이 단계에서 성과를 평가하고, 팀원들은 새로운 과제로 이동한다. 특징: 팀원들이 각자의 길로 흩어지거나, 새로운 팀으로 편성된다. 성공적인 팀일 경우, 성과에 대한 평가와 회고가 이루어진다. 🔍정답 ⑤

68 산업재해이론 중 아담스(E Adams)의 사고연쇄 이론에 관한 설명으로 옳은 것은?

① 관리구조의 결함, 전술적 오류, 관리기술 오류가 연속적으로 발생하게 되며 사고와 재해로 이어진다.

② 불안전상태와 불안전행동을 어떻게 조절하고 관리할 것인가에 관심을 가지고 위험해결을 위한 노력을 기울인다.

③ 긴장 수준이 지나치게 높은 작업자가 사고를 일으키기 쉽고 작업수행의 질도 떨어진다.

④ 작업자의 주의력이 저하하거나 약화될 때 작업의 질은 떨어지고 오류가 발생해서 사고나 재해가 유발되기 쉽다.

⑤ 사고나 재해는 사고를 낸 당사자나 사고발생 당시의 불안전행동, 그리고 불안전행동을 유발하는 조건과 감독의 불안전 등이 동시에 나타날 때 발생한다.

69 다음은 산업위생을 연구한 학자이다 누구에 관한 설명인가?

> • 독일 의사
> • "광물에 대하여(De Re Metallica)" 저술
> • 먼지에 의한 규폐증 기록

① Alice Hamilton   ② Percival Pott
③ Thomas Percival   ④ Georgius Agricola
⑤ Pliny the Elder

70 화학물질 및 물리적 인자의 노출기준에 관한 설명으로 옳지 않은 것은?

① "최고노출기준(C)"이란 근로자가 1일 작업시간동안 잠시라도 노출되어서는 아니 되는 기준이다.

② 노출기준을 이용할 경우에는 근로시간, 작업의 강도, 온열조건, 이상기압도 고려하여야 한다.

③ "Skin" 표시물질은 피부자극성을 뜻하는 것은 아니며, 점막과 눈 그리고 경피로 흡수되어 전신 영향을 일으킬 수 있는 물질이다.

④ 발암성 정보물질의 표기는 화학물질의 분류 · 표시 및 물질안전보건자료에 관한 기준에 따라 1A, 1B, 2로 표기한다.

⑤ "단시간노출기준(STEL)"이란 15분간의 시간가중평균노출값으로서 노출농도가 시간가중평균노출기준(TWA)을 초과하고 단시간노출기준(STEL) 이하인 경우에는 1회 노출 지속시간이 15분 미만이어야 하고, 이러한 상태가 1일 3회 이하로 발생하여야 하며, 각 노출의 간격은 45분 이상이어야 한다.

68 ▪ E. Adams의 사고연쇄 이론(Accident Chain Theory)
- 1단계 관리구조의 결함 – 사고 예방과 관련된 조직의 관리 체계나 구조적인 문제를 의미
- 2단계 작전적 에러 – 작업 현장에서 발생하는 실행 단계의 오류를 의미
- 3단계 전술적 에러 – 관리자 또는 감독자가 현장에서 실수를 범하는 것을 의미
- 4단계 사고 – 앞서 발생한 여러 가지 관리적, 운영적, 전술적 오류가 연쇄적으로 작용하여 사고가 실제로 발생하는 단계
- 5단계 상해 – 사고로 인한 결과적인 피해가 나타나는 단계로 작업자의 신체적 부상이나 사망, 재산 손실 등의 피해가 발생하며, 사고로 인해 발생한 손실을 의미

🔍 정답 ①, ②

69 ▪ 게오르크 아그리콜라(Georgius Agricola)
아그리콜라는 16세기 독일의 의사이자 광물학자로, 그의 저서 "광물에 대하여(De Re Metallica)"에서 광물 채굴 및 금속 처리에 대한 체계적인 정보를 제공하였다.
1. 규폐증 기록: 아그리콜라는 광업에서 발생하는 먼지와 그로 인한 건강 문제, 특히 규폐증(silicosis)에 대해 처음으로 기록했다. 이는 광물 채굴 작업에서의 건강 위험성을 강조한 중요한 발견이다.
2. "광물에 대하여(De Re Metallica)": 이 저서는 광업과 관련된 여러 가지 기술과 방법을 다루고 있으며, 현대의 광물학과 공업에 큰 영향을 미쳤다.

🔍 정답 ④

70 ▪ 단시간노출기준(STEL)
"단시간노출기준(STEL)"이란 15분간의 시간가중평균노출값으로서 노출농도가 시간가중평균노출기준(TWA)을 초과하고 단시간노출기준(STEL) 이하인 경우에는 1회 노출 지속시간이 15분 미만이어야 하고, 이러한 상태가 1일 4회 이하로 발생하여야 하며, 각 노출의 간격은 60분 이상이어야 한다.

🔍 정답 ⑤

71 근로자건강진단 실무지침에서 화학물질에 대한 생물학적 노출지표의 노출 기준 값으로 옳지 않은 것은?

① 노말-헥산: [소변 중 2,5-헥산디온, 5mg/L]

② 메틸클로로포름: [소변 중 삼염화초산, 10mg/L]

③ 크실렌: [소변 중 메틸마뇨산, 1.5g/g creal]

④ 톨루엔: [소변 중 o-크레졸, 1mg/g creal]

⑤ 인듐: [혈청 중 인듐, 1.2μg/L]

72 후드 개구부 면에서 제어속도(capture velocity)를 측정해야 하는 후드 형태에 해당하는 것은?

① 외부식 후드   ② 포위식 후드

③ 리시버(receiver)식 후드   ④ 슬롯(slot) 후드

⑤ 캐노피(canopy) 후드

73 카드뮴 및 그 화합물에 대한 특수건강진단 시 제1차 검사항목에 해당하는 것은? (단, 근로자는 해당 작업에 처음 배치되는 것은 아니다.)

① 소변 중 카드뮴   ② 베타 2 마이크로글로불린

③ 혈중 카드뮴   ④ 객담세포검사

⑤ 단백뇨정량

71 ▪ 생물학적 노출지표 노출기준

1차 생물학적 노출지표물질 시료채취 방법 및 채취량

| 유해물질명 | 시료채취 | | 지표물질명 | 채취량 | 채취용기 및 요령 | 이동 및 보관 | 분석기한 |
	종류	시기					
톨루엔	소변	당일	o-크레졸	10mL 이상	플라스틱 소변용기	4℃(2~8℃)	5일 이내

정답 ④

72 ▪ 후드제어속도

외부식후드 – 후드에서 가장 멀리 떨어진 지점에서 측정
포위식후드 – 후드 개구부 면에서 측정

정답 ②

73 ▪ 금속류 생물학적 노출지표 노출기준

| 구분 | 번호 | 유해물질명 | 시료채취 | | 지표물질명 | 한국 KOSHA(2018) |
			종류	시기		
1차	2	납 과 그 무기화합물	혈액	수시	납	30㎍/dℓ
	8	수은과 그 화합물	소변	작업전	수은	200㎍/ℓ
	11	4알킬연	혈액	수시	납	30㎍/dℓ
	16	카드뮴과 그 화합물	혈액	수시	카드뮴	5㎍/ℓ

▪ 카드뮴 및 그 화합물의 특수건강진단 시 검사항목
① 1차 검사항목: 혈중 카드뮴
② 2차 검사항목: 소변 중 카드뮴, 단백뇨정량, 베타2 마이크로글로불린

정답 ③

74 근로자 건강진단 실시기준에서 유해요인과 인체에 미치는 영향으로 옳지 않은 것은?

① 니켈 - 폐암, 비강암, 눈의 자극증상

② 오산화바나듐 - 천식, 폐부종, 피부습진

③ 베릴륨 - 기침, 호흡곤란, 폐의 육아종 형성

④ 카드뮴 - 만성 폐쇄성 호흡기 질환 및 폐기종

⑤ 망간 - 접촉성 피부염, 비중격 점막의 괴사

75 작업환경측정 대상 유해인자에는 해당하지만 특수건강진단 대상 유해인자는 아닌 것은?

① 디에틸아민   ② 디에틸에테르

③ 무수프탈산   ④ 브롬화메틸

⑤ 피리딘

74 ▪ 망간 (Manganese)
- 철강 산업에서 중요한 성분으로, 강도의 향상 및 내구성을 높이기 위해 사용된다. 또한 배터리, 도료, 유리 및 고무 제조 등 다양한 화학 공정에서도 사용된다.
- 망간은 인체에 필수적인 미량 원소로, 효소의 기능과 대사 과정에 중요한 역할을 한다. 그러나 과다 노출 시 독성을 유발할 수 있다.
- 과도한 망간 노출은 신경계에 영향을 미쳐 망간 중독(Manganism)을 일으킬 수 있으며, 이는 파킨슨병 유사 증상을 초래할 수 있다.

🔍정답 ⑤

75 ■ 산업안전보건법 시행규칙 [별표 22] 〈개정 2021. 11. 19.〉
특수건강진단 대상 유해인자(제201조 관련)
1. 화학적 인자
   가. 유기화합물(109종)
      14) 디에틸 에테르(Diethyl ether; 60-29-7)
      40) 무수 프탈산(Phthalic anhydride; 85-44-9)
      50) 브롬화 메틸(Methyl bromide; 74-83-9)
      104) 피리딘(Pyridine; 110-86-1)

■ 산업안전보건법 시행규칙 [별표 21]
작업환경측정 대상 유해인자(제186조제1항 관련)
1. 화학적 인자
   가. 유기화합물(114종)
      13) 디에틸 에테르(Diethyl ether; 60-29-7)
      16) 디에틸아민(Diethylamine; 109-89-7)
      42) 무수 프탈산(Phthalic anhydride; 85-44-9)
      52) 브롬화 메틸(Methyl bromide; 74-83-9)
      109) 피리딘(Pyridine; 110-86-1)

🔍정답 ①

51 균형성과표(BSC: Balanced Score Card)에서 조직의 성과를 평가하는 관점이 아닌 것은?

① 재무 관점

② 고객 관점

③ 내부 프로세스 관점

④ 학습과 성장 관점

⑤ 공정성 관점

52 노사관계에서 숍제도(shop system)를 기본적인 형태와 변형적인 형태로 구분할 때, 기본적인 형태를 모두 고른 것은?

ㄱ. 클로즈드 숍(closed shop)	ㄴ. 에이전시 숍(agency shop)
ㄷ. 유니온 숍(union shop)	ㄹ. 오픈 숍(open shop)
ㅁ. 프레퍼렌셜 숍(preferential shop)	ㅂ. 메인티넌스 숍(maintenance shop)

① ㄱ, ㄴ, ㄷ

② ㄱ, ㄷ, ㄹ

③ ㄱ, ㄷ, ㅂ

④ ㄴ, ㄹ, ㅁ

⑤ ㄴ, ㅁ, ㅂ

53 홉스테드(G Hofstede)가 국가 간 문화차이를 비교하는데 이용한 차원이 아닌 것은?

① 성과지향성(performance orientation)

② 개인주의 대 집단주의(individualism vs collectivism)

③ 권력격차(power distance)

④ 불확실성 회피성향(uncertainty avoidance)

⑤ 남성적 성향 대 여성적 성향(masculinity vs feminity)

51 ▪ **균형성과표(BSC)**

BSC의 4가지 관점

1. 재무적 관점 – 기업의 전통적인 성과 지표인 매출, 이익, 비용, 투자 수익률 등 재무적인 측면을 다룹니다.
   재무적 성과는 기업의 목표가 되는 이익 창출 여부를 평가하는 데 핵심적인 역할을 한다.
2. 고객 관점 – 고객 만족도와 고객의 요구 충족을 중심으로 고객이 기업의 제품이나 서비스를 어떻게 평가하
   는지를 측정한다. 고객 만족과 충성도가 높을수록 기업의 장기적인 성공 가능성이 커진다
3. 내부 프로세스 관점 – 기업이 효율적으로 내부 운영을 관리하고, 제품 또는 서비스를 효율적으로 제공하는
   지 평가하는 관점이다. 이는 프로세스의 개선, 혁신, 운영 효율성 향상 등을 목표로 한다.
4. 학습과 성장 관점 – 조직 내 지식, 기술, 조직 문화 등을 강화하여 장기적으로 조직이 발전할 수 있는
   기반을 마련하는 것을 평가한다. 이는 인적 자원 개발, 혁신적인 조직 문화, 기술력 향상 등이 포함된다.　🔍정답 ⑤

52 ▪ **숍 제도(shop system)**

1. 기본적인 숍 제도
   1) 오픈 숍(Open Shop) – 근로자가 노동조합에 가입할지 말지를 자유롭게 선택할 수 있는 제도이다.
      노동조합에 가입하지 않아도 고용 및 근로 조건에 차별이 없으며, 모든 근로자가 동일한 조건에서 일
      할 수 있다.
   2) 유니온 숍(Union Shop) – 근로자는 고용 시 즉시 노동조합에 가입할 필요는 없지만, 고용 후 일정
      기간 내에 반드시 노동조합에 가입해야 하는 제도
   3) 클로즈드 숍(Closed Shop) – 근로자가 고용되기 전에 반드시 노동조합에 가입해야 하는 제도이다.
      노동조합에 가입하지 않은 근로자는 고용될 수 없으며, 기존 조합원만이 고용될 수 있다.
2. 변형적인 숍 제도
   1) 에이전시 숍(Agency Shop) – 근로자가 노동조합에 가입하지 않아도 되지만, 노동조합이 제공하는
      혜택에 대한 대가로 조합비와 유사한 비용을 지불해야 하는 제도이다. 이는 조합원이 아니더라도 노동
      조합의 혜택을 받는 근로자에게 적용된다.
   2) 프레퍼렌셜 숍(Preferential Shop) – 노동조합원에게 고용과 승진에 있어 우선권을 부여하는 제도이
      다. 즉, 조합원이 아닌 근로자도 고용될 수 있지만, 조합원에게 우선권이 주어진다.
   3) 메인티넌스 숍(Maintenance Shop) – 근로자가 고용 시 노동조합에 가입할 필요는 없지만, 한 번
      노동조합에 가입한 후에는 고용이 유지되는 동안 조합원 자격을 유지해야 하는 제도이다. 즉, 고용이
      지속되는 한 조합을 탈퇴할 수 없다.　🔍정답 ②

53 ▪ **호프스테드의 4가지 차원**

1. 권력 거리 지수: 권력의 불평등을 수용하는 정도.
2. 개인주의 대 집단주의: 개인의 목표를 중시하는지, 집단의 목표를 중시하는지.
3. 남성성 대 여성성: 경쟁과 성취를 중시하는지, 관계와 협력을 중시하는지.
4. 불확실성 회피 지수: 불확실성을 얼마나 회피하려고 하는지.　🔍정답 ①

54 레윈(K Lewin)의 조직변화의 과정으로 옳은 것은?

① 점검(checking) - 비전(vision) 제시 - 교육(education) - 안정(stability)

② 구조적 변화 - 기술적 변화 - 생각의 변화

③ 진단(diagnosis) - 전환(transformation) - 적응(adaptation) - 유지(maintenance)

④ 해빙(unfreezing) - 변화(changing) - 재동결(refreezing)

⑤ 필요성 인식 - 전략수립 - 실행 - 해결 - 정착

55 하우스(R House)의 경로-목표 이론(path-goal theory)에서 제시되는 리더십 유형이 아닌 것은?

① 지시적 리더십(directive leadership)

② 지원적 리더십(supportive leadership)

③ 참여적 리더십(participative leadership)

④ 성취지향적 리더십(achievement-oriented leadership)

⑤ 거래적 리더십(transactional leadership)

54 ▪ **커트 레윈(Kurt Lewin)의 조직 변화 이론**

커트 레윈(Kurt Lewin)의 조직 변화 이론은 조직이 변화를 성공적으로 이루기 위해 거쳐야 하는 세 가지 주요 단계를 제시한다. 이 이론은 변화관리와 조직 개발 분야에서 널리 사용되며, 변화 과정을 해빙 (Unfreezing), 변화(Moving or Changing), 재동결(Refreezing)의 3단계로 설명한다.

레윈의 변화 이론은 변화 과정에서 저항을 최소화하고, 변화가 조직에 안정적으로 정착할 수 있도록 돕는 체계적인 접근을 제시한다.

1. 해빙(Unfreezing): 기존의 방식을 풀어내고, 변화를 수용할 준비를 만드는 단계.
2. 변화(Moving or Changing): 실제로 변화를 실행하고, 새로운 행동을 도입하는 단계.
3. 재동결(Refreezing): 변화를 정착시키고, 새로운 방식이 조직 내에서 고착화되는 단계.

🔍 정답 ④

55 ▪ **하우스(R. House)의 경로-목표 이론(Path-Goal Theory)**

하우스(R. House)의 경로-목표 이론(Path-Goal Theory)은 리더가 부하들이 목표를 달성할 수 있도록 동기 부여하고, 그들의 경로를 명확히 설정해주는 것이 핵심이라는 이론이다. 이 이론에서 리더는 상황에 맞춰 여러 가지 리더십 스타일을 사용하여 부하들이 목표를 달성하는 데 도움을 준다.

1. 지시적 리더십(Directive Leadership) - 리더가 명확한 지침과 명령을 제공하고, 과업에 대해 구체적인 설명을 한다. 부하들에게 무엇을 해야 하고 어떻게 해야 할지를 명확히 제시하며, 작업 절차와 기대되는 성과를 명확하게 전달한다. 이 스타일은 직무가 불확실하거나 복잡한 상황에서 특히 효과적이다.
2. 후원적 리더십(Supportive Leadership) - 리더가 부하들의 복지와 욕구에 관심을 기울이고, 부하들과 따뜻한 관계를 형성하며, 개인의 감정적 요구를 충족시켜주는 방식이다. 이러한 리더십은 스트레스가 많거나 일상적인 업무에서 부하들이 지치지 않도록 지원한다. 부하들의 개인적 욕구나 감정적 요구가 클 때 적합한 리더십 스타일이다.
3. 참여적 리더십(Participative Leadership) - 리더가 부하들의 의견을 경청하고, 의사결정 과정에 그들을 적극적으로 참여시킨다. 리더는 부하들과 논의하고 그들의 아이디어를 수렴하며, 의사결정에 반영한다. 이 스타일은 부하들이 의사결정에 대한 참여 욕구가 클 때 효과적이다.
4. 성취지향적 리더십(Achievement-Oriented Leadership) - 리더가 높은 목표를 설정하고, 그 목표를 달성하기 위해 부하들에게 도전적인 과업을 부여하며, 부하들의 성과에 대해 높은 기대를 가지고 격려하는 스타일이다. 이때 리더는 부하들이 목표를 달성할 수 있도록 높은 수준의 성과를 기대한다.이 스타일은 부하들이 성취 동기가 높고, 도전적인 목표를 추구할 때 적합한다.

▪ **거래적 리더십(Transactional Leadership)**

거래적 리더십(Transactional Leadership)은 리더와 부하 간의 교환 관계에 초점을 맞춘 리더십 스타일이다. 이 리더십 스타일은 명확한 과업과 목표 설정, 그리고 성과에 따른 보상과 실패에 따른 처벌을 통해 리더와 부하가 관계를 맺는 방식이다. 즉, 거래적 리더십에서는 리더가 부하에게 주어진 목표를 달성하면 보상을 제공하고, 목표 달성에 실패하거나 성과가 낮으면 처벌을 가하는 방식으로 리더십을 발휘한다.

🔍 정답 ⑤

56 재고관리에 관한 설명으로 옳은 것은?

① 재고비용은 재고유지비용과 재고부족비용의 합이다.

② 일반적으로 재고는 많이 비축할수록 좋다.

③ 경제적주문량(EOQ) 모형에서 재고유지비용은 주문량에 비례한다.

④ 1회 주문량을 Q라고 할 때, 평균재고는 Q/3이다.

⑤ 경제적주문량(EOQ) 모형에서 발주량에 따른 총 재고비용선은 역U자 모양이다.

57 품질경영에 관한 설명으로 옳은 것은?

① 품질비용은 실패비용과 예방비용의 합이다.

② R-관리도는 검사한 물품을 양품과 불량품으로 나누어서 불량의 비율을 관리하고자 할 때 이용한다.

③ ABC품질관리는 품질규격에 적합한 제품을 만들어 내기 위해 통계적 방법에 의해 공정을 관리하는 기법이다.

④ TQM은 고객의 입장에서 품질을 정의하고 조직 내의 모든 구성원이 참여하여 품질을 향상하고자 하는 기법이다.

⑤ 6시그마운동은 최초로 미국의 애플이 혁신적인 품질개선을 목적으로 개발한 기업경영전략이다.

56 ▪ 재고관리

① 재고비용은 1. 재고유지비용 (Holding Cost): 재고를 유지하는 데 필요한 비용, 2. 재고부족비용 (Stockout Cost): 재고가 부족할 때 발생하는 비용, 3. 주문비용 (Ordering Cost) 또는 생산준비비용 (Set-up Cost): 재고를 주문하거나 생산할 때 발생하는 비용.을 포함한다.

② 재고를 많이 비축한다고 해서 항상 좋은 것은 아니다. 오히려 과도한 재고는 재고유지비용 증가, 자본 비효율성, 재고 손실 및 폐기 위험 등 여러 가지 문제를 초래할 수 있다. 적정 수준의 재고를 유지하는 것이 중요하며, 수요와 공급의 변동성을 고려해 효율적으로 관리하는 것이 바람직하다.

④ 평균재고는 보통 Q/2로 계산된다. 이는 최대재고(Q)에서 최소재고(0)까지 재고가 균등하게 감소하는 것을 가정한 일반적인 공식이다.

⑤ EOQ 모형에서 발주량에 따른 총 재고비용선은 역U자 모양이 아닌 U자 모양을 그립니다. 발주량이 너무 작으면 주문비용이 증가하고, 발주량이 너무 크면 재고유지비용이 증가하여, 두 비용의 균형이 맞는 지점에서 총 재고비용이 최소화된다.

🔍정답 ③

57 ▪ 품질경영(Quality Management)

품질경영(Quality Management)은 제품 및 서비스의 품질을 지속적으로 개선하고, 고객 만족을 극대화하며, 효율성을 높이는 경영 활동을 의미한다. 이는 단순히 제품의 품질을 유지하는 차원을 넘어, 전사적인 품질 문화를 구축하여 기업 경쟁력을 강화하는 경영 철학이다. 품질경영은 계획(Planning), 관리(Control), 보증 (Assurance), 개선(Improvement)을 포함한 일련의 관리 활동을 통해 이루어진다.

1. 품질 계획(Quality Planning): 고객의 요구와 기대를 이해하고, 이를 충족하기 위한 품질 목표를 설정한다. 품질 목표를 달성하기 위해 필요한 정책, 절차, 자원을 계획하고, 이를 바탕으로 품질 기준을 정의한다. 계획 단계에서는 구체적인 품질 요구 사항과 이를 달성하기 위한 프로세스를 설계하는 것이 중요하다.

2. 품질 관리(Quality Control): 품질 관리는 프로세스 및 제품의 품질을 유지하기 위해 실행되는 모니터링과 검사 활동을 의미한다. 통계적 공정 관리(SPC), 관리도(Control Chart) 등의 도구를 사용해 변동성을 줄이고, 불량률을 최소화하며, 공정이 설정된 기준에 맞게 운영되는지 확인한다. 이 과정에서 데이터 기반의 문제 해결과 분석이 이루어진다.

3. 품질 보증(Quality Assurance): 품질 보증은 제품이나 서비스가 사전에 설정된 품질 기준을 지속적으로 충족하도록 체계적인 프로세스를 구축하는 활동이다. 이를 위해 표준화된 절차를 정의하고, ISO 9001과 같은 국제 품질 관리 표준을 도입하여 조직 전반에서 품질이 일관되게 유지되도록 한다.

4. 품질 개선(Quality Improvement): 지속적인 품질 개선 활동을 통해 프로세스 효율성을 높이고 고객 만족도를 향상시킨다. 6시그마(Six Sigma), 린(Lean), PDCA 사이클(Plan, Do, Check, Act) 등 다양한 품질 개선 기법을 통해 낭비를 제거하고, 변동성을 줄이며, 품질을 지속적으로 향상시킨다.

① 품질비용은 예방비용, 평가비용, 그리고 실패비용(내부 실패비용 + 외부 실패비용)의 합으로 구성된다.

② R-관리도는 공정의 변동성을 관리하는 데 사용되는 도구로, 불량품의 비율을 관리하는 데는 적합하지 않다. 불량의 비율을 관리하려면 p-관리도를 사용하는 것이 올바른 방법이다.

③ ABC 품질관리는 제품이나 재고를 중요도에 따라 그룹화하여 관리하는 방법이며, 이는 재고 관리 기법으로 주로 사용된다. 반면, 통계적 공정 관리는 공정 중 발생하는 변동성을 통계적 방법으로 분석하여 품질 규격에 맞는 제품을 생산하는 데 사용하는 기법이다.

⑤ 6시그마 운동은 미국의 모토로라(Motorola)가 1980년대 중반에 혁신적인 품질 개선을 위해 개발한 경영 전략이다. 모토로라는 6시그마를 통해 공정의 불량률을 최소화하고 품질 혁신을 이루고자 했으며, 이후 GE(제너럴 일렉트릭) 등 여러 기업에서 채택하여 세계적으로 널리 확산되었다.

🔍정답 ④

58 JIT(Just In Time) 생산시스템의 특징에 해당하지 않는 것은?

① 부품 및 공정의 표준화   ② 공급자와의 원활한 협력
③ 채찍효과 발생   ④ 다기능 작업자 필요
⑤ 칸반시스템 활용

59 1년 중 여름에 아이스크림의 매출이 증가하고 겨울에는 스키 장비의 매출 이 증가한다고 할 때, 이를 설명하는 변동은?

① 추세변동   ② 공간변동
③ 순환변동   ④ 계절변동
⑤ 우연변동

60 업무를 수행 중인 종업원들로부터 현재의 생산성 자료를 수집한 후 즉시 그들에게 검사를 실시하여 그 검사 점수들과 생산성 자료들과의 상관을 구하는 타당도는?

① 내적 타당도(internal validity)
② 동시 타당도(concurrent validity)
③ 예측 타당도(predictive validity)
④ 내용 타당도(content validity)
⑤ 안면 타당도(face validity)

58 ▪ JIT(Just-In-Time)

JIT(Just-In-Time) 생산 시스템은 재고를 최소화하고, 낭비를 줄이며, 고객 수요에 맞춰 적시에 생산하는 효율적인 생산 관리 방식이다. 이를 통해 생산성과 품질을 높일 수 있지만, 공급망의 정확성과 품질 관리가 매우 중요하다.

1. JIT 생산방식의 주요 특징:
   1) 재고 최소화
   2) 적시 생산(Just-in-Time)
   3) 낭비 제거
   4) 유연한 생산
   5) 협력적인 공급망
   6) 품질 관리 강화
   7) 작업 표준화
   8) 낭비의 시각화 및 카이젠(Kaizen)

🔍정답 ③

59 ▪ 시계열 구성요소 – 계절변동 (Seasonal Variation)

계절변동은 일정한 주기(주로 1년)를 두고 반복되는 패턴을 말한다. 이러한 변동은 날씨, 휴일, 문화적 관습 등과 같은 요인에 의해 발생한다. 계절성 패턴은 주로 연중 특정 기간에 반복되며, 주기적이고 예측 가능한 특성을 보인다.

예시: 여름철에 아이스크림 판매가 급증하는 현상, 연말 쇼핑 시즌에 매출이 급증하는 패턴.

🔍정답 ④

60 ▪ 동시타당도

동시타당도는 선발 시험이나 평가 도구가 실제로 해당 직무에서의 현재 성과와 얼마나 일치하는지를 측정하는 것으로, 선발도구의 타당성을 검증하기 위해 사용된다. 이미 직무에 있는 사람들의 성과를 기준으로 타당성을 검증한다.

예측타당도(Predictive Validity)는 미래의 성과를 예측하기 위해 평가 도구가 얼마나 유효한지를 평가한다. 예를 들어, 채용 시점에 실시한 시험이 이후 직무 성과와 얼마나 관련이 있는지를 평가한다.

🔍정답 ②

61 직무분석에 관한 설명으로 옳지 않은 것은?

① 직무분석가는 여러 직무 간의 관계에 관하여 정확한 정보를 주는 정보 제공자 이다.

② 작업자 중심 직무분석은 직무를 성공적으로 수행하는데 요구되는 인적 속성들을 조사함으로써 직무를 파악하는 접근 방법이다.

③ 작업자 중심 직무분석에서 인적 속성은 지식, 기술, 능력, 기타 특성 등으로 분류할 수 있다.

④ 과업 중심 직무분석 방법의 대표적인 예는 직위분석질문지(Position Analysis Questionnaire)이다.

⑤ 직무분석의 정보 수집 방법 중 설문조사는 효율적이며 비용이 적게 드는 장점이 있다.

62 리전(J Reason)의 불안전행동에 관한 설명으로 옳지 않은 것은?

① 위반(violation)은 고의성 있는 위험한 행동이다.

② 실책(mistake)은 부적절한 의도(계획)에서 발생한다.

③ 실수(slip)는 의도하지 않았고 어떤 기준에 맞지 않는 것이다.

④ 착오(lapse)는 의도를 가지고 실행한 행동이다.

⑤ 불안전행동 중에는 실제 행동으로 나타나지 않고 당사자만 인식하는 것도 있다.

63 작업동기 이론에 관한 설명으로 옳은 것을 모두 고른 것은?

ㄱ. 기대 이론(expectancy theory)에서 노력이 수행을 이끌어 낼 것이라는 믿음을 도구성(instrumentality)이라고 한다.

ㄴ. 형평 이론(equity theory)에 의하면 개인이 자신의 투입에 대한 성과의 비율과 다른 사람의 투입에 대한 성과의 비율이 일치하지 않는다고 느낀다면 이러한 불형평을 줄이기 위해 동기가 발생한다.

ㄷ. 목표설정 이론(goal-setting theory)의 기본 전제는 명확하고 구체적이며 도전적인 목표를 설정하면 수행동기가 증가하여 더 높은 수준의 과업수행을 유발한다는 것이다.

ㄹ. 작업설계 이론(work design theory)은 열심히 노력하도록 만드는 직무의 차원이나 특성에 관한 이론으로, 직무를 적절하게 설계하면 작업 자체가 개인의 동기를 촉진할 수 있다고 주장한다.

ㅁ. 2요인 이론(two-factor theory)은 동기가 외부의 보상이나 직무 조건으로부터 발생하는 것이지 직무자체의 본질에서 발생하는 것이 아니라고 주장한다.

① ㄱ, ㄴ, ㅁ 　　　　　　　　② ㄱ, ㄷ, ㄹ

③ ㄴ, ㄷ, ㄹ 　　　　　　　　④ ㄴ, ㄹ, ㅁ

⑤ ㄷ, ㄹ, ㅁ

61

■ **직무정보 분석기법**

과업 중심 직무분석(Task-Oriented Job Analysis): 이 방법은 직무를 구체적으로 어떤 과업(task)이 수행
되는지에 중점을 두고 분석한다. 즉, 직무 수행자가 일상적으로 수행하는 작업, 절차, 순서 등을 세부적으로
분석하여 직무의 기술적이고 물리적인 측면을 파악하는 데 초점을 맞춘다.

④ 직위분석질문지(Position Analysis Questionnaire, PAQ)는 과업 중심 직무분석이 아니라, 직무 수행에
  필요한 일반적인 행동적 요소나 특성에 중점을 두는 방식이다.

🔍정답 ④

62

■ **리전(J. Reason)의 불안전행동**

1. 위반 (Violation): 의도적으로 규칙을 어기는 행동.
2. 실책 (Mistake): 잘못된 결정을 내리는 비의도적인 실수.
3. 실수 (Slip): 행동을 실행하는 과정에서 발생하는 비의도적인 오류.
4. 착오 (Lapse): 기억력이나 주의력 문제로 발생하는 비의도적인 실수.

🔍정답 ④

63

■ **빅터 브룸(Victor Vroom)의 기대 이론(Expectancy Theory)**

개인이 특정 행동을 할 때 성과와 보상에 대한 기대를 어떻게 형성하는지를 설명한다.

1. 기대감(Expectancy): 노력이 성과로 이어질 것이라는 믿음.
2. 도구성(Instrumentality): 성과가 보상으로 이어질 것이라는 믿음.
3. 유의성(Valence): 그 보상이 개인에게 얼마나 중요한지.

ㄱ. 따라서 노력이 수행(성과)을 이끌어 낼 것이라는 믿음은 기대감(Expectancy)에 해당하며, 도구성
  (Instrumentality)은 성과가 보상을 가져올 것이라는 믿음을 의미한다.

■ **허츠버그(F. Herzberg)의 2요인 이론(Two-Factor Theory)**

ㅁ. 동기는 직무 자체의 본질적인 특성에서 발생하며, 외부의 보상이나 직무 조건(위생 요인)은 불만족을 방지
  하는 역할을 하지만, 직무 만족을 직접적으로 유발하지는 않는다.

🔍정답 ③

64 직업 스트레스 모델에 관한 설명으로 옳지 않은 것은?

① 노력-보상 불균형 모델(Effort-Reward Imbalance Model)은 직장에서 제공하는 보상이 종업원의 노력에 비례하지 않을 때 종업원이 많은 스트레스를 느낀다고 주장한다.

② 요구-통제 모델(Demands-Control Model)에 따르면 작업장에서 스트레스가 가장 높은 상황은 종업원에 대한 업무 요구가 높고 동시에 종업원 자신이 가지는 업무통제력이 많을 때이다.

③ 직무요구-자원 모델(Job Demands-Resources Model)은 업무량 이외에도 다양한 요구가 존재한다는 점을 인식하고, 이러한 다양한 요구가 종업원의 안녕과 동기에 미치는 영향을 연구한다.

④ 자원보존 모델(Conservation of Resources Model)은 자원의 실제적 손실 또는 손실의 위협이 종업원에게 스트레스를 경험하게 한다고 주장한다.

⑤ 사람-환경 적합 모델(Person-Environment Fit Model)에 의하면 종업원은 개인과 환경간의 적합도가 낮은 업무 환경을 스트레스원(stressor)으로 지각한다.

65 산업재해의 인적 요인이라고 볼 수 없는 것은?

① 작업 환경　　　　　　　　② 불안전행동
③ 인간 오류　　　　　　　　④ 사고 경향성
⑤ 직무 스트레스

66 인간의 일반적인 정보처리 순서에서 행동실행 바로 전 단계에 해당하는 것은?

① 자극　　　　　　　　② 지각
③ 주의　　　　　　　　④ 감각
⑤ 결정

67 조명의 측정단위에 관한 설명으로 옳은 것을 모두 고른 것은?

ㄱ. 광도는 광원의 밝기 정도이다.
ㄴ. 조도는 물체의 표면에 도달하는 빛의 양이다.
ㄷ. 휘도는 단위 면적당 표면에서 반사 혹은 방출되는 빛의 양이다.
ㄹ. 반사율은 조도와 광도간의 비율이다.

① ㄱ, ㄷ　　　　　　　　② ㄴ, ㄹ
③ ㄱ, ㄴ, ㄷ　　　　　　④ ㄱ, ㄷ, ㄹ
⑤ ㄱ, ㄴ, ㄷ, ㄹ

64

■ **직무 요구(demands)와 직무 통제(control)**

1. 직무 요구는 업무량, 시간 압박, 복잡성 등의 스트레스 유발 요소를 뜻한다.
2. 직무 통제는 종업원이 자신의 업무를 얼마나 스스로 조정하고 결정할 수 있는지, 즉 업무에 대한 자율성과 권한을 말한다.

이 모델에 따르면 스트레스가 가장 높은 상황은 직무 요구는 높으나 직무 통제는 낮을 때이다. 즉, 높은 업무 요구와 낮은 통제력이 결합된 상황이 스트레스 유발에 가장 큰 영향을 미친다고 봅니다. 반대로, 직무 요구가 높더라도 종업원이 통제할 수 있는 권한이 높으면 스트레스는 완화될 수 있다고 설명한다.

🔍정답 ②

65

■ **산업재해의 인적 요인 – 주로 작업자 자신의 행동, 능력, 태도 등과 관련된 요소**

1. 부주의 및 방심
2. 지식과 기술 부족
3. 안전 수칙 미준수
4. 과도한 자신감
5. 육체적 및 정신적 피로
6. 건강 상태
7. 스트레스와 심리적 상태
8. 경험 부족
9. 위험 인식 부족
10. 과도한 작업 속도 및 압박
11. 작업 중 주의 산만

🔍정답 ①

66

■ **인간 정보 처리 과정**

인간 정보 처리 과정은 감각 → 지각 → 인지 → 실행의 순서로 진행되며, 외부 자극을 받아들여 이를 해석하고, 의사결정 후 행동으로 이어진다.

1. 감각: 외부 자극을 감지하는 단계.
2. 지각: 감각 정보를 해석하고 조직화하여 인식하는 단계.
3. 인지: 지각된 정보를 바탕으로 기억, 판단, 추론하는 단계.
4. 실행: 인지된 결과를 바탕으로 실제 행동을 수행하는 단계.

🔍정답 ⑤

67

■ **반사율(Reflectance)**

물체 표면이 빛을 반사하는 능력을 나타내는 물리적 특성이다. 즉, 물체가 얼마나 많은 빛을 반사하는지를 나타내며, 입사광 대비 반사광의 비율로 정의된다. 반사율은 0에서 1 사이의 값을 가지며, 1은 모든 빛을 반사하고 0은 전혀 반사하지 않는 상태를 의미한다.

🔍정답 ③

68 아래의 그림에서 a에서 b까지의 선분 길이와 c에서 d까지의 선분 길이가 다르게 보이지만 실제로는 같다 이러한 현상을 나타내는 용어는?

① 포겐도르프(Poggendorf) 착시현상

② 뮬러-라이어(Müller-Lyer) 착시현상

③ 폰조(Ponzo) 착시현상

④ 죌너(Zöllner) 착시현상

⑤ 티체너(Titchener) 착시현상

69 유해인자와 주요 건강 장해의 연결이 옳지 않은 것은?

① 감압환경: 관절 통증
② 일산화탄소: 재생불량성 빈혈
③ 망간: 파킨슨병 유사 증상
④ 납: 조혈기능 장해
⑤ 사염화탄소: 간독성

70 우리나라에서 발생한 대표적인 직업병 집단 발생 사례들이다 가장 먼저 발생한 것부터 연도순으로 나열한 것은?

ㄱ. 경남 소재 에어컨 부속 제조업체의 세척 작업 중 트리클로로메탄에 의한 간독성 사례
ㄴ. 전자부품 업체의 2-bromopropane에 의한 생식독성 사례
ㄷ. 휴대전화 부품 협력업체의 메탄올에 의한 시신경 장해 사례
ㄹ. 노말-헥산에 의한 외국인 근로자들의 다발성 말초신경계 장해 사례
ㅁ. 원진레이온에서 발생한 이황화탄소 중독 사례

① ㄱ → ㄴ → ㄷ → ㄹ → ㅁ
② ㄱ → ㅁ → ㄹ → ㄷ → ㄴ
③ ㄹ → ㄷ → ㄴ → ㄱ → ㅁ
④ ㅁ → ㄴ → ㄹ → ㄷ → ㄱ
⑤ ㅁ → ㄹ → ㄷ → ㄴ → ㄱ

68
■ 뮐러-라이어 착시의 구성:
뮐러-라이어(Müller-Lyer) 착시현상은 기하학적 착시의 한 형태로, 두 개의 동일한 길이의 선이 서로 다른 모양의 화살촉이나 화살깃을 가졌을 때, 길이가 다르게 보이는 현상을 말한다. 이 착시는 1889년 프란츠 카를 뮐러-라이어(Franz Carl Müller-Lyer)에 의해 처음으로 소개되었다. 정답 ②

69
■ 일산화탄소 (Carbon Monoxide, CO)
무색, 무취의 가스로, 주로 연소 과정에서 발생한다.
건강영향 – 산소운반방해, 신경계 영향(두통, 어지러움, 피로감, 혼란, 심한 경우 실신이나 뇌손상), 호흡기 자극(장기 노출 시 폐기능 저하), 심혈관계 문제, 치명적 노출 시 사망 정답 ②

70
■ 산업혁명 전후의 외국의 산업보건 역사
1. 1980~1994년 원진레이온에서 발생한 이황화탄소 중독 사례
2. 1994년 전자부품 업체의 2-bromopropane에 의한 생식독성 사례
3. 2005년 노말-헥산에 의한 외국인 근로자들의 다발성 말초신경계 장해 사례
4. 2016년 휴대전화 부품 협력업체의 메탄올에 의한 시신경 장해 사례
5. 2022년 경남 소재 에어컨 부속 제조업체의 세척 작업 중 트리클로로메탄에 의한 간독성 사례 정답 ④

71 국소배기장치에 관한 설명으로 옳은 것을 모두 고른 것은?

> ㄱ. 공기보다 무거운 증기가 발생하더라도 발생원보다 낮은 위치에 후드를 설치해서는 안 된다.
> ㄴ. 오염물질을 가능한 모두 제거하기 위해 필요환기량을 최대화한다.
> ㄷ. 공정에 지장을 받지 않으면 후드 개구부에 플랜지를 부착하여 오염원 가까이 설치한다.
> ㄹ. 주관과 분지관 합류점의 정압 차이를 크게 한다.

① ㄱ, ㄴ   ② ㄱ, ㄷ

③ ㄴ, ㄹ   ④ ㄷ, ㄹ

⑤ ㄱ, ㄴ, ㄷ, ㄹ

72 수동식 시료채취기(passive sampler)에 관한 설명으로 옳지 않은 것은?

① 간섭의 원리로 채취한다.

② 장점은 간편성과 편리성이다.

③ 작업장 내 최소한의 기류가 있어야 한다.

④ 시료채취시간, 기류, 온도, 습도 등의 영향을 받는다.

⑤ 매우 낮은 농도를 측정하려면 능동식에 비하여 더 많은 시간이 소요된다.

73 화학물질 및 물리적 인자의 노출기준에서 STEL에 관한 설명이다 (　　　)안의 ㄱ, ㄴ, ㄷ을 모두 합한 값은?

> "단시간노출기준(STEL)"이란 (ㄱ) 분의 시간가중평균노출값으로서 노출농도가 시간가중평균노출기준(TWA)을 초과하고 단시간노출기준 이하인 경우에는 1회 노출 지속시간이 (ㄴ) 분 미만이어야 하고, 이러한 상태가 1일 4회 이하로 발생하여야 하며, 각 노출의 간격은 (ㄷ) 분 이상 이어야 한다.

① 15   ② 30

③ 65   ④ 90

⑤ 105

71 ▪ 국소배기장치

ㄴ. 필요환기량을 최대화하면 에너지 소비가 증가하고, 이로 인해 운영 비용이 크게 상승할 수 있다. 따라서 효율적인 비용 관리를 고려해야 한다. 환기가 과도하게 이루어지면 내부 환경이 과도하게 건조해지거나, 외부에서 유입되는 오염물질이 증가할 수 있다. 즉, 지나치게 많은 환기가 오히려 원치 않는 결과를 초래할 수 있다. 오염물질 제거를 위해서는 적정한 환기량을 설정하고, 필요한 경우 추가적인 공기 정화 장치를 사용하는 것이 효과적이다. 필요환기량은 작업 환경의 특성과 오염물질의 종류에 따라 달라지므로, 이를 적절히 평가해야 한다.

ㄹ. 정압 차이가 클 경우, 배기 시스템의 공기 흐름이 불안정해질 수 있다. 이는 국소배기장치의 효율성을 저하시킬 수 있다. 국소배기장치에서 공기가 원활하게 흐르려면, 주관과 분지관 합류점에서의 정압 차이를 적절하게 유지해야 한다. 정압 차이가 너무 크면 공기 흐름이 저하되고, 오염물질이 제대로 제거되지 않을 수 있다.

🔍정답 ②

72 ▪ 수동식 시료채취기(passive sampler)

1. 개요 - 수동식 시료채취기(passive sampler)는 외부의 힘 없이 자연적인 공기 흐름이나 확산을 이용하여 공기 중의 유해 물질을 채취하는 장치이다.

2. 장점
   1) 간편성: 전원이 필요 없고, 설치와 사용이 간편한다. 필드에서 쉽게 사용할 수 있다.
   2) 비용 효율성: 일반적으로 비용이 저렴하며, 여러 지점에서 동시에 샘플링할 수 있다.
   3) 장기 모니터링: 장기간 동안의 샘플링이 가능하여 평균적인 농도를 평가하는 데 유용한다.

3. 단점
   1) 정확도: 수동식 방법은 수집 속도가 일정하지 않아 정확도가 떨어질 수 있다.
   2) 유해 물질의 선택성: 특정 화합물에 대해서만 효과적이며, 모든 화학 물질에 대한 샘플링이 가능하지 않다.
   3) 환경적 영향을 받을 수 있음: 주변 환경의 변화(온도, 습도 등)에 따라 샘플링 결과에 영향을 줄 수 있다.

① 작용원리 - 수동식 시료채취기는 공기 중의 화학 물질이 흡착제로 자연적으로 확산되어 흡착되는 원리를 이용한다. 이는 일반적으로 간섭을 초래하는 것이 아니라, 주어진 농도에 따라 일정한 속도로 샘플을 수집하는 방식이다.

🔍정답 ①

73 ▪ 단시간노출기준(STEL)

"단시간노출기준(STEL)"이란 15분간의 시간가중평균노출값으로서 노출농도가 시간가중평균노출기준(TWA)을 초과하고 단시간노출기준(STEL) 이하인 경우에는 1회 노출 지속시간이 15분 미만이어야 하고, 이러한 상태가 1일 4회 이하로 발생하여야 하며, 각 노출의 간격은 60분 이상이어야 한다.

🔍정답 ④

74 라돈에 관한 설명으로 옳지 않은 것은?

① 색, 냄새, 맛이 없는 방사성 기체이다.

② 밀도는 9.73g/L로 공기보다 무겁다.

③ 국제암연구기구(IARC)에서는 사람에게서 발생하는 폐암에 대하여 제한적 증거가 있는 group 2A로 분류하고 있다.

④ 고용노동부에서는 작업장에서의 노출기준으로 600 Bq/m3를 제시하고 있다.

⑤ 미국 환경보호청(EPA)에서는 4 pCi/L를 규제기준으로 제시하고 있다.

75 세균성 질환이 아닌 것은?

① 파상풍(tetanus)
② 탄저병(anthrax)
③ 레지오넬라증(legionnaires' disease)
④ 결핵(tuberculosis)
⑤ 광견병(rabies)

74

■ 라돈 (Radon)

라돈 (Radon)은 자연적으로 발생하는 방사성 기체로, 원자번호 86의 화학 원소이다. 주로 우라늄이나 토륨이 포함된 암석 및 토양에서 발생하며, 여러 중요한 특성과 건강 영향을 가지고 있다.

1. 물리적 성질 – 무색, 무취의 기체로, 공기보다 약간 무겁다. 방사성: 라돈은 알파 방사선을 방출하며, 이는 세포에 손상을 줄 수 있다.

2. 건강 위험 – 라돈은 폐암과 밀접한 관련이 있으며, 특히 흡연자에게 더 큰 위험을 초래한다. 세계보건기구 (WHO)는 라돈을 1급 발암물질로 분류하고 있으며, 실내 라돈 농도가 100 Bq/m^3를 초과할 경우 위험이 증가한다고 경고한다.

③ 라돈은 국제암연구기구(IARC)에서 Group 1으로 분류되어 있다. Group 1은 "인간에게 발암성이 확실히 있는 물질"로, 라돈은 폐암의 주요 원인으로 알려져 있어 이 그룹에 속한다.

⑤ 미국환경보호청(US EPA)은 1986년에 "라돈에 대한 시민가이드"에서 폐암 유발 경고를 하면서, 실내 공간 기준치로 4 pCi/L(148 Bq/m^3) 이하로 규제기준을 제시하였다. 공기 중 라돈의 농도는 Bq/m^3이나 pCi/L로 표시하며, 1 pCi/L는 37 Bq/m^3에 해당한다.

■ IARC 발암물질 분류

1. Group 1: 인간에게 발암성이 확실한 물질, 예: 흡연, 아스베스토스, 라돈.
2. Group 2A: 인간에게 아마 발암성이 있을 것으로 판단되는 물질, 예: 갈륨, 일부 바이러스(예: HPV).
3. Group 2B: 인간에게 발암성이 있을 가능성이 있는 물질, 예: 커피, 자외선 노출.
4. Group 3: 인간에 대한 발암성 여부가 불확실한 물질, 예: 특정 식물 추출물.
5. Group 4: 인간에게 발암성이 없는 물질, 예: 구연산.

🔍정답 ③

75

■ 세균성질환

병원성 세균은 질병을 일으키는 세균을 의미하고 광견병은 바이러스로 세균이 아님.

🔍정답 ⑤

51 조직구조 설계의 상황요인에 해당하는 것을 모두 고른 것은?

ㄱ. 조직의 규모	ㄴ. 표준화
ㄷ. 전략	ㄹ. 환경
ㅁ. 기술	

① ㄱ, ㄴ, ㄷ   ② ㄱ, ㄴ, ㄹ

③ ㄴ, ㄷ, ㅁ   ④ ㄱ, ㄴ, ㄷ, ㄹ

⑤ ㄱ, ㄷ, ㄹ, ㅁ

52 프렌치(J French)와 레이븐(B Raven)의 권력의 원천에 관한 설명으로 옳지 않은 것은?

① 공식적 권력은 특정역할과 지위에 따른 계층구조에서 나온다.

② 공식적 권력은 해당지위에서 떠나면 유지되기 어렵다.

③ 공식적 권력은 합법적 권력, 보상적 권력, 강압적 권력이 있다.

④ 개인적 권력은 전문적 권력과 정보적 권력이 있다.

⑤ 개인적 권력은 자신의 능력과 인격을 다른 사람으로부터 인정받아 생긴다.

51 ▪ **상황적합적 조직구조 이론(Contingency Theory of Organizational Structure)**

상황적합적 조직구조 이론(Contingency Theory of Organizational Structure)은 조직의 성공적인 운영을 위해서는 조직 구조가 상황적 요인에 맞추어 적절하게 설계되어야 한다는 이론이다. 이 이론은 단일한 최선의 조직 구조가 존재하지 않으며, 조직이 처한 상황과 환경적 요인에 따라 조직 구조를 다르게 설계해야 한다고 주장한다.

1. 상황적 요인(Contingency Factors): 조직이 처한 환경과 관련된 요소들로, 조직 구조에 영향을 미치는 중요한 변수
   1) 환경: 조직이 활동하는 시장이나 산업의 환경이 안정적이거나 불확실한가에 따라 조직 구조가 달라진다.
   2) 조직 규모: 조직이 커지면 관료적인 구조로 변할 가능성이 높고, 작은 조직은 유연한 구조를 유지할 수 있다.
   3) 기술: 조직이 사용하는 기술의 복잡성이나 상호작용 정도에 따라 조직 구조가 달라질 수 있다.
   4) 전략: 조직의 목표와 전략이 무엇인지에 따라 구조적 변화가 필요한다.
   5) 조직 문화: 조직 내부의 가치관, 규범, 행동 방식이 조직 구조의 설계에 영향을 미칩니다.

🔍정답 ⑤

52 ▪ **프렌치(J. French)와 레이븐(B. Raven)의 권력의 원천**

1. 공식적 권력(Formal Power) – 주로 조직 내에서 직위나 역할, 직무와 같은 공식적인 위치에서 나오는 권력
   1) 합법적 권력(Legitimate Power) – 조직 내 공식적인 직위나 역할에서 나오는 권력
   2) 보상적 권력(Reward Power) – 보상을 제공할 수 있는 능력에서 나오는 권력
   3) 강압적 권력(Coercive Power) – 처벌이나 불이익을 줄 수 있는 능력에서 나오는 권력
2. 개인적 권력(Personal Power) – 개인의 성격, 능력, 지식 또는 관계에서 나오는 권력
   1) 전문적 권력(Expert Power) – 지식이나 전문성에서 나오는 권력
   2) 준거적 권력(Referent Power) – 개인이 다른 사람에게 매력적이거나 존경받는 존재로 인식될 때 발생하는 권력

🔍정답 ④

53 직무분석과 직무평가에 관한 설명으로 옳지 않은 것은?

① 직무분석은 인력확보와 인력개발을 위해 필요하다.

② 직무분석은 교육훈련 내용과 안전사고 예방에 관한 정보를 제공한다.

③ 직무명세서는 직무수행자가 갖추어야 할 자격요건인 인적특성을 파악하기 위한 것이다.

④ 직무평가 요소비교법은 평가대상 개별직무의 가치를 점수화하여 평가하는 기법이다.

⑤ 직무평가는 조직의 목표달성에 더 많이 공헌하는 직무를 다른 직무에 비해 더 가치가 있다고 본다.

54 협상에 관한 설명으로 옳지 않은 것은?

① 협상은 둘 이상의 당사자가 희소한 자원을 어떻게 분배할지 결정하는 과정이다.

② 협상에 관한 접근방법으로 분배적 교섭과 통합적 교섭이 있다.

③ 분배적 교섭은 내가 이익을 보면 상대방은 손해를 보는 구조이다.

④ 통합적 교섭은 윈-윈 해결책을 창출하는 타결점이 있다는 것을 전제로 한다.

⑤ 분배적 교섭은 협상당사자가 전체자원(pie)이 유동적이라는 전제하에 협상을 진행한다.

53 ▪ **직무평가와 직무분석**

직무평가(Job Evaluation)는 조직 내 직무들의 상대적 가치를 체계적으로 평가하여, 직무 간의 서열을 정하고 보상 체계를 설정하는 과정이다. 즉, 각 직무가 조직에 얼마나 중요한 역할을 하는지를 분석하고, 그 중요도에 따라 직무의 급여 수준, 보상, 승진 기회를 결정하는 데 활용된다. 직무평가는 공정하고 일관된 보상 체계를 마련하는 데 핵심적인 역할을 한다.

직무평가 방법

1. 서열법 (Ranking Method) – 조직 내 모든 직무를 상대적 중요도에 따라 서열을 매기는 방법으로 소규모 조직 또는 직무가 단순한 경우

2. 분류법 (Job Classification Method) – 직무를 여러 등급(클래스)으로 분류하여, 각 등급에 적합한 직무를 분류하는 방법으로 정부 기관이나 대기업 등에서 널리 사용,

3. 요소 비교법 (Factor Comparison Method) – 직무를 여러 평가 요소(예: 책임, 기술, 노력, 작업 환경 등)로 나누어 각 요소별로 직무의 중요도를 비교하고 평가하는 방법으로 각 요소에 대해 상대적인 가치를 정하고, 이를 통해 직무 간 비교를 한다. 복잡한 직무나 조직 내 다양한 직무를 평가할 때 사용.

4. 점수법 (Point Method) – 직무의 각 요소(예: 기술, 책임, 노력, 근무 환경 등)를 기준으로 점수를 부여하고, 각 직무에 할당된 점수를 합산하여 직무의 총 점수를 산출하는 방법으로 점수가 높을수록 직무의 가치가 크다고 평가된다. 많은 직무를 평가해야 하는 중대형 조직에서 널리 사용

④ 평가대상인 개별직무의 가치를 점수화하여 표시하는 기법은 점수법이다.

🔍정답 ④

54 ▪ **협상**

1. 분배적 협상(Distributive Negotiation) – 제로섬 게임의 협상으로, 협상 당사자들이 한정된 자원을 놓고 경쟁하는 상황에서 발생한다. 한쪽이 이득을 보면, 다른 쪽은 그만큼 손해를 보는 방식이다.예시: 두 회사가 인수합병 시 인수 가격을 놓고 벌이는 협상.

2. 통합적 협상(Integrative Negotiation) – 윈-윈 협상을 목표로, 협상 당사자들이 서로의 이익을 극대화하는 방향으로 협력하여 해결책을 찾는 협상이다. 예시: 두 회사가 공동 프로젝트를 진행하면서 서로의 자원을 결합해 가치를 극대화하려는 협상.

⑤ 분배적 교섭은 고정된 자원을 어떻게 나눌지에 대한 협상으로, 자원의 크기를 변경하거나 확대할 수 없다는 전제 하에 진행된다. 따라서 자원이 유동적이라는 가정은 분배적 교섭과는 맞지 않는 설명이다.

🔍정답 ⑤

55 노동쟁의와 관련하여 성격이 다른 하나는?

① 파업　　　　　　　　　　　② 준법투쟁
③ 불매운동　　　　　　　　　④ 생산통제
⑤ 대체고용

56 대량고객화(mass customization)에 관한 설명으로 옳지 않은 것은?

① 높은 가격과 다양한 제품 및 서비스를 제공하는 개념이다.
② 대량고객화 달성 전략의 하나로 모듈화 설계와 생산이 사용된다.
③ 대량고객화 관련 프로세스는 주로 주문조립생산과 관련이 있다.
④ 정유, 가스 산업처럼 대량고객화를 적용하기 어렵고 효과 달성이 어려운 제품이나 산업이 존재한다.
⑤ 주문접수 시까지 제품 및 서비스를 연기(postpone)하는 활동은 대량고객화 기법중의 하나이다.

55 ▪ **노동쟁의 행위의 유형**
노동쟁의 행위는 노동조합과 사용자 간의 협상이 결렬되거나 갈등이 발생했을 때, 노동자들이 자신의 권리를 보호하고 요구를 관철시키기 위해 취하는 행위를 말한다. 이러한 행위는 법적 절차를 따르는 합법적인 경우도 있고, 법적 한계를 벗어난 경우도 있다.
1. 파업(Strike) – 노동자들이 집단적으로 작업을 중단하는 행위
    1) 전면 파업: 모든 노동자가 참여하는 전면적인 작업 중단.
    2) 부분 파업: 특정 부서나 직종의 노동자들만 참여하는 파업.
    3) 준법 투쟁(Work-to-rule): 법정 기준에 맞게만 일하며 생산성을 고의적으로 낮추는 방식.
2. 태업(Slowdown Strike or Sabotage) – 노동자들이 일을 완전히 중단하지는 않지만, 일부러 업무를 지연시키거나 비효율적으로 처리하는 방식, 예를 들어, 과도하게 엄격하게 작업 규정을 지키는 방식이 이에 해당
3. 보이콧(Boycott) – 노동자들이 사용자나 그와 관련된 제품 또는 서비스에 대한 구매나 이용을 거부하는 행위
    1) 1차 보이콧: 노동자들이 직접 자신이 속한 기업의 제품이나 서비스를 거부하는 행위.
    2) 2차 보이콧: 노동자들이 다른 소비자나 기업이 자신이 속한 기업의 제품이나 서비스를 구매하거나 이용하지 않도록 호소하는 행위.
4. 피케팅(Picketing) – 노동자들이 파업 중에 공장이나 직장 입구에서 시위를 하거나, 출입을 저지하는 행위
5. 직장 폐쇄(Lockout) – 사용자 측이 노동조합에 대응하여 노동자들의 작업장을 폐쇄하거나, 출근을 금지시키는 방식
6. 준법 투쟁(Work-to-rule) – 노동자들이 법적으로 정해진 규칙만 엄격하게 준수하여 업무를 수행함으로써 생산성을 의도적으로 저하시키는 쟁의 행위
7. 점거 농성(Sit-in Strike) – 노동자들이 공장이나 작업장을 점거한 채 나가지 않으면서 작업을 중단하는 방식
8. 일일 파업(One-day Strike) – 노동자들이 하루 동안만 파업을 하는 단기적인 쟁의 행위로 이는 사용자에게 경고의 의미를 주고, 추가적인 협상을 촉구하는 데 목적을 둔다.

정답 ⑤

56 ▪ **대량고객화(Mass Customization)**
대량고객화(Mass Customization)는 대량 생산의 효율성을 유지하면서도, 동시에 고객 개개인의 요구에 맞춘 맞춤형 제품이나 서비스를 제공하는 생산 전략이다. 즉, 맞춤형 제품을 대량 생산 체계로 제공하는 방식이다. 이 개념은 고객의 개별적인 요구를 만족시키면서도 비용 효율성을 유지하려는 기업들에게 매우 중요하다.
1. 대량고객화의 특징:
    1) 고객 맞춤형 제품 제공: 대량 생산이 가능하도록 표준화된 부품을 사용하지만, 고객의 요구에 맞게 제품이나 서비스를 개별화할 수 있다. 고객은 제품의 디자인, 기능, 색상, 옵션 등 다양한 요소를 자신의 필요에 맞게 선택할 수 있다.
    2) 대량 생산의 효율성 유지: 표준화된 부품과 모듈을 사용하여 대량 생산의 효율성을 유지하면서도, 유연한 생산 체계를 통해 맞춤형 제품을 생산한다. 이는 생산 비용을 최소화하면서 고객 맞춤형 제품을 제공할 수 있게 해준다.
    3) 유연한 생산 시스템: 유연한 제조 기술(Flexible Manufacturing Systems, FMS), 컴퓨터 통합 제조(CIM), CAD/CAM 등의 기술을 활용하여 생산 라인을 신속하게 전환할 수 있어야 한다. 유연한 생산 시스템은 다양한 제품을 빠르게 전환하여 생산할 수 있도록 도와준다.
    4) 정보 기술의 활용: 온라인 플랫폼과 정보 기술을 활용하여 고객이 자신의 요구를 직접 선택하고 주문할 수 있게 한다. 이를 통해 기업은 고객의 피드백을 즉시 반영할 수 있다.예를 들어, 고객이 웹사이트에서 자신의 제품 옵션을 선택하면, 생산 시스템이 이를 반영하여 제품을 제조하는 방식이다
2. 대량고객화의 예시:
    1) Dell: 컴퓨터 맞춤화 서비스로 유명한 Dell은 고객이 원하는 사양(예: 프로세서, 메모리, 저장 장치 등)을 선택할 수 있게 하여, 맞춤형 컴퓨터를 대량 생산하면서도 비용 효율성을 유지해 경쟁력 있는 가격으로 제공했다.
    2) Nike ID: 고객이 자신만의 디자인을 선택할 수 있는 Nike의 맞춤형 신발 서비스로, 다양한 색상과 디자인을 선택하면서도 가격이 크게 상승하지 않도록 관리한다.

① 대량고객화(Mass Customization)는 고객 맞춤형 제품을 제공하는 동시에 대량 생산의 비용 효율성을 유지하여, 합리적인 가격으로 제품을 제공하는 것을 목표로 한다. 따라서 높은 가격과 관련된 개념이 아니며, 맞춤형 제품과 서비스를 제공하면서도 다양성과 비용 절감을 동시에 추구하는 전략이다.

정답 ①

57 품질경영에 관한 설명으로 옳지 않은 것은?

① 쥬란(J. Juran)은 품질삼각축(quality trilogy)으로 품질 계획, 관리, 개선을 주장했다.

② 데밍(W. Deming)은 최고경영진의 장기적 관점 품질관리와 종업원 교육훈련 등을 포함한 14가지 품질경영 철학을 주장했다.

③ 종합적 품질경영(TQM)의 과제 해결 단계는 DICA(Define, Implement, Check, Act)이다.

④ 종합적 품질경영(TQM)은 프로세스 향상을 위해 지속적 개선을 지향한다.

⑤ 종합적 품질경영(TQM)은 외부 고객만족 뿐만 아니라 내부 고객만족을 위해 노력한다.

58 6시그마와 린을 비교 설명한 것으로 옳은 것은?

① 6시그마는 낭비 제거나 감소에, 린은 결점 감소나 제거에 집중한다.

② 6시그마는 부가가치 활동 분석을 위해 모든 형태의 흐름도를, 린은 가치흐름도를 주로 사용한다.

③ 6시그마는 임원급 챔피언의 역할이 없지만, 린은 임원급 챔피언의 역할이 중요하다.

④ 6시그마는 개선활동에 파트타임(겸임) 리더가, 린은 풀타임(전담) 리더가 담당한다.

⑤ 6시그마의 개선 과제는 전략적 관점에서 선정하지 않지만, 린은 전략적 관점에서 선정한다.

57

▪ **종합적 품질경영(TQM, Total Quality Management) 핵심 개념:**

종합적 품질경영(TQM, Total Quality Management)은 조직의 모든 구성원이 참여하여 지속적으로 품질을 개선하고, 고객 만족을 극대화하는 경영 철학 및 방법론이다. TQM은 단순한 품질 관리 차원을 넘어, 조직 전반에 걸친 품질 문화를 형성하고 전사적인 품질 활동을 통해 기업의 경쟁력을 강화하는 것을 목표로 한다.

1. 고객 중심: 고객 만족이 TQM의 중심 철학이다. 고객의 요구와 기대를 충족시키기 위해, 내부 고객(직원) 과 외부 고객(소비자) 모두를 고려한 품질 관리를 강조한다. 고객의 목소리(VOC, Voice of Customer)를 반영하여 제품 및 서비스를 개선하고, 고객 만족도를 지속적으로 모니터링한다.

2. 전사적 참여: TQM은 조직의 모든 구성원이 품질 개선 활동에 참여해야 한다고 강조한다. 이는 최고 경영 진부터 일선 직원에 이르기까지 모든 부서가 품질 향상을 위해 협력해야 한다는 의미이다. 조직의 각 부문 이 협력하여 품질 문제를 해결하고, 전사적으로 품질 목표를 공유한다.

3. 지속적인 개선(CQI, Continuous Quality Improvement): TQM은 품질 개선이 한 번의 활동이 아니라 지속적인 과정이어야 한다고 봅니다. 문제 해결과 프로세스 개선은 계속해서 이루어져야 하며, 이를 통해 비효율성을 제거하고 경쟁력을 강화할 수 있다. 이를 위해 PDCA 사이클(Plan, Do, Check, Act)이 자주 사용된다.

4. 프로세스 중심의 관리: TQM은 제품 품질만이 아니라, 이를 만드는 과정의 품질에도 중점을 둡니다. 프로 세스 개선을 통해 변동성을 줄이고, 효율성을 높이며, 불량률을 낮추는 것을 목표로 한다. 각 부서의 프로 세스 흐름을 분석하여 낭비를 줄이고, 문제를 사전에 예방할 수 있는 시스템을 구축한다.

5. 사실 기반 의사결정: 데이터와 통계적 분석을 바탕으로 문제를 해결하고 의사결정을 내립니다. TQM에서 는 문제를 객관적으로 분석하여 근본 원인을 찾고, 이를 개선하는 데 초점을 둡니다. 통계적 공정 관리 (SPC), Pareto 차트, Fishbone Diagram 등 다양한 분석 도구가 활용된다.

6. 통합된 시스템: TQM은 조직 내에서 품질 목표와 비전이 통합된 시스템을 구축하여 모든 부서가 협력할 수 있는 체계를 갖춥니다. 이러한 시스템은 품질과 관련된 지표를 설정하고, 성과를 모니터링하며, 지속적 인 개선을 위해 사용된다.

③ TQM의 대표적인 과제 해결 단계는 일반적으로 PDCA(Plan, Do, Check, Act) 사이클을 사용한다. 　Q정답 ③

58

▪ **6시그마(Six Sigma)와 린(Lean)의 비교**

항목	6시그마(Six Sigma)	린(Lean)
목표	변동성 감소와 불량률 최소화	낭비 제거와 프로세스 흐름 개선
주요초점	공정의 변동을 줄이고, 품질을 향상시키는 것	자원의 낭비를 줄이고, 효율성을 극대화 하는 것
접근방식	데이터 중심의 통계적 분석을 통해 문제 해결	프로세스 흐름을 분석하고 비효율적인 활동을 제거
사용도구	DMAIC(Define, Measure, Analyze, Improve, Control) 절차를 통해 문제를 체계적으로 분석하고 개선	가치흐름도(Value Stream Mapping), 5S, 카이젠(Kaizen), 칸반(Kanban)
중점사항	불량률을 최소화하여 고품질 제품을 생산하는 것	프로세스 속도 향상과 낭비 제거에 집중
적용분야	복잡한 공정에서 발생하는 품질 문제 해결에 주로 사용	생산성 향상과 프로세스 최적화가 필요한 분야
문제해결방식	통계적 도구(예: 가설검정, 회귀분석 등)를 사용하여 변동성과 결함을 분석	낭비의 원인을 파악하고, 즉각적인 개선 활동을 시행
성과측정	불량률(PPM, Parts Per Million), 시그마 수준 등을 기준으로 성과 측정	리드타임, 재고 감소, 효율성 등의 지표로 성과 측정
프로젝트관리	프로젝트 기반으로 문제를 해결 (특정 문제에 집중)	지속적인 개선(Continuous Improvement)을 통해 모든 단계에서 낭비를 줄임

　Q정답 ②

59 생산운영관리의 최신 경향 중 기업의 사회적 책임과 환경경영에 관한 설명으로 옳은 것을 모두 고른 것은?

> ㄱ. ISO 29000은 기업의 사회적 책임에 관한 국제 인증제도이다.
> ㄴ. 포터(M. Porter)와 크래머(M. Kramer)가 제안한 공유가치창출(CSV: Creating Shared Value)은 기업의 경쟁력 강화보다 사회적 책임을 우선시 한다.
> ㄷ. 지속가능성이란 미래 세대의 니즈(needs)와 상충되지 않도록 현 사회의 니즈(needs)를 충족시키는 정책과 전략이다.
> ㄹ. 청정생산(cleaner production) 방법으로는 친환경원자재의 사용, 청정 프로세스의 활용과 친환경생산 프로세스 관리 등이 있다.
> ㅁ. 환경경영시스템인 ISO 14000은 결과 중심 경영시스템이다.

① ㄱ, ㄴ   ② ㄷ, ㄹ

③ ㄹ, ㅁ   ④ ㄷ, ㄹ, ㅁ

⑤ ㄱ, ㄷ, ㄹ, ㅁ

60 직무분석을 위해 사용되는 방법들 중 정보입력, 정신적 과정, 작업의 결과, 타인과의 관계, 직무맥락, 기타 직무특성 등의 범주로 조직화되어 있는 것은?

① 과업질문지(Task Inventory: TI)
② 기능적 직무분석(Functional Job Analysis: FJA)
③ 직위분석질문지(Position Analysis Questionnaire: PAQ)
④ 직무요소질문지(Job Components Inventory: JCI)
⑤ 직무분석 시스템(Job Analysis System: JAS)

59 ▪ 생산운영관리

ㄱ. 기업의 사회적 책임(CSR)에 관한 국제 표준은 ISO 26000이다. ISO 29000 시리즈는 석유 및 가스 산업과 관련된 표준으로, 사회적 책임과는 관련이 없다.

ㄴ. CSV(공유가치창출)는 사회적 책임을 우선시하는 것이 아니라, 기업의 경쟁력 강화와 사회적 가치 창출을 동시에 달성하려는 경영 전략이다. 이는 사회적 문제 해결이 기업의 경제적 이익과 경쟁력을 강화할 수 있다는 철학에 기반하고 있다.

ㅁ. ISO 14000 시리즈는 프로세스 중심의 환경경영시스템을 다루는 표준이며, 결과 중심이 아닌 프로세스 관리와 환경 성과 개선을 위한 절차와 시스템을 중시한다. 조직이 환경 목표를 설정하고 이를 달성하기 위한 체계적인 관리 시스템을 구축하고 실행하는 것이 핵심이다.

🔍정답 ②

60 ▪ 직무분석질문지

직위분석질문지(Position Analysis Questionnaire, PAQ)는 직무 분석을 위한 도구 중 하나로, 특정 직위나 직무에 대해 체계적으로 분석할 수 있는 구조화된 질문지를 제공한다. PAQ는 다양한 직무에서 공통적으로 나타나는 작업 활동을 분석하고, 이를 기반으로 직무의 특성을 파악하는 데 사용된다. 주로 직무의 행동적 요소에 초점을 맞추며, 직무 수행에 필요한 지식, 기술, 능력 등을 평가하는 데 유용한 도구이다.

PAQ의 구성
- 정보 입력(Information Input) - 직무 수행 시 어떤 정보가 입력되고, 그 정보가 어떻게 수집되며, 어떤 감각을 사용해 정보를 얻는지에 대한 질문
- 정신적 과정(Mental Processes) - 직무 수행자가 정보나 문제를 어떻게 처리하고, 어떤 종류의 판단, 추론, 계획이 요구되는지를 평가하는 부분
- 작업 산출(Work Output) - 직무에서 생산하거나 제공해야 하는 산출물, 도구 및 장비 사용 여부를 평가
- 대인 관계(Interpersonal Relationships) - 직무 수행 시 다른 사람들과의 상호작용이 얼마나 중요한지를 평가
- 직무 환경(Job Context) - 직무 수행이 이루어지는 물리적, 사회적 환경을 평가하는 항목
- 기타 직무 특성(Other Job Characteristics) - 시간 관리, 독립성, 직무의 반복성 등과 같은 추가적인 직무 특성들을 다룬다.

🔍정답 ③

61 직업 스트레스 모델 중 종단 설계를 사용하여 업무량과 이외의 다양한 직 무요구가 종업원의 안녕과 동기에 미치는 영향을 살펴보기 위한 것은?

① 요구 - 통제 모델(Demands-Control model)

② 자원보존이론(Conservation of Resources theory)

③ 사람 - 환경 적합 모델(Person-Environment Fit model)

④ 직무 요구 - 자원 모델(Job Demands-Resources model)

⑤ 노력 - 보상 불균형 모델(Effort-Reward Imbalance model)

62 자기결정이론(self-determination theory)에서 내적동기에 영향을 미치는 세 가지 기본욕구를 모두 고른 것은?

ㄱ. 자율성	ㄴ. 관계성
ㄷ. 통제성	ㄹ. 유능성
ㅁ. 소속성	

① ㄱ, ㄴ, ㄷ   ② ㄱ, ㄴ, ㄹ   ③ ㄱ, ㄷ, ㅁ

④ ㄴ, ㄷ, ㅁ   ⑤ ㄷ, ㄹ, ㅁ

63 터크맨(B Tuckman)이 제안한 팀 발달의 단계 모형에서 '개별적 사람의 집합'이 '의미 있는 팀'이 되는 단계는?

① 형성기(forming)   ② 격동기(storming)

③ 규범기(norming)   ④ 수행기(performing)

⑤ 휴회기(adjourning)

61 ▪ **직무 요구-자원 모델(Job Demands-Resources model, JD-R 모델)**
1. 직무 요구(Job Demands):
   1) 정의: 직무 수행에 있어 종업원에게 신체적, 심리적, 정서적, 인지적 에너지를 요구하는 모든 요소를 말한다. 이 요구는 개인에게 스트레스를 유발할 수 있으며, 장기적으로는 번아웃으로 이어질 수 있다.
   2) 예시:
      ① 업무량: 과도한 업무 부담
      ② 시간 압박: 주어진 시간 내에 많은 일을 처리해야 하는 상황
      ③ 정서적 요구: 고객이나 동료와의 갈등 처리, 감정 노동
      ④ 인지적 요구: 복잡한 문제 해결, 집중을 요구하는 업무
2. 직무 자원(Job Resources):
   1) 정의: 직무 요구를 해결하는 데 도움을 주고, 동기를 촉진하며 스트레스를 완화하는 모든 물리적, 심리적, 사회적, 조직적 자원을 말한다. 직무 자원은 직무 요구로 인한 부정적인 영향을 상쇄하고, 종업원의 동기를 촉진하여 직무 만족도를 높이는 역할을 한다.
   2) 예시:
      ① 조직적 자원: 상사의 지원, 동료의 협력, 명확한 역할 및 책임 정의
      ② 개인적 자원: 개인의 기술, 직무 관련 지식, 자기 효능감
      ③ 심리적 자원: 개인의 스트레스 대처 능력, 정서적 안정감
      ④ 물리적 자원: 안전한 작업 환경, 적절한 장비   🔍정답 ④

62 ▪ **자기결정이론(Self-Determination Theory, SDT)**
1. 자율성(Autonomy): 사람이 스스로 선택하고 통제할 수 있는 능력을 느낄 때 동기가 발생한다. 자율성은 행동이 외부의 강요나 압박이 아닌, 개인의 내적 동기에서 비롯될 때 강화된다.
2. 유능감(Competence): 사람들이 자신이 유능하다고 느끼고, 자신의 행동이 효과적이라는 인식을 가질 때 동기가 증가한다. 과제 수행에 대한 자신감과 역량 강화가 중요한 역할을 한다.
3. 관계성(Relatedness): 개인이 다른 사람들과의 관계 속에서 소속감이나 유대감을 느낄 때, 동기부여가 강화된다. 사람들은 사회적 연결과 타인과의 긍정적 상호작용을 통해 동기를 얻는다.   🔍정답 ②

63 ▪ **터크만(Bruce Tuckman)의 집단 발달 5단계 모델**
3. 규범화 단계(Norming) – 이 단계에서 팀원들은 서로의 역할을 명확히 인식하고, 협력과 협동이 강화된다. 갈등이 줄어들고, 팀은 하나의 통합된 단위로서 의미 있는 팀으로 발전한다. 신뢰와 팀 규범이 확립되면서, 팀은 목표를 향해 조율된 방식으로 움직이며, 팀원 간의 관계가 원활해진다. 이때 팀원들은 더 이상 개별적으로 행동하지 않고, 팀 전체의 목표에 집중하면서 협력적인 관계를 형성한다.   🔍정답 ③

64 반생산적 업무행동(CWB) 중 직 · 간접적으로 조직 내에서 행해지는 일을 방해하려는 의도적 시도를 의미하며 다음과 같은 사례에 해당하는 것은?

> • 고의적으로 조직의 장비나 재산의 일부를 손상시키기
> • 의도적으로 재료나 공급물품을 낭비하기
> • 자신의 업무영역을 더럽히거나 지저분하게 만들기

① 철회(withdrawal)　　　　　　　② 사보타주(sabotage)
③ 직장무례(workplace incivility)　④ 생산일탈(production deviance)
⑤ 타인학대(abuse toward others)

65 스웨인(A Swain)과 커트맨(H.Cuttmann)이 구분한 인간오류(human error)의 유형에 관한 설명으로 옳지 않은 것은?

① 생략오류(omission error): 부분으로는 옳으나 전체로는 틀린 것을 옳다고 주장 하는 오류
② 시간오류(timing error): 업무를 정해진 시간보다 너무 빠르게 혹은 늦게 수행 했을 때 발생하는 오류
③ 순서오류(sequence error): 업무의 순서를 잘못 이해했을 때 발생하는 오류
④ 실행오류(commission error): 수행해야 할 업무를 부정확하게 수행하기 때문에 생겨나는 오류
⑤ 부가오류(extraneous error): 불필요한 절차를 수행하는 경우에 생기는 오류

66 아래 그림에서 (a)와 (c)가 일직선으로 보이지만 실제로는 (a)와 (b)가 일직선이다 이러한 현상을 나타내는 용어는?

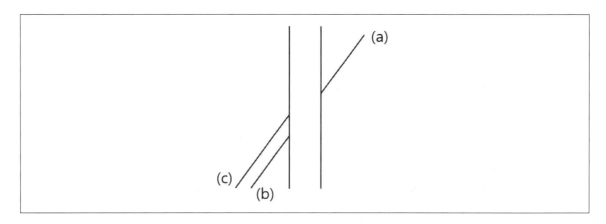

① 뮬러-라이어(Müller-Lyer) 착시현상　② 티체너(Titchener) 착시현상
③ 폰조(Ponzo) 착시현상　　　　　　　④ 포겐도르프(Poggendorf) 착시현상
⑤ 죌너(Zöllner) 착시현상

64 ▪ 사보타주(Sabotage)

사보타주(Sabotage)는 의도적으로 조직의 운영, 자산 또는 성과에 해를 입히는 행동을 말한다. 이 행동은 조직의 물리적 자산을 파괴하거나, 업무 수행을 방해하여 생산성과 효율성을 저하시킨다. 사보타주는 개인적 불만이나 조직에 대한 반발심에서 비롯될 수 있으며, 주로 고의적인 파괴 행위로 나타납니다. 　정답 ②

65 ▪ 스웨인(A. Swain)의 인간 오류(Human Error)

1. 생략 에러 (Omission Error): 작업자가 필요한 행동을 수행하지 않은 경우 발생하는 오류이다. 즉, 특정 단계에서 필수적인 행동을 생략함으로써 시스템에 오류가 발생한다. 예시: 공장에서 작업자가 장비 작동 절차 중 중요한 검사를 생략하고 장비를 가동하는 경우.

2. 실행 에러 (Execution Error): 작업자가 의도한 행동을 잘못 실행했을 때 발생하는 오류이다. 실행은 했지만 의도한 결과와는 다른 결과를 초래하는 행동이다. 예시: 작업자가 기계를 작동하려고 버튼을 눌렀으나, 실수로 잘못된 버튼을 누르는 경우.

3. 과잉 행동 에러 (Commission Error): 작업자가 필요 이상의 행동을 수행하거나, 시스템에 필요하지 않은 행동을 할 때 발생하는 오류이다. 예시: 절차에서 요구되지 않은 추가 작업을 임의로 실행하여 시스템에 오류를 발생시키는 경우.

4. 순서 에러 (Sequence Error): 작업자가 정해진 작업 순서를 잘못 수행할 때 발생하는 오류이다. 순서대로 해야 할 작업이 잘못된 순서로 실행되어 오류가 발생한다. 예시: 항공기 점검 절차에서 먼저 해야 할 점검 항목을 나중에 하고, 나중에 해야 할 항목을 먼저 실행하는 경우.

5. 시간 에러 (Timing Error): 적절한 시점에 행동을 하지 않거나, 너무 빠르거나 늦게 행동할 때 발생하는 오류이다. 예시: 기계를 정지시켜야 할 시점을 놓쳐 사고가 발생하는 경우, 또는 너무 이른 시점에 특정 조치를 취해 문제가 발생하는 경우. 　정답 ①

66 ▪ 포겐도르프 착시(Poggendorf Illusion)

포겐도르프 착시(Poggendorf Illusion)는 기하학적 착시의 한 형태로, 직선의 연장선이 중간에 다른 물체나 기울어진 선에 의해 가려졌을 때, 그 직선들이 일직선으로 이어지지 않는 것처럼 보이는 현상을 말한다. 이 착시는 1860년 독일의 물리학자 포겐도르프(Johann Christian Poggendorf)에 의해 처음 발견되었다. 　정답 ④

67 산업재해이론 중 하인리히(H Heinrich)가 제시한 이론에 관한 설명으로 옳은 것은?

① 매트릭스 모델(Matrix model)을 제안하였으며, 작업자의 긴장수준이 사고를 유발한다고 보았다.

② 사고의 원인이 어떻게 연쇄반응을 일으키는지 도미노(domino)를 이용하여 설명하였다.

③ 재해는 관리부족, 기본원인, 직접원인, 사고가 연쇄적으로 발생하면서 일어나는 것으로 보았다.

④ 재해의 직접적인 원인은 불안전행동과 불안전상태를 유발하거나 방치한 전술적 오류에서 비롯된다고 보았다.

⑤ 스위스 치즈 모델(Swiss cheese model)을 제시하였으며, 모든 요소의 불안전이 겹쳐져서 사고가 발생한다고 주장하였다.

68 조직 스트레스원 자체의 수준을 감소시키기 위한 방법으로 옳은 것을 모두 고른 것은?

> ㄱ. 더 많은 자율성을 가지도록 직무를 설계하는 것
> ㄴ. 조직의 의사결정에 대한 참여기회를 더 많이 제공하는 것
> ㄷ. 직원들과 더 효과적으로 의사소통할 수 있도록 관리자를 훈련하는 것
> ㄹ. 갈등해결기법을 효과적으로 사용할 수 있도록 종업원을 훈련하는 것

① ㄱ, ㄴ   ② ㄷ, ㄹ

③ ㄱ, ㄴ, ㄹ   ④ ㄴ, ㄷ, ㄹ

⑤ ㄱ, ㄴ, ㄷ, ㄹ

69 산업위생의 목적에 해당하는 것을 모두 고른 것은?

> ㄱ. 유해인자 예측 및 관리   ㄴ. 작업조건의 인간공학적 개선
> ㄷ. 작업환경 개선 및 직업병 예방   ㄹ. 작업자의 건강보호 및 생산성 향상

① ㄱ, ㄴ, ㄷ   ② ㄱ, ㄴ, ㄹ

③ ㄱ, ㄷ, ㄹ   ④ ㄴ, ㄷ, ㄹ

⑤ ㄱ, ㄴ, ㄷ, ㄹ

67 ▪ **하인리히(H. Heinrich) 산업재해 예방 이론**

H. W. 하인리히(Herbert William Heinrich)는 산업재해 예방 이론에서 중요한 인물로, 그의 대표적인 이론인 도미노 이론(Domino Theory)과 1:29:300 법칙을 통해 산업재해와 사고 발생에 대한 체계적인 이해를 제공했다. 그의 이론들은 재해의 원인을 분석하고 사고 예방을 위한 구체적인 접근 방식을 제시하는 데 중점을 둡니다.

▪ **스위스 치즈 모델(Swiss Cheese Model)**

스위스 치즈 모델(Swiss Cheese Model)은 제임스 리전(James Reason)이 제시한 사고와 재해 발생에 대한 이론이다. 이 모델은 안전 시스템에서 발생하는 사고를 설명하기 위해 여러 방어층을 거쳐 사고를 예방하려고 하지만, 그 방어층에 있는 결함들이 겹쳐질 때 사고가 발생한다고 주장한다. 🔍정답 ②

68 ▪ **조직 차원의 스트레스 대처방안**

1. 직무 설계 개선
2. 근무 시간 및 워크라이프 밸런스 지원
3. 사회적 지원 강화
4. 명확한 역할과 책임 부여
5. 관리 기술 향상
6. 스트레스 관리 프로그램 도입
7. 적절한 보상 및 인센티브 시스템
8. 작업 환경 개선 🔍정답 ⑤

69 ▪ **산업위생의 주요 목적**

1. 근로자의 건강 보호
2. 사고와 재해 예방
3. 작업 환경 개선
4. 법적 규제 준수
5. 조기 발견 및 예방 – 작업 중 발생할 수 있는 위험 요소를 사전에 발견하고 예방
6. 근로자의 복지 증진 🔍정답 ⑤

70 노출기준 설정방법 등에 관한 설명으로 옳지 않은 것은?

① 노동으로 인한 외부로부터 노출량(dose)과 반응(response)의 관계를 정립한 사람은 Pearson Norman(1972)이다.

② 노출에 따른 활동능력의 상실과 조절능력의 상실 관계는 지수형 곡선으로 나타난다.

③ 항상성(homeostasis)이란 노출에 대해 적응할 수 있는 단계로 정상조절이 가능한 단계이다.

④ 정상기능 유지단계는 노출에 대해 방어기능을 동원하여 기능장해를 방어할 수 있는 대상성 (compensation) 조절기능 단계이다.

⑤ 대상성(compensation) 조절기능 단계를 벗어나면 회복이 불가능하여 질병이 야기된다.

71 우리나라 작업환경측정에서 화학적 인자와 시료채취 매체의 연결이 옳은 것은?

① 2-브로모프로판 - 실리카겔관

② 디메틸포름아미드 - 활성탄관

③ 시클로헥산 - 실리카겔관

④ 트리클로로에틸렌 - 활성탄관

⑤ 니켈 - 활성탄관

70 ▪ 유해인자 노출기준 설정방법

① 노동 노출량(dose)과 반응(response)의 관계를 정립한 사람은 Theodore Hatch

② 항상성(homeostasis) – 노출에 대해 적응할 수 있는 단계로 정상조절이 가능한 단계

③ 정상기능 유지단계 – 노출에 대해 방어기능을 동원하여 기능장애를 방어할 수 있는 단계

④ 대상성 조절기능 단계를 벗어나면 회복이 불가능하여 질병을 야기

🔍 정답 ①

71 ▪ 흡착관 종류

1. 활성탄관
    1) 구성: 활성탄 필터로 채워져 있음.
    2) 용도: 휘발성 유기 화합물(VOCs) 및 악취 물질을 흡착하여 측정.
    3) 특징: 높은 흡착 능력을 가지며, 유기 화합물에 효과적.

2. 실리카겔관
    1) 구성: 실리카겔로 채워져 있음.
    2) 용도: 수분 및 특정 극성 유기 화합물을 흡착.
    3) 특징: 높은 흡착 능력을 가지지만, 특정 화합물에 한정적임.

3. 고체 흡착관 (Sorbent Tubes)
    1) 구성: 다양한 흡착제(예: Tenax, XAD 등)로 채워져 있음.
    2) 용도: 특정 화합물(예: 다환 방향족 탄화수소, 특정 유기 화합물) 샘플링.
    3) 특징: 다양한 화합물에 대한 선택성을 가지며, 장기적인 샘플링에 적합.

4. 중금속 샘플링관
    1) 구성: 특수 코팅된 필터나 매체.
    2) 용도: 대기 중 중금속(예: 납, 수은) 측정.
    3) 특징: 특정 중금속에 대한 흡착능력이 있음.

5. 고체 필터관
    1) 구성: 고체 필터 매체.
    2) 용도: 미세한 고체 입자나 먼지 측정.
    3) 특징: 입자의 크기와 성질에 따라 다양한 필터 매체 사용.

🔍 정답 ④

72 공기정화장치 중 집진(먼지제거) 장치에 사용되는 방법 또는 원리에 해당하지 않는 것은?

① 세정
② 여과(여포)
③ 흡착
④ 원심력
⑤ 전기 전하

73 산업안전보건법 시행규칙 별지 제85호 서식(특수ㆍ배치전ㆍ수시ㆍ임시 건 강진단 결과표)의 작성 사항이 아닌 것은?

① 작업공정별 유해요인 분포 실태
② 유해인자별 건강진단을 받은 근로자 현황
③ 질병코드별 질병유소견자 현황
④ 질병별 조치 현황
⑤ 건강진단 결과표 작성일, 송부일, 검진기관명

74 산업안전보건기준에 관한 규칙상 사업주가 근로자에게 송기마스크나 방독 마스크를 지급하여 착용하도록 하여야 하는 업무에 해당하지 않는 것은?

① 국소배기장치의 설비 특례에 따라 밀폐설비나 국소배기장치가 설치되지 아니한 장소에서의 유기화합물 취급업무
② 임시작업인 경우의 설비 특례에 따라 밀폐설비나 국소배기장치가 설치되지 아니한 장소에서의 유기화합물 취급업무
③ 단시간작업인 경우의 설비 특례에 따라 밀폐설비나 국소배기장치가 설치되지 아니한 장소에서의 유기화합물 취급업무
④ 유기화합물 취급 장소에 설치된 환기장치 내의 기류가 확산될 우려가 있는 물체를 다루는 유기화합물 취급업무
⑤ 유기화합물 취급 장소에서 청소 등으로 유기화합물이 제거된 설비를 개방하는 업무

72 ▪ 먼지정화방식
① 충돌
② 포획
③ 확산
④ 걸림
⑤ 정전기적 인력

정답 ③

73 ▪ 건강진단 결과표 작성사항
1. 유해인자별 건강진단을 받은 근로자 현황
2. 질병코드별 질병유소견자 현황
3. 질병별 조치 현황
4. 건강진단 결과표 작성일, 송부일, 검진기관명

정답 ①

74 ▪ 제450조(호흡용 보호구의 지급 등)
① 사업주는 근로자가 다음 각 호의 어느 하나에 해당하는 업무를 하는 경우에 해당 근로자에게 송기마스크를 지급하여 착용하도록 하여야 한다.
　　1. 유기화합물을 넣었던 탱크(유기화합물의 증기가 발산할 우려가 없는 탱크는 제외한다) 내부에서의 세척 및 페인트칠 업무
　　2. 제424조제2항에 따라 유기화합물 취급 특별장소에서 유기화합물을 취급하는 업무
② 사업주는 근로자가 다음 각 호의 어느 하나에 해당하는 업무를 하는 경우에 해당 근로자에게 송기마스크나 방독마스크를 지급하여 착용하도록 하여야 한다.
　　1. 제423조제1항 및 제2항, 제424조제1항, 제425조, 제426조 및 제428조제1항에 따라 밀폐설비나 국소배기장치가 설치되지 아니한 장소에서의 유기화합물 취급업무
　　2. 유기화합물 취급 장소에 설치된 환기장치 내의 기류가 확산될 우려가 있는 물체를 다루는 유기화합물 취급업무
　　3. 유기화합물 취급 장소에서 유기화합물의 증기 발산원을 밀폐하는 설비(청소 등으로 유기화합물이 제거된 설비는 제외한다)를 개방하는 업무
③ 사업주는 제1항과 제2항에 따라 근로자에게 송기마스크를 착용시키려는 경우에 신선한 공기를 공급할 수 있는 성능을 가진 장치가 부착된 송기마스크를 지급하여야 한다.
④ 사업주는 금속류, 산·알칼리류, 가스상태 물질류 등을 취급하는 작업장에서 근로자의 건강장해 예방에 적절한 호흡용 보호구를 근로자에게 지급하여 필요시 착용하도록 하고, 호흡용 보호구를 공동으로 사용하여 근로자에게 질병이 감염될 우려가 있는 경우에는 개인 전용의 것을 지급하여야 한다.
⑤ 근로자는 제1항, 제2항 및 제4항에 따라 지급된 보호구를 사업주의 지시에 따라 착용하여야 한다.

정답 ⑤

75 화학물질 및 물리적 인자의 노출기준에서 유해물질별 그 표시 내용의 연결이 옳은 것은?

① 인듐 및 그 화합물 - 흡입성

② 크롬산 아연 - 발암성 1A

③ 일산화탄소 - 호흡성

④ 불화수소 - 생식세포 변이원성 2

⑤ 트리클로로에틸렌 - 생식독성 1A

75 ▪ 노출기준

일련 번호	유해물질의 명칭			화학식	노출기준				비 고 (CAS번호 등)
	국문표기	영문표기			TWA		STEL		
					ppm	mg/m³	ppm	mg/m³	
243	불화수소	Hydrogen fluoride, as F		HF	0.5	–	C 3	–	[7664-39-3] Skin
488	인듐 및 그 화합물	Indium & compounds, as In(Indium & compounds as Fume) (Respirable fraction)		In	–	0.01	–	–	[7440-74-6] 호흡성
491	일산화탄소	Carbon monoxide		CO	30	–	200	–	[630-08-0] 생식독성 1A
617	트리클로로 에틸렌	Trichloroethylene		CCl₂CHCl	10	–	25	–	[79-01-6] 발암성 1A, 생식세포 변이원성 2

정답 ②

51 인사평가 방법에 관한 설명으로 옳지 않은 것은?

① 서열(ranking)법은 등위를 부여해 평가하는 방법으로, 평가 비용과 시간을 절약할 수 있다.

② 평정척도(rating scale)법은 평가 항목에 대해 리커트(Likert) 척도 등을 이용해 평가한다.

③ BARS(Behaviorally Anchored Rating Scale) 평가법은 성과 관련 주요 행동에 대한 수행정도로 평가한다.

④ MBO(Management by Objectives) 평가법은 상급자와 합의하여 설정한 목표 대비 실적으로 평가한다.

⑤ BSC(Balanced Score Card) 평가법은 연간 재무적 성과 결과를 중심으로 평가한다.

52 노사관계에 관한 설명으로 옳지 않은 것은?

① 우리나라에서 단체협약은 1년을 초과하는 유효기간을 정할 수 없다.

② 1935년 미국의 와그너법(Wagner Act)은 부당노동행위를 방지하기 위하여 제정되었다.

③ 유니온 숍제는 비조합원이 고용된 이후, 일정기간 이후에 조합에 가입하는 형태이다.

④ 우리나라에서 임금교섭은 조합 수 기준으로 기업별 교섭 형태가 가장 많다.

⑤ 직장폐쇄는 사용자측의 대항행위에 해당한다.

53 조직문화 중 안전문화에 관한 설명으로 옳은 것은?

① 안전문화 수준은 조직구성원이 느끼는 안전 분위기나 안전풍토(safety climate)에 대한 설문으로 평가할 수 있다.

② 안전문화는 TMI(Three Mile Island) 원자력발전소 사고 관련 국제원자력기구(IAEA) 보고서에 의해 그 중요성이 널리 알려졌다.

③ 브래들리 커브(Bradley Curve) 모델은 기업의 안전문화 수준을 병적-수동적-계산적-능동적-생산적 5단계로 구분하고 있다.

④ Mohamed가 제시한 안전풍토의 요인들은 재해율이나 보호구 착용률과 같이 구체적이어서 안전문화 수준을 계량화하기 쉽다.

⑤ Pascale의 7S모델은 안전문화의 구성요인으로 Safety, Strategy, Structure, System, Staff, Skill, Style을 제시하고 있다.

51 ▪ 균형성과표(BSC)
BSC 평가법은 연간 재무적 성과에만 집중하지 않는다. 대신, 재무적 성과와 비재무적 성과(고객 만족, 내부 프로세스 효율성, 학습과 성장)를 모두 포함하여 조직의 전반적인 성과를 균형 있게 평가한다. BSC는 조직의 장기적인 성공을 위해 다양한 관점을 종합적으로 고려하는 평가 도구이다.
정답 ⑤

52 ▪ 노사관계
① 우리나라(한국)에서 단체협약의 유효기간에 관한 규정은 「노동조합 및 노동관계조정법」(노조법)에 명시되어 있다. 이 법에 따르면, 단체협약의 유효기간은 1년 이상 3년 이하로 정해야 한다. 따라서, 단체협약은 1년을 초과하는 유효기간을 정할 수 있다.
정답 ①

53 ▪ 안전문화(Safety Culture)
1. 안전문화(Safety Culture): 조직 전반에 걸쳐 자리잡은 안전에 대한 태도와 행동의 체계적 패턴을 의미하며, 조직 내의 안전 관련 가치와 신념을 반영한다. 안전문화는 시간에 걸쳐 형성된 깊은 수준의 문화적 요소이다.
2. 안전풍토(Safety Climate): 조직 구성원들이 단기적으로 느끼는 안전에 대한 인식으로, 안전 관련 정책이나 절차에 대한 즉각적인 의견이나 태도를 반영한다. 안전풍토는 일반적으로 설문조사를 통해 평가할 수 있다.

① 설문은 조직의 구성원들이 안전에 대해 실제로 어떻게 인식하고 있는지를 파악하고, 이를 통해 안전문화의 수준을 평가하는 데 중요한 도구가 된다. 설문 결과를 통해 조직은 안전 관련 정책이 잘 작동하는지, 개선이 필요한 부분이 있는지 파악할 수 있으며, 이를 바탕으로 안전 문화를 강화하기 위한 전략을 수립할 수 있다.
② 안전문화(Safety Culture)라는 개념은 TMI 사고(1979년) 이후 본격적으로 논의되기 시작한 것이 아니라, 체르노빌 원전 사고(1986년) 이후 국제적으로 주목받았다. TMI 사고는 원자력 산업에서 안전에 대한 경각심을 일으켰지만, 안전문화의 구체적인 개념과 중요성은 체르노빌 사고 이후 국제원자력기구(IAEA)의 보고서를 통해 체계적으로 정리되고 강조되었다.
③ 브래들리 커브(Bradley Curve)는 조직의 안전문화 성숙도를 병적, 반응적, 계산적, 생성적(능동적)의 4단계로 나누어 설명한다. 이 모델은 조직이 안전문화를 어떻게 인식하고 관리하는지를 측정하고, 각 단계에서의 특성을 통해 조직이 더 나은 안전문화를 구축할 수 있도록 가이드라인을 제공한다.
④ Mohamed의 안전풍토 요인은 주로 구성원의 주관적인 인식에 기반한 요소들로, 재해율이나 보호구 착용률과 같은 객관적인 지표를 측정하는 방식과는 다릅니다. 안전풍토는 조직의 안전문화를 간접적으로 평가하는 데 도움이 되지만, 그 자체가 구체적이고 계량화된 지표는 아니다. 재해율이나 보호구 착용률 같은 지표는 안전 성과를 측정하는 객관적인 결과로, 안전풍토의 결과를 보완하는 역할을 할 수 있다.
⑤ 파스칼(R. Pascale)과 애토스(A. Athos)의 7S 모델 1. 공유된 가치(Shared Values), 2. 전략(Strategy), 3. 구조(Structure), 4. 시스템(Systems), 5. 스타일(Style), 6. 인재(Staff), 7. 기술(Skills)
정답 ①

54 동기부여 이론에 관한 설명으로 옳은 것을 모두 고른 것은?

> ㄱ. 매슬로우(A. Maslow)의 욕구 5단계이론에서 가장 상위계층의 욕구는 자기가 원하는 집단에 소속되어 우의와 애정을 갖고자 하는 사회적 욕구이다.
> ㄴ. 허츠버그(F. Herzberg)의 2요인이론에서 급여와 복리후생은 동기요인에 해당한다.
> ㄷ. 맥그리거(D. McGregor)의 X이론에 의하면 사람은 엄격한 지시 · 명령으로 통제되어야 조직 목표를 달성할 수 있다.
> ㄹ. 맥클랜드(D. McClelland)는 주제통각시험(TAT)을 이용하여 사람의 욕구를 성취욕구, 권력욕구, 친교 욕구로 구분하였다.

① ㄱ, ㄴ　　　　　② ㄱ, ㄹ　　　　　③ ㄷ, ㄹ
④ ㄱ, ㄴ, ㄷ　　　⑤ ㄴ, ㄷ, ㄹ

55 리더십(leadership)에 관한 설명으로 옳은 것은?

① 리더십 행동이론에서 리더의 행동은 상황이나 조건에 의해 결정된다고 본다.
② 리더십 특성이론에서 좋은 리더는 리더십 행동에 대한 훈련에 의해 육성될 수 있다고 본다.
③ 리더십 상황이론에서 리더십은 리더와 부하 직원들 간의 상호작용에 따라 달라질 수 있다고 본다.
④ 헤드십(headship)은 조직 구성원에 의해 선출된 관리자가 발휘하기 쉬운 리더십을 의미한다.
⑤ 헤드십은 최고경영자의 민주적인 리더십을 의미한다.

54 ▪ **매슬로우의 욕구 5단계 이론**
1. 생리적 욕구(Physiological Needs): 음식, 물, 수면 등 기본적인 생존을 위한 욕구.
2. 안전 욕구(Safety Needs): 신체적 안전, 경제적 안정, 건강 등의 안정성을 추구하는 욕구.
3. 사회적 욕구(Social Needs): 사랑, 소속감, 우정 등 타인과의 관계에서 오는 소속감과 애정을 추구하는 욕구.
4. 존경 욕구(Esteem Needs): 자존감과 타인으로부터의 인정과 같은 자기 존중에 대한 욕구.
5. 자아실현 욕구(Self-Actualization): 자기 잠재력을 최대한 발휘하고, 성장과 자기 실현을 추구하는 욕구.

ㄱ. 가장 상위 계층의 욕구는 자아실현 욕구이며, 사회적 욕구는 중간 단계의 욕구에 해당한다.

▪ **허츠버그(F. Herzberg)의 2요인이론**
1. 동기 요인(Motivators) – 직무 자체와 관련된 요인으로, 이를 통해 직원들이 만족을 느끼고 동기부여를 받을 수 있다. 동기 요인이 충족될 때, 직원들은 더 높은 성과와 성취감을 느끼게 된다.
   주요 예시:
   1) 성취감: 목표를 달성했을 때 느끼는 성취.
   2) 인정: 상사나 동료로부터 성과를 인정받는 것.
   3) 직무 자체의 흥미: 직무 내용이 흥미롭고 도전적일 때.
   4) 책임감: 업무에서 더 큰 책임과 자율성을 부여받는 것.
   5) 성장 기회: 경력 개발과 승진 기회를 제공받는 것.

ㄴ. 허츠버그(F. Herzberg)의 2요인이론에서 동기요인은 성취감, 인정, 직무 자체의 흥미 등이다.　　🔍정답 ③

55 ▪ **리더십 이론**
① 행동이론은 리더의 행동이 상황에 의해 결정된다고 보지 않으며, 리더의 행동이 성과와 부하의 반응에 직접적으로 영향을 미친다고 보는 이론이다. 반대로, 리더의 행동이 상황에 따라 달라진다고 주장하는 것은 상황이론의 개념이다.
② 특성이론은 리더십이 주로 타고난 특성에 의해 좌우된다고 보며, 리더십 행동에 대한 훈련을 통해 리더가 육성될 수 있다는 관점은 특성이론과는 거리가 멉니다.
④ 헤드십은 공식적인 직위에 의해 주어진 권위를 바탕으로 작용하며, 구성원들의 선출과는 관계없이 직위 자체가 권위의 근거가 된다. 반면, 리더십은 구성원들의 신뢰와 지지를 바탕으로 영향력을 행사하는 것에 중점을 둡니다. 리더십은 직위나 권위와 무관하게 개인의 역량과 관계 형성 능력에 의해 발휘되는 경우가 많다.
⑤ 헤드십은 직위에 기반한 권위적 리더십에 더 가깝고, 민주적인 리더십은 참여와 협력을 중시하는 리더십 스타일로서, 이 둘은 서로 다른 개념이다.　　🔍정답 ③

56 수요예측 방법에 관한 설명으로 옳은 것은?

① 델파이 방법은 일반 소비자를 대상으로 하는 정량적 수요예측 방법이다.

② 이동평균법은 과거 수요예측치의 평균으로 예측한다.

③ 시계열분석법의 변동요인에 추세(trend)는 포함되지 않는다.

④ 단순회귀분석법에서 수요량 예측은 최대자승법을 이용한다.

⑤ 지수평활법은 과거 실제 수요량과 예측치 간의 오차에 대해 지수적 가중치를 반영해 예측한다.

57 재고관리에 관한 설명으로 옳지 않은 것은?

① 경제적주문량(EOQ) 모형에서 재고유지비용은 주문량에 비례한다.

② 신문판매원 문제(newsboy problem)는 확정적 재고모형에 해당한다.

③ 고정주문량모형은 재고수준이 미리 정해진 재주문점에 도달할 경우 일정량을 주문하는 방식이다.

④ ABC 재고관리는 재고의 품목 수와 재고 금액에 따라 중요도를 결정하고 재고 관리를 차별적으로 적용하는 기법이다.

⑤ 재고로 인한 금융비용, 창고 보관료, 자재 취급비용, 보험료는 재고유지비용에 해당한다.

56 ▪ **수요 예측(Demand Forecasting)**

수요 예측(Demand Forecasting)은 미래의 제품이나 서비스에 대한 수요를 예측하는 과정으로, 이를 통해 기업은 적절한 생산 계획을 세우고 재고를 관리하며, 자원을 효율적으로 배분할 수 있다.

① 델파이 기법 (Delphi Method) - 여러 전문가들의 의견을 독립적으로 수집하고, 이를 반복적인 과정을 통해 종합하여 예측을 도출하는 방법으로 정성적 수요예측 방법이다.

② 이동평균법(Moving Average Method)은 과거 실제 수요 데이터의 평균을 사용하여 예측하는 방법이지, 과거 수요 예측치의 평균을 사용하는 것이 아니다.

③ 시계열분석법의 변동요인에는 추세, 계절변동, 순환변동, 불규칙변동이 있다.

④ 단순회귀분석법에서 수요량 예측은 최소자승법을 이용한다.

단순 회귀분석은 독립 변수(설명 변수)와 종속 변수(반응 변수) 간의 선형 관계를 분석하여, 주어진 독립 변수 값에 대해 종속 변수(예: 수요량)를 예측하는 데 사용된다.

1. 단순 회귀분석의 기본 개념
    1) 독립 변수(X): 수요량에 영향을 미치는 변수이다. 예를 들어, 가격, 마케팅 비용, 경제 지표 등이 될 수 있다.
    2) 종속 변수(Y): 예측하고자 하는 수요량

2. 최소자승법(Least Squares Method)의 역할

    최소자승법은 실제 데이터와 회귀선(예측된 값)의 차이를 최소화하는 방법으로 회귀선을 도출한다. 이 회귀선을 통해, 주어진 독립 변수 값에 따라 종속 변수(수요량)를 예측할 수 있으며 수요 예측의 정확성을 극대화할 수 있다.

🔍정답 ⑤

57 ▪ **신문판매원 문제(Newsboy Problem)**

1. 신문판매원 문제(Newsboy Problem)의 개념:
    1) 신문판매원 문제는 수요가 불확실한 상황에서 재고 수준을 결정하는 문제로, 판매자는 수요를 정확히 알 수 없는 상황에서 재고를 얼마나 준비해야 할지 고민하는 문제이다.
    2) 재고를 너무 적게 준비하면 재고 부족으로 인한 판매 기회를 잃을 수 있고, 재고를 너무 많이 준비하면 재고 초과로 인한 비용이 발생한다. 따라서 불확실한 수요를 고려해 최적의 재고량을 결정하는 것이 중요하다.

2. 확정적 재고모형:
    1) 확정적 재고모형(Deterministic Inventory Model)은 수요와 리드타임이 고정되어 있을 때 사용하는 모델이다. 즉, 모든 수요가 미리 예측 가능하고 변동이 없는 상황에서 최적의 재고량을 결정하는 모형이다.
    2) 대표적인 예로 경제적 주문량(EOQ) 모형이 있다. 여기서 수요와 리드타임이 확정적이므로 불확실성이 없고, 항상 일정한 수요가 발생하는 상황에서 재고를 관리한다.

3. 확률적 재고모형:
    1) 확률적 재고모형(Stochastic Inventory Model)은 수요나 리드타임이 불확실하고, 확률분포를 따를 때 사용하는 모델이다. 수요의 변동성이나 불확실성을 반영하여 재고 정책을 결정한다.
    2) 신문판매원 문제는 불확실한 수요를 가정하고 있으며, 이러한 상황에서 최적의 재고량을 결정하기 위해 확률적인 접근을 사용한다. 수요는 확률분포에 따라 달라질 수 있기 때문에, 이는 확률적 재고모형에 해당한다.

🔍정답 ②

58 품질경영기법에 관한 설명으로 옳지 않은 것은?

① SERVQUAL 모형은 서비스 품질수준을 측정하고 평가하는데 이용될 수 있다.

② TQM은 고객의 입장에서 품질을 정의하고 조직 내의 모든 구성원이 참여하여 품질을 향상하고자 하는 기법이다.

③ HACCP은 식품의 품질 및 위생을 생산부터 유통단계를 거쳐 최종 소비될 때까지 합리적이고 철저하게 관리하기 위하여 도입되었다.

④ 6시그마 기법에서는 품질특성치가 허용한계에서 멀어질수록 품질비용이 증가하는 손실함수 개념을 도입하고 있다.

⑤ ISO 9000 시리즈는 표준화된 품질의 필요성을 인식하여 제정되었으며 제3자(인증기관)가 심사하여 인증하는 제도이다.

59 식음료 제조업체의 공급망관리팀 팀장인 홍길동은 유통단계에서 최종 소비자의 주문량 변동이 소매상, 도매상, 제조업체로 갈수록 증폭되는 현상을 발견하였다 이에 관한 설명으로 옳지 않은 것은?

① 공급사슬 상류로 갈수록 주문의 변동이 증폭되는 현상을 채찍효과(bullwhip effect)라고 한다.

② 유통업체의 할인 이벤트 등으로 가격 변동이 클 경우 주문량 변동이 감소할 것이다.

③ 제조업체와 유통업체의 협력적 수요예측시스템은 주문량 변동이 감소하는데 기여할 것이다.

④ 공급사슬의 정보공유가 지연될수록 주문량 변동은 증가할 것이다.

⑤ 공급사슬의 리드타임(lead time)이 길수록 주문량 변동은 증가할 것이다.

58 ▪ 품질경영기법

손실함수(Loss Function) 개념은 6시그마가 아닌 도요타의 타구치 기법(Taguchi Method)에서 주로 사용된다. 6시그마는 변동성 관리와 불량률 최소화를 중점으로 하고 있으며, 품질특성치의 변동이 공정에 미치는 영향을 분석하지만, 타구치 손실함수 개념을 도입한 것은 아니다.

🔍 **정답 ④**

59 ▪ 채찍효과(Bullwhip Effect)

채찍효과(Bullwhip Effect)는 공급사슬(Supply Chain)에서 상류로 갈수록 주문의 변동성이 증폭되는 현상을 의미한다. 즉, 최종 소비자의 수요 변동이 공급망을 따라 제조업체, 유통업체, 도매업체, 공급업체 등으로 전달될 때, 상류로 갈수록 수요 변동이 과장되어 전달되는 현상을 말한다.

1. 채찍효과의 특징:
   1) 소비자의 작은 수요 변동이 공급사슬 상류로 전달되면서, 상류로 갈수록 그 변동성이 점점 커지는 현상이다. 이름에서 알 수 있듯이, 채찍을 휘두를 때 손잡이에서 시작된 작은 움직임이 끝부분으로 갈수록 더 큰 진동을 일으키는 것과 같은 원리이다.
   2) 이로 인해 재고 과잉이나 재고 부족이 발생할 수 있으며, 공급망 운영의 비효율성이 증가한다.
2. 채찍효과가 발생하는 주요 원인:
   1) 수요 예측 오류: 각 공급망 단계에서 수요 예측을 개별적으로 수행하기 때문에, 상류로 갈수록 수요 변동에 대한 예측이 잘못되기 쉽다. 각 단계는 자체적인 안전재고를 쌓기 때문에 변동성이 커진다.
   2) 주문 배치 시기 차이: 주문이 한 번에 대량으로 이루어지거나 일정한 간격 없이 불규칙적으로 이루어지면, 상류 공급망에서는 이를 잘못 해석하여 수요가 급격히 증가하거나 감소한다고 판단할 수 있다.
   3) 가격 변동: 공급망에서 프로모션이나 할인 행사로 인해 주문량이 일시적으로 증가하는 경우, 상류 공급망에서는 이를 지속적인 수요 증가로 착각하고 과잉 생산 및 재고를 쌓을 수 있다.
   4) 공급 부족에 대한 우려: 수요가 급증하거나 공급 부족에 대한 불안감이 생기면, 각 공급망 단계에서 과도한 주문을 발생시켜 변동성을 증가시킬 수 있다. 이는 패닉 구매와 같은 현상으로도 나타납니다.
   5) 정보 공유 부족: 공급망 내에서 각 단계가 소비자 수요에 대한 정보를 충분히 공유하지 않으면, 상류 업체들은 자신만의 판단에 의존해 주문을 늘리거나 줄이면서 수요 변동을 과장할 수 있다.
3. 채찍효과의 결과:
   1) 재고 과잉 또는 재고 부족: 상류로 갈수록 수요 예측이 잘못되면 과잉 재고 또는 재고 부족이 발생하여 공급망 효율성을 떨어뜨립니다.
   2) 비용 증가: 잘못된 수요 예측으로 인해 불필요한 생산, 재고 유지 비용, 물류 비용이 증가할 수 있다.
   4) 공급망의 불안정성: 채찍효과는 공급망 전반에 걸쳐 불안정한 운영을 초래하며, 주문 변동성에 대한 대응이 어려워진다.
4. 채찍효과를 줄이기 위한 방안:
   1) 수요 예측 개선: 각 공급망 단계에서 수요 정보를 공유하고, 실시간 수요 데이터를 활용해 보다 정확한 예측을 할 수 있다.
   2) 정보 공유: 공급망 전 단계에서 수요 정보를 투명하게 공유하여, 상류 업체들이 최종 소비자의 실제 수요를 보다 정확히 파악할 수 있도록 한다.
   3) 재고 관리 최적화: 재고 관리 시스템을 개선하고, 안전 재고 수준을 적절히 설정하여 과잉 재고를 방지한다.
   4) 주문 간소화: 주문 간격을 줄이고, 주문을 균등하게 배치하여 수요 변동이 상류로 급격히 전파되는 것을 방지한다.
   5) 가격 안정화: 할인이나 대량 구매를 유도하는 프로모션을 신중하게 운영하여, 일시적인 수요 폭증을 최소화한다.

② 유통업체의 할인 이벤트나 가격 변동은 주문량 변동을 증가시키는 요인으로, 채찍효과를 증폭시키는 원인 중 하나이다. 가격 변동은 주문량 변동성을 크게 만들 수 있으며, 이는 공급사슬 상류로 갈수록 더욱 심화될 수 있다.

🔍 **정답 ②**

60 스트레스의 작용과 대응에 관한 설명으로 옳지 않은 것은?

① A유형이 B유형 성격의 사람에 비해 스트레스에 더 취약하다.

② Selye가 구분한 스트레스 3단계 중에서 2단계는 저항단계이다.

③ 스트레스 관련 정보수집, 시간관리, 구체적 목표의 수립은 문제중심적 대처 방법이다.

④ 자신의 사건을 예측할 수 있고, 통제 가능하다고 지각하면 스트레스를 덜 받는다.

⑤ 긴장(각성) 수준이 높을수록 수행 수준은 선형적으로 감소한다.

61 김부장은 직원의 직무수행을 평가하기 위해 평정척도를 이용하였다 금년부터는 평정오류를 줄이기 위한 방법으로 '종업원 비교법'을 도입하고자 한다 이때 제거 가능한 오류(a)와 여전히 존재하는 오류(b)를 옳게 짝지은 것은?

① a: 후광오류, b: 중앙집중오류

② a: 후광오류, b: 관대화오류

③ a: 중앙집중오류, b: 관대화오류

④ a: 관대화오류, b: 중앙집중오류

⑤ a: 중앙집중오류, b: 후광오류

60 ■ **스트레스의 작용과 대응**

1. 스트레스 요인(Stressors)
   1) 환경적 요인: 직장, 학교, 사회적 관계에서 발생하는 압력이나 요구. 예를 들어, 과도한 업무, 직무 갈등, 재정적 문제 등이 이에 해당한다.
   2) 개인적 요인: 자신의 기대에 대한 부담, 완벽주의, 부정적 사고방식 등이 개인적 스트레스 요인이 될 수 있다.
   3) 사회적 요인: 인간관계 갈등, 가족 문제, 사회적 압박 등이 스트레스를 유발할 수 있다.
2. 스트레스 반응(Reaction to Stress)
   1) 신체적 반응: 신체는 스트레스 요인에 반응하여 교감신경계가 활성화되고, "싸움 또는 도피 반응(fight or flight response)"이 일어납니다. 아드레날린이 분비되며, 심박수 증가, 혈압 상승, 근육 긴장 등이 나타납니다.
   2) 심리적 반응: 불안, 우울, 집중력 저하, 의욕 상실 등의 정서적 반응이 나타날 수 있다.
   3) 행동적 반응: 스트레스를 받은 사람은 불면증, 과도한 음주나 흡연, 식습관 변화 등 부적응적인 행동을 보일 수 있다.

■ **예르키스-도슨 법칙(Yerkes-Dodson Law)**

1. 정의: 이 법칙은 각성 수준과 수행 수준 간의 관계가 역U자형 곡선을 따른다고 설명한다. 즉, 각성 수준이 중간 정도일 때 수행 수준이 가장 높고, 각성 수준이 너무 낮거나 너무 높으면 수행 수준이 저하된다는 것이다.
2. 각성 수준이 낮을 때: 긴장이나 각성이 너무 낮으면 동기부여가 부족하거나 집중력이 떨어져 수행이 저하될 수 있다. 이 상태에서는 충분히 주의를 기울이지 않거나, 무관심한 상태가 되어 업무 성과가 저하된다.
3. 각성 수준이 적절할 때: 각성이 중간 수준일 때는 최적의 동기와 집중 상태에 도달하게 된다. 이때, 개인은 집중력과 에너지가 가장 잘 발휘되어 최고의 성과를 내는 경향이 있다.
4. 각성 수준이 너무 높을 때: 각성이 지나치게 높아지면 긴장과 스트레스가 증가하여, 심리적 부담이 커지고 집중력이 흐트러져 수행이 저하된다. 과도한 긴장은 불안이나 압박감으로 인해 주의력과 판단력이 떨어지게 된다.

⑤ 긴장(각성) 수준이 높을수록 수행 수준이 선형적으로 감소하는 것이 아니라, 각성 수준과 수행 수준은 역U자형 곡선의 관계를 따릅니다. 즉, 적절한 수준의 긴장이 있을 때 수행 능력이 최적화되며, 각성이 너무 낮거나 너무 높으면 수행 능력이 떨어지게 된다.

🔍**정답** ⑤

61 ■ **평정오류**

김부장이 평정오류를 줄이기 위해 종업원 비교법(예: 서열법, 강제할당법 등)을 도입할 경우, 특정 오류는 제거할 수 있지만, 다른 오류는 여전히 존재할 수 있다.

(a) 제거 가능한 오류: 관대화 경향, 중심화 경향, 엄격화 경향
   1) 관대화 경향(Leniency Bias): 평가자가 모든 직원에게 과도하게 높은 점수를 주는 경향.
   2) 중심화 경향(Central Tendency Bias): 평가자가 대부분의 직원을 보통 수준으로 평가하는 경향.
   3) 엄격화 경향(Stringency Bias): 평가자가 모든 직원에게 과도하게 낮은 점수를 주는 경향.

(b) 여전히 존재하는 오류: 대비 효과, 후광 효과
   1) 대비 효과(Contrast Effect): 한 직원의 성과가 이전에 평가된 다른 직원과 비교되어 영향을 받는 오류. 우수한 직원과 평균적인 직원이 연이어 평가될 때 대비되어 평균적인 직원이 더 낮게 평가되는 경우가 이에 해당한다.
   2) 후광 효과(Halo Effect): 직원의 특정 한 가지 긍정적 특성이 다른 모든 평가 항목에도 긍정적인 영향을 미쳐, 전반적으로 높게 평가되는 오류.

🔍**정답** ⑤

62 인사 담당자인 김부장은 신입사원 채용을 위해 적절한 심리검사를 활용 하고자 한다 심리검사에 관한 설명으로 옳지 않은 것은?

① 다른 조건이 모두 동일하다면 검사의 문항 수는 내적 일관성의 정도에 영향을 미치지 않는다.

② 반분 신뢰도(split-half reliability)는 검사의 내적 일관성 정도를 보여주는 지표이다.

③ 안면 타당도(face validity)는 검사문항들이 외관상 특정 검사의 문항으로 적절하게 보이는 정도를 의미한다.

④ 준거 타당도(criterion validity)에는 동시 타당도(concurrent validity)와 예측 타당도(predictive validity)가 있다.

⑤ 동형 검사 신뢰도(equivalent-form reliability)는 동일한 구성개념을 측정하는 두 독립적인 검사를 하나의 집단에 실시하여 측정한다.

63 다음에 설명하는 용어는?

> 응집력이 높은 조직에서 모든 구성원들이 하나의 의견에 동의하려는 욕구가 매우 강해, 대안적인 행동방식을 객관적이고 타당하게 평가하지 못함으로써 궁극적으로 비합리적이고 비현실적인 의사결정을 하게 되는 현상이다.

① 집단사고(groupthink)

② 사회적 태만(social loafing)

③ 집단극화(group polarization)

④ 사회적 촉진(social facilitation)

⑤ 남만큼만 하기 효과(sucker effect)

62 ▪ 문항 수와 신뢰도 관계

문항 수가 많아지면 더 많은 데이터 포인트가 생기기 때문에, 검사 결과가 더 안정적이고 일관되게 측정될 가능성이 높아진다. 이는 특정 문항의 오류나 변동성이 전체 검사에 미치는 영향을 줄이기 때문이다. 즉, 여러 문항이 동일한 개념을 측정하면 측정 오차가 분산되어 더 일관된 결과를 얻을 수 있다.

1. 크론바흐 알파(Cronbach's Alpha): 내적 일관성을 평가하는 대표적인 지표인 크론바흐 알파는 문항 수가 증가할수록 일반적으로 더 높아진다. 이는 같은 개념을 측정하는 문항이 많을수록 전체 검사가 더 신뢰도 있게 측정된다는 이론에 기반한다.
2. 반대로, 너무 적은 문항 수: 문항 수가 너무 적으면, 개별 문항의 오류나 변동성이 전체 검사 결과에 큰 영향을 미칠 수 있어 내적 일관성이 낮아질 가능성이 크다.

따라서 문항 수는 내적 일관성에 중요한 영향을 미친다. 문항 수가 많을수록 내적 일관성 신뢰도가 증가할 가능성이 높으므로, "검사의 문항 수는 내적 일관성의 정도에 영향을 미치지 않는다"는 진술은 잘못된 것이다. ◉정답 ①

63 ▪ 집단사고(Groupthink)

1. 정의: 집단사고는 집단 내에서 의견 일치를 지나치게 중시하여, 비판적 사고나 대안 검토 없이 결정을 내리는 현상이다. 집단 구성원들이 갈등을 피하거나 동조 압력에 의해 개별적으로는 동의하지 않는 결정을 집단 차원에서 선택하게 되는 경우를 말한다.
2. 특징: 집단사고는 비판적 논의가 부족하거나 소수 의견이 배제되는 상황에서 발생하며, 결과적으로 잘못된 결정을 내릴 위험이 큽니다.
3. 예시: 팀 내 강력한 리더가 특정한 결정을 고집하는 상황에서, 팀원들이 갈등을 피하기 위해 그 결정을 따르면서 잘못된 결정을 내리는 경우.

② 사회적 태만(social loafing) - 사회적 태만은 집단 작업에서 발생할 수 있는 중요한 문제로, 개인이 집단 내에서 덜 노력하게 만드는 현상이다. 이를 방지하려면 개인의 기여도를 명확히 평가하고, 책임감을 부여하며, 적절한 동기부여와 역할 분담이 이루어져야 한다.
④ 사회적 촉진(social facilitation) - 사회적 촉진은 다른 사람들의 존재가 개인의 과제 수행에 긍정적인 영향을 미치는 현상으로, 주로 익숙한 과제에서 나타납니다. 반대로, 어려운 과제에서는 오히려 긴장감과 주의 분산으로 인해 사회적 억제가 발생할 수 있다. 이 현상은 일상적인 과제분 아니라 직장, 운동, 공연 등 다양한 상황에서 관찰된다. 예시: 운동선수는 많은 관중이 지켜보는 경기에서 더 나은 성과를 낼 가능성이 큽니다.
⑤ 남만큼만 하기 효과(sucker effect) - 남만큼만 하기 효과(Sucker Effect)는 팀 내 무임승차자를 발견했을 때, 자신만 과도하게 일하는 상황을 피하기 위해 다른 구성원들과 비슷한 수준으로 노력을 줄이려는 경향이다. 이는 사회적 태만을 유발하고, 팀 성과 저하로 이어질 수 있다. 이를 방지하기 위해서는 개별 기여도 평가, 역할 분담의 명확화, 팀 내 신뢰 강화가 필요하다. ◉정답 ①

64 용접공이 작업 중에 보호안경을 쓰지 않으면 시력손상을 입는 산업재해가 발생한다 용접공의 행동특성을 ABC행동이론(선행사건, 행동, 결과)에 근거하여기술한 내용으로 옳은 것을 모두 고른 것은?

> ㄱ. 보호안경을 착용하지 않으면 편리하다는 확실한 결과를 얻을 수 있다.
> ㄴ. 보호안경 착용으로 나타나는 예방효과는 안전행동에 결정적인 영향을미친다.
> ㄷ. 미래의 불확실한 이득(시력보호)으로 보호안경의 착용 행위를 증가시키는 것은 어렵다.
> ㄹ. 모범적인 보호안경 착용자에게 공개적인 인센티브를 제공하여 위험행동을 감소하도록 유도한다.

① ㄱ, ㄷ   ② ㄴ, ㄹ   ③ ㄱ, ㄷ, ㄹ
④ ㄴ, ㄷ, ㄹ   ⑤ ㄱ, ㄴ, ㄷ, ㄹ

65 휴먼에러 발생 원인을 설명하는 모델 중, 주로 익숙하지 않은 문제를 해결할 때 사용하는 모델이며 지름길을 사용하지 않고 상황파악, 정보수집, 의사결정, 실행의 모든 단계를 순차적으로 실행하는 방법은?

① 위반행동 모델(violation behavior model)
② 숙련기반행동 모델(skill-based behavior model)
③ 규칙기반행동 모델(rule-based behavior model)
④ 지식기반행동 모델(knowledge-based behavior model)
⑤ 일반화 에러 모형(generic error modeling system)

66 소음의 특성과 청력손실에 관한 설명으로 옳지 않은 것은?

① 0dB 청력수준은 20대 정상 청력을 근거로 산출된 최소역치수준이다.
② 소음성 난청은 달팽이관의 유모세포 손상에 따른 영구적 청력손실이다.
③ 소음성 난청은 주로 1,000Hz 주변의 청력손실로부터 시작된다.
④ 소음작업이란 1일 8시간 작업을 기준으로 85dBA 이상의 소음이 발생하는 작업 이다.
⑤ 중이염 등으로 고막이나 이소골이 손상된 경우 기도와 골도 청력에 차이가 발생 할 수 있다.

64

■ ABC 행동이론

ABC 행동이론은 선행사건(A), 행동(B), **결과(C)**의 세 가지 요소를 중심으로 인간의 행동을 분석하는 이론이다. 이 ABC 모델을 통해 특정 행동이 왜 발생하는지, 그리고 그 행동이 반복될 가능성이 높은지를 분석할 수 있습니다. 행동의 변화는 선행사건이나 결과를 조정함으로써 이루어질 수 있습니다.

1. 선행사건(Antecedent): 행동이 일어나기 전에 발생하는 사건이나 환경적 요인입니다. 이는 행동을 촉발하는 원인으로 볼 수 있다. 예를 들어, 누군가가 배가 고프다는 신호를 느끼면 음식에 대한 행동이 촉발될 수 있다.
2. 행동(Behavior): 선행사건에 대한 반응으로 나타나는 구체적인 행동이다. 이는 사람이 어떠한 자극에 대해 반응하는 실제 행위로, ABC 모델에서는 이 행동이 가장 중요한 부분이다. 예를 들어, 배고픔을 느낀 사람이 음식을 먹는 것이 행동에 해당한다.
3. 결과(Consequence): 행동 이후에 따라오는 결과를 의미한다. 이 결과는 행동의 반복을 강화하거나 감소시킬 수 있다. 예를 들어, 음식을 먹고 만족감을 느끼면 배고픔을 느낄 때 다시 음식을 찾는 행동이 강화된다.

정답 **전항 정답**

65

■ 지식 기반 행동(Knowledge-based behavior) 모델

지식 기반 행동은 작업자가 새롭고 익숙하지 않은 문제에 직면했을 때, 기존의 규칙이나 기술을 사용할 수 없는 상황에서 사용되는 방법이다. 이 방법은 지름길을 사용하지 않고 문제 해결의 각 단계를 체계적으로 밟아나가며 진행된다. 즉, 상황 파악, 정보 수집, 의사 결정, 실행의 과정을 순차적으로 따르는 것이다. 이 과정은 새로운 상황에서 작업자가 기존의 경험이나 지식을 통해 문제를 해결할 수 없을 때 발생하며, 주로 논리적 추론과 분석을 통해 문제를 해결하려고 시도한다.

정답 ④

66

■ 소음의 특성과 청력손실

소음성 난청은 대개 2,000 Hz에서 4,000 Hz 사이의 주파수에서 시작되는 경우가 많다. 이 주파수 대역은 소음에 가장 민감한 영역으로, 소음에 장기간 노출될 경우 가장 먼저 손상되는 부분이다. 4,000 Hz 범위의 주파수에서 가장 두드러지게 나타납니다.

정답 ③

67 인간의 정보처리과정에 관한 설명으로 옳은 것을 모두 고른 것은?

> ㄱ. 단기기억의 용량은 덩이 만들기(chunking)를 통해 확장할 수 있다.
> ㄴ. 감각기억에 있는 정보를 단기기억으로 이전하기 위해서는 주의가 필요하다.
> ㄷ. 신호검출이론(signal-detection theory)에서 누락(miss)은 신호가 없는데도 있다고 잘못 판단하는 경우이다.
> ㄹ. Weber의 법칙에 따르면 10kg의 물체에 대한 무게 변화감지역(JND)이 1kg의 물체에 대한 무게 변화감지역보다 더 크다.

① ㄴ, ㄷ   ② ㄱ, ㄴ, ㄹ

③ ㄱ, ㄷ, ㄹ   ④ ㄴ, ㄷ, ㄹ

⑤ ㄱ, ㄴ, ㄷ, ㄹ

68 어떤 가설을 받아들이고 나면 다른 가능성은 검토하지도 않고 그 가설을 지지하는 증거만을 탐색해서 받아들이는 현상에 해당하는 것은?

① 대표성 어림법(representativeness heuristic)
② 가용성 어림법(availability heuristic)
③ 과잉확신(overconfidence)
④ 확증 편향(confirmation bias)
⑤ 사후확신 편향(hindsight bias)

67 ▪ **신호검출이론(Signal Detection Theory, SDT)**
신호검출이론(Signal Detection Theory, SDT)은 사람이나 시스템이 불확실한 환경에서 정보를 처리하고 신호를 감지하는 방식을 설명하는 이론이다. 주로 감각 처리나 의사 결정 과정에서 사용되며, 잡음(noise) 속에서 의미 있는 신호를 어떻게 구분하는지를 다룹니다. 이 이론은 인간의 지각, 기억, 그리고 의사 결정의 정확도를 측정할 때도 자주 사용된다.
1. 명중(적중)(Hit): 신호가 실제로 존재하며, 이를 정확하게 감지한 경우.
2. 누락(Miss): 신호가 존재하지만, 이를 감지하지 못한 경우.
3. 오경보(False Alarm): 신호가 존재하지 않는데도, 있다고 잘못 판단한 경우.
4. 정기각(정거부)(Correct Rejection): 신호가 없으며, 이를 정확히 감지한 경우.

🔍정답 ②

68 ▪ **인지적 오류(cognitive bias)**
인지적 오류는 사람들이 정보를 처리하거나 결정을 내릴 때, 합리적이거나 객관적이지 않은 방식으로 사고하는 경향을 의미한다. 이는 인간의 뇌가 복잡한 정보를 처리하는 과정에서 나타나는 체계적인 오류로, 다양한 상황에서 잘못된 판단을 내리거나 부정확한 결론에 도달하게 만들 수 있다.

① 대표성 어림법(representativeness heuristic)은 사람들이 무언가의 확률을 판단할 때, 그 대상이 특정 범주나 집단을 얼마나 잘 대표하는지를 기준으로 판단하는 경향을 말한다. 예를 들어, 동전 던지기에서 연속으로 '앞면'이 나왔다고 해서 다음에 '뒷면'이 나올 확률이 더 높다고 생각하는 것이 그 예이다.
② 가용성 어림법(availability heuristic)은 사람들이 어떤 사건이나 사실의 가능성 또는 빈도를 추정할 때, 쉽게 떠오르는 정보에 의존하는 경향을 의미한다. 예를 들어, 뉴스에서 항공사고를 자주 접한 사람은 비행기가 매우 위험한 교통수단이라고 판단할 가능성이 높다.
③ 과잉확신(Overconfidence)은 사람들이 자신의 능력, 판단, 지식 또는 예측의 정확성을 실제보다 과대평가하는 인지적 편향이다. 예를 들어, 주식 시장에서 자신의 예측이 항상 옳을 것이라고 생각하여 위험한 투자를 감행하는 경우가 이에 해당한다.
④ 확증 편향(Confirmation bias)은 사람들이 자신의 기존 신념이나 기대에 부합하는 정보만 선택적으로 수집하거나 해석하고, 그와 반대되는 정보는 무시하거나 과소평가하는 인지적 편향을 의미한다. 예를 들어, 특정 정치적 견해를 가진 사람이 그 견해를 지지하는 뉴스 매체나 웹사이트만 찾는 경우가 있다.
⑤ 사후확신 편향(Hindsight bias)은 어떤 사건이 발생한 후에 그 사건의 결과를 미리 알았다고 생각하거나, 그 결과가 예상했던 것처럼 느끼는 인지적 편향을 말한다. 흔히 "내가 그럴 줄 알았어!"라는 식의 반응으로 표현되며, 과거의 사건을 되돌아보면서 실제로는 예측하지 못했던 것을 마치 알고 있었던 것처럼 생각하는 경향이 나타난다.

🔍정답 ④

69 근로자 건강진단에 관한 설명으로 옳지 않은 것은?

① 납땜 후 기판에 묻어 있는 이물질을 제거하기 위하여 아세톤을 취급하는 근로자는 특수건강진단 대상자이다.

② 우레탄수지 코팅공정에 디메틸포름아미드 취급 근로자의 배치 후 첫 번째 특수 건강진단 시기는 3개월 이내이다.

③ 6개월간 오후 10시부터 다음날 오전 6시 사이의 시간 중 작업을 월 평균 60시간 이상 수행하는 근로자는 야간작업 특수건강진단 대상자이다.

④ 직업성 천식 및 직업성 피부염이 의심되는 근로자에 대한 수시건강진단의 검사 항목이 있다.

⑤ 정밀기계 가공작업에서 금속가공유 취급 시 노출되는 근로자는 배치 전·특수건강 진단 대상자이다.

70 관리대상 유해물질 관련 국소배기장치 후드의 제어풍속에 관한 설명으로 옳지 않은 것은?

① 가스 상태 물질 포위식 포위형 후드는 제어풍속이 0.4m/s 이상이다.

② 가스 상태 물질 외부식 측방흡인형 후드는 제어풍속이 0.5m/s 이상이다.

③ 가스 상태 물질 외부식 상방흡인형 후드는 제어풍속이 1.0m/s 이상이다.

④ 입자 상태 물질 포위식 포위형 후드는 제어풍속이 1.0m/s 이상이다.

⑤ 입자 상태 물질 외부식 상방흡인형 후드는 제어풍속이 1.2m/s 이상이다.

69 ■ 특수건강진단의 시기 및 주기
■ 산업안전보건법 시행규칙 [별표 23]

특수건강진단의 시기 및 주기(제202조제1항 관련)

구분	대상 유해인자	시기 (배치 후 첫 번째 특수 건강진단)	주기
1	N,N-디메틸아세트아미드 디메틸포름아미드	1개월 이내	6개월
2	벤젠	2개월 이내	6개월
3	1,1,2,2-테트라클로로에탄 사염화탄소 아크릴로니트릴 염화비닐	3개월 이내	6개월
4	석면, 면 분진	12개월 이내	12개월
5	광물성 분진 목재 분진 소음 및 충격소음	12개월 이내	24개월
6	제1호부터 제5호까지의 대상 유해인자를 제외한 별표22의 모든 대상 유해인자	6개월 이내	12개월

정답 ②

70 ■ 관리대상 유해물질 관련 국소배기장치 후드의 제어풍속(제31조 관련)

[별표 2]

관리대상 유해물질 관련 국소배기장치 후드의 제어풍속(제31조 관련)

물질의 상태	후드 형식	제어풍속(m/sec)
가스 상태	포위식 포위형	0.4
	외부식 측방흡인형	0.5
	외부식 하방흡인형	0.5
	외부식 상방흡인형	1.0
입자 상태	포위식 포위형	0.7
	외부식 측방흡인형	1.0
	외부식 하방흡인형	1.0
	외부식 상방흡인형	1.2

정답 ④

71 산업위생의 범위에 관한 설명으로 옳지 않은 것은?

① 새로운 화학물질을 공정에 도입하려고 계획할 때, 알려진 참고자료를 바탕으로 노출 위험성을 예측한다.

② 화학물질 관리를 위해 국소배기장치를 직접 제작 및 설치한다.

③ 작업환경에서 발생할 수 있는 감염성질환을 포함한 생물학적 유해인자에 대한 위험성 평가를 실시한다.

④ 노출기준이 설정되지 않은 물질에 대하여 노출수준을 측정하고 참고자료와 비교하여 평가한다.

⑤ 동일한 직무를 수행하는 노동자 그룹별로 직무특성을 상세하게 기술하고 유사 노출그룹을 분류한다.

72 미국산업위생학회에서 산업위생의 정의에 관한 설명으로 옳지 않은 것은?

① 인지란 현재 상황의 유해인자를 파악하는 것으로 위험성 평가(Risk Assessment)를 통해 실행할 수 있다.

② 측정은 유해인자의 노출 정도를 정량적으로 계측하는 것이며 정성적 계측도 포함한다.

③ 평가의 대표적인 활동은 측정된 결과를 참고자료 혹은 노출기준과 비교하는 것이다.

④ 관리에서 개인보호구의 사용은 최후의 수단이며 공학적, 행정적인 관리와 병행해야 한다.

⑤ 예측은 산업위생 활동에서 마지막으로 요구되는 활동으로 앞 단계들에서 축적된 자료를 활용하는 것이다.

73 국가별 노출기준 중 법적 제재력이 없는 것은?

① 독일 GCIHHCC의 MAK   ② 영국 HSE의 WEL

③ 일본 노동성의 CL   ④ 우리나라 고용노동부의 허용기준

⑤ 미국 OSHA의 PEL

71 ▪ 산업위생의 범위

산업위생의 주요 역할은 위험 요소를 인식하고, 평가하며, 관리하는 것이지만, 국소배기장치의 직접 제작 및 설치는 주로 기계 설계자나 엔지니어링 팀이 담당하는 기술적인 업무이다. 즉, 산업위생의 역할은 국소배기장치의 필요성을 인식하고 평가하는 것이지, 장치를 직접 제작하거나 설치하는 것이 아니다.

🔍정답 ②

72 ▪ 미국산업위생학회(American Industrial Hygiene Association, AIHA)의 산업위생(Industrial Hygiene)

1. 예측: 발생 가능한 위험 요소를 미리 예상하고 대비
2. 인지: 실제로 존재하는 위험 요소를 인식
3. 측정: 위험 요소를 정량적으로 측정
4. 평가: 측정된 데이터를 바탕으로 위험의 심각성을 평가
5. 관리: 위험을 최소화하거나 제거하기 위한 조치를 취함

🔍정답 ⑤

73 ▪ 독일의 GCIHHCC 의 MAK(Maximale Arbeitsplatz-Konzentration)

MAK 값은 특정 화학물질이 작업장에서 안전하게 노출될 수 있는 최대 농도를 정의하며, 근로자의 건강을 보호하기 위한 지침으로 사용된다. MAK 값은 법적 구속력이 없지만, 독일 내에서 작업장 안전 관리 및 건강 보호의 중요한 기준으로 활용된다.

🔍정답 ①

74 산업위생관리의 기본원리 중 작업관리에 해당하는 것은?

① 유해물질의 대체   ② 국소배기 시설

③ 설비의 자동화   ④ 작업방법 개선

⑤ 생산공정의 변경

75 유기용제의 일반적인 특성 및 독성에 관한 설명으로 옳은 것을 모두 고른 것은?

> ㄱ. 탄소사슬의 길이가 길수록 유기화학물질의 중추신경 억제효과는 증가한다.
> ㄴ. 염화메틸렌이 사염화탄소보다 더 강력한 마취특성을 가지고 있다.
> ㄷ. 불포화탄화수소는 포화탄화수소보다 자극성이 작다.
> ㄹ. 유기분자에 아민이 첨가되면 피부에 대한 부식성이 증가한다.

① ㄱ, ㄴ   ② ㄱ, ㄷ   ③ ㄱ, ㄹ

④ ㄴ, ㄷ   ⑤ ㄴ, ㄹ

74 ■ 산업위생관리의 기본원리

1. 대치 (Substitution): 위험한 화학물질이나 유해한 작업 조건을 덜 위험한 대체물이나 조건으로 교체하는 방법이다. 예시: 유해한 용제를 덜 유해한 물질로 대체하거나, 기계에서 사용하는 독성 화학물질을 안전한 물질로 바꾸는 것.

2. 격리 (Isolation): 위험 요소를 작업 환경에서 격리하여 근로자의 노출을 최소화하는 방법이다. 예시: 유해 화학물질을 처리하는 작업을 별도의 공간에서 수행하거나, 위험 기계 장비를 안전한 거리에서 조작하도록 설계하는 것.

3. 환기 (Ventilation): 작업 환경 내 유해 물질의 농도를 낮추기 위해 공기를 순환시키는 방법이다. 이는 자연 환기 또는 기계 환기로 나눌 수 있다. 예시: 국소 배기 시스템을 설치하여 유해 화학물질이 포함된 공기를 제거하거나, 환기 팬을 통해 신선한 공기를 공급하는 것.

4. 교육 (Training): 근로자에게 안전한 작업 방법과 유해 물질에 대한 정보를 제공하여 자가 보호 능력을 향상시키는 방법이다. 예시: 정기적인 안전 교육, 화학물질 안전 데이터 시트(SDS) 교육, 응급 상황 대처 훈련 등을 실시하는 것.

5. 작업 관리 (Work Management): 작업 과정과 절차를 체계적으로 개선하여 위험을 최소화하는 방법이다. 예시: 표준 운영 절차(SOP) 마련, 작업 순서 개선, 안전 규정 준수 등을 통해 근로자의 안전을 강화하는 것.

6. 보호구 (Personal Protective Equipment, PPE): 근로자가 위험에 노출되지 않도록 보호하는 장비 및 도구이다. 예시: 마스크, 방진복, 안전 안경, 귀마개 등 개인 보호 장비를 제공하여 근로자가 안전하게 작업할 수 있도록 하는 것.

정답 ④

75 ■ 유기용제의 일반적인 특성 및 독성

ㄴ. 염화메틸렌: 중간 강도의 마취제로 사용되며, 빠른 흡수 속도를 가지고 있다. 일반적으로 수술 중 마취제로 사용되기도 한다. 사염화탄소: 과거에는 마취제로 사용되었으나, 현재는 독성과 간 손상의 위험 때문에 사용이 제한되고 있다.

ㄷ. 포화 탄화수소는 모든 탄소-탄소 결합이 단일 결합으로 구성된 화합물이다. 예를 들어, 알케인(예: 메탄, 에탄). 불포화 탄화수소는 하나 이상의 이중 결합이나 삼중 결합을 포함하는 화합물이다. 예를 들어, 알켄(예: 에틸렌), 알카인(예: 아세틸렌). 불포화 탄화수소는 이중 결합이나 삼중 결합을 포함하기 때문에, 화학 반응성이 더 크고 일반적으로 더 강한 자극성을 나타냅니다. 이로 인해 호흡기 자극, 피부 자극 등의 증상을 유발할 수 있다.

정답 ③

51 직무관리에 관한 설명으로 옳지 않은 것은?

① 직무분석이란 직무의 내용을 체계적으로 분석하여 인사관리에 필요한 직무정보를 제공하는 과정이다.

② 직무설계는 직무 담당자의 업무 동기 및 생산성 향상 등을 목표로 한다.

③ 직무충실화는 작업자의 권한과 책임을 확대하는 직무설계방법이다.

④ 핵심직무특성 중 과업중요성은 직무담당자가 다양한 기술과 지식 등을 활용하도록 직무설계를 해야 한다는 것을 말한다.

⑤ 직무평가는 직무의 상대적 가치를 평가하는 활동이며, 직무평가 결과는 직무급의 산정에 활용된다.

52 노동조합에 관한 설명으로 옳지 않은 것은?

① 직종별 노동조합은 산업이나 기업에 관계없이 같은 직업이나 직종 종사자들에 의해 결성된다.

② 산업별 노동조합은 기업과 직종을 초월하여 산업을 중심으로 결성된다.

③ 산업별 노동조합은 직종 간, 회사 간 이해의 조정이 용이하지 않다.

④ 기업별 노동조합은 동일 기업에 근무하는 근로자들에 의해 결성된다.

⑤ 기업별 노동조합에서는 근로자의 직종이나 숙련 정도를 고려하여 가입이 결정된다.

51 ▪ **직무특성이론**

④ 과업 중요성(Task Significance)은 직무 담당자가 다양한 기술과 지식을 활용하는 것과는 관련이 없다. 과업 중요성은 직무가 조직 내 또는 외부에서 다른 사람들에게 얼마나 중요한 영향을 미치는지를 의미하는 개념이다. 예를 들어, 병원에서 일하는 의료진의 직무는 환자의 건강과 생명에 중요한 영향을 미치기 때문에 과업 중요성이 매우 크다.

직무 담당자가 다양한 기술과 지식을 활용하도록 직무 설계를 해야 한다는 내용은 기술 다양성(Skill Variety)과 더 관련이 있다. 기술 다양성은 직무 수행자가 여러 가지 다른 기술, 지식, 능력을 사용하여 다양한 과업을 수행할 수 있는지를 설명하는 특성이다.

🔍정답 ④

52 ▪ **노동조합의 유형**

1. 직종별 노동조합(Craft Union) – 같은 직업이나 직종에 종사하는 근로자들이 산업이나 기업과 상관없이 결성하는 노동조합
   예시: 목수, 전기기사, 간호사, 교사 등과 같은 특정 직업에 종사하는 근로자들이 하나의 산업이나 기업에 상관없이 결성할 수 있다.
2. 산업별 노동조합(Industrial Union) – 같은 산업에 종사하는 모든 근로자들이, 직종이나 직무에 관계없이 결성하는 노동조합을 의미
3. 기업별 노동조합 – 특정 기업 내의 근로자들로 구성된 노동조합을 의미
4. 일반노동조합 – 특정 직종이나 산업이 아닌 다양한 직업군, 업종, 또는 지역에서 일하는 근로자들을 대상으로 조직된 노동조합을 의미, 다국적 기업이나 플랫폼 노동자, 비정규직 근로자들의 문제를 해결하는 데 있어 중요한 역할을 할 수 있으며, 사회적 불평등을 해소하기 위한 중요한 노동운동 조직이다.

⑤ 기업별 노동조합의 기본적인 목적은 기업 내 근로자들의 권익을 보호하는 것이므로, 직종이나 숙련도에 따른 제한은 크게 두지 않고 다양한 근로자들이 참여하는 것이 일반적이다.

🔍정답 ⑤

53 조직구조 유형에 관한 설명으로 옳지 않은 것은?

① 기능별 구조는 부서 간 협력과 조정이 용이하지 않고 환경변화에 대한 대응이 느리다.

② 사업별 구조는 기능 간 조정이 용이하다.

③ 사업별 구조는 전문적인 지식과 기술의 축적이 용이하다.

④ 매트릭스 구조에서는 보고체계의 혼선이 야기될 가능성이 높다.

⑤ 매트릭스 구조는 여러 제품라인에 걸쳐 인적자원을 유연하게 활용하거나 공유 할 수 있다.

54 JIT(just-in-time) 생산방식의 특징으로 옳지 않은 것은?

① 간판(kanban)을 이용한 푸시(push) 시스템

② 생산준비시간 단축과 소(小)로트 생산

③ U자형 라인 등 유연한 설비배치

④ 여러 설비를 다룰 수 있는 다기능 작업자 활용

⑤ 불필요한 재고와 과잉생산 배제

53 ▪ 조직구조 유형

조직구조는 조직이 목표를 달성하기 위해 업무를 나누고, 조정하며, 관리하는 방식을 나타내며, 조직의 특성과 환경에 따라 다양한 유형이 존재한다.

1. 기능별 조직(Functional Structure): 조직이 기능에 따라 분화된 구조로, 마케팅, 재무, 인사, 생산 등 전문화된 기능별 부서로 나누어진다.

2. 라인 조직(Line Structure): 수직적 계층 구조가 명확한 구조로, 의사결정이 위에서 아래로 내려가는 형태이다. 명령과 책임의 계통이 명확하여, 상위 관리자가 하위 직원들에게 직접 명령을 내립니다.

3. 라인스태프형 조직(Line and Staff Structure): 라인 조직의 수직적 명령 계통에 스태프 부서가 추가된 형태이다. 라인 부서는 주로 의사결정과 실행을 담당하고, 스태프 부서는 전문적 자문과 지원 역할을 한다.

4. 사업부제 조직(Divisional Structure): 조직이 제품, 지역, 고객 등의 기준에 따라 여러 사업부로 나뉘어 운영되는 구조이다. 각 사업부는 독립적인 이익을 창출하며, 자체적인 자원과 기능을 가지고 있다.

5. 프로젝트 조직(Project Structure): 특정 프로젝트를 중심으로 일시적인 팀을 구성하여 운영하는 구조이다. 팀원들은 각 기능 부서에서 차출되어 프로젝트 완료 후 원래 부서로 돌아간다.

6. 매트릭스 조직(Matrix Structure): 기능별 조직과 프로젝트 조직의 장점을 결합한 구조로, 직원들이 이중보고 체계를 가지며, 기능 부서와 프로젝트 팀 모두에 속하게 된다.

7. 네트워크 조직(Network Structure): 조직이 핵심 기능만 내부에서 수행하고, 나머지 기능은 외부 협력업체에 아웃소싱하는 구조이다. 조직은 외부 협력업체와의 네트워크를 통해 운영된다.

③ 사업부제 구조는 신속한 의사결정과 시장 적응력에서 강점을 가지지만, 전문적인 지식과 기술의 축적에는 한계가 있을 수 있다. 기능이 각 사업부로 분산되기 때문에 조직 전체 차원에서 전문 지식과 기술이 일관되게 축적되기 어렵고, 중복된 자원 활용이 발생할 수 있다. 기능별 구조(Functional Structure)가 오히려 전문지식과 기술의 심화와 축적에 더 유리할 수 있다.

🔍정답 ③

54 ▪ JIT(Just-In-Time)

JIT(Just-In-Time) 생산방식은 재고를 최소화하고, 필요한 부품이나 자재를 필요한 시점에만 생산 및 공급하는 방식이다. 일본의 도요타(Toyota)에서 처음 도입된 이 방식은 낭비를 제거하고 효율성을 극대화하기 위해 고안된 생산 관리 기법이다.

1. JIT 생산방식의 주요 특징:

1) 재고 최소화: 필요할 때만 필요한 양만큼의 재료나 부품을 공급받아 생산하므로, 과잉 재고를 줄이고 재고 유지 비용을 절감할 수 있다. 이를 통해 불필요한 자본의 낭비를 줄이고, 재고로 인한 관리 비용을 최소화한다.

2) 적시 생산(Just-in-Time): JIT에서는 고객 주문이나 생산 계획에 맞추어 필요한 시점에 필요한 만큼만 생산한다. 이를 통해 생산 속도와 수요를 일치시켜 과잉 생산을 방지한다.

3) 낭비 제거: JIT의 또 다른 중요한 목표는 낭비(Waste)를 제거하는 것이다. 여기서 낭비란 불필요한 재고, 대기 시간, 과잉 생산, 불필요한 이동, 비효율적인 작업 과정 등을 포함한다.

4) 유연한 생산: JIT는 유연한 생산 시스템을 통해 빠르게 수요 변화에 대응할 수 있다. 수요가 증가하거나 감소할 때, 신속하게 생산 계획을 변경할 수 있도록 시스템을 설계한다. 소량 다품종 생산이 요구되는 상황에서도 JIT는 효과적으로 적용될 수 있다.

5) 협력적인 공급망: JIT는 공급업체와의 긴밀한 협력이 필수적이다. 부품이 필요한 시점에 적시에 공급되어야 하므로, 공급망 내의 정확한 정보 공유와 신뢰가 중요하다. 공급 지연이나 품질 문제가 발생하면 생산에 즉각적인 영향을 미치기 때문에, 공급업체의 품질 관리와 납기 준수가 핵심이다.

6) 품질 관리 강화: JIT는 품질 관리를 중요시한다. 불량품이 발생하면 즉시 생산 라인에 영향을 미치기 때문에, 불량률을 최소화하는 것이 매우 중요하다. 이를 위해 전 공정에서 품질 관리를 강화하고, 문제가 발생하면 즉시 해결할 수 있는 체계를 구축한다.

7) 작업 표준화: JIT에서는 작업의 표준화가 강조된다. 표준화된 작업 절차를 통해 생산 과정의 일관성을 유지하고, 효율성을 극대화할 수 있다. 표준화된 절차를 통해 작업자 간의 차이를 줄이고, 생산성을 높인다.

8) 낭비의 시각화 및 카이젠(Kaizen): JIT는 문제의 시각화를 중시한다. 문제나 지연이 발생하면, 즉시 눈에 띄게 보고하여 빠르게 대응할 수 있도록 한다. 또한 카이젠(Kaizen), 즉 지속적인 개선을 통해 공정의 비효율성을 줄이고 생산성을 높이기 위한 노력이 지속된다.

① 간판(Kanban)은 풀 시스템의 도구로 사용되며, 실제 수요에 맞춰 생산이 이루어지도록 하는 방식이다. JIT 시스템에서 간판을 이용한 푸시 시스템이라는 설명은 틀린 내용이다. 푸시 시스템은 미리 생산해 재고를 쌓아두고 관리하는 방식으로, JIT의 재고 최소화와는 상반되는 개념이다.

🔍정답 ①

55 매슬로우(A Maslow)의 욕구단계이론 중 자아실현욕구를 조직행동에 적용한 것은?

① 도전적 과업 및 창의적 역할 부여
② 타인의 인정 및 칭찬
③ 화해와 친목분위기 조성 및 우호적인 작업팀 결성
④ 안전한 작업조건 조성 및 고용 보장
⑤ 냉난방 시설 및 사내식당 운영

56 품질개선 도구와 그 주된 용도의 연결로 옳지 않은 것은?

① 체크시트(check sheet): 품질 데이터의 정리와 기록
② 히스토그램(histogram): 중심위치 및 분포 파악
③ 파레토도(Pareto diagram): 우연변동에 따른 공정의 관리상태 판단
④ 특성요인도(cause and effect diagram): 결과에 영향을 미치는 다양한 원인들을 정리
⑤ 산점도(scatter plot): 두 변수 간의 관계를 파악

57 어떤 프로젝트의 PERT(program evaluation and review technique) 네트워크와 활동소요시간이 아래와 같을 때, 옳지 않은 설명은?

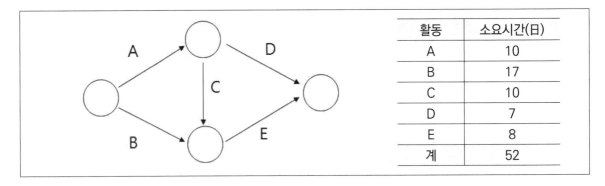

활동	소요시간(日)
A	10
B	17
C	10
D	7
E	8
계	52

① 주경로(critical path)는 A-C-E이다.
② 프로젝트를 완료하는 데에는 적어도 28일이 필요하다.
③ 활동 D의 여유시간은 11일이다.
④ 활동 E의 소요시간이 증가해도 주경로는 변하지 않는다.
⑤ 활동 A의 소요시간을 5일만큼 단축시킨다면 프로젝트 완료시간도 5일만큼 단축된다.

55 ▪ 매슬로우(A. Maslow)의 욕구단계이론 중 자아실현욕구를 조직행동에 적용한 사례

1. 직무 확대(Job Enrichment) – 직무 확대는 직원이 직무에서 더 많은 책임과 권한을 부여받고, 자신의 능력과 창의성을 발휘할 수 있는 기회를 제공받는 것을 의미한다. 이를 통해 직무에 대한 만족도와 자기 성취감을 높일 수 있다.

2. 자율적 근무 환경 제공 – 조직에서 자율성을 부여하여 직원들이 자신의 일에 대해 독립적으로 의사결정을 할 수 있는 환경을 제공하는 것이 자아실현 욕구 충족에 도움이 된다. 이는 직원들이 자신의 창의성과 능력을 발휘하여 문제 해결과 의사결정에 기여할 수 있는 기회를 제공하는 방식이다.

3. 자기 개발 및 교육 기회 제공 – 조직이 직원들에게 자기 개발 기회와 교육 프로그램을 제공하여, 자신의 역량을 성장시키고 전문성을 쌓을 수 있는 환경을 제공하는 것이 자아실현 욕구 충족에 기여한다.

4. 창의적 업무 및 혁신 장려 – 직원들이 창의적 사고와 혁신적인 아이디어를 자유롭게 제안하고 이를 실제로 적용할 수 있는 기회를 제공함으로써, 자아실현 욕구를 충족시킬 수 있다.

5. 승진 및 경력 개발 기회 제공 – 조직에서 직원들에게 명확한 경력 개발 계획을 제공하고, 성과에 따른 승진 기회를 제공함으로써 자아실현 욕구를 충족시킬 수 있다.

정답 ①

56 ▪ 파레토도(Pareto Diagram)

파레토도는 문제의 원인이나 불량 등에서 중요한 소수의 원인이 전체 문제의 대다수를 차지한다는 파레토 법칙(80/20 법칙)을 시각적으로 표현한 도구이다. 우연 변동이나 공정 관리를 위한 도구가 아니라, 가장 중요한 문제의 원인을 찾아내고 우선순위를 정하는 데 사용된다. 주로 불량 발생 원인, 고객 불만 등의 원인 분석에서 사용되며, 중요한 몇 가지 요소가 전체 결과에 큰 영향을 미친다는 사실을 시각화한다.

정답 ③

57 ▪ PERT(Program Evaluation and Review Technique)

PERT(Program Evaluation and Review Technique)는 프로젝트 관리 기법 중 하나로, 불확실한 프로젝트 일정을 효과적으로 계획하고 관리하기 위해 개발된 네트워크 분석 도구이다. PERT 네트워크는 주로 시간이 변동할 가능성이 높은 프로젝트에서 활용되며, 각각의 활동이 얼마나 시간이 걸릴지를 예측하는 데 도움을 준다.

PERT 네트워크의 구성 요소:

1. 활동(Activity): 프로젝트를 완료하기 위해 수행해야 할 작업을 의미하며, 화살표(Edge)로 표시된다. 각각의 활동은 시작과 끝을 가지며, 특정한 시간이 소요된다.

2. 이벤트(Event): 활동의 시작점과 끝점을 의미하며, 노드(Node)로 표시된다. 한 활동이 완료되면 다음 활동이 시작될 수 있는 상태를 나타냅니다.

3. 경로(Path): PERT 네트워크에서 시작 노드에서 종료 노드까지 연결된 모든 활동들의 연속을 경로라고 한다.

4. 주요 경로(Critical Path):프로젝트 완료에 가장 오래 걸리는 경로를 의미하며, 주어진 프로젝트에서 최소 완료 시간을 결정한다. 주요 경로에 있는 활동들은 여유 시간이 없으므로, 일정 지연이 발생하면 프로젝트 전체 일정이 지연된다.

5. 여유 시간(Slack): 특정 활동이 지연될 수 있는 최대 시간으로, 여유 시간이 없는 활동들은 프로젝트 전체 일정에 직접적인 영향을 미칩니다. 주요 경로의 활동들은 여유 시간이 0이다.

▪ 주경로찾기

① A→D = 17일, A→C→E = 28일 ∴28일 –17일 = 11일

② 활동 A공정을 단축하면 주경로는 B→E(25일)로 28일-25일=3일로 ∴최대 3일 단축 가능

정답 ⑤

58 공장의 설비배치에 관한 설명으로 옳은 것을 모두 고른 것은?

> ㄱ. 제품별 배치(product layout)는 연속, 대량생산에 적합한 방식이다.
> ㄴ. 제품별 배치를 적용하면 공정의 유연성이 높아진다는 장점이 있다.
> ㄷ. 공정별 배치(process layout)는 범용설비를 제품의 종류에 따라 배치한다.
> ㄹ. 고정위치형 배치(fixed position layout)는 주로 항공기 제조, 조선, 토목건축 현장에서 찾아볼 수 있다.
> ㅁ. 셀형 배치(cellular layout)는 다품종소량생산에서 유연성과 효율성을 동시에 추구할 수 있다.

① ㄱ, ㅁ

② ㄱ, ㄹ, ㅁ

③ ㄴ, ㄷ, ㄹ

④ ㄱ, ㄴ, ㄹ, ㅁ

⑤ ㄱ, ㄷ, ㄹ, ㅁ

59 리더십 이론의 설명으로 옳은 것을 모두 고른 것은?

> ㄱ. 블레이크(R. Blake)와 머튼(J. Mouton)의 리더십 관리격자모형에 의하면 일(생산)에 대한 관심과 사람에 대한 관심이 모두 높은 리더가 이상적 리더이다.
> ㄴ. 피들러(F. Fiedler)의 리더십상황이론에 의하면 상황이 호의적일 때 인간중심형 리더가 과업지향형 리더보다 효과적인 리더이다.
> ㄷ. 리더-부하 교환이론(leader-member exchange theory)에 의하면 효율적인 리더는 믿을만한 부하들을 내 집단(in-group)으로 구분하여, 그들에게 더 많은 정보를 제공하고, 경력개발 지원 등의 특별한 대우를 한다.
> ㄹ. 변혁적 리더는 예외적인 사항에 대해 개입하고, 부하가 좋은 성과를 내도록 하기 위해 보상시스템을 잘 설계한다.
> ㅁ. 카리스마 리더는 강한 자기 확신, 인상관리, 매력적인 비전 제시 등을 특징으로 한다.

① ㄱ, ㄴ, ㄹ

② ㄱ, ㄷ, ㅁ

③ ㄴ, ㄷ, ㄹ

④ ㄱ, ㄴ, ㄷ, ㅁ

⑤ ㄱ, ㄷ, ㄹ, ㅁ

58 ▪ **공장의 설비배치**

1. 제품별 배치(Product Layout)
   1) 특징: 제품별 배치는 연속 생산이나 대량 생산에 적합한 방식이다. 생산 라인이 특정 제품에 맞추어 설계되어 일관된 흐름을 유지한다.
   2) 적용: 자동차 조립 라인이나 전자제품 생산 같은 대량 생산에 적합한다.
   3) 장점: 높은 생산 효율성과 짧은 생산 시간을 확보할 수 있다.
   4) 단점: 유연성이 낮고, 생산 라인의 변경이 어렵기 때문에, 다양한 제품을 생산할 때는 비효율적이다.
2. 공정별 배치(Process Layout)
   1) 특징: 공정별 배치는 같은 기능을 가진 기계나 작업을 한 곳에 배치하여 다양한 제품을 생산할 수 있는 유연성을 제공한다.
   2) 적용: 소량 생산이나 다품종 생산에 적합하며, 병원, 기계 가공 공장 등에서 사용된다.
   3) 장점: 유연성이 높아 다양한 제품을 처리할 수 있다.
   4) 단점: 작업 간의 이동 시간이 길어질 수 있으며, 대량 생산에 비효율적이다.
3. 고정위치형 배치(Fixed Position Layout)
   1) 특징: 제품이 고정된 위치에 있고, 필요한 자재나 작업자가 그 위치로 이동하여 작업하는 방식이다. 주로 크기가 크거나 이동이 어려운 제품에 사용된다.
   2) 적용: 항공기 제조, 조선업, 건축현장 등.
   3) 장점: 대형 제품이나 고정된 장소에서 작업해야 하는 경우 적합한다.
   4) 단점: 작업자나 장비의 이동이 필요하여 비효율이 발생할 수 있다.
4. 셀형 배치(Cellular Layout)
   1) 특징: 셀형 배치는 유사한 제품군을 처리할 수 있는 작업 셀을 구성하여 효율성과 유연성을 동시에 추구하는 방식이다. 여러 작업이 작은 작업 셀에서 이루어지며, 다품종 소량 생산에 적합한다.
   2) 적용: 부품 조립, 다양한 소규모 제품 생산에 사용된다.
   3) 장점: 높은 유연성과 효율성을 동시에 달성할 수 있다.
   4) 단점: 셀 구성과 셀 내 작업의 균형을 맞추는 것이 어려울 수 있다.

ㄴ. 제품별 배치는 유연성이 낮다. 특정 제품에 맞춰 생산 라인이 고정되기 때문에 다양한 제품을 생산하는 데는 비효율적이다.
ㄷ. 공정별 배치는 제품의 종류에 따라 배치하는 것이 아니라, 공정이나 기능에 따라 배치하는 방식이기 때문이다.

🔍**정답** ②

59 ▪ **리더십 이론**

ㄴ. 피들러의 리더십 상황이론에서 상황이 매우 호의적일 때는 과업지향형 리더가 더 효과적이며, 인간중심형 리더는 상황이 중간 정도로 호의적일 때 더 잘 맞다.
ㄹ. 거래적 리더십은 부하들의 성과에 따라 보상과 처벌을 사용하는 리더십 스타일로, 리더는 예외적인 사항에 개입하거나 보상 시스템을 통해 동기를 부여하는 데 중점을 둡니다.

변혁적 리더십은 부하들의 동기와 가치에 더 큰 영향을 미치며, 단순히 보상을 통해 동기를 부여하는 것을 넘어서는 접근 방식을 사용한다. 변혁적 리더는 부하들의 잠재력을 극대화하고, 그들이 더 높은 성과를 내도록 영감을 주며, 개인의 성장과 조직의 혁신을 촉진한다.

변혁적 리더십의 핵심 특징

1) 이상화된 영향력(Idealized Influence) – 변혁적 리더는 부하들에게 존경과 신뢰를 받으며, 롤모델 역할을 한다. 그들의 가치관과 행동은 부하들이 따라하고 싶어하는 본보기가 된다.
2) 영감적 동기부여(Inspirational Motivation) – 변혁적 리더는 비전을 제시하고, 그 비전을 통해 부하들이 동기를 얻고 헌신하도록 만든다. 리더는 조직의 목표를 명확하게 전달하며, 부하들에게 도전적이고 의미 있는 목표를 부여한다.
3) 지적 자극(Intellectual Stimulation) – 변혁적 리더는 부하들이 창의적 사고를 하도록 격려하고, 기존의 방식에 대해 의문을 제기하도록 돕는다. 이를 통해 부하들은 문제 해결에 새로운 방식으로 접근하게 되고, 조직의 혁신을 촉진할 수 있다.
4) 개별적 배려(Individualized Consideration) – 변혁적 리더는 부하들의 개별적 요구와 성장에 관심을 기울이다. 리더는 부하들에게 맞춤형 지원과 멘토링을 제공하여 그들이 자신의 잠재력을 발휘할 수 있도록 돕는다.

🔍**정답** ②

60 산업심리학의 연구방법에 관한 설명으로 옳지 않은 것은?

① 관찰법: 행동표본을 관찰하여 주요 현상들을 찾아 기술하는 방법이다.

② 사례연구법: 한 개인이나 대상을 심층 조사하는 방법이다.

③ 설문조사법: 설문지 혹은 질문지를 구성하여 연구하는 방법이다.

④ 실험법: 원인이 되는 종속변인과 결과가 되는 독립변인의 인과관계를 살펴보는 방법이다.

⑤ 심리검사법: 인간의 지능, 성격, 적성 및 성과를 측정하고 정보를 제공하는 방법이다.

61 일-가정 갈등(work-family conflict)에 관한 설명으로 옳지 않은 것은?

① 일과 가정의 요구가 서로 충돌하여 발생한다.

② 장시간 근무나 과도한 업무량은 일-가정 갈등을 유발하는 주요한 원인이 될 수 있다.

③ 적은 시간에 많은 것을 해내기를 원하는 경향이 강한 사람은 더 많은 일-가정 갈등을 경험한다.

④ 직장은 일-가정 갈등을 감소시키는 데 중요한 역할을 담당하지 않는다.

⑤ 돌봐 주어야 할 어린 자녀가 많을수록 더 많은 일-가정 갈등을 경험한다.

62 인간의 정보처리 방식 중 정보의 한 가지 측면에만 초점을 맞추고 다른 측면은 무시하는 것은?

① 선택적 주의(selective attention)　② 분할 주의(divided attention)

③ 도식(schema)　④ 기능적 고착(functional fixedness)

⑤ 분위기 가설(atmosphere hypothesis)

63 다음에 해당하는 갈등 해결방식은?

근로자가 동료나 관리자와 같은 제3자에게 갈등에 대해 언급하여, 자신과 갈등하는 대상을 직접 만나지 않고 저절로 갈등이 해결되는 것을 희망한다.

① 순응하기 방식(accommodating style)　② 협력하기 방식(collaborating style)

③ 회피하기 방식(avoiding style)　④ 강요하기 방식(forcing style)

⑤ 타협하기 방식(compromising style)

60

■ **산업심리학의 연구방법**

1. 관찰법(Observation Method): 연구자가 자연스러운 환경에서 직무 수행이나 작업 행동을 직접 관찰하고 기록하는 방법이다.
2. 설문조사법(Survey Method): 질문지나 인터뷰를 통해 연구 대상자에게 직접 질문을 던지고, 그 응답을 수집하여 분석하는 방법이다.
3. 실험법(Experimental Method): 독립 변수(예: 근무 시간, 보상 체계 등)를 조작하여 종속 변수(예: 작업 성과, 직무 만족 등) 간의 인과관계를 분석하는 방법이다.
4. 심리검사법(Psychological Testing): 표준화된 심리검사 도구를 사용하여 개인의 인지적 능력, 성격, 태도, 기술 등을 측정하는 방법이다.
5. 사례연구법(Case Study Method): 특정 조직이나 사례를 깊이 있게 연구하여 그 과정과 결과를 분석하는 방법이다.

정답 ④

61

■ **일-가정 갈등(work-family conflict)**

직장은 일-가정 갈등을 감소시키기 위한 중요한 역할을 담당하며, 유연한 근무 환경과 지원적인 조직 문화는 직원이 일과 가정의 균형을 맞출 수 있게 도와준다. 직장에서의 정책, 환경, 그리고 관리 방식은 일-가정 갈등을 완화하거나 심화시키는 데 큰 영향을 미칠 수 있다.

정답 ④

62

■ **선택적 주의(Selective Attention)**

선택적 주의는 여러 자극이 존재하는 상황에서 그 중 하나의 자극에만 집중하고 나머지 자극을 의도적으로 무시하는 주의 과정이다. 이는 복잡한 환경에서 필요한 정보를 효율적으로 처리하기 위한 방법으로, 사람들이 중요하거나 관련성 있는 자극에만 집중하고 주의를 나누지 않도록 도와준다.

예시: 칵테일 파티 효과 - 시끄러운 파티에서 여러 대화가 동시에 들리는 상황에서도 자신과 관련된 대화나 특정 목소리에만 집중하는 능력이 선택적 주의의 한 예이다.

정답 ①

63

■ **갈등 해결 방식**

1. 순응하기: 상대방에게 양보하는 방식
2. 협력하기: 양쪽 모두의 요구를 충족시키는 방식
3. 회피하기: 갈등을 피하거나 무시하는 방식
4. 강요하기: 자신의 요구를 강하게 주장하는 방식
5. 타협하기: 상호 양보를 통해 절충점을 찾는 방식

정답 ③

64 직무분석에 관한 설명으로 옳은 것을 모두 고른 것은?

> ㄱ. 직무분석 접근 방법은 크게 과업중심(task-oriented)과 작업자중심(worker-oriented)으로 분류할 수 있다.
> ㄴ. 기업에서 필요로 하는 업무의 특성과 근로자의 자질을 파악할 수 있다.
> ㄷ. 해당 직무를 수행하는 근로자들에게 필요한 교육훈련을 계획하고 실시할 수 있다.
> ㄹ. 근로자에게 유용하고 공정한 수행 평가를 실시하기 위한 준거(criterion)를 획득할 수 있다.

① ㄱ, ㄴ ② ㄴ, ㄷ
③ ㄴ, ㄹ ④ ㄱ, ㄷ, ㄹ
⑤ ㄱ, ㄴ, ㄷ, ㄹ

65 조명과 직무환경에 관한 설명으로 옳지 않은 것은?

① 조도는 어떤 물체나 표면에 도달하는 빛의 양을 말한다.
② 동일한 환경에서 직접조명은 간접조명보다 더 밝게 보이도록 하며, 눈부심과 눈의 피로도를 줄여준다.
③ 눈부심은 시각 정보 처리의 효율을 떨어트리고, 눈의 피로도를 증가시킨다.
④ 작업장에 조명을 설치할 때에는 빛의 밝기뿐만 아니라 빛의 배분도 고려해야 한다.
⑤ 최적의 밝기는 작업자의 연령에 따라서 달라진다.

66 다음 중 인간의 정보처리와 표시장치의 양립성(compatibility)에 관한 내용으로 옳은 것을 모두 고른 것은?

> ㄱ. 양립성은 인간의 인지기능과 기계의 표시장치가 어느 정도 일치하는가를 말한다.
> ㄴ. 양립성이 향상되면 입력과 반응의 오류율이 감소한다.
> ㄷ. 양립성이 감소하면 사용자의 학습시간은 줄어들지만, 위험은 증가한다.
> ㄹ. 양립성이 향상되면 표시장치의 일관성은 감소한다.

① ㄱ, ㄴ ② ㄴ, ㄷ
③ ㄷ, ㄹ ④ ㄱ, ㄴ, ㄹ
⑤ ㄱ, ㄴ, ㄷ, ㄹ

64 ■ **직무분석 접근방법**
1. 과업 중심 접근(Task-Oriented Approach) - 과업 중심 접근 방법은 직무에서 수행되는 구체적인 작업, 과업(task), 절차 등에 중점을 둔다. 직무가 어떤 활동들로 구성되어 있는지, 그 활동이 어떤 방식으로 이루어지는지를 분석하는 방식이다. 직무 자체의 내용, 즉 무엇을 수행하는지, 작업의 목표와 절차는 무엇인지에 집중한다. 직무의 구체적인 작업 내용에 집중하므로, 작업 흐름 개선 및 효율성 향상에 기여할 수 있으나 직무 수행자의 개인적 능력이나 특성을 고려하지 않고, 변화하는 직무 환경에 적응하는 유연성이 부족할 수 있다.
2. 행동 중심 접근(Worker-Oriented Approach) - 행동 중심 접근 방법은 직무를 수행하는 데 필요한 행동적 특성이나 요구 사항을 분석한다. 즉, 직무 수행자가 어떤 능력, 기술, 지식, 행동을 보여야 하는지에 중점을 둔다. 직무 수행자의 개인적 특성이나 행동을 중시하여, 변화하는 직무 환경에서도 유연하게 적용할 수 있으나, 직무 자체의 구체적인 작업 내용보다는 사람의 특성에 초점을 맞추기 때문에, 직무 재설계나 작업 흐름 개선에는 덜 유리할 수 있다.
3. 혼합 접근법 (Hybrid Approach) - 과업 중심 접근과 행동 중심 접근을 모두 통합한 방식으로, 직무에서 수행되는 과업과 직무 수행에 필요한 행동적 요구 사항을 동시에 분석

🔍정답 ⑤

65 ■ **직접 조명과 간접 조명**
1. 직접 조명 (Direct Lighting): 조명 기구에서 나오는 빛이 직접적으로 작업 공간이나 표면에 비추는 형태이다. 일반적으로 강한 조도를 제공하며, 특정 지점에 집중적으로 빛을 비출 수 있다. 하지만 이로 인해 눈부심이 발생할 수 있으며, 특히 밝은 조명 아래에서 장시간 작업할 경우 눈의 피로를 유발할 수 있다.
2. 간접 조명 (Indirect Lighting): 조명 기구에서 나오는 빛이 벽, 천장 등 다른 표면에 반사되어 작업 공간을 밝히는 형태이다. 간접 조명은 부드러운 빛을 제공하며, 일반적으로 눈부심이 적고, 눈의 피로도를 줄이는 데 도움이 된다. 반사된 빛이 고르게 퍼지기 때문에 공간이 더 밝게 느껴질 수 있다.

🔍정답 ②

66 ■ **양립성(compatibility between human information processing and display devices)**
인간의 정보처리와 표시장치의 양립성(compatibility between human information processing and display devices)은 인간이 정보를 처리하는 방식과 이를 제공하는 시스템 또는 장치 간의 조화를 의미한다. 이는 주로 인간공학(ergonomics) 또는 휴먼-컴퓨터 인터페이스(Human-Computer Interface, HCI) 설계에서 중요한 개념으로, 인간의 인지적, 감각적, 물리적 특성을 고려하여 정보가 효율적으로 전달되고 해석되도록 설계하는 것을 목표로 한다.

ㄷ. 양립성이 감소하면, 즉 인간의 정보처리 방식과 표시 장치나 시스템의 설계가 잘 맞지 않으면, 학습 시간이 줄어드는 것이 아니라 오히려 학습 시간이 늘어나게 된다. 사용자는 시스템을 더 오랜 시간 동안 학습해야 하며, 그 과정에서 이해하기 어려운 설계나 비일관적인 인터페이스로 인해 오류가 발생할 가능성도 커진다.
ㄹ. 양립성(compatibility)이 향상된다는 것은 사용자가 시스템이나 표시 장치와의 상호작용에서 더 직관적이고 쉽게 정보를 처리할 수 있음을 의미한다. 이 과정에서 일관성(consistency)은 매우 중요한 역할을 한다. 일관성은 사용자가 정보를 예측하고 신속하게 처리할 수 있도록 돕는다. 표시장치가 일관되면, 사용자는 동일한 패턴이나 형식으로 정보를 반복적으로 처리할 수 있어 학습과 사용이 용이해진다. 즉, 양립성과 일관성은 상호 보완적이다. 양립성이 높아지면 시스템은 더 직관적이고 일관되게 설계되므로 사용자가 더 빠르고 정확하게 정보를 처리할 수 있다.

🔍정답 ①

67 아래 그림에서 평행한 두 선분은 동일한 길이임에도 불구하고 위의 선분이 더 길어 보인다 이러한 현상을 나타내는 용어는?

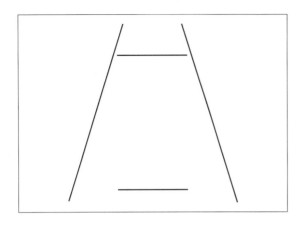

① 포겐도르프(Poggendorf) 착시현상

② 뮬러-라이어(Müller-Lyer) 착시현상

③ 폰조(Ponzo) 착시현상

④ 티체너(Titchener) 착시현상

⑤ 죌너(Zöllner) 착시현상

68 다음 중 산업재해이론과 그 내용의 연결로 옳지 않은 것은?

① 하인리히(H. Heinrich)의 도미노 이론: 사고를 촉발시키는 도미노 중에서 불안전상태와 불안전행동을 가장 중요한 것으로 본다.

② 버드(F. Bird)의 수정된 도미노 이론: 하인리히(H. Heinrich)의 도미노 이론을 수정한 이론으로, 사고 발생의 근본적 원인을 관리 부족이라고 본다.

③ 애덤스(E. Adams)의 사고연쇄반응 이론: 불안전행동과 불안전상태를 유발하거나 방치하는 오류는 재해의 직접적인 원인이다.

④ 리전(J. Reason)의 스위스 치즈 모델: 스위스 치즈 조각들에 뚫려 있는 구멍들이 모두 관통되는 것처럼 모든 요소의 불안전이 겹쳐져서 산업재해가 발생한다는 이론이다.

⑤ 하돈(W. Haddon)의 매트릭스 모델: 작업자의 긴장 수준이 지나치게 높을 때, 사고가 일어나기 쉽고 작업 수행의 질도 떨어지게 된다는 것이 핵심이다.

69 국소배기장치의 환기효율을 위한 설계나 설치방법으로 옳지 않은 것은?

① 사각형관 닥트보다는 원형관 닥트를 사용한다.

② 공정에 방해를 주지 않는 한 포위형 후드로 설치한다.

③ 푸쉬-풀(push-pull) 후드의 배기량은 급기량보다 많아야 한다.

④ 공기보다 증기밀도가 큰 유기화합물 증기에 대한 후드는 발생원보다 낮은 위치에 설치한다.

⑤ 유기화합물 증기가 발생하는 개방처리조(open surface tank) 후드는 일반적인 사각형 후드 대신 슬롯형 후드를 사용한다.

67 ■ 폰조 착시(Ponzo Illusion)

폰조 착시(Ponzo Illusion)는 기하학적 크기 착시의 일종으로, 평행한 두 선이 수렴하는 선(예: 철로와 같은 원근법을 나타내는 선) 안에 놓여 있을 때, 두 선이 같은 길이임에도 불구하고 더 멀리 있는 선이 더 길게 보이는 현상을 말한다. 이 착시는 1913년 이탈리아 심리학자 마리오 폰조(Mario Ponzo)가 처음으로 소개했다. 　정답 ③

68 ■ 하돈 매트릭스(Haddon Matrix)

하돈 매트릭스(Haddon Matrix)는 사고와 재해 예방을 위한 종합적 사고 분석 도구로, 주로 교통사고 및 공중보건 분야에서 사용된다. 이 모델은 사고나 재해가 발생하는 과정에서 인간, 차량/기계/환경, 그리고 사회적 요인을 포함한 다양한 요인들이 복합적으로 작용한다는 것을 강조한다.

⑤ 하돈 매트릭스는 작업자의 긴장 수준과 직접적인 관련이 없으며, 대신 사고를 여러 요인과 시간적 단계로 나누어 분석하는 종합적인 사고 분석 도구이다. 이를 통해 사고 예방과 피해 최소화를 위한 전략을 체계적으로 세울 수 있다. 　정답 ⑤

69 ■ 국소배기장치의 환기효율을 위한 설계나 설치방법

④ 공기보다 밀도가 큰 증기는 일반적으로 바닥 근처에 머무르며, 중력에 의해 아래로 가라앉다. 따라서 후드가 발생원보다 낮은 위치에 설치되면 증기가 후드에 쉽게 흡입되지 않다. 후드는 발생원보다 높은 위치에 설치하여 증기가 자연스럽게 흡입될 수 있도록 해야 한다. 이로 인해 유해한 증기를 효과적으로 제거하고, 작업 환경을 안전하게 유지할 수 있다. 　정답 ④

70 산업위생의 목적 달성을 위한 활동으로 옳지 않은 것은?

① 메탄올의 생물학적 노출지표를 검사하기 위하여 작업자의 혈액을 채취하여 분석한다.

② 노출기준과 작업환경측정결과를 이용하여 작업환경을 평가한다.

③ 피토관을 이용하여 국소배기장치 닥트의 속도압(동압)과 정압을 주기적으로 측정한다.

④ 금속 흄 등과 같이 열적으로 생기는 분진 등이 발생하는 작업장에서는 1급 이상의 방진마스크를 착용하게 한다.

⑤ 인간공학적 평가도구인 OWAS를 활용하여 작업자들에 대한 작업 자세를 평가한다.

71 화학물질 및 물리적 인자의 노출기준 중 2018년에 신설된 유해인자로 옳은 것은?

① 우라늄(가용성 및 불용성 화합물) ② 몰리브덴(불용성 화합물)

③ 이브롬화에틸렌 ④ 이염화에틸렌

⑤ 라돈

72 공기시료채취펌프를 무마찰 비누거품관을 이용하여 보정하고자 한다 비누 거품관의 부피는 500cm³이었고 3회에 걸쳐 측정한 평균시간이 20초였다면, 펌프의 유량(L/min)은?

① 1.0 ② 1.5

③ 2.0 ④ 2.5

⑤ 3.0

73 작업장에서 휘발성 유기화합물(분자량 100, 비중 0.8) 1 L가 완전히 증발하였을 때, 공기 중 이 물질이 차지하는 부피(L)는? (단, 25℃, 1기압)

① 179.2 ② 192.8

③ 195.6 ④ 241.0

⑤ 244.5

70 ▪ **산업위생의 목적 달성을 위한 활동**

산업위생의 목적 달성을 위한 활동에서 작업자의 혈액을 채취하여 메탄올의 생물학적 노출지표를 검사하는 것은 산업위생전문가의 역할이 아니며, 이는 의학적 검사로써 의료 전문가나 산업의학 전문의의 역할에 해당한다. 따라서, 산업위생전문가가 직접 작업자의 혈액을 채취하고 분석하는 것은 적절하지 않다. ⊕정답 ①

71 ▪ **라돈 (Radon)**

라돈 (Radon)은 자연적으로 발생하는 방사성 기체로, 원자번호 86의 화학 원소이다. 주로 우라늄이나 토륨이 포함된 암석 및 토양에서 발생하며, 여러 중요한 특성과 건강 영향을 가지고 있다.

1. 물리적 성질 – 무색, 무취의 기체로, 공기보다 약간 무겁다. 방사성: 라돈은 알파 방사선을 방출하며, 이는 세포에 손상을 줄 수 있다.

2. 건강 위험 – 라돈은 폐암과 밀접한 관련이 있으며, 특히 흡연자에게 더 큰 위험을 초래한다. 세계보건기구 (WHO)는 라돈을 1급 발암물질로 분류하고 있으며, 실내 라돈 농도가 100 Bq/m³를 초과할 경우 위험이 증가한다고 경고한다. ⊕정답 ⑤

72 ▪ **공기 시료 채취 펌프의 유량 계산**

1. 부피를 리터로 변환:

$$500cm^3 = 500ml = 0.5l$$

2. 초당 유량 계산:

$$유량(L/s) = \frac{부피}{시간} = \frac{0.5L}{20s} = 0.025L/s$$

3. 분당 유량으로 변환:

$$유량(L/\min) = 0.025L/s \times 60s/\min = 1.5L/\min$$ ⊕정답 ②

73 ▪ **이상 기체 상태 방정식**

① P V = n R T 는 보일의 법칙, 샤를의 법칙, 아보가드로의 법칙을 하나의 식으로 표현한 식

② V = WRT / PM, 800×0.08205×298 / 1×100 = 195.6 ℓ

W=무게 1 ℓ ×비중0.8=800g, R=기체상수(0.08205), T=절대온도(273+25℃=298℃), P=압력 ⊕정답 ③

74 근로자 건강증진활동 지침에 따라 건강증진활동 계획을 수립할 때, 포함해야 하는 내용을 모두 고른 것은?

> ㄱ. 건강진단결과 사후관리조치
> ㄴ. 작업환경측정결과에 대한 사후조치
> ㄷ. 근골격계질환 징후가 나타난 근로자에 대한 사후조치
> ㄹ. 직무스트레스에 의한 건강장해 예방조치

① ㄱ, ㄴ   ② ㄱ, ㄹ
③ ㄱ, ㄷ, ㄹ   ④ ㄴ, ㄷ, ㄹ
⑤ ㄱ, ㄴ, ㄷ, ㄹ

75 다음에서 설명하는 화학물질은?

> • 2006년에 이 화학물질을 취급하던 중국동포가 수개월 만에 급성간독 성을 일으켜 사망한 사례가 있었다.
> • 이 화학물질은 폴리우레탄을 이용해 아크릴 등의 섬유, 필름, 표면코팅, 합성가죽 등을 제조하는 과정에서 노출될 수 있다.

① 벤젠   ② 메탄올
③ 노말헥산   ④ 이황화탄소
⑤ 디메틸포름아미드

74 ■ 제4조(건강증진활동계획 수립·시행)

① 사업주는 근로자의 건강증진을 위하여 다음 각 호의 사항이 포함된 건강증진활동계획을 수립·시행하여야 한다.

    1. 사업주가 건강증진을 적극적으로 추진한다는 의사표명

    2. 건강증진활동계획의 목표 설정

    3. 사업장 내 건강증진 추진을 위한 조직구성

    4. 직무스트레스 관리, 올바른 작업자세 지도, 뇌심혈관계질환 발병위험도 평가 및 사후관리, 금연, 절주, 운동, 영양개선 등 건강증진활동 추진내용

    5. 건강증진활동을 추진하기 위해 필요한 예산, 인력, 시설 및 장비의 확보

    6. 건강증진활동계획 추진상황 평가 및 계획의 재검토

    7. 그 밖에 근로자 건강증진활동에 필요한 조치

② 사업주는 제1항에 따른 건강증진활동계획을 수립할 때에는 다음 각 호의 조치를 포함하여야 한다.

    1. 법 제43조제5항에 따른 건강진단결과 사후관리조치

    2. 안전보건규칙 제660조제2항에 따른 근골격계질환 징후가 나타난 근로자에 대한 사후조치

    3. 안전보건규칙 제669조에 따른 직무스트레스에 의한 건강장해 예방조치

③ 상시 근로자 50명 미만을 사용하는 사업장의 사업주는 근로자건강센터를 활용하여 건강증진활동계획을 수립·시행할 수 있다.

        🔍정답 ③

75 ■ 디메틸포름아미드 (Dimethylformamide, DMF)

1. 용도

    1) 용매: 고분자 및 유기 화합물의 용매로 많이 사용된다. 특히 섬유 및 플라스틱 제조에서 유용한다.

    2) 화학 합성: DMF는 다양한 화학 반응에서 중간체로 사용되며, 특히 아민 및 에스터 합성에 이용된다.

    3) 제약: 제약 산업에서도 사용되며, 약물 합성과 관련된 용도로 쓰이다.

2. 건강 영향

    1) 독성: DMF는 피부 자극, 호흡기 자극을 유발할 수 있으며, 장기적인 노출 시 간 손상이나 신경계 영향이 발생할 수 있다.

    2) 생식 독성: 일부 연구에서는 DMF가 생식 건강에 부정적인 영향을 미칠 수 있다고 보고되었다.

        🔍정답 ⑤

51 5가지 핵심직무차원(core job dimensions)에 해크만(J Hackman)과 올드햄(G Oldham)이 제시한 직무특성모델(jobcharacteristic model)에서 포함되지 않는 것은?

① 기술다양성(skill variety)　　　　② 성장욕구(growth need)
③ 과업정체성(task identity)　　　　④ 자율성(autonomy)
⑤ 피드백(feedback)

52 직무급(job-based pay)에 관한 설명으로 옳은 것을 모두 고른 것은?

> ㄱ. 동일노동 동일임금의 원칙(equal pay for equal work)이 적용된다.
> ㄴ. 직무를 평가하고 임금을 산정하는 절차가 간단하다.
> ㄷ. 유능한 인력을 확보하고 활용하는 것이 가능하다.
> ㄹ. 직무의 상대적 가치를 기준으로 하여 임금을 결정한다.
> ㅁ. 직무를 중심으로 한 합리적인 인적자원관리가 가능하게 됨으로써 인건비의 효율성을 증대시킬 수 있다.

① ㄱ, ㄴ, ㄷ　　　　　　　　② ㄷ, ㄹ, ㅁ
③ ㄱ, ㄴ, ㄹ, ㅁ　　　　　　④ ㄱ, ㄷ, ㄹ, ㅁ
⑤ ㄱ, ㄴ, ㄷ, ㄹ, ㅁ

51

■ 해크만(J. Hackman)과 올드햄(G. Oldham)의 직무특성 이론(Job Characteristics Theory)

직무특성 이론의 주요 개념

1. 핵심 직무 특성(Core Job Characteristics):
   1) 기술 다양성(Skill Variety): 직무가 다양한 기술과 능력을 필요로 하는지를 의미
   2) 직무 정체성(Task Identity): 직무가 하나의 완성된 결과물을 만들어내는지 여부를 의미
   3) 직무 중요성(Task Significance): 직무가 다른 사람들의 삶이나 업무에 얼마나 중요한 영향을 미치는
      지를 의미
   4) 자율성(Autonomy): 직무 수행에서 독립성과 자유를 얼마나 가지는지를 의미
   5) 피드백(Feedback): 직원이 직무 수행에 대한 결과나 성과에 대한 명확한 정보를 받을 수 있는지를
      의미

🔍정답 ②

52

■ 직무급(Job-based Pay)

직무급(Job-based Pay)은 직무의 난이도, 중요성, 책임 등을 기준으로 임금을 결정하는 방식이다. 즉, 개인
이 수행하는 직무 자체의 가치에 따라 임금이 책정되며, 개인의 능력이나 성과보다는 직무의 객관적인 특성을
기반으로 한 임금 제도이다.

1. 직무의 가치에 따른 임금 결정 - 각 직무의 난이도, 책임, 중요성 등을 평가하고, 그 직무의 상대적 가치에
   따라 임금을 책정한다. 동일한 직무를 수행하는 사람은 동일한 임금을 받게 된다.
2. 개인 성과보다 직무 자체를 중시 - 개인의 성과나 능력보다는 직무의 객관적인 특성에 중점을 둡니다.
   따라서 같은 직무를 수행하는 사람들은 비슷한 임금을 받다.
3. 직무 평가 시스템 - 직무 평가(Job Evaluation)를 통해 직무의 상대적 중요성과 가치를 평가한다. 이를
   바탕으로 임금이 결정되며, 조직 내 직무 간 임금 격차를 합리적으로 조정할 수 있다.
   직무 평가 요소에는 지식, 기술, 복잡성, 문제 해결 능력 등이 포함될 수 있다.
4. 임금의 공정성 강조 - 직무급은 공정한 임금 체계를 강조한다. 개인의 특성이나 성과와 무관하게 동일한
   직무를 수행하면 동일한 임금을 받기 때문에, 임금의 공정성이 강조된다.

ㄴ. 직무급에서 직무를 평가하고 임금을 산정하는 절차

직무 분석 → 직무 평가 → 직무 등급화 → 임금 체계 설정 → 정기적 재평가

직무급에서 직무 평가와 임금 산정 과정은 복잡하고 체계적인 절차를 필요로 한다. 각 직무의 가치 평가와
임금 결정은 공정성과 객관성을 확보하기 위해 철저한 분석과 비교가 필요하며, 이를 통해 조직 내 임금 형평
성을 유지하고 외부 경쟁력을 갖출 수 있다.

🔍정답 ④

53 홍길동이 A회사에 입사한 후 3년이 지났다 홍길동이 그 동안 있었던 승진자들을 살펴보니 모두 뛰어난 업적을 보인 사람들이었다 이에 홍 길동은 자신도 뛰어난 성과를 보여 승진하겠다는 결심을 하고 지속적으로 열심히 노력하였다 이 경우 홍길동과 관련된 학습이론은?

① 사회적 학습(social learning)

② 조직적 학습(organizational learning)

③ 고전적 조건화(classical conditioning)

④ 작동적 조건화(operant conditioning)

⑤ 액션 러닝(action learning)

54 허즈버그(F Herzberg)가 제시한 2요인 이론(two factor theory)에서 동기부여요인(motivators)에 포함되지 않는 것은?

① 성취(achievement) ② 임금(wage)

③ 책임(responsibility) ④ 성장(growth)

⑤ 인정(recognition)

55 사업부제 조직구조(divisional structure)에 관한 설명으로 옳지 않은 것은?

① 각 사업부는 사업영역에 대해 독자적인 권한과 책임을 보유하고 있어 독립적인 이익센터(profit center)로서 기능할 수 있다.

② 각 사업부들이 경영상의 책임단위가 됨으로써 본사의 최고경영층은 일상 적인 업무로부터 벗어나 전사적인 차원의 문제에 집중할 수 있다.

③ 각 사업부 간에 기능의 중복현상이 발생하지 않는다.

④ 각 사업부마다 시장특성에 적합한 제품과 서비스를 생산하고 판매할 수 있게 됨으로써 시장세분화에 따른 제품차별화가 용이하다.

⑤ 각 사업부의 이해관계를 중시하는 사업부 이기주의로 인하여 사업부 간의 협조가 원활하지 못할 수 있다.

53 ▪ 사회적 학습이론(Social Learning Theory)

홍길동의 사례와 관련된 학습이론은 모델링(Modeling)을 기반으로 한 사회적 학습이론(Social Learning Theory)이다. 이 이론은 사람들이 다른 사람의 행동을 관찰하고 그 결과를 학습함으로써 자신의 행동을 변화시키거나 동기를 부여받는 과정을 설명한다.

홍길동이 승진한 사람들의 성과를 관찰한 후, 그들의 성공을 모델로 삼아 자신도 뛰어난 성과를 내면 승진할 수 있을 것이라고 결심하고 노력한 것은 사회적 학습이론의 전형적인 예이다.

🔍정답 ①

54 ▪ 허츠버그의 2요인이론

허츠버그의 2요인 이론(Two-Factor Theory)은 직무 만족과 불만족을 설명하는 심리학적 이론으로, 프레더릭 허츠버그(Frederick Herzberg)가 1959년에 제안했다. 이 이론은 동기부여와 직무 태도에 대한 연구에서 도출되었으며, 직무 만족에 영향을 미치는 요인을 두 가지로 나눈다.

1. 동기 요인(Motivators) : 직무 만족을 높이는 요인들로, 개인의 내적 성취감이나 성장과 관련된 요소들이다. 동기 요인이 충족되면 직무 만족도가 증가하며, 이 요인은 '직무 만족에 기여하는 요인'이라고도 불린다.
   요인 – 성취감, 인정(인정받는 것), 직무 자체의 흥미와 도전, 책임감, 개인적 발전 기회

2. 위생 요인(Hygiene Factors) : 직무 불만족을 예방하는 요인들로, 외부적인 근무 환경과 관련된 요소들이다. 이 요인들이 충분히 충족되지 않으면 불만족을 야기하지만, 그렇다고 해서 이 요인들이 충족된다고 직무 만족도가 크게 증가하지는 않는다.
   요인 – 급여, 근무 조건, 회사 정책 및 행정, 대인 관계(동료, 상사), 직업 안정성

② 허츠버그의 2요인이론의 임금은 동기부여요인이 아니다.

🔍정답 ②

55 ▪ 사업부제 조직구조(divisional structure)

사업부제 조직 구조에서는 각 사업부가 독립적으로 기능을 수행하기 때문에, 기능의 중복 현상이 발생할 수 있다. 이는 자원의 비효율성 및 관리 비용 증가로 이어질 수 있으며, 중복된 기능을 효율적으로 관리하는 것이 사업부제 조직의 중요한 과제가 될 수 있다.

🔍정답 ③

56 6시그마 경영은 모토로라(Motorola)사에서 혁신적인 품질개선의 목적으로 시작된 기업경영전략이다 6시그마 경영과 과거의 품질경영을 비교 설명한 것으로 옳은 것은?

① 과거의 품질경영 방식은 전체 최적화였으나 6시그마 경영은 부분 최적화라고 할 수 있다.

② 과거의 품질경영 계획대상은 공장 내 모든 프로세스였으나 6시그마 경영은 문제점이 발생한 곳 중심이라고 할 수 있다.

③ 과거의 품질경영 교육은 체계적이고 의무적이었으나 6시그마 경영은 자발적 참여를 중시한다.

④ 과거의 품질경영 관리단계는 DMAIC를 사용하였으나 6시그마 경영은 PDCA cycle을 사용한다.

⑤ 과거의 품질경영 방침결정은 하의상달 방식이었으나 6시그마 경영은 상의하달 방식으로 이루어진다.

57 ABC 재고관리에 관한 설명으로 옳지 않은 것은?

① 자재 및 재고자산의 차별 관리방법이며, A등급, B등급, C등급으로 구분된다.

② 품목의 중요도를 결정하고, 품목의 상대적 중요도에 따라 통제를 달리하는 재고관리시스템이다.

③ 파레토 분석(Pareto Analysis) 결과에 따라 품목을 등급으로 나누어 분류 한다.

④ 일반적으로 A등급에 속하는 품목의 수가 C등급에 속하는 품목의 수보다 많다.

⑤ 각 등급별 재고 통제수준은 A등급은 엄격하게, B등급은 중간 정도로, C등급은 느슨하게 한다.

56 ▪ 6시그마 경영

①, ② 6시그마 경영은 부분 최적화가 아닌, 전체 최적화를 목표로 한다. 6시그마는 개별 부서나 공정만을 개선하는 것이 아니라, 조직 전체의 프로세스 개선을 통해 종합적인 성과를 극대화하려는 접근법이다.

③ 과거의 품질경영은 주로 생산 현장 중심으로, 품질 검사나 문제 해결에 필요한 교육이 이루어졌다. 이 역시 체계적인 부분도 있었지만, 오늘날의 6시그마는 그보다 더욱 구조화된 방식으로 교육과 훈련이 이루어진다. 6시그마는 과거보다 훨씬 더 정교하게 교육 체계를 갖추고, 전문성을 강조하며 이를 통해 전사적으로 품질을 관리하는 경영 기법이다.

④ DMAIC는 6시그마 경영의 핵심 방법론이며, PDCA 사이클은 과거의 품질경영에서 널리 사용된 방법이다.

⑤ 6시그마는 전사적 참여와 협력을 중시하는 경영 방식이다. 과거의 품질경영은 주로 상의하달 방식으로 운영되었으며, 6시그마 경영은 경영진의 지시(상의하달)와 현장의 참여(하의상달)가 조화롭게 이루어지는 구조가 정확한 표현이다.

🔍 정답 ⑤

57 ▪ ABC 재고관리

ABC 재고관리는 재고 품목을 중요도에 따라 세 가지 카테고리로 분류하여 관리하는 기법이다. 파레토 원칙 (80/20 법칙)을 바탕으로 한 이 방법은, 전체 재고의 일부가 기업에 더 큰 영향을 미친다는 가정에서 출발한다. 재고관리의 효율성을 높이기 위해 중요한 품목에 더 많은 자원을 집중하는 데 목적이 있다.

1. ABC 재고관리의 분류
   1) A 품목: 매우 중요한 품목으로, 재고 품목 수는 적지만 총 재고 가치의 약 70-80%를 차지한다. 보통 수요 예측과 주문 주기 관리에 많은 자원을 투입해 철저히 관리한다. 예시: 고가의 제품이나 주요 부품, 수요가 매우 높은 핵심 제품.
   2) B 품목: 중요한 품목으로, 총 재고의 15-25% 정도의 가치를 차지하며 A 품목보다는 중요도가 낮지만 여전히 중요한 품목이다. 적당한 수준의 관리와 모니터링이 필요하며, 중간 정도의 자원을 투입하여 관리한다. 예시: 중간 가격대의 부품이나 제품.
   3) C 품목:덜 중요한 품목으로, 재고 품목의 수는 많지만 총 재고 가치의 약 5% 정도만 차지한다. 관리에 상대적으로 적은 자원이 투입되며, 주문 주기나 재고 수준에 대한 모니터링 빈도가 낮을 수 있다. 예시: 저가의 대량 부품, 사용 빈도가 적은 비핵심 제품.

2. 관리 집중도 차별화
   1) A 품목은 철저하게 관리되며, 재고 수준을 자주 점검하고 더 빈번한 발주를 통해 재고를 최적화한다.
   2) B 품목은 중간 정도의 관리를 통해 적절한 재고 수준을 유지한다.
   3) C 품목은 느슨하게 관리되어, 비용 절감을 위해 자원을 최소화하여 관리된다.

🔍 정답 ④

58 수요예측을 위한 시계열 분석에서 변동에 해당하지 않는 것은?

① 추세변동(trend variation): 자료의 추이가 점진적, 장기적으로 증가 또는 감소하는 변동
② 계절변동(seasonal variation): 월, 계절에 따라 증가 또는 감소하는 변동
③ 위치변동(locational variation): 지역의 차이에 따라 증가 또는 감소하는 변동
④ 순환변동(cyclical variation): 경기순환과 같은 요인으로 인한 변동
⑤ 불규칙변동(irregular variation): 돌발사건, 전쟁 등으로 인한 변동

59 설비배치계획의 일반적 단계에 해당하지 않는 것은?

① 구성계획(construct plan)
② 세부배치계획(detailed layout plan)
③ 전반배치(general overall layout)
④ 설치(installation)
⑤ 위치(location)결정

60 심리평가에서 평가센터(assessment center)에 관한 설명으로 옳지 않은 것은?

① 신규채용을 위하여 입사 지원자들을 평가하거나 또는 승진 결정 등을 위하여 현재 종업원들을 평가하는 데 사용할 수 있다.
② 관리 직무에 요구되는 단일 수행차원에 대해 피평가자들을 평가한다.
③ 기본적인 평가방식은 집단 내 다른 사람들의 수행과 비교하여 개인의 수행을 평가하는 것이다.
④ 평가도구로는 구두발표, 서류함 기법, 역할수행 등이 있다.
⑤ 다수의 평가자들이 피평가자들을 평가한다.

58 ■ 시계열 구성요소

1. 추세변동 – 추세변동은 장기적으로 관찰되는 데이터의 일관된 증가 또는 감소 경향을 말한다. 시간이 지남에 따라 수요, 매출, 인구 등의 데이터가 일정한 방향으로 변하는 경우이다.
   예시: 몇 년간 꾸준히 매출이 증가하는 기업의 매출 데이터, 지속적으로 상승하는 부동산 가격.

2. 계절변동 – 계절변동은 일정한 주기(주로 1년)를 두고 반복되는 패턴을 말한다. 이러한 변동은 날씨, 휴일, 문화적 관습 등과 같은 요인에 의해 발생한다.
   예시: 여름철에 아이스크림 판매가 급증하는 현상, 연말 쇼핑 시즌에 매출이 급증하는 패턴.

3. 순환변동 – 순환변동은 경제 활동이나 산업 전반에 걸쳐 수년 또는 수십 년에 걸쳐 나타나는 장기적인 주기적 변동이다. 이는 경제의 경기 변동과 같은 큰 흐름에 영향을 받는다.
   예시: 경기 침체와 회복에 따른 기업의 매출 변동, 금융 시장의 호황과 불황 주기.

4. 불규칙변동 – 불규칙변동은 예측할 수 없는, 비정상적이고 일시적인 요인에 의해 발생하는 변동을 말한다. 이러한 변동은 예외적인 사건이나 외부 충격에 의해 발생한다.
   예시: 자연 재해, 전쟁, 팬데믹과 같은 예외적 사건에 따른 경제적 변화나 시장 충격.

🔍정답 ③

59 ■ 일반적인 설비배치계획

1. 전반배치(general overall layout): 전체 설비의 배치 구조를 계획하는 단계로, 설비의 주요 위치와 흐름을 정의한다.

2. 세부배치계획(detailed layout plan): 전반배치에서 설정된 설비 배치를 더욱 구체화하고, 세부적으로 조정하는 단계이다. 설비 간의 간격, 통로, 작업 공간 등을 고려하여 최적의 배치를 결정한다.

3. 위치(location) 결정: 설비가 배치될 정확한 위치를 결정하는 단계로, 효율적인 생산 흐름과 설비 간의 상호작용을 고려한다.

4. 설치(installation): 배치가 확정된 후 설비를 물리적으로 설치하는 단계이다. 이 단계는 계획의 일부가 아닌 실행 단계에 해당한다.

🔍정답 ①

60 ■ 평가센터(Assessment Center)

평가센터(Assessment Center)는 심리평가와 인사 선발에서 사용되는 종합적인 평가 방법으로, 지원자의 다양한 역량, 성격, 직무 적합성 등을 다각적으로 평가하는 데 사용된다. 평가센터는 여러 가지 평가 도구(심리검사, 모의 과제, 집단 토론, 역할 연기, 상황 분석 과제)와 방법을 조합하여 지원자의 능력과 잠재력을 심층적으로 분석하며, 특히 리더십, 의사소통 능력, 문제 해결 능력 등 행동적 역량을 평가하는 데 효과적이다. 특히 실제 직무와 유사한 상황에서 지원자의 행동을 평가할 수 있어, 직무 적합성과 향후 성과를 예측하는 데 매우 유용하다. 그러나 비용과 시간이 많이 소요될 수 있기 때문에, 주로 리더십 포지션이나 중요한 직무에서 사용된다.

② 평가센터는 단일 수행차원이 아닌 여러 차원에서 피평가자의 역량을 다각적으로 평가하는 방식이다. 특히 관리 직무에서는 다양한 역량이 요구되므로, 평가센터는 이를 종합적으로 평가하는 데 중점을 둔다.

🔍정답 ②

61 목표설정 이론(goal setting theory)에서 종업원의 직무수행을 향상시킬 수 있는 요인들을 모두 고른 것은?

ㄱ. 도전적인 목표	ㄴ. 구체적인 목표
ㄷ. 종업원의 목표 수용	ㄹ. 목표 달성 과정에 대한 피드백

① ㄱ, ㄹ

② ㄴ, ㄷ

③ ㄱ, ㄴ, ㄹ

④ ㄴ, ㄷ, ㄹ

⑤ ㄱ, ㄴ, ㄷ, ㄹ

62 인사선발에 관한 설명으로 옳은 것은?

① 올바른 합격자(true positive)란 검사에서 합격점을 받아서 채용되었지만 채용된 후에는 불만족스러운 직무수행을 나타내는 사람이다.

② 잘못된 합격자(false positive)란 검사에서 불합격점을 받아서 떨어뜨렸지만 채용하였다면 만족스러운 직무수행을 나타냈을 사람이다.

③ 올바른 불합격자(true negative)란 검사에서 불합격점을 받아서 떨어뜨렸고 채용하였더라도 불만족스러운 직무수행을 나타냈을 사람이다.

④ 잘못된 불합격자(false negative)란 검사에서 합격점을 받아서 채용되었고 채용된 후에도 만족스러운 직무수행을 나타내는 사람이다.

⑤ 인사선발 과정의 궁극적인 목적은 올바른 합격자와 잘못된 불합격자를 최대한 늘리고 올바른 불합격자와 잘못된 합격자를 줄이는 것이다.

61 ▪ **목표설정 이론(Goal Setting Theory)**

목표설정 이론(Goal Setting Theory)은 에드윈 록(Edwin Locke)이 제안한 이론으로, 구체적이고 도전적인 목표가 직원의 직무 수행을 향상시키는 데 중요한 역할을 한다고 설명한다. 이 이론에 따르면, 목표는 행동을 조정하고 동기 부여를 촉진하며, 이를 통해 성과를 극대화할 수 있다.

직무수행을 향상시킬 수 있는 주요 요인:

1. 구체적이고 명확한 목표(Specific and Clear Goals) – 목표는 구체적이고 명확하게 정의되어야 한다. 모호한 목표는 성과를 높이는 데 도움이 되지 않으며, 구체적인 목표는 직원들이 무엇을 해야 하는지 명확하게 인식하도록 한다. 예시: "판매를 10% 증가시키겠다"는 구체적 목표는 "판매를 늘리겠다"는 모호한 목표보다 더 효과적이다.

2. 도전적인 목표(Challenging Goals) – 목표는 도전적이어야 하지만, 동시에 달성 가능한 목표여야 한다. 너무 쉬운 목표는 직원에게 동기를 부여하지 못하고, 너무 어려운 목표는 좌절을 유발할 수 있다. 적절한 도전성을 가진 목표는 동기부여를 극대화할 수 있다. 예시: 직원이 현재 성과를 넘어설 수 있는 적절한 난이도의 목표가 필요한다.

3. 목표에 대한 피드백(Feedback on Progress) – 목표 수행 과정에서 정기적인 피드백이 제공되면, 직원은 자신의 성과를 파악하고 목표 달성을 위한 전략을 조정할 수 있다. 피드백은 긍정적인 방향으로 수정할 수 있는 기회를 제공한다. 예시: 상사가 주기적으로 성과 피드백을 제공하면, 직원은 목표 달성을 위한 효과적인 방법을 찾을 수 있다.

4. 목표에 대한 몰입(Goal Commitment) – 목표에 대한 종업원의 몰입도는 성과에 중요한 영향을 미칩니다다. 직원이 목표에 개인적으로 동의하고 몰입할 때, 목표를 달성하려는 의지가 강해진다. 목표에 대한 자발적인 참여가 목표 달성에 도움이 된다. 예시: 직원들이 목표 설정 과정에 참여하거나 목표의 중요성을 스스로 인식할 때 몰입도가 높아진다.

5. 과제 복잡성(Task Complexity)– 과제가 너무 복잡하거나 난이도가 높으면 목표 달성이 어려울 수 있으므로, 과제는 직원의 역량과 경험에 맞게 적절한 수준으로 설정되어야 한다. 복잡한 과제는 단계적으로 나누어 수행하는 것이 효과적이다. 예시: 목표가 지나치게 복잡하다면 이를 세분화하여 직원이 쉽게 따라갈 수 있도록 설계할 수 있다.

6. 보상과 인정(Rewards and Recognition) – 목표 달성 시 보상이나 인정이 제공되면, 직원은 동기 부여가 강화된다. 보상은 금전적인 것일 수 있지만, 상사나 동료로부터의 인정도 중요한 역할을 한다. 예시: 목표를 달성한 직원에게 보너스나 포상을 제공하거나, 공개적으로 인정하는 것이 효과적일 수 있다.

7. 목표 간 일관성(Goal Alignment) – 설명: 조직의 목표와 직원 개인의 목표가 일치할 때, 직무 수행이 더 효과적이다. 조직의 전략적 목표와 개인의 목표를 연계하면 조직 성과와 개인 성과 모두를 높일 수 있다. 예시: 조직의 전략적 목표와 개인의 직무 목표가 일관성을 가질 때, 직원은 목표 달성의 의미를 더 크게 인식하게 된다.

🔍 **정답 ⑤**

62 ▪ **합격자의 4가지 유형**

1. 올바른 합격자 (True Positive) – 평가에서 합격 판정을 받았으며, 실제로도 그 직무나 시험에서 성공할 가능성이 높은 사람
   예시: 채용 과정에서 합격했으며, 이후 실제 직무에서도 뛰어난 성과를 내는 직원.

2. 잘못된 합격자 (False Positive) – 평가에서는 합격했지만, 실제로는 직무나 시험에서 부적합한 사람
   예시: 면접에서 합격했지만, 실제 업무에서는 성과가 저조한 직원.

3. 올바른 불합격자 (True Negative) – 평가에서 불합격 판정을 받았고, 실제로도 그 직무나 시험에서 부적합한 사람
   예시: 면접에서 불합격했고, 그 직무에 맞지 않는 성향을 가진 지원자.

4. 잘못된 불합격자 (False Negative) – 평가에서 불합격 판정을 받았지만, 실제로는 그 직무나 시험에서 성공할 가능성이 높은 사람
   예시: 서류 전형이나 면접에서 탈락했지만, 실제로는 뛰어난 능력을 가진 지원자.

🔍 **정답 ③**

63 심리평가에서 타당도와 신뢰도에 관한 설명으로 옳지 않은 것은?

① 구성타당도(construct validity)는 검사문항들이 검사용도에 적절한지에 대하여 검사를 받는 사람들이 느끼는 정도다.

② 내용타당도(content validity)는 검사의 문항들이 측정해야 할 내용들을 충분히 반영한 정도다.

③ 검사-재검사 신뢰도(test-retest reliability)는 검사를 반복해서 실시했을 때 얻어지는 검사 점수의 안정성을 나타내는 정도다.

④ 평가자 간 신뢰도(inter-rater reliability)는 두 명 이상의 평가자들로부터의 평가가 일치하는 정도다.

⑤ 내적 일치 신뢰도(internal-consistency reliability)는 검사 내 문항들 간의 동질성을 나타내는 정도다.

64 인사평가 시기가 되자 홍길동 부장은 매우 우수한 성과를 보인 이순신 사원을 평가하고, 다음 차례로 이몽룡 사원을 평가하였다 이 때 이몽룡 사원은 평균적인 성과를 보였음에도 불구하고, 평균 이하의 평가를 받았다 홍길동 부장의 평가에서 발생한 오류는?

① 후광 오류 ② 관대화 오류
③ 중앙집중화 오류 ④ 대비 오류
⑤ 엄격화 오류

63 ▪ **구성타당도(Construct Validity)**

구성타당도(Construct Validity)는 검사나 평가 도구가 특정 이론적 개념(구성 개념)을 실제로 얼마나 잘 측정하고 있는지를 평가하는 타당성이다. 구성 개념은 심리적 특성(예: 지능, 성격, 창의성 등)이나 이론적 특성(예: 리더십, 동기부여 등)을 말하며, 구성타당도는 그 개념을 측정하는 도구가 얼마나 정확하고 적절하게 그 개념을 평가하고 있는지를 검증한다.

예를 들어, 지능이라는 구성 개념을 측정하는 검사는 실제로 지능을 제대로 측정해야 하고, 다른 불필요한 특성(예: 단순한 기억력만 측정하는 것)을 측정하지 않아야 한다.

1. 수렴타당도(Convergent Validity) – 동일하거나 유사한 개념을 측정하는 여러 다른 도구나 방법이 서로 일관된 결과를 나타내는 정도를 의미

   예시: 성격의 외향성을 측정하는 두 가지 다른 성격 검사가 있다면, 그 결과는 일치하거나 유사해야 한다. 만약 두 검사가 모두 외향성을 측정하는데 유사한 점수를 보인다면, 수렴타당도가 높다고 할 수 있다.

2. 판별타당도(Discriminant Validity) – 서로 다른 구성 개념을 측정하는 평가 도구들이 서로 구별되게 측정되는 정도를 의미

   예시: 외향성을 측정하는 성격 검사와 지능을 측정하는 지능 검사 결과가 낮은 상관관계를 보인다면, 이는 판별타당도가 높다는 뜻이다. 즉, 외향성과 지능은 다른 개념이므로 이들을 평가하는 도구 간에는 상관이 거의 없어야 한다.

3. 이해타당도(Face Validity) – 평가 도구가 피평가자나 외부인이 보기에도 타당하게 보이는 정도를 의미

   예시: 외향성을 측정하는 설문지에 "다른 사람과 자주 대화하는 편인가?"와 같은 질문이 포함되어 있다면, 피평가자는 이 질문이 외향성 평가와 관련 있다고 느낄 것이다. 이때 피평가자가 평가 도구가 외향성을 측정하는 데 적절하다고 느끼면, 그 도구는 이해타당도가 높은 것으로 간주된다.

정답 ①

64 ▪ **대비 효과(Contrast Effect)**

대비 효과는 이전에 평가한 사람의 성과가 현재 평가하는 사람의 성과에 영향을 미치는 오류이다. 즉, 우수한 성과를 보인 직원과 평균적인 성과를 보인 직원이 연속적으로 평가될 때, 평균적인 성과를 보인 직원이 상대적으로 낮게 평가되는 경향이다.

홍길동 부장의 경우 – 이순신 사원이 매우 우수한 성과를 보였기 때문에, 그 다음에 평가한 이몽룡 사원이 평균적인 성과를 보였음에도 불구하고, 이순신과 비교되어 평균 이하의 평가를 받았다. 이처럼 이전 평가가 후속 평가에 부정적인 영향을 미치는 것이 바로 대비 효과이다.

정답 ④

65 인간정보처리(human information processing)이론에서 정보량과 관련된 설명이다 다음 중 옳지 않은 것은?

① 인간정보처리이론에서 사용하는 정보 측정단위는 비트(bit)다.

② 힉-하이만 법칙(Hick-Hyman law)은 선택반응시간과 자극 정보량 사이의 선형함수 관계로 나타난다.

③ 자극-반응 실험에서 인간에게 입력되는 정보량(자극 정보량)과 출력되는 정보량(반응 정보량)은 동일하다고 가정한다.

④ 정보란 불확실성을 감소시켜 주는 지식이나 소식을 의미한다.

⑤ 자극-반응 실험에서 전달된(transmitted) 정보량을 계산하기 위해서는 소음(noise) 정보량과 손실(loss) 정보량도 고려해야 한다.

66 하인리히(H Heinrich)의 연쇄성 이론에 관한 설명으로 옳지 않은 것은?

① 연쇄성 이론은 도미노 이론이라고 불리기도 한다.

② 사고를 예방하는 방법은 연쇄적으로 발생하는 사고원인들 중에서 어떤 원인을 제거하여 연쇄적인 반응을 막는 것이다.

③ 연쇄성 이론에 의하면 5개의 도미노가 있다.

④ 사고 발생의 직접적인 원인은 불안전한 행동과 불안전한 상태다.

⑤ 연쇄성 이론에서 첫 번째 도미노는 개인적 결함이다.

67 작업장의 적절한 조명수준을 결정하려고 한다 다음 중 옳은 것을 모두 고른 것은?

> ㄱ. 직접조명은 간접조명보다 조도는 높으나 눈부심이 일어나기 쉽다.
> ㄴ. 정밀 조립작업을 수행할 경우에는 일반 사무작업을 할 때보다 권장조도가 높다.
> ㄷ. 40세 이하의 작업자보다 55세 이상의 작업자가 작업할 때 권장조도가 높다.
> ㄹ. 작업환경에서 조명의 색상은 작업자의 건강이나 생산성과 무관하다.
> ㅁ. 표면 반시율이 높을수록 조도를 높어야 한다.

① ㄱ, ㄴ   ② ㄱ, ㄴ, ㄷ

③ ㄱ, ㄷ, ㅁ   ④ ㄴ, ㄷ, ㄹ

⑤ ㄱ, ㄴ, ㄷ, ㄹ, ㅁ

65
▪ 정보량(Information Amount)
정보량(Information Amount)은 특정 사건이나 정보가 발생할 가능성의 불확실성을 줄여주는 정도로 설명된다. 즉, 정보량이 많을수록 불확실성이 크게 줄어든다. 정보량은 주어진 사건의 발생 확률에 의해 결정된다. 확률이 낮을수록, 해당 사건이 발생했을 때 더 많은 정보량을 제공하게 된다. 예시로, 자주 발생하는 사건(예: 날씨가 맑음)은 정보량이 적지만, 드물게 발생하는 사건(예: 폭설)은 정보량이 더 큽니다.

1. 정보량의 단위: 비트(bit) 정보량을 측정하는 기본 단위로, 2개의 선택지가 있는 경우(예: 참/거짓, 0/1) 하나의 비트로 나타낼 수 있다. 정보량은 비트로 측정되며, 사건이 발생할 확률에 따라 정보량이 다르게 계산된다. 예시로, 동전 던지기에서 앞면과 뒷면의 확률은 각각 50%이다. 이 경우, 결과에 대한 정보량은 1비트이다.

2. 인간 정보 처리 이론에서 정보량과 한계: 조지 밀러(George Miller)는 인간이 단기 기억에서 7±2 개의 정보 단위(청킹, chunk)를 동시에 처리할 수 있다고 주장한 바 있다. 이는 사람이 한 번에 한정된 정보량만을 효과적으로 처리할 수 있다는 점을 강조한 개념이다. 인간 정보 처리 시스템은 감각 기억, 단기 기억, 장기 기억을 거쳐 정보를 인코딩하고 처리한다. 이 과정에서 과도한 정보량이 들어오면 과부하가 발생할 수 있다.

③ 인간 정보 처리(Human Information Processing) 이론에 따르면, 입력된 정보량(자극)과 출력된 정보량(반응)이 항상 동일하지는 않다. 이는 정보 처리 과정에서 여러 요소들이 정보의 선택, 해석, 압축, 그리고 왜곡에 영향을 미치기 때문이다.
🔍정답 ③

66
▪ 하인리히(H. Heinrich) 도미노이론
• 1단계 – 사회적 환경 및 유전적 요인: 개인의 성격이나 행동에 영향을 미치는 배경적 요인으로, 가정 환경, 교육, 문화 등이 포함된다. 이는 개인의 행동 패턴을 형성하는 데 중요한 역할을 한다.
• 2단계 – 개인적 결함: 부주의, 무지, 불안정한 행동 습관 등 개인의 결함이 사고의 원인이 될 수 있다.
• 3단계 – 불안전한 행동 및 상태: 잘못된 행동이나 작업 환경의 결함, 장비의 불량 등이 이 단계에 해당한다. 이는 사고를 직접적으로 유발하는 요소로 작용한다.
• 4단계 – 사고: 불안전한 행동이나 상태로 인해 실제로 사고가 발생하는 단계이다. 이는 사람이 넘어지거나, 부딪히거나, 다치는 등 구체적인 사고 상황이다.
• 5단계 – 상해: 사고로 인해 발생하는 부상 또는 재산 손실을 의미한다.
🔍정답 ⑤

67
▪ 산업혁명
ㄹ. 조명의 색상이 적절하지 않거나, 눈에 부담을 주는 색상(예: 너무 강렬한 색상)은 눈의 피로를 유발할 수 있다. 이는 장시간 작업 시 시각적 불편을 초래하고, 결국 건강 문제로 이어질 수 있다.
ㅁ. 표면 반사율은 특정 표면이 빛을 반사하는 비율을 나타냅니다. 반사율이 높은 표면(예: 흰색 벽, 밝은 색상의 바닥)은 더 많은 빛을 반사하여 주변 환경을 밝게 만든다. 표면 반사율이 높은 경우 조도를 상대적으로 낮추어도 충분한 밝기를 유지할 수 있다.
🔍정답 ②

68 소리와 소음에 관한 설명으로 옳은 것은?

① 인간의 가청주파수 영역은 20,000Hz~30,000Hz다.

② 인간이 지각한(perceived) 음의 크기는 음의 세기(dB)와 항상 정비례한다.

③ 강력한 소음에 노출된 직후에 발생하는 일시적 청력손실은 휴식을 취하더라도 회복되지 않는다.

④ 우리나라 소음노출기준은 소음강도 90dB(A)에 8시간 노출될 때를 허용기준선으로 정하고 있다.

⑤ 소음노출지수가 100% 이상이어야 소음으로부터 안전한 작업장이다.

69 산업위생전문가(industrial hygienist)의 주요 활동으로 옳지 않은 것은?

① 근로자 건강영향을 설문으로 묻고 진단한다.

② 근로자의 근무기간별 직무활동을 기록한다.

③ 근로자가 과거에 소속된 공정을 설문으로 조사한다.

④ 구매할 기계장비에서 발생될 수 있는 유해요인을 예측한다.

⑤ 유해인자 노출을 평가한다.

70 화학물질 급성 중독으로 인한 건강영향을 예방하기 위한 노출기준만으로 옳은 것은?

① TWA, STEL

② Excursion limit, TWA

③ STEL, Ceiling

④ STEL, TLV

⑤ Excursion limit, TLV

71 특수건강진단 결과의 활용으로 옳지 않은 것은?

① 근로자가 소속된 공정별로 분석하여 직무관련성을 추정한다.

② 근로자의 근무시기별로 비교하여 직무관련성을 분석한다.

③ 특수건강진단 대상자가 설린 질병의 직무 영향을 고칠한다.

④ 직업병 요관찰자 또는 유소견자는 작업을 전환하는 방안을 강구한다.

⑤ 유해인자 노출기준 초과여부를 평가한다.

68 ▪ 소리와 소음

① 인간의 가청 주파수 범위는 20 Hz에서 20,000 Hz까지이며, 30,000 Hz는 인간이 일반적으로 들을 수 없는 범위이다.

② 인간이 지각하는 음의 크기는 음의 세기(dB)와 항상 정비례하지 않으며, 음량 인지는 비선형적인 관계에 있다. 이로 인해 소음 관리 및 음향 설계 시 이러한 특성을 고려해야 한다.

③ 강력한 소음에 노출된 직후에 발생하는 일시성 청력손실은 일시적이고 휴식 후 회복될 수 있는 현상이다. 그러나 이를 간과하고 지속적으로 노출될 경우 영구적인 청력 손실로 이어질 수 있으므로, 주의가 필요한다.

⑤ 소음 노출 지수는 100% 이하이어야 안전한 작업장으로 간주되며, 100%를 초과하는 경우에는 소음으로부터 안전하지 않다고 볼 수 있다. 따라서 소음 관리와 예방 조치를 통해 작업 환경을 개선하는 것이 중요하다.

정답 ④

69 ▪ 산업안전보건법 상 산업위생전문가의 주요 직무

산업위생전문가(Industrial Hygienist)의 역할은 작업 환경의 유해 요인을 인식, 평가, 통제하는 것이며, 그 중에서 근로자의 건강 상태를 진단하거나 의학적인 진단을 내리는 것은 의사의 역할이지, 산업위생전문가의 역할이 아니다. 따라서, 근로자의 건강 영향을 설문으로 묻고 진단하는 것은 산업위생전문가의 주된 활동이 아니며, 이는 산업안전보건법에 따른 의료 전문가의 역할과 혼동될 수 있다.

정답 ①

70 ▪ 노출 기준

1. 단시간 노출 기준 (STEL): STEL은 근로자가 15분 동안 노출될 수 있는 최대 허용 농도를 의미한다. 이 기준은 급성 노출의 위험을 최소화하기 위해 설정된다.

2. 최고 노출 기준 (Ceiling, C): 최고 노출 기준은 특정 화학물질에 대해 절대로 초과해서는 안 되는 농도를 나타냅니다. 이 값은 주어진 시간 동안 지속적으로 노출될 경우 건강에 심각한 영향을 미칠 수 있는 수준이다.

정답 ③

71 ▪ 사후관리 조치 판정

① 건강상담

② 보호구지급 및 착용지도

③ 추적검사

④ 근무중 치료

⑤ 근로시간단축

⑥ 작업전환

⑦ 근로제한 및 금지

⑧ 산재요양신청서 직접 작성 등 해당 근로자에 대한 직업병 확진 의뢰 안내

⑤ 특수 건강 진단은 특정 유해인자에 노출된 근로자의 건강 상태를 평가하기 위한 것이다. 이는 노출로 인한 건강 영향을 확인하고, 조기 진단 및 예방 조치를 취하는 데 초점을 맞춥니다. 노출 기준 초과 여부는 작업 환경의 모니터링, 측정, 그리고 노출 기록과 함께 종합적으로 평가해야 한다.

정답 ⑤

72 유해물질 측정과 분석에 관한 설명으로 옳은 것은?

① 공기 중 먼지 농도를 표현하는 단위는 ppm이다.

② 공기 채취 펌프와 화학물질 분석기기는 1차 표준기구이다.

③ 미세먼지에서 중금속은 크로마토그래피로 정량한다.

④ 개인시료(personal sample) 채취에 의한 농도는 종합적인 유해인자 노출을 나타낸다.

⑤ 공기 중 유기용제는 대부분 고체 흡착관으로 채취한다.

73 작업장에서 기계를 이용한 환기(ventilation)에 관한 설명으로 옳은 것은?

① HVACs(공조시설)는 발암물질을 제거하기 위해 설치하는 환기장치이다.

② 국소배기장치 덕트 크기(size)는 후드 유입 공기량(Q)과 반송속도(V)를 근거로 결정한다.

③ HVACs(공조시설) 공기 유입구와 국소배기장치 배기구는 서로 가까이 설치하는 것이 좋다.

④ HVACs(공조시설)에서 신선한 공기와 환류공기(returned air)의 비는 7:3이 적정하다.

⑤ 국소배기장치에서 송풍기는 공기정화장치 앞에 설치하는 것이 좋다.

72 ▪ 유해물질 측정과 분석

① ppm은 주로 가스나 액체에서 특정 성분의 비율을 나타내는 단위로 사용된다. 이는 주로 기체의 농도를 표현할 때 유용한다. 먼지 농도는 고체 입자로 존재하는 물질의 농도를 나타내므로, 일반적으로 mg/m^3 단위를 사용하여 공기 중의 특정 먼지의 질량을 측정한다.

② 1차 표준기구는 물리량을 정확하게 측정하기 위한 기준 장치로, 국가 또는 국제적으로 공인된 기준에 따라 정의된다. 예를 들어, 질량, 길이, 전류의 기준 장치가 이에 해당한다. 공기 채취 펌프와 화학물질 분석기기는 1차 표준기구가 아니며, 이들은 측정 과정을 지원하는 장비일 뿐이다.

③ 크로마토그래피는 일반적으로 유기 화합물의 분리 및 분석에 많이 사용된다. 미세먼지에서 중금속을 정량하기 위해서는 유도 결합 플라즈마 질량 분석기(ICP-MS), 원자 흡광 분석기(AA), 또는 X선 형광 분석(XRF)와 같은 기법이 더 일반적으로 사용된다.

④ 개인시료 채취는 특정 유해인자에 대한 근로자의 노출을 평가하는 데 중요한 역할을 하지만, 이를 통해 전체적인 종합적 유해인자 노출을 완벽하게 나타내는 것은 아니다. 따라서 다양한 유해인자와 노출 경로를 고려한 포괄적인 평가가 필요하다.

🔍정답 ⑤

73 ▪ 산업혁명

① HVAC 시스템은 온도 조절뿐만 아니라, 공기 질을 개선하고 환기를 통해 실내 환경을 쾌적하게 유지하는 역할을 한다. 특정 발암물질(예: 휘발성 유기 화합물, 포름알데히드 등)의 제거를 위해서는 적절한 필터와 환기 전략이 필요하다.

③ 공기 유입구와 배기구가 가까이 위치할 경우, 배기된 오염된 공기가 다시 유입구로 흡입될 수 있다. 이는 공기 질을 저하시킬 뿐만 아니라, 근로자가 유해물질에 노출될 위험을 증가시킨다. HVAC 시스템 설계 시, 공기 유입구와 배기구 간의 적절한 거리와 위치를 고려하여 설치하는 것이 중요하다. 이는 전반적인 환기 성능을 개선하고 공기 질을 유지하는 데 필수적이다.

④ 신선한 공기의 비율이 너무 낮으면 실내 공기 질이 저하될 수 있으며, 건강에 부정적인 영향을 미칠 수 있다. 7:3 비율은 일반적인 기준이지만, 일부 환경에서는 더 많은 신선한 공기를 요구할 수 있다.

⑤ 송풍기가 공기 정화 장치 뒤에 위치해야, 송풍기가 흡입한 오염된 공기를 먼저 정화한 후 깨끗한 공기를 실내로 배출할 수 있다. 만약 송풍기가 정화 장치 앞에 설치된다면, 오염된 공기가 정화되지 않은 상태로 송풍기로 흡입될 수 있다.

🔍정답 ②

74 작업환경측정(유해인자 노출평가) 과정에서 예비조사 활동에 해당하지 않는 것은?

① 여러 유해인자 중 위험이 큰 측정대상 유해인자 선정
② 시료채취전략 수립
③ 노출기준 초과여부 결정
④ 공정과 직무 파악
⑤ 노출 가능한 유해인자 파악

75 나노먼지가 주로 발생되는 공정 또는 작업이 아닌 것은?

① 용접   ② 유리 용융
③ 선철 용해   ④ CNC 가공
⑤ 디젤 연소(diesel combustion)

74 ▪ 작업환경 측정(유해인자 노출 평가) 과정에서의 예비조사 활동
1. 작업장 환경 파악 – 작업장의 레이아웃, 작업 방식, 장비 및 사용되는 물질에 대한 기본 정보를 수집한다. 근로자들이 수행하는 작업의 종류와 시간, 근무 패턴을 이해한다.
2. 유해 인자 식별 – 작업장에서 발생할 수 있는 유해 인자(화학물질, 물리적 요인, 생물학적 요인 등)를 파악한다. 문서 검토, 이전의 안전 점검 보고서, 근로자 인터뷰 등을 통해 유해 인자를 식별한다.
3. 위험도 평가 – 각 유해 인자가 근로자에게 미치는 위험 수준을 평가한다. 이에는 해당 인자의 성질, 노출 경로 및 잠재적 영향을 고려한다.
4. 기존 데이터 검토 – 기존의 작업환경 측정 결과나 건강 기록을 검토하여, 이전에 발생한 문제나 노출 수준을 확인한다.
5. 필요한 측정 장비 및 방법 선정 – 유해 인자를 평가하기 위한 적절한 측정 방법과 장비를 결정한다. 이는 샘플링 기법, 분석 방법 및 검출 한계를 포함한다.
6. 근로자 교육 및 의사소통 – 예비조사 과정에서 근로자와의 소통을 통해 그들의 의견과 경험을 듣고, 필요한 경우 교육을 제공한다. 작업환경 측정의 중요성을 설명하고, 향후 평가 과정에 대한 정보를 공유한다.
7. 조사 계획 수립 – 예비조사를 바탕으로 측정 계획을 수립한다. 이는 측정 시기, 장소, 샘플링 방법 등을 포함한다.

정답 ③

75 ▪ 나노먼지
① 나노미세먼지는 입자 크기가 100nm(0.1㎛) 이하인 먼지로, 입자 크기 2.5㎛ 이하인 초미세먼지 중에서도 더 작은 먼지를 말한다. 주로 자동차 배기가스 등에 많이 포함돼 있다.
② CNC 가공은 컴퓨터로 제어되는 기계로 부품을 제조하는 모든 프로세스로 나노먼지 발생 보다는 기계 가공 부산물 발생

정답 ④

51 파스칼(R Pascale)과 애토스(A Athos)의 7S 조직문화 구성요소 중 가장 핵심적인 요소는?

① 전략   ② 공유가치

③ 구성원   ④ 제도·절차

⑤ 관리스타일

52 상황적합적 조직구조이론에 관한 설명으로 옳지 않은 것은?

① 우드워드(J. Woodward)는 기술을 단위생산기술, 대량생산기술, 연속공정기술로 나누었는데, 대량 생산에는 기계적 조직구조가 적합하고, 연속공정에는 유기적 조 직구조가 적합하다고 주장하였다.

② 번즈(T. Burns)와 스탈커(G. Stalker)는 안정적인 환경에서는 기계적인 조직이, 불확실한 환경에서 는 유기적인 조직이 효과적이라고 주장하였다.

③ 톰슨(J. Thompson)은 기술을 단위작업 간의 상호의존성에 따라 중개형, 장치형, 집약형으로 유형 화하고, 이에 적합한 조직구조와 조정형태를 제시하였다.

④ 페로우(C. Perrow)는 기술을 다양성 차원과 분석가능성 차원을 기준으로 일상적 기술, 공학적 기 술, 장인기술, 비일상적 기술로 유형화하였다.

⑤ 블라우(P. Blau), 차일드(J. Child)는 환경의 불확실성을 상황변수로 연구하였다.

51 ▪ 파스칼(R. Pascale)과 애토스(A. Athos)의 7S 모델

조직의 성과와 문화를 분석하는 데 유용한 틀로, 조직이 성공적으로 운영되기 위해서는 7가지 요소가 서로 조화롭게 맞춰져야 한다고 주장한다.

1. 공유된 가치(Shared Values): 조직이 존재하는 이유, 즉 조직의 정체성과 목표를 설명하며, 구성원들이 무엇을 중시하고, 어떤 방식으로 행동해야 하는지에 대한 기본적인 지침을 제공
2. 전략(Strategy): 조직이 목표를 달성하기 위한 장기적인 계획.
3. 구조(Structure): 조직의 공식적인 보고 체계 및 조직도.
4. 시스템(Systems): 일상적인 업무 처리 시스템 및 절차.
5. 스타일(Style): 리더십 스타일과 조직 내 상호작용 방식.
6. 인재(Staff): 조직 구성원과 그들의 역량 및 관리 방식.
7. 기술(Skills): 조직 구성원들이 보유한 핵심 역량과 기술.

🔍정답 ②

52 ▪ 상황적합적 조직구조 이론(Contingency Theory of Organizational Structure)

상황적합적 조직구조 이론(Contingency Theory of Organizational Structure)은 조직의 성공적인 운영을 위해서는 조직 구조가 상황적 요인에 맞추어 적절하게 설계되어야 한다는 이론이다. 이 이론은 단일한 최선의 조직 구조가 존재하지 않으며, 조직이 처한 상황과 환경적 요인에 따라 조직 구조를 다르게 설계해야 한다고 주장한다.

1. 상황적 요인(Contingency Factors): 조직이 처한 환경과 관련된 요소들로, 조직 구조에 영향을 미치는 중요한 변수
   1) 환경: 조직이 활동하는 시장이나 산업의 환경이 안정적이거나 불확실한가에 따라 조직 구조가 달라진다.
   2) 조직 규모: 조직이 커지면 관료적인 구조로 변할 가능성이 높고, 작은 조직은 유연한 구조를 유지할 수 있다.
   3) 기술: 조직이 사용하는 기술의 복잡성이나 상호작용 정도에 따라 조직 구조가 달라질 수 있다.
   4) 전략: 조직의 목표와 전략이 무엇인지에 따라 구조적 변화가 필요한다.
   5) 조직 문화: 조직 내부의 가치관, 규범, 행동 방식이 조직 구조의 설계에 영향을 미칩니다.
2. 적합성(Fit): 상황적합적 조직구조 이론에서 핵심은 조직 구조와 상황적 요인이 적합하게 맞아야 조직이 효과적으로 운영될 수 있다는 것이다. 즉, 조직은 자신의 환경적 요인과 내부 요인에 맞추어 적합한 조직 구조를 선택해야 한다.
3. 다양한 조직 구조
   1) 기계적 구조(Mechanistic Structure): 이 구조는 엄격한 계층적 관계, 명확한 규칙과 절차, 집중화된 의사결정을 특징으로 한다. 주로 안정적이고 예측 가능한 환경에서 효과적이다.
   2) 유기적 구조(Organic Structure): 이 구조는 유연성, 분권화된 의사결정, 자율성을 특징으로 하며, 변화가 많고 불확실한 환경에서 효과적이다. 유기적 구조는 빠르게 변화하는 환경에서 적응력을 높이는 데 유리한다.

⑤ 환경의 불확실성을 주요 상황변수로 다루었던 연구는 주로 로렌스(Paul Lawrence)와 로시(Lorsch)의 연구가 대표적이며, 블라우는 환경의 불확실성보다는 조직 규모와 구조의 관계에 더 중점을 두었다. 또한 차일드는 조직이 환경에 능동적으로 대응하는 과정에서 전략적 선택의 중요성을 강조하였다.

🔍정답 ⑤

53 인사고과에 관한 설명으로 옳은 것을 모두 고른 것은?

> ㄱ. 캐플란(R. Kaplan)과 노턴(D. Norton)이 주장한 균형성과표(BSC)의 4가지 핵심 관점은 재무관점, 고객관점, 외부환경관점, 학습 · 성장관점이다.
> ㄴ. 목표관리법(MBO)의 단점 중 하나는 권한위임이 이루어지기 어렵다는 것이다.
> ㄷ. 체크리스트법(대조법)은 평가자로 하여금 피평가자의 성과, 능력, 태도 등을 구체적으로 기술한 단어나 문장을 선택하게 하는 인사고과법이다.
> ㄹ. 대부분의 전통적인 인사고과법과는 달리, 종합평가법 혹은 평가센터법(ACM)은 미래의 잠재능력을 파악할 수 있는 인사고과법이다.
> ㅁ. 행동기준평가법(BARS)은 척도설정 및 기준행동의 기술 – 중요과업의 선정–과업행동의 평가 순으로 이루어진다.

① ㄱ, ㅁ   ② ㄷ, ㄹ
③ ㄱ, ㄴ, ㄷ   ④ ㄷ, ㄹ, ㅁ
⑤ ㄱ, ㄷ, ㄹ, ㅁ

54 프로젝트 활동의 단축비용이 단축일수에 따라 비례적으로 증가한다고 할 때, 정상활동으로 가능한 프로젝트 완료일을 최소의 비용으로 하루 앞당기기 위해 속성으로 진행되어야 할 활동은?

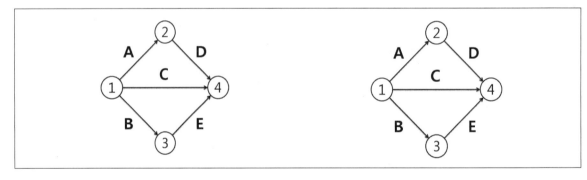

활동	직전 선행활동	활동시간(일)		활동비용(만원)	
		정상	속성	정상	속성
A	–	7	5	100	130
B	–	5	4	100	130
C	–	12	10	100	140
D	A	6	5	100	150
E	B	9	7	100	150

① A   ② B   ③ C
④ D   ⑤ E

53 ▪ 인사고과

ㄱ. 균형성과표의 4가지 핵심 관점은 재무적 관점, 고객 관점, 내부 프로세스 관점, 학습과 성장 관점

ㄴ. MBO는 직원들에게 권한을 위임하고 자율성을 부여하는 관리 기법이다. MBO의 진정한 단점은 목표 설정 과정의 복잡성, 단기적 목표에 대한 과도한 집중, 성과 측정의 어려움 등에서 발생할 수 있다.

ㄷ. BARS의 과정은 중요 과업을 선정한 후, 해당 과업에서의 구체적인 행동을 기술하고, 그 행동에 척도를 설정한 후에 평가하는 순서로, 중요 과업의 선정 → 행동의 기술 → 척도 설정 → 행동 평가로 이루어진다. 🔍정답 ②

54 ▪ 시간 – 비용분석

① 공기가 가장 긴구간 ①→③→⑤ B+E = 14일

② 단축가능일수 B구간 정상 5일 – 속성 1일 = 1일
E구간 정상 9일 – 속성 7일 = 2일

③ 활동비용증가 B구간 속성 130만원 – 정상 100만원 = 30만원
E구간 속성 150만원 – 정상 100만원 = 50만원

$$\text{Cost Slope} = \frac{\text{급속비용} - \text{정상비용}}{\text{정상공기} - \text{급속공기}} = \frac{\triangle Cost}{\triangle Time}$$

④ B구간 130-100/5일-4일 = 30만원
E구간 속성 150만원-정상 100만원/9일-7일 = 50만원/2일 = 25만원

⑤ ∴ 비용구배가 가장 작은 E구간에서 1일 단축 🔍정답 ⑤

55 경력개발에 관한 설명으로 옳은 것은?

① 경력 정체기에 접어들은 종업원들이 보여주는 반응유형은 방어형, 절망형, 성과 미달형, 이상형으로 구분된다.

② 샤인(E. Schein)은 개인의 경력욕구 유형을 관리지향, 기술-기능지향, 안전지향 등 세 가지로 구분하였다.

③ 홀(D. Hall)의 경력단계 모델에서 중년의 위기가 나타나는 단계는 확립단계이다.

④ 이중 경력경로(dual-career path)는 개인이 조직에서 경험하는 직무들이 수평적 뿐만 아니라 수직적으로 배열되어 있는 경우이다.

⑤ 경력욕구는 조직이 개인에게 기대하는 행동인 경력역할과 개인 자신이 추구하려고 하는 경력방향에 의해 결정된다.

56 경영참가제도에 관한 설명으로 옳지 않은 것은?

① 경영참가제도는 단체교섭과 더불어 노사관계의 양대 축을 형성하고 있다.

② 독일은 노사공동결정제를 실시하고 있다.

③ 스캔론플랜(Scanlon plan)은 경영참가제도 중 자본참가의 한 유형이다.

④ 종업원지주제(ESOP)는 원래 안정주주의 확보라는 기업방어적인 측면에서 시작 되었다.

⑤ 정치적인 측면에서 볼 때 경영참가제도의 목적은 산업민주주의를 실현하는데 있다.

55

- ▪ **샤인의 경력 닻(Career Anchors) 이론**
  샤인은 개인이 경력을 발전시켜 나가는 과정에서 중요한 영향을 미치는 핵심 가치, 능력, 동기를 "경력 닻"이라고 표현했다. 이는 개인의 경력 선택에 중요한 지침이 되는 요소들로, 사람이 자신의 경력을 결정할 때 절대 포기할 수 없는 것들을 의미한다. 경력 닻은 개인이 자신의 경력에서 무엇을 중요하게 생각하는지를 파악하는 데 도움을 준다.

② 샤인(Edgar H. Schein)은 경력 닻(Career Anchors) 이론에서 개인의 경력 욕구를 단순히 세 가지로 구분하지 않았다. 샤인은 8가지 경력 닻을 제시하며, 개인의 경력 욕구와 가치를 더 넓은 범주에서 설명했다.

③ 홀(D. Hall)의 경력단계 모델 – 개인의 경력이 시간이 흐르면서 어떻게 변화하는지를 설명하는 이

  1. 탐색 단계(Exploration Stage) – 경력 초기에 해당하며, 개인이 자신의 능력과 관심사를 탐색하고, 어떤 직업을 선택할지를 고민하는 시기
  2. 확립 단계(Establishment Stage) – 개인이 선택한 직업 분야에서 성과를 내고, 조직 내에서 자리를 잡는 시기
  3. 유지 단계(Maintenance Stage) – 중년의 위기(Midlife Crisis)가 주로 나타나는 단계로 이 시기에는 자신이 이루어온 경력을 되돌아보고, 성취와 만족을 재평가하는 시기
  4. 쇠퇴 단계(Decline Stage) – 경력의 마무리 단계로 접어들며, 은퇴 준비를 하는 시기

④ "수평적이면서 수직적으로 배열된 경로"라는 설명은 이중 경력경로와는 다르다. 이중 경력경로는 수평적 배열보다는, 기술 전문가가 수직적으로 승진할 수 있는 별도의 경로를 제공하는 개념이다. 즉, 기술적 역량을 중시하는 직무에서도 수직적 승진을 할 수 있다는 뜻이지, 직무들이 수평적으로 배열된다는 의미는 아니다.

⑤ 경력욕구는 조직이 개인에게 기대하는 경력역할과 개인이 추구하는 경력방향이 중요한 요소로 작용하는 것은 맞지만, 그 외에도 개인의 가치관, 동기, 외부 환경, 개인적 경험 등 여러 요인이 경력욕구에 영향을 미친다. 조직의 기대와 개인의 경력방향은 경력욕구를 형성하는 중요한 요소 중 일부일 뿐이며, 이 외에도 개인의 성격, 경험, 사회적 맥락 등이 경력욕구에 중요한 영향을 미칠 수 있다.

🔍정답 ①

56

- ▪ **자본참가 유형**
  1. 자본참가 – 근로자가 기업의 소유와 경영에 자본적으로 참여하는 제도이다. 즉, 근로자가 회사의 주식을 소유하거나 이익 배당을 통해 기업의 자본에 기여하고, 기업의 경영 성과에 직접적인 이해관계를 가지는 방식을 의미한다.
     1) 스톡옵션(Stock Options) – 근로자에게 일정 기간 동안 미리 정해진 가격으로 회사의 주식을 매입할 수 있는 권리를 부여하는 제도
     2) 종업원 지주제(Employee Stock Ownership Plan, ESOP) – 회사가 근로자에게 회사의 주식을 부여하거나, 근로자가 주식을 매입할 수 있게 하는 제도
     3) 이익 배당제(Profit Sharing) – 회사의 경영성과에 따라 발생한 이익의 일부를 근로자에게 배당하는 제도
     4) 종업원 주식매입제(Employee Share Purchase Plans, ESPP) – 근로자가 회사의 주식을 할인된 가격으로 매입할 수 있는 기회를 제공하는 제도

③ 스캔론 플랜(Scanlon Plan)은 경영참가제도 중 하나이지만, 자본참가의 유형이라기보다는 이익분배제도(profit-sharing plan)에 속한다. 즉, 경영성과를 근로자와 공유하는 방식으로, 생산성 향상을 통한 성과를 근로자와 사용자 모두에게 이익으로 돌리는 제도이다.

🔍정답 ③

57 동기부여이론에 관한 설명으로 옳지 않은 것은?

① 동기부여이론을 내용이론과 과정이론으로 구분할 때 알더퍼(C. Alderfer)의 ERG 이론은 내용이론 이다.

② 맥클랜드(D. McClelland)의 성취동기이론에서 성취욕구를 측정하기에 가장 적합한 것은 TAT(주제 통각검사)이다.

③ 허츠버그(F. Herzberg)의 이요인이론에 따르면, 동기유발이 되기 위해서는 동기 요인은 충족시키 고, 위생요인은 제거해 주어야 한다.

④ 브룸(V. Vroom)의 기대이론은 기대감, 수단성, 유의성에 의해 노력의 강도가 결정되는데 이들 중 하나라도 0이면 동기부여가 안된다고 한다.

⑤ 아담스(J. Adams)는 페스팅거(L. Festinger)의 인지부조화 이론을 동기유발과 연관시켜서 공정성이 론을 체계화하였다.

58 수요예측을 위한 시계열분석에 관한 설명으로 옳지 않은 것은?

① 시계열분석은 장래의 수요를 예측하는 방법으로, 종속변수인 수요의 과거 패턴이 미래에도 그대로 지속된다는 가정에 근거를 두고 있다.

② 전기수요법은 가장 최근의 수요로 다음 기간의 수요를 예측하는 기법으로, 수요가 안정적일 경우 효 율적으로 사용할 수 있다.

③ 이동평균법은 우연변동만이 크게 작용하는 경우 유용한 기법으로, 가장 최근 n기간 데이터를 산술 평균하거나 가중평균하여 다음 기간의 수요를 예측할 수 있다.

④ 추세분석법은 과거 자료에 뚜렷한 증가 또는 감소의 추세가 있는 경우, 과거 수요와 추세선상 예측 치 간 오차의 합을 최소화하는 직선 추세선을 구하여 미래의 수요를 예측할 수 있다.

⑤ 지수평활법은 추세나 계절변동을 모두 포함하여 분석할 수 있으나, 평활상수를 작게 하여도 최근 수 요 데이터의 가중치를 과거 수요 데이터의 가중치보다 작게 부과할 수 없다.

57 ■ **허츠버그(Frederick Herzberg)의 이요인 이론(Two-Factor Theory)**

허츠버그는 직무 만족과 불만족의 원인을 두 가지 다른 요인으로 설명했다. 동기 요인은 직무만족을 유발하는 요인이고, 위생 요인은 불만족을 방지하는 요인으로 구분된다.

1. 동기 요인(Motivators) – 직무 자체와 관련된 요인으로, 이를 통해 직원들이 만족을 느끼고 동기부여를 받을 수 있다. 동기 요인이 충족될 때, 직원들은 더 높은 성과와 성취감을 느끼게 된다.

   주요 예시

   1) 성취감: 목표를 달성했을 때 느끼는 성취.
   2) 인정: 상사나 동료로부터 성과를 인정받는 것.
   3) 직무 자체의 흥미: 직무 내용이 흥미롭고 도전적일 때.
   4) 책임감: 업무에서 더 큰 책임과 자율성을 부여받는 것.
   5) 성장 기회: 경력 개발과 승진 기회를 제공받는 것.

2. 위생 요인(Hygiene Factors) – 직무 환경과 관련된 요인으로, 이를 적절히 관리하지 못할 경우 불만족을 유발할 수 있다. 하지만 위생 요인을 충족한다고 해서 반드시 직무 만족이나 동기부여가 증가하지는 않는다.

   주요 예시:

   1) 급여: 적절한 보상.
   2) 근무 조건: 작업 환경의 안전성과 쾌적성.
   3) 직장 내 인간관계: 상사나 동료와의 관계.
   4) 정책과 절차: 회사의 정책 및 관리 시스템의 공정성과 일관성.
   5) 고용 안정성: 직무의 안정성.

∴ 허츠버그의 이요인 이론에 따르면, 직무 만족과 동기부여를 위해서는 동기 요인을 충족시키는 것이 필수적이다. 반면, 위생 요인은 불만족을 방지하기 위해 제거해야 하지만, 그 자체로는 직무 만족을 유발하지 않는다. 따라서, 동기 요인을 충족시키고, 위생 요인을 적절히 관리하는 것이 효과적인 직무 만족과 동기부여 전략이다.

🔍정답 ③

58 ■ **추세분석(시계열분석)**

④ 추세분석법은 과거 자료에 뚜렷한 증가 또는 감소의 추세가 있는 경우, 최소자승법을 사용해 과거 수요와 예측치 간 오차의 제곱합을 최소화하는 직선 또는 곡선 추세선을 구하여 미래의 수요를 예측할 수 있는 방법이다.

1. 추세분석법(Trend Analysis): 시간에 따라 변화하는 데이터를 분석하여 미래의 추세를 예측하는 방법이다. 주로 시간의 흐름에 따라 변화하는 수요 패턴을 분석하는 데 사용되며, 증가 또는 감소하는 패턴이 뚜렷하게 나타나는 경우 유용하다.

2. 직선 추세선(Linear Trend Line): 과거 데이터가 직선적인 패턴을 따르는 경우, 이 패턴을 설명하는 직선을 구해 미래를 예측한다. 이때, 최소자승법(Least Squares Method)을 사용하여 과거 실제 수요와 직선 추세선 간 오차의 제곱합을 최소화하는 방법으로 추세선을 도출한다.

🔍정답 ④

59 하우 리(H Lee)가 제안한 공급사슬 전략 중, 수요의 불확실성이 낮고 공급의 불확실성이 높은 경우 필요한 전략은?

① 효율적 공급사슬
② 반응적 공급사슬
③ 민첩한 공급사슬
④ 위험회피 공급사슬
⑤ 지속가능 공급사슬

60 심리평가에서 신뢰도와 타당도에 관한 설명으로 옳은 것은?

① 내적일치 신뢰도(internal consistency reliability)를 알아보기 위해서는 동일한 속성을 측정하기 위한 검사를 두 가지 다른 형태로 만들어 사람들에게 두 가지형 모두를 실시한다.
② 다양한 신뢰도 측정방법들은 모두 유사한 의미를 지니고 있기 때문에 서로 바꾸어서 사용해도 된다.
③ 검사-재검사 신뢰도(test-retest reliability)는 두 번의 검사 시간간격이 길수록 높아진다.
④ 준거관련 타당도 중 동시 타당도(concurrent validity)와 예측 타당도(predictive validity) 간의 중요한 차이는 예측변인과 준거자료를 수집하는 시점 간 시간간격이다.
⑤ 검사가 학문적으로 받아들여지기 위해 바람직한 신뢰도 계수와 타당도 계수는 .70~.80의 범위에 존재한다.

59 ▪ 하우 리(Hau L. Lee)의 공급사슬 전략(Supply Chain Strategy)

하우 리(Hau L. Lee)가 제안한 공급사슬 전략(Supply Chain Strategy)은 효율성과 유연성을 동시에 추구하면서, 공급망이 시장 환경과 수요 변동에 적응할 수 있도록 설계된 전략이다. 그는 특히 불확실성과 리스크가 큰 환경에서 공급망이 어떻게 적응할 수 있는지를 강조하였다.

1. 효율적 공급사슬(Efficient Supply Chain)
   1) 목적: 비용 최소화와 운영 효율성 극대화.
   2) 적합한 환경: 수요가 안정적이고 예측 가능한 환경에서 사용된다. 주로 대량생산과 고정된 수요를 처리하는 데 적합한다.
   3) 특징: 저비용 생산과 재고 관리에 중점을 둡니다. 생산 공정의 표준화가 이루어져 있으며, 규모의 경제를 추구한다. 수요 예측이 정확한 경우에 사용되며, 변동이 적고 재고 관리 비용을 줄일 수 있다.
   4) 예시: 일상 소비재(예: 식료품, 대량 소비재) 제조업체에서 주로 사용.
2. 반응적 공급사슬(Responsive Supply Chain)
   1) 목적: 고객의 변동하는 수요에 신속하게 대응하는 것을 목표로 함.
   2) 적합한 환경: 변동성이 크고, 수요 예측이 어려운 환경에서 적합한다. 특히, 고객 요구가 자주 변하는 경우 사용된다.
   3) 특징: 짧은 리드타임을 통해 빠르게 대응할 수 있는 생산 및 공급 체계를 갖추고 있다. 다품종 소량생산에 적합하며, 수요에 맞게 생산 라인을 신속히 전환할 수 있다. 고객의 요구에 따라 맞춤형 제품이나 유연한 생산 시스템을 제공한다.
   4) 예시: 패션 산업이나 전자제품과 같은 제품 라이프사이클이 짧은 업종에서 사용된다.
3. 민첩한 공급사슬(Agile Supply Chain)
   1) 목적: 효율성과 유연성을 결합하여, 급격한 시장 변화나 예측 불가능한 상황에 대응할 수 있도록 설계됨.
   2) 적합한 환경: 수요 변동성이 크고 불확실성이 높은 시장 환경에서 적합한다. 특히, 신속한 대응이 필요한 경우 사용된다.
   3) 특징: 시장 변화에 민첩하게 대응할 수 있는 구조를 갖추고 있다. 공급망 내에서 협력을 통해 정보와 자원을 공유하고, 빠르게 의사결정을 내릴 수 있다. 공급사슬이 유연하게 조정되며, 생산 시스템의 유연성을 극대화한다.
   4) 예시: 첨단 기술 산업, 특히 전자제품이나 스마트폰과 같은 신기술 제품을 생산하는 기업에서 사용된다.
4. 위험회피형 공급사슬(Risk-Hedging Supply Chain)
   1) 목적: 공급망에서 리스크를 최소화하고, 안정적인 공급을 보장하는 데 중점을 둡니다.
   2) 적합한 환경: 공급망에서 자원 공급이 불안정하거나, 중요한 자재가 부족할 가능성이 있는 환경에서 사용된다.
   3) 특징: 다수의 공급원을 확보하여 리스크를 분산하고, 안정적인 자재 공급을 보장한다. 재고나 안전 재고를 늘려 예상치 못한 공급망 차질에 대비한다. 공급망 내의 협력과 정보 공유를 통해 리스크 관리를 강화한다.
   4) 예시: 원자재 공급이 불안정한 산업, 예를 들어 천연 자원을 사용하는 산업이나 글로벌 공급망 의존도가 높은 산업에서 주로 사용된다.

🔍정답 ④

60 ▪ 신뢰도와 타당도

① 내적 일치 신뢰도(internal consistency reliability)는 검사가 동일한 속성을 일관되게 측정하는지를 평가하는 방법으로, 동일한 검사의 각 문항들이 서로 얼마나 일관되게 측정하고 있는지를 살펴본다. 내적 일치 신뢰도는 동일한 검사 내의 문항들이 서로 얼마나 일관되게 측정하고 있는지를 평가하는 것이므로, 두 가지 다른 형태의 검사를 사용할 경우, 이는 동형 검사 신뢰도(parallel forms reliability)를 측정하는 방법에 해당한다.
② 각 신뢰도 측정 방법이 서로 다른 특성을 평가하고, 목적에 따라 적합한 방법이 다르기 때문에 서로 바꾸어 사용할 수 없다. 신뢰도를 정확하게 평가하려면 목적에 맞는 방법을 선택해야 한다.
③ 검사-재검사 신뢰도는 동일한 검사를 동일한 대상에게 일정한 시간 간격을 두고 다시 실시하여 두 결과가 얼마나 일관되게 나오는지를 평가하는 신뢰도이다. 이때, 두 번의 검사 사이의 시간 간격이 너무 길어지면, 여러 요인들이 개입하여 신뢰도가 낮아질 수 있다.
⑤ 타당도 계수는 검사가 실제로 측정하려는 개념을 얼마나 정확하게 측정하는지를 나타낸다. 즉, 측정 도구가 그 목적에 맞게 잘 작동하는지를 평가한다. 타당도 계수는 일반적으로 신뢰도 계수보다 더 낮게 나올 수 있다.
  – 0.40~0.50: 수용 가능한 타당도
  – 0.50~0.70: 적절한 타당도
  – 0.70 이상: 매우 높은 타당도
  신뢰도는 일반적으로 0.70 이상이면 학문적으로 수용 가능하며, 바람직한 수준은 0.80 이상이다.

🔍정답 ④

61 개인의 수행을 판단하기 위해 사용되는 준거의 특성 중 실제준거가 개념준거 전체를 나타내지 못하는 정도를 의미하는 것은?

① 준거 결핍(criterion deficiency)
② 준거 오염(criterion contamination)
③ 준거 불일치(criterion discordance)
④ 준거 적절성(criterion relevance)
⑤ 준거 복잡성(criterion composite)

62 직업 스트레스 모델 중 다양한 직무요구에 대해 종업원들의 외적요인(조직의 지원, 의사결정과정에 대한 참여)과 내적요인(자신의 업무요구에 대한 종업원의 정신적 접근방법)이 개인적으로 직면하는 스트레스 요인에 완충 역할을 한다는 것은?

① 자원보존(Conservation of Resources, COR) 이론
② 요구 - 통제 모델(Demands-Control Model)
③ 요구 - 자원 모델(Demands-Resources Model)
④ 사람 - 환경 적합 모델(Person-Environment Fit Model)
⑤ 노력 - 보상 불균형 모델(Effort-Reward Imbalance Model)

63 작업동기이론에 관한 설명으로 옳지 않은 것은?

① 기대이론(expectancy theory)은 다른 사람들 간의 동기의 정도를 예측하는 것보다는 한 사람이 서로 다양한 과업에 기울이는 노력의 수준을 예측하는데 유용하다.
② 형평이론(equity theory)에 따르면 개인마다 형평에 대한 선호도에 차이가 있으며, 이러한 형평 민감성은 사람들이 불형평에 직면하였을 때 어떤 행동을 취할지를 예측한다.
③ 목표설정이론(goal-setting theory)에 따르면 목표가 어려울수록 수행은 더욱 좋아질 가능성이 크지만, 직무가 복잡하고 목표의 수가 다수인 경우에는 수행이 낮아진다.
④ 자기조절이론(self-regulation theory)에서는 개인이 행위의 주체로서 목표를 달성하기 위하여 주도적인 역할을 한다고 주장한다.
⑤ 자기결정이론(self-determination theory)은 자기효능감이 긍정적인 결과를 초래할지 아니면 부정적인 결과를 초래할지에 대한 문제를 이해하는데 도움을 주는 이론이다.

61 ▪ **준거특성**

1. 준거결핍(Criterion Deficiency)
   준거결핍은 평가 기준(준거)이 평가 대상이 되는 전체 영역을 충분히 포함하지 못하는 상태를 말한다. 즉, 평가해야 할 실제 업무 성과나 능력 중에서 일부 중요한 요소들이 평가에서 제외된 상태이다. 예시: 어떤 직무에서 중요한 기술이 있음에도 불구하고, 평가 항목에 그 기술이 포함되지 않으면 준거결핍이 발생한다.
2. 준거적절성(Criterion Relevance): 준거적절성은 평가 준거가 실제로 측정하려는 수행이나 능력과 얼마나 관련이 있는지를 나타냅니다. 타당성과 유사한 개념이다. 즉, 평가 기준이 실제 직무 성과와 얼마나 밀접하게 연관되어 있는지, 그리고 그 성과를 잘 대표할 수 있는지를 의미한다. 예시: 판매직에서의 평가 준거로 고객 만족도를 포함시키는 것은 준거적절성이 높은 사례이다.
3. 준거오염(Criterion Contamination): 준거오염은 평가 기준에 본래 평가 대상과 관련 없는 요소가 평가 결과에 영향을 미치는 상태를 의미한다. 즉, 평가 항목이 직무와 무관한 요소나 주관적인 요인에 의해 오염되어, 평가의 정확성이 떨어지게 되는 상태이다. 예시: 성과 평가 시 평가자의 개인적 감정이나 선호가 평가에 반영되어, 평가 대상자의 실제 성과와 무관한 요소가 영향을 미치는 경우가 준거오염이다. 또한, 평가 항목에 불필요한 측정 항목이 포함된 경우도 준거오염에 해당한다.

🔍정답 ①

62 ▪ **직무 요구-자원 모델(Job Demands-Resources model, JD-R 모델)**

JD-R 모델은 직무 요구(demands)와 직무 자원(resources)이 개인의 스트레스와 건강에 미치는 영향을 설명하는 이론이다. 이 모델에서 직무 요구는 피로와 스트레스를 유발하는 외적 요인(예: 업무량, 시간 압박 등)을 말하며, 직무 자원은 이러한 요구를 완충하고 스트레스를 줄여주는 역할을 하는 요인이다.

외적 요인으로는 조직의 지원, 의사결정 과정에 대한 참여 등이 있으며, 내적 요인은 자신의 직무 요구에 대한 종업원의 정신적 접근방법(예: 자기 효능감, 동기 부여) 등이 해당한다. 이 요인들은 직무 스트레스에 대한 완충 역할을 하며, 긍정적인 요인들이 잘 작동할 경우 종업원들의 스트레스가 줄어드는 효과가 있다.

🔍정답 ③

63 ▪ **자기결정이론(Self-Determination Theory, SDT)**

1. 자기효능감(Self-Efficacy)는 개인이 특정 과제를 성공적으로 수행할 수 있다는 믿음을 의미한다. 이 개념은 앨버트 반두라(Albert Bandura)의 사회 인지 이론(Social Cognitive Theory)과 관련이 있으며, 개인의 성공적인 수행에 대한 기대를 다룹니다.
2. 자기결정이론(SDT)은 개인의 내재적 동기와 자율성에 중점을 두며, 자기효능감(즉, 유능감)이 일부 요소로 포함되긴 하지만, 이론의 초점은 개인이 얼마나 자율적으로 동기를 느끼고 행동하는지에 있다.

🔍정답 ⑤

64 조직 내 팀에 관한 설명으로 옳지 않은 것을 모두 고른 것은?

> ㄱ. 터크만(B. Tuckman)의 팀 생애주기는 형성(forming)-규범형성(norming)-격동(storming)-수행
> (performing)-해체(adjourning)의 순이다.
> ㄴ. 집단사고는 효과적인 팀 수행을 위하여 공유된 정신모델을 구축할 때 잠재적으로 나타나는 부정적인
> 면이다.
> ㄷ. 집단극화는 개별구성원의 생각으로는 좋지 않다고 생각하는 결정을 집단이 선택할 때 나타나는 현상
> 이다.
> ㄹ. 무임승차(free riding)나 무용성 지각(felt dispensability)은 팀에서 개인에게 개별적인 인센티브를
> 주지 않음으로써 일어날 수 있는 사회적 태만이다.
> ㅁ. 마크(M. Marks)가 제안한 팀 과정의 3요인 모형은 전환과정, 실행과정, 대인과정으로 구성되어 있다.

① ㄱ, ㄴ   ② ㄱ, ㄷ

③ ㄱ, ㄷ, ㅁ   ④ ㄷ, ㄹ, ㅁ

⑤ ㄱ, ㄴ, ㄷ, ㄹ

65 반생산적 업무행동(CWB)에 관한 설명으로 옳지 않은 것은?

① 반생산적 업무행동의 사람기반 원인에는 성실성(conscientiousness), 특성분노(trait anger), 자기
통제력(self control), 자기애적 성향(narcissism) 등이 있다.

② 반생산적 업무행동의 주된 상황기반 원인에는 규범, 스트레스에 대한 정서적 반응, 외적 통제소재,
불공정성 등이 있다.

③ 조직의 재산이나 조직 성원의 일을 의도적으로 파괴하거나 손상을 입히는 반생산적 업무행동은 심
각성, 반복가능성, 가시성에 따라 구분되어 진다.

④ 사회적 폄하(social undermining)는 버릇없거나 의욕을 떨어뜨리는 행동으로 직장에서 용수철 효
과(spiraling effect)처럼 작용하는 반생산적 업무행동이다.

⑤ 직장폭력과 공격을 유발하는 중요한 예측치는 조직에서 일어난 일이 얼마나 중요하게 인식되는가를
의미하는 유발성 지각(perceived provocation)이다.

64 ▪ **팀**

ㄱ. 터크만(Bruce Tuckman)의 집단 발달 5단계 모델

1. 형성 단계(Forming) - 팀 구성원들이 처음으로 모이는 단계로, 서로에 대해 탐색하며 관계를 형성하는 초기 단계
2. 폭풍 단계(Storming) - 팀원 간 의견 충돌이나 갈등이 발생하는 단계
3. 규범화 단계(Norming) - 팀이 점차 규칙을 세우고, 팀 내 역할과 책임이 명확하게 설정되는 단계
4. 성과 단계(Performing) - 팀이 높은 수준의 성과를 내는 단계로, 팀원들이 서로 잘 협력하고 목표 달성을 위해 효율적으로 일하는 시기
5. 해산 단계(Adjourning) - 팀이 목표를 달성한 후, 팀원들이 해산하는 단계

ㄷ. 집단극화는 구성원들의 의견이 논의 과정에서 더 극단적인 방향으로 변하는 현상으로, 개별 구성원이 생각하는 좋지 않은 결정을 집단이 선택하는 상황과는 다릅니다.
집단사고는 구성원들이 비판적 사고 없이 의견에 동조하여, 개별적으로는 동의하지 않지만 집단적으로 결정을 내리는 현상에 더 가깝다.

🔍 **정답** ②

65 ▪ **반생산적 업무행동(CWB, Counterproductive Work Behavior)**

1. 종업원 결근: 이유 없이 자주 직장에 나오지 않는 행동. 예시: 특별한 이유 없이 자주 결근하거나, 직장에서 임의로 빠지는 행동.
2. 근무 태만: 업무를 소홀히 하거나, 의도적으로 비효율적으로 처리하는 행동. 예시: 주어진 일을 느리게 처리하거나, 의도적으로 업무 품질을 낮추는 행동.
3. 사보타주: 조직의 자산을 손상시키거나 운영에 차질을 일으키는 고의적인 방해 활동. 예시: 기계나 장비를 고의로 손상시키거나, 조직 운영에 차질을 빚도록 유도하는 행동.
4. 직장 무례: 동료나 상사에게 무례하거나 비협조적인 태도를 보이는 행동. 예시: 동료를 무시하거나, 의도적으로 비협조적인 태도를 취하는 행동.
5. 사회적 폄하: 동료나 상사의 평판과 성과를 깎아내리거나 방해하는 행동. 예시: 동료의 평판을 깎아내리는 험담을 퍼뜨리거나, 성과를 축소하거나 무시하는 행동.

④ 용수철 효과(Spiraling Effect)는 부정적인 행동이나 사건이 점점 확대되고 강화되는 현상을 설명하는 용어로, 처음에 작은 일이 시간이 지나면서 큰 문제로 발전하는 과정을 말한다. 이 용어는 다양한 맥락에서 사용할 수 있지만, 직장 내 갈등, 스트레스, 반생산적 업무행동과 같은 상황에서 주로 언급된다.

🔍 **정답** ④

66 인간지각 특성에 관한 설명으로 옳지 않은 것은?

① 평행한 직선들이 평행하게 보이지 않는 방향착시는 가현운동에 의한 착시의 일종이다.

② 선택, 조직, 해석의 세 가지 지각과정 중 게슈탈트 지각 원리들이 나타나는 것은 조직 과정이다.

③ 전체적인 맥락에서 문자나 그림 등의 빠진 부분을 채워서 보는 지각 원리는 폐쇄성(closure)이다.

④ 일반적으로 감시하는 대상이 많아지면 주의의 폭은 넓어지고 깊이는 얕아진다.

⑤ 주의력의 특성으로는 선택성, 방향성, 변동성이 있다.

67 휴먼에러(human error)에 관한 설명으로 옳은 것은?

① 리전(J. Reason)의 휴먼에러 분류는 행위의 결과만을 보고 분류하므로 에러 분류가 비교적 쉽고 빠른 장점이 있다.

② 지식기반 착오(knowledge based mistake)는 무의식적 행동 관례 및 저장된 행동 양상에 의해 제어되는 것이다.

③ 라스무센(J. Rasmussen)은 인간의 불완전한 행동을 의도적인 경우와 비의도적인 경우로 구분하여 에러 유형을 분류하였다.

④ 누락오류, 작위오류, 시간오류, 순서오류는 원인적 분류에 해당하는 휴먼에러이다.

⑤ 스웨인(A. Swain)은 휴먼에러를 작업 완수에 필요한 행동과 불필요한 행동을 하는 과정에서 나타나는 에러로 나누었다.

66 ▪ **가현운동(Phi Phenomenon)**
가현운동은 정지된 이미지들이 일정한 간격으로 나타날 때, 마치 움직이는 것처럼 보이는 착시이다. 가현운동은 영화나 애니메이션에서 프레임이 연속적으로 보여질 때 움직임을 느끼게 하는 현상과 유사한다.이 현상은 운동 착시의 일종으로, 실제로는 움직임이 없지만, 우리 뇌가 연속된 정지 이미지를 움직이는 것으로 해석하는 것이다.

• 평행 직선이 평행하게 보이지 않는 착시
평행한 직선이 실제로는 평행하지만 왜곡되어 보이는 착시는 주변 요소들의 영향에 의해 발생하는 기하학적 착시이다. 이러한 착시에는 대표적으로 즐러너 착시(Zöllner Illusion), 뮐러-라이어 착시(Müller-Lyer Illusion), 헤링 착시(Hering Illusion) 등이 있다.

▪ **게슈탈트 지각 원리와 조직 과정**
1. 게슈탈트 원리는 조직 과정에서 개별 자극을 전체적인 형태로 묶는 역할을 한다. 이를 통해 지각된 정보를 효율적으로 처리하고 이해할 수 있다.
2. 게슈탈트 원리의 예시:
    1) 근접성 원리(Proximity): 가까이 있는 요소들을 하나의 그룹으로 인식.
    2) 유사성 원리(Similarity): 유사한 특징을 가진 자극들을 묶어서 하나로 인식.
    3) 폐쇄성 원리(Closure): 불완전한 형태를 완전한 것으로 인식하려는 경향.
    4) 연속성 원리(Continuity): 연속적인 패턴이나 흐름이 있는 자극을 선호하여 인식.

▪ **주의력의 주요 특성**
1. 선택성(Selectivity): 여러 자극 중에서 하나를 선택적으로 주의하는 특성, 예시: 시끄러운 환경에서 자신에게 중요한 대화나 소리에만 집중하는 경우, 칵테일 파티 효과가 선택성의 대표적인 예이다.
2. 방향성(Directionality): 주의가 어떤 특정한 대상이나 위치로 향하는 경향을 의미, 예시: 특정 물체나 사람에게 시각적으로 집중하거나, 감정적인 사건에 마음이 끌리는 경우.
3. 변동성(Variability): 주의의 집중 상태가 시간에 따라 변화하는 것, 예시: 한 가지 작업에 집중하던 중 갑자기 다른 생각이나 외부 자극에 주의가 흩어지는 경우.

🔍정답 ①

67 ▪ **일탈행동(deviant behavior)**
① Reason의 휴먼 에러 분류는 단순히 행위의 결과만을 보고 오류를 분류하는 것이 아니라, 행위의 인지적 과정과 실수의 원인에 초점을 맞춘 분류 방식이다. 단순히 결과만을 보고 판단하는 것이 아니라, 행동이 어떻게 잘못되었는지와 그 원인을 분석하는 데 중점을 둡니다
② 지식기반 착오(knowledge-based mistake)는 무의식적 행동이나 관례, 저장된 행동 양상에 의해 제어되는 것이 아니라, 주로 새롭고 익숙하지 않은 문제에 직면했을 때 지식이나 판단이 부족해서 발생하는 오류이다.
③ Rasmussen의 인간 오류 분류는 기술 기반 행동(Skill-based behavior), 규칙 기반 행동(Rule-based behavior), 지식 기반 행동(Knowledge-based behavior)의 세 가지 수준에서 오류를 분류한다.
④ 누락오류, 작위오류, 시간오류, 순서오류는 행위적 관점 분류에 해당하는 휴먼에러이다.

🔍정답 ⑤

68 작업 환경과 건강에 관한 설명으로 옳은 것을 모두 고른 것은?

> ㄱ. 안전한 절차, 실행, 행동을 관리자가 장려하고 보상한다는 종업원의 공유된 지각을 조직지지 지각
> (perceived organizational support)이라 한다.
> ㄴ. 레이노 증후군(Raynaud's syndrome)이란 진동이나 추위, 심리적 변화 등으로 인해 나타나는 말초혈
> 관 운동의 장애로 손가락이 창백해지고 통증을 느끼는 증상을 말한다.
> ㄷ. 눈부심의 불쾌감은 배경의 휘도가 클수록, 광원의 크기가 작을수록 감소하게 된다.
> ㄹ. VDT(Visual Display Terminal) 증후군은 컴퓨터의 키보드나 마우스를 오래 사용하는 작업자에게 발
> 생하는 반복긴장성 손상의 대표적인 질환이다.

① ㄱ, ㄴ   ② ㄴ, ㄷ

③ ㄱ, ㄷ, ㄹ   ④ ㄴ, ㄷ, ㄹ

⑤ ㄱ, ㄴ, ㄷ, ㄹ

69 화학물질 및 물리적 인자의 노출기준에서 공기 중 석면 농도의 표시 단위는?

① ppm   ② mg/m^3

③ mppcf   ④ CFU/m^3

⑤ 개/cm^3

68 ▪ 작업 환경과 건강

ㄱ. 조직지지 지각(Perceived Organizational Support, POS)은 종업원이 조직이 자신의 복지와 가치를 존중하고, 자신에게 관심을 기울이고 있다고 느끼는 것을 의미한다. 이는 조직이 직원들의 노력을 인정하고, 그들의 복지에 관심을 가지며, 그들이 조직에 기여한 만큼 보답할 것이라는 믿음과 관련이 있다. 따라서 관리자가 안전한 절차, 실행, 행동을 장려하고 보상하는 것 역시 조직지지 지각의 한 부분이 될 수 있지만, 조직지지 지각은 더 넓은 개념이다. 그것은 안전뿐 아니라 전반적인 복지, 성장 기회, 공정한 보상, 인정, 감정적 지원 등 모든 면에서 조직이 직원들에게 관심을 기울이는지에 대한 종업원의 전반적인 인식을 포함한다.

ㄴ. 레이노 증후군(Raynaud's syndrome)은 말초혈관의 운동 장애로, 추위나 진동, 심리적 스트레스와 같은 자극에 의해 손가락이나 발가락의 혈관이 과도하게 수축하는 현상을 말한다.

ㄷ. 배경의 휘도가 클수록, 즉 주변 환경이 밝을수록 눈부심의 불쾌감은 줄어드는 경향이 있다. 이는 눈이 밝은 환경에 적응하기 때문에 상대적으로 빛의 대비가 적어져 눈부심이 덜 느껴지게 되는 원리이다. 반대로, 어두운 배경에서는 밝은 광원이 더 도드라져서 눈부심이 디 심하게 느껴질 수 있다. 광원의 크기가 작을수록 빛이 한 지점에 집중되므로, 눈부심은 더 심해질 수 있다. 작은 광원은 빛이 좁은 영역에 강하게 모이기 때문에 눈부심의 불쾌감을 더 크게 유발한다. 반면, 광원이 크면 빛이 넓은 면적에 분산되어 눈부심이 덜하게 느껴진다.

ㄹ. VDT(Visual Display Terminal) 증후군은 컴퓨터, 키보드, 마우스와 같은 시각적 디스플레이 장치를 오랜 시간 사용함으로써 발생하는 다양한 신체적 불편과 증상을 일컫는 용어이다. 그러나 VDT 증후군은 단순히 반복긴장성 손상(Repetitive Strain Injury, RSI)에 국한되지 않으며, 눈의 피로, 목과 어깨의 통증, 손목 통증, 자세 불균형 등 다양한 증상을 포함한다. 반복긴장성 손상(RSI)은 컴퓨터 작업 중 마우스, 키보드의 반복적인 움직임으로 인해 손목, 팔, 어깨 등에 발생하는 통증이나 손상을 말하며, 이는 VDT 증후군의 근골격계 문제 중 하나에 해당한다. 하지만 VDT 증후군은 RSI에 국한되지 않고, 눈, 자세, 신체 전반의 피로 및 불편을 포함한 더 광범위한 개념이다. 따라서 VDT 증후군이 단순히 반복긴장성 손상의 대표적인 질환이라는 설명은 불완전한 정의이다. VDT 증후군은 다양한 신체적, 정신적 증상을 포함하는 복합적인 증후군이다.

🔍 정답
전항 정답

69 ▪ 공기 중 석면 농도의 표시 단위

공기 중 석면 농도의 표시 단위는 주로 섬유 수로 측정되며, 일반적으로 섬유 수/cm³(세제곱센티미터당 섬유 수)로 나타냅니다. 이 단위는 공기 중에 존재하는 석면 섬유의 농도를 평가하는 데 사용되며, 석면에 대한 노출 기준을 설정할 때 중요한 역할을 한다.

🔍 정답 ⑤

70 1900년 이전에 일어난 산업보건 역사에 해당하지 않는 것은?

① 영국에서 음낭암 발견
② 독일 뮌헨대학에서 위생학 개설
③ 영국에서 공장법 제정
④ 영국에서 황린 사용금지
⑤ 독일에서 노동자질병보호법 제정

71 산업위생전문가의 윤리강령 중 사업주에 대한 책임에 해당하지 않는 것은?

① 쾌적한 작업환경을 만들기 위하여 산업위생의 이론을 적용하고 책임있게 행동한다.
② 신뢰를 바탕으로 정직하게 권고하고 결과와 개선점은 정확히 보고한다.
③ 결과와 결론을 위해 사용된 모든 자료들을 정확히 기록 · 보관한다.
④ 업무 중 취득한 기밀에 대해 비밀을 보장한다.
⑤ 근로자의 건강에 대한 궁극적인 책임은 사업주에게 있음을 인식시킨다.

72 납 중독시 나타나는 heme 합성 장해에 관한 설명으로 옳지 않은 것은?

① 혈중 유리철분 감소
② 혈청 중 δ-ALA 증가
③ δ-ALAD 작용 억제
④ 적혈구내 프로토폴피린 증가
⑤ heme 합성효소 작용 억제

70 ▪ 황린(White Phosphorus)

황린(White Phosphorus)은 19세기 성냥 제조에 사용되었으나, 이 물질에 노출된 근로자들이 파스티병 (Phossy Jaw)이라는 심각한 질환을 앓기 시작했다. 파스티병은 턱뼈의 괴사를 일으키는 질환으로, 황린이 턱뼈에 축적되어 발생하는 것으로 밝혀졌다.

1888년 영국 성냥공장 여성 노동자들의 파업은 황린의 위험성에 대한 인식을 높였으며, 그 결과 황린 사용을 규제하려는 움직임이 본격화되었다.

1906년: 영국 정부는 황린을 성냥 제조에 사용하는 것을 금지하는 법을 제정했다. 이로 인해 성냥 제조업체 는 황린 대신 안전한 물질인 적린(Red Phosphorus)을 사용하기 시작했다. 🔍정답 ④

71 ▪ 산업위생전문가의 기업주나 고객에 대한 책임

1. 기밀 유지: 업무 중 알게 된 기업주의 기밀 정보는 보호되어야 하지만, 근로자의 건강과 안전에 영향을 미치는 정보는 예외가 될 수 있다.
2. 정직하고 정확한 보고: 산업위생 전문가는 정확하고 신뢰할 수 있는 정보를 제공해야 하며, 데이터를 왜곡 하거나 축소해서는 안 된다.
3. 법적 규제 준수: 기업주나 고객의 요구가 있더라도, 법적 기준과 규제에 맞춰 안전과 건강을 관리해야 한다.

④ 산업위생전문가는 업무 중 취득한 기밀을 보장하는 것이 원칙이지만, 근로자의 안전과 법적 의무가 더 중요할 경우, 그 기밀을 공개할 수 있는 윤리적 책임을 지고 있다. 따라서 사업주에 대한 절대적인 비밀 보장이 아니라, 근로자의 건강과 안전을 최우선으로 고려하여 기밀을 유지하거나 공개할 의무가 있다. 🔍정답 ④

72 ▪ 납 중독 시 나타나는 heme 합성 장애

1. 효소 억제: 납은 헴 합성 과정에서 중요한 효소인 알라닌 탈아미노화 효소(ALAS)와 포르피린 합성 효소 (ferrochelatase)에 대한 억제 작용을 한다. ALAS는 포르피린의 전구체인 바르바르 산(BAR)을 헴으로 전환하는 데 필요한 효소이다.
2. 포르피린 축적: 효소의 억제로 인해 헴이 제대로 합성되지 않으면, 헴의 전구체인 포르피린이 체내에 축적 된다. 이로 인해 포르피린증 (porphyria)과 같은 상태가 발생할 수 있다.
3. 혈액 생성 장애: 헴은 헤모글로빈의 주요 성분으로, 헴 생성의 장애는 결국 적혈구의 생성과 기능에 영향을 미치고, 이로 인해 빈혈이 발생할 수 있다.
4. 임상적 증상: 납 중독으로 인한 heme 합성 장애는 피로, 창백함, 두통, 복통 등 다양한 증상을 유발할 수 있으며, 심한 경우 신경계와 장기 기능에도 영향을 미칠 수 있다.

① 헴(heme)은 철분(Fe)이 포함된 화합물로, 헴 합성 과정에서 철분이 중요한 역할을 한다. 헴 합성의 장애 는 일반적으로 납이 헴 합성에 관여하는 효소를 억제하여 발생한다. 납 중독은 헴 합성을 방해하지만, 이 과정이 직접적으로 혈중 유리 철분의 감소를 초래하지는 않는다. 오히려 헴 합성의 감소로 인해 체내에서 헴을 합성하지 못하게 되면, 철분이 제대로 사용되지 못하고 혈중에서 철분이 증가할 수 있다. 🔍정답 ①

73 근로자 건강진단 실시기준에 따른 건강관리구분 CN의 내용은?

① 직업성 질병으로 진전될 우려가 있어 추적검사 등 관찰이 필요한 근로자
② 일반질병으로 진전될 우려가 있어 추적관찰이 필요한 근로자
③ 질병으로 진전될 우려가 있어 야간작업시 추적관찰이 필요한 근로자
④ 질병의 소견을 보여 야간작업시 사후관리가 필요한 근로자
⑤ 건강진단 1차 검사결과 건강수준의 평가가 곤란하거나 질병이 의심되는 근로자

74 비누거품미터의 뷰렛 용량은 500ml이고, 거품이 지나가는데 10초가 소요되었다면 공기시료채취기의 유량(L/min)은?

① 2.0
② 3.0
③ 4.0
④ 5.0
⑤ 6.0

75 덕트 내 공기에 의한 마찰손실을 표시하는 레이놀드수(Reynolds No.)에 포함되지 않는 요소는?

① 공기 속도(velocity)
② 덕트 직경(diameter)
③ 덕트면 조도(roughness)
④ 공기 밀도(density)
⑤ 공기 점도(viscosity)

73 ▪ 건강관리 구분(야간작업)

A	건강관리상 사후관리가 필요 없는 근로자(건강한 근로자)
Cn	질병으로 진전될 우려가 있어 야간작업 시 추적관찰이 필요한 근로자(질병 요관찰자)
Dn	질병의 소견을 보여 야간작업시 사후관리가 필요한 근로자(질병 유소견자)
R	건강진단 1차 검사결과 건강수준의 평가가 곤란하거나 질병이 의심되지 근로자(2차건강진단 대상자)

🔍정답 ③

74 ▪ 채취유량

① 공기채취기구의 채취유량(L/min) = 비누거품이 통과한 용량(L)/비누거품이 통과한 시간(min)

② $유량(L/\min) = \dfrac{뷰렛\,용량}{시간(초)} \times \dfrac{60}{1000}$

$\quad = \dfrac{500ml}{10초} \times \dfrac{60}{1000} = 3.0(L/\min)$

🔍정답 ②

75 ▪ 덕트

레이놀드 수

Re= $Re = \dfrac{Dv\rho}{\mu}$

ρ는 유체의 밀도, v는 유체의 속력, D는 유체의 특성길이, μ는 유체의 점성계수

🔍정답 ③

51 인간관계론의 호손실험에 관한 설명으로 옳지 않은 것은?

① 종업원의 작업능률에 영향을 미치는 요인을 연구하였다.

② 조명실험은 실험집단과 통제집단을 나누어 진행하였다.

③ 작업능률향상은 작업장에서 물리적 작업조건 변화가 가장 중요하다는 것을 확인하였다.

④ 면접조사를 통해 종업원의 감정이 작업에 어떻게 작용하는가를 파악하였다.

⑤ 작업능률은 비공식조직과 밀접한 관련이 있다는 것을 발견하였다.

52 노사관계에 관한 설명으로 옳은 것은?

① 숍(shop) 제도는 노동조합의 규모와 통제력을 좌우할 수 있다.

② 체크오프(check off) 제도는 노동조합비의 개별납부제도를 의미한다.

③ 경영참가 방법 중 종업원 지주제도는 의사결정 참가의 한 방법이다.

④ 준법투쟁은 사용자측 쟁위행위의 한 방법이다.

⑤ 우리나라 노동조합의 주요 형태는 직종별 노동조합이다.

51 ■ **호손 실험(Hawthorne Experiments)**

호손 실험(Hawthorne Experiments)은 1920년대 후반부터 1930년대 초반까지 미국 일리노이주 시카고 근처의 호손(Hawthorne) 공장에서 진행된 일련의 실험으로, 작업 환경이 노동자의 생산성에 미치는 영향을 연구한 실험이다. 이 실험은 서부전기회사(Western Electric Company)와 하버드 대학의 엘튼 메이오(Elton Mayo)와 그의 연구팀에 의해 수행되었다. 호손 실험은 현대 경영학과 산업심리학에서 중요한 전환점이 되었으며, 인간관계론의 기초를 마련한 실험으로 평가받다.

호손 실험의 주요 단계와 내용:

1. 조명 실험 – 연구팀은 작업장 조도의 변화를 통해 조명이 생산성에 미치는 영향을 알아보고자 했다. 조도를 높이거나 낮추면 생산성이 변화할 것이라고 예상했다.

    결과: 조도가 밝아지거나 어두워질 때마다 생산성이 일정하게 향상되었으며, 조도가 매우 낮아질 때만 약간의 감소가 있었다. 이는 단순히 물리적 환경이 아니라, 작업자의 심리적 요인이 중요한 역할을 한다는 것을 시사했다.

2. 계전기 조립 실험 – 연구팀은 6명의 여직원을 별도의 방에 배치하여, 작업 조건을 조정하며 생산성을 관찰했다. 휴식 시간, 작업 시간, 임금 체계 등의 변화를 통해 생산성에 미치는 영향을 분석했다.

    결과: 작업 조건을 개선하면 생산성이 향상되었으나, 조건이 다시 원래대로 돌아가도 생산성이 유지되었다. 이는 작업 환경의 변화보다는 연구팀의 관심과 배려가 작업자들의 심리적 만족감을 높였고, 그로 인해 생산성이 향상되었음을 나타냈다.

3. 면접 프로그램 – 연구팀은 20,000명 이상의 근로자를 대상으로 심층 인터뷰를 진행하여, 그들의 직무 만족도, 불만, 동기 등을 조사했다. 이 과정에서 노동자들의 심리적 요인이 생산성과 직무 만족도에 큰 영향을 미친다는 것을 발견했다.

    결과: 작업자의 사회적 관계, 감정 상태 등이 직무 성과에 큰 영향을 미친다는 사실이 밝혀졌다. 이는 단순한 작업 환경 외에 인간적 요인이 중요하다는 점을 시사했다.

4. 배전기 조립 실험 – 연구팀은 작업자들이 정해진 작업량 이상으로 일을 하지 않으려는 경향을 발견했다. 이 실험은 작업자들이 비공식적 규범을 통해 서로의 생산성을 제한하며, 동료와의 관계가 생산성에 중요한 영향을 미친다는 점을 확인했다.

    결과: 공식적인 임금 체계나 작업 조건보다도, 작업자들 간의 사회적 관계와 비공식적 규범이 생산성을 결정하는 중요한 요소라는 사실이 드러났다.

③ 호손 실험은 물리적 작업 조건 변화가 작업 능률 향상에 가장 중요한 요소라고 확인한 것이 아니라, 오히려 작업자의 심리적, 사회적 요인이 생산성 향상에 더 큰 영향을 미친다는 사실을 밝혀냈다.

🔍정답 ③

52 ■ **노사관계**

② 체크오프 제도는 노동조합원이 개별적으로 노동조합비를 납부하는 것이 아니라, 사용자가 근로자의 임금에서 조합비를 자동으로 공제하여 노동조합에 대신 납부하는 제도이다. 이 제도는 노동조합비 납부의 편의성을 높이기 위해 마련된 것으로, 근로자는 직접 납부할 필요가 없으며, 임금 지급 시에 자동으로 조합비가 공제된다.

③ 종업원 지주제도는 주주로서 의사결정에 간접적으로 참여하는 방법 중 하나일 수 있지만, 직접적인 의사결정 참가 방식으로 보기는 어렵다. 의사결정 참여는 종업원이 일상적이고 구체적인 경영 의사결정 과정에 참여하는 것을 의미하며, 종업원 지주제도는 주로 종업원이 주주로서 경영 성과와 이익에 대한 관심을 가지는 방법이다.

④ 준법투쟁은 노동자 측의 쟁의행위로, 노동조합이나 근로자들이 사용자에게 압력을 가하기 위해 선택하는 방법이다. 사용자 측 쟁위행위는 노동조합의 쟁의행위에 맞서 사용자가 취할 수 있는 대응 방법을 의미한다. 대표적인 사용자 측의 쟁위행위로는 직장 폐쇄(lockout)가 있다. 직장 폐쇄는 노조의 파업이나 쟁의행위에 대응하여 사용자가 노동자들의 출근을 금지하고 작업을 중단하는 방식이다.

⑤ 대한민국의 노동조합에서 가장 일반적인 형태는 기업별 노동조합이다. 즉, 같은 기업에 소속된 노동자들이 하나의 노조를 구성하는 형태이다. 이와 달리 직종별 노동조합(Craft Union)은 특정 직종에 종사하는 노동자들이 직종을 기준으로 결성하는 노조 형태로, 우리나라에서는 상대적으로 드문 형태이다.

🔍정답 ①

53 조직문화에 관한 설명으로 옳지 않은 것은?

① 조직사회화란 신입사원이 회사에 대하여 학습하고 조직문화를 이해하기 위한 다양한 활동이다.

② 조직의 핵심가치가 더 강조되고 공유되고 있는 강한 문화(strong culture)가 조직에 끼치는 잠재적 역기능을 무시해서는 안 된다.

③ 조직문화는 하루아침에 갑자기 형성된 것이 아니고 한번 생기면 쉽게 없어지지 않는다.

④ 창업자의 행동이 역할모델로 작용하여 구성원들이 그런 행동을 받아들이고 창업자의 신념, 가치를 외부화(externalization) 한다.

⑤ 구성원 모두가 공동으로 소유하고 있는 가치관과 이념, 조직의 기본목적 등 조직체 전반에 관한 믿음과 신념을 공유가치라 한다.

54 기술과 조직구조에 관한 설명으로 옳은 것을 모두 고른 것은?

> ㄱ. 모든 조직은 한 가지 이상의 기술을 가지고 있다.
> ㄴ. 비일상적 활동에 관여하는 조직은 기계적 구조를, 일상적 활동에 관여하는 조직은 유기적 구조를 선호한다.
> ㄷ. 조직구조의 영향요인으로 기술에 대하여 최초로 관심을 가진 학자는 우드 워드(J. Woodward) 이다.
> ㄹ. 톰슨(J. Thompson)은 기술유형을 체계적으로 분류한 학자로 중개형 기술, 연속형 기술, 집중형 기술로 유형화 했다.
> ㅁ. 여러 가지 기술을 구별하는 공통적인 주제는 일상성의 정도(degree of routineness)이다.

① ㄱ, ㄴ

② ㄷ, ㄹ

③ ㄴ, ㄷ, ㄹ

④ ㄷ, ㄹ, ㅁ

⑤ ㄱ, ㄷ, ㄹ, ㅁ

55 생산시스템은 투입, 변환, 산출, 통제, 피드백의 5가지 구성요소로 설명할 수 있다 생산시스템에 관한 설명으로 옳지 않은 것은?

① 변환은 제조공정의 경우 고정비와 관련성이 크다.

② 투입은 생산시스템에서 재화나 서비스를 창출하기 위해 여러 가지 요소를 입력하는 것이다.

③ 변환은 여러 생산자원들을 효용성 있는 제품 또는 서비스로 바꾸는 것이다.

④ 산출에서는 유형의 재화 또는 무형의 서비스가 창출된다.

⑤ 피드백은 산출의 결과가 초기에 설정한 목표와 차이가 있는지를 비교하고 또한 목표를 달성할 수 있도록 배려하는 것이다.

53 ▪ 조직문화의 내부화(Internalization)와 외부화(Externalization)

1. 내부화(Internalization): 내부화는 조직 구성원들이 조직의 가치, 신념, 규범 등을 개인적으로 받아들이고 내면화하는 과정이다. 이는 조직이 추구하는 문화가 구성원들의 행동과 의사결정에 자연스럽게 반영되도록 만든다.

2. 외부화(Externalization): 외부화는 구성원들이 내부화한 조직의 가치와 문화를 외부로 표현하는 과정이다. 즉, 조직 내부에서 구성원들이 받아들인 문화가 외부로 드러나고, 조직 전체의 행동과 절차, 관행에 반영된다.

   ④ 창업자의 행동이 역할모델로 작용하여 구성원들이 그런 행동을 받아들이고 창업자의 신념, 가치를 내부화 한다.

   🔍 정답 ④

54 ▪ 조직 이론

1. 비일상적 활동(Non-routine Activities): 이러한 활동은 복잡하고 예측 불가능하며 변화가 많은 업무를 포함한다. 이러한 활동을 하는 조직은 유연하고 창의적인 대응이 필요하기 때문에 유기적 구조(Organic Structure)를 선호한다. 유기적 구조는 수평적인 의사소통, 분권화된 의사결정, 유연한 역할을 특징으로 하며, 변화와 복잡성에 적응할 수 있는 조직 구조이다.

2. 일상적 활동(Routine Activities): 일상적이고 반복적이며 예측 가능한 업무를 수행하는 조직은 효율성과 표준화를 중요시한다. 이러한 조직에서는 기계적 구조(Mechanistic Structure)가 더 적합한다. 기계적 구조는 수직적 의사소통, 중앙집권화된 의사결정, 엄격한 규칙과 절차를 강조하며, 안정적이고 효율적인 운영에 적합한 조직 구조이다.

   🔍 정답 ⑤

55 ▪ 생산시스템(Production System)

1. 투입(Input): 생산 과정에 필요한 자원이나 입력 요소를 의미한다. 이는 노동력, 재료, 에너지, 정보, 자본 등 다양한 자원을 포함한다. 예시: 원재료, 기계, 인력, 자본 등.

2. 변환(Process/Transformation): 투입된 자원이 제품이나 서비스로 변환되는 과정이다. 이 단계에서 원재료가 가공되거나, 정보가 처리되며, 각종 작업이 이루어진다. 예시: 제조 공정, 조립 과정, 정보 처리 시스템.

3. 산출(Output): 변환 과정을 거쳐 나온 최종 제품이나 서비스이다. 이는 생산 시스템의 결과물로, 고객이나 시장에 전달된다. 예시: 완제품, 서비스 제공, 정보 보고서.

4. 통제(Control): 생산 과정이 계획된 대로 진행되고 있는지를 모니터링하고, 목표에 맞게 조정하는 과정이다. 통제는 효율성과 품질을 유지하기 위한 관리 활동을 포함한다. 예시: 품질 관리, 생산 일정 관리, 자원 관리 시스템.

5. 피드백(Feedback): 산출 결과에 대한 정보가 다시 시스템에 전달되어, 이를 바탕으로 생산 과정을 개선하거나 조정하는 활동을 의미한다. 피드백은 시스템의 효율성을 높이고, 지속적인 개선을 가능하게 한다. 예시: 고객의 만족도 조사, 생산 공정의 성과 평가, 불량률 분석.

   ⑤ 피드백은 산출의 결과와 목표를 비교하여 차이를 확인하고, 필요한 경우 이를 개선하는 중요한 기능을 수행한다.

   🔍 정답 ⑤

56 ERP 시스템의 특징에 관한 설명으로 옳지 않은 것은?

① 수주에서 출하까지의 공급망과 생산, 마케팅, 인사, 재무 등 기업의 모든 기간 업무를 지원하는 통합 시스템이다.

② 하나의 시스템으로 하나의 생산 · 재고거점을 관리하므로 정보의 분석과 피드백 기능의 최적화를 실현한다.

③ EDI(Electronic Data Interchange), CALS(Commerce At Light Speed), 인터넷 등으로 연결 시스템을 확립하여 기업 간 자원 활용의 최적화를 추구한다.

④ 대부분의 ERP 시스템은 특정 하드웨어 업체에 의존하지 않는 오픈 클라이언트 서버시스템 형태를 채택하고 있다.

⑤ 단위별 응용프로그램이 서로 통합, 연결되어 중복업무를 배제하고 실시간 정보 관리체계를 구축할 수 있다.

57 6시그마 품질혁신 활동에 관한 설명으로 옳지 않은 것은?

① 모토롤라사의 빌 스미스(Bill Smith)라는 경영간부의 착상으로 시작되었다.

② 6시그마 활동을 도입하는 조직은 규격 공차가 표준편차(시그마)의 6배라는 우수한 품질수준을 추구한다.

③ DPMO란 100만 기회 당 부적합이 발생되는 건수를 뜻하는 용어로 시그마수준과 1 대 1로 대응되는 값으로 변환될 수 있다.

④ 6시그마 수준의 공정이란 치우침이 없을 경우 부적합품률이 10억개에 2개 정도로 추정되는 품질수준이란 뜻이다.

⑤ 6시그마 활동을 효과적으로 실행하기 위해 블랙벨트(BB) 등의 조직원을 육성하여 프로젝트 활동을 수행하게 한다.

56 ▪ ERP(Enterprise Resource Planning)

ERP(Enterprise Resource Planning) 시스템은 기업의 다양한 부서와 기능을 통합 관리하는 정보 시스템으로, 조직의 자원(재무, 인사, 생산, 물류 등)을 효율적으로 관리하기 위해 설계된 통합 시스템이다.

② ERP 시스템은 하나의 거점만을 관리하는 것이 아니라, 여러 거점을 동시에 중앙화된 방식으로 관리하는 것이 핵심이다. ERP 시스템을 통해 다양한 거점에서 발생하는 데이터를 통합하고, 실시간 분석과 피드백 기능을 제공함으로써 운영 효율성을 극대화할 수 있다. 이를 통해 기업의 전반적인 자원과 활동을 통합적으로 관리하고 최적의 성과를 도출할 수 있다.

🔍정답 ②

57 ▪ 6시그마(Six Sigma)

6시그마 품질혁신 활동은 제품과 서비스의 품질을 향상시키고, 프로세스의 변동성을 줄이며, 비용 절감과 고객 만족도를 높이는 데 목표를 둔 경영 기법이다. 6시그마(Six Sigma)는 통계적 기법을 활용해 불량률을 최소화하고, 프로세스의 효율성을 극대화하기 위해 정량적 데이터를 기반으로 문제를 해결하는 품질혁신 활동이다.

1. 6시그마의 핵심 목표:
   1) 변동성 감소: 프로세스의 변동성을 줄여 안정적이고 예측 가능한 결과를 얻음.
   2) 불량률 최소화: 6시그마는 백만 개당 3.4개 미만의 불량을 목표로 함(99.99966%의 품질 수준).
   3) 고객 만족도 향상: 고객 요구를 반영한 품질 개선 활동을 통해 고객 만족도를 극대화함.
   4) 비용 절감: 낭비 제거와 프로세스 최적화로 생산성 향상 및 운영 비용 절감.
2. 6시그마 품질혁신 활동의 주요 구성 요소:
   1) DMAIC 사이클: 문제 해결과 품질 개선을 위한 표준 프로세스. 각 단계는 정의(Define), 측정(Measure), 분석(Analyze), 개선(Improve), 관리(Control)로 이루어져 있으며, 이 절차를 통해 문제의 근본 원인을 분석하고 해결한다.
   2) 통계적 기법 활용: 통계적 기법을 기반으로 하여 프로세스의 성능을 측정하고, 데이터 기반 의사결정을 한다. 주요 통계 도구로는 히스토그램, 파레토 차트, 분산 분석(ANOVA), 가설 검정, 통계적 공정관리(SPC) 등이 사용된다.
   3) CTQ(Critical to Quality) 관리: CTQ는 고객이 가장 중요하게 여기는 품질 요소를 의미한다. 6시그마 활동에서는 고객 요구에 따라 핵심 품질 지표를 설정하고, 이를 중심으로 프로세스 개선을 진행한다.
   4) 변동성 관리: 6시그마는 프로세스 변동성을 줄여 일관된 결과를 얻는 것을 목표로 한다. 변동성이 크면 품질이 불안정해지고 불량률이 증가할 수 있다.
   5) 프로세스 최적화: 제조 공정이나 서비스 제공 프로세스에서 불필요한 단계나 낭비를 제거하고, 생산성과 품질을 동시에 향상시키기 위해 프로세스 최적화 작업을 진행한다. 이를 통해 원가 절감과 시간 단축을 이루며, 기업 전체의 효율성을 높인다.
   6) 지속적 개선(Kaizen): 6시그마 활동은 한 번의 개선으로 끝나지 않고, 지속적으로 품질을 개선하고, 변동성을 줄이는 활동을 이어간다.
   7) 교육과 훈련: 6시그마는 전문적인 지식과 기법이 필요하기 때문에, 이를 담당하는 벨트 체계(Black Belt, Green Belt 등)에 따라 교육과 훈련이 필수적이다. 기업 내에서 6시그마 프로젝트를 수행할 수 있는 전문 인력을 양성하고, 그들이 중심이 되어 품질 혁신 활동을 이끌어 나간다.
2. 6시그마 벨트 체계:
   1) 챔피언(Champion): 경영진이나 고위 관리자들이 6시그마 프로젝트의 후원자 역할을 하며, 프로젝트의 목표와 자원을 지원한다.
   2) 마스터 블랙 벨트(Master Black Belt): 6시그마 전문가로, 조직 내 여러 6시그마 프로젝트를 총괄하고, 프로젝트 리더들을 지도한다.
   3) 블랙 벨트(Black Belt): 6시그마 프로젝트의 리더로, 프로젝트를 직접 수행하고 팀을 이끌며 성과를 도출한다.
   4) 그린 벨트(Green Belt): 6시그마 프로젝트에 참여하여 블랙 벨트를 지원하고, 일부 프로젝트의 책임을 맡다.
② 6시그마는 공정의 중심이 규격 한계로부터 6배의 표준편차(6σ)만큼 떨어져 있음을 의미하지만, 공정 편차(shift)를 고려하면 실제 목표는 4.5시그마 수준에서 불량률을 관리하는 것이다. 이를 통해 6시그마 수준의 성능을 보장한다.

🔍정답 ②

58 JIT(Just In Time) 시스템의 특징에 관한 설명으로 옳은 것은?

① 수요예측을 통해 생산의 평준화를 실현한다.

② 팔리는 만큼만 만드는 Push 생산방식이다.

③ 숙련공을 육성하기 위해 작업자의 전문화를 추구한다.

④ Fool proof 시스템을 활용하여 오류를 방지한다.

⑤ 설비배치를 U라인으로 구성하여 준비교체 횟수를 최소화 한다.

59 카플란(R Kaplan)과 노턴(D Norton)이 주창한 BSC(Balance Score Card)에 관한 설명으로 옳은 것은?

① 균형성과표로 생산, 영업, 설계, 관리부문의 균형적 성장을 추구하기 위한 목적으로 활용된다.

② 객관적인 성과 측정이 중요하므로 정성적 지표는 사용하지 않는다.

③ 핵심성과지표(KPI)는 비재무적요소를 배제하여 책임소재의 인과관계가 명확한 평가가 이루어지도록 한다.

④ 기업문화와 비전에 입각하여 BSC를 설정하므로 최고경영자가 교체되어도 지속적으로 유지된다.

⑤ BSC의 실행을 위해서는 관리자들이 조직에서 어느 개인, 어느 부서가 어떤 지표의 달성에 책임을 지는지 확인하여야 한다.

58　■ JIT(Just-In-Time)

①, ② JIT 시스템은 수요 예측을 기반으로 한 생산이 아니라, 실제 수요에 반응하여 필요한 시점에 필요한 만큼만 생산하는 Pull 시스템이다. 따라서 수요예측을 통해 생산의 평준화를 실현한다는 설명은 JIT 시스템의 원리와 맞지 않으며, JIT에서는 실제 수요에 기반하여 생산이 이루어지도록 설계된다.

③ JIT 시스템은 작업자의 전문화보다는 다기능화를 중시한다. 작업자가 여러 작업을 수행할 수 있도록 훈련하여 생산 라인의 유연성과 효율성을 높이는 것이 JIT의 핵심이다.

⑤ U라인 설비 배치는 JIT 시스템에서 작업 흐름의 효율성을 극대화하고, 작업자 이동의 최소화와 작업 유연성을 높이기 위해 사용된다. U자 형태로 설비를 배치함으로써 작업자는 한 위치에서 여러 작업을 쉽게 수행할 수 있으며, 작업 간의 전환이 빠르고 유연하게 이루어진다. U라인 배치는 작업자와 기계 간의 상호작용을 최적화하여 효율적인 생산 흐름을 구현하는 데 초점을 맞추며, 준비교체와는 직접적인 관련이 없다.

준비교체(SMR: Setup and Machine Resetting)는 기계를 다른 작업이나 제품으로 전환할 때 필요한 시간과 작업을 의미한다. 준비교체 횟수를 줄이는 것은 JIT의 중요한 목표 중 하나이지만, 이는 주로 SMED (Single-Minute Exchange of Dies) 기법과 같은 설비 전환 속도 개선을 통해 이루어진다.　　정답 ④

59　■ 균형성과표(BSC)

① BSC는 조직 전반의 성과와 목표를 종합적이고 균형 있게 평가하고 관리하는 도구이기 때문에, 특정 부문에만 국한된 것이 아니라는 점이 중요하다.

② BSC는 객관적인 성과 측정만을 중요시하지 않으며, 조직의 비재무적 성과와 정성적인 요소도 균형 있게 평가한다. BSC는 정량적 지표와 정성적 지표를 모두 포함하여 조직의 성과를 종합적으로 관리하는 도구이다.

③ 핵심성과지표(KPI)는 재무적 요소뿐만 아니라 비재무적 요소를 포함하여 성과를 평가하며, 이를 통해 책임 소재를 명확히 하면서도 조직의 전반적인 성과를 종합적으로 평가한다. 따라서 비재무적 요소를 배제한다는 표현은 잘못된 설명이다. KPI는 재무적·비재무적 성과를 모두 고려해 조직의 목표 달성과 장기적인 성공을 평가하는 도구이다.

④ BSC는 기업의 비전과 전략에 기반하여 설정되므로, 최고경영자가 교체되어도 일관성을 유지할 가능성이 큽니다. 하지만, 경영자의 전략적 우선순위나 경영 방향에 따라 BSC의 일부 성과 지표나 관점이 변경될 수 있다는 점에서 반드시 고정적으로 유지된다고 말하기는 어렵다. BSC는 조직의 변화에 맞춰 유연하게 대응할 수 있는 도구이다.　　정답 ⑤

60 심리평가에서 검사의 신뢰도와 타당도의 상호관계에 관한 설명으로 옳은 것은?

① 타당도가 높으면 신뢰도는 반드시 높다.

② 타당도가 낮으면 신뢰도는 반드시 낮다.

③ 신뢰도가 낮아도 타당도는 높을 수 있다.

④ 신뢰도가 높아야 타당도가 높게 나온다.

⑤ 신뢰도와 타당도는 직접적인 상호관계가 없다.

61 종업원은 흔히 투입과 이로부터 얻게 되는 성과를 다른 종업원과 비교하게 된다 그 결과, 과소보상으로 인한 불형평 상태가 지각되었을 때, 아담스의 형평이론에서 예측하는 종업원의 후속 반응에 관한 설명으로 옳지 않은 것은?

① 현재의 상황을 형평 상태로 되돌리기 위하여 자신의 투입을 낮출 것이다.

② 자신의 성과를 높이기 위하여 조직의 원칙에 반하는 비윤리적 행동도 불사할 수 있다.

③ 자신과 타인의 투입-성과 간 불형평 상태에 어떤 요인이 영향을 주었을 거라는 등 해당 상황을 왜곡하여 해석하기도 한다.

④ 애초에 비교 대상이 되었던 타인을 다른 비교 대상으로 교체할 수 있다.

⑤ 개인의 '형평민감성'이 높고 낮음에 관계없이 형평 상태로 되돌리려는 행동에서 차이가 없다.

60 ■ 신뢰도와 타당도의 상호관계
1. 신뢰도가 높다고 해서 반드시 타당도가 높은 것을 의미하지 않는다.
2. 타당도는 신뢰도가 낮으면 확보될 수 없다
3. 신뢰도가 낮으면 항상 타당도가 낮다.
4. 타당도가 낮다고 해서 반드시 신뢰도가 낮은 것은 아니다.
5. 신뢰도는 타당도를 높이기 위한 필요조건이다.(타당도를 높이기 위해서는 신뢰도가 높아야 한다.)
6. 타당도가 높으면 반드시 신뢰도가 높다.

🔍정답 ①

61 ■ 아담스(J. Stacy Adams)의 공정성이론(Equity Theory)
형평민감성은 개인이 불공정성을 경험했을 때 이를 얼마나 강하게 느끼고, 그에 따라 어떤 방식으로 반응하는지를 설명하는 개념이다.
1. 형평민감성이 높은 사람 – 공정성에 매우 민감하며, 자신이 불공정한 대우를 받는다고 느낄 때 강한 불만을 표출할 가능성이 큽니다. 과소보상(자신이 더 적게 보상을 받았다고 느낄 때)뿐만 아니라 과다보상(자신이 과도하게 보상을 받았다고 느낄 때)에도 민감하게 반응한다. 이들은 불공정성을 느낄 때, 이를 형평 상태로 되돌리기 위한 행동을 강하게 취할 가능성이 높다. 예를 들어, 더 많은 보상을 요구하거나 자신의 투입을 줄일 수 있다.
2. 형평민감성이 낮은 사람 – 공정성에 대해 덜 민감하며, 상대적으로 불공정성을 느끼더라도 덜 강하게 반응한다. 과다보상에 대해서는 큰 불편함을 느끼지 않을 수 있으며, 과소보상도 어느 정도 참아낼 가능성이 큽니다. 이들은 불공정성을 인식하더라도 형평 상태로 되돌리려는 행동을 덜 적극적으로 취할 수 있다.

🔍정답 ⑤

62 조직내 종업원들에게 요구되는 바람직한 특성이나 성공적인 수행을 예측해주는 '인적 특성이나 자질'을 찾아내는 과정은?

① 작업자 지향 절차   ② 기능적 직무분석

③ 역량모델링   ④ 과업 지향적 절차

⑤ 연관분석

63 영업 1팀의 A팀장은 팀원들의 직무수행을 긍정적으로 평가하는 것으로 유명하다 영업 1팀의 팀원들은 실제 직무수행 수준보다 언제나 높은 평가를 받는다 한편 영업 2팀의 B팀장은 대부분 팀원을 보통 수준으로 평가한다 특히 B팀장 자신이 잘 모르는 영역 평가에서 이러한 현상이 두드러진다 직무수행 평가 패턴에서 A와 B팀장이 각각 범하고 있는 오류(또는 편향)를 순서대로(A, B) 옳게 나열한 것은?

ㄱ. 후광오류	ㄴ. 관대화오류
ㄷ. 엄격화오류	ㄹ. 중앙집중오류
ㅁ. 자기본위적 편향	

① ㄱ, ㄷ   ② ㄱ, ㄹ

③ ㄴ, ㄷ   ④ ㄴ, ㄹ

⑤ ㄴ, ㅁ

64 다음을 설명하는 용어는?

대부분의 중요한 의사결정은 집단적 토의를 거치기 마련이다. 이 과정에서 구성원들은 타인의 영향을 받거나 상황 압력 등에 따라 본인의 원래 태도에 비하여 더욱 모험적이거나 보수적인 방향으로 변화될 가능성이 있다.

① 집단사고   ② 집단극화

③ 동조   ④ 사회적 촉진

⑤ 복종

62

■ **직무 역량 모델링**

직무 역량 모델링(Job Competency Modeling)은 특정 직무를 성공적으로 수행하기 위해 필요한 지식, 기술, 능력, 행동 등을 체계적으로 정의하고, 이를 기준으로 직무에 적합한 인재를 선발, 평가, 개발하기 위한 도구이다. 직무 역량 모델은 조직이 목표를 달성하기 위해 필요한 핵심 역량을 식별하고, 그 역량을 기반으로 인적 자원 관리의 다양한 영역에서 활용된다.

정답 ③

63

■ **평정오류**

- A팀장: 관대화 경향(Leniency Bias) - A팀장은 팀원들의 직무수행을 항상 긍정적으로 평가하고, 실제 직무수행 수준보다 항상 높은 평가를 주는 경향이 있다. 이는 관대화 경향에 해당한다. 즉, 평가자가 피평가자들에게 너무 너그럽게 평가하여, 실제 성과보다 과도하게 높은 점수를 주는 오류이다.
- B팀장: 중심화 경향(Central Tendency Bias) - B팀장은 대부분 팀원을 보통 수준으로 평가하며, 특히 자신이 잘 모르는 영역에서는 더욱 보통 수준으로 평가하는 경향이 있다. 이는 중심화 경향에 해당한다. 중심화 경향은 평가자가 중간 점수(보통 수준)를 선호하여 극단적인 평가를 피하고, 대부분의 피평가자들을 평균적인 수준으로 평가하는 오류이다.

정답 ④

64

■ **집단극화(Group Polarization)**

집단극화(Group Polarization) - 집단 의사결정 과정에서 토론이 진행되다 보면, 구성원들이 더 극단적인 의견으로 이동하는 경향이 생길 수 있다. 이는 집단 내에서 의견이 강화되어 더 위험하거나 극단적인 결정을 내리는 집단극화로 이어질 수 있다.

정답 ②

65 산업현장에서 운영되고 있는 팀(team)의 유형에 관한 설명으로 옳지 않은 것은?

① 전술적 팀(tactical team): 수행절차가 명확히 정의된 계획을 수행할 목적으로 하며, 경찰특공대 팀이 대표적임

② 문제해결 팀(problem-solving team): 특별한 문제나 이슈를 해결할 목적으로 구성되며, 질병통제센터의 진단팀이 대표적임

③ 창의적 팀(creative team): 포괄적 목표를 가지고 가능성과 대안을 탐색할 목적으로 구성되며, IBM의 PC 설계팀이 대표적임

④ 특수 팀(ad hoc team): 조직에서 일상적이지 않고 비전형적인 문제를 해결할 목적으로 구성되며, 팀의 임무를 완수한 후 해체됨

⑤ 다중 팀(multi-team): 개인과 조직시스템 사이를 조정(moderating)하는 메타(meta)적 성격을 갖고 있음

66 인사선발에서 활발하게 사용되는 성격측정 분야의 하나로 5요인(Big 5)성격모델이 있다 성격의 5요인에 해당되지 않는 것은?

① 성실성(conscientiousness)
② 외향성(extraversion)
③ 신경성(neuroticism)
④ 직관성(immediacy)
⑤ 경험에 대한 개방성(openness to experience)

67 소음에 관한 설명으로 옳은 것을 모두 고른 것은?

> ㄱ. 소음의 크기 지각은 소음의 주파수와 관련이 없다.
> ㄴ. 8시간 근무를 기준으로 작업장 평균 소음 크기가 60dB이면 청력손실의 위험이 있다.
> ㄷ. 큰 소음에 반복적으로 노출되면 일시적으로 청지각의 임계값이 변할 수 있다.
> ㄹ. 소음원과 작업자 사이에 차단벽을 설치하는 것은 효과적인 소음 통제 방법이다.
> ㅁ. 한 여름에는 전동 공구 작업자에게 귀마개를 착용하지 않도록 한다.

① ㄱ, ㄴ
② ㄴ, ㄷ
③ ㄷ, ㄹ
④ ㄱ, ㄹ, ㅁ
⑤ ㄴ, ㄷ, ㄹ

65 ▪ 다중 팀(Multi-Team Systems, MTS)

다중 팀(Multi-Team Systems, MTS)은 개인과 조직 시스템 사이의 조정자 역할을 하며, 메타(meta)적 성격을 갖는 것으로 설명된다. 이는 여러 팀이 서로 협력하여 공동의 목표를 달성하기 위해 조직되는 시스템으로, 복잡한 과제를 해결하는 데 적합한 구조이다.

🔍정답 ⑤

66 ▪ 5요인 성격 모델(Big Five Personality Model)

5요인 성격 모델(Big Five Personality Model)은 인사선발에서 활발하게 사용되는 성격 측정 도구 중 하나로, 개인의 성격을 다섯 가지 주요 차원으로 평가한다. 이 모델은 성격 특성이 직무 수행과 성과에 미치는 영향을 이해하고, 적합한 인재를 선발하는 데 중요한 역할을 한다. Big 5 모델은 다양한 산업과 직무에서 사용되며, 개인의 성향이 조직 내에서 성과, 팀워크, 적응력 등에 미치는 영향을 분석하는 데 유용한다.

Big 5 성격 모델의 다섯 가지 차원:

1. 외향성(Extraversion) – 사회적 상호작용, 활동성, 주도성을 나타내는 성격 특성
2. 호감성(Agreeableness) – 타인과의 관계에서 협조적이고 친근한 성향
3. 성실성(Conscientiousness) – 책임감과 신중함, 목표 지향성을 나타내는 특성
4. 정서적 안정성(Neuroticism, 낮을수록 긍정적) – 정서적 안정성은 불안, 스트레스, 부정적 감정을 얼마나 자주 느끼는지에 대한 특성
5. 경험에 대한 개방성(Openness to Experience) – 호기심과 새로운 경험을 추구하는 성향, 개방성이 높은 사람들은 혁신적 사고를 가지고 있으며, 변화를 잘 받아들이다.

🔍정답 ④

67 ▪ 소음

ㄱ. 주파수는 소리의 진동 수를 나타내며, 일반적으로 헤르츠(Hz)로 측정된다. 사람의 귀는 보통 20 Hz에서 20,000 Hz 범위의 소리를 들을 수 있다. 사람의 귀는 다양한 주파수에 대해 다르게 반응한다. 특정 주파수 대역(특히 1,000 Hz에서 4,000 Hz)의 소음이 더 민감하게 들리며, 이는 인간 청각의 특성 때문이다. 같은 소음 크기라도 주파수가 낮거나 높으면 지각하는 강도가 달라질 수 있다. 예를 들어, 고주파 소음은 저주파 소음보다 더 크게 느껴질 수 있다.

ㄴ. 8시간 근무 시 소음 수준이 85 dB 이상일 경우, 청력 손실 위험이 커지며, 이 수준에서 개인 보호 장비(PPE)나 소음 저감 조치가 필요한다.

ㄷ. 여름철에 귀마개를 착용하면 더위가 느껴질 수 있지만, 귀마개를 착용하는 것이 청력을 보호하는 데 필수적이다. 더위를 고려하더라도 안전을 우선시해야 하며, 적절한 보호 장비를 사용해야 한다.

🔍정답 ③

68 주의(attention)에 관한 설명으로 옳은 것은?

① 용량의 제한이 없기 때문에 한 번에 여러 과제를 동시에 수행할 수 있다.

② 많은 사람들 가운데 오직 한 사람의 목소리에만 주의를 기울일 수 있는 것은 선택주의(selective attention) 덕분이다.

③ 선택된 자극의 여러 속성을 통합하고 처리하기 위해 분할주의(divided attention)가 필요하다.

④ 운전하면서 친구와 대화하기처럼 두 과제 모두를 성공적으로 수행하기 위해서는 초점주의(focused attention)가 필요하다.

⑤ 무덤덤한 여러 얼굴 가운데 유일하게 화난 얼굴은 의식하지 않아도 쉽게 눈에 띄는데, 이는 무주의 맹시(inattentional blindness) 때문이다.

69 공기 중 화학물질 농도(섬유 포함)를 표현하는 단위가 아닌 것은?

① ppm
② $\mu g/m^3$
③ CFU/m^3
④ 개수/cc
⑤ mg/m^3

68 ▪ 주의(attention)

① 주의는 용량이 제한되어 있기 때문에 한 번에 여러 과제를 동시에 수행하는 데 한계가 있다. 멀티태스킹을 시도하면 각 과제에 할당되는 주의 자원이 줄어들어 성능이 저하되고 오류가 발생할 가능성이 높아진다.

② 선택적 주의는 우리 주변의 다양한 자극(시각, 청각, 촉각 등) 중에서 특정 자극에만 집중하고, 나머지 자극은 무시하는 능력을 말한다. 이를 통해 우리는 혼잡한 환경에서도 필요한 정보에만 주의를 기울일 수 있다.

③ 분할주의(Divided Attention)는 여러 자극이나 과제에 동시에 주의를 기울이는 능력을 말한다. 즉, 두 가지 이상의 작업을 병행할 때 사용하는 주의 전략이다. 그러나 여러 자극의 속성을 통합하여 처리하는 작업은 보통 하나의 자극에 집중하여 그 자극의 여러 속성을 처리하는 것이기 때문에, 분할주의는 필요하지 않다.

④ 분할주의(divided attention)는 두 가지 이상의 과제에 동시에 주의를 나누어 수행하는 능력이다. 운전하면서 친구와 대화를 나누는 상황은 분할주의의 대표적인 예이다. 운전이라는 중요한 과제와 대화라는 부수적인 과제를 동시에 수행하려면 주의를 나누어야 하므로, 이때는 분할주의가 필요하다.

⑤ 무주의 맹시(inattentional blindness)는 사람이 시각적으로 명확히 존재하는 자극을 보고 있음에도 불구하고, 주의를 기울이지 않으면 그 자극을 인식하지 못하는 현상을 말한다. 즉, 어떤 물체나 사건에 주의를 두지 않으면 그것을 보지 못하는 상태이다. 이 현상은 주의가 다른 곳에 집중되어 있을 때 발생하며, 중요한 시각 정보가 주의 바깥에 있으면 그것을 인식하지 못하는 경우를 설명한다. 따라서 무주의 맹시는 특정 자극을 눈에 띄지 않게 만드는 현상이지, 자극이 쉽게 눈에 띄는 이유를 설명하는 것은 아니다.

화난 얼굴이 무덤덤한 얼굴들 사이에서 쉽게 눈에 띄는 현상은 주의와 감정적 처리와 관련된 진화적 메커니즘 덕분이라고 설명할 수 있다. 인간은 위협적인 자극(예: 화난 얼굴)을 더 빠르고 쉽게 인식할 수 있도록 진화해 왔다. 이는 생존에 중요한 정보에 더 신속하게 반응하기 위한 본능적 메커니즘으로, 이를 감정적 우선 처리(emotional prioritization)라고 한다. 특히, 화난 얼굴은 공격성이나 위협을 상징하기 때문에 주의를 끌기 쉽다.

🔍정답 ②

69 ▪ 공기 중 화학물질 농도를 표현하는 단위

1. 일반적인 화학물질 농도
    1) ppm (parts per million): 백만 분의 일로, 공기 중 특정 물질의 농도를 나타내는 단위이다. 예를 들어, 1 ppm은 1 리터의 공기 중 1 밀리리터의 해당 화학물질이 포함되어 있다는 뜻이다.
    2) ppb (parts per billion): 10억 분의 일로, 매우 낮은 농도의 화학물질 농도를 나타내는 데 사용된다.
    3) μg/m³ (마이크로그램/세제곱미터): 공기 중의 특정 화학물질 농도를 마이크로그램 단위로 측정하며, 주로 유해 물질의 농도를 나타내는 데 사용된다.
2. 섬유 농도
    1) 섬유 수/cm³ (fibers per cubic centimeter): 공기 중의 섬유 농도를 측정할 때 사용되는 단위이다. 섬유 수/cm³는 공기 1 세제곱센티미터당 존재하는 섬유의 수를 나타냅니다.
    2) μg/m³: 특정 섬유의 질량 농도를 나타낼 때도 사용되며, 이는 섬유의 종류와 길이에 따라 다르게 적용될 수 있다.
3. CFU/m³ - 공기 중의 미생물 농도를 측정하는 데 사용

🔍정답 ③

70 원형 덕트에서 반송속도가 10m/sec이고, 이곳을 흐르는 공기량은 20m3/min이다 이 덕트 직경의 크기 (mm)는?

① 약 100　　　　　　　　　② 약 200

③ 약 300　　　　　　　　　④ 약 400

⑤ 약 500

71 다음 중 유해인자별 건강영향을 연결한 것으로 옳은 것은?

① 디젤배출물 - 폐암　　　　② 수은 - 피부암

③ 벤젠 - 비강암　　　　　　④ 에탄올 - 시각 손상

⑤ 황산 - 뇌암

72 다음 중 특수건강진단 대상 유해인자가 아닌 것은?

① 염화비닐　　　　　　　　② 트리클로로에틸렌

③ 니켈　　　　　　　　　　④ 수산화나트륨

⑤ 자외선

70 ■ 원형 덕트의 직경

1. 주어진 정보

반송속도 $v = 10m/\sec$

공기량 $Q = 20m^3/\min = \dfrac{20}{60}m^3/\sec = 0.333m^3/\sec$

2. 덕트의 단면적

Q=A·v A는 단면적(㎡)이고, v는 속도

$A = \dfrac{Q}{v} = \dfrac{0.333}{10} = 0.0333m^2$

3. 원형 덕트의 단면적 공식

$A = \pi \cdot (\dfrac{d}{2})^2$, d는 덕트의 직경

$0.333 = 3.14 \cdot (\dfrac{d}{2})^2$, $\dfrac{d}{2} = \sqrt{\dfrac{0.0333}{3.14}}$, d=0.206m, 206mm

정답 ②

71 ■ 유해인자별 건강영향

• 수은 (Mercury) – 수은은 신경계에 대한 독성이 크며, 특히 메틸수은 형태로 생물체에 축적되어 뇌 및 신경 손상을 일으킬 수 있다. 또한, 면역계, 호흡기 및 소화계에 악영향을 미치고, 태아에게는 발달 장애를 유발할 수 있다.

• 벤젠 (Benzene) – 벤젠은 발암물질로 분류되며, 백혈병 및 기타 혈액 질환과 관련이 있다. 장기 노출 시 면역계에 영향을 미치고, 생식 및 신경계에도 해로운 영향을 줄 수 있다.

• 에탄올 (Ethanol) – 에탄올은 간 손상 및 알코올 중독을 유발할 수 있으며, 장기적으로는 간경변 및 여러 형태의 암(특히 간암)과 관련이 있다. 또한, 신경계에 영향을 미쳐 인지 기능 저하를 초래할 수 있다.

• 황산 (Sulfuric Acid) – 황산은 호흡기 자극제로, 흡입 시 기관지 및 폐에 손상을 줄 수 있다. 피부 및 눈에 접촉할 경우 화학적 화상을 유발하며, 장기적으로는 폐 질환 및 다른 건강 문제를 일으킬 수 있다.

정답 ①

72 ■ 특수건강진단의 시기 및 주기
■ 산업안전보건법 시행규칙 [별표 23]

특수건강진단의 시기 및 주기(제202조제1항 관련)

구분	대상 유해인자	시기(배치 후 첫 번째 특수 건강진단)	주기
1	N,N-디메틸아세트아미드 디메틸포름아미드	1개월 이내	6개월
2	벤젠	2개월 이내	6개월
3	1,1,2,2-테트라클로로에탄 사염화탄소 아크릴로니트릴 염화비닐	3개월 이내	6개월
4	석면, 면 분진	12개월 이내	12개월
5	광물성 분진 목재 분진 소음 및 충격소음	12개월 이내	24개월
6	제1호부터 제5호까지의 대상 유해인자를 제외한 별표22의 모든 대상 유해인자	6개월 이내	12개월

정답 ④

73 유해인자 노출평가에서 고려할 사항이 아닌 것은?

① 흡수경로(침입경로) ② 노출시간
③ 노출빈도 ④ 작업강도
⑤ 작업숙련도

74 유해인자 노출기준에 관한 설명으로 옳은 것은?

① ACGIH TLV는 미국에서 법적 구속력이 있다.
② 대부분의 노출기준은 인체 실험에 의한 결과에서 설정된 것이다.
③ 우리나라 노출기준은 미국 OSHA PEL을 준용하고 있다.
④ 노출기준이 초과하면 질병이 대부분 발생한다.
⑤ 일반적으로 노출기준 설정은 인체면역에 의한 보상 수준을 고려한 것이다.

75 우리나라 산업보건 역사에 관한 설명으로 옳은 것은?

① 원진레이온 이황화탄소 중독을 계기로 산업안전보건법이 제정되었다.
② 1988년 문송면씨 사망으로 수은 중독이 사회적 이슈가 되었다.
③ 2004년 외국인 근로자 다발성 신경 손상에 의한 하지마비(앉은뱅이병) 원인인자는 벤젠이었다.
④ 2016년 메탄올 중독 사건은 특수건강진단에서 밝혀졌다.
⑤ 1995년 전자부품제조 근로자 생식독성의 원인인자는 납이였다.

73 ▪ 노출평가 시 고려사항
① 흡수경로(침입경로)
② 노출시간
③ 노출 빈도
④ 작업 강도

🔍정답 ⑤

74 ▪ 산업혁명
① TLV는 권장 사항이고, PEL은 법적으로 강제되는 기준이다. 따라서 TLV는 OSHA의 법적 기준이 아니다.
② 노출 기준은 인체 실험에 의한 결과뿐만 아니라, 동물 실험, 역학 연구, 및 기타 과학적 데이터를 종합하여 설정된다. 따라서 단순히 인체 실험 결과만을 바탕으로 한다고 보기는 어렵다.
③ 우리나라의 노출 기준은 OSHA의 PEL을 참고할 수 있지만, 이를 직접적으로 준용한다고 보기는 어렵다. 한국의 기준은 국내 환경과 상황에 맞게 독자적으로 설정되고 있다.
④ 노출기준이 초과한다고 해서 반드시 질병이 발생하는 것은 아니며, 여러 요인에 따라 결과가 달라질 수 있다. 따라서 노출기준은 건강을 보호하기 위한 예방적인 기준으로 이해해야 한다.

🔍정답 ⑤

75 ▪ 산업보건 역사
① 산업안전보건법은 1977년에 제정되었다. 원진레이온 이황화탄소 중독 사건은 1970년대부터 1980년대에 걸쳐 이황화탄소 중독으로 인해 많은 근로자들이 건강 피해를 입었던 사건이다.
③ 2004년 외국인 근로자들이 전자제품 제조업에서 노말헥산에 장기간 노출되면서 말초 신경 손상으로 인해 하지마비와 같은 증상이 발생했다. 벤젠(Benzene)은 조혈기에 영향을 미치는 유해 물질로, 주로 골수 손상과 혈액질환과 연관된다.
④ 2016년 메탄올 중독 사건에서는 스마트폰 부품 제조 공정에서 메탄올을 사용하면서 적절한 환기 시스템이나 보호 장비 없이 작업이 진행되었기 때문이다. 근로자들이 메탄올 증기에 장기간 노출되었고, 그 결과 시력 상실을 포함한 심각한 건강 피해가 발생했다. 이 사건은 작업장에서 안전 관리 소홀과 유해 물질 노출 관리 부실로 인해 발생했으며, 피해자들이 병원에서 치료를 받으면서 중독 사실이 밝혀졌다.
⑤ 1995년 전자부품 제조 근로자 생식독성 사건의 원인은 에틸렌글리콜에테르가 주요 원인물질로 남성의 정자 감소, 정자 손상 등의 문제를 일으킬 수 있는 것으로 보고되었다. 납은 주로 신경계 손상, 조혈계 손상, 신장 손상 등을 일으킬 수 있으며, 생식 독성과도 관련이 있지만, 전자부품 제조 공정에서 문제가 된 유기 용제와는 다른 상황이다.

🔍정답 ②

51 A기업에서는 평가등급을 5단계로 구분하고 가능한 정규분포를 이루도록 등급별 기준인원을 정하였으나, 평가자에 의하여 다음의 표와 같은 결과가 나타났다 이와 같은 평가결과의 분포도상의 오류는? (평가등급의 상위순서는 A, B, C, D, E 등급의 순이다.)

평가등급	A등급	B등급	C등급	D등급	E등급
기준인원	1명	2명	4명	2명	1명
평가결과	5명	3명	2명	0명	0명

① 논리적오류   ② 대비오류

③ 관대화경향   ④ 중심화경향

⑤ 가혹화경향

52 조직구조에 관한 설명으로 옳지 않은 것은?

① 가상네트워크 조직은 협력업체와 갈등해결 및 관계유지에 상대적으로 적은 시간이 필요하다.

② 기능별 조직은 각 기능부서의 효율성이 중요할 때 적합하다.

③ 매트릭스 조직은 이중보고 체계로 인하여 종업원들이 혼란을 느낄 수 있다.

④ 사업부제 조직은 2개 이상의 이질적인 제품으로 서로 다른 시장을 공략할 경우에 적합한 조직구조이다.

⑤ 라인스텝 조직은 명령전달과 통제기능을 담당하는 라인과 관리자를 지원하는 스텝으로 구성된다.

53 인적자원관리에서 이루어지는 기능 또는 활동에 관한 설명으로 옳은 것은?

① 직접보상은 유급휴가, 연금, 보험, 학자금지원 등이 있다.

② 직무평가는 구성원들의 목표치와 실적을 비교하여 기여도를 판단하는 활동이다.

③ 현장직무교육은 직무순환제, 도제제도, 멘토링 등이 있다.

④ 직무분석은 장래의 인적자원 수요를 파악하여 인력의 확보와 배치, 활용을 위한 계획을 수립하는 것이다.

⑤ 직무기술서의 작성은 직무를 성공적으로 수행하는데 필요한 작업자의 지식과 특성, 능력 등을 문서로 만드는 것이다.

51 ▪ 관대화 경향(Leniency Bias)

관대화 경향(Leniency Bias)은 평가자가 피평가자들을 실제 능력이나 성과보다 과도하게 좋게 평가하는 경향을 말한다. 즉, 모든 피평가자들에게 지나치게 높은 점수를 주는 평가 오류이다. 이는 평가자가 평가 과정에서 객관성을 잃고 평가 대상자들을 너그럽게 대하는 경향에서 발생한다. ⊙정답 ③

52 ▪ 가상 네트워크 조직(Virtual Network Organization)

가상 네트워크 조직은 다양한 외부 협력업체와 협력 및 네트워크를 통해 운영되는 조직 형태로, 내부 자원을 최소화하고, 핵심 역량을 제외한 많은 활동을 외부에 아웃소싱하여 효율성을 높인다. 이러한 조직은 유연성과 신속한 대응을 가능하게 하지만, 협력업체와의 긴밀한 조정이 필요하며, 관계 관리도 매우 중요하다. ⊙정답 ①

53 ▪ 인적자원관리

인적자원관리(Human Resource Management, HRM)에서 이루어지는 주요 기능 및 활동은 조직의 인적자원을 효과적으로 관리하고 활용하는 것을 목표로 한다. 이를 통해 조직의 목표를 달성하고, 직원의 만족도와 성과를 높이는 것이 HRM의 핵심 역할이다.
1. 인력 계획(Human Resource Planning)
2. 채용 및 선발(Recruitment and Selection)
3. 교육 및 개발(Training and Development)
4. 성과 관리(Performance Management)
5. 보상 관리(Compensation and Benefits)
6. 직무 설계(Job Design)
7. 인재 유지(Retention)
8. 노사 관계 관리(Labor Relations)
9. 직원 건강 및 안전 관리(Employee Health and Safety)
10. 다양성 관리(Diversity Management)
11. 경력 관리(Career Management)

① 직접보상은 금전적인 보상으로 적절한 임금관리를 말한다.
② 직무평가는 직무들간의 우선순위(경중)을 가르는 활동이다.
③ 도제교육(Apprenticeship)은 장기간에 걸쳐 체계적으로 학교와 기업현장 등을 오가며 직무역량을 기르는 직업교육 방식
④ 직무분석은 일련의 과정을 거쳐 직무기술서와 직무명세서를 작성하기 위함이다.
⑤ 작업자의 지식과 특성, 능력은 직무명세서의 요건이다. ⊙정답 ③

54 조직문화에 관한 설명으로 옳은 것을 모두 고른 것은?

> ㄱ. 조직문화는 일반적으로 빠르고 쉽게 변화한다.
> ㄴ. 파스칼과 아토스(R. Pascale and A. Athos)는 조직문화의 구성요소로 7가지를 제시하고 그 가운데 공유가치가 가장 핵심적인 의미를 갖는다고 주장하였다.
> ㄷ. 딜과 케네디(T. Deal and A. Kennedy)는 위험추구성향과 결과에 대한 피드백 기간이라는 2개의 기준에 의해 조직문화유형을 합의문화, 개발문화, 계층문화, 합리문화로 구분하고 있다.
> ㄹ. 샤인(E. Schein)에 의하면 기업의 성장기에는 소집단 또는 부서별 하위 문화가 형성되며, 조직문화의 여러 요소들이 제도화 된다.
> ㅁ. 홉스테드(G. Hofstede)에 의하면 불확실성 회피성향이 강한 사회의 구성원들은 미래에 대한 예측 불가능성을 줄이기 위해 더 많은 규칙과 규범을 제정하려는 노력을 기울인다.

① ㄱ, ㄴ, ㄹ ② ㄴ, ㄷ, ㄹ
③ ㄴ, ㄷ, ㅁ ④ ㄴ, ㄹ, ㅁ
⑤ ㄷ, ㄹ, ㅁ

55 생산시스템에 관한 설명으로 옳지 않은 것은?

① VMI는 공급자주도형 재고관리를 뜻한다.
② MRP는 자재소요량계획으로 제품생산에 필요한 부품의 투입시점과 투입량을 관리하는 시스템이다.
③ ERP는 조직의 자금, 회계, 구매, 생산, 판매 등의 업무 흐름을 통합 관리하는 정보 시스템이다.
④ SCM은 부품 공급업체와 생산업체 그리고 고객에 이르는 제반 거래 참여자들이 정보를 공유함으로써 고객의 요구에 민첩하게 대응하도록 지원하는 것이다.
⑤ BPR은 낭비나 비능률을 점진적이고 지속적으로 개선하는 기능중심의 경영관리기법 이다.

54 ▪ **조직문화**

ㄱ. 조직문화는 쉽고 빠르게 변화하지 않다. 조직문화를 변화시키기 위해서는 긴 시간과 체계적인 전략이 필요하며, 구성원들의 동의와 참여가 중요한 역할을 한다. 조직문화의 변화는 장기적인 관점에서 접근해야 성공할 가능성이 높다.

ㄷ. 딜과 케네디는 조직문화를 위험 추구 성향과 피드백 속도라는 두 가지 기준으로 구분하여, 강한 문화, 일 중독 문화, 베팅 문화, 절차 문화라는 네 가지 유형을 제시했다.

🔍**정답** ④

55 ▪ **생산시스템**

1. VMI (Vendor Managed Inventory): 벤더 관리 재고 시스템으로, 공급업체가 고객(기업)의 재고를 관리하는 방식이다. 고객사가 필요로 하는 재고를 공급업체가 직접 관리하며, 이를 통해 재고 관리 비용을 줄이고 재고의 효율성을 높이는 것이 목표이다.

2. MRP (Material Requirements Planning): 자재 소요 계획 시스템으로, 제품 생산에 필요한 자재의 종류와 양을 결정하고, 이를 기반으로 적시 생산을 할 수 있도록 자재 구매 및 생산 일정을 계획하는 시스템이다.

3. ERP (Enterprise Resource Planning): 전사적 자원 관리 시스템으로, 기업의 모든 자원(재무, 인사, 생산, 구매 등)을 통합적으로 관리하는 시스템이다. ERP는 데이터를 통합하고 기업 내 부서 간 협업을 원활하게 하여, 경영 효율성을 극대화한다.

4. SCM (Supply Chain Management): 공급망 관리 시스템으로, 공급망을 통해 원자재를 조달하고, 이를 제품으로 변환하여 최종 소비자에게 전달하는 과정을 효율적으로 관리하는 시스템이다.

5. BPR (Business Process Reengineering): 업무 프로세스 재설계로, 조직의 기존 업무 절차를 근본적으로 분석하고 재설계하여, 조직의 성과를 크게 향상시키기 위한 방법이다. BPR은 업무 효율성을 높이고, 비용 절감과 품질 개선을 목표로 한다.

⑤ BPR은 기존의 업무 방식을 근본적으로 재설계하는 급진적인 접근법이며, 점진적이고 지속적인 개선과는 다른 개념이다. BPR의 목표는 기존의 낭비나 비효율성을 부분적으로 개선하는 것이 아니라, 전체 프로세스를 혁신적으로 변화시켜 근본적인 성과 향상을 이루는 것이다.

🔍**정답** ⑤

56 인형을 판매하는 A사는 경제적주문량(EOQ) 모형을 이용하여 재고정책을 수립 하려고 한다 다음과 같은 조건일 때 1회의 경제적주문량은?

• 연간수요량	20,000개
• 1회 주문비용	5,000원
• 연간단위당 재고유지비용	50원
• 개당 제품가격	10,000원

① 1,000개   ② 2,000개

③ 3,000개   ④ 3,500개

⑤ 4,000개

57 동기부여이론에 관한 설명으로 옳지 않은 것은?

① 데시(E. Deci)의 인지평가이론에 의하면 외재적 보상이 주어지면 내재적 동기가 증가 된다.

② 로크(E. Locke)의 목표설정이론에 의하면 목표가 종업원들의 동기유발에 영향을 미치며, 피드백이 주어지지 않을 때 보다는 피드백이 주어질 때 성과가 높다.

③ 엘더퍼(C. Alderfer)의 ERG이론은 매슬로우(A. Maslow)의 욕구단계이론과 달리 좌절-퇴행 개념을 도입하였다.

④ 브룸(V. Vroom)의 기대이론에 의하면 종업원의 직무수행 성과를 정확하고 공정하게 측정하는 것은 수단성을 높이는 방법이다.

⑤ 아담스(J. Adams)의 공정성이론에 의하면 종업원은 자신과 준거집단이나 준거인물의 투입과 산출 비율을 비교하여 불공정하다고 지각하게 될 때 공정성을 이루는 방향으로 동기유발 된다.

56 ▪ 경제적 주문량(EOQ, Economic Order Quantity)

$$EOQ = \sqrt{\frac{2 \times D \times S}{H}} = \sqrt{\frac{2 \times 20,000 \times 5,000}{50}} = 2,000개$$

H-연간 단위당 재고유지비용 (Holding Cost per unit per year) = 50원
D-연간 수요량 (Annual Demand) = 20,000개
S-1회 주문비용 (Ordering Cost per order) = 5,000원

1. 주문비용(Ordering Cost): 재고를 주문할 때마다 발생하는 비용이다. A사의 경우 1회 주문 시 발생하는 비용이 5,000원이다. 주문을 많이 할수록 주문비용이 늘어납니다.
2. 재고유지비용(Holding Cost): 재고를 유지하는 데 드는 비용이다. 이는 재고를 많이 보유할수록 증가한다. 여기에는 창고 임대료, 보험, 재고 손실, 감가상각 등이 포함되며, A사에서는 재고 1개를 연간 유지하는 데 50원이 든다.
3. A사는 1회에 2,000개씩 주문하는 것이 가장 비용 효율적이다. 즉, 2000개씩 주문하면 주문비용과 재고유지비용을 최소화하면서 재고를 효율적으로 관리할 수 있다.

🔍정답 ②

57 ▪ 인지평가이론(Cognitive Evaluation Theory)
데시의 연구에 따르면, 외재적 보상(예: 돈, 상장, 보너스 등)이 주어지면 내재적 동기가 감소할 수 있다. 그 이유는 외재적 보상이 내재적 동기를 약화시키기 때문이다. 이 현상을 과잉정당화 효과(Overjustification Effect)라고도 한다.
외재적 보상이 주어지면 사람들은 활동을 자체의 즐거움이나 자율성보다는 보상을 얻기 위한 수단으로 인식하게 된다. 이렇게 되면, 활동 자체에 대한 내재적 흥미가 줄어들고, 보상이 주어지지 않을 때는 동기 부여가 감소할 수 있다.
예시: 만약 누군가가 본래 즐거워서 하던 활동에 대해 외재적 보상을 받기 시작하면, 그 활동에 대한 내재적 흥미가 감소할 수 있다. 예를 들어, 그림을 그리는 것이 좋아서 그리던 사람이 금전적 보상을 받게 되면, 보상이 없는 상황에서는 그림 그리는 활동에 대한 동기가 줄어들 수 있다는 것이다.

🔍정답 ①

58 단체교섭의 방식에 관한 설명으로 옳지 않은 것은?

① 기업별 교섭은 특정기업 또는 사업장 단위로 조직된 노동조합이 단체교섭의 당사자가 되어 기업주 또는 사용자와 교섭하는 방식이다.

② 공동교섭은 상부단체인 산업별, 직업별 노동조합이 하부단체인 기업별 노조나 기업 단위의 노조지 부와 공동으로 지역적 사용자와 교섭하는 방식이다.

③ 대각선 교섭은 전국적 또는 지역적인 산업별 노동조합이 각각의 개별 기업과 교섭하는 방식이다.

④ 통일교섭은 전국적 또는 지역적인 산업별 또는 직업별 노동조합과 이에 대응하는 전국적 또는 지역 적인 사용자와 교섭하는 방식이다.

⑤ 집단교섭은 여러 개의 노동조합 지부가 공동으로 이에 대응하는 여러 개의 기업들과 집단적으로 교 섭하는 방식이다.

59 제품생애주기(Product Life Cycle)에 관한 설명으로 옳지 않은 것은?

① 도입기는 고객의 요구에 따라 잦은 설계변경이 있을 수 있으므로 공정의 유연성이 필요하다.

② 쇠퇴기는 제품이 진부화되어 매출이 줄어든다.

③ 성장기는 수요가 증가하므로 공정중심의 생산시스템에서 제품중심으로 변경하여 생산능력을 크게 확장시켜야 한다.

④ 성숙기는 성장기에 비하여 이익 수준이 낮다.

⑤ 성장기는 도입기에 비하여 마케팅 역할이 크게 요구되는 시기이다.

58 ▪ **단체교섭 유형**

단체교섭은 노동조합과 사용자 사이에서 근로조건, 임금, 근무시간 등을 협의하는 중요한 과정이다. 그 방식은 다양하며, 상황에 따라 서로 다른 전략을 사용할 수 있다.

1. 통일교섭 – 여러 노동조합이 공동의 요구를 제시하고 사용자 측과 하나로 통합된 방식으로 교섭하는 방식, 노동조합 간 협력이 중요하며 여러 노조의 요구를 조정해야 하므로 사전 조율이 필요하다.

2. 공동교섭 – 상위 단체(산업별 노조나 직업별 노조)와 하위 단체(기업별 노조나 지부)가 공동으로 사용자 측과 교섭하는 방식, 상위 및 하위 노동조합이 협력하여 교섭을 진행하며 노동조합 간 조정이 필요하므로 사전 협의가 중요

3. 대각선교섭 – 산업별 노동조합과 개별 기업의 사용자 사이에서 교섭이 이루어지는 방식, 산업 전체를 대표하는 노동조합이 개별 기업과 교섭하는 것으로 기업별 노조의 역할이 축소될 수 있으며, 산업적 요구가 우선시 된다.

4. 집단교섭 – 여러 기업의 사용자들과 하나 이상의 노동조합이 집단으로 교섭하는 방식, 여러 기업이 함께 협상함으로써 노동자들에게 동일한 조건을 제공할 수 있으며, 노동조합 입장에서 교섭력이 커지지만, 사용자 간 합의가 어려울 수 있다.

5. 기업별교섭 – 개별 기업의 노동조합과 해당 기업의 사용자 간에 이루어지는 교섭 방식, 개별 기업의 특성에 맞춘 협상이 가능하며, 기업의 규모에 따라 교섭력 차이가 있을 수 있다. 대기업일수록 노조의 교섭력이 강할 수 있지만, 소규모 기업에서는 협상력이 약할 수 있다.

정답 ②

59 ▪ **제품 생애주기(Product Life Cycle, PLC)**

제품 생애주기(Product Life Cycle, PLC)는 제품이 시장에 출시된 후부터 퇴출될 때까지 거치는 일련의 단계들을 설명하는 모델이다. 각 단계는 판매량, 이익, 시장 경쟁, 마케팅 전략 등에 따라 구분되며, 이를 통해 기업은 적절한 마케팅 전략과 경영 의사결정을 할 수 있다

1. 제품 생애주기의 4단계:
   1) 도입기(Introduction Stage): 제품이 시장에 처음 도입되는 단계로, 고객 인식을 높이고 수요를 창출하는 것이 중요하다. 이 단계에서는 주로 혁신적 구매자들이 제품을 구매한다.
   2) 성장기(Growth Stage): 제품이 시장에서 성공적으로 자리 잡고 수요가 빠르게 증가하는 단계이다. 제품이 대중에게 받아들여지고, 시장 점유율이 빠르게 확대된다.
   3) 성숙기(Maturity Stage): 시장이 포화 상태에 도달하고, 제품에 대한 수요 증가가 둔화되는 단계이다. 경쟁이 매우 치열해지며, 제품 차별화가 어려워질 수 있다.
   4) 쇠퇴기(Decline Stage): 시장에서의 수요가 감소하고, 제품이 수명을 다하는 단계이다. 기술 변화나 소비자 선호 변화로 인해 제품의 수명이 끝나가는 단계이다.

2. 제품 생애주기의 그래프:
   1) 도입기: 판매량과 이익이 낮고 천천히 증가
   2) 성장기: 판매량과 이익이 급격히 증가
   3) 성숙기: 판매량이 최고점에 도달하고 이익은 감소
   4) 쇠퇴기: 판매량과 이익이 모두 감소

정답 ④

60 작업장에서 사고와 질병을 유발하는 위해요인에 관한 설명으로 옳은 것은?

① 5요인 성격 특질과 사고의 관계를 보면, 성실성이 낮은 사람이 높은 사람보다 사고를 일으킬 가능성
이 더 낮다.

② 소리의 수준이 10dB까지 증가하면 소리의 크기는 10배 증가하며, 20dB까지 증가하면 20배 증가
한다.

③ 컴퓨터 자판 작업이나 타이핑 작업을 많이 하는 사람들은 수근관 증후군(carpal tunnel syndrome)의
위험성이 높다.

④ 직장에서 소음에 대한 노출은 청각 손상에 영향을 주지만 심장혈관계 질병과는 관련이 없다.

⑤ 사회복지기관과 병원은 직장 폭력이 발생할 위험성이 가장 적은 장소이다.

61 심리검사에 관한 설명으로 옳은 것을 모두 고른 것은?

> ㄱ. 성격형 정직성 검사는 생산적 행동을 예측하는 것으로 밝혀진 성격특성을 평가한다.
> ㄴ. 속도 검사는 시간제한이 있으며, 배정된 시간 내에 모든 문항을 끝낼 수 없도록 설계한다.
> ㄷ. 정신운동능력 검사는 물체를 조작하고 도구를 사용하는 능력을 평가한다.
> ㄹ. 정서지능 평가에는 특질 유형의 검사와 정보처리 유형의 검사 등이 있다.
> ㅁ. 생활사 검사는 직무수행을 예측하지만 응답자의 거짓반응은 예방하기 어렵다.

① ㄱ, ㄴ, ㄹ
② ㄱ, ㄷ, ㄹ
③ ㄱ, ㄹ, ㅁ
④ ㄴ, ㄷ, ㄹ
⑤ ㄴ, ㄷ, ㅁ

60 ▪ 작업장에서 사고와 질병을 유발하는 위해요인

① 성실성은 개인의 조직적이고 신뢰할 수 있는 행동을 나타냅니다. 성실성이 높은 사람은 책임감이 강하고, 계획적으로 행동하며, 규칙을 준수하는 경향이 있다. 성실성이 낮은 사람은 성실성이 높은 사람보다 사고를 일으킬 가능성이 더 높다. 이는 성실성이 낮은 개인이 안전 규정을 준수하지 않거나 주의력이 떨어지는 경향이 있기 때문이다.

② 10 dB의 증가는 소리의 강도가 10배 증가한 것을 의미한다. 그러나 20 dB까지 증가할 때 소리의 크기가 20배로 느껴지지는 않는다. 실제로는 10 dB에서 20 dB로의 증가는 소리의 강도가 100배 증가하는 것을 의미한다.

④ 직장 내 소음 노출이 심혈관계 질환의 위험 증가와 연관이 있다는 것이 밝혀졌다. 지속적인 소음 노출은 스트레스를 유발하고, 이는 고혈압, 심장병, 뇌졸중 등의 위험 요소로 작용할 수 있다.

⑤ 직장 폭력은 일반적으로 스트레스, 갈등, 커뮤니케이션 문제 등 다양한 요인에 의해 발생할 수 있으며, 사회복지기관과 병원은 이러한 요인이 복합적으로 작용하는 환경이다.

정답 ③

61 ▪ 인사선발 심리검사 유형

인사선발 심리검사는 직무에 적합한 인재를 선발하기 위해 심리적 특성이나 능력을 측정하는 표준화된 검사 도구를 사용하는 방법이다. 이러한 심리검사는 지원자의 직무 수행 능력, 성격, 인지적 능력 등을 평가하는 데 활용되며, 조직과 직무에 맞는 적합성을 판단하는 중요한 도구이다.

1. 인지 능력 검사(Cognitive Ability Test): 지적 능력과 문제 해결 능력을 평가하는 검사이다. 예시: IQ 검사, GMAT, GRE 등이 포함된다.
2. 정서 지능 검사(Emotional Intelligence Test): 개인의 정서적 역량을 평가하여 대인관계 능력과 감정 조절 능력을 파악한다. 예시: EQ-i(Emotional Quotient Inventory) 등이 있다.
3. 감각 및 운동 능력 검사(Sensory and Motor Ability Test): 감각 능력과 신체적 조정 능력을 평가하여 직무와 관련된 신체적 요구를 파악한다. 예시: 반응 속도 검사, 지각 검사 등이 있다.
4. 지식 및 기술 검사(Knowledge and Skill Test): 직무와 관련된 특정 지식과 기술을 평가하여 지원자가 해당 직무를 수행할 수 있는 능력을 보유했는지 확인한다. 예시: IT 기술 테스트, 자격증 시험, 전문 분야의 기술 시험.
5. 성격 검사(Personality Test): 개인의 성격 특성을 평가하여 직무 적합성과 조직 문화에 맞는지를 확인한다. 예시: Big Five 성격 검사, MBTI, MMPI.
6. 정직성 검사(Integrity Test): 지원자의 정직성, 윤리적 행동, 신뢰성을 평가하여 직무에서의 책임감과 규칙 준수 여부를 판단한다. 예시: 온라인 정직성 검사, 윤리적 판단 검사.
7. 신체 능력 검사(Physical Ability Test): 신체적 힘, 지구력, 유연성 등의 신체적 능력을 측정하여 신체적 요구가 높은 직무에서 적합성을 평가한다. 예시: 체력 테스트, 소방관 체력 평가, 군사 적성 검사.
8. 작업 표본 검사(Work Sample Test): 지원자가 직무와 관련된 실제 작업을 얼마나 잘 수행할 수 있는지를 평가한다. 예시: 기술직에서의 작업 시연, 운전 테스트, 기계 조작 테스트.

※ 생활사 검사(Biographical Information Test, Biodata): 지원자의 과거 행동과 경험을 바탕으로 미래 성과를 예측한다. 예시: Biodata 설문지나 자기 보고서.

정답 ④

62 직무스트레스 요인에 관한 설명으로 옳지 않은 것은?

① 역할 내 갈등은 직무상 요구가 여럿일 때 발생한다.

② 역할 모호성은 상사가 명확한 지침과 방향성을 제시하지 못하는 경우에 유발된다.

③ 작업부하는 업무 요구량에 관한 것으로 직접 유형과 간접 유형이 있다.

④ 요구 - 통제 모형에 의하면 통제력은 요구의 부정적 효과를 줄이거나 완충해 주는 역할을 한다.

⑤ 대인관계 갈등과 타인과의 소원한 관계는 다양한 스트레스 반응을 유발할 수 있다.

63 인사선발에 관한 설명으로 옳은 것은?

① 선발검사의 효용성을 증가시키는 가장 중요한 요소는 검사 신뢰도이다.

② 인사선발에서 기초율이란 지원자들 중에서 우수한 지원자의 비율을 말한다.

③ 잘못된 불합격자(false negative)란 검사에서 불합격점을 받아서 떨어뜨렸고, 채용하였더라도 불만족스러운 직무수행을 나타냈을 사람이다.

④ 인사선발에서 예측변인의 합격점이란 선발된 사람들 중에서 우수와 비우수 수행자를 구분하는 기준이다.

⑤ 선발률과 예측변인의 가치간의 관계는 선발률이 낮을수록 예측변인의 가치가 더 커진다.

62

■ **직무 스트레스 요인**

1. 직무 요구(Job Demands)
   1) 과도한 업무량: 업무가 과도하거나 시간에 쫓겨 처리해야 할 때 발생하는 스트레스.
   2) 시간 압박: 일정 마감에 대한 압박감이 클 때.
   3) 역할 모호성: 자신의 역할이나 책임이 명확하지 않아서 업무 수행이 어려울 때.
   4) 역할 갈등: 상충되는 지시나 요구가 있을 때, 또는 직무와 개인 생활 간의 충돌이 있을 때.
   5) 복잡한 업무: 업무가 지나치게 복잡하거나 기술적 요구가 높을 때.
   6) 신체적 요구: 신체적으로 피곤하게 만드는 직무(육체 노동 등).
2. 직무 자원(Job Resources)
   1) 사회적 지원 부족: 동료나 상사로부터 충분한 지원을 받지 못할 때.
   2) 의사소통 부족: 상사나 동료들과의 소통이 원활하지 않아서 업무에 혼란이 있을 때.
   3) 승진 기회 부족: 직장에서의 경력 발전 기회가 없을 때.
   4) 불충분한 훈련과 교육: 직무에 필요한 기술이나 지식을 충분히 배우지 못한 상태에서 일을 해야 할 때.

■ **작업부하 – 직무 요구량**

1. 양적 작업부하: 일정 시간 안에 처리해야 하는 업무의 양이 너무 많은 경우, 즉 업무량 자체가 과도할 때를 의미한다.
2. 질적 작업부하: 업무의 복잡성이나 난이도가 높아서 종업원의 능력이나 자원으로 처리하기 어려운 상황을 말한다.
3. 정신적 작업부하: 복잡한 문제 해결이나 고도의 집중력이 필요한 경우에 발생하는 부담.
4. 신체적 작업부하: 육체적 노동이나 긴 시간 서 있거나 움직이는 등의 신체적 요구가 클 때 발생하는 부담.   🔍**정답** ③

63

■ **인사선발**

인사선발(Human Resource Selection)은 조직이 적합한 인재를 채용하기 위해 지원자들의 자격, 능력, 성격 등을 평가하고, 직무에 가장 적합한 후보자를 선발하는 과정이다. 인사선발은 조직의 목표 달성과 성과에 직접적인 영향을 미치기 때문에, 공정하고 체계적인 절차가 필요하다.

인사선발 과정

1. 직무 분석(Job Analysis) – 해당 직무에서 요구되는 지식, 기술, 능력(KSA: Knowledge, Skills, Abilities), 경험, 자질 등을 파악
2. 모집(Recruitment) – 다양한 채널을 통해 지원자를 모집하는 단계로 모집 방법에는 내부 모집(내부 인사 이동)과 외부 모집(구인 광고, 헤드헌팅, 채용박람회 등)이 있다.
3. 서류 전형(Screening or Application Review) – 제출된 이력서, 자기소개서 등을 검토하여 자격 요건에 부합하는 지원자를 가려내는 단계
4. 선발 시험(Selection Tests) – 지원자의 능력, 성격, 가치관 등을 평가하기 위해 다양한 시험을 실시한다. 시험의 종류는 직무 특성에 따라 달라진다.
5. 면접(Interview) – 지원자의 대인관계 능력, 의사소통 능력, 태도 등을 평가하는 단계이다. 면접은 지원자가 조직에 얼마나 적합한지를 확인하는 중요한 과정이다.
6. 배경 조사 및 추천서 확인(Background Check and References) – 지원자의 신원, 경력, 학력 등의 사실 여부를 확인하는 과정
7. 최종 선발 및 채용(Final Selection and Job Offer) – 최종적으로 선발된 후보자에게 채용 제안을 하고, 합의를 통해 고용 계약을 체결하는 단계
8. 평가 및 피드백(Post-Selection Evaluation) – 인사선발 과정이 효과적으로 이루어졌는지 평가하고, 향후 선발 절차를 개선할 피드백을 수집한다.

① 선발검사에서 신뢰도는 중요한 요소이지만, 선발검사의 효용성을 증가시키는 데 있어서 가장 중요한 요소는 신뢰도와 함께 타당도이다.
② 기초율(Base Rate)은 전체 지원자 중에서 실제로 직무에서 성공할 수 있는 사람들의 비율을 나타낸다. 기초율이 높을수록 우수한 인재의 비율이 높고, 기초율이 낮을수록 우수한 인재가 적다.
③ 잘못된 합격자 (False Positive) – 평가에서는 합격했지만, 실제로는 직무나 시험에서 부적합한 사람
   예시: 면접에서 합격했지만, 실제 업무에서는 성과가 저조한 직원.
④ 예측변인의 합격점(Cutoff Score)은 선발 과정에서 합격자와 불합격자를 구분하는 기준점이다. 주어진 선발 도구(예: 시험, 평가, 인터뷰)의 점수가 이 합격점 이상일 경우, 지원자는 합격자로 간주되고, 이보다 낮으면 불합격자로 간주된다.   🔍**정답** ⑤

64 인간의 정보처리 능력에 관한 설명으로 옳지 않은 것은?

① 경로용량은 절대식별에 근거하여 정보를 신뢰성 있게 전달할 수 있는 최대용량이다.

② 단일 자극이 아니라 여러 차원을 조합하여 사용하는 경우에는 정보전달의 신뢰성이 감소한다.

③ 절대식별이란 특정 부류에 속하는 신호가 단독으로 제시되었을 때 이를 식별할 수 있는 능력이다.

④ 인간의 정보처리 능력은 단기기억에 대한 처리능력을 의미하며, 절대식별 능력으로 조사한다.

⑤ 밀러(Miller)에 의하면 인간의 절대적 판단에 의한 단일 자극의 판별범위는 보통 5~9가지이다.

65 소음의 영향에 관한 설명으로 옳지 않은 것은?

① 의미있는 소음이 의미없는 소음보다 작업능률 저해 효과가 더 크게 나타난다.

② 강력한 소음에 노출된 직후에 일시적으로 청력이 저하되는 것을 일시성 청력손실이라 하며, 휴식하면 회복된다.

③ 초기 소음성 청력손실은 대화 범주 이상의 주파수에서 생겨 대화에 장애를 느끼지 못하다가 이후에 다른 주파수까지 진행된다.

④ 소음 작업장에서 전화벨 소리가 잘 안 들리고, 작업지시 내용 등을 알아듣기 어려운 현상을 은폐효과(masking effect)라고 한다.

⑤ 일시적 청력 손실은 300Hz ~ 3,000Hz 사이에서 가장 많이 발생하며, 3,000Hz 부근의 음에 대한 청력저하가 가장 심하다.

64 ▪ 정보량(Information Amount)

단일 자극은 정보 전달에서 한 가지 신호에 의존하므로, 그 신호가 잡음이나 오류에 취약할 수 있다. 반면에 여러 차원을 이용한 자극은 여러 신호를 통해 추가적인 정보를 제공하여, 하나의 신호가 잘못 인식될 경우 다른 차원이 이를 보완할 수 있다. 예를 들어, 시각, 청각, 촉각 같은 다양한 자극이 함께 제공되면, 하나의 감각에서 오류가 발생해도 다른 감각을 통해 정보를 확인하고 신뢰성을 유지할 수 있다.

🔍정답 ②

65 ▪ 의미 있는 소음 vs. 의미 없는 소음

1. 의미 있는 소음: 의미 있는 소음은 작업 수행과 관련이 있거나, 특정한 정보를 전달하는 소리(예: 기계 작동 소음, 동료의 대화)이다. 이러한 소음은 작업자의 주의를 끌고, 작업에 대한 집중력을 분산시킬 수 있다. 결과적으로, 작업 능률이 저하될 수 있으며, 작업자가 정보를 처리하고 반응하는 데 더 많은 인지적 부담이 발생할 수 있다.
2. 의미 없는 소음: 의미 없는 소음은 작업과 관련이 없거나 무작위적인 소리(예: 배경 소음, 교통 소음 등)이다. 이러한 소음은 일반적으로 작업에 대한 주의를 크게 분산시키지 않으며, 작업자가 작업을 수행하는 데 방해가 덜 되는 경향이 있다. 물론, 너무 큰 의미 없는 소음은 여전히 작업 능률에 영향을 미칠 수 있지만, 의미 있는 소음보다 저해 효과는 상대적으로 적을 수 있다.

▪ 은폐효과(Masking Effect)

은폐효과(Masking Effect)는 소음이나 음향 환경에서 특정 소리가 다른 소리로 인해 들리지 않거나, 인식하기 어려워지는 현상을 의미한다. 이는 작업 환경에서 소음 관리와 효과적인 의사소통을 위해 고려해야 할 중요한 요소이다.

1. 주파수와 강도: 일반적으로 주파수가 비슷하거나 가까운 소리일수록 더 강한 은폐효과를 보이다. 예를 들어, 특정 주파수의 음악 소리가 다른 주파수의 소음에 의해 가려질 수 있다.
2. 강한 소음: 강도가 높은 소음이 주변에서 발생할 때, 그 소음이 더 낮은 강도의 소리를 가릴 수 있다. 예를 들어, 고속도로 근처에서의 차량 소음이 주변의 대화 소리를 가리는 경우이다.

▪ 소음의 특성과 청력손실

소음성 난청은 대개 2,000 Hz에서 4,000 Hz 사이의 주파수에서 시작되는 경우가 많다. 이 주파수 대역은 소음에 가장 민감한 영역으로, 소음에 장기간 노출될 경우 가장 먼저 손상되는 부분이다. 4,000 Hz 범위의 주파수에서 가장 두드러지게 나타납니다.

🔍정답 ⑤

66 집단 의사결정에 관한 설명으로 옳지 않은 것은?

① 팀의 혁신을 촉진할 수 있는 최적의 상황은 과업에 대한 구성원 간의 갈등이 중간 정도일 때다.
② 집단극화는 집단 구성원의 소수가 모험적인 선택을 할 때 이를 따르는 상황에서 발생한다.
③ 집단사고는 개별 구성원의 생각으로는 좋지 않다고 생각하는 결정을 집단이 선택할 때 나타나는 현상이다.
④ 집단사고는 집단 응집성, 강력한 리더, 집단의 고립, 순응에 대한 압력 때문에 나타난다.
⑤ 집단사고를 예방하기 위해서 다양한 사회적 배경을 가진 집단 구성원이 있는 것이 좋다.

67 행위적 관점에서 분류한 휴먼에러의 유형에 해당하는 것은?

① 순서 오류(sequence error)
② 피드백 오류(feedback error)
③ 입력 오류(input error)
④ 의사결정 오류(decision making error)
⑤ 출력 오류(output error)

68 직무분석을 위한 정보를 수집하는 방법의 장점과 한계에 관한 설명으로 옳은 것을 모두 고른 것은?

> ㄱ. 관찰의 장점은 동일한 직무를 수행하는 재직자 간의 차이를 보여준다는 것이다.
> ㄴ. 면접의 장점은 직무에 대해 다양한 관점을 얻는다는 것이다.
> ㄷ. 질문지의 장점은 직무에 대해 매우 세부적인 내용을 얻을 수 있다는 것이다.
> ㄹ. 질문지의 한계는 직무가 수행되는 상황을 무시한다는 것이다.
> ㅁ. 직접수행의 한계는 분석가에게 폭넓은 훈련이 필요하다는 것이다.

① ㄱ, ㄷ, ㄹ
② ㄴ, ㄷ, ㄹ
③ ㄴ, ㄷ, ㅁ
④ ㄴ, ㄹ, ㅁ
⑤ ㄷ, ㄹ, ㅁ

66 ▪ **집단 의사결정**

집단 의사결정(Group Decision-Making)은 여러 구성원이 함께 참여하여 결정을 내리는 과정으로, 개인이 혼자 의사결정을 내리는 것과는 다른 특징을 갖고 있다. 집단 의사결정은 다양한 관점과 정보를 반영할 수 있다는 장점이 있지만, 동시에 비효율적이거나 왜곡된 의사결정이 이루어질 위험도 존재한다.

1. 집단사고(Groupthink) – 집단 의사결정 과정에서 구성원들이 동조 압력을 느끼거나, 갈등을 피하려는 경향이 강해지면 비판적 사고가 줄어들고, 일치된 결론을 지지하게 되는 현상이다. 이는 잘못된 결정을 내릴 가능성을 높인다. 집단사고는 내부의 이견이나 대안의 검토가 부족해지는 경향을 가져올 수 있다.

2. 집단극화(Group Polarization) – 집단 의사결정 과정에서 토론이 진행되다 보면, 구성원들이 더 극단적인 의견으로 이동하는 경향이 생길 수 있다. 이는 집단 내에서 의견이 강화되어 더 위험하거나 극단적인 결정을 내리는 집단극화로 이어질 수 있다.

② 집단극화는 집단 구성원 다수의 초기 의견이 논의를 통해 더 극단적으로 변화하는 현상이며, 소수의 모험적인 선택을 따르는 것과는 다릅니다. 집단 토론이나 상호작용을 통해 의견이 극단화되며, 이는 다수 의견이 더 강하게 표출되고 강화되는 경향이 있다.

🔍정답 ②

67 ▪ **행위적 관점에서 분류한 휴먼 에러의 유형**

행위적 관점에서 분류한 휴먼 에러의 유형은 주로 작업자가 행동을 수행하는 과정에서 의도와 실제 행동 간에 발생하는 차이로 인해 생기는 오류들이다. 이 오류들은 행동을 하지 않았거나(생략), 잘못된 행동을 했거나(실행), 불필요한 행동을 추가로 했거나(과잉 행동), 행동의 순서나 시간의 오류와 관련된 실수로 나뉩니다. 이를 통해 작업자의 실수를 체계적으로 분석하고, 오류 방지 대책을 마련할 수 있다.

🔍정답 ①

68 ▪ **직무정보 수집방법**

ㄱ. 관찰법의 주요 목적이 재직자 간의 차이를 보여주는 것이 아니라, 관찰법은 주로 직무 자체를 이해하고 그 과정에서 수행되는 활동을 관찰하여 직무의 특성을 파악하는 데 목적이 있다. 이 방법은 직무가 어떻게 수행되는지, 직무의 세부 작업이 무엇인지 등을 파악하는 데 유리하다.

ㄷ. 질문지는 주로 많은 사람들에게 쉽게 배포할 수 있는 장점이 있지만, 직무에 대해 매우 세부적인 정보를 얻기에는 한계가 있다.

🔍정답 ④

69 직무 배치 후 유해인자에 대한 첫 번째 특수건강진단의 시기 및 주기로 옳지 않은 것은?

유해인자	첫 번째 진단 시기	주 기
① 나무 분진	6개월 이내	12개월
② N,N-디메틸아세트아미드	1개월 이내	6개월
③ 벤젠	2개월 이내	6개월
④ 면 분진	12개월 이내	12개월
⑤ 충격소음	12개월 이내	24개월

70 다음 중 노출기준(occupational exposure limits)에 관한 설명으로 옳은 것은?

① 고용노동부 노출기준은 작업환경 측정 결과의 평가와 작업환경 개선 기준으로 사용 할 수 있다.

② 일반 대기오염의 평가 또는 관리상의 기준으로는 사용할 수 없으나, 실내공기오염의 관리 기준으로는 사용할 수 있다.

③ MSDS에서 아세톤의 노출기준은 500 ppm, 폭발하한한계(LEL)는 2.5%로 표시되었다면, LEL은 노출기준보다 500배 높은 수준이다.

④ 우리나라는 작업자가 노출되는 소음을 누적노출량계로 측정할 때 Threshold 80dB, Criteria 90dB, Exchange rate 5dB 기준을 적용하므로, 만일 78dBA에 8시간 동안 노출되었다면 누적소음량은 10~50% 사이에 있을 것이다.

⑤ 최고노출기준(C)은 1일 작업시간 중 잠시라도 넘어서는 안 되는 농도이므로, 만일 15분 동안 측정했다면 측정치를 15로 보정하여 노출기준과 비교한다.

69 ▪ 특수건강진단의 시기 및 주기
　　　▪ 산업안전보건법 시행규칙 [별표 23]

특수건강진단의 시기 및 주기(제202조제1항 관련)

구분	대상 유해인자	시기(배치 후 첫 번째 특수 건강진단)	주기
1	N,N-디메틸아세트아미드 디메틸포름아미드	1개월 이내	6개월
2	벤젠	2개월 이내	6개월
3	1,1,2,2-테트라클로로에탄 사염화탄소 아크릴로니트릴 염화비닐	3개월 이내	6개월
4	석면, 면 분진	12개월 이내	12개월
5	광물성 분진 목재 분진 소음 및 충격소음	12개월 이내	24개월
6	제1호부터 제5호까지의 대상 유해인자를 제외한 별표22의 모든 대상 유해인자	6개월 이내	12개월

🔍정답 ①

70 ▪ 작업환경측정
② 일반 대기오염과 실내공기오염에 대한 기준은 서로 다르며, 각기 다른 목적으로 설정된다. 일반 대기오염에 대한 기준은 보통 국가 또는 국제적인 환경 보호 기관(예: EPA, WHO)에서 설정한 기준에 따라 정의된다. 이는 공공의 건강과 환경을 보호하기 위해 마련된 것이다. 또한 실내공기오염의 경우, 일반적으로 건물의 환기, 사용되는 물질, 실내 환경에서의 건강 영향을 고려하여 별도로 관리 기준이 설정된다. 이 기준은 근로자 및 거주자의 건강을 보호하기 위해 필요한다.
③ 아세톤의 노출기준: 500 ppm, 아세톤의 폭발하한계(LEL): 2.5%
LEL을 ppm으로 변환한다.(2.5%=2.5×10,000 ppm=25,000 ppm)

노출기준과 LEL을 비교하면 $\dfrac{LEL}{노출기준} = \dfrac{25,000ppm}{500ppm} = 50$

라서, 아세톤의 LEL은 노출기준보다 50배 높은 수준이다.
④ Threshold가 80 dB이므로, 78 dBA는 Threshold 이하의 소음으로 간주된다. 즉, 누적 소음량을 계산할 때 포함되지 않다. 만약 78 dBA에 8시간 동안 노출되었다면, 소음은 기준에 미치지 못하므로 실제로 누적 소음량은 0%로 간주된다. 누적 소음량이 10~50%에 해당한다고 하는 것은 78 dBA의 소음이 80 dB Threshold를 초과해야만 가능하지만, 실제로는 그 이하이므로 해당 범위에 들어가지 않는다. 따라서 78 dBA에 8시간 노출된 경우, 누적 소음량은 0%로 간주된다.
⑤ 최고 노출 기준(Ceiling, C)은 특정 화학물질에 대해 절대적으로 초과해서는 안 되는 농도를 나타내며, 1일 작업시간 중 어떤 경우에도 이 기준을 초과할 수 없다. 15분 동안 측정한 경우, 최고 노출 기준은 15분 동안의 농도를 기준으로 비교해야 하며, 노출 기준에 따라 보정할 필요가 없다.

🔍정답 ①

71 CHARM(Chemical Hazard Risk Management) 시스템에 따른 사업장의 화학 물질에 대한 위험성평가에 있어서 작업환경측정 결과를 활용한 노출수준 등급 구분으로 옳지 않은 것은?

① 4등급 - 화학물질 노출기준 초과
② 3등급 - 화학물질 노출기준의 50% 이상 ~ 100% 이하
③ 2등급 - 화학물질 노출기준의 10% 이상 ~ 50% 미만
④ 1등급 - 화학물질 노출기준의 10% 미만
⑤ 1등급 상향조정 - 직업병 유소견자가 확인된 경우

72 산업위생전문가가 수행한 활동으로 옳지 않은 것은?

① 트리클로로에틸렌을 사용하는 작업자가 하루 10시간 동안 이 물질에 노출되는 것을 발견하고, 노출기준을 보정하여 측정치를 평가하였다.
② 결정체 석영은 노출기준이 호흡성 분진으로 되어 있어 이에 노출되는 작업자에 대하여 은막여과지로 채취하였다.
③ 유성페인트를 여러 가지 유기용제가 포함된 시너로 희석하여 도장하는 작업장에서 노출평가 시 각각의 노출기준과 상호작용을 고려하여 평가하였다.
④ 발암성이 있는 목재분진도 있으므로 원목의 재질을 조사하여 평가하였다.
⑤ 폭이 넓은 도금조에 측방형 후드가 설치되어 있는 작업장에서 적절한 제어속도가 나오지 않아 이를 푸쉬-풀 후드로 교체할 것을 제안하였다.

73 다음 유해인자의 평가 및 인체영향에 관한 설명으로 옳은 것은?

① 호흡성 입자상 물질(a)과 흡입성 입자상 물질(b)의 농도비(a/b)는 일반적으로 용접 작업장이 목재가공작업장 보다 크다.
② 석면이 치명적인 이유는 폐포에 있는 대식세포가 석면에 전혀 접근하지 못하여 탐식작용을 못하기 때문이다.
③ 옥외 작업장에서 누출될 수 있는 불화수소를 관리하기 위하여 작업환경 노출기준인 0.5ppm을 3으로 나누어(24시간 노출) 0.17ppm을 기준으로 정하였다.
④ 석영, 크리스토발라이트, 트리디마이트는 모두 실리카가 주성분인 물질로 암을 유발한다.
⑤ 주성분이 카드뮴인 나노입자는 피부흡수를 우선적으로 고려하여야 한다.

71 ▪ CHARM (Chemical Hazard Risk Management) 시스템

1등급 - 화학물질 노출수준이 10% 이하
2등급 - 화학물질 노출수준이 10% 초과 ~ 50% 이하
3등급 - 화학물질 노출수준이 50% 초과 ~ 100% 이하
4등급 - 화학물질 노출수준이 100% 초과

정답 ⑤

72 ▪ 시료채취

①, ③, ④, ⑤ 유해한 물질에 노출되는 작업자를 평가하고 노출 기준을 보정하는 과정은 작업자의 건강과 안전을 보호하는 데 중요한 절차이다. 이 과정은 화학물질 관리 및 작업 환경 개선에 기여한다.

② 석영 광물성 분진은 37mm PVC 여과지를 장착한 카세트를 사용하여 시료를 채취하고 적외선 분광 분석기를 이용하여 분석한다. PVC 여과지는 분진의 중량분석에 이용

정답 ②

73 ▪ 유해인자의 평가 및 인체영향

② 석면은 미세한 섬유 구조를 가지고 있어, 호흡 시 폐포에 쉽게 침투한다. 이 섬유들은 매우 얇고 길어 폐 내에서 쉽게 이동할 수 있다. 대식세포는 석면 섬유를 탐식하려고 하지만, 석면 섬유는 대식세포에 의해 효과적으로 제거되지 않는다. 이로 인해 석면이 폐포에 축적되며, 장기적인 염증과 세포 손상을 유발한다. 석면은 폐암과 악성 중피종(pleural mesothelioma)과 같은 특정 암의 원인으로 알려져 있다. 석면의 섬유가 세포를 손상시키고, 유전자 변화를 일으킬 수 있기 때문이다.

③ 불화수소의 작업환경 노출기준은 보통 단기 노출(STEL) 및 시간 가중 평균(TWA)에 따라 설정된다. 0.5 ppm은 일반적으로 8시간 작업 기준에 대한 TWA로 설정된 값이다. 24시간 기준으로 단순히 0.5 ppm을 3으로 나누어 0.17 ppm으로 설정하는 것은 적절하지 않다.

④ 석영, 크리스토발라이트, 트리디마이트는 모두 실리카가 주성분인 물질이지만, 모두 암을 유발하는 것은 아니다.

⑤ 나노입자는 크기가 매우 작기 때문에 피부를 포함한 여러 경로를 통해 체내로 흡수될 수 있는 가능성이 높다. 카드뮴은 일반적으로 호흡기나 섭취를 통해 노출되는 경우가 많으므로 다양한 노출 경로를 함께 고려해야 한다.

정답 ①

74 다음 작업환경 측정 및 평가에 관한 설명으로 옳은 것은?

① 가스상 물질을 시료 채취할 때 일반적으로 수동식 방법이 능동식 방법 보다 정확성과 정밀도가 더 높다.

② 유기용제나 중금속의 검출한계는 시료를 반복 분석하여 구할 수 있지만, 중량분석을 하는 호흡성 분진은 검출한계를 구할 수 없다.

③ 월 30시간 미만인 임시 작업을 행하는 작업장의 경우 법적으로 작업환경측정 대상에서 제외될 수 있다.

④ 작업환경측정 자료에서 만일 기하표준편차가 1 미만이라면 이 통계치는 높은 신뢰성을 가졌다고 할 수 있다.

⑤ 콜타르피치, 코크스오븐배출물질, 디젤배출물질에 공통적으로 함유된 산업보건학적 유해인자 중 하나는 다핵방향족탄화수소이다.

75 산업위생 분야에 관한 설명으로 옳지 않은 것은?

① 산업위생 목적은 궁극적으로 근로환경 개선을 통한 근로자의 건강보호에 있다.

② 국내 사업장의 산업위생 분야를 관장하는 행정부처는 고용노동부이다.

③ B. Ramazzini 는 직업병의 원인으로 작업환경 중 유해물질과 부자연스러운 작업 자세를 제안하였다.

④ 사업장에서 산업보건 직무담당자를 보건관리자라고 한다.

⑤ 세계보건기구는 산업보건 관련 국제연합기구로서 근로조건의 개선도모를 목적으로 1919년에 설치되었다.

74 ▪ 작업환경 측정 및 평가

① 능동식 방법은 펌프나 흡입 장치를 사용하여 공기 샘플을 강제로 끌어들이다. 이 방법은 일정한 유량을 유지하며, 주어진 시간 동안의 정확한 농도를 측정할 수 있다. 가스상 물질을 정확히 측정할 수 있어 샘플링 속도와 조건을 조절할 수 있는 이점이 있다. 반면에 수동식 방법은 대개 개방형 통기구나 시료 튜브를 통해 자연스럽게 공기를 수집하는 방식이다. 이 방법은 외부 환경의 영향을 받을 수 있으며, 샘플의 채취 속도나 양이 일정하지 않을 수 있다.수동식 방법은 수집하는 시간에 따라 결과가 달라질 수 있어 정밀도가 떨어질 수 있다.

② 검출한계(Detection Limit)는 특정 물질이 측정 가능한 최소 농도를 의미한다. 호흡성 분진의 중량 분석에서는 샘플을 수집한 후, 이를 정량적으로 분석하여 분진의 질량을 측정한다. 이를 통해 검출한계를 설정할 수 있다.

③ 측정대상 제외 사업장 – 임시(월 24시간 미만) 및 단시간(1일 1시간 미만) 작업

④ 기하표준편차가 1 미만이라는 것은 변동성이 낮다는 것을 의미하지만, 이는 신뢰성과 직접적으로 연결되지 않다. 데이터의 신뢰성을 평가하기 위해서는 다른 통계적 지표와 함께 전체 데이터의 품질을 종합적으로 고려해야 한다.

⑤ 다핵 방향족 탄화수소(Polycyclic Aromatic Hydrocarbons, PAHs)는 두 개 이상의 벤젠 고리가 결합된 화합물로, 주로 화석 연료의 연소, 산업 공정 및 자연적 과정에서 생성된다. PAHs는 발암성을 포함하여 다양한 건강 문제와 관련이 있으며, 호흡기 질환, 피부 질환 등을 유발할 수 있다.

🔍정답 ⑤

75 ▪ 산업보건

⑤ 1919년에 설립된 기구는 국제노동기구(ILO)이며, ILO는 근로자의 조건 개선과 산업보건에 중요한 역할을 담당하고 있다.

1948년에 설립된 세계보건기구(WHO)는 공중보건을 총괄하는 기구로, 근로자의 건강을 포함한 다양한 보건 문제를 다루고 있다.

🔍정답 ⑤

51 관찰 및 측정이 가능하고 직무와 관련된 피평가자의 행동을 평가기준으로 하는 행동기준고과법(BARS: behaviorally anchored rating scales)의 개발 절차를 순서대로 옳게 나열한 것은?

① 행동기준고과법 개발위원회 구성 → 중요사건의 열거 → 중요사건의 범주화 → 중요사건의 재분류 → 중요사건의 등급화 → 확정 및 실시

② 행동기준고과법 개발위원회 구성 → 중요사건의 열거 → 중요사건의 범주화 → 중요사건의 등급화 → 중요사건의 재분류 → 확정 및 실시

③ 행동기준고과법 개발위원회 구성 → 중요사건의 열거 → 중요사건의 등급화 → 중요사건의 재분류 → 중요사건의 범주화 → 확정 및 실시

④ 행동기준고과법 개발위원회 구성 → 중요사건의 열거 → 중요사건의 등급화 → 중요사건의 범주화 → 중요사건의 재분류 → 확정 및 실시

⑤ 행동기준고과법 개발위원회 구성 → 중요사건의 열거 → 중요사건의 재분류 → 중요사건의 범주화 → 중요사건의 등급화 → 확정 및 실시

52 카플란(Kaplan)과 노턴(Norton)에 의해 개발된 균형성과표(BSC: balanced scorecard)의 운용체계는 4가지 관점에서 파생되는 핵심성공요인(KPI: key performance indicators)들의 유기적 인과관계로 구성되는데, 4가지 관점으로 모두 옳은 것은?

① 재무적 관점, 고객 관점, 외부 경쟁환경 관점, 학습·성장 관점

② 재무적 관점, 고객 관점, 내부 프로세스 관점, 학습·성장 관점

③ 재무적 관점, 자재 관점, 외부 경쟁환경 관점, 학습·성장 관점

④ 재무적 관점, 고객 관점, 외부 경쟁환경 관점, 직무표준 관점

⑤ 재무적 관점, 자재 관점, 내부 프로세스 관점, 직무표준 관점

51 ■ **행동기준고과법(BARS: Behaviorally Anchored Rating Scales)**

행동기준고과법(BARS: Behaviorally Anchored Rating Scales)는 관찰 가능하고 직무와 관련된 구체적인 행동을 평가 기준으로 설정하여 피평가자를 평가하는 방법이다. 이 방법은 구체적인 행동을 중심으로 평가하므로, 평가자가 주관적으로 판단하기보다는 구체적인 행동 사례를 기준으로 평가를 수행한다.

BARS 개발 절차

1. 중요 직무 과업의 선정: 직무 분석을 통해 주요 과업을 식별.
2. 행동 사례 도출: 우수한 행동과 미흡한 행동을 구체적으로 기술.
3. 행동 분류 및 그룹화: 유사한 행동을 범주화하여 정리.
4. 평가 척도 설정: 행동을 우수한 행동에서 미흡한 행동까지 순서대로 배열하고, 척도를 설정.
5. 평가 도구 완성: 평가 기준과 척도를 종합하여 평가 도구를 제작.
6. 검증 및 피드백: 평가 도구를 테스트하고 피드백을 통해 수정 및 보완. 정답 ①

52 ■ **균형성과표(BSC)**

BSC의 4가지 관점

1. 재무적 관점 – 기업의 전통적인 성과 지표인 매출, 이익, 비용, 투자 수익률 등 재무적인 측면을 다룹니다. 재무적 성과는 기업의 목표가 되는 이익 창출 여부를 평가하는 데 핵심적인 역할을 한다.
2. 고객 관점 – 고객 만족도와 고객의 요구 충족을 중심으로 고객이 기업의 제품이나 서비스를 어떻게 평가하는지를 측정한다. 고객 만족과 충성도가 높을수록 기업의 장기적인 성공 가능성이 커진다
3. 내부 프로세스 관점 – 기업이 효율적으로 내부 운영을 관리하고, 제품 또는 서비스를 효율적으로 제공하는지 평가하는 관점이다. 이는 프로세스의 개선, 혁신, 운영 효율성 향상 등을 목표로 한다.
4. 학습과 성장 관점 – 조직 내 지식, 기술, 조직 문화 등을 강화하여 장기적으로 조직이 발전할 수 있는 기반을 마련하는 것을 평가한다. 이는 인적 자원 개발, 혁신적인 조직 문화, 기술력 향상 등이 포함된다. 정답 ②

53 도요타생산방식(TPS: toyota production system)에서 낭비를 철저하게 제거하기 위한 방법으로 활용된 적시생산시스템(JIT: just in time)에 관한 설명으로 옳은 것만을 모두 고른 것은?

ㄱ. 기본적 요소는 간판(kanban)방식, 생산의 평준화, 생산준비시간의 단축과 대로트화, 작업 표준화, 설비 배치와 단일기능공제도이다.

ㄴ. 오릭키(Orlicky)에 의하여 개발된 자재관리 및 재고통제기법으로, 종속 수요품의 소요량과 소요시기를 결정하기 위한 시스템이다.

ㄷ. 자동화, 작업자의 라인정지 권한 부여, 안돈(andon), 오작동 방지, 5S의 활성화로 일관성 있는 고품질을 달성하고 있는 시스템이다.

ㄹ. 고객 주문에 의해 생산이 시작되며, 부품의 생산과 공급이 후속 공정의 필요에 의해 결정되는 풀(pull) 시스템의 자재흐름 체계이다.

ㅁ. 생산준비비용(주문비용)과 재고유지비용의 균형점에서 로트 크기(lot size)를 결정하며, 로트 크기가 큰 것을 추구하는 시스템이다.

---

① ㄱ, ㄹ
② ㄴ, ㅁ
③ ㄷ, ㄹ
④ ㄱ, ㄷ, ㄹ
⑤ ㄴ, ㄷ, ㅁ

54 혁신적인 품질개선을 목적으로 개발된 기업 경영전략인 6시그마 프로젝트 수행단계(DMAIC)에 관한 설명으로 옳지 않은 것은?

① 정의(define): 문제점을 찾아내는 첫 단계
② 측정(measurement): 문제 수준을 계량화하는 단계
③ 통합(integration): 원인과 대책을 통합하는 단계
④ 분석(analysis): 상태 파악과 원인분석을 하는 단계
⑤ 관리(control): 관리계획을 실행하는 단계

53 ▪ 적시생산시스템(JIT: just in time) 기본요소

1. 간판(Kanban) 방식: 간판은 시각적인 신호를 통해 생산 공정 간의 재고 흐름을 조절하는 방식이다. 부품이나 자재가 필요할 때 간판 신호를 보내어 필요한 시점에 필요한 양만큼 생산을 요청한다. 이 방식은 Pull 시스템의 대표적인 예이다.

2. 생산의 평준화(Heijunka): 생산의 평준화는 생산량을 균일하게 유지하여 수요 변동으로 인한 변화를 최소화하는 것을 목표로 한다. 이를 통해 재고 과잉을 방지하고, 생산 흐름을 안정적으로 유지한다.

3. 생산준비시간의 단축(SMED: Single-Minute Exchange of Dies): 준비 시간 단축은 기계나 공정을 다른 작업으로 전환하는 데 필요한 시간을 최소화하는 것을 말한다. 이를 통해 소량 다품종 생산을 더욱 효율적으로 운영할 수 있다. 대량 생산이 아니라 작은 로트로 생산을 빠르게 전환함으로써, JIT는 유연성을 극대화할 수 있다.

4. 작업 표준화: 작업 표준화는 모든 작업이 일정하게 수행되도록 표준화된 절차를 수립하는 것이다. 이를 통해 일관성 있는 품질을 유지하고 생산성을 높일 수 있다. 표준화는 JIT 시스템의 품질 관리와 낭비 제거이 중요한 요소 중 하 나이다.

5. 설비 배치(U라인 배치): U라인 배치는 작업자의 효율적인 이동과 작업 유연성을 극대화하기 위한 설비 배치 방식이다. 작업자가 짧은 이동 거리 내에서 여러 공정을 처리할 수 있게 하여 생산의 흐름을 원활하게 한다. 이를 통해 작업 효율성을 높이고 병목 현상을 줄일 수 있다.

ㄱ. JIT 시스템에서의 기본 요소는 간판 방식, 생산의 평준화, 생산 준비 시간 단축, 작업 표준화, 설비 배치 등이다. 하지만 대로트화와 단일기능공제도는 JIT 시스템의 기본 원칙에 맞지 않으며, JIT는 소량 다품종 생산과 다기능공을 통한 유연성을 강조하는 시스템이다.

ㄴ. MRP(Materical Requirements Planning)는 오릭키(Orlicky)에 의해 개발된 자재 관리 기법으로, 수요 예측을 바탕으로 자재를 미리 준비하는 푸시 시스템이다. 그러나 JIT 시스템은 실제 수요에 맞춰 생산하는 풀 시스템이기 때문에, MRP는 JIT와 다른 개념이다

ㄷ. JIT 시스템은 로트 크기를 작게 유지하고 소량 다품종 생산을 추구하는 시스템이다. 생산준비비용과 재고 유지비용의 균형점에서 대량 생산을 추구하는 EOQ와는 다르며, JIT는 소량 생산과 유연성을 통해 재고를 최소화하고 효율성을 극대화한다

🔍정답 ③

54 ▪ 6시그마(Six Sigma) DMAIC

1. Define(정의): 문제와 목표를 명확히 정의하고 프로젝트를 계획.
2. Measure(측정): 프로세스 성능을 측정하고 데이터를 수집.
3. Analyze(분석): 데이터를 분석하여 문제의 근본 원인을 파악.
4. Improve(개선): 최적의 개선 방안을 실행하여 성능을 향상.
5. Control(관리): 개선된 결과를 지속적으로 유지하고 관리.

🔍정답 ③

55 생산시스템을 설계하고 계획, 통제하는 초기단계로 총괄생산계획(APP: aggregate production planning), 주생산일정계획(MPS: master production schedule), 자재소요계획(MRP: material requirement planning) 등에 기초자료 로 활용되는 수요예측(demand forecasting) 방법에 관한 설명으로 옳지 않은 것은?

① 패널법(panel consensus)은 다양한 계층의 지식과 경험을 기초로 하고, 관련 예측정보를 공유한다.

② 소비자조사법(market research)은 설문지 및 전화에 의한 조사, 시험판매 등을 활용하여 예측한다.

③ 단순이동평균법(simple moving average method)의 예측값은 과거 n 기간 동안 실제 수요의 산술평균을 활용한다.

④ 시계열분해법(time series method)은 시계열을 4가지 구성요소로 분해하여 수요를 예측하는 방법이다.

⑤ 델파이법(delphi method)은 설득력 있는 특정인에 의해 예측결과가 영향을 받는 장점이 존재한다.

56 단체교섭의 절차에 관한 설명으로 옳지 않은 것은?

① 노사간의 교섭안을 차례로 제시하고 대응하며 양측에 요구사항을 수시로 수정해야 협상이 가능하다.

② 노사간의 교섭과정에서 끝까지 타협이 안 된다면 정부나 제3자의 조정 및 중재가 필요하다.

③ 노사간의 협상내용이 타결되면 단체협약서를 작성하고 협약내용을 관리할 필요가 있다.

④ 사용자가 파업근로자 대신 임시직을 채용하거나 비조합원들을 파업 장소로 이동 시켜 대체할 수 있다.

⑤ 노사간의 협상이 결렬되면 양측은 서로에 대해 파업과 직장폐쇄 등으로 실력을 행사할 수 있다.

55 ▪ **수요예측(Demand Forecasting)**

수요예측(Demand Forecasting)은 기업이 미래의 수요를 예측하는 중요한 과정으로, 생산계획, 재고관리, 인력 배치, 마케팅 전략 등을 수립하는 데 필수적이다.

1. 질적 방법(Qualitative Methods): 과거 데이터를 활용하기 어렵거나 신규 제품에 대한 수요를 예측할 때 전문가의 의견을 바탕으로 예측하는 방법

   1) 델파이 기법(Delphi Method):여러 전문가들의 의견을 반복적으로 수렴하고 조정하여 수요를 예측하는 방법이다. 익명성을 유지한 상태에서 의견을 모으고, 이를 바탕으로 합의를 도출한다.

   2) 시장 조사(Market Survey):잠재적 고객이나 시장의 수요를 조사하여 수요를 예측하는 방법이다. 설문 조사나 인터뷰를 통해 소비자의 선호도를 파악하고 이를 바탕으로 예측을 수행한다.

   3) 패널 의견 합의법(Jury of Executive Opinion): 조직 내 여러 부서의 전문가들이 모여 토론을 통해 수요를 예측하는 방법이다. 여러 분야의 의견을 종합하여 수요를 예측한다.

   4) 역사적 유추법(Historical Analogy): 새로운 제품의 수요를 과거에 유사한 제품의 수요 패턴을 기반으로 예측하는 방법이다.

2. 계량적 방법(Quantitative Methods): 계량적 방법은 과거의 자료를 기반으로 수학적, 통계적 기법을 사용하여 미래의 수요를 예측하는 방법

   1) 시계열 분석법(Time Series Analysis): 과거 수요 패턴을 기반으로 미래 수요를 예측하는 방법이다. 주로 수요의 추세, 계절성, 주기성, 불규칙 변동을 고려하여 예측한다.

     ① 이동평균법(Moving Average): 과거 수요 데이터를 평균 내어 수요를 예측하는 방법이다. 특정 기간의 데이터를 평균 내어 단기 수요 예측에 주로 사용된다.

     ② 지수평활법(Exponential Smoothing): 과거 데이터에 가중치를 두어 최근 데이터를 더 많이 반영하는 방식이다. 평활 상수를 사용해 직전 예측값과 실제값의 차이를 반영하여 다음 수요를 예측한다.

     ③ 트렌드 분석법(Trend Analysis): 과거의 수요 데이터를 분석하여 추세를 찾아내고, 이를 기반으로 미래 수요를 예측하는 방법이다.

   2) 인과적 방법(Causal Models): 수요에 영향을 미치는 외부 요인(변수)들을 분석하여 수요를 예측하는 방법이다. 주로 여러 변수들 간의 상관관계를 바탕으로 예측한다.

     ① 회귀분석(Regression Analysis): 독립 변수(예: 광고비, 경제 지표)와 종속 변수(예: 수요) 간의 관계를 분석하여 수요를 예측하는 방법이다. 단순 회귀분석과 다중 회귀분석이 있다.

     ② 경제지표와의 상관분석(Correlation and Regression Analysis): 수요에 영향을 미칠 수 있는 거시 경제 변수와 수요 간의 상관관계를 분석하는 방법이다.

     ③ 인과 모형(Causal Models): 예측에 사용되는 여러 요인들을 분석하여, 수요에 영향을 미치는 요인들(예: 가격, 경쟁사 활동)을 바탕으로 수요를 예측하는 방법이다.

   3) 계절성 및 추세 조정법: 계절적 변동 분석(Seasonal Indexes): 수요가 계절에 따라 변화하는 경우, 과거 데이터를 바탕으로 계절성 패턴을 찾아내어 조정한 후 수요를 예측하는 방법이다.

   4) 추세-계절 조정법(Trend and Seasonal Adjusted Models):수요의 추세와 계절성을 모두 고려하여 수요를 예측하는 방법이다. 예를 들어, 겨울철에 판매가 급증하는 제품의 경우, 계절성을 고려한 예측이 필요하다.

🔍**정답** ⑤

56 ▪ **단체교섭의 절차**

단체교섭은 노동조합과 사용자(기업)가 근로조건, 임금, 근무시간, 복지 등과 관련된 사항을 협의하기 위해 진행하는 공식적인 절차이다.

교섭 요구 및 응답 → 교섭 대표자 선정 → 교섭 의제 설정 → 교섭 진행 → 합의 도출 및 승인 → 합의 사항 이행 → 결렬 시 조정 및 쟁의 행위

④ 한국에서는 법적으로 쟁의 행위(파업) 중인 사업장에서 대체근로가 제한된다. 사용자는 파업 중인 근로자 대신 새로운 근로자를 고용하거나 기존 근로자들을 다른 부서로 이동시키는 방식으로 대체근로를 활용할 수 없다. 이는 노동조합의 파업권을 보호하고, 파업의 실효성을 유지하기 위한 제도적 장치이다. 다만, 비조합원이 자발적으로 파업에 불참하거나 계속해서 근무를 선택하는 경우, 그 근무 자체는 법적으로 문제가 되지 않는다.

🔍**정답** ④

57 기능별 조직과 프로젝트(project) 팀조직을 결합시킨 형태의 조직으로, 1명의 직원이 2명 이상의 상사로부터 명령을 받을 수 있어 명령통일의 원칙(principle of unity command)에 혼란을 겪을 수 있는 조직구조는?

① 매트릭스 조직   ② 사업부제 조직

③ 네트워크 조직   ④ 가상네트워크 조직

⑤ 가상 조직

58 리더십 이론에 관한 설명으로 옳은 것은?

① 행동이론 중 미시간 대학의 연구에서 직무중심 리더는 부하의 인간적 측면에 관심을 갖고, 종업원중심 리더는 부하의 업무에 관심을 갖고 있다는 것을 규명하였다.

② 상황이론 중 경로 - 목표 이론에서는 리더행동을 지시적 리더십, 지원적 리더십, 참여적 리더십, 성취지향적 리더십으로 분류하였다.

③ 특성이론에서는 여러 특성을 가진 리더가 모든 상황에서 효과적이라고 주장하였다.

④ 행동이론 중 오하이오 주립대학의 연구에서 배려하는 리더와 부하 사이의 관계는 상호신뢰를 형성하기가 어렵다는 것을 규명하였다.

⑤ 상황이론 중 규범모형은 기본적으로 부하들이 의사결정에 참여하는 정도가 상황의 특성에 맞게 달라질 필요가 없다고 가정하였다.

57 ▪ **매트릭스 조직 구조(Matrix Structure)**

매트릭스 조직은 기능별 조직과 제품별 조직의 장점을 결합하여, 두 가지 부문화를 동시에 운영하는 조직 구조이다.

1) 기능별 부문화: 회사가 마케팅, 재무, 인사, 생산과 같은 기능에 따라 부서를 나누는 경우.

2) 제품별 부문화: 회사가 여러 제품 라인(예: 전자제품, 가전제품, 자동차 등)에 따라 부서를 나누는 경우.

매트릭스 조직 구조에서는 한 직원이 예를 들어 마케팅 부서에 소속되면서 동시에 특정 제품 팀(예: 자동차 제품 팀)에도 속할 수 있다. 이렇게 하면 마케팅 부서의 전문 지식을 유지하면서도, 특정 제품 팀의 목표와 관련된 실질적인 기여를 할 수 있다.

🔍 **정답 ①**

58 ▪ **리더십 이론**

① 미시간 대학의 연구에서 직무중심 리더는 업무에 관심을 갖고, 종업원중심 리더는 부하의 인간적 측면에 더 관심을 가진다.

  1) 직무중심 리더(Task-Oriented Leader): 이러한 리더는 주로 업무 수행과 과업 달성에 중점을 둡니다. 이들은 목표를 설정하고, 과업을 할당하며, 효율성을 중시하고 성과를 높이기 위해 관리하고 통제하는 방식에 집중한다. 부하의 인간적 측면보다는 업무 성과에 관심을 더 두는 경향이 있다.

  2) 종업원중심 리더(Employee-Oriented Leader): 이 유형의 리더는 부하의 인간적 측면과 복지에 더 많은 관심을 기울이다. 팀원들과의 관계를 중시하고, 직원의 동기부여와 만족도를 높이는 데 집중한다. 이들은 업무보다는 부하 개인의 복지와 인간관계에 초점을 맞추고, 부하들이 스스로 업무를 잘 수행할 수 있도록 지원하는 방식으로 리더십을 발휘한다.

③ 특성이론은 타고난 특성이 리더십의 중요한 요소임을 강조하지만, 이론 자체로는 모든 상황에서 동일하게 효과적이라는 주장은 한계가 있다고 할 수 있다.

④ 오하이오 주립대학의 리더십은 배려(Consideration)와 구조주도(Initiating Structure)이다.

  1) 배려(Consideration): 배려하는 리더는 부하의 감정, 욕구, 복지에 신경을 쓰고, 부하와의 관계를 중시한다. 이 유형의 리더는 부하의 의견을 존중하며, 상호 신뢰와 존중을 바탕으로 관계를 구축하려고 노력한다. 따라서, 배려하는 리더와 부하 사이의 관계는 상호 신뢰를 형성하기 쉽다고 보았다.

  2) 구조주도(Initiating Structure): 구조를 주도하는 리더는 업무를 체계화하고, 명확한 지침과 규칙을 설정하여 조직 목표 달성에 중점을 둡니다. 이 리더는 주로 업무의 효율성과 생산성에 집중하며, 업무 진행을 조직적으로 관리한다.

⑤ 규범모형(Normative Model)은 Vroom과 Yetton이 제안한 리더십 이론으로, 부하들의 의사결정 참여 정도가 상황에 따라 달라져야 한다는 점을 강조하지, 상황에 관계없이 고정된 방식으로 부하들이 의사결정에 참여해야 한다고 가정하지 않는다.

🔍 **정답 ②**

59 조직문화의 순기능에 관한 설명으로 옳지 않은 것은?

① 조직구성원들에게 일체감을 조성한다.

② 조직구성원들의 생각과 행동지침이나 규범을 제공한다.

③ 조직의 안정성과 계속성을 갖게 한다.

④ 조직구성원들에게 획일성을 갖게 한다.

⑤ 조직구성원들의 태도와 행동을 통제하는 기제(mechanism) 기능을 한다.

60 "신입사원 선발시험점수(예측점수)와 업무성과(준거점수)의 상관계수가 0.4 이다."의 설명으로 옳은 것은?

① 선발시험점수가 업무성과 변량의 16%를 설명한다.

② 입사 지원자의 16%가 합격할 것이다.

③ 선발시험점수가 업무성과 변량의 40%를 설명한다.

④ 입사 지원자의 40%가 합격할 것이다.

⑤ 입사 지원자의 선발시험점수가 40점 이상일 경우 합격한다.

61 동일한 길이의 두 선분에서 양쪽끝 화살표의 방향이 달라짐에 따라 선분의 길이가 서로 다르게 지각되는 착시 현상은?

① 뮬러 - 라이어 착시   ② 유도운동 착시

③ 파이운동 착시   ④ 자동운동 착시

⑤ 스트로보스코픽운동 착시

59 ▪ **조직문화의 순기능**

1. 조직 통합: 조직문화는 구성원들이 공동의 목표와 가치를 공유하도록 하여 통합된 조직을 만드는 데 기여한다. 공통의 문화를 통해 구성원들은 조직의 목표와 방향에 맞춰 행동하게 되고, 조직 내에서의 결속력과 일체감을 강화할 수 있다.
2. 동기부여: 긍정적인 조직문화는 구성원의 동기부여를 촉진하고, 그들의 직무 만족도와 몰입을 높이는 데 기여한다. 조직의 핵심 가치를 공유하는 구성원들은 더 높은 목표 의식을 가지고 업무에 임하게 되며, 이는 성과 향상으로 이어진다.
3. 의사결정 촉진: 조직문화는 의사결정의 기준을 제공하여, 구성원들이 일관성 있게 결정을 내릴 수 있도록 돕는다. 명확한 조직문화는 구성원들이 갈등 상황에서 어떻게 행동해야 하는지에 대한 방향성을 제시하고, 의사결정 과정을 단순화할 수 있다.
4. 변화 수용성 증가: 긍정적인 조직문화는 구성원들이 변화를 더 잘 받아들이도록 돕는다. 조직문화가 유연하고 혁신을 장려하는 경우, 구성원들은 새로운 시스템이나 정책, 기술 도입에 대해 열린 태도를 가질 수 있다.
5. 조직 정체성 제공: 조직문화는 구성원들에게 조직 정체성을 제공한다. 구성원들은 자신이 속한 조직의 문화를 통해 소속감을 느끼며, 자신이 조직의 일원이라는 자부심을 가질 수 있다.

정답 ④

60 ▪ **상관계수(Correlation Coefficient)**

상관계수(Correlation Coefficient)는 두 변수 간의 관계를 수치로 나타내는 값으로, 그 범위는 -1에서 1까지이다.

1: 두 변수 간에 완벽한 양의 상관관계가 있음을 의미한다. 한 변수가 증가하면 다른 변수도 완벽히 증가한다.
-1: 두 변수 간에 완벽한 음의 상관관계가 있음을 의미한다. 한 변수가 증가하면 다른 변수는 완벽히 감소한다.
0: 두 변수 간에 아무런 상관관계가 없음을 의미한다.

1. 상관계수 0.4의 의미
상관계수 0.4는 양의 상관관계가 존재하지만 강하지 않은 중간 정도의 관계를 의미한다. 즉, 선발시험에서 높은 점수를 받은 신입사원이 실제 업무에서도 성과를 낼 가능성이 있지만, 그 관계가 매우 강하다고는 할 수 없다.

2. 상관계수와 설명력(결정계수)
결정계수는 두 변수 간의 관계에서 한 변수가 다른 변수의 변동을 얼마나 설명하는지를 나타내는 지표이다.
$$결정계수(R^2) = r^2 = (0.4)^2 = 0.16$$

즉 선발시험점수가 업무성과의 변동성 중 16%를 설명한다는 의미로, 나머지 84%는 시험점수 외의 다른 요인(예: 대인관계 능력, 직무 관련 경험, 팀워크, 성격 등)들이 업무성과에 영향을 미친다고 해석할 수 있다.

정답 ①

61 ▪ **뮐러-라이어 착시(Müller-Lyer Illusion)**

뮐러-라이어 착시(Müller-Lyer Illusion)는 기하학적 착시의 한 형태로, 동일한 길이의 선이 끝에 달린 화살표의 방향에 따라 길이가 다르게 보이는 현상이다. 이 착시는 1889년 독일의 사회학자 프란츠 카를 뮐러-라이어(Franz Carl Müller-Lyer)에 의해 처음 소개되었다.

정답 ①

62 선발도구의 효과성에 관한 설명으로 옳은 것만을 모두 고른 것은?

> ㄱ. 선발률이 1 이상이 되어야 선발도구의 사용은 의미가 있다.
>
> ㄴ. 선발도구의 타당도가 높을수록 선발도구의 효과성은 증가한다.
>
> ㄷ. 선발률이 낮을수록 선발도구의 효과성 가치는 작아진다.
>
> ㄹ. 기초율이 100%라면 새로운 선발도구의 사용은 의미가 없다.
>
> ㅁ. 선발도구의 효과성을 이해하는데 중요한 개념은 기초율, 선발률, 타당도이다.

① ㄱ, ㄴ   ② ㄱ, ㄹ

③ ㄴ, ㄷ, ㅁ   ④ ㄴ, ㄹ, ㅁ

⑤ ㄷ, ㄹ, ㅁ

63 효과적인 팀 수행을 위해서 공유된 정신모델(shared mental model)을 구축 하고자 할 때, 주의해야 하는 잠재적 · 부정적 측면인 집단사고(groupthink)에 관한 설명으로 옳지 않은 것은?

① 집단사고의 예로는 1960년대 미국이 쿠바의 피그만을 침공한 것과 1980년대 우주왕복선 챌린저호의 폭발사고가 있다.

② 팀 구성원들은 만장일치로 의견을 도출해야 한다는 환상을 가지고 있다.

③ 자신이 속한 집단에 대한 강한 사회적 정체성을 느끼는 팀에서는 일어나지 않는다.

④ 팀 안에서 반대 의견을 표출하기가 힘들다.

⑤ 선택 가능한 대안들을 충분히 고려하지 않고 선택적으로 정보처리를 하는데서 발생한다.

62 ■ 선발도구 효과성

선발도구의 효과성이란, 인재를 선발하는 과정에서 사용되는 평가 도구나 방법이 얼마나 정확하고 신뢰성 있게 지원자의 능력과 직무 적합성을 평가할 수 있는지를 의미한다.

선발도구의 효과성을 결정하는 주요 요소

1. 타당도 (Validity) – 선발도구가 실제로 측정하려는 것을 얼마나 정확하게 측정하는지, 즉 직무 성공과 얼마나 연관성이 있는지를 나타내는 지표

2. 신뢰도 (Reliability) – 선발도구가 일관성 있게 측정하는 능력을 의미한다. 동일한 도구를 반복해서 사용할 때, 그 결과가 얼마나 일관성 있는지를 평가

3. 공정성 (Fairness) – 선발도구가 모든 지원자에게 공정하게 적용되는지, 즉 특정 집단에 유리하거나 불리하게 작용하지 않는지를 평가

4. 비용 효율성 (Cost-Effectiveness) – 선발도구를 사용함으로써 얻을 수 있는 이익(예: 우수한 인재 선발)을 비용(시간, 자원, 인력)과 비교하여 평가하는 요소

ㄱ. 선발률 $= \dfrac{\text{채용인원}}{\text{전체지원자}}$,

　선발률이 낮다(1 이하): 채용 인원보다 지원자가 많다는 의미이다. 즉, 경쟁이 치열한 상황이다.

　선발률이 높다(1 이상): 지원자 수보다 채용 인원이 많다는 의미이다. 즉, 경쟁이 상대적으로 적은 상황이다.

ㄷ. 선발률이 낮을수록, 즉 경쟁이 치열할수록 선발도구의 효과성은 더 커진다. 이 상황에서는 많은 지원자 중에서 소수의 적합한 인재를 선발해야 하기 때문에, 선발도구의 신뢰성과 타당성이 매우 중요해진다. 🔍정답 ④

63 ■ 집단사고(Groupthink)

1. 정의: 집단사고는 집단 내에서 의견 일치를 지나치게 중시하여, 비판적 사고나 대안 검토 없이 결정을 내리는 현상이다. 집단 구성원들이 갈등을 피하거나 동조 압력에 의해 개별적으로는 동의하지 않는 결정을 집단 차원에서 선택하게 되는 경우를 말한다.

2. 특징: 집단사고는 비판적 논의가 부족하거나 소수 의견이 배제되는 상황에서 발생하며, 결과적으로 잘못된 결정을 내릴 위험이 큽니다.

3. 예시: 팀 내 강력한 리더가 특정한 결정을 고집하는 상황에서, 팀원들이 갈등을 피하기 위해 그 결정을 따르면서 잘못된 결정을 내리는 경우.

③ 집단사고는 자신이 속한 집단에 대한 강한 사회적 정체성을 느끼는 팀에서도 발생할 수 있으며, 오히려 응집력과 사회적 정체성이 강할수록 비판적 사고가 억제되어 집단사고가 발생할 가능성이 더 커진다. 이를 예방하기 위해서는 다양한 의견을 장려하고, 비판적 검토를 촉진하는 환경을 조성하는 것이 중요하다. 🔍정답 ③

64 브룸(Vroom)은 직무동기의 힘을 3가지 인지적 요소들에 의한 함수관계로 정의 하였다 다음 공식의 a와 b에 들어갈 요소를 순서대로 나열한 것은?

$$직무동기의\ 힘 = 기대\ \times \sum_{1}^{n}(a \times b)$$

① 기대, 유인가   ② 기대, 도구성
③ 공정성, 유인가   ④ 공정성, 도구성
⑤ 유인가, 도구성

65 교대근무의 부정적 효과에 관한 설명으로 옳지 않은 것은?

① 야간작업은 멜라토닌 생성·조절을 방해하여 면역체계를 약화시킨다.
② 순환적 야간근무보다 고정적 야간근무가 신체·심리적 건강을 더 위협한다.
③ 교대작업은 배우자나 자녀와의 여가생활을 어렵게 하여 사회적 문제를 유발할 수 있다.
④ 순행적 교대근무보다 역행적 교대근무가 적응하기 더 어렵다.
⑤ 야간조명은 자연광선 효과를 대신할 수 없고, 낮잠은 밤에 자는 것과 같은 효과를 나타내지 못한다.

66 직장내 안전사고와 관련된 요인에 관한 설명으로 옳지 않은 것은?

① 일을 수행하는데 안전을 위한 단계를 지켜야 한다는 종업원의 공유된 지각이 필요하다.
② 성격 5요인(Big - five) 중에서 성실성은 안전사고와 관련된다.
③ 직무만족이 높을수록 안전사고가 감소한다.
④ 일과 무관한 개인적 스트레스 요인은 안전사고에 영향을 주지 않는다.
⑤ 시간급보다 생산성에 따라 급여를 받는 능률급은 안전을 더 저해하는 요인으로 작용할 수 있다.

64
■ 빅터 브룸(Victor Vroom)의 기대 이론(Expectancy Theory)
직무동기의 힘 (Motivation Force, MF) = Expectancy × Instrumentality × Valence
이 공식을 통해, 직무동기는 기대감, 도구성, 유의성이 모두 긍정적이고 높은 수준일 때 강하게 작용한다고 설명한다.
1) 기대감이 낮다면, 직원은 자신의 노력이 성과로 이어지지 않을 것이라고 생각하여 동기부여가 낮아진다.
2) 도구성이 낮다면, 성과를 내더라도 그 성과가 보상으로 이어지지 않을 것이라고 생각하기 때문에 동기부여가 약해진다.
3) 유의성이 낮다면, 보상 자체가 매력적이지 않으므로 직원은 그 보상을 위해 동기부여되지 않다. 정답 ⑤

65
■ 교대근무의 부정적 효과
② 고정적 야간근무가 신체와 심리적 건강을 더 위협한다는 주장은 일반화할 수 없으며, 개인의 적응 능력, 근무 형태의 특성 및 개별적인 상황에 따라 다를 수 있다. 각 근무 형태의 장단점을 고려하여 적절한 관리와 지원이 필요하다. 정답 ②

66
■ 직장내 안전사고
개인적인 스트레스 요인은 직장에서의 집중력, 신체적 반응, 의사결정 등에 영향을 미쳐 안전사고와 직접적으로 연결될 수 있다. 이는 개인적인 문제가 아닌 작업 환경에도 부정적인 영향을 미치는 중요한 요인이다. 정답 ④

67 작업스트레스에 관한 설명으로 옳은 것은?

① 급하고 의욕이 강한 A유형 성격의 사람들은 스트레스 조절능력이 강해서 느긋하고 이완된 B유형의 사람들과 비교하여 심장질환에 걸릴 확률이 절반 정도로 낮다.

② 스트레스 출처에 대한 이해가능성, 예측가능성, 통제가능성 중에서 스트레스 완화효과가 가장 큰 것은 예측가능성이다.

③ 내적 통제형의 사람들은 자신들이 스트레스 출처에 대해 직접적인 영향력을 행사하려고 하지 않고 그냥 견딘다.

④ 공항에서 근무하는 소방관의 경우 한 건의 화재도 없이 몇 주 동안 대기근무만 하였을 때 스트레스가 없다.

⑤ 작업스트레스는 역할 과부하에서 주로 발생하며, 역할들 간의 갈등으로는 발생 하지 않는다.

68 일과 가정간의 관계를 설명하는 3가지 기본 모델을 모두 고른 것은?

> ㄱ. 파급모델(spillover model)
> ㄴ. 과학자 – 실무자 모델(scientist – practitioner model)
> ㄷ. 보충모델(compensation model)
> ㄹ. 유인 – 선발 – 이탈 모델(attraction – selection – attrition model)
> ㅁ. 분리모델(segmentation model)

① ㄱ, ㄴ, ㄷ   ② ㄱ, ㄷ, ㄹ

③ ㄱ, ㄷ, ㅁ   ④ ㄴ, ㄷ, ㄹ

⑤ ㄴ, ㄹ, ㅁ

67   ▪ 정보량(Information Amount)
① A유형 성격의 사람들은 스트레스 조절 능력이 약하고, 심혈관 질환에 걸릴 위험이 더 높다. 반대로, B유형 성격의 사람들은 느긋하고 스트레스를 덜 받기 때문에 심장질환에 걸릴 위험이 낮다.
③ 내적 통제형(internal locus of control)의 사람들은 자신의 행동과 선택이 결과에 영향을 미친다고 믿는다. 따라서 그들은 스트레스나 문제 상황에서 수동적으로 견디지 않고, 적극적으로 해결하려는 행동을 취한다. 외적 통제형(external locus of control)의 사람들은 자신의 삶에서 일어나는 일들이 운, 운명, 타인의 통제에 달려 있다고 생각한다. 이 성향을 가진 사람들은 스트레스 상황에서 스스로 변화를 만들기보다는 외부 요인에 의존하거나 단순히 스트레스를 견디는 경향이 있을 수 있다.
④ 대기 상태의 스트레스: 화재 등 긴급 상황이 발생하지 않더라도, 소방관은 언제 발생할지 모르는 응급 상황에 즉각 대응해야 한다는 압박을 느낍니다. 이러한 대기 상태가 계속될 경우, 긴장감이 누적되어 스트레스를 유발할 수 있다.
역할 모호성: 업무 중 화재 등 실제적인 사건이 발생하지 않는다면, 자신의 역할에 대한 의미와 가치를 느끼지 못하는 경우도 있을 수 있다. 이로 인해 직무 만족도가 떨어지거나, 자신의 역할에 대한 의문으로 스트레스를 겪을 수 있다.
⑤ 역할 과부하: 역할 과부하는 직무 요구가 지나치게 많아지거나 시간이 부족한 상황에서 발생하는 스트레스 요인이다. 과도한 업무량, 높은 요구가 주된 요인으로, 이는 작업 스트레스를 유발하는 주요 원인 중 하나이다.
역할 갈등: 역할들 간의 갈등(role conflict)은 직무 수행 중 서로 상충되는 요구나 기대가 존재할 때 발생한다. 예를 들어, 상사로부터 서로 다른 요구를 받거나, 직무 요구와 개인적인 가치나 목표가 충돌할 때, 이러한 역할 갈등은 스트레스를 유발할 수 있다.   정답 ②

68   ▪ 일과 가정 간의 관계를 설명하는 세 가지 기본 모델
1. 파급모델(Spillover Model): 일과 가정이 서로 영향을 주고받는 모델. 직장에서의 경험이 가정에, 가정에서의 경험이 직장에 영향을 미침.
2. 보충모델(Compensation Model): 한 영역에서의 결핍을 다른 영역에서 보충하려는 모델. 직장에서의 부족함을 가정에서, 가정에서의 부족함을 직장에서 보상하려 함.
3. 분리모델(Segmentation Model): 일과 가정이 서로 독립적으로 존재하며, 각 영역이 서로 영향을 주지 않도록 철저히 분리하는 모델.   정답 ③

69 산업혁명 전후의 산업보건 역사에 관한 설명으로 옳지 않은 것은?

① 산업혁명으로 공장이라는 형태의 밀집된 생산시스템이 시작되었다.

② 산업혁명 이전에도 금속의 채광 및 제련업에 종사하는 사람들의 직업병 문제가 제기되었다.

③ 증기기관이 발명되어 생산의 기계화가 진행되면서 화학물질 사용량이 크게 감소하였다.

④ 굴뚝청소부 음낭암의 원인이 굴뚝의 검댕(soot)이라는 것이 밝혀졌고, 이것이 최초의 직업성 암의 사례이다.

⑤ 초기의 공장은 청소, 작업복의 세탁불량, 작업장 내 식사 등 위생적인 문제 해결만으로도 작업환경이 개선되었기 때문에 산업위생이라는 이름이 붙었다.

70 근로자 보호를 위한 작업환경 노출기준에 관한 설명으로 옳은 것은?

① 단시간 노출기준은 8시간 시간가중평균 노출기준보다 높게 설정된다.

② TLV란 미국 산업안전보건청(OSHA)에서 설정한 법적 노출기준을 말한다.

③ 단시간 노출기준은 주로 만성독성을 일으키는 물질을 대상으로 설정된다.

④ 노출기준은 직업병의 발생여부를 판단하는 기준이다.

⑤ 두 가지 이상의 화학물질에 동시에 노출될 때는 기준이 낮은 화학물질을 기준으로 노출기준여부를 판단한다.

69 ■ 산업혁명 전후의 외국의 산업보건 역사
1. 1533년: 파라켈수스(Paracelsus)가 광산 노동자의 질병에 대한 연구를 시작하여 직업병에 대한 관심을 불러일으킴.
2. 1713년: 베르나르디노 라마치니(Bernardino Ramazzini)가 "직업병에 대하여(De Morbis Artificum Diatriba)" 출간. 다양한 직업에서 발생하는 질병을 최초로 체계적으로 기록함.
3. 1760년~1840년: 산업혁명 기간 동안 기계화된 대량생산이 도입되면서 열악한 작업 환경, 아동 노동 및 장시간 노동이 만연함. 공장 근로자들은 화학물질, 먼지, 소음 등으로 인해 직업병과 산업재해에 노출됨.
4. 1802년: 영국에서 공장법(Health and Morals of Apprentices Act)이 제정됨. 아동 노동에 대한 최초의 규제가 포함되었으나, 효과는 미미했음.
5. 1833년: 영국에서 공장법(Factory Act)이 개정되어 아동 노동을 규제하고, 성인 근로자에게도 제한된 노동 시간을 적용하기 시작. 근로 환경 개선을 위한 초기 법적 장치 마련.
6. 1842년: 에드윈 채드윅(Edwin Chadwick)이 영국의 노동자 생활 상태와 공중 보건에 대한 보고서를 발표. 이는 산업보건 개선에 대한 필요성을 제기한 중요한 사건으로 기록됨.
7. 1867년: 영국에서 공장검사관제도가 도입되어 작업장의 안전과 위생 상태를 감독하는 법이 시행됨.
8. 1884년: 독일에서 비스마르크 주도로 산업재해 보상법(Workers' Compensation Law)이 제정됨. 근로자가 직무 중 발생한 부상에 대해 보상을 받을 수 있는 제도가 도입됨.
9. 1906년: 영국에서 황린 사용 금지법이 제정됨. 이는 성냥 제조업에서 발생하던 파스티병(Phossy Jaw)을 예방하기 위해 마련된 법으로, 위험한 화학물질을 제한하는 중요한 사례 중 하나임.
10. 1911년: 미국에서 뉴욕 트라이앵글 공장 화재가 발생하여 146명의 여성 노동자가 사망함. 이 사건을 계기로 미국에서는 산업 안전과 노동자의 권리 보호에 대한 인식이 확산됨.
11. 1919년: 국제노동기구(International Labour Organization, ILO)가 설립됨. ILO는 근로자의 권리와 건강을 보호하기 위한 국제적 기준을 마련하는 중요한 기구로 발전함.
12. 1948년: 세계보건기구(WHO)가 설립되며, 산업보건이 공중보건의 중요한 분야로 다루어짐. WHO는 전 세계적으로 근로자의 건강을 보호하기 위한 연구와 지침을 마련함.
13. 1970년: 미국에서 직업안전보건법(Occupational Safety and Health Act, OSHA)이 제정됨. 이 법은 작업장의 안전과 근로자 건강을 보호하기 위해 중요한 역할을 함. 정답 ③

70 ■ 작업환경 노출기준
② TLV는 특정 유해물질에 대한 노출 기준으로, 건강에 미치는 영향을 최소화하기 위해 설정된다. 이는 권장 노출 기준으로, 법적 구속력은 없다.
③ STEL은 근로자가 15분 동안 노출될 수 있는 최대 농도를 나타내며, 주로 급성 또는 단기적인 건강 영향을 미치는 물질에 대해 설정된다. 이 기준은 짧은 시간 동안 높은 농도로 노출되었을 때의 건강 위험을 최소화하기 위해 존재한다.
④ 노출기준은 특정 농도 이상에서 노출될 경우 건강에 해로운 영향을 미칠 가능성을 평가하는 데 도움을 준다. 그러나 직업병의 발생 여부는 노출기준 이외에도 여러 요인(예: 노출 기간, 개인의 건강 상태, 유전적 요인 등)에 따라 달라질 수 있다.
⑤ 각 화학물질에 대한 노출 기준은 그 물질이 단독으로 노출될 때의 건강 영향을 바탕으로 설정된다. 따라서 복합 노출 상황에서는 각각의 물질에 대한 기준을 따로 고려하고, 이들 간의 상호작용을 평가해야 한다. 정답 ①

71 다음은 대표적인 직업병과 그 원인이 되는 물질을 연결한 것이다 직업병의 원인이 되는 요인으로 옳지 않은 것은?

① 비중격천공 - 크롬
② 중피종 - 석면
③ 신장장해 - 수은
④ 진폐증 - 유리규산
⑤ 말초신경장해 - 메탄올

72 작업환경측정에 관한 설명으로 옳은 것은?

① 비극성 유기용제는 주로 활성탄으로 채취한다.
② 작업환경측정에서 일반적으로 개인시료는 직독식 측정기기를, 지역시료는 시료 채취용 펌프를 이용한다.
③ 최고노출기준(ceiling)이 설정되어 있는 화학물질은 15분 동안 측정하여야 한다.
④ 소음노출량계로 소음을 측정할 때에는 Threshold는 80dB, Criteria는 90dB, Exchange rate는 5dB로 설정한다.
⑤ 산업안전보건법에 의하여 실시하는 작업환경측정에서 8시간 시간가중평균(8hr-TWA)을 측정하기 위해서는 최소한 5시간 이상 측정하여야 한다.

73 작업환경 중 물리적 요인에 관한 설명으로 옳지 않은 것은?

① 우리나라 8시간 소음기준은 85 dB이다.
② 적외선에 과다하게 노출되면 백내장을 일으킨다.
③ 진동으로 인한 대표적인 건강장해는 레이노 증후군이다.
④ 해수면으로부터 20 m를 잠수할 경우 잠수작업자가 받는 압력은 약 3기압이다.
⑤ 자외선 중 파장이 짧은 영역은 전리방사선이며, 피부에 노출될 경우 피부암을 일으킬 수 있다.

71 ▪ 메탄올

메탄올은 주로 중추신경계에 영향을 미쳐 메탄올 중독을 유발하고, 이로 인해 시각 장애나 심각한 신경계 손상이 발생할 수 있다.

말초신경장해는 일반적으로 디아졸롬(benzenes), 아세틸렌, 중금속(납, 수은 등), 또는 특정 유기용제에 의한 노출로 인해 발생한다.   🔍정답 ⑤

72 ▪ 작업환경측정

① 비극성 유기용제는 일반적으로 탄소 중심의 구조를 가진 화합물로, 극성이 없는 성질을 가지고 있다. 예를 들어, 벤젠, 톨루엔, 시클로헥산 등이 이에 해당한다. 활성탄은 다공성 구조를 가지며, 높은 표면적을 통해 비극성 화합물을 효과적으로 흡착할 수 있는 능력이 있다. 이는 비극성 유기용제를 샘플링하는 데 매우 적합하다.

② 개인 시료는 근로자가 실제로 노출되는 유해 물질의 농도를 측정하기 위해, 개인 호흡기 보호구와 연결된 흡입기나 수동식 흡착관을 사용할 수 있다. 지역 시료는 특정 장소에서의 유해 물질 농도를 측정하는 방식이다. 이 경우 시료 채취용 펌프를 사용하여 공기 샘플을 채취한다. 지역 시료는 일반적으로 고정된 장소에서 일정 시간 동안 공기 샘플을 채취하여, 작업 환경의 전반적인 상태를 평가하는 데 사용된다.

③ 최고 노출 기준은 특정 화학물질에 대해 단기적으로 허용되는 최대 농도를 나타내며, 이 기준을 초과해서는 안 된다. 일반적으로 최고 노출 기준이 설정된 화학물질은 15분 또는 그 이하의 시간 동안 샘플링하여, 해당 시간 내에 농도가 최고 노출 기준을 초과하지 않는지 확인한다.

⑤ 산업안전보건법에 따른 작업환경 측정에서 1일 작업시간 동안 6시간 이상 연속 측정하거나 작업시간을 등 간격으로 나누어 6시간 이상 연속분리 측정해야 한다.   🔍정답 ①, ④

73 ▪ 작업환경측정

① 우리나라 8시간 소음기준은 90 dB이다.

⑤ 산업안전보건법에 따른 작업환경 측정에서 1일 작업시간 동안 6시간 이상 연속 측정하거나 작업시간을 등 간격으로 나누어 6시간 이상 연속분리 측정해야 한다.   🔍정답 ①, ⑤

74 유해요인 노출로부터 근로자를 보호하기 위한 개인보호구에 관한 설명으로 옳은 것은?

① 산소농도가 18% 이하인 작업장에서는 방독마스크를 착용하여야 한다.

② 나노입자에 노출되는 경우 특급 방진마스크를 착용하도록 한다.

③ 발암성 유기용제에 노출되는 경우 특급 이상의 방진마스크를 착용하여야 한다.

④ 방진마스크는 여과효율이 낮을수록, 흡기저항이 높을수록 성능은 향상된다.

⑤ 방독마스크는 오래 사용하면 여과효율은 증가하지만 흡배기 저항은 감소한다.

75 작업장에 설치되어 있는 기존의 국소배기시스템에 관한 설명으로 옳지 않은 것은?

① 덕트의 길이를 줄이면 후드에서의 풍량은 감소한다.

② 송풍기 날개의 회전수를 2배 늘리면 송풍기의 풍량은 2배 증가한다.

③ 송풍기의 배출구 뒤쪽에 있는 덕트 내의 압력은 대기압보다 높다.

④ 덕트 내에 분진이 퇴적되어 내경이 좁아지면 후드정압이 감소한다.

⑤ 송풍기의 앞쪽에 있는 덕트에 구멍이 생기면 후드에서 풍량이 감소한다.

74 ▪ 개인보호구

① 산소 농도가 18% 이하인 작업장에서는 방독마스크가 아닌 산소 호흡기를 착용해야 하며, 이는 생명 안전을 위해 필수적인 조치이다.

② 나노입자는 크기가 1~100 나노미터인 매우 작은 입자로, 일반적인 먼지나 입자보다 훨씬 작다. 이 때문에 폐 깊숙이 침투할 수 있으며, 건강에 위험을 초래할 수 있다. 나노입자를 차단하기 위해서는 일반적인 방진마스크가 아닌, 특급 방진마스크(예: N95 또는 P100 등급의 마스크)와 같은 고성능 필터를 갖춘 마스크가 필요한다. 이들은 작은 입자와 유해 물질을 효과적으로 차단할 수 있도록 설계되어 있다.

③ 발암성 유기용제에 노출되는 경우에는 유기 가스 필터가 장착된 방독마스크를 사용하는 것이 더 효과적이다. 작업 환경과 유해 물질의 특성에 맞춰 적절한 개인 보호 장비를 선택하는 것이 필수적이다.

④ 방진마스크의 성능은 여과효율이 높을수록 좋고, 흡기저항이 낮을수록 호흡이 용이해져 성능이 향상된다.

⑤ 방독마스크의 여과효율은 사용함에 따라 오래 사용할수록 감소한다. 필터에 오염물질이 쌓이게 되면 시간이 지남에 따라 여과효율이 낮아져 원래의 성능을 발휘하지 못하게 된다. 방독마스크를 오래 사용하면 필터가 오염되어 흡배기 저항이 증가한다. 흡기저항이 높으면 호흡하기 어려워지며, 이로 인해 사용자가 마스크를 제대로 착용하지 않거나 불편함을 느껴서 성능이 저하될 수 있다.

🔍정답 ②

75 ▪ 국소배기시스템

① 덕트가 길어질수록 공기가 흐르는 데 저항이 증가한다. 따라서 긴 덕트는 풍량을 감소시키는 원인이 된다. 반대로, 덕트의 길이를 줄이면 저항이 감소하고, 결과적으로 후드에서의 풍량이 증가할 수 있다. 짧은 덕트는 공기가 더 원활하게 흐를 수 있도록 하여, 후드에서 더 많은 양의 공기를 흡입할 수 있게 한다. 이는 후드의 효율성을 향상시키고, 유해한 물질을 더 효과적으로 제거하는 데 도움이 된다.

🔍정답 ①

51 테일러(Taylor)의 과학적 관리법(scientific management)에 관한 설명으로 옳은 것만을 모두 고른 것은?

> ㄱ. 부품을 표준화하고, 작업이 동시에 시작하여 동시에 끝나므로 동시 관리라고도 한다.
> ㄴ. 과업 중심의 관리로 인간의 심리적, 사회적 측면에 대한 문제의식이 부족하다.
> ㄷ. 동일작업에 대하여 과업을 달성하는 경우 고임금, 달성하지 못하는 경우에는 저임금을 지급한다.
> ㄹ. 작업을 전문화하고 전문화된 작업마다 직장(foreman)을 두어 관리하게 한다.
> ㅁ. 작업환경에 관계없이 작업자의 동기부여가 작업능률을 증가시키는 결과를 보여주었다.

① ㄱ, ㅁ   ② ㄷ, ㄹ

③ ㄴ, ㄷ, ㄹ   ④ ㄴ, ㄹ, ㅁ

⑤ ㄱ, ㄷ, ㄹ, ㅁ

52 재고의 기능에 따른 분류에 관한 설명으로 옳지 않은 것은?

① 안전재고: 제품 수요, 리드타임 등의 불확실한 수요에 대비하기 위한 재고
② 분리재고: 공정을 기준으로 공정전·후의 재고로 분리될 경우의 재고
③ 파이프라인 재고: 공장에서 물류센터, 물류센터에서 대리점 등으로 이동 중에 있는 재고
④ 투기재고: 원자재 고갈, 가격인상 등에 대비하여 미리 확보해두는 재고
⑤ 완충재고: 생산 계획에 따라 주기적인 주문으로 주문기간 동안 존재하는 재고

51 ▪ 테일러(Frederick Winslow Taylor)의 과학적 관리법(Scientific Management)

테일러(Frederick Winslow Taylor)의 과학적 관리법(Scientific Management)은 작업의 효율성을 극대화하기 위해 노동 과정을 과학적으로 분석하고 표준화된 절차를 도입한 관리 방식이다. 테일러는 19세기 말에서 20세기 초에 산업 현장에서의 비효율성을 해결하고 생산성을 향상시키기 위해 과학적 관리법을 제안했다. 그의 접근법은 작업을 세밀하게 분석하여 표준화된 방법을 개발하고, 노동자의 능률을 최적화하는 것이 목표였다.

과학적 관리법의 주요 개념:

1. 작업의 표준화
2. 차별적 성과급 제도
3. 과학적 작업 방법 도출
4. 관리와 노동의 분리
5. 노동자 훈련

ㄱ. 부품을 표준화하고 작업이 동시에 시작하고 끝나는 동시 관리 방식은 효율성과 생산성을 극대화하기 위한 중요한 관리 기법으로 포드 자동차의 조립 라인은 이러한 동시 관리와 관련된 대표적인 사례

ㅁ. 호손 실험(Hawthorne Experiments)은 작업 환경이 작업자의 동기부여와 작업능률에 어떤 영향을 미치는지 조사한 실험으로, 이 실험에서는 작업 환경의 변화(예: 조명)보다도 작업자의 심리적 상태나 감시받는 느낌이 더 큰 영향을 미친다는 결과가 나왔다. 호손 실험은 작업자의 심리적 동기가 작업 성과에 중요한 영향을 미친다는 것을 보여주었지만, 이는 테일러의 과학적 관리법과는 다른 시각이다.

🔍정답 ③

52 ▪ 재고의 유형

1. 주기재고 (Cycle Stock): 주기재고는 정기적인 생산 또는 주문 주기에 따라 유지되는 재고로, 정상적인 운영을 위해 필요한 기본적인 재고이다. 생산량이나 주문량이 많거나 정기적인 주기 안에서 소비될 수 있는 수량을 기준으로 유지된다. 예시: 한 공장에서 매주 공급받는 원자재는 다음 주문이 이루어질 때까지 사용할 주기재고이다.

2. 안전재고 (Safety Stock): 안전재고는 수요 변동이나 공급 지연과 같은 불확실성에 대비해 유지되는 추가적인 재고이다. 예기치 않은 수요 증가나 공급 차질로 인해 재고가 소진될 경우를 대비하여 준비된 재고로, 재고 부족을 방지하기 위한 완충 역할을 한다. 예시: 어떤 제품의 수요가 갑자기 증가하거나 공급업체의 납기가 늦어질 경우, 안전재고는 생산이나 판매에 차질이 없도록 도와준다.

3. 예비재고 (Anticipation Stock): 예비재고는 미리 예측된 수요 증가나 시즌성 수요에 대비해 사전에 확보해두는 재고이다. 주로 프로모션, 계절적 요인, 특별 이벤트나 공급 중단을 예상하여 준비된다. 예시: 겨울철 난방기기 제조업체가 여름에 난방기기의 수요 증가를 예상하고 미리 생산하여 확보해 두는 재고이다.

4. 파이프라인재고 (Pipeline Stock): 파이프라인재고는 운송 중이거나 공급망 상에서 이동 중인 재고를 의미한다. 아직 목적지에 도달하지 않았지만 이미 주문되거나 생산이 완료된 제품으로, 물류 시스템에서 이동 중인 재고라고 할 수 있다. 예시: 해외에서 선적된 원자재가 항구로 이동 중일 때, 그 원자재는 파이프라인재고로 간주된다.

5. 완충재고 (Buffer Stock): 완충재고는 공급의 불확실성이나 공정의 변동성을 흡수하기 위해 마련된 재고이다. 주로 공급망의 중간 단계에서 발생하는 문제를 완화하기 위한 역할을 한다. 공정 간의 작업 속도 차이나 생산 변동으로 인해 생기는 차이를 보완하고, 재고 부족 상황을 방지하기 위한 용도로 유지된다. 예시: 생산 라인 A에서 생산된 부품이 라인 B에서 필요할 때, 라인 B의 생산 변동을 흡수하기 위해 완충재고가 활용된다.

🔍정답 ⑤

53 생산 시스템에 관한 설명으로 옳지 않은 것은?

① 모듈생산시스템(MPS: modular production system)은 단납기화 요구강화와 원가 절감을 위하여 부품 또는 단위의 조합에 따라 고객의 다양한 주문에 대응하는 생산 시스템이다.

② 자재소요계획(MRP: material requirements planning)은 주일정계획(기준생산일정)을 기초로 하여 완제품 생산에 필요한 자재 및 구성부품의 종류, 수량 시기 등을 계획하는 시스템이다.

③ 적시생산시스템(JIT: just in time)은 제품생산에 요구되는 부품 등 자재를 필요한 시기에 필요한 수량만큼 적기에 생산, 조달하여 낭비요소를 근본적으로 제거하려는 생산 시스템이다.

④ 유연생산시스템(FMS: flexible manufacturing system)은 CAD, CAM 및 MRP 등의 기술을 도입, 생산 설비를 빠르게 전환하여 소품종 대량생산을 효율적으로 행하는 시스템이다.

⑤ 셀생산시스템(CMS: cellular manufacturing system)은 숙련된 작업자가 컨베이어 라인이 없는 셀(cell) 내부에서 전체공정을 책임지고 완수하는 사람중심의 자율 생산 시스템이다.

54 프로젝트 관리에 활용되는 PERT(program evaluation & review technique)와 CPM(critical path method)의 설명으로 옳은 것은?

① PERT는 개개의 활동에 대해 낙관적 시간치, 최빈 시간치, 비관적 시간치를 추정한 후 그들이 정규 분포를 이룬다고 가정하여 평균기대 시간치를 구한다.

② CPM은 프로젝트의 완성시간을 앞당기기 위해 최소비용법을 활용하여 주공정상에 위치하는 작업들의 비용관계를 분석하여 소요시간을 줄인다.

③ 과거자료나 경험을 기초로 한 PERT는 활동중심의 확정적 시간을 사용하고, 불확실한 작업을 기초로 한 CPM은 단계중심의 확률적 시간 추정치를 사용한다.

④ PERT/CPM은 활동의 전후 관계를 명확히 하고 체계적인 일정 및 예상통제로 효율적 진도관리를 위해 간트(Gantt)차트와 같은 도식적 기법을 활용한다.

⑤ PERT/CPM은 TQM(total quality management)과 연계되어 있어 제품 및 서비스에 대한 고객만족 프로세스를 지향하는 프로젝트 관리도구로 적합하다.

53 ▪ 유연생산시스템(FMS: Flexible Manufacturing System)
유연생산시스템(FMS)은 다품종 소량생산을 효율적으로 처리하기 위해 설계된 시스템이다. 이는 다양한 제품을 짧은 시간 안에 전환하여 생산할 수 있는 유연성을 제공하는 시스템으로, 제품 설비를 신속하게 전환할 수 있어 여러 종류의 제품을 생산하는 데 유리한다.

소품종 대량생산은 고정된 생산 라인에서 특정 제품을 대량으로 생산하는 방식으로, 제품별 배치와 같은 대량 생산 시스템에 더 적합한 방식이다.

🔍정답 ④

54 ▪ PERT(Program Evaluation and Review Technique)와 CPM(Critical Path Method)
1. PERT(Program Evaluation and Review Technique): 불확실한 프로젝트에서 각 활동의 시간 변동성을 다루기 위해 설계된 기법으로, 세 가지 시간 추정을 통해 시간의 불확실성을 분석한다.
2. CPM(Critical Path Method): 고정된 시간과 비용으로 활동의 일정과 비용 최적화를 관리하는 기법으로, 주요 경로 분석을 통해 프로젝트 완료 시간을 계산하고 관리한다.
    1) 확정적 기법(Deterministic Approach): CPM은 각 활동의 소요 시간이 고정적이고 확실할 때 사용된다. 즉, 활동의 시간은 단일 값으로 제공되며, 시간이 불확실하지 않은 프로젝트에서 주로 사용된다.
    2) 비용-시간 관계 분석: CPM은 활동의 시간과 비용 간의 관계를 분석하는 데 중점을 둡니다. 이를 통해 프로젝트의 완료 시간을 단축하기 위해 추가적인 비용을 투입하는 경우, 최소 비용으로 시간을 줄이는 방법을 찾는 데 도움을 준다.
    3) 비용 분석: CPM은 각 활동의 시간과 비용을 연관지어 분석할 수 있다. 특히, 활동의 속성(단축) 비용을 고려하여 최적의 일정을 찾는 데 유용한다.
    4) 주요 경로(Critical Path): CPM에서는 가장 오래 걸리는 경로(주요 경로)를 찾아서, 이 경로 상의 활동을 최대한 효율적으로 관리한다. 주요 경로는 프로젝트의 최소 완료 시간을 결정하며, 이 경로 상의 활동들이 지연되면 프로젝트 전체 일정에 영향을 미칩니다.

이 두 기법은 프로젝트의 특성에 따라 각각 활용되며, 불확실성이 큰 프로젝트에는 PERT, 시간과 비용을 확정적으로 다룰 수 있는 프로젝트에는 CPM이 적합하다.

① PERT는 정규분포가 아닌 베타 분포를 기반으로, 낙관적, 최빈, 비관적 시간을 사용하여 평균 기대 시간을 계산한다.
③ PERT는 불확실성을 다루기 위해 확률적 시간 추정치를 사용하고, CPM은 확정적 시간을 사용한다.
④ PERT/CPM은 활동 간의 전후 관계와 주요 경로를 분석하는 데 중점을 두는 기법이고, 간트 차트는 주로 시간적 배치와 진척 상황을 시각적으로 표현하는 도구이다. 두 기법은 보완적으로 사용될 수 있지만, 활동 간의 전후 관계를 명확히 하는 것과 주요 경로 분석에서 간트 차트는 적합하지 않으며, 이는 PERT/CPM과의 본질적인 차이이다.
⑤ PERT/CPM은 프로젝트 일정 관리와 활동 간 의존성 분석에 중점을 둔 기법으로, TQM처럼 제품 및 서비스의 품질 개선이나 고객 만족을 직접적으로 다루지 않다. 따라서 PERT/CPM이 TQM과 연계되어 고객 만족 프로세스를 지향하는 도구라는 설명은 틀린 내용이다. TQM은 품질 개선과 고객 만족을 목표로 하지만, PERT/CPM은 효율적인 프로젝트 일정 관리에 집중하는 도구이다.

🔍정답 ②

55 직무와 관련된 설명으로 옳은 것은?

① 직무충실화는 허즈버그(F.Herzberg)가 2요인 이론을 직무에 구체적으로 적용하기 위하여 제창한 것이다.

② 직무분석에는 서열법, 분류법, 점수법, 요소비교법 등의 방법들이 활용된다.

③ 직무기술서에는 직무수행에 요구되는 기능, 지식, 육체적 능력과 교육수준이 기술되어 있다.

④ 직무명세서에는 직무가치와 직무확대에 대한 구체적인 지침이 제시되어 있다.

⑤ 직무평가의 1차적 목적은 직무기술서나 직무명세서를 작성하는 것이며, 2차적으로는 조직, 인사관리를 위한 자료를 제공하는 것이다.

56 커뮤니케이션과 의사결정에 관한 설명으로 옳은 것은?

① 암묵지를 체계적, 조직적으로 형식지화한다고 하여도 의사결정의 가치창출 수준은 높아지지 않는다.

② 커뮤니케이션 효과를 높이기 위하여 메시지 전달자는 공식 서신, 전자우편, 전화, 직접 대면 등 다양한 방식 중 한 가지 방식에 집중할 필요가 있다.

③ 커뮤니케이션의 문제 상황이 복잡한 경우 공식적인 수치와 공식적 서신이 소통 방식으로 적합하다.

④ 공식적인 서신과 공식적인 수치는 대면적 의사소통에 비하여 의미있는 정보를 전달할 잠재력이 높다.

⑤ 제한된 합리성이론에 따르면 '의사결정자가 현 상태에 만족한다면 새로운 대안 모색에 나서지 않는다'라고 한다.

55 ▪ **직무분석**

① 허츠버그는 직무확대와 직무충실을 주장했다.

② 직무분석에는 관찰법, 면접법, 질문지법, 경험법, 작업기록법, 중요사실기록법, 임상적 방법 등이 있다.

③ 교육수준은 인적요건으로 직무명세서이다.

④ 직무명세서에는 인적특성이 제시되어 있다.

⑤ 직무평가의 목적은 임금의 공정성 확보, 인력확보 및 인력배치의 합리성 제고 등이다.

🔍정답 ①

56 ▪ **커뮤니케이션과 의사결정**

① 암묵지와 형식지

1) 암묵지(Tacit Knowledge): 개인이 경험과 직관을 통해 습득한 지식으로, 명확하게 표현하거나 문서화하기 어려운 지식이다. 예를 들어, 장인의 기술, 경험에 기반한 문제 해결 능력 등이 암묵지에 해당한다.

2) 형식지(Explicit Knowledge): 문서, 데이터, 매뉴얼 등으로 표현 가능하고 조직 내에서 공유할 수 있는 지식이다. 쉽게 전파되거나 저장되고, 체계적으로 관리될 수 있다.

암묵지를 체계적, 조직적으로 형식지화하는 것은 의사결정의 질과 가치 창출 수준을 높일 수 있는 중요한 과정이다. 지식의 공유, 활용, 일관된 의사결정을 통해 조직은 더욱 효과적으로 문제를 해결하고, 더 나은 성과를 낼 수 있다.

② 커뮤니케이션 효과를 높이기 위해서는 한 가지 방식에만 집중하는 것보다, 상황에 맞는 다양한 방식을 활용하는 것이 더 적절하다. 상황, 목적, 대상을 고려하여 다양한 커뮤니케이션 방법을 조합하여 사용하는 것이 메시지를 더 명확하고 효과적으로 전달하는 데 도움이 된다.

③ 복잡한 문제 상황에서는 공식적 수치와 서신만으로는 한계가 있을 수 있다. 이러한 상황에서는 양방향 소통과 추가 설명을 위한 대면 회의, 전화 등의 커뮤니케이션 방식이 더 적합하다. 공식적인 자료는 중요한 정보를 제공하는 데 유용하지만, 이를 보완하기 위해 직접 소통이 필요하다.

④ 공식적인 서신과 수치는 정확한 정보 제공이나 기록을 남기기 위한 목적으로 유용할 수 있지만, 대면적 의사소통은 비언어적 정보와 즉각적인 상호작용을 통해 더 다양하고 풍부한 정보를 전달할 수 있다. 의사소통의 목적과 상황에 따라 적합한 방식이 달라지며, 복합적인 정보를 전달해야 할 때는 대면 의사소통이 더 효과적일 가능성이 큽니다.

🔍정답 ⑤

57 임금관리 공정성에 관한 설명으로 옳은 것은?

① 내부공정성은 노동시장에서 지불되는 임금액에 대비한 구성원의 임금에 대한 공평성 지각을 의미한다.

② 외부공정성은 단일 조직 내에서 직무 또는 스킬의 상대적 가치에 임금 수준이 비례하는 정도를 의미한다.

③ 직무급에서는 직무의 중요도와 난이도 평가, 역량급에서는 직무에 필요한 역량 기준에 따른 역량 평가에 따라 임금수준이 결정된다.

④ 개인공정성은 다양한 직무 간 개인의 특질, 교육정도, 동료들과의 인화력, 업무 몰입수준 등과 같은 개인적 특성이 임금에 반영되는 정도를 의미한다.

⑤ 조직은 조직구성원에 대한 면접조사를 통하여 자사 임금수준의 내부, 외부 공정성 수준을 평가할 수 있다.

58 막스 베버(M Weber)가 제시한 관료제의 특징은?

① 조직의 활동을 합리적으로 조정하기 위해서는 업무처리를 위한 절차가 명확하게 규정되어야 한다.

② 조직구성원 간 의사소통의 활성화를 위해 수평적 조직구조를 선호한다.

③ 환경에 대한 적절한 대응을 위해 조직구성원 간의 정보공유를 중시한다.

④ '기계적 관료제'라 불리며 복잡한 환경의 대규모 조직에 효과적이다.

⑤ 하급자는 상급자의 감독과 통제 하에 놓이게 되나 성과 평가를 할 때에는 하급자도 상급자의 평가 과정에 참여한다.

57 ▪ 임금관리의 공정성

임금관리의 공정성은 조직 내에서 임금을 적절하고 합리적으로 분배하여 직원들이 공정하다고 느끼는 임금 체계를 구축하는 것을 의미한다. 이는 직원들의 동기 부여, 직무 만족, 성과에 큰 영향을 미치는 중요한 요소이다. 임금의 공정성은 내부 공정성과 외부 공정성으로 나눌 수 있으며, 다양한 측면에서 관리해야 한다.

1. 내부 공정성(Internal Equity) – 조직 내에서 비슷한 직무를 수행하는 직원들 간의 임금이 균형적이고 합리적으로 설정되어 있는지를 의미한다. 직원들은 자신이 속한 조직 내에서 다른 직원들과의 임금 수준을 비교하게 되며, 비슷한 직무와 책임을 가진 동료와 동등한 보상을 기대한다.

   내부 공정성을 높이기 위한 방법: 직무 평가, 명확한 임금 체계, 동일 노동 동일 임금

2. 외부 공정성(External Equity) – 외부 공정성은 조직 외부에서 비슷한 직무를 수행하는 다른 조직의 직원들과 비교했을 때, 임금 수준이 경쟁력 있는지를 의미한다. 직원들은 자신이 수행하는 직무와 비슷한 직무를 다른 기업에서 얼마나 보상받는지를 고려하게 된다. 외부 공정성이 부족할 경우 우수한 인재가 이직할 가능성이 커진다.

   외부 공정성을 높이기 위한 방법: 시장 임금 조사(Market Salary Survey), 경쟁력 있는 보상 정책

3. 분배 공정성(Distributive Justice) – 분배 공정성은 성과나 기여에 따라 임금이 적절하게 분배되는지를 의미한다. 직원들이 자신의 기여도에 맞게 공정한 보상을 받는다고 느낄 때 동기 부여가 되며, 그렇지 않으면 불만이 생길 수 있다.

   분배 공정성을 높이기 위한 방법: 성과 기반 임금 제도, 투명한 성과 평가

4. 절차 공정성(Procedural Justice) – 절차 공정성은 임금 결정 과정이 얼마나 공정하고 투명하게 이루어지는지에 관한 것이다. 직원들이 임금이나 보상에 대해 의문이 있을 때, 그 결정 과정이 합리적이고 투명하다고 느낀다면 공정성을 인식할 수 있다.

   절차 공정성을 높이기 위한 방법: 명확한 임금 결정 절차, 피드백과 소통

① 내부공정성은 조직 내 구성원 간의 임금 공평성에 대한 인식을 말하며, 노동시장과의 비교는 외부공정성에 해당된다.

② 외부공정성은 단일 조직 내에서 직무 간 임금 수준을 평가하는 것이 아니라, 조직 외부의 노동시장과 비교하여 조직 내 임금 수준의 적절성을 평가하는 개념이다.

④ 개인공정성은 직원이 자신의 성과, 능력, 기여에 따라 공정하게 임금을 받는지에 대한 인식을 말한다. 즉, 개별 직원의 역량, 노력, 성과가 임금에 적절히 반영되었는지 평가하는 것이다.

⑤ 면접조사는 조직 구성원의 인식을 파악하는 데 유용할 수 있지만, 내부 공정성과 외부 공정성을 제대로 평가하기 위해서는 객관적 데이터(예: 직무 평가, 시장 임금 조사)가 필요하다. 따라서, 면접조사는 공정성 평가의 보완적인 도구로 사용할 수 있지만, 단독으로 공정성 평가를 완전하게 수행하기에는 한계가 있다.

🔍정답 ③

58 ▪ 막스 베버(Max Weber)가 제시한 관료제(Bureaucracy)

막스 베버(Max Weber)가 제시한 관료제(Bureaucracy)는 조직의 합리성과 효율성을 극대화하기 위한 이상적 형태의 조직 구조이다. 베버는 관료제를 합리적·법적 지배에 기초한 조직 형태로 보았으며, 이를 통해 조직의 효율적인 운영을 가능하게 한다고 주장했다. 관료제의 핵심 특징은 명확한 규칙과 절차, 계층적 구조, 전문화 등에 있다. 막스 베버가 제시한 관료제의 특징:

1. 명확한 권한과 책임의 계층 구조 – 관료제에서는 조직이 계층 구조로 이루어져 있으며, 상위 계층에서 하위 계층으로 명확한 명령 체계가 존재한다.

2. 규칙과 절차의 중요성 – 관료제 조직은 공식적인 규칙과 절차에 따라 운영된다. 이는 모든 조직 구성원이 동일한 기준과 절차에 따라 업무를 수행할 수 있도록 하고, 객관성과 일관성을 유지할 수 있도록 한다.

3. 전문화된 직무 – 조직 내 구성원들은 전문화된 직무를 수행한다. 각 구성원은 특정한 업무에 대해 전문적인 지식과 기술을 가지고 있으며, 해당 업무만을 집중적으로 처리한다.

4. 임명에 의한 직무 배정 – 베버의 관료제에서는 개인의 능력과 자격을 바탕으로 직무에 배정된다. 개인의 성과나 자격에 따라 객관적 기준에 의해 임명되며, 혈연이나 연줄이 아니라 실력에 따라 직무가 배정된다.

5. 기록의 중요성 – 관료제 조직에서는 업무 처리 과정에서 발생하는 모든 것이 문서화된다. 이는 투명성을 높이고, 업무의 일관성을 보장하며, 책임 소재를 명확히 하기 위함이다.

6. 개인적 감정 배제 – 베버의 관료제에서는 개인적인 감정이나 관계가 조직 운영에 영향을 미치지 않도록 한다. 업무는 객관적 기준에 따라 처리되며, 개인의 감정적 판단이나 주관적인 요소는 배제된다.

7. 지속성과 안정성 – 관료제 조직은 명확한 규칙과 절차, 계층 구조, 전문화 등을 통해 지속적이고 안정적인 운영이 가능한다. 이를 통해 조직의 예측 가능성이 높아지고, 일관된 성과를 유지할 수 있다.

🔍정답 ①

59 BSC(Balanced Score Card)에 관한 설명으로 옳지 않은 것은?

① 내부 프로세스 관점과 학습 및 성장 관점도 평가의 주요 관점이다.

② 재무적 관점 이외에 고객관점도 평가의 주요 관점이다.

③ 로버트 카플란(R. Kaplan)과 노튼(D. Norton)이 제안한 성과 평가 방식이다.

④ 균형잡힌 성과 측정을 위한 것으로 대개 재무와 비재무지표, 결과와 과정, 내부와 외부, 노와 사 간의 균형을 추구하는 도구이다.

⑤ 전략 모니터링 또는 전략 실행을 관리하기 위한 도구로 활용하는 경우에는 성과 평가 결과를 보상에 연계시키지 않는 것이 바람직하다는 견해가 있다.

60 A과장은 근무평정을 할 때 자신의 부하직원 B가 평소 성실하다는 이유로 자신이 직접 관찰하지 않아서 잘 모르는 B의 창의성, 도덕성, 기획력 등을 모두 높게 평가하였다 이러한 경우 A과장은 어떤 평정오류를 범하고 있는가?

① 관대화오류

② 후광오류

③ 엄격화오류

④ 중앙집중오류

⑤ 대비오류

61 직무만족의 선행변인에 관한 설명으로 옳은 것은?

① 통제소재에서 내재론자들은 외재론자들보다 자신들의 직무에 대해 더 만족한다.

② 직무특성과 직무만족간의 상관은 질문지로 측정한 연구에서는 나타나지 않았다.

③ 집단주의적 아시아 문화권에서는 직무특성과 직무만족간에 상관이 높은 것으로 나타났다.

④ 급여만족은 분배공정성보다 절차공정성이 더 밀접한 관련이 있다.

⑤ 직무특성 차원과 직무만족간의 상관을 산출해 본 결과 직무만족과 가장 낮은 상관을 나타내는 직무특성은 기술 다양성이었다.

59 ▪ **균형성과표(BSC)**

균형성과표(Balanced Scorecard, BSC)는 기업의 성과를 재무적인 지표뿐만 아니라 비재무적인 지표까지 균형 있게 평가하는 성과 관리 도구이다. 1992년 로버트 캐플런(Robert Kaplan)과 데이비드 노턴(David Norton)이 개발한 이 개념은 조직의 전략적 목표를 구체적인 성과 지표로 설정하고, 이를 측정하고 관리하는 데 도움을 준다.

BSC의 4가지 관점

1. 재무적 관점 - 기업의 전통적인 성과 지표인 매출, 이익, 비용, 투자 수익률 등 재무적인 측면을 다룹니다. 재무적 성과는 기업의 목표가 되는 이익 창출 여부를 평가하는 데 핵심적인 역할을 한다.
2. 고객 관점 - 고객 만족도와 고객의 요구 충족을 중심으로 고객이 기업의 제품이나 서비스를 어떻게 평가하는지를 측정한다. 고객 만족과 충성도가 높을수록 기업의 장기적인 성공 가능성이 커진다.
3. 내부 프로세스 관점 - 기업이 효율적으로 내부 운영을 관리하고, 제품 또는 서비스를 효율적으로 제공하는지 평가하는 관점이다. 이는 프로세스의 개선, 혁신, 운영 효율성 향상 등을 목표로 한다.
4. 학습과 성장 관점 - 조직 내 지식, 기술, 조직 문화 등을 강화하여 장기적으로 조직이 발전할 수 있는 기반을 마련하는 것을 평가한다. 이는 인적 자원 개발, 혁신적인 조직 문화, 기술력 향상 등이 포함된다. 🔍정답 ④

60 ▪ **후광 효과(Halo Effect)**

후광 효과는 평가자가 피평가자의 한 가지 긍정적인 특성을 바탕으로, 다른 특성들까지도 긍정적으로 평가하는 경향을 말한다. 즉, 피평가자의 특정한 측면에서 좋은 인상을 받았을 때, 그와 관련이 없는 다른 측면들까지도 높게 평가하는 오류이다.

A과장의 경우: A과장은 B의 성실성이라는 한 가지 특성을 바탕으로, B의 창의성, 도덕성, 기획력 등 자신이 충분히 관찰하지 않은 부분까지 모두 높게 평가하고 있다. 이는 성실한 직원이라는 인상이 다른 역량까지도 모두 뛰어날 것이라는 잘못된 추정을 낳는 전형적인 후광 효과이다. 🔍정답 ②

61 ▪ **직무만족의 선행변인**

직무만족의 선행변인은 직무만족에 영향을 미치는 다양한 요인들을 의미한다. 직무만족은 직무 특성, 개인적 특성, 조직 및 관리 요인, 작업 환경, 사회적 관계 등 다양한 요인에 의해 영향을 받다. 이들 선행변인들은 직무에서 느끼는 만족도를 결정짓는 중요한 요소로 작용하며, 이러한 요소를 잘 관리하면 직원들의 직무만족도를 향상시킬 수 있다.

② 많은 연구에서 설문조사나 질문지를 사용하여 직무특성과 직무만족 간의 상관관계를 측정한 결과, 유의미한 상관관계가 발견되었다. 특히, 직무에서 자율성이나 의미 있는 피드백을 받는 직원들은 더 높은 직무만족을 느끼는 경향이 있음을 확인한 연구들이 많다.
③ 집단주의적 아시아 문화권에서는 대인 관계, 조직 내에서의 소속감, 집단 내 조화가 직무만족에 더 중요한 영향을 미칠 수 있다. 직무특성 이론은 주로 개인주의적 문화에서 더 강한 상관관계를 보이며, 집단주의적 문화에서는 그 영향이 상대적으로 약할 수 있다.
④ 급여만족은 분배공정성과 더 밀접하게 관련이 있다. 즉, 직원들이 자신이 받는 급여가 공정하게 분배되었다고 인식할 때 급여만족이 높아진다. 반면, 절차공정성은 급여 결정 과정에 대한 공정성과 관련이 있지만, 급여 자체에 대한 만족에는 분배공정성이 더 중요한 역할을 한다.
⑤ 직무만족과의 상관관계가 가장 높은 직무특성은 자율성과 피드백이 될 가능성이 크며, 기술 다양성도 직무만족에 중요한 요인으로 작용한다. 🔍정답 ①

62 사회적 권력(social power)의 유형에 대한 설명으로 옳지 않은 것은?

① 합법권력: 상사의 직책에 고유하게 내재하는 권력
② 강압권력: 상사가 징계 해고 등 부하를 처벌할 수 있는 능력
③ 보상권력: 상사가 부하에게 수당, 승진 등 보상해 줄 수 있는 능력
④ 전문권력: 상사가 보유하고 있는 지식과 전문기술 등에 근거하는 능력
⑤ 참조권력: 상사가 부하에게 규범과 명확한 지침을 전달하고, 문제발생 시 도움을 줄 수 있는 능력

63 와르(Warr)의 정신 건강 구성요소에 대한 설명으로 옳지 않은 것은?

① 정서적 행복감: 쾌감과 각성이라는 두 가지 독립된 차원을 가지고 있다.
② 결단: 환경적 영향력에 저항하고 자신의 의견이나 행동을 결정할 수 있는 개인의 능력을 의미한다.
③ 역량: 생활에서 당면하는 문제들을 효과적으로 다룰 수 있는 충분한 심리적 자원을 가지고 있는 정도를 의미한다.
④ 포부: 포부수준이 높다는 것은 동기수준과 관계가 있으며, 새로운 기회를 적극적으로 탐색하고, 목표 달성을 위하여 도전하는 것을 의미한다.
⑤ 통합된 기능: 목표달성이 어려울 때 느끼는 긴장감과 그렇지 않을 때 느끼는 이완감 사이에 조화로운 균형을 유지할 수 있는 정도를 의미한다.

62 ■ 프렌치(John R. P. French)와 레이븐(Bertram Raven)의 사회적 권력(Social Power)

1. 보상적 권력(Reward Power) – 다른 사람에게 보상을 제공하거나 그들이 원하는 것을 줄 수 있는 능력에서 나오는 권력이다. 특징: 보상적 권력을 가진 사람은 금전적 보상, 승진 기회, 칭찬 등과 같은 형태로 다른 사람을 동기부여하거나 행동을 조정할 수 있다. 예시: 상사가 직원에게 성과에 따라 보너스를 제공하는 경우.

2. 강압적 권력(Coercive Power) – 처벌이나 부정적 결과를 부과할 수 있는 능력에서 나오는 권력이다. 특징: 강압적 권력을 사용하는 사람은 처벌, 감봉, 해고 등의 위협을 통해 다른 사람의 행동을 통제하거나 변경하려고 한다. 이 권력은 주로 두려움을 기반으로 작동한다. 예시: 상사가 성과가 좋지 않은 직원에게 경고를 주거나 해고를 위협하는 경우.

3. 합법적 권력(Legitimate Power) – 특정 직위나 역할에서 비롯되는 공식적인 권한에 기반한 권력이다. 특징: 조직 내에서 권위를 가진 직위나 역할에 의해 부여되는 권력이다. 권위의 원천은 법, 규정, 조직의 구조 등이며, 직위에 따라 자연스럽게 행사되는 권력이다. 예시: 회사의 CEO가 회사 정책을 수립하고 그에 따라 직원을 지시하는 경우.

4. 전문적 권력(Expert Power) – 지식이나 기술과 같은 전문성에서 나오는 권력이다. 특징: 전문적 권력은 특정 분야에 대한 지식이나 경험을 바탕으로 형성된다. 이 권력은 신뢰와 존경을 바탕으로 작동하며, 전문가로서의 의견이 중요한 영향을 미칠 수 있다. 예시: IT 전문가가 기술적인 문제에 대해 솔루션을 제안할 때 동료들이 이를 따르는 경우.

5. 준거적 권력(Referent Power) – 다른 사람에게 존경받거나 매력적으로 보이는 개인이 갖는 권력이다. 특징: 준거적 권력은 개인의 카리스마, 매력, 존경으로부터 형성된다. 다른 사람들은 이러한 사람을 모방하고 싶어 하거나 그와 가까워지기를 원한다. 이는 관계 기반의 권력으로, 영향력 있는 인물이 지지자를 쉽게 모을 수 있다. 예시: 유명한 CEO나 연예인, 카리스마 있는 리더가 사람들에게 큰 영향력을 미치는 경우. **정답 ⑤**

63 ■ 피터 와르(Peter Warr)의 정신 건강 구성요소

와르(Warr)는 심리학자 피터 와르(Peter Warr)가 제시한 정신 건강(mental health)의 구성요소를 통해 개인의 정신적 안녕을 설명했다. 그는 정신 건강을 단일한 개념이 아니라, 다양한 차원의 요소들이 상호작용하는 복합적인 구조로 보았다. 와르의 정신 건강 구성요소는 개인의 삶에서 긍정적인 정신 건강을 유지하는데 필수적인 요인들로, 개인의 직장 생활이나 일상에서 중요하게 다뤄진다.

1. 정신적 행복감 (Mental Well-being): 삶의 전반적인 만족감과 즐거움을 경험하는 상태를 의미한다. 이는 긍정적인 감정 상태와 관련이 깊으며, 기쁨, 평안함, 만족감 같은 감정을 자주 경험할 때 정신적 행복감이 증가한다.

2. 역량 (Competence): 개인이 자신이 하는 일이나 활동에서 유능하다고 느끼는 능력이다. 개인이 스스로의 능력을 충분히 발휘하고 있다고 느끼는 상황에서 정신적 안정과 만족감을 느낄 수 있다.

3. 자율성 (Autonomy): 자신의 행동과 결정을 스스로 조정하고 통제할 수 있는 능력을 의미한다. 자율성은 개인이 자유롭게 선택하고 결정을 내릴 수 있는 환경에서 정신적 안정과 만족감을 높이는 중요한 요소이다.

4. 포부 (Aspirations): 미래에 대한 계획이나 목표를 가지고 있으며, 이를 실현하기 위해 노력하는 상태를 말한다. 포부는 개인의 인생 목표나 직장에서의 성과에 대한 기대감을 포함한다. 명확한 목적의식은 정신 건강에 긍정적인 영향을 미칩니다.

5. 통합된 기능 (Integrated Functioning): 개인이 사회적 환경이나 조직 내에서 자신의 역할을 명확히 인식하고, 그 역할을 성공적으로 수행하며 다른 사람들과 협력할 수 있는 능력을 의미한다. 이는 사회적 통합감과도 관련이 있다.

② 자율성(Autonomy): 환경적 영향력에 저항하고, 자신의 의견이나 행동을 스스로 결정할 수 있는 개인의 능력이다. 이는 개인이 직장이나 일상생활에서 외부 압력이나 통제에 흔들리지 않고, 스스로 선택하고 책임을 질 수 있는 상태를 의미한다. **정답 ②**

64 직무분석에 대한 설명으로 옳지 않은 것은?

① 특정직무에 대한 훈련 프로그램을 개발하기 위해서는 직무의 속성과 요구하는 기술을 알아야 한다.

② 효과적인 수행을 하기 위한 직무나 작업장을 설계하는데 도움을 준다.

③ 작업시 시간과 노력의 낭비를 제거할 수 있고 안전 저해요소나 위험요소를 발견 할 수 있다.

④ 특정직무에 대한 직무분석을 하는 기법으로 면접법, 질문지법, 관찰법, 행동기법, 중대사건기법, 투사기법 등이 있다.

⑤ 과업수행에 사용되는 도구, 기구, 수행목적, 요구되는 교육훈련, 임금수준 및 안전저해요소 등에 대한 정보가 포함되어 있다.

65 호프스테드(Hofstede)의 문화간 차이를 이해하는 4가지 차원에 속하지 않는 것은?

① 불확실성 회피

② 개인주의 – 집합주의

③ 남성성 – 여성성

④ 신뢰 – 불신

⑤ 세력차이

64 ▪ 직무분석

직무분석(Job Analysis)은 조직에서 특정 직무의 본질을 이해하고 그에 필요한 지식, 기술, 능력, 직무 조건 등을 체계적으로 조사하고 분석하는 과정이다. 이를 통해 해당 직무를 수행하는 데 필요한 요건과 그 직무가 조직 내에서 어떻게 기능하는지를 파악할 수 있다. 직무분석은 인사관리, 채용, 성과 평가, 보상, 교육 훈련, 직무 설계 등 다양한 인적 자원 관리 활동에 중요한 기초 자료를 제공한다.

직무분석의 주요 방법

1) 관찰법: 분석 대상 직무를 실제로 수행하는 직원을 관찰하여 직무의 특성과 수행 과정을 기록하는 방법. 주로 반복적인 직무에 사용된다.
2) 면접법: 직무 수행자 또는 상급자와 면담을 통해 직무의 세부 사항과 요구되는 능력을 파악하는 방법. 복잡하거나 전문적인 직무에 유용하다.
3) 설문조사법: 직무 관련 항목에 대한 질문지를 통해 다수의 직무 수행자로부터 직무 특성을 수집하는 방법. 광범위한 직무 정보를 수집할 때 유리하다.
4) 작업 일지법: 직무 수행자가 자신의 일일 작업 활동을 기록하여 직무 분석에 필요한 데이터를 제공하는 방법. 장기간의 직무 활동을 이해하는 데 효과적이다.
5) 중요 사건 기법(Critical Incident Technique): 직무 수행 중 발생한 중요한 사건을 중심으로 직무의 핵심 요소와 직무 수행에 필요한 능력을 분석하는 방법.

④ 투사기법은 산업심리 성격검사 방법이다.

🔍 정답 ④

65 ▪ 호프스테드(Hofstede)의 문화간 차이를 이해하는 4가지 차원

1. 권력 거리 지수(Power Distance Index, PDI)
   1) 의미: 권력의 불평등을 수용하는 정도를 나타내는 지수이다. 즉, 조직이나 사회 내에서 권력이 고르게 분배되지 않고, 권력의 불평등을 사람들이 얼마나 자연스럽게 받아들이는지를 측정한다.
   2) 높은 권력 거리: 권위적이고 수직적인 조직 구조를 가진 사회로, 상사와 부하 간의 관계가 뚜렷하게 구분되며, 권력에 대한 도전이 적다. 예를 들어, 아시아와 중동의 일부 국가들이 이에 해당한다.
   3) 낮은 권력 거리: 상사와 부하 간의 관계가 평등에 가깝고, 수평적인 의사소통이 이루어지며, 권력의 차이가 적은 사회를 의미한다. 북유럽 국가들이 여기에 해당한다.
2. 개인주의 대 집단주의(Individualism vs. Collectivism, IDV)
   1) 의미: 개인주의와 집단주의는 개인이 개인적인 성취와 목표를 더 중시하는지, 아니면 집단의 이익과 목표를 더 중시하는지를 측정한다.
   2) 개인주의(Individualism): 개인의 성취와 권리를 중시하는 문화로, 사람들이 주로 자신과 가까운 가족에게만 집중하고, 개인의 독립성과 자유를 강조한다. 예를 들어, 미국과 서유럽 국가들이 대표적이다.
   3) 집단주의(Collectivism): 사람들은 주로 자신이 속한 집단의 목표와 이익을 우선시하며, 집단 내에서의 의무와 책임을 중시하는 사회이다. 아시아, 아프리카, 라틴아메리카의 일부 국가들이 집단주의 성향이 강한 국가이다.
3. 남성성 대 여성성(Masculinity vs. Femininity, MAS)
   1) 의미: 남성성과 여성성은 사회가 성취, 경쟁, 물질적 성공과 같은 남성적인 가치를 중시하는지, 혹은 사람 간의 관계, 협력, 삶의 질과 같은 여성적인 가치를 중시하는지를 나타냅니다.
   2) 남성성(Masculinity): 경쟁, 성취, 권력, 물질적 보상을 중시하는 사회로, 성공을 중요하게 여기며, 경쟁적이고 결과 중심적인 경향이 강한다. 예를 들어, 일본, 독일, 미국 등의 나라가 높은 남성성을 가진 국가이다.
   3) 여성성(Femininity): 삶의 질, 협력, 사람 간의 관계, 복지를 중시하는 사회로, 협력과 상호 지원, 평등을 중시한다. 예를 들어, 스웨덴, 노르웨이와 같은 북유럽 국가들이 대표적이다.
4. 불확실성 회피 지수(Uncertainty Avoidance Index, UAI)
   1) 의미: 불확실한 상황이나 미래에 대한 불확실성을 사람들이 얼마나 불안해하고 회피하려고 하는지를 나타내는 지수이다. 즉, 사회가 예측 불가능한 상황에 대해 얼마나 관용적인지 혹은 안정적 규칙과 질서를 선호하는지를 측정한다.
   2) 높은 불확실성 회피: 불확실한 상황을 회피하고, 명확한 규칙과 절차를 중요시하며, 안전하고 예측 가능한 상태를 유지하려는 성향이 강한다. 높은 불확실성 회피 성향을 가진 사회는 규율을 엄격히 따르고, 변화에 저항할 가능성이 높다. 예를 들어, 그리스, 일본, 프랑스가 이에 해당한다.
   3) 낮은 불확실성 회피: 불확실성을 덜 불안해하며, 새로운 상황에 대해 유연하게 대응하고, 변화와 모험을 즐기며 규칙과 절차에 덜 의존한다. 예를 들어, 덴마크, 스웨덴 등이 이에 해당한다.

🔍 정답 ④

66 작업장 스트레스의 대처방안 중 조직차원의 기법에 해당하는 것만을 모두 고른 것은?

ㄱ. 바이오 피드백	ㄴ. 작업 과부하의 제거
ㄷ. 사회적 지지의 제공	ㄹ. 이완훈련
ㅁ. 조직분위기 개선	

① ㄱ, ㄴ, ㄷ   ② ㄱ, ㄷ, ㄹ

③ ㄴ, ㄷ, ㅁ   ④ ㄴ, ㄹ, ㅁ

⑤ ㄷ, ㄹ, ㅁ

67 심리검사 결과를 분석할 때 상관계수를 이용하여 검증하는 타당도(validity)를 모두 고른 것은?

ㄱ. 구성 타당도	ㄴ. 내용 타당도
ㄷ. 준거관련 타당도	ㄹ. 수렴 타당도
ㅁ. 확산 타당도	

① ㄱ, ㄴ, ㄹ   ② ㄱ, ㄴ, ㅁ

③ ㄷ, ㄹ, ㅁ   ④ ㄱ, ㄴ, ㄷ, ㄹ

⑤ ㄱ, ㄷ, ㄹ, ㅁ

66 ▪ **조직 차원의 스트레스 대처방안**

1. 직무 설계 개선: 직무 설계를 적절히 관리함으로써, 직원들이 지나치게 과중한 업무를 맡거나 비현실적인 요구를 받지 않도록 하는 방법이다. 예시: 직무 분담 재조정, 불필요한 업무 절차 제거, 업무 목표의 명확화.
2. 근무 시간 및 워크라이프 밸런스 지원: 근무 시간 관리 및 휴식 정책을 개선하여 직원들이 균형 있는 일과 삶을 유지할 수 있도록 돕는 방법이다. 예시: 유연근무제 도입, 과로 방지 정책 수립, 연차 사용 촉진.
3. 사회적 지원 강화: 조직 내에서 직원 간, 상사와 직원 간의 사회적 지지를 강화하여 스트레스를 줄이고 조직 내 협력 문화를 증진하는 방법이다. 예시: 멘토링 프로그램 도입, 팀 빌딩 활동, 스트레스해소를 위한 직원 상담 서비스 제공.
4. 명확한 역할과 책임 부여: 각 직원이 맡은 역할과 책임이 명확히 정의되면, 역할 갈등과 역할 모호성으로 인한 스트레스가 감소할 수 있다. 예시: 역할과 업무 설명서 제공, 정기적인 피드백을 통해 역할에 대한 명확성 유지.
5. 관리 기술 향상: 관리자와 리더가 효과적인 리더십과 커뮤니케이션 기술을 개발하여 직원들의 스트레스를 관리하고, 건강한 조직 문화를 조성하는 방법이다. 예시: 리더십 훈련 프로그램, 스트레스 징후 인식 및 대처법 교육.
6. 스트레스 관리 프로그램 도입: 직장 내에서 스트레스를 완화할 수 있는 프로그램을 도입하여, 직원들이 신체적, 정신적 스트레스를 줄일 수 있도록 돕는 방법이다. 예시: 직장 내 요가 및 명상 클래스, 심리 상담 서비스, 스트레스 완화 워크숍.
7. 적절한 보상 및 인센티브 시스템: 직원의 노력과 성과에 대한 적절한 보상 시스템을 구축하여, 성취감과 만족감을 느끼게 하고 스트레스를 줄이는 방법이다. 예시: 성과 기반 인센티브 제공, 승진 기회 확대, 공정한 평가 기준 확립.
8. 작업 환경 개선: 물리적 작업 환경을 개선하여 신체적 · 정신적 스트레스를 줄이는 방법이다. 예시: 인체공학적 가구 제공, 쾌적한 작업 공간 제공, 안전 규정 강화.

🔍정답 ③

67 ▪ **상관계수를 이용하여 검증하는 타당도**

1. 상관계수를 통한 타당도 검증 과정
   1) 상관계수 계산: 상관계수를 통해 두 측정 간의 관계를 분석한다. 상관계수 값은 −1에서 1 사이의 값으로 나타나며, 1에 가까울수록 두 변수 간의 관계가 강하다. 0.50 이상의 상관계수는 대체로 강한 상관관계를 의미하며, 타당도가 높다고 해석될 수 있다.
   2) 상관계수 해석: 상관계수가 높을수록 해당 검사가 특정 준거 또는 구성과 얼마나 잘 일치하는지 평가할 수 있다. 이때 상관계수의 크기에 따라 타당도를 결정할 수 있다. 예를 들어, 예측 타당도에서 상관계수가 0.70이라면, 해당 검사는 미래의 준거를 잘 예측한다고 할 수 있다.
2. 상관계수를 이용하여 검증하는 주요 타당도 유형
   1) 구성 타당도는 검사가 이론적 개념을 제대로 측정하고 있는지를 평가하는 것이며, 수렴 타당도와 확산 타당도를 통해 더 구체적으로 측정된다.
   2) 준거관련 타당도는 검사의 결과가 외부의 기준(준거)과 일치하는지를 평가하며, 동시 타당도와 예측 타당도로 구분된다.
   3) 수렴 타당도는 동일한 개념을 측정하는 검사들 간의 상관관계를 평가하며, 상관계수가 높을수록 수렴 타당도가 높다.
   4) 확산 타당도(판별 타당도)는 서로 다른 개념을 측정하는 검사들 간의 상관관계를 평가하며, 상관계수가 낮을수록 확산 타당도가 높다.

🔍정답 ⑤

68 작업자의 수행을 평가할 때 평가자에 의한 관대화 오류가 가장 많이 발생할 수 있는 방법은?

① 종업원 순위법

② 강제배분법

③ 도식적 평정법

④ 정신운동능력 평정법

⑤ 행동기준 평정법

69 우리나라와 세계적으로 널리 인용되고 있는 노출기준에 대해 명칭과 제정기관이 옳은 것만을 모두 고른 것은?

보기	노출기준의 명칭	제정기관(국가)
ㄱ	PEL	HSE(영국)
ㄴ	REL	OSHA(미국)
ㄷ	TLV	ACGIH(미국)
ㄹ	WEEL	NIOSH(미국)
ㅁ	허용기준	고용노동부(대한민국)

① ㄱ, ㄴ

② ㄱ, ㄷ

③ ㄷ, ㄹ

④ ㄷ, ㅁ

⑤ ㄹ, ㅁ

70 축전지 제조 작업장에서 측정된 5개의 공기 중 카드뮴 시료의 농도가 0.02, 0.08, 0.05, 0.25, 0.01mg/m3일 때, 다음 중 옳은 것은?

① 측정치들은 정규분포를 하고 있다.

② 대표치는 노출기준을 초과하였다.

③ 측정치의 변이가 너무 커서 재측정하여야 한다.

④ 측정치의 대표치인 기하평균(GM)은 0.082mg/m3이다.

⑤ 측정치의 변이인 기하표준편차(GSD)는 약 0.098이다.

68 ▪ 도식적 평정척도법(Graphic Rating Scale)

1. 개요 - 평가자가 작업자의 특정 성과나 특성을 평가할 때, 척도(예: 1점에서 5점까지 또는 1점에서 7점까지)로 점수를 부여하는 방식이다. 평가 항목에는 성과, 태도, 능력, 책임감 등이 포함될 수 있다.

2. 관대화 오류 발생 가능성 - 평가자가 피평가자에게 과도하게 높은 점수를 주는 경향이 나타날 수 있다. 특히, 평가자가 모든 항목에서 높은 점수를 주려는 경향이 있을 때, 도식적 평정척도법에서는 이를 방지할 뚜렷한 구조적 제약이 없기 때문에 관대화 오류가 쉽게 발생할 수 있다. ⊕정답 ③

69 ▪ 노출기준과 기관

	노출기준
미국	OSHA - PEL(permissible exposure limits) ACGIH - TLV(Threshold Limit Values) NIOSH - REL(Recommended exposure limit)
영국	WEL(Workplace Exposure Limits)
스웨덴,프랑스	OEL(Occupational Exposure Limits)
일본	후생노동성 - 관리농도 산업보건학회 - 권고농도
독일	MAK(Maximale Arbeitsplatz-Konzentration)

⊕정답 ④

70 ▪ 노출기준

① 카드뮴 노출기준 고용노동부 0.03 ㎎/㎥(TWA), ACGIH 0.01 ㎎/㎥
② 노출지수(EI)=Cn/TLVn, C1=각 혼합물질의 공기 중 농도, TLV=각 혼합물질의 노출기준
③ EI=(0.02+0.08+0.05+0.25+0.01)/0.03=13.66
④ EI가 1보다 크면 노출기준을 초과한다고 평가함. ⊕정답 ②

71 작업환경 측정방법에 관한 설명으로 옳은 것은?

① 일반적으로 입자상 물질의 측정결과 단위는 mg/m3 또는 ppm으로 표기한다.

② 시너와 같은 비극성 유기용제를 공기 중에서 시료채취하기 위해서는 실리카겔관을 매체로 사용한다.

③ 일반적으로 실내에서 온열환경을 측정하기 위해서는 자연습구온도(NWBT)와 흑구온도(GT)만 측정한다.

④ 작업장 근로자의 소음 노출수준을 측정하기 위해 사용하는 지시소음계는 'fast' 모드로 설정하여 측정하여야 한다.

⑤ MCE 여과지를 이용하여 석면을 포집하기 전·후에 실시하는 시료채취펌프의 유량보정을 실제보다 낮게 평가했다면 최종 측정결과인 공기 중 석면농도는 과소평가하게 된다.

72 국소배기시스템에 관한 설명으로 옳은 것은?

① 후드 개구면에서 유해물질까지의 거리를 가깝게 하면 필요환기량이 증가한다.

② 외부식 포집형 후드(capture type hood)의 제어속도를 측정하는 대표적인 기구는 피토관(pitot tube)이다.

③ 후드에서 덕트로 공기가 유입될 때의 속도압이 같다면 유입계수(Ce)가 큰 후드 일수록 후드정압이 더 커진다.

④ 베르누이 정리는 덕트내에서 유체가 흐를 때, 에너지 손실은 유체밀도, 유체의 속도 및 관의 직경에 비례하며, 유체의 점도에는 반비례한다는 것을 의미한다.

⑤ 사업장에서 탈지제로 사용되는 사염화에틸렌에 대한 국소배기시스템을 설계할 때는 공기보다 비중이 높다는 점을 고려할 필요 없이 후드는 정상적으로 설치하면 된다.

73 다음 작업에서 발생하는 유해요인과 건강장애가 옳게 짝지어진 것은?

① 유리가공작업 - 적외선 - 백내장(cataract)

② 페인트칠작업 - 카드뮴 - 백혈병(leukemia)

③ 금속세척작업 - 노말헥산 - 진폐증(pneumoconiosis)

④ 굴착작업 - 진동 - 사구체신염(glomerular nephritis)

⑤ 목재가공작업 - 목분진 - 간혈관육종(hepatic angiosarcoma)

71 ▪ **작업환경 측정방법**

① 입자상물질(mg/㎥, ㎍/㎥), 가스상물질(ppm, ppb)

② 실리카겔은 극성 물질에 대한 흡착 능력이 뛰어나지만, 비극성 유기용제에 대해서는 효과적이지 않다. 따라서, 비극성 화합물인 시너와 같은 유기용제를 흡착하는 데 적합하지 않다.

③ 실내에서 온열환경을 측정할 때는 자연습구온도(NWBT)와 흑구온도(GT)만으로는 부족하며, 공기 온도, 상대습도 및 기타 환경 요인도 함께 고려해야 한다.

④ 'fast' 모드는 빠른 시간 상수로 소음의 순간적인 변화에 빠르게 반응하여 실시간 소음 수준을 측정한다. 이는 소음이 빠르게 변하는 작업 환경에서 유용한다. 'slow' 모드는 느린 시간 상수로, <u>보다 평균적인 소음 수준을 측정하는 데 사용</u>된다.

⑤ 시료 채취 유량은 공기 중의 석면 농도를 정확하게 측정하는 데 중요한 요소이다. 유량이 높을수록 동일한 시간 동안 더 많은 공기가 여과지를 통과하게 되어 석면의 총량이 증가한다. 만약 유량을 실제보다 낮게 평가하게 되면, 포집된 석면의 양을 측정할 때 유량을 낮춘 값으로 나누게 된다. 이는 결과적으로 공기 중의 석면 농도가 실제보다 낮게 산출되는 결과를 초래한다. 유량을 낮게 평가함으로써 최종적으로 계산된 석면 농도는 과소평가되어, 실제 노출 수준보다 안전하다고 잘못 판단할 수 있다. 이는 근로자 건강에 대한 적절한 평가를 방해할 수 있다.

🔍 **정답** ③

72 ▪ **국소배기시스템**

① 후드와 유해물질 발생 지점 간 거리가 가까울수록, 포집력이 더 강해지기 때문에 효과적으로 유해물질을 포집하기 위해 필요한 환기량은 감소한다. 거리가 멀면 포집하는 데 더 많은 공기가 필요해져 환기량이 증가하게 된다.

② 피토관은 일반적으로 덕트 내부에서 공기 속도를 측정하는 도구이다. 덕트 내부에서의 공기 흐름을 측정하는 데 매우 유용하지만, 후드 개구부와 같이 개방된 환경에서 공기 흐름을 정확히 측정하기 어렵습니다. 후드 주변에서의 공기 흐름 속도를 측정할 때는 열선 풍속계(thermal anemometer)와 같은 장비가 더 적합하다.

③ 유입계수는 후드의 효율을 나타내는 값으로, 공기가 후드로 얼마나 쉽게 유입되는지를 나타낸다. 유입계수가 클수록 공기가 더 쉽게 후드로 들어오기 때문에, 같은 속도압에서 후드정압이 낮아진다. 반대로 유입계수가 작으면 공기 유입이 상대적으로 어려워져 더 큰 정압이 필요하게 된다.

④ 베르누이 정리는 에너지 보존의 법칙을 다루는 이론으로, 에너지 손실을 다루지 않는다. 또한, 베르누이 정리는 유체의 점성(viscosity)나 마찰로 인한 에너지 손실을 고려하지 않는다.

🔍 **정답** ⑤

73 ▪ **유해요인과 그로 인해 발생할 수 있는 건강장애**

1. 카드뮴 (Cadmium)
   유해요인: 카드뮴은 주로 금속가공, 배터리 제조, 도료에서 발견된다.
   건강장애: 카드뮴에 노출되면 신장 손상, 뼈의 약화, 호흡기 질환 및 암(특히 폐암)이 발생할 수 있다.

2. 노말헥산 (n-Hexane)
   유해요인: 주로 용제로 사용되며, 페인트 및 접착제에서 흔히 발견된다.
   건강장애: 노말헥산에 노출되면 신경계 손상, 특히 말초신경장해가 발생할 수 있으며, 장기적인 노출은 신경병증을 유발할 수 있다.

3. 진동 (Vibration)
   유해요인: 진동은 기계작업, 건설, 공구 사용 등에서 발생한다.
   건강장애: 장기간의 진동 노출은 진동 유발 손상(Vibration White Finger) 및 손목과 팔의 혈류 장애와 같은 혈관 신경병증을 유발할 수 있다.

4. 목분진 (Wood Dust)
   유해요인: 목재 가공 및 제재 과정에서 발생한다.
   건강장애: 목분진에 노출되면 호흡기 질환, 천식, 그리고 특정 유형의 암(비강암 및 부비동암)이 발생할 수 있다.

🔍 **정답** ①

74 유해인자별 건강장애에 관한 설명으로 옳은 것은?

① 아세톤에 만성적으로 노출되면 다발성 신경염이 발생한다.

② 크롬은 손톱 및 구강점막의 색소침착, 모공의 흑점화, 간장애를 일으킨다.

③ 삼염화에틸렌은 스펀지의 원료로 사용되며, 화재시 치명적인 가스를 발생시켜 폐수종을 일으킨다.

④ 라돈은 방사성 물질 중 유일한 기체상의 물질이며, 폐포나 기관지에 침착되어 β-입자를 방출한다.

⑤ 납에 의한 건강상의 영향은 신경독성, 복통, 혈색소 합성이 저해되어 나타나는 빈혈 증상 등을 들 수 있다.

75 산업위생과 관련된 설명 중 옳은 것은?

① 작업환경 중 유해요인으로부터 근로자의 건강을 보호하기 위해 국제적으로 통일하여 제정한 노출기준은 MAK이다.

② 최근 사업장에 도입되고 있는 위험성 평가(risk assessment)는 산업위생 분야의 작업환경측정과는 관련성이 없는 제도라고 할 수 있다.

③ 산업위생은 근로자 개인위생을 기본으로 하고 있으며, 개인의 생활습관 및 체력 관리를 통하여 건강을 유지·관리하는 것을 최우선으로 하고 있다.

④ 산업위생의 궁극적 목적은 근로자의 건강을 보호하기 위한 대책을 강구하는 것으로 일반적인 대책의 우선순위는 제거-대체-공학적개선-행정적개선-개인보호구 착용 순이다.

⑤ 작업환경 중 건강 유해요인은 크게 물리적, 화학적, 생물학적, 육체적 또는 정신적 부담 요인으로 나눌 수 있으며, 이중에서 산업위생분야는 정신적 부담 요인을 제외한 나머지를 관리대상으로 한다.

74 ▪ 유해인자별 건강장애

① 아세톤은 주로 중추신경계에 영향을 미치는 화합물로 알려져 있으며, 만성적인 노출은 신경계 증상을 유발할 수 있다. 일반적으로 아세톤에 대한 만성 노출은 두통, 현기증, 피로감 및 인지 기능 저하와 같은 증상을 유발할 수 있다.

② 6가 크롬은 손톱 및 구강점막의 색소침착, 모공의 흑점화, 간장애를 일으키며, 1급 발암물질로 분류되며, 특히 폐암 및 비강암과 관련이 있다. 산업 현장에서의 장기 노출이 위험을 증가시킨다.

③ 트리클로로에틸렌(Trichloroethylene, TCE)이란 화학식 CHCl=CCl2의 수소원자 3개를 염소원자로 치환한 화합물. 삼염화에틸렌이라고도 한다. 무색의 액체로 약간 달콤한 냄새를 띄고 있는 유기용제이며, 일반환경에는 존재하지 않지만 이 물질을 취급하는 사업장에서는 근로자가 노출될 수 있다. 사업장에서 TCE는 금속부품의 기름을 제거하는데 주로 사용되고 있고, 접착제나 페인트 제거제, 수정액 등에도 함유되어 있다. 작업 중에 TCE를 취급하거나 TCE가 함유된 물질을 사용하면 공기중에 발생된 TCE를 흡입하거나 피부 접촉을 통해 인체에 노출된다.

④ 라돈 (Radon)은 자연적으로 발생하는 방사성 기체로, 원자번호 86의 화학 원소이다. 주로 우라늄이나 토륨이 포함된 암석 및 토양에서 발생하며, 여러 중요한 특성과 건강 영향을 가지고 있다.
  1. 물리적 성질 – 무색, 무취의 기체로, 공기보다 약간 무겁다. 방사성: 라돈은 알파 방사선을 방출하며, 이는 세포에 손상을 줄 수 있다.
  2. 건강 위험 – 라돈은 폐암과 밀접한 관련이 있으며, 특히 흡연자에게 더 큰 위험을 초래한다. 세계보건기구(WHO)는 라돈을 1급 발암물질로 분류하고 있으며, 실내 라돈 농도가 100 Bq/m³를 초과할 경우 위험이 증가한다고 경고한다.

정답 ⑤

75 ▪ 산업위생

① MAK(Maximale Arbeitsplatz-Konzentration)는 독일에서 제정한 작업장 내 유해 물질의 최대 허용 농도를 의미한다. 즉, 근로자가 하루 8시간, 주 40시간 근무하는 기준에서 유해 물질에 노출되었을 때, 건강에 해를 끼치지 않는 농도를 나타냅니다. 국제적으로 통일된 노출 기준은 TLV(Threshold Limit Value, 임계치 한계값)이며, 이는 미국 산업위생협회(ACGIH)에서 제정한 기준이다. TLV는 산업계에서 전 세계적으로 참고되는 노출 기준으로, 여러 국가에서 유해 물질 노출 한계를 정할 때 참고하거나 사용한다.

② 위험성 평가는 작업장의 위험 요소를 체계적으로 파악하고, 이를 수량화하고 분석하여 통제 전략을 수립하는 과정이므로, 작업환경 측정과 매우 밀접한 관련이 있다.

③ 산업위생의 주된 목표는 작업장에서 발생할 수 있는 위험 요소를 관리하여 근로자의 건강을 보호하는 것이며, 개인의 생활습관이나 체력 관리는 산업위생의 초점이 아니다.

⑤ 산업위생 분야는 정신적 부담 요인을 포함하여 작업장에서 발생하는 모든 유해 요인을 관리 대상으로 한다.

정답 ④

4주완성 합격마스터
산업안전지도사 1차 필기
3과목 기업진단 · 지도

부록 2

공인회계사 경영학 기출문제

01 감정, 지각 및 가치관에 관한 설명으로 가장 적절하지 않은 것은?

① 감성지능(emotional intelligence)이 낮은 개인보다 높은 개인이 타인과의 갈등을 건설적으로 더 잘 해결하는 경향이 있다.

② 스트레스는 구성원의 직무수행에 있어서 역기능적 역할뿐만 아니라 순기능적 역할도 한다.

③ 궁극적 가치관(terminal values)은 개인이 어떤 목표나 최종상태를 달성하기 위해 사용될 수 있는 수용 가능한 행동을 형성하는 가치관을 말한다.

④ 자존적 편견(self-serving bias)은 자신의 성공에 대해서는 내재적요인에 원인을 귀속시키고 실패에 대해서는 외재적 요인에 원인을 귀속시키는 경향을 말한다.

⑤ 인상관리(impression management)는 다른 사람들이 자신에 대해 형성하게 되는 지각을 개인이 관리하거나 통제하려고 시도하는 과정을 말한다.

02 리더십에 관한 설명으로 가장 적절하지 않은 것은?

① 전문적 권력(expert power)과 준거적 권력(referent power)은 공식적 지위가 아닌 개인적 특성에 기인한 권력이다.

② 피들러(Fiedler)는 리더십 상황이 리더에게 불리한 경우에는 과업지향적 리더보다 관계지향적 리더가 더 효과적이라고 주장하였다.

③ 미시간대학교(University of Michigan)의 리더십 모델에서는 리더십 유형을 생산중심형(production-oriented)과 종업원중심형 (employee-oriented)의 두 가지로 구분한다.

④ 사회화된 카리스마적 리더(socialized charismatic leader)는 조직의 비전 및 사명과 일치하는 행동을 강화하기 위해 보상을 사용한다.

⑤ 서번트 리더(servant leader)는 자신의 이해관계를 넘어 구성원의 성장과 계발에 초점을 맞춘다.

03 다음 설명 중 적절한 항목만을 모두 선택한 것은?

a. 맥그리거(McGregor)의 X-Y 이론에 의하면, X이론은 인간이 기본적으로 책임을 기꺼이 수용하며 자율적으로 직무를 수행한다고 가정한다.
b. 불공정성을 느끼는 경우, 개인은 준거인물을 변경함으로써 불균형 상태를 줄일 수 있다.
c. 명목집단법(nominal group technique)은 의사결정 과정 동안 토론이나 대인 커뮤니케이션을 제한한다.
d. 분배적 공정성(distributive justice)은 결과를 결정하는 데 사용되는 과정의 공정성에 대한 지각을 말한다.

① a, b   ② a, c   ③ b, c

④ a, b, c   ⑤ b, c, d

01 ▪ **궁극적 가치관(terminal values)**
궁극적 가치관은 수단적 가치관과 다르게, 개인이 궁극적으로 달성하고자 하는 최종 목표나 상태를 나타내기 때문이다. 즉, 궁극적 가치관은 행동의 결과로서 추구하는 최종적 목적(예: 행복, 자유, 평화 등)을 의미한다. 🔍정답 ③

02 ▪ **피들러(Fiedler)의 리더십 이론**
피들러는 상황이 매우 불리하거나 매우 유리한 경우에는 과업지향적 리더가 더 더 효과적이다. 반면에 상황이 중간 정도로 호의적인 경우에는 관계지향적 리더가 더 효과적이다. 🔍정답 ②

03 ▪ **맥그리거(McGregor)의 X-Y 이론**
• X이론
 – 사람들은 일을 싫어하며, 가능한 한 피하려고 한다.
 – 대부분의 사람들은 책임을 피하려고 하고, 지시받기를 선호한다.
 – 사람들이 일할 때 자율적이거나 책임을 수용하지 않으며, 외부에서 강한 통제와 감독이 필요하다.
 – 동기 부여는 주로 처벌이나 금전적 보상과 같은 외적 요인에 의해 이루어진다고 가정한다.
• Y이론
 – 인간이 기본적으로 책임을 기꺼이 수용하고, 자율적이며, 스스로 동기 부여될 수 있다고 가정한다.

▪ **분배적 공정성(distributive justice)**
분배적 공정성(distributive justice)은 결과 자체의 공정성에 대한 지각을 말한다. 즉, 자원이나 보상이 사람들 간에 어떻게 분배되었는지가 공정한지를 판단하는 것이다. 이는 보상이 기여도에 비례하게 나누어졌는지, 필요에 따라 적절히 분배되었는지 등을 다룬다. 결과의 공평성에 대한 관심이 중심이다.
반면, 절차적 공정성(procedural justice)은 결과를 결정하는 과정의 공정성에 대한 지각을 말한다. 즉, 결정이 이루어지는 절차가 얼마나 투명하고 공정했는지, 공정한 규칙과 절차가 사용되었는지에 대한 평가를 다룬다. 🔍정답 ③

04 조직문화에 관한 설명으로 가장 적절하지 않은 것은?

① 협력문화(cooperative culture)는 종업원들과 부서 간의 상호대를 강하게 유지하는 것을 중시한다.

② 적응문화(adaptive culture)는 종업원들의 유연성과 혁신 추구를 강조한다.

③ 경쟁문화(competitive culture)는 고객에 대한 경쟁이 극심하고 성숙한 시장환경에 처한 조직에 적합하다.

④ 관료문화(bureaucratic culture)는 차별화 전략을 추구하는 조직에 적합하다.

⑤ 조직문화의 구성요소로 공유가치(shared value), 전략, 구조(structure), 시스템, 구성원, 기술(skill), 리더십 스타일 등을 들 수 있다.

05 인적자원의 모집 및 선발에 관한 설명으로 가장 적절하지 않은 것은?

① 직무 관련성(job relatedness)은 선발 자격이나 요건이 직무상 의무(duty)의 성공적인 수행과 관련되는 것을 의미한다.

② 모집(recruiting)은 조직의 직무에 적합한 지원자의 풀(pool)을 생성하는 과정을 말한다.

③ 사내공모제(job posting)는 조직 내 다른 직무들에 대해 현직 종업원들을 대상으로 모집할 수 있는 주요 방법의 하나이다.

④ 인지능력검사(cognitive ability test)는 언어 이해력, 수리 능력, 추론 능력 등을 측정한다.

⑤ 구조화 면접(structured interview)은 비구조화 면접(unstructured interview)보다 지원자들에 대한 비교 가능한 자료를 획득하기가 더 어렵다.

06 성과의 관리 및 평가에 관한 설명으로 가장 적절하지 않은 것은?

① 서열법(ranking)은 성과평가에 있어서 집단의 규모가 작을 때보다 클 때 더 적합하다.

② 성과평가(performance appraisal)는 종업원들의 직무를 기준과 비교하여 얼마나 잘 이행하고 있는지를 결정하고 그 정보를 종업원과 의사소통하는 과정을 말한다.

③ 성과관리(performance management)는 조직이 종업원들로부터 필요로 하는 성과를 획득하기 위해 설계하는 일련의 활동을 말한다.

④ 도식평정척도(graphic rating scale)는 평가자가 특정한 특성에 대해 낮은 수준에서 높은 수준을 나타내는 연속체에 종업원의 성과를 표시할 수 있게 하는 척도를 말한다.

⑤ 초두효과(primacy effect)는 평가자가 개인의 성과를 평가하면서 맨 처음에 접한 정보에 더 많은 가중치를 부여하는 경우에 발생한다.

04 ▪ **조직문화**
1. 관료문화는 규칙, 절차, 권위의 계층 구조를 중시하는 조직 문화를 말한다. 이는 안정성, 예측 가능성, 효율성 등을 강조하며, 명확한 규정과 절차를 따르는 것이 중요하다. 관료문화는 주로 비용 절감이나 운영 효율성을 추구하는 조직에서 적합하다. 변화보다는 일관성과 표준화된 프로세스에 중점을 두기 때문에 혁신과 창의성이 필요한 환경에는 부적합할 수 있다.
2. 차별화 전략은 경쟁사와 차별화된 제품이나 서비스를 제공함으로써 시장에서 독특한 위치를 차지하려는 전략이다. 차별화 전략은 창의성, 유연성, 혁신성이 중요한 조직 환경을 요구한다. 이러한 전략을 성공적으로 수행하기 위해서는 관료적이고 경직된 조직 문화보다는 유연한 조직 문화, 창의성을 장려하는 혁신적 문화가 필요하다.

🔍 **정답** ④

05 ▪ **구조화 면접(structured interview)**
1. 구조화 면접에서는 모든 지원자에게 동일한 질문을 동일한 순서로 묻습니다. 이러한 방식은 일관성을 유지하고, 지원자들 간에 비교 가능한 데이터를 쉽게 수집할 수 있게 해준다. 면접관은 지원자의 대답을 객관적으로 평가할 수 있도록 미리 정해진 기준에 따라 평가할 수 있다. 따라서 구조화 면접은 지원자들에 대한 공정한 비교를 가능하게 한다.
2. 비구조화 면접은 면접관이 질문을 유연하게 하고, 지원자마다 다른 질문을 할 수 있다. 이로 인해 면접 과정이 덜 체계적이고, 지원자 간의 비교가 어려워질 수 있다. 질문 내용이나 방식이 지원자마다 달라질 수 있기 때문에 평가의 일관성이나 공정성이 떨어질 가능성이 있다.

🔍 **정답** ⑤

06 ▪ **서열법(ranking)**
서열법은 구성원의 성과를 상대적으로 비교하여 순위를 매기는 방식이다. 집단의 규모가 작을 경우, 개별 구성원의 성과를 비교하는 것이 비교적 용이하고, 구성원 간의 차이를 파악하기가 수월하다. 하지만 집단의 규모가 클수록 개별 구성원들의 성과를 일일이 비교하여 정확한 순위를 매기는 것이 점점 어려워지고 복잡해진다. 또한, 순위가 많은 사람들 사이에서 세세한 차이를 명확하게 구분하기가 힘들어질 수 있다.

🔍 **정답** ①

07 교육훈련 및 노사관계에 관한 설명으로 가장 적절하지 않은 것은?

① 노동조합(union)은 조직이 작업장 공정성을 지키도록 견제하고 종업원들이 공정하게 대우받도록 보장하는 기능을 한다.

② 기업이 교육훈련을 효과적으로 설계하기 위해서는 학습능력, 동기부여, 자기효능감과 같은 학습자 특성을 고려해야 한다.

③ 교차훈련(cross training)은 종업원들의 미래 직무 이동이나 승진에 도움을 준다.

④ 직무상 교육훈련(on-the-job training)은 사내 및 외부의 전문화된 교육훈련을 포함한다.

⑤ 단체교섭(collective bargaining)은 경영진과 근로자들의 대표가 임금, 근로시간 및 기타 고용 조건 등에 대해 협상하는 과정을 말한다.

08 보상에 관한 설명으로 가장 적절하지 않은 것은?

① 임금조사(pay survey)는 다른 조직들에서 유사한 직무를 수행하는 종업원들의 보상 데이터를 수집하는 것으로 외적 급여공정성을 확립하는 데 중요한 요소이다.

② 성과급제(piece-rate system)는 널리 사용되는 개인 인센티브 제도 중 하나이다.

③ 스톡옵션제도(stock option plan)는 종업원에게 정해진 기간에 정해진 행사 가격으로 정해진 수량의 회사 주식을 구입할 수 있는 권리를 부여하는 것을 말한다.

④ 임금(pay) 인상은 성과 또는 연공(seniority) 기반 인상, 생계비 조정(cost-of-living adjustment)의 사용, 일시금 인상(lump-sum increase)등의 방법에 의해 결정된다.

⑤ 이윤분배제(profit sharing plan)는 조직의 이윤에 근거하여 책정된 보상을 종업원들의 기본급의 일부로 지급하는 보상제도이다.

17 테일러(Taylor)의 과학적 관리법과 포드(Ford)의 컨베이어 시스템 및 대량생산방식에 관한 설명으로 가장 적절하지 않은 것은?

① 테일러는 과업관리의 방법으로 작업 및 작업환경의 표준화, 공정분석을 통한 분업을 제시하였다.

② 테일러는 작업의 과학화를 통한 생산성 향상을 기반으로 고임금 저노무비를 실현하고자 하였다.

③ 포드는 장비의 전문화, 작업의 단순화, 부품의 표준화 등을 제시하였다.

④ 포드의 생산방식은 전문화된 장비를 활용하여 표준화된 제품을 대량으로 생산하는 데 활용된다.

⑤ 과학적 관리법은 개별 작업자의 능률향상에 공헌하였으며, 컨베이어 시스템은 전체 조직의 능률향상에 공헌하였다

07 ▪ **직무상 교육훈련(on-the-job training)**

1. 직무상 교육훈련(OJT)은 직무 현장에서 직접적으로 이루어지는 교육으로, 현장에서 필요한 기술과 지식을 바로 습득할 수 있다. 이는 별도의 교육 시설이나 외부의 전문화된 교육을 포함하지 않고, 일하는 과정에서 자연스럽게 습득하는 교육 방식을 의미한다.

2. 사내 및 외부의 전문화된 교육훈련은 직무 외 교육(off-the-job training, Off-JT)에 해당한다. 이는 교육 시설에서 이루어지는 정형화된 훈련 프로그램이나 외부 교육 기관에서 제공하는 교육 과정 등을 포함하며, 직무 현장과는 별도로 진행된다.

🔍**정답** ④

08 ▪ **이윤분배제(profit sharing plan)**

1. 이윤분배제(profit sharing plan)는 조직의 이윤에 기반하여 종업원들에게 기본급과 별도로 추가적인 보상을 제공하는 제도이다. 즉, 조직의 수익이 발생했을 때 그 이윤의 일부를 직원들과 나누어주는 방식이다. 이는 기본급과는 별개로 지급되며, 조직이 이윤을 많이 창출할수록 종업원들이 받는 보상도 증가할 수 있다.

2. 이윤분배제는 기본급의 일부로 포함되지 않으며, 조직의 성과에 따라 추가적인 인센티브 형태로 지급된다. 이는 조직의 성과와 종업원의 보상을 연계하여 종업원들이 조직의 목표 달성에 더 동기부여될 수 있도록 설계된 제도이다.

🔍**정답** ⑤

17 ▪ **테일러(Frederick Winslow Taylor)의 과학적 관리법**

1. 테일러의 과학적 관리법: 테일러는 작업의 표준화와 과학적인 작업 방법의 개발을 강조했다. 그는 작업을 보다 효율적으로 수행하기 위해 시간 연구(time study)와 동작 연구(motion study)를 통해 가장 효율적인 작업 방식을 찾고, 이를 표준화하여 모든 작업자가 동일한 방식으로 작업할 수 있도록 했다. 또한, 그는 작업 환경의 표준화와 작업자에게 적합한 도구와 절차의 제공을 강조했다.

2. 분업은 테일러보다는 애덤 스미스(Adam Smith)의 개념에 가깝습니다. 분업은 특정 작업을 세분화하여 각 작업자가 하나의 작업에만 집중하도록 하여 효율성을 높이는 방식이다. 테일러는 공정 분석을 통해 작업을 최적화하는 데 중점을 두었으며, 이는 분업보다는 작업의 효율적 설계와 관리에 더 가까운 개념이다.

3. 따라서, 테일러가 분업을 제시했다는 것은 틀린 부분이다. 테일러는 작업의 표준화와 작업 환경의 개선, 과학적 분석을 통한 작업 방법의 최적화를 중시했지, 분업 자체를 강조하지는 않았다.

🔍**정답** ①

18 수요예측에 관한 설명으로 가장 적절한 것은?

① 개별 품목의 수요를 예측하는 것이 제품군의 총괄 수요를 예측하는 것보다 수요예측치의 정확도가 높다.

② 누적예측오차(CFE), 평균절대오차(MAD), 추적지표(TS)는 수요예측치의 편의(bias)를 측정하는 데 유용하다.

③ 단순지수평활법(simple exponential smoothing)의 수요예측치는 직전 시점의 수요예측치와 실제 수요를 가중평균하여 얻을 수 있다.

④ 결합예측(combination forecast)은 공급사슬에 참여하는 주체들의 개별적인 수요예측치를 결합하여 수요를 예측하는 방법이고, 초점예측(focus forecast)은 공급사슬 상에서 고객과 가장 가까운 주체의 수요예측치를 사용하는 방법이다.

⑤ 수요예측은 생산계획 수립에 있어서 리드타임 감축이 핵심요소인 재고생산(MTS)공정보다 정시납품이 핵심요소인 주문생산(MTO) 공정에서 상대적으로 중요하다.

20 품질경영 및 품질관리에 관한 설명으로 가장 적절한 것은?

① 전사적품질경영(TQM)의 주요 원칙은 고객 만족, 통계적 방법을 활용한 프로세스 혁신, 전 직원 대표의 경영 참여이다.

② 식스시그마(Six Sigma)의 DMAIC 방법론에서 중점적으로 관리해야 할 핵심인자(vital few)를 찾는 단계는 M(측정) 단계이다.

③ 품질관리분임조(quality circle)는 품질관리기법을 학습하기 위해 구성된 그린벨트(green belt) 종업원의 모임이다.

④ 공정의 평균과 규격 상한과 하한의 중앙이 일치하는 경우 공정능력지수 C_p값이 C_{pk}값보다 작게 된다.

⑤ $\overline{X}$관리도의 관리한계선을 작성할 때 공정의 산포가 클수록 관리한계선의 폭도 증가하는 경향이 있다.

18 ▪ 수요예측

① 총괄 수요 예측은 여러 개별 품목의 수요를 합산한 것으로, 각 품목의 수요 변동이 서로 상쇄될 수 있다. 즉, 어떤 품목의 수요가 예상보다 적으면 다른 품목에서 수요가 더 많아질 수 있기 때문에 전체적으로 변동성이 줄어들고 예측이 더 정확해진다. 이를 수요의 집합 효과라고 하며, 다양한 품목들이 합쳐지면 개별 품목의 예측 오차가 전체적으로 완화된다.

반면, 개별 품목의 수요 예측은 특정 품목에 대한 수요 변동성이나 예기치 못한 요인의 영향을 더 크게 받는다. 개별 품목의 수요는 제품군의 총수요보다 더 많은 불확실성과 변동성을 갖기 때문에, 예측이 더 어려워지고 오차가 클 가능성이 높다.

② CFE와 TS는 편의(bias)를 측정하는 데 유용하지만, MAD는 편향 측정을 위한 지표가 아니며 예측 오차의 크기를 측정하는 데 적합한 지표이다.

④ 결합예측은 공급사슬 주체들의 예측치를 결합하는 방식이 아니라 여러 예측 방법을 결합하는 방식이며, 초점예측은 공급사슬 상에서 고객과 가까운 주체의 예측을 사용하는 것이 아니라 가장 성과가 좋은 예측 방법을 선택하는 방식이다.

⑤ 재고생산(MTS: Make-to-Stock) MTS는 제품을 수요 예측에 따라 미리 생산하여 재고로 보관하는 방식이다. 이 방식에서는 수요예측의 정확도가 매우 중요하다. 잘못된 수요예측은 재고 과잉이나 재고 부족을 초래할 수 있으며, 이는 비용 증가와 고객 서비스 저하로 이어질 수 있다. 반면에 주문생산(MTO: Make-to-Order) MTO는 고객의 주문을 받은 후 생산을 시작하는 방식이므로, 수요예측의 중요성은 상대적으로 낮다. 이 방식에서는 제품이 재고로 유지되지 않고, 주문이 들어올 때마다 생산되므로, 수요를 미리 예측할 필요가 크지 않다.

🔍정답 ③

20 ▪ 품질경영 및 품질관리

① "전 직원 대표의 경영 참여"라는 표현은 TQM의 원칙과 맞지 않으며, 전 직원의 품질 개선 활동에 대한 적극적인 참여가 더 적절한 설명이다.

② A(분석, Analyze) 단계는 수집한 데이터를 기반으로 문제의 원인을 분석하고, 프로세스의 변동성에 영향을 미치는 핵심인자(vital few)를 찾아내는 단계이다. M(측정, Measure) 단계는 현재 프로세스의 성능을 측정하고, 데이터를 수집하여 문제의 범위를 명확히 정의하는 단계이다.

③ 품질관리분임조는 현장의 작업자들이 자발적으로 소규모 그룹을 구성하여 품질 문제를 해결하고 프로세스를 개선하기 위한 모임이다. 이들은 자발적인 참여를 통해 작업 환경이나 작업 방법의 개선을 목표로 하며, 대개 조직 내의 비전문가들이 모여 문제 해결을 시도한다. 반면 그린벨트는 식스 시그마(Six Sigma) 프로젝트에서 활동하는 중급 수준의 훈련된 직원을 의미한다. 그린벨트는 주로 품질 관리 기법을 학습하고, 이를 프로젝트에 적용해 문제를 해결하는 역할을 맡는다

④ 공정의 평균이 규격 중앙에 정확히 맞을 때, C_p 값과 C_{pk} 값은 동일해야 하며, C_p 값이 C_{pk} 값보다 작아지지 않는다.

🔍정답 ⑤

21 재고관리에 관한 설명으로 가장 적절한 것은?

① 주기재고(cycle inventory)는 수요의 계절성(seasonality)에 대응하기 위해 주문량을 주기적으로 변화시킴에 따라 발생한다.

② 정량발주시스템(Q 시스템)은 사전에 정해진 특정 시점마다 일정한 양을 주문하는 것으로 주문량뿐만 아니라 주문 간격도 일정하게 된다.

③ 경제적발주량(EOQ)은 연간 수요가 확정적으로 알려져 있으나 단위시간당 수요는 확률적으로 변화하고 주문비용은 주문량에 관계없이 일정하다는 가정 등을 전제로 도출된다.

④ 긴 공급일수(days-of-supply)와 높은 재고회전율(inventory turns)은 재고수준이 높다는 것을 의미한다.

⑤ 전통적으로 재고는 수요변동을 흡수하여 생산계획의 안정성을 높인다고 인식되고 있으나, 린 생산시스템(Lean system)에서는 재고를 낭비이자 다른 문제들을 감추는 역할을 하는 것으로 인식한다.

24 생산능력계획 및 총괄생산계획(APP)에 관한 설명으로 가장 적절하지 않은 것은?

① 수요가 충분한 경우 설비의 용량이 증가함에 따라 일정 기간 규모의 비경제(diseconomies of scale)가 나타난 이후 규모의 경제(economies of scale)가 나타난다.

② 고객의 수요에 즉각적으로 대응하기 위해서는 수요의 변동성이 클수록 여유 생산능력을 더 높게 유지하는 것이 필요하다.

③ 총괄생산계획은 제품군을 기준으로 생산율, 고용수준, 재고수준 등을 결정하기 위한 중기계획이다.

④ 재고유지비용이 높으나 생산용량 변경 비용이 낮은 경우에는 총괄생산계획 수립에 평준화전략(level strategy)보다 수요추종전략(chase strategy)을 활용하는 것이 더 효과적이다.

⑤ 총괄생산계획은 주일정계획(MPS)과 자재소요계획(MRP)을 마련하기 이전에 수립되는 것이 일반적이다.

21

■ **재고관리**

① 주기재고는 주문량의 변화나 수요의 계절성과는 관계가 없으며, 주문량의 크기와 주문 빈도에 따라 발생하는 재고이다.

② 정량발주시스템(Q 시스템)은 주문량이 일정하게 설정된 재고 관리 방식이다. 즉, 재고가 일정한 재주문점(R, reorder point)에 도달하면 정해진 양(주문량 Q)을 주문하는 방식이다. 여기서 주문량(Q)은 일정하지만, 주문 시점은 재고 수준에 따라 달라진다. 재고가 재주문점에 도달하는 시점은 수요에 따라 달라질 수 있기 때문에, 주문 간격은 일정하지 않게 된다. 주문 간격이 달라지는 이유는 수요의 변동성 때문이다. 수요가 일정하지 않으면 재고가 재주문점에 도달하는 시점이 달라질 수 있기 때문에, 주문이 이루어지는 간격도 달라진다. 따라서 Q 시스템에서는 주문 간격이 고정되지 않는다. 반면, 정기발주시스템(P 시스템)에서는 주문 시점이 일정하게 고정되어 있다. P 시스템에서는 일정한 시점마다 재고 수준을 확인하고 필요한 만큼의 주문량을 결정한다. 이 경우 주문 간격이 일정하지만, 주문량은 변동될 수 있다.

③ EOQ 모델은 연간 수요와 단위시간당 수요가 모두 확정적이고 변동이 없으며, 주문비용은 주문량에 관계없이 일정하다는 가정 하에 도출된다.

④ 공급일수는 현재 재고가 얼마나 오랫동안 수요를 충족할 수 있는지를 나타낸다. 공급일수가 길다는 것은 재고가 많아 수요를 오랜 기간 동안 충족시킬 수 있음을 의미한다. 즉, 재고수준이 높을 때 공급일수는 길어진다.

재고회전율은 재고가 얼마나 자주 판매되거나 사용되는지를 나타낸다. 재고회전율이 높다는 것은 재고가 빠르게 소진되고 있다는 의미로, 이는 보통 재고 수준이 낮고 효율적으로 관리되고 있다는 신호이다. 즉, 재고회전율이 높을수록 재고수준이 낮다.

긴 공급일수와 높은 재고회전율은 서로 반대되는 개념이기 때문에, 동시에 발생할 수 없다.　　　　🔍**정답** ⑤

24

■ **규모의 경제(economies of scale), 규모의 비경제(diseconomies of scale)**

1. 규모의 경제(economies of scale):
   1) 규모의 경제는 생산 규모가 커질수록 단위당 비용이 감소하는 현상을 말한다. 설비 용량이 증가하고 더 많은 제품을 생산할수록 고정비가 분산되고, 생산 효율이 높아지기 때문에 초기에 규모의 경제가 먼저 나타난다. 즉, 생산량이 증가함에 따라 비용 효율성이 개선된다.
   2) 생산 초기나 중간 단계에서 규모의 경제가 발생하고, 이로 인해 단위당 생산 비용이 줄어드는 것이 일반적이다.

2. 규모의 비경제(diseconomies of scale):
   1) 반면, 규모의 비경제는 생산 규모가 지나치게 커지면 단위당 비용이 다시 증가하는 현상이다. 이는 조직이 너무 커지면서 관리 비용이 증가하거나, 비효율적인 운영이 발생하는 등의 이유로 발생한다.
   2) 규모의 비경제는 규모의 경제 이후에 나타나는 현상이다. 즉, 생산 규모가 커지면 처음에는 규모의 경제가 나타나다가, 어느 시점 이후에는 관리 복잡성, 비효율적인 자원 배분 등의 이유로 단위당 비용이 다시 증가하게 된다.　　　🔍**정답** ①

01 리더십에 관한 설명으로 가장 적절하지 않은 것은?

① 리더십 특성이론(trait theory)은 사회나 조직에서 인정받는 성공적인 리더들은 어떤 공통된 특성을 갖고 있다는 전제하에 이들 특성을 연구하여 개념화한 이론이다.

② 하우스(House)는 리더십 스타일을 지시적(directive), 후원적(supportive), 참여적(participative), 성취지향적(achievement-oriented)으로 구분한다.

③ 리더-구성원 교환(leader-member exchange, LMX)이론은 리더와 개별 구성원의 역할과 업무 요구사항을 명확히 함으로써 부서내 구성원의 목표 달성을 돕는다.

④ 스톡딜과 플레쉬맨(Stogdill & Fleishman)이 주도한 오하이오 주립대학(OSU)의 리더십 연구는 리더의 행동을 구조주도(initiating structure)와 인간적 배려(consideration)의 두 차원으로 구분한다.

⑤ 피들러(Fiedler)의 상황적합모델은 리더십을 관계중심(relationship oriented)과 과업중심(task oriented) 리더십으로 구분한다.

02 동기부여에 관한 설명으로 가장 적절하지 않은 것은?

① 허쯔버그(Herzberg)의 2요인 이론은 만족과 불만족을 동일한 개념의 양극으로 보지 않고 두 개의 각각 독립된 개념으로 본다.

② 직무특성모델(job characteristics model)에서 개인의 성장욕구 강도(growth need strength)는 직무특성과 심리상태 간의 관계 및 심리상태와 성과 간의 관계를 조절(moderating)한다.

③ 자기효능감(self-efficacy)은 어떤 과업을 수행할 수 있다는 개인의 믿음이다.

④ 인지평가이론(cognitive evaluation theory)에서는 어떤 직무에 대하여 내재적 동기가 유발되어 있는 경우 외적 보상이 주어지면 내재적 동기가 강화된다.

⑤ 마이어와 알렌(Meyer & Allen)의 조직몰입 중 규범적(normative) 몰입은 도덕적, 심리적 부담감이나 의무감 때문에 조직에 몰입하는 경우를 의미한다.

01 ▪ 리더-구성원 교환(Leader-Member Exchange, LMX) 이론

LMX 이론은 리더와 개별 구성원 간의 상호작용의 질에 따라 구성원들이 다르게 대우받는다는 것을 강조한다. 이 이론은 리더와 구성원 간의 관계가 높은 질(high LMX)일 경우, 구성원은 더 많은 지원과 자원을 제공받고, 신뢰와 존중이 기반이 된 관계를 형성하게 된다. 반면, 낮은 질(low LMX)의 관계에서는 구성원이 리더로부터 덜 신뢰받고, 일반적인 업무 지시만을 받게 된다.

즉, 리더와 구성원의 관계의 질이 업무 성과와 직무 만족에 미치는 영향을 다루는 이론이지, 업무 요구 사항이나 역할 명확화에 중점을 두는 이론은 아니다.

🔍정답 ③

02 ▪ 인지평가이론(cognitive evaluation theory)

인지평가이론은 내재적 동기와 외적 보상 간의 상호작용을 설명하는 이론이다. 내재적 동기는 사람이 그 활동 자체에서 흥미와 즐거움을 느낄 때 발생한다. 이 이론에 따르면, 외적 보상(예: 금전적 보상, 상장 등)이 내재적 동기를 약화시킬 수 있다. 이는 외적 보상이 내재적 동기를 잠식할 위험이 있기 때문이다. 예를 들어, 어떤 사람이 그저 흥미로 책을 읽고 있었다가 외적 보상(금전)이 제공되면, 이 사람은 나중에 책 읽기를 더 이상 흥미로운 활동으로 여기지 않고 보상을 위해 하는 일로 인식할 수 있다.

🔍정답 ④

03 다음 설명 중 적절한 항목만을 모두 선택한 것은?

> a. 높은 집단응집력(group cohesiveness)은 집단사고(group think)의 원인이다.
> b. 사회적 태만(social loafing)은 집단으로 일할 때보다 개인으로 일할 때 노력을 덜 하는 현상을 의미한다.
> c. 제한된 합리성(bounded rationality)에서 사람들은 의사결정 시 만족스러운 대안이 아닌 최적의 대안을 찾는다.
> d. 감정노동(emotional labor)은 대인거래 중에 조직 또는 직무에서 원하는 감정을 표현하는 상황으로 인지된 감정(felt emotion)과 표현된 감정(displayed emotion)이 있다.
> e. 빅 파이브(big-five) 모델에서 정서적 안정성(emotional stability)은 사회적 관계 속에서 편안함을 느끼는 정도를 의미한다.

① a, d   ② b, c   ③ b, e

④ a, c, d   ⑤ c, d,

04 조직구조와 조직문화에 관한 설명으로 가장 적절하지 않은 것은?

① 호손(Hawthorne) 실험은 조직내 비공식 조직과 생산성 간의 관계 및 인간관계와 생산성 간의 관계를 설명한다.

② 통제의 범위(span of control)는 한 감독자가 관리해야 하는 부하의 수를 의미한다.

③ 자원기반관점(resource-based view)에서 기업은 경쟁우위를 창출하기 위해서 가치(valuable)있고, 모방불가능(inimitable)하며, 대체불가능(non-substitutable)하고, 유연한(flexible) 자원들을 보유해야 한다.

④ 로렌스와 로쉬(Lawrence & Lorsch)의 연구에 의하면, 기업은 경영 환경이 복잡하고 불확실할수록 조직구조를 차별화(differenciation) 한다.

⑤ 홉스테드(Hofstede)의 국가간 문화차이 비교 기준 중 권력간 거리(power distance)는 사회에 존재하는 권력의 불균형에 대해 구성원들이 받아들이는 정도를 의미한다.

03 ▪ 집단

b. 사회적 태만은 개인이 집단 과업에 참여할 때, 다른 사람들과 함께 일하는 상황에서 자신의 기여도가 잘 드러나지 않기 때문에 노력을 덜 하게 되는 현상이다. 집단의 크기가 커질수록 개인이 느끼는 책임감이 줄어들고, 그 결과로 노력을 덜 기울이는 경향이 생긴다.

c. 제한된 합리성은 사람들이 의사결정을 할 때, 완벽한 정보와 무한한 인지 능력을 바탕으로 최적의 결정을 내릴 수 없다는 것을 설명한다. 이는 인지적 한계, 시간 제약, 정보의 불완전성 때문에 사람들은 모든 대안을 철저히 검토하고 최적의 대안을 찾지 못한다는 가정에 기반한다. 제한된 합리성에서는 사람들이 최적의 대안(optimal solution)을 찾는 것이 아니라, 충분히 만족스러운 대안(satisficing solution)을 찾습니다. 즉, 의사결정자는 자신이 설정한 기준에 부합하는 첫 번째로 적절한 대안을 선택하는 경향이 있다. 이를 '만족화(satisficing)'라고 한다. 사람들은 현실적인 한계 때문에 모든 정보를 분석하거나 모든 대안을 검토할 시간이 부족하여, 완벽한 결정보다는 충분히 좋은 결정을 추구하게 된다.

e. 감정노동은 조직 또는 직무에서 기대되는 특정 감정을 대인거래 중에 표현해야 하는 상황을 의미한다. 예를 들어, 서비스업 종사자들이 친절하거나 행복한 모습을 유지해야 할 때 감정노동이 발생한다. 이때, 실제로 느끼는 감정과 외부에 표현하는 감정이 다를 수 있다. 느껴진 감정(felt emotion)은 개인이 실제로 경험하는 감정을 의미한다. 이는 개인이 내적으로 느끼는 감정으로, 외부의 요구와 관계없이 자연스럽게 느껴지는 감정이다.

🔍 **정답** ①

04 ▪ 자원기반관점(Resource-Based View, RBV)

기업이 지속 가능한 경쟁우위를 확보하려면, 특정 자원들이 아래의 조건을 충족해야 한다

1. 가치 있음(Valuable): 자원이 기업의 전략적 목표를 달성하는 데 도움이 되고, 기회를 포착하거나 위협을 회피하는 데 기여해야 한다.
2. 희소함(Rare): 해당 자원이 경쟁사에 비해 희소해야 한다. 즉, 다른 기업이 쉽게 보유할 수 없는 자원이어야 한다.
3. 모방 불가능함(Inimitable): 자원이 경쟁자에 의해 쉽게 모방되거나 복제될 수 없어야 한다.
4. 대체 불가능함(Non-substitutable): 자원이 다른 자원으로 대체될 수 없을 만큼 독특해야 한다.

③ 자원기반관점(RBV)에서 경쟁우위를 창출하기 위해 필요한 자원의 기준은 유연성이 아니라 희소성(rare)이다.

🔍 **정답** ③

05 다음 설명 중 적절한 항목만을 모두 선택한 것은?

> a. 태도(attitude)는 정서적(affective), 인지적(cognitive), 행동적(behavioral) 요소로 구성된다.
> b. 직무만족은 직무를 활용한 전문가로서의 체계적인 경력개발을 의미한다.
> c. 마키아벨리즘 성격 특성은 대인관계에 있어 속임수와 조작을 사용하는 성향을 의미한다.
> d. 켈리(Kelly)가 제시한 귀인의 결정요인은 합의성(consensus), 특이성(distinctiveness), 책무성 (accountability)이다.
> e. 피그말리온 효과(pygmalion effect)는 특정인에 대한 기대가 실제 행동 결과로 나타나게 되는 현상을 의미한다.

① a, d   ② b, e   ③ c, d
④ a, c, e   ⑤ b, c,

06 성과관리에 관한 설명으로 가장 적절하지 않은 것은?

① 평가센터(assessment center) 또는 역량평가센터는 다양한 평가기법을 사용하여 다양한 가상상황에서 피평가자의 행동을 한 명의 평가자가 평가하는 방법이다.

② 목표에 의한 관리(management by objectives, MBO)는 평가자 뿐만 아니라 피평가자도 목표설정 과정에 함께 참여한다.

③ 타인평가시 발생하는 오류 중 후광효과(halo effect)는 개인이 갖는 특정한 특징(예: 지능, 사교성 등)에 기초하여 그 개인에 대한 일반적 인상을 형성하는 것이다.

④ 360도 피드백 평가는 전통적인 상사평가 이외에 자기평가, 동료평가, 부하평가 그리고 고객평가로 이루어진다.

⑤ 행위기준척도법(behaviorally anchored rating scales, BARS)은 피평가자들의 태도가 아닌 관찰 가능한 행동을 척도에 기초하여 평가한다.

07 보상관리에 관한 설명으로 가장 적절하지 않은 것은?

① 임금수준을 결정함에 있어 선도정책(lead policy)은 시장임금과 비교하여 상대적으로 높은 임금을 지급함으로써 우수한 인재를 확보하고 유지하려는 정책이다.

② 직무급은 직무수행자의 직무몰입(job commitment)과 직무만족 (job satisfaction)에 의해 결정된다.

③ 임금공정성 중 개인공정성(individual equity)은 동일조직에서 동일직무를 담당하고 있는 구성원들 간의 개인적인 특성(예: 연공, 성과 수준 등)에 따른 임금격차에 대한 지각을 의미한다.

④ 기업의 지불능력, 노동시장의 임금수준 및 생계비는 임금수준의 결정요인이다.

⑤ 근속연수가 올라갈수록 능력 및 성과가 향상되는 경우에는 연공급을 적용하는 것이 적절하다.

05

▪ 직무만족

직무만족은 개인이 자신의 직무에 대해 느끼는 정서적 반응을 말한다. 이는 직무에서 경험하는 보람, 성취감, 업무 환경, 상사와의 관계, 보상 등 여러 요인에 의해 영향을 받는다. 직무만족은 개인이 직무에서 기대하는 바와 실제 경험이 얼마나 일치하는지에 따라 달라진다. 직무만족은 개인의 감정적 상태와 관련이 있으며, 경력개발보다는 직무 자체에 대한 만족도와 관련이 있다.

▪ 켈리(Kelley)의 귀인이론(Attribution Theory)

켈리는 사람들이 행동의 원인을 추론할 때 사용하는 세 가지 주요 요인을 제시했다. 이 세 가지 요인은 특정 행동의 원인을 상황적 요인(외부 요인)이나 개인적 요인(내부 요인)으로 귀속하는 데 사용된다.

1. 합의성(Consensus): 다른 사람들이 같은 상황에서 비슷한 행동을 하는지를 평가하는 것이다. 높은 합의성은 여러 사람이 같은 행동을 보일 때 발생하며, 이는 외부 요인 때문일 가능성이 높다는 것을 시사한다.
2. 특이성(Distinctiveness): 특정 상황에서만 그런 행동을 하는지를 평가한다. 행동이 특정 상황에서만 발생하면 특이성이 높고, 이는 외부 요인에 의한 행동일 가능성이 크다.
3. 일관성(Consistency): 한 사람이 같은 상황에서 일관되게 동일한 행동을 하는지를 평가한다. 행동이 일관되게 나타나면 내부 요인에 의해 행동이 발생했을 가능성이 높아진다.

🔍**정답** ④

06

▪ 평가센터(assessment center

평가센터는 다양한 평가기법(예: 인터뷰, 그룹 토론, 역할 연기, 시뮬레이션 등)을 사용하여 피평가자가 다양한 가상 상황에서 어떻게 행동하는지를 평가하는 프로그램이다. 이를 통해 개인의 역량이나 행동을 측정할 수 있다.

평가센터의 핵심 특징 중 하나는 여러 명의 평가자가 피평가자를 평가한다는 것이다. 다수의 평가자가 각기 다른 관점에서 피평가자의 행동을 평가하고, 이를 통해 평가의 객관성과 신뢰성을 높이다.

🔍**정답** ①

07

▪ 직무급(Job-based Pay)

1. 직무급은 특정 직무의 책임, 요구되는 기술, 난이도, 가치 등을 기준으로 임금을 결정하는 방식이다. 즉, 직무 그 자체의 객관적인 가치에 따라 급여가 책정된다.
2. 직무급은 직무 분석을 통해 직무의 특성을 평가하고, 각 직무의 상대적인 가치를 기준으로 임금을 설정하는 방식이다. 이때, 개인의 성과나 직무 만족도는 고려되지 않는다.

▪ 직무몰입(Job Commitment)과 직무만족(Job Satisfaction)

1. 직무몰입은 개인이 자신의 직무에 얼마나 헌신하고 있는지를 나타내며, 직무만족은 개인이 자신의 직무에서 느끼는 만족감이다. 이 두 요소는 직무급이 아니라, 개인의 심리적 상태를 반영하는 지표이다.
2. 직무몰입이나 직무만족은 개인의 업무 성과나 직장 생활의 질에 영향을 미칠 수 있지만, 직무급을 결정하는 기준이 아니다. 직무급은 직무 자체의 요구 사항과 가치를 반영하는 반면, 몰입과 만족은 개인의 감정적 측면이다.

🔍**정답** ②

08 조직구조 및 조직개발에 관한 설명으로 가장 적절하지 않은 것은?

① 레윈(Lewin)의 조직변화 3단계 모델은 해빙(unfreezing) → 변화(changing) → 재결빙(refreezing) 이다.

② 베버(Weber)가 주장한 이상적인 관료제(bureaucracy)는 분업, 권한계층, 공식적 채용, 비인간성, 경력지향, 문서화의 특징을 갖고 있다.

③ 페로우(Perrow)는 문제의 분석가능성과 과업다양성이라는 두 가지 차원을 이용하여 부서 수준의 기술을 장인(craft) 기술, 비일상적(nonroutine) 기술, 일상적(routine) 기술, 공학적(engineering) 기술로 구분한다.

④ 민쯔버그(Minzberg)가 제시한 조직의 5대 구성요인은 전략부문(strategic apex), 중간라인부문 (middle line), 핵심운영부문(operating core), 기술전문가부문(technostructure), 지원스탭부문 (support staff)이다.

⑤ 챈들러(Chandler)가 구조와 전략 간의 관계를 설명하기 위해 제시한 명제는 '전략은 구조를 따른다 (strategy follows structure)'이다.

17 MTS(make-to-stock)에서 MTO(make-to-order) 프로세스로 변경할 경우 유리할 것으로 예상되는 상황만을 모두 선택한 것은?

> a. 제품의 생산속도가 느리고 경쟁우위 유지에 제품 공급의 신뢰성이 중요하다.
> b. 제품의 수요에 대한 예측이 비교적 용이하다.
> c. 제품의 생산속도가 빠르고 수요를 초과하여 생산할 경우 폐기비용이 크다.
> d. 수요의 변동이 비교적 크고 제품의 재고비용이 크다.

① a, b   ② a, c   ③ b, c
④ b, d   ⑤ c, d

19 재고관리에 관한 설명으로 가장 적절하지 않은 것은?

① 수요예측의 정확도가 떨어질수록 동일한 서비스 수준을 유지 하기 위해 필요한 재고량은 증가한다.
② 고정주문량모형(fixed order quantity model)에서는 재고수준을 지속적으로 관찰하므로 재고부족 은 리드타임(lead time) 기간에만 발생한다.
③ 경제적주문량모형(economic order quantity model)에서 주문비용이 증가하고 재고유지비용이 감소하면 경제적주문량은 감소한다.
④ 경제적주문량모형에서 경제적주문량은 연간 주문비용과 연간 재고유지비용이 일치하는 지점에서 결 정된다.
⑤ 단일기간재고모형은 조달기간이 길거나 수명주기가 짧은 제품의 주문량 결정에 적합하다.

08 ▪ 챈들러의 명제

1. 앨프리드 챈들러(Alfred Chandler)는 그의 연구에서 조직의 구조는 기업이 선택한 전략에 맞추어 변화해야 한다는 것을 강조했다. 즉, 기업이 새로운 전략을 채택하면, 이를 효과적으로 실행하기 위해 조직의 구조도 전략에 맞게 변화해야 한다는 것이다.

2. 따라서, 전략이 먼저 결정되고, 그에 맞춰 조직의 구조가 뒤따라 변화하는 것이 챈들러가 주장한 핵심 개념이다. 이를 '구조는 전략을 따른다(structure follows strategy)'라고 한다.   🔍정답 ⑤

17 ▪ MTS(make-to-stock), MTO(make-to-order)

a. MTS는 재고를 미리 생산해 두고 고객의 주문이 들어오면 즉시 제품을 출고하는 방식이다. 이 방식은 빠른 제품 공급과 고객 요구에 즉각 대응하는 데 유리하다. 특히, 제품 공급의 신뢰성이 중요한 상황에서는 미리 생산된 재고를 통해 즉각적인 공급이 가능하므로, 공급의 안정성이 더 높아진다. 생산속도가 느린 경우에도, MTS는 미리 재고를 확보해 둘 수 있기 때문에 고객이 원하는 시점에 제품을 즉시 공급할 수 있다. 따라서, 제품 공급의 신뢰성이 중요한 상황에서는 MTS가 더 적합하다.

b. MTO 방식은 고객의 주문을 받은 후에 생산하는 방식으로, 수요가 불확실하거나 변동성이 클 때 유리하다. MTO는 수요 예측이 어려운 경우에 적합한 방식이다. 수요 예측이 어렵거나 맞춤형 제품을 생산해야 할 때, 불필요한 재고를 줄이고 고객 맞춤형 생산이 가능해진다. 그러나 수요 예측이 용이한 경우, MTO 방식은 불필요하게 납기 시간이 길어질 수 있으며, 미리 재고를 확보해 고객의 요구에 즉시 대응하는 MTS 방식이 더 유리하다.   🔍정답 ⑤

19 ▪ 경제적 주문량 모형(Economic Order Quantity, EOQ)

경제적 주문량(EOQ) 공식

$$EOQ = \sqrt{\frac{2DS}{H}}$$

D : 연간 수요,
S : 주문비용 (주문 1회당 발생하는 비용),
H : 재고유지비용 (단위당 연간 재고유지비용),

S(주문비용)이 증가하면, 공식의 분자가 커지므로 EOQ는 증가한다. 이는 주문비용이 클수록 한 번에 더 많은 양을 주문하는 것이 경제적이라는 의미이다.

H(재고유지비용)이 감소하면, 공식의 분모가 작아지므로 EOQ는 증가한다. 이는 재고를 유지하는 비용이 적을수록 더 많은 양의 재고를 유지하는 것이 유리하다는 것을 의미한다.   🔍정답 ③

20 공급사슬관리에 관한 설명으로 적절하지 않은 항목만을 모두 선택한 것은?

> a. 기능적 제품(functional product)은 혁신적 제품(innovative product)에 비해 수요예측의 불확실성이 상대적으로 크다.
> b. 채찍효과(bullwhip effect)가 발생할 경우 공급사슬의 하류로 갈수록 주문량의 변동이 더 크게 나타난다.
> c. 제조기업이 원재료 및 부품 공급의 안정성을 확보하기 위해 기업인수를 하는 경우는 수직적 통합이면서 후방통합(backward integration)에 해당한다.
> d. 대량고객화(mass customization)를 위한 공급사슬 설계방법으로 모듈화 설계(modular design)와 지연 차별화(delayed differentiation)가 있다.

① a, b ② a, c ③ b, c
④ b, d ⑤ c, d

21 A사는 확률적 고정주문기간모형(fixed order interval model)을 활용하여 재고를 관리하고 있다. 일일 평균수요가 5개, 재고조사주기가 40일, 리드타임(lead time)이 15일, 수요의 변동성을 고려한 안전재고 요구량이 30개라고 할 때 재고조사 시점인 현재의 재고량이 130개라면 최적 주문량은?

① 100개 ② 105개 ③ 175개
④ 205개 ⑤ 230개

22 품질관리에 관한 설명으로 가장 적절하지 않은 것은?

① 소비자에게 전달되기 전에 발견된 불량품의 재작업 비용 및 실패분석 비용은 내부실패비용에 해당된다.
② 식스시그마(six sigma) 방법론인 DMAIC는 정의, 측정, 분석, 개선, 통제의 순서로 비즈니스 프로세스 혁신을 추진한다.
③ 식스시그마를 지원하는 내부인력으로서 블랙벨트(black belt)는 일상업무에서 벗어나 식스시그마 프로젝트만 수행하며 프로젝트 실무를 이끌어가는 역할을 한다.
④ 관리도는 공정이 우연현상의 발생 없이 이상현상으로만 구성 되어 잘 관리되고 있는지를 판단하기 위해 활용된다.
⑤ 실패비용이 전체 품질비용에서 차지하는 비중은 일반적으로 예방비용에 비해 크다.

20 ▪ **기능적 제품(functional product), 혁신적 제품(innovative product)**
1. 기능적 제품은 일상적이고 안정적인 제품으로, 예측 가능한 수요 패턴을 가지고 있다. 이러한 제품은 보통 수요가 안정적이고 수명 주기가 길기 때문에, 수요 예측의 불확실성이 낮다. 예를 들어, 기본적인 생필품이나 반복 구매가 이루어지는 제품들이 이에 해당된다.
2. 혁신적 제품은 새로운 기술이나 디자인을 도입한 제품으로, 보통 수요 패턴이 불확실하고 수명 주기가 짧은 특징이 있다. 혁신적 제품은 고객의 반응이 예측하기 어렵고, 시장에서의 성공 여부가 불확실하기 때문에 수요 예측의 불확실성이 높다. 트렌드에 민감한 패션 제품이나 첨단 기술 제품이 이에 해당된다.

▪ **채찍효과(bullwhip effect)**
1. 채찍효과는 수요 변동이 공급사슬을 따라 상류로 갈수록 점점 더 확대되는 현상을 말한다. 즉, 소비자의 수요 변동이 적어도, 이를 기반으로 한 주문량의 변동이 도매상, 제조업체, 부품 공급업체로 갈수록 커지게 된다.
2. 작은 수요 변화가 공급사슬 상류로 전달되면서 과잉 반응이나 잘못된 예측 등으로 인해 변동이 증폭되는 것이다.
3. 공급사슬의 하류는 소비자나 소매업체가 위치한 부분이나. 채찍효과는 하류의 수요 변화가 공급사슬 상류로 전달되면서 변동이 커지므로, 상류로 갈수록 주문량의 변동이 더 크다.
4. 즉, 공급사슬의 상류(예: 제조업체, 공급업체)로 갈수록 주문량의 변동폭이 커지고, 이 변동성은 공급사슬의 하류보다 더 크게 나타난다.

🔍**정답** ①

21 ▪ **확률적 고정주문기간모형(fixed order interval model)을 활용하여 최적 주문량을 계산**
1. 주어진 정보
   1) 일일 평균 수요: 5개 (하루에 평균적으로 5개가 필요하다.)
   2) 재고조사주기: 40일 (40일마다 재고를 조사하고 주문을 한다.)
   3) 리드타임: 15일 (주문 후 재고가 도착하는 데 걸리는 시간이 15일이다.)
   4) 안전재고: 30개 (수요의 변동성에 대비해 30개의 추가 재고가 필요하다.)
   5) 현재 재고량: 130개 (현재 보유하고 있는 재고이다.)
2. 재고 조사 주기와 리드타임을 고려한 총 수요 계산
   1) 총 소요 기간 = 재고조사주기 + 리드타임 = 40일 + 15일 = 55일
   2) 55일 동안 총수요 = 일일 평균 수요 × 총 소요 기간 = 5개 × 55일 = 275개
3. 안전재고 추가
   총 필요한 재고 = 275개 + 30개(안전재고) = 305개
4. 현재 재고량 고려
   최적 주문량 = 305개(총 필요한 재고) - 130개(현재 재고) = 175개

🔍**정답** ③

22 ▪ **관리도**
1. 관리도는 공정이 통계적으로 안정된 상태에 있는지, 즉 우연적인 변동(자연 발생하는 변동)만 존재하고 이상 변동(비정상적 요인에 의한 변동)이 없는지를 확인하기 위한 도구이다. 이를 통해 공정이 예상대로 작동하고 있는지 판단할 수 있다.
2. 우연 변동은 공정의 정상적인 변동 범위 내에서 발생하는 것으로, 이를 통해 공정이 통제 상태에 있음을 알 수 있다.
3. 이상 변동은 비정상적인 요인(예: 기계 고장, 작업자의 실수 등)에 의해 발생하는 변동으로, 공정이 통제되지 않고 있는 상태를 나타낸다. 이런 경우 문제를 식별하고 수정해야 한다.

🔍**정답** ④

23 적시생산시스템(JIT system)에 관한 설명으로 가장 적절하지 않은 것은?

① 적시생산시스템에서는 재고나 여유용량이 생산 프로세스에 내재되어 있는 문제를 감추는 역할을 하는 것으로 본다.

② 실수를 피하는 프로그램이라는 의미의 헤이준카(heijunka)는 작업자의 오류가 실제 결함으로 이어지지 않고 신속하게 수정될 수 있도록 도와준다.

③ 롯트(lot) 단위가 작아질수록 수요변동에 쉽게 대응할 수 있으므로 이상적인 롯트 단위를 1로 본다.

④ 칸반(kanban)은 부품 컨테이너(container)마다 필요하므로 공정통제를 위해 사용되는 칸반의 수와 부품 컨테이너의 수는 비례 관계에 있다.

⑤ 공정 자동화로 인해 소수의 작업자가 다양한 기계를 다루게 되므로 전통적 제조방식에 비해 더 많은 기능을 수행할 수 있는 다기능작업자를 필요로 한다.

24 생산공정 및 설비배치에 관한 설명으로 적절하지 않은 항목만을 모두 선택한 것은?

a. 제품별 배치는 공정별 배치에 비해 자재와 부품의 이동이 복잡하기 때문에 이동시간과 대기시간 관리가 중요하다.

b. 집단가공법(group technology)은 기계설비가 중복투자될 수 있고 부품분류에 따른 작업량이 증가할 수 있다는 단점이 있다.

c. 플로우샵(flow shop) 공정은 잡샵(job shop) 공정에 비해 범위의 경제(economies of scope) 효과를 통해 원가 절감을 하기에 더 유리하다.

d. 직선 라인배치에 비해 U자나 S자형 라인배치는 인력의 탄력적 운용에 더 유리하며 문제 발생 시 작업자 간의 협업이 더 용이하다.

① a, b   ② a, c   ③ b, c

④ b, d   ⑤ c, d

23

■ 헤이준카(Heijunka)

1. 헤이준카는 생산 평준화를 의미한다. 이는 생산의 균형을 맞추고 수요의 변동에 대응하기 위해 생산량을 균등하게 조정하는 방법이다. 적시생산(JIT) 시스템에서는 갑작스러운 생산량 변동으로 인한 문제를 줄이기 위해 생산량을 일정하게 유지하는 것이 매우 중요하며, 이를 통해 효율성과 품질을 유지할 수 있다.

2. 헤이준카의 목표는 생산 속도와 제품 믹스를 평준화하여 자재 낭비와 비효율성을 줄이고, 공급망을 더 유연하게 운영하는 것이다. 실수를 방지하거나 수정하는 것과는 관련이 없다.

■ 포카요케(Poka-Yoke)

1. 포카요케는 실수를 방지하거나 수정할 수 있도록 설계된 장치나 시스템을 의미한다. 이 개념은 작업자가 실수를 해도 그것이 제품의 결함으로 이어지지 않도록 하는 장치나 절차를 포함한다.

2. 포카요케는 작업 과정에서 실수를 미연에 방지하거나, 실수가 발생했을 때 즉각적으로 감지하고 수정할 수 있도록 도와준다. 따라서 설명에서 언급된 "실수를 피하는 프로그램"에 해당하는 것은 포카요케이다. 🔍**정답** ②

24

■ 제품별 배치(Product Layout), 공정별 배치(Process Layout)

1. 제품별 배치는 특정 제품을 생산하기 위해 필요한 모든 작업이 일정한 순서로 배치되는 방식이다. 이는 연속적인 흐름을 강조하여, 자재와 부품이 직선적 또는 예측 가능한 방식으로 이동한다. 따라서 이동 경로가 단순하고 이동시간과 대기시간이 최소화되는 특징을 가지고 있다. 제품별 배치는 보통 대량 생산에서 사용되며, 반복적이고 예측 가능한 생산 공정에 적합하다. 자재와 부품의 이동이 효율적이기 때문에 이동 경로나 이동시간이 복잡하지 않다.

2. 공정별 배치는 비슷한 기능을 수행하는 작업들이 같은 장소에 배치되는 방식이다. 예를 들어, 모든 절단 작업이 한곳에 모여 있고, 모든 조립 작업이 다른 곳에 모여 있는 식이다. 자재와 부품은 각 공정별로 여러 경로를 따라 이동해야 하므로, 이동 경로가 복잡해질 수 있다. 공정별 배치에서는 자재와 부품의 이동 경로가 다양하고 길어지기 때문에, 이동시간과 대기시간 관리가 매우 중요하다. 작업이 완료되기 전에 여러 공정을 거쳐야 하기 때문에 대기시간이 길어질 수 있고, 자재가 이동하는 동안 효율적으로 관리되지 않으면 비효율이 발생할 수 있다.

■ 플로우샵(Flow Shop) 공정, 잡샵(Job Shop) 공정

1. 플로우샵 공정은 대량생산에 적합한 방식으로, 각 제품이 고정된 경로를 따라 동일한 순서로 작업을 거치며 생산된다. 이는 규모의 경제(economies of scale)에 유리한 방식이다. 즉, 동일한 제품을 대량으로 생산할 때 비용이 절감된다. 플로우샵은 제품의 다양성보다는 대량생산을 통해 원가를 절감하는 방식이기 때문에 범위의 경제보다는 규모의 경제 효과가 더 크다.

2. 잡샵 공정은 소량 다품종 생산에 적합한 방식으로, 다양한 제품을 소량으로 생산하는 데 유리하다. 잡샵에서는 다양한 제품을 유연하게 생산할 수 있으며, 공정이 고정되어 있지 않아 다양한 제품 요구에 맞게 설비를 조정할 수 있다. 범위의 경제(economies of scope)는 다양한 제품을 한 공정에서 생산할 때 발생하는 비용 절감을 의미한다. 잡샵은 이러한 범위의 경제 효과를 얻기 유리한 공정이다. 즉, 여러 종류의 제품을 함께 생산할 때 원가 절감이 가능해지므로 잡샵이 범위의 경제에 더 적합하다. 🔍**정답** ②

01 동기부여 이론과 성격에 관한 설명으로 가장 적절하지 않은 것은?

① 동기는 개인의 욕구(need)에 의해 발생되며, 그 강도는 욕구의 결핍 정도에 의해 직접적인 영향을 받는다.

② 맥클리랜드(McClelland)에 의하면, 성취욕구(need for achievement)는 개인이 다른 사람들에게 영향력을 행사하여 그들을 통제하고 싶은 욕구를 말한다.

③ 강화이론(reinforcement theory)에 의하면, 긍정적 강화(positive reinforcement)와 부정적 강화(negative reinforcement)는 행위자의 바람직한 행동의 빈도를 증가시킨다.

④ 공정성이론(equity theory)에 의하면, 개인이 불공정성을 느끼는 경우 준거인물을 변경하여 불균형 상태를 줄일 수 있다.

⑤ 알더퍼(Alderfer)의 ERG이론은 매슬로우(Maslow)의 다섯 가지 욕구를 모두 포함하고 있다.

02 리더십에 관한 설명으로 가장 적절하지 않은 것은?

① 리더십은 리더가 부하들로 하여금 변화를 통해 조직목표를 달성하도록 영향력을 행사하는 과정이다.

② 리더는 외집단(out-group)보다 내집단(in-group)의 부하들과 질 높은 교환관계를 가지며 그들에게 더 많은 보상을 한다.

③ 피들러(Fiedler)의 리더십 상황모형에서 낮은 LPC(least preferred co-worker) 점수는 과업지향적 리더십 스타일을 의미한다.

④ 위인이론(great man theory)은 리더십 특성이론(trait theory) 보다 리더십 행동이론(behavioral theory)과 관련성이 더 크다.

⑤ 변혁적 리더(transformational leader)는 이상화된 영향력, 영감에 의한 동기 유발, 지적 자극, 개인화된 배려의 특성을 보인다.

03 다음 설명 중 적절한 항목만을 모두 선택한 것은?

> a. 집단 간 갈등은 목표의 차이, 지각의 차이, 제한된 자원 등으로 부터 비롯된다.
> b. 기능팀(functional team)은 다양한 부서에 소속되어 있고 상호 보완적인 능력을 지닌 구성원들이 모여 특정한 업무를 수행하는 팀을 말한다.
> c. 상동적 태도(stereotyping)는 타인에 대한 평가가 그가 속한 사회적 집단에 대한 지각에 기초하여 이루어지는 것을 말한다.
> d. 구성원의 만족감이 직무수행상의 성취감이나 책임감 등 직무 자체에 존재하는 요인을 통해 나타날 때, 이 요인을 외재적 강화요인이라고 한다.

① a, b   ② a, c   ③ a, d
④ b, c   ⑤ a, c, d

01 ▪ **맥클리랜드(David McClelland)의 성취동기 이론**
1. 성취욕구(need for achievement)는 개인이 도전적인 목표를 달성하고 성과를 내는 것에 대한 욕구를 의미한다. 이는 주로 자기 자신과의 경쟁에 초점을 맞추며, 자신이 설정한 기준을 뛰어넘고 성과를 얻고자 하는 욕구와 관련이 있다. 성취욕구를 가진 사람들은 성공에 대한 강한 욕망을 가지며, 높은 목표를 세우고 그 목표를 이루기 위해 노력한다.
2. 권력욕구는 다른 사람들에게 영향력을 행사하고 그들을 통제하고 싶어하는 욕구로, 리더십이나 영향력 행사와 관련이 있다.
                                          🔍정답 ②

02 ▪ **위인이론(great man theory)**
리더십은 일부 특정한 사람들이 선천적으로 가지고 있는 자질로 설명되며, 리더는 역사적으로 중요한 사건이나 상황 속에서 자연스럽게 등장한다고 본다.

▪ **리더십 특성이론(trait theory)**
위인이론과 마찬가지로, 리더가 타고난 성격, 능력, 특성에 의해 리더십을 발휘한다고 설명하는 이론이다. 성공적인 리더는 특정한 성향이나 특질을 가지고 태어난다고 가정한다.

▪ **리더십 행동이론(behavioral theory)**
리더가 행동을 통해 리더십을 발휘한다고 설명한다. 즉, 타고난 특성보다는 리더가 어떠한 행동을 하느냐에 따라 리더십의 성공이 좌우된다는 점에서 위인이론과는 상반된 관점이다.
                                          🔍정답 ④

03 ▪ **기능팀(functional team)**
동일한 부서 또는 기능에 속한 구성원들로 이루어진 팀이다. 이 팀의 구성원들은 특정 기능(예: 마케팅, 인사, 재무 등)에서 전문성을 갖추고 있으며, 각자의 전문 분야에서 팀의 목표를 달성하기 위해 협력한다.
다양한 부서에 소속되어 있고 상호 보완적인 능력을 지닌 구성원들이 모여 특정한 업무를 수행하는 팀은 매트릭스팀에 가깝다.

▪ **강화요인(motivators)**
1. 내재적 강화요인(intrinsic motivators): 성취감, 책임감, 도전 등 직무 자체에서 얻는 만족감이나 동기를 말한다. 이 경우 사람들은 일 자체에서 보람을 느끼고 동기를 부여받는다. 예를 들어, 성취감이나 자기계발이 여기에 속한다.
2. 외재적 강화요인(extrinsic motivators): 직무 외부의 보상이나 압력에 의해 동기가 부여되는 요인으로, 급여, 승진, 상사로부터의 칭찬 등이 여기에 포함된다. 외적인 보상이 중심이 된다.
                                          🔍정답 ②

04 조직구조와 조직변화에 관한 설명으로 가장 적절하지 않은 것은?

① 조직이 변화하는 외부상황에 적절하고 신속하게 대처하기 위해서는 집권화(centralization)가 필요하다.

② 조직변화(organizational change)는 궁극적으로 조직성과 개선, 능률 극대화, 구성원의 만족도 향상 등을 위한 계획적 변화를 말한다.

③ 기계적 구조는 저원가전략(cost-minimization strategy)을 추구 하는 조직에 적합하다.

④ 조직이 경쟁력을 강화하고 경영성과를 높이기 위해서는 조직 구조의 조정과 재설계, 새 공유가치와 조직문화의 개발, 직무 개선 등의 노력이 필요하다.

⑤ 부문별 구조(divisional structure)는 기능별 구조(functional structure)보다 고객과 시장의 요구에 더 빨리 대응할 수 있다.

05 인적자원의 모집, 개발 및 평등고용기회에 관한 설명으로 가장 적절 하지 않은 것은?

① 내부모집(internal recruiting)은 외부모집(external recruiting)에 비해 종업원들에게 희망과 동기를 더 많이 부여한다.

② 평등고용기회(equal employment opportunity)는 조직에서 불법적 차별에 의해 영향을 받지 않는 고용을 의미한다.

③ 선발기준(selection criterion)은 한 개인이 조직에서 담당할 직무를 성공적으로 수행하기 위해 갖춰야 하는 특성을 말한다.

④ 친족주의(nepotism)는 기존 종업원의 친척이 동일한 고용주를 위해 일하는 것을 금지하는 관행이다.

⑤ 종업원이 일반적으로 직장에서 연령, 인종, 종교, 장애에 의해 차별을 받는 것은 불법적 관행에 속한다.

06 직무분석과 교육훈련에 관한 설명으로 가장 적절하지 않은 것은?

① 개인-직무 적합(person-job fit)은 사람의 특성이 직무의 특성에 부합한지를 판단하는 개념이다.

② 교육훈련의 전이(transfer of training)란 교육훈련에서 배운 지식과 정보를 직무에 실제로 활용하는 것을 말한다.

③ 직무순환(job rotation)은 종업원이 다양한 직무를 수행할 수 있는 능력을 개발하게 한다.

④ 비공식적 교육훈련(informal training)은 종업원 간의 상호작용 및 피드백을 통해서 일어나는 교육훈련을 말한다.

⑤ 직무설계 시 고려하는 과업중요성은 직무를 성공적으로 달성 하는 데 있어서 여러 가지 활동을 요구하는 정도를 말한다.

04
■ 집권화(centralization), 분권화(decentralization)
1. 집권화(centralization): 모든 중요한 의사결정이 상위 관리자에게 집중되는 구조로, 중앙에서 결정이 내려진다. 이는 일관성 있고 통제된 의사결정을 할 수 있지만, 의사결정 과정이 느리고 현장의 상황에 신속하게 대응하기 어렵다는 단점이 있다.
2. 분권화(decentralization): 의사결정 권한이 각 부서나 하위 관리자에게 분산된 구조이다. 이는 현장에서 신속하게 결정을 내릴 수 있고, 변화하는 외부 환경에 더 유연하고 빠르게 대처할 수 있다. 특히 현장의 상황을 더 잘 알고 있는 사람들에게 권한이 주어지므로, 외부 상황 변화에 더 즉각적으로 대응할 수 있다.　정답　①

05
■ **친족주의(nepotism)**
고용주가 자신의 친척이나 가족을 특혜적으로 채용하거나 승진시키는 관행을 말한다. 즉, 특정 직원의 친척에게 부당한 혜택을 주는 것을 의미한다.

■ **반친족주의(anti-nepotism)**
기존 직원의 친척이 동일한 고용주를 위해 일하는 것을 제한하거나 금지하는 정책을 의미한다. 이러한 정책은 친족주의로 인한 부정적인 영향을 방지하기 위한 것이다.　정답　④

06
■ **과업중요성(task significance)**
과업중요성(task significance): 직무가 타인에게 미치는 영향이나 중요도를 의미한다. 즉, 수행하는 직무가 조직 내, 혹은 외부 사람들의 삶이나 일에 얼마나 중요한 영향을 미치는지를 나타낸다. 예를 들어, 의료진의 직무는 환자에게 큰 영향을 미치기 때문에 과업중요성이 높다.

■ **과업의 다양성(skill variety)**
직무를 성공적으로 달성하는 데 있어서 다양한 활동과 기술이 요구되는 정도를 말한다. 여러 활동이 요구될 때 직무의 다양성이 높다고 말한다.　정답　⑤

07 이직 및 유지 관리에 관한 설명으로 가장 적절하지 않은 것은?

① 자발적 이직(voluntary turnover)의 일반적인 원인에는 직무 불만족, 낮은 임금 및 복리후생 수준, 부진한 성과 등이 있다.

② 퇴직자 인터뷰(exit interview)는 종업원에 대한 유지평가 노력의 일환으로 폭넓게 사용되는 방법이다.

③ 개인이 조직에서 성과를 내는 데 영향을 미치는 주요 요인에는 개인적 능력, 투입된 노력, 조직의 지원 등이 있다.

④ 많은 고용주가 종업원의 무단결근(absenteeism)을 줄이기 위해 출근 보상, 유급근로시간면제 프로그램, 징계 등을 사용한다.

⑤ 무단결근은 종업원이 일정대로 출근하지 않거나 정해진 때에 직장에 있지 않는 것을 말한다.

08 성과평가 및 보상에 관한 설명으로 가장 적절하지 않은 것은?

① 기본급(base pay)은 종업원이 조직에서 시급이나 급여의 형태로 받는 보상을 말한다.

② 기업들이 강제할당(forced distribution)을 적용하는 이유는 평가자 인플레이션에 대처하기 위해서이다.

③ 직무평가(job evaluation)는 조직 내 여러 가지 직무의 절대적 가치를 결정하는 공식적이며 체계적인 과정을 말한다.

④ 조직이 개인 인센티브 제도를 사용하기 위해서는 각 개인의 성과를 확인하고 측정할 수 있어야 한다.

⑤ 가장 널리 사용되는 종업원에 대한 평가방법은 직속상사가 종업원의 성과를 평가하는 것이다.

13 자료분석에 관한 설명으로 가장 적절하지 않은 것은?

① 신뢰성(reliability)은 측정결과가 얼마나 일관되는지를 나타낸다.

② 첫 번째 측정이 그 다음의 측정에 영향을 미치는 것을 측정 도구의 편향(instrumental bias)이라고 한다.

③ 외적 타당성(external validity)은 실험의 결과를 실험실 외의 상황에 어느 정도까지 적용할 수 있는지를 나타낸다.

④ 유의수준은 1종 오류(type I error)의 허용정도를 의미한다.

⑤ 양측검정(two-sided test)에서는 귀무가설을 기각할 수 있는 영역이 좌우 양쪽에 위치한다.

07 ▪ **자발적 이직(voluntary turnover) – 직원이 스스로 결정하여 회사를 떠나는 것**
1. 직무 불만족: 직무에서 느끼는 불만족이나 일과 관련된 스트레스가 주요 원인이다.
2. 낮은 임금 및 복리후생 수준: 경쟁력 있는 보상이 부족할 때 이직을 고려하게 된다.
3. 더 나은 기회 탐색: 직원이 더 나은 직업 기회나 경력 성장을 찾기 위해 자발적으로 이직할 수 있다.
4. 직장 내 인간관계 문제: 동료나 상사와의 관계가 원활하지 않을 때도 자발적 이직이 발생할 수 있다.

① 부진한 성과는 자발적 이직이 아니라, 보통 해고나 권고사직 같은 강제적 이직의 원인이 된다. 이는 직원이 성과가 낮아 회사가 그를 더 이상 고용하지 않는 강제적 이직(involuntary turnover)의 원인에 해당한다. 🔍**정답** ①

08 ▪ **직무평가(job evaluation)**
조직 내 여러 직무들 간의 상대적인 가치를 결정하는 체계적이고 공식적인 과정이다. 이를 통해 각 직무의 중요성을 비교하고, 임금 체계나 보상 체계를 결정하는 데 활용된다. 🔍**정답** ③

13 ▪ **측정 도구의 편향(instrumental bias)**
측정 도구 자체가 일관되게 잘못된 측정값을 산출하는 경향을 의미한다. 이는 도구나 기기 자체의 결함이나 부정확성 때문에 발생하며, 측정의 객관성과 신뢰성을 저해한다.

② 첫 번째 측정이 그 다음 측정에 영향을 미치는 현상은 측정의 순서 효과(order effect)나 시험 효과(test effect)라고 불린다. 이는 첫 번째 측정이 두 번째 측정에 영향을 주어 결과가 달라지는 경우를 설명한다. 예를 들어, 사전 시험을 본 후 그 결과가 사후 시험에 영향을 미치는 경우가 여기에 해당한다. 🔍**정답** ②

17 재고모형에 관한 설명으로 가장 적절하지 않은 것은?

① 실제수요가 예측수요를 초과할 가능성에 대비하여 안전재고를 보유할 경우 재주문점은 증가한다.

② 정기주문모형(fixed-order interval model)에서는 정해진 목표 재고수준에 따라 주문시점에 재고수준과 목표재고수준의 차이 만큼 주문한다.

③ 정기주문모형에서는 배달시기와 배달경로의 표준화가 용이하며 같은 공급자에게 여러 품목을 동시에 주문할 수 있는 장점이 있다.

④ 고정주문량모형(fixed-order quantity model)에서는 고정된 로트(lot) 크기로 주문하므로 수량할인이 가능하다.

⑤ 고정주문량모형은 주기조사시스템(periodic review system) 이라고도 불리며 안전재고를 활용하여 수요변화에 대처한다.

18 수요예측에 관한 다음 설명 중 적절한 항목만을 모두 선택한 것은?

> a. 지수평활법(exponential smoothing method)에서 최근 수요 패턴의 변화를 빠르게 반영하기 위해서는 평활상수의 값을 줄여야 한다.
> b. 추적지표(tracking signal)의 값이 지속적으로 음의 값을 보이는 경우 예측을 실제보다 작게 하는 경향이 있다고 볼 수 있다.
> c. 이동평균법(moving average method)에서 이동평균 기간을 길게 할수록 우연요소에 의한 수요예측치의 변동이 줄어들게 된다.
> d. 지수평활법에서는 오래된 자료보다 최근 자료에 더 큰 비중을 두고 수요를 예측한다.

① a, b   ② a, c   ③ b, c
④ b, d   ⑤ c, d

17 ▪ **고정주문량모형(fixed-order quantity model)**

EOQ(경제적 주문량) 모형으로도 불리며, 재고 수준이 특정한 재주문점(reorder point)에 도달할 때마다 고정된 주문량을 주문하는 시스템이다. 이 시스템은 지속적으로 재고를 모니터링하며, 재고가 일정 수준 이하로 떨어지면 정해진 양을 주문한다. 이는 계속 조사 시스템(continuous review system)으로도 불린다.

▪ **주기조사시스템(periodic review system)**

정해진 주기(예: 매주 또는 매달)에 따라 재고를 확인하고, 그 시점의 재고량을 기준으로 주문량을 결정하는 시스템이다. 이 시스템에서는 재고가 언제 어느 수준으로 떨어졌는지 상시 모니터링하지 않고, 정해진 간격으로 재고를 검토한 후 필요한 만큼 주문한다. 재고 부족을 방지하기 위해 안전재고를 설정하기도 한다.

⑤ 고정주문량모형은 계속 조사 시스템과 관련이 있고, 주기조사시스템은 다른 재고 관리 방법이다. 　　🔍**정답** ⑤

18 ▪ **지수평활법(exponential smoothing method)**

1. 지수평활법은 미래 수요를 예측하기 위해 과거 수요 데이터를 가중평균하는 방식이다. 이때 평활상수(α)는 과거 데이터와 최근 데이터를 얼마나 가중할지 결정하는 요소이다. 평활상수의 값은 0과 1 사이에서 설정되며, 최근 데이터를 반영하는 정도를 결정한다.
2. 평활상수(α)가 높을수록 최근 수요 데이터에 더 많은 가중치를 부여하므로, 최근 수요 패턴의 변화를 더 빠르게 반영하게 된다.
3. 반대로, 평활상수(α)가 낮을수록 과거 데이터에 더 많은 가중치를 두고, 최근 수요 변화는 덜 반영된다.

▪ **추적지표(tracking signal)**

1. 추적지표(tracking signal)는 예측값이 얼마나 체계적으로 오차를 보이는지를 나타내는 지표로, 예측 오차(cumulative error)와 평균 절대 예측 오차(MAD)를 사용해 계산된다.
2. 추적지표가 음의 값을 보일 경우, 예측값이 실제값보다 일관되게 높게 책정되었음을 의미한다. 즉, 예측이 실제 수요보다 계속 과대평가되고 있다는 뜻이다.
3. 반대로, 추적지표가 양의 값을 보일 경우, 예측값이 실제값보다 일관되게 낮게 책정되었음을 의미하며, 이는 예측이 실제 수요보다 과소평가되고 있다는 뜻이다. 　　🔍**정답** ⑤

19 생산방식과 설비배치에 관한 설명으로 가장 적절하지 않은 것은?

① 수요의 변동성이 낮고 완제품에 대한 재고비용이 크지 않을 경우 계획생산 방식이 주문생산 방식에 비해 유리하다.

② 제품별 배치(product layout)는 전용설비가 사용되므로 범용 설비가 사용되는 공정별 배치(process layout)에 비해 설비투자 규모가 크다.

③ 제품 생산과정이 빠르고 수요를 초과한 생산량에 대한 폐기 비용이 클 경우 계획생산 방식이 주문 생산 방식에 비해 유리하다.

④ 처리 대상 제품 또는 서비스에 따라 요구사항이 다를 경우 제품별 배치보다 공정별 배치가 적합하다.

⑤ 셀룰러 배치(cellular layout)의 경우 그룹 테크놀로지(group technology)를 활용하여 제품별 배치의 이점과 공정별 배치의 이점을 동시에 얻을 수 있다.

21 생산계획에 관한 설명으로 가장 적절하지 않은 것은?

① 재고수준의 변동은 일반적으로 수요추종 전략(chase strategy) 보다 평준화 전략(level strategy)을 활용할 경우 크게 나타난다.

② 주생산계획(MPS)은 통상적으로 향후 수개월을 목표 대상기간 으로 하여 주 단위로 수립된다.

③ 자재소요계획(MRP)의 입력자료에는 주생산계획, 자재명세서(BOM), 재고기록철(inventory record)이 있다.

④ 총괄생산계획을 통해 개별 제품별로 월별 생산수준, 인력수준, 재고수준을 결정한다.

⑤ 자재소요계획은 생산능력, 마케팅, 재무적 요소 등에 관한 조정 기능을 포함한 MRP II 및 ERP로 확장되었다.

24 린 생산(lean production)에 관한 설명으로 가장 적절하지 않은 것은?

① 작업장의 재고를 정교하게 통제하기 위해 풀 방식(pull system)에 의한 자재흐름이 적용된다.

② 생산 프로세스의 작업부하를 일정하게 하고 과잉생산을 방지하기 위해 가능한 작은 로트(lot) 단위로 생산한다.

③ 수요변동에 효과적으로 대응하기 위해 급변하는 환경을 가정 하여 설계되었다.

④ 린 생산 시스템의 성공적인 정착을 위해서는 가동준비시간(setup time)의 최소화가 필요하다.

⑤ 린 생산을 도입할 경우 전통적인 생산시스템에 비해 공급자 수는 감소하는 대신 공급자와의 유대는 강화되는 경향이 있다.

19
▪ **계획생산 방식(make-to-stock)**

수요 예측에 따라 미리 제품을 생산하여 재고로 보유하는 방식이다. 이 방식은 수요 예측이 정확하고, 대량 생산이 가능하며, 저장 비용이 낮은 경우에 유리하다. 그러나 수요가 변동할 때, 초과 생산으로 인한 재고 비용이나 폐기 비용이 커질 수 있다.

▪ **주문생산 방식(make-to-order)**

고객의 주문을 받은 후에 제품을 생산하는 방식으로, 수요를 정확히 예측하기 어렵거나 초과 생산의 위험이 큰 경우에 유리하다. 특히, 생산 속도가 빠르거나 초과 생산으로 인한 폐기 비용이 클 때, 주문을 받은 후에 생산하는 방식이 재고 리스크를 최소화할 수 있다.

③ 생산과정이 빠르고 초과 생산으로 인한 폐기 비용이 큰 경우에는 주문생산 방식이 더 유리하다.　　🔍**정답** ③

21
▪ **총괄생산계획(aggregate production planning)**

1. 조직의 중장기 생산 계획을 수립하는 과정으로, 개별 제품이 아니라 제품군 또는 전체 생산 능력에 대한 결정을 내립니다. 주로 월별 또는 분기별로 생산 능력, 인력 배치, 재고 수준 등을 조정하여 수요 변화에 대응한다.
2. 총괄생산계획에서는 개별 제품별 세부 계획은 다루지 않으며, 제품군 수준에서 생산량과 자원 배분을 계획한 후, 더 구체적인 세부 계획(예: 마스터 생산계획(MPS))에서 개별 제품의 생산 일정을 설정한다.　🔍**정답** ④

24
▪ **린 생산(lean production)**

1. 주로 낭비를 최소화하고, 자원을 효율적으로 사용하는 생산 방식이다. 생산 공정에서 불필요한 활동이나 재고를 줄이고, 정시 생산(just-in-time, JIT) 시스템을 통해 필요한 시점에 필요한 만큼만 생산하는 것이 특징이다. 목표는 안정적이고 예측 가능한 수요에 맞춰 생산을 최적화하는 것이다.
2. 린 생산은 급변하는 수요 변화에 대응하는 것보다는 가능한 한 수요 예측을 정확히 하고 변동을 줄이는 것에 중점을 둔다. 생산 공정의 유연성을 높이기보다는 효율성을 유지하고 낭비를 줄이는 것이 주된 목표이다.　🔍**정답** ③

01 다음 설명 중 적절한 항목만을 모두 선택한 것은?

> a. 성격(personality)은 개인의 독특한 개성을 나타내는 전체적인 개념으로 선천적 유전에 의한 생리적인 것을 바탕으로 하여 개인이 사회문화환경과 작용하는 과정에서 형성된다.
> b. 욕구(needs)는 어떤 목적을 위해 개인의 행동을 일정한 방향으로 작동시키는 내적 심리상태를 의미한다.
> c. 사회적 학습이론(social learning theory)에 의하면, 학습자는 다른 사람의 어떤 행동을 관찰하여 그것이 바람직한 결과를 가져올 때에는 그 행동을 모방하고, 좋지 않은 결과를 가져올 때에는 그 같은 행동을 하지 않게 된다.
> d. 역할갈등(role conflict)은 직무에 대한 개인의 의무·권한·책임이 명료하지 않은 지각상태를 의미한다.

① a, b ② a, c ③ a, d
④ b, c ⑤ a, c, d

02 리더십에 관한 설명으로 가장 적절하지 않은 것은?

① 권한(authority)은 직위에 주어진 권력으로서 주어진 책임과 임무를 완수하는 데 필요한 의사결정권을 의미한다.
② 진성 리더(authentic leader)는 자신의 특성을 있는 그대로 인식하고 내면의 신념이나 가치와 일치되게 행동하며, 자신에게 진솔한 모습으로 솔선수범하며 조직을 이끌어가는 사람을 말한다.
③ 리더십 행동이론은 리더의 실제행동에 초점을 두고 접근한 이론으로서 독재적-민주적-자유방임적 리더십, 구조주도-배려 리더십, 관리격자 이론을 포함한다.
④ 카리스마적 리더(charismatic leader)는 집단응집성 제고를 통해 집단사고를 강화함으로써 집단의 사결정의 효과성을 더 높일 가능성이 크다.
⑤ 리더가 부하의 행동에 영향을 주는 방법에는 모범(emulation), 제안(suggestion), 설득(persuasion), 강요(coercion) 등이 있다.

01

■ **욕구(needs)**

개인이 무언가를 결핍하거나 부족하다고 느끼는 상태로, 이는 특정한 목표나 목적을 향해 행동하도록 동기를 유발하는 원인이 된다. 즉, 욕구는 결핍을 채우기 위해 행동을 유발하는 동기의 원천이다.

■ **동기(motivation)**

욕구에 의해 촉발된 행동의 동력으로, 욕구가 충족되기 위해 개인이 행동하는 과정이나 내적 상태를 의미한다.

■ **역할갈등(role conflict)**

개인이 직무 수행 과정에서 서로 상충되거나 모순되는 역할 요구를 받는 상황을 의미한다. 예를 들어, 상사가 한 가지 방향으로 시시를 내리시만, 농료나 부서에서 다른 요구를 하는 경우처럼, 서로 다른 기대나 요구 사이에서 갈등이 발생할 때 나타난다.

■ **역할모호성(role ambiguity)**

직무에 대한 의무, 권한, 책임이 명확하지 않은 상태를 의미한다. 이때, 개인은 자신의 역할이 무엇인지 정확히 알지 못하여 혼란스러워하거나 불안감을 느낄 수 있다. 역할모호성은 직무 수행의 지침이 불명확할 때 발생한다.

🔍 정답 ②

02

■ **카리스마적 리더(charismatic leader)**

1. 카리스마적 리더는 개인의 매력과 비전으로 집단을 이끌고, 강력한 영향력을 행사하여 구성원들의 응집성을 높이는 경향이 있다. 이는 팀워크와 협력에 긍정적인 영향을 미칠 수 있다.
2. 그러나 집단응집성이 지나치게 높아지면, 구성원들이 집단사고(groupthink)에 빠질 가능성이 있다. 집단사고란, 집단 내에서 비판적 사고가 부족하고, 의견의 다양성이 억제되어 잘못된 결정을 내리게 되는 현상을 말한다. 이는 다양한 의견을 고려하지 않고, 리더의 의견이나 다수의 의견에 무비판적으로 따르게 되는 경향을 초래할 수 있다.
3. 집단사고는 의사결정의 효과성을 저해할 수 있으며, 집단이 합리적이고 창의적인 결정을 내리기 어렵게 만든다.

🔍 정답 ④

03 **조직구조와 조직문화에 관한 설명으로 가장 적절하지 않은 것은?**

① 조직문화에 영향을 미치는 중요한 요소로 조직체 환경, 기본 가치, 중심인물, 의례와 예식, 문화망 등을 들 수 있다.

② 조직사회화는 조직문화를 정착시키기 위해 조직에서 활용되는 핵심 매커니즘으로 새로운 구성원을 내부 구성원으로 변화시키는 활동을 말한다.

③ 유기적 조직에서는 실력과 능력이 존중되고 조직체에 대한 자발적 몰입이 중요시된다.

④ 조직이 강한 조직문화를 가지고 있으면 높은 조직몰입으로 이직률이 낮아질 것이며, 구성원들은 조직의 정책과 비전실현에 더욱 동조하게 될 것이다.

⑤ 분권적 조직은 기능중심의 전문성 확대와 일관성 있는 통제를 통하여 조직의 능률과 합리성을 증대시킬 수 있다.

04 **집단과 의사결정에 관한 설명으로 가장 적절하지 않은 것은?**

① 집단발전의 단계 중 형성기(forming)는 집단의 목적 · 구조 · 리더십을 정하는 과정이 불확실하다는 특징을 가지고 있다.

② 1차 집단은 구성원 간의 관계가 지적 · 이성적이며 공식적 · 계약적 이라는 특징이 있는 반면, 2차 집단은 구성원의 개인적 · 감정적 개입이 요구되고 구성원 간에 개인적 · 자발적 대면관계가 유지되는 특징이 있다.

③ 규범(norm)은 집단 구성원이 주어진 상황에서 어떤 행동을 취해야 하는지에 대한 행동의 기준을 말한다.

④ 집단의사결정은 비정형적 의사결정(non-programmed decisions)에서 개인의사결정에 비해 그 효과가 더 높게 나타날 수 있다.

⑤ 의사결정이 이루어지는 과정은 문제의 인식 및 진단, 대안의 개발, 대안 평가 및 선택, 최선책의 실행, 결과의 평가로 이루어진다.

05 **성과관리와 보상제도에 관한 설명으로 가장 적절하지 않은 것은?**

① 중요사건법(critical incident method)은 평가자가 전체 평정기간 동안 피평가자에 의해 수행된 특별히 효과적인 또는 비효과적인 행동 내지 업적 모두를 작성하도록 요구한다.

② 법정 복리후생은 국가가 사회복지의 일환으로 기업의 종업원들을 보호하기 위해 법률 제정을 통해 기업으로 하여금 강제적으로 도입하도록 한 제도를 말한다.

③ 성과관리(performance management)는 경영자들이 종업원들의 활동과 결과물이 조직 목표와 일치하는 지를 확인하는 과정을 말한다.

④ 변동급 체계는 직무가치와 급여조사에서 나온 정보를 사용하여 개발되며, 직무가치는 직무평가나 시장가격책정을 사용하여 결정될 수 있다.

⑤ 종업원의 관리자 평가는 유능한 관리자를 확인하고 관리자의 경력 개발 노력을 향상시키는 데 기여할 수 있다.

03

■ **분권적 조직(decentralized organization)**

의사결정 권한이 상부에 집중되지 않고 하위 부서나 팀에 분산되는 구조이다. 이는 현장에서 신속한 의사결정을 가능하게 하고, 유연한 대응을 통해 조직의 효율성을 높일 수 있다. 분권적 조직은 각 부서가 자율성을 가지고 상황에 맞는 결정을 내릴 수 있어, 특히 빠르게 변화하는 환경에서 유리하다.

■ **집권적 조직(centralized organization)**

집권적 조직은 의사결정 권한을 중앙에 집중시켜 전문성과 통제를 강화하며, 일관성 있는 관리를 통해 조직의 효율성과 합리성을 높이는 것을 목표로 한다. 그러나 이러한 구조는 의사결정이 느리고 유연성이 부족할 수 있다.

⑤ 분권적 조직은 유연성과 신속한 대응을 중시하지, 기능 중심의 전문성 확대와 일관성 있는 통제를 통해 조직의 능률을 높이는 구조가 아니다.

🔍 **정답** ⑤

04

■ **1차 집단(Primary group)**

구성원 간의 관계가 개인적, 감정적이며, 가까운 대면 접촉을 기반으로 하는 집단이다. 주로 가족, 친구, 소규모 친밀한 집단에서 볼 수 있으며, 구성원 간의 정서적 유대와 자발적 관계가 중요한 특징이다. 이러한 관계는 비공식적이고 감정적이다.

■ **2차 집단(Secondary group)**

구성원 간의 관계가 공식적, 이성적이고, 목적 지향적인 집단이다. 예를 들어 회사, 학교, 조직 등이 여기에 해당한다. 이러한 집단에서는 계약적이고 공식적인 관계가 유지되며, 구성원 간의 개인적 감정 개입은 적고, 지적·이성적 상호작용이 중심이다.

🔍 **정답** ②

05

■ **변동급 체계(variable pay system)**

1. 기본 급여 외에 성과나 결과에 따라 보상이 결정되는 체계를 의미한다. 예를 들어, 성과급, 인센티브, 보너스 등이 변동급에 해당한다. 변동급 체계는 주로 성과를 기준으로 지급되며, 조직의 목표나 성과에 따라 변동하는 보상 방식이다.
2. 직무가치와 급여조사는 기본급 체계(base pay system)를 설계할 때 주로 사용된다. 직무평가(job evaluation)나 시장가격책정(market pricing)은 특정 직무의 상대적인 가치를 평가하여 적절한 급여 수준을 설정하는 데 사용된다. 이 과정에서 직무의 중요도나 복잡성, 시장에서의 임금 수준 등을 고려하여 기본급을 결정한다.

🔍 **정답** ④

06 인적자원의 모집, 개발 및 교육훈련에 관한 설명으로 가장 적절하지 않은 것은?

① 교육훈련(training)은 종업원에게 현재 수행하고 있는 직무뿐만 아니라 미래의 직무에서 사용하게 할 목적으로 지식과 기술을 제공한다.

② 고용주들은 조직 내부의 인적자원을 개발하느냐 아니면 이미 개발된 개인들을 외부에서 채용하느냐의 선택에 직면한다.

③ 직무상 교육훈련(on-the-job training)은 직무에 대한 경험과 기술을 가진 사람이 피훈련자가 현장에서 직무 기술을 익히도록 도와주는 방법이다.

④ 오리엔테이션은 정규 교육훈련의 한 유형으로 신입사원에게 조직, 직무 및 작업집단에 대해 실시하는 계획된 소개를 말한다.

⑤ 사내공모제(job posting)는 모집에 있어서 투명성을 제고할 수 있고, 종업원들의 승진과 성장 및 발전에 대한 기회를 균등하게 제공할 수 있다.

07 직무분석에 관한 설명으로 가장 적절하지 않은 것은?

① 직무분석(job analysis)은 직무의 내용, 맥락, 인적 요건 등에 관한 정보를 수집하고 분석하는 체계적인 방법을 말한다.

② 직무설계(job design)는 업무가 수행되는 방식과 주어진 직무에서 요구되는 과업들을 정의하는 과정을 말한다.

③ 성과기준(performance standard)은 종업원의 성과에 대한 기대 수준을 말하며 일반적으로 직무명세서로부터 직접 도출된다.

④ 원격근무(telework)는 본질적으로 교통, 자동차 매연, 과잉 건축 등으로 야기되는 문제들을 해결한다는 장점이 있다.

⑤ 직무공유(job sharing)는 일반적으로 두 명의 종업원이 하나의 정규직 업무를 수행하는 일정관리 방식을 말한다.

08 인적자원계획 및 평등고용기회에 관한 설명으로 가장 적절하지 않은 것은?

① 인적자원계획(human resource planning)은 조직이 전략적 목표를 달성할 수 있도록 사람들의 수요와 가용성을 분석하고 확인하는 과정이다.

② 기업의 인력과잉 대처방안에는 임금의 삭감, 자발적 이직프로그램의 활용, 근로시간 단축 등이 있다.

③ 임금공정성(pay equity)은 실제 성과가 상당히 달라도 임무 수행에 요구되는 지식, 기술, 능력 수준이 유사하면 비슷한 수준의 급여가 지급되어야 한다는 개념이다.

④ 적극적 고용개선조치(affirmative action)는 여성, 소수집단, 장애인에 대해 역사적으로 누적된 차별을 해소하기 위한 적극적인 고용제도이다.

⑤ 고용주는 적법한 장애인에게 평등한 고용기회를 주기 위해 합리적인 편의(reasonable accommodation)를 제공해야 한다.

06

■ **교육훈련(training)**

종업원이 현재 수행하고 있는 직무에서 필요로 하는 지식, 기술, 능력을 개발하는 과정이다. 즉, 현재 직무에서 더 나은 성과를 내기 위해 필요한 역량을 키우는 것이 목적이다.

■ **개발(development)**

종업원의 장기적인 경력 성장이나 미래 직무에 대비해 지식과 기술을 제공하는 과정을 의미한다. 개발 프로그램은 미래에 필요한 리더십, 관리 능력, 전략적 사고 등을 포함할 수 있다.

🔍정답 ①

07

■ **성과기준(performance standard)**

종업원의 성과에 대한 기대 수준을 정의하는 것으로, 특정 직무에서 어떤 성과가 기대되는지를 명확하게 설정하는 기준이다. 이는 종업원이 해야 할 업무의 질, 양, 시간, 성과 목표 등을 명시한다.

■ **직무기술서(job description)**

특정 직무에서 해야 할 업무와 책임을 기술한 문서로, 성과기준은 주로 직무기술서에서 도출된다. 직무기술서는 직무의 내용과 책임을 설명하며, 성과기준은 여기에서 해당 직무에서 기대되는 결과나 성과를 구체화한다.

■ **직무명세서(job specification)**

직무를 수행하기 위해 필요한 지식, 기술, 능력(KSAs)을 설명하는 문서로, 성과기준이 아니라, 자격 요건과 관련된 내용을 포함한다.

🔍정답 ③

08

■ **임금공정성(pay equity)**

동일한 가치의 직무에 대해 공정하고 일관된 임금이 지급되어야 한다는 원칙이다. 즉, 직무의 가치가 유사하다면 같은 임금이 지급되어야 하지만, 이때 직무의 가치는 책임, 요구되는 기술, 노동 강도, 성과 등 여러 요소를 종합적으로 평가한 결과로 결정된다. 성과에 따라 임금이 달라질 수 있지만, 기본적으로 직무의 가치와 요구사항에 맞는 보상이 지급되어야 한다는 개념이다.

③ 임금공정성은 단순히 유사한 능력을 바탕으로 급여를 결정하는 것이 아니라, 동일한 가치의 직무에 대해 공정한 임금을 지급하는 개념이다.

🔍정답 ③

18 수요예측에 관한 설명으로 가장 적절하지 않은 것은?

① 이동평균(moving average)에서 이동평균기간이 길수록 평활효과(smoothing effect)는 커지고, 실제치의 변동에 반응하는 시차(time lag)도 커진다.

② 추세조정지수평활법(trend-adjusted exponential smoothing)은 2개의 평활상수를 사용하며 단순지수평활법에 비해 추세의 변화를 잘 반영하는 장점이 있다.

③ 순환변동(cycles)은 계절변동(seasonality)에 비해 보다 장기적인 파동모양의 변동을 의미한다.

④ 계절지수(seasonal index)는 계절변동을 반영하는 기법 중 가법모형(additive model)에서 사용되며 1.0 이상의 값을 갖는다.

⑤ 수요예측의 정확성을 평가하기 위한 방법 중 평균제곱오차(MSE)는 큰 오차에 더 큰 가중치를 부여할 수 있으며, 평균절대백분율 오차(MAPE)는 실제치 대비 상대적인 오차를 측정할 수 있다.

19 품질관리와 품질비용에 관한 설명으로 가장 적절하지 않은 것은?

① 공정능력(process capability)은 공정이 안정상태(under control)에서 설계규격(specification)에 적합한 제품을 생산할 수 있는 능력을 의미하며 공정능력이 커질수록 불량률은 줄어든다.

② 품질특성 산포의 평균이 규격한계(specification limit)의 중앙에 있고 공정능력지수(C_p)가 1.0인 공정에서 규격한계의 폭이 12라면, 산포의 표준편차는 1.0이다.

③ 파레토의 원리(또는 80:20 법칙)는 소수의 핵심품질인자(vital few)에 집중하는 것이 전체 품질개선에 효율적인 방안임을 시사한다.

④ 품질비용을 예방 · 평가 · 실패 비용으로 구분할 때 예방 및 평가 비용을 늘리면 일반적으로 품질수준은 향상되고 실패비용은 감소한다.

⑤ 실패비용은 불량품이 발생했을 경우 이를 기업 내 · 외부에서 처리하는 데 발생하는 비용을 포함한다.

18 ▪ 계절지수(seasonal index)
특정 기간 동안 발생하는 계절적 변동을 나타내는 지표로, 주로 승법모형(multiplicative model)에서 사용된다. 계절지수는 평균적인 수요와 비교하여 해당 기간의 수요가 얼마나 더 높거나 낮은지를 나타낸다.

▪ 승법모형(multiplicative model)
계절 변동이 수요에 곱해지는 형태로 반영된다. 이 경우 계절지수가 1.0이면 평균과 같고, 1.0보다 크면 평균보다 높은 수요, 1.0보다 작으면 평균보다 낮은 수요를 나타낸다. 따라서 계절지수는 1.0 이하의 값을 가질 수도 있다.

▪ 가법모형(additive model)
계절적 변동이 더해지는 방식으로 반영된다. 이 모형에서는 계절지수라는 개념보다는 계절적 요인이 일정한 값으로 더해져 수요에 영향을 미친다.

🔍정답 ④

19 ▪ 공정능력지수

$$C_p = \frac{USL - LSL}{6\sigma}$$

USL = 상한 규격한계 (Upper Specification Limit)
LSL = 하한 규격한계 (Lower Specification Limit)
σ = 공정의 표준편차 (Standard Deviation)
C_p = 공정능력지수

1. 문제에서 주어진 정보
   C_p = 1.0
   규격한계의 폭 USL−LSL=12 (즉, 상한과 하한 규격한계 간의 차이는 12이다)
2. 문제풀이

$$C_p = \frac{USL - LSL}{6\sigma}, \ \sigma = \frac{USL - LSL}{6C_p} = \frac{12}{6 \times 1.0} = \frac{12}{6} = 2.0$$

∴ 산포의 표준편차는 1.0이 아니라 2.0

🔍정답 ②

623

20 라인밸런싱(line balancing)에 관한 설명으로 가장 적절하지 않은 것은?

① 연속된 두 작업장에 할당된 작업부하(workload)의 균형이 맞지 않을 경우 작업장애(blocking) 또는 작업공전(starving) 현상이 발생한다.

② 라인밸런싱의 결과, 모든 작업장의 이용률(utilization)이 100%라면 전체 생산라인의 효율(efficiency)도 100%이다.

③ 각 작업장의 이용률은 유휴시간(idle time)이 클수록 낮아진다.

④ 주기시간(cycle time)은 작업장 수를 늘릴수록 줄어든다.

⑤ 목표 산출률을 높이기 위해서는 이를 달성할 수 있는 목표 주기시간도 늘어나야 한다.

21 제품별배치(product layout)가 공정별배치(process layout)에 비해 상대적으로 유리한 장점만을 모두 선택한 것은?

> a. 산출률이 높고 단위당 원가가 낮다.
> b. 장비의 이용률(utilization)이 높다.
> c. 장비의 구매와 예방보전(preventive maintenance) 비용이 적다.
> d. 자재운반이 단순하고 자동화가 용이하다.
> e. 재공품재고(WIP)가 적다.
> f. 훈련비용이 적게 들고 작업감독이 쉽다.

① a, b, d, e, f   ② b, c, d, e, f   ③ b, d, e, f
④ a, d, e   ⑤ a, b, c

20

■ **라인밸런싱(line balancing)**

제조나 조립 공정에서 각 작업을 균형 있게 배치하여 주기시간(cycle time) 내에 작업을 완료할 수 있도록 하는 과정이다. 이를 통해 생산 효율성을 높이고, 작업자 간의 작업 부하를 고르게 나눈다.

■ **주기시간(cycle time)**

한 단위의 제품을 생산하는 데 걸리는 시간을 의미한다. 이는 생산 라인에서 각 작업이 완료되는 데 걸리는 시간이다. 주기시간이 짧을수록 더 많은 제품을 짧은 시간 내에 생산할 수 있게 된다.

■ **목표 산출률(output rate)**

일정 시간 동안 생산할 수 있는 제품의 수를 말한다. 목표 산출률을 높이려면 주기시간이 줄어야 하며, 그래야 생산 속도를 높일 수 있다.

⑤ 주기시간과 산출률은 역의 관계에 있다. 즉, 목표 산출률을 높이기 위해서는 주기시간을 줄여야 한다. 주기시간이 길어지면 제품 하나를 생산하는 데 시간이 더 걸리므로, 산출률이 낮아지게 된다.　　　🔍정답　⑤

21

■ **제품별 배치(product layout)에서 장비의 이용률(utilization)**

1. 제품별 배치는 주로 특정 제품의 대량 생산에 사용되므로, 한 종류의 제품을 지속적으로 생산할 때는 효율적이다. 하지만 제품의 종류나 생산량이 변화할 경우 장비가 특정 제품 생산에 맞춰져 있기 때문에 유연성이 부족하여 장비가 비효율적으로 사용될 가능성이 있다. 즉, 다른 제품을 생산할 때 장비를 전환하거나 활용하는 것이 어려워, 장비가 가동되지 않는 시간이 발생할 수 있다.

■ **공정별 배치(process layout)에서 장비의 이용률(utilization)**

다양한 작업을 처리하는 장비가 여러 작업에 유연하게 사용되므로, 장비의 이용률이 높아질 가능성이 크다. 각 장비가 여러 작업을 처리할 수 있어 작업 간 유휴 시간이 적고, 다양한 제품을 생산할 때 장비가 보다 효과적으로 사용된다.　　　🔍정답　①

22 자재소요계획(MRP)에 관한 설명으로 가장 적절하지 않은 것은?

① MRP는 종속수요품목에 대한 조달 계획이며, 독립수요품목과 달리 시간에 따른 수요변동이 일괄적 (lumpy)이라는 특징을 가진다.

② MRP의 입력자료인 자재명세서(BOM)는 품목 간의 계층관계와 소요량을 나무구조형태로 표현한 것이다.

③ L4L(lot for lot) 방식으로 조달하는 품목의 계획발주량(planned order releases)은 보유재고로 인해 순소요량(net requirements) 보다 많다.

④ 계획발주량은 계획입고량(planned order receipts)을 리드타임(lead time)만큼 역산하여 기간 이동한 것이다.

⑤ 하위수준코딩(low level coding)이란 동일품목이 BOM의 여러 수준(계층)에서 출현할 때, 그 품목이 출현한 수준 중 최저 수준과 일치하도록 BOM을 재구축하는 것을 의미한다.

23 경제적주문량(EOQ)모형에 관한 설명으로 가장 적절하지 않은 것은?

① 단위당 재고유지비용(holding cost)이 커지면 최적주문량은 줄어들지만, 재주문점(reorder point)은 변하지 않는다.

② 주문당 주문비용(ordering cost)이 커지면 최적주문량은 늘어 나지만, 재주문점은 변하지 않는다.

③ 리드타임(lead time)이 증가하면 재주문점은 커지지만, 최적 주문량은 변하지 않는다.

④ EOQ모형에서는 재고보충시 재고수준이 일시적으로 증가하지만 경제적생산량(EPQ)모형에서는 생산기간 중 점진적으로 증가한다.

⑤ 주문량에 따라 가격할인이 있는 경우의 EOQ모형에서 최적 주문량은 일반적으로 연간 재고유지비용과 연간 주문비용이 같아지는 지점에서 발생한다.

22　■ **L4L(Lot-for-Lot) 방식**

필요할 때 필요한 만큼만 조달하는 방식이다. 즉, 순소요량(net requirements)만큼만 주문하거나 생산하며, 과잉 생산이나 여분의 재고를 두지 않는다. 이 방식은 재고를 최소화하고, 수요 발생 시 즉각 대응하는 것을 목표로 한다.

■ **순소요량(net requirements)**

특정 시점에 필요한 수요에서 현재의 보유재고와 이미 발주된 주문량을 차감한 값을 의미한다. 순소요량은 실제로 부족한 수량만큼을 나타낸다.

■ **계획발주량(planned order releases)**

특정 시점에 발주해야 할 수량을 말한다. L4L 방식에서는 순소요량과 동일한 양만큼 발주되므로, 계획발주량은 순소요량과 일치한다.

③ L4L 방식에서는 계획발주량이 순소요량과 같으며, 보유재고가 있다면 순소요량이 줄어들어 발주량이 더 적을 수도 있다. L4L 방식의 특징은 필요한 만큼만 발주한다는 점이다.

🔍**정답** ③

23　■ **기본 EOQ 모형**

기본 EOQ(경제적 주문량) 모형에서는 재고유지비용과 주문비용이 균형을 이루는 지점에서 최적 주문량이 결정된다. 즉, 연간 재고유지비용과 연간 주문비용이 같을 때, 총비용이 최소화된다.

■ **가격할인이 있는 EOQ 모형**

1. 가격할인이 있는 경우에는 구매비용(구매량에 따라 변하는 비용)이 추가적으로 고려되어야 한다. 대량으로 주문할 경우 단위당 가격이 할인되므로, 대량 주문에 따른 할인으로 인해 재고유지비용이 증가하더라도, 총 비용이 낮아질 수 있다.
2. 따라서 최적 주문량은 단순히 재고유지비용과 주문비용이 같아지는 지점에서 결정되는 것이 아니라, 총비용(재고유지비용, 주문비용, 구매비용)을 모두 고려한 상태에서 최소화되는 지점에서 결정된다.

■ **할인효과**

대량 주문에 따른 단위당 가격 할인이 큰 경우, 재고유지비용이 다소 높더라도 더 큰 주문량이 최적으로 선택될 수 있다. 이는 재고유지비용과 주문비용이 같아지지 않더라도, 할인으로 인한 총비용 절감 효과가 더 크기 때문이다.

⑤ 가격할인이 있는 EOQ 모형에서는 재고유지비용과 주문비용이 같아지는 지점이 반드시 최적 주문량이 아니며, 구매비용을 포함한 총비용을 고려해야 최적 주문량을 결정할 수 있다. 가격할인으로 인해 더 많은 수량을 주문하는 것이 유리할 수 있기 때문이다.

🔍**정답** ⑤

01 성격 및 지각에 관한 설명으로 가장 적절하지 않은 것은?

① 외재론자(externalizer)는 내재론자(internalizer)에 비해 자기 자신을 자율적인 인간으로 보고 자기의 운명과 일상생활에서 당면하는 상황을 자기 자신이 통제할 수 있다고 믿는 경향이 있다.

② 프리드만과 로즈만(Friedman & Roseman)에 의하면 A형 성격의 사람은 B형 성격의 사람에 비해 참을성이 없고 과업성취를 서두르는 경향이 있다.

③ 지각과정에 영향을 미치는 요인에는 지각대상, 지각자, 지각이 일어나는 상황 등이 있다.

④ 외향적인 성향의 사람은 내향적인 성향의 사람보다 말이 많고 활동적인 경향이 있다.

⑤ 많은 자극 가운데 자신에게 필요한 자극에만 관심을 기울이고 이해하려 하는 현상을 선택적 지각(selective perception)이라고 한다.

02 권력 및 리더십에 관한 설명으로 가장 적절하지 않은 것은?

① 서번트 리더십(servant leadership)은 리더가 섬김을 통해 부하들 에게 주인의식을 고취함으로써 그들의 자발적인 헌신과 참여를 제고하는 리더십을 말한다.

② 리더십 특성이론은 사회나 조직체에서 인정되고 있는 성공적인 리더들은 어떤 공통된 특성을 가지고 있다는 전제하에 이들 특성을 집중적으로 연구하여 개념화한 이론이다.

③ 카리스마적 리더십(charismatic leadership)은 리더가 영적, 심적, 초자연적인 특질을 가질 때 부하들이 이를 신봉함으로써 생기는 리더십을 말한다.

④ 다양한 권력의 원천 가운데 준거적 권력(referent power)은 전문적인 기술이나 지식 또는 독점적 정보에 바탕을 둔다.

⑤ 임파워먼트(empowerment)는 부하직원이 스스로의 책임 하에 주어진 공식적 권력, 즉 권한을 행사할 수 있도록 해주는 것을 말하며, 조직 내 책임경영의 실천을 위해 중요하다.

01

▪ 외재론자(externalizer)
외재론자는 자신의 운명이나 삶의 결과가 외부 요인에 의해 결정된다고 믿는 사람이다. 즉, 운명, 우연, 외부
환경, 다른 사람의 영향 등 외부의 힘이 자신의 삶에 중요한 영향을 미친다고 생각한다. 이들은 자신이 삶의
상황을 통제할 수 없다고 느끼는 경향이 있다.

▪ 내재론자(internalizer)
내재론자는 자신의 운명이나 삶의 결과가 자신의 행동과 선택에 의해 결정된다고 믿는 사람이다. 즉, 자신의
성취와 실패는 주로 자기 자신의 통제와 책임에 달려 있다고 생각한다. 이들은 자기 자신을 자율적인 인간으
로 보고, 상황을 스스로 통제할 수 있다고 믿는 경향이 있다.

🔍정답 ①

02

▪ 준거적 권력(referent power)
다른 사람들이 그 사람을 존경하거나 동일시하려는 마음에서 비롯된 권력이다. 이는 개인의 카리스마, 매력,
도덕적 권위 등으로 인해 사람들이 그 사람을 따르고 싶어하는 경향에서 발생하는 권력이다. 즉, 사람들은
그 리더와 같은 행동을 하거나 그의 가치관을 따르고 싶어 하기 때문에 그에게 권력이 주어진다.

▪ 전문적 권력(expert power)
전문적인 기술, 지식, 또는 독점적 정보에 바탕을 둔 권력이다. 이는 특정 분야에서의 전문성이나 지식적 우위
로 인해 다른 사람들에게 영향을 미치는 권력이다. 예를 들어, 의사, 기술자, 학자가 전문적 권력을 행사할
수 있다.

🔍정답 ④

03 동기부여 및 학습에 관한 설명으로 가장 적절한 것은?

① 브룸(Vroom)의 기대이론(expectancy theory)은 개인과 개인 또는 개인과 조직 간의 교환관계에 초점을 둔다.

② 스키너(Skinner)의 조작적 조건화(operant conditioning)에 의하면 학습은 단순히 자극에 대한 조건적 반응에 의해 이루어 지는 것이 아니라 반응행동으로부터의 바람직한 결과를 작동 시킴에 따라서 이루어진다.

③ 매슬로우(Maslow)의 욕구이론에서 성장욕구는 가장 상위위치를 점하는 욕구로서, 다른 사람들로부터 인정이나 존경을 받고 싶어 하는 심리적 상태를 말한다.

④ 맥그리거(McGregor)의 'X형 · Y형이론'에 의하면 Y형의 인간관을 가진 관리자는 부하를 신뢰하지 않고 철저히 관리한다.

⑤ 형식지(explicit knowledge)는 개인이 체화하여 가지고 있으며 말로 하나하나 설명할 수 없는 내면의 비밀스러운 지식을 의미 하고, 암묵지(tacit knowledge)는 전달과 설명이 가능하며 적절히 표현되고 정리된 지식을 의미한다.

04 조직문화 및 조직개발에 관한 설명으로 가장 적절하지 않은 것은?

① 조직문화(organizational culture)란 일정한 패턴을 갖는 조직 활동의 기본가정이며, 특정 집단이 외부환경에 적응하고 내적으로 통합해 나가는 과정에서 고안, 발견 또는 개발된 것이다.

② 조직문화는 구성원들에게 조직 정체성(organizational identity)을 부여하고, 그들이 취해야 할 태도와 행동기준을 제시하여 조직 체계의 안정성과 조직몰입을 높이는 기능을 한다.

③ 조직에서 변화(change)에 대한 구성원의 저항행동에 작용하는 요인에는 고용안정에 대한 위협감, 지위 손실에 대한 위협감, 성격의 차이 등이 있다.

④ 적응적(adaptive) 조직문화를 갖는 조직에서 구성원들은 고객을 우선적으로 생각하며 변화를 가져올 수 있는 인적, 물적, 또는 제도나 과정 등의 내적 요소들에 많은 관심을 보인다.

⑤ 레윈(ewin)의 조직변화 3단계 모델에 의하면, '변화' 단계에서는 구성원의 변화 필요성 인식, 주도 세력 결집, 비전과 변화전략의 개발 등이 이루어진다.

03 ▪ **동기부여 및 학습**

① 브룸의 기대이론(expectancy theory): 이 이론은 개인이 특정 행동을 선택하는 이유가 기대되는 결과에 대한 기대감(expectancy), 그 결과의 유인가(valence), 그리고 수단성(instrumentality)이라는 세 가지 요소에 따라 결정된다고 설명한다. 반면에, 교환관계에 초점을 맞추는 이론은 사회적 교환 이론(social exchange theory)에 더 가깝습니다. 이 이론은 개인과 개인 또는 개인과 조직 간의 상호 이익 교환을 설명하며, 사람들은 상호 간에 이익을 주고받는 교환적 관계에서 행동한다고 본다.

③ 매슬로우(Maslow)의 욕구이론에서 가장 상위위치를 점하는 욕구는 자아실현 욕구(self-actualization needs)로 자신의 잠재력과 능력을 최대한 발휘하려는 욕구로, 이는 성장 욕구(growth needs)에 해당한다. 다른 사람들로부터 인정이나 존경을 받고 싶어 하는 상태는 존경욕구이다.

④ 맥그리거(McGregor)의 X형·Y형 이론에서 Y형의 인간관은 사람에 대한 긍정적인 가정에 바탕을 두고 있으며, 이와는 반대로 X형의 인간관은 부하를 신뢰하지 않고 엄격하게 관리하는 방식이다.

⑤ 형식지는 전달과 설명이 가능하며 정리된 지식을 의미하고, 암묵지는 체화된 경험적 지식으로 설명하기 어렵다.

🔍 **정답** ②

04 ▪ **레윈(Lewin)의 조직변화 3단계 모델**

1. 해빙(unfreezing): 변화의 첫 번째 단계로, 기존의 상태를 벗어나기 위한 준비 과정이다. 이 단계에서 변화의 필요성을 인식하고, 변화에 대한 저항을 줄이기 위한 노력이 이루어진다. 주요 활동으로는 구성원들에게 변화의 필요성을 인식시키고, 변화를 주도할 세력을 결집하며, 비전과 변화전략을 개발하는 것 등이 있다.

2. 변화(moving): 이 단계에서는 실제 변화가 이루어지는 과정이다. 구성원들이 새로운 방식이나 행동을 배우고, 조직이 변화된 상태로 이동한다. 새로운 행동, 과정, 시스템이 도입되고 실행된다. 이 단계는 구체적인 실행과 변화의 적용을 포함한다.

3. 재동결(refreezing): 변화가 성공적으로 이루어진 후, 변화된 상태를 안정화시키는 단계이다. 이 단계에서는 새로운 변화가 지속될 수 있도록 체계화하고, 변화를 조직의 일상적인 부분으로 정착시키기 위한 노력이 필요하다.

🔍 **정답** ⑤

05 보상제도에 관한 설명으로 가장 적절하지 않은 것은?

① 연공급(seniority-based pay)은 기업에서 종업원들의 근속연수나 경력 등의 연공요소가 증가함에 따라 그들의 숙련도나 직무 수행능력이 향상된다는 논리에 근거를 둔다.

② 종업원에게 지급되는 직접적 형태의 보상에는 기본급(base pay), 변동급(variable pay), 복리후생(benefits) 등이 있다.

③ 임금피크제(salary peak system)란 일정의 연령부터 임금을 조정하는 것을 전제로 소정의 기간 동안 종업원의 고용을 보장하거나 연장하는 제도이다.

④ 이윤분배제도(profit-sharing plan)는 기업에 일정 수준의 이윤이 발생했을 경우 그 중의 일정 부분을 사전에 노사의 교섭에 의해 정해진 배분방식에 따라 종업원들에게 지급하는 제도이다.

⑤ 연봉제는 종업원 개인 간의 지나친 경쟁의식을 유발하여 위화감을 조성하고 조직 내 팀워크를 약화시키며, 단기 업적주의의 풍토를 조장할 수 있다는 단점이 있다.

06 직무분석 및 인사평가에 관한 설명으로 가장 적절하지 않은 것은?

① 직무분석은 인적자원의 선발, 교육훈련, 개발, 인사평가, 직무 평가, 보상 등 대부분의 인적자원관리 업무에서 기초자료로 활용할 정보를 제공한다.

② 다면평가란 상급자가 하급자를 평가하는 하향식 평가의 단점을 보완하여 상급자에 의한 평가 이외에도 평가자 자신, 부하직원, 동료, 고객, 외부전문가 등 다양한 평가자들이 평가하는 것을 말한다.

③ 설문지법(questionnaire method)은 조직이 비교적 단시일 내에 많은 구성원으로부터 직무관련 자료를 수집할 수 있다는 장점이 있다.

④ 과업(task)은 종업원에게 할당된 일의 단위를 의미하며 독립된 목적으로 수행되는 하나의 명확한 작업활동으로 조직활동에 필요한 기능과 역할을 가진 일을 뜻한다.

⑤ 대조오류(contrast errors)란 피평가자가 속한 집단에 대한 지각에 기초하여 이루어지는 것으로 평가자가 생각하고 있는 특정집단 구성원의 자질이나 행동을 그 집단의 모든 구성원에게 일반화시키는 경향에서 발생한다.

07 인적자원계획, 모집 및 선발에 관한 설명으로 가장 적절하지 않은 것은?

① 현실적 직무소개(realistic job preview)란 기업이 모집단계에서 직무 지원자에게 해당 직무에 대해 정확한 정보를 제공하는 것을 말한다.

② 선발시험(selection test)에는 능력검사, 성격검사, 성취도검사 등이 있다.

③ 비구조적 면접(unstructured interview)은 직무기술서를 기초로 질문항목을 미리 준비하여 면접자가 피면접자에게 질문하는 것으로 이러한 면접은 훈련을 받지 않았거나 경험이 없는 면접자도 어려움 없이 면접을 수행할 수 있다는 이점이 있다.

④ 기업의 인력부족 대처방안에는 초과근무 활용, 파견근로 활용, 아웃소싱 등이 있다.

⑤ 외부노동시장에서 지원자를 모집하는 원천(source)에는 광고, 교육기관, 기존 종업원의 추천 등이 있다.

05

■ **직접적 보상(direct compensation)**
종업원에게 현금으로 지급되는 보상으로, 기본적으로 급여와 성과에 따라 추가로 지급되는 금액을 포함한다.
1) 기본급(base pay): 종업원의 직무나 역할에 대해 고정적으로 지급되는 기본적인 급여.
2) 변동급(variable pay): 성과나 목표 달성에 따라 추가로 지급되는 보상(예: 보너스, 인센티브).

■ **간접적 보상(indirect compensation)**
종업원에게 현금으로 지급되지 않고, 부가적인 혜택이나 서비스로 제공되는 보상이다.
1) 복리후생(benefits): 의료보험, 연금, 유급휴가, 교육 지원, 출퇴근 보조금 등 종업원에게 제공되는 비현금성 혜택이 여기에 포함된다.

🔍 **정답** ②

06

■ **대조오류(contrast errors)**
평가자가 이전 평가 대상자나 다른 사람과 비교하여 피평가자를 평가할 때 발생하는 오류이다. 예를 들어, 이전에 매우 우수한 성과를 낸 사람을 평가한 후, 그와 비교하여 현재 평가 대상자가 상대적으로 낮은 성과를 낸 것처럼 느껴질 때 발생하는 오류이다. 즉, 다른 평가 대상자와 비교하여 평가가 왜곡되는 경향을 의미한다.

■ **상동오류(stereotype error)**
1. 상동오류는 고정관념(stereotype)에 근거하여 발생하는 오류로, 평가자가 특정 집단에 속한 구성원들에 대해 일반화된 생각이나 편견을 가지고, 그 집단에 속한 모든 구성원들이 동일한 특성을 지니고 있다고 생각할 때 발생한다.
2. 예를 들어, 특정 직업군, 나이, 성별, 인종에 대한 고정된 생각을 가지고 그 집단의 모든 구성원을 같은 방식으로 평가하는 것이 상동오류이다.

🔍 **정답** ⑤

07

■ **비구조적 면접(unstructured interview)**
1. 정해진 질문이나 체계적인 구조 없이 면접자가 자유롭게 질문을 던지고, 피면접자와의 대화를 통해 정보를 수집하는 면접 방식이다. 질문이 미리 정해지지 않고, 면접 진행 중에 자연스럽게 질문이 이루어지며, 피면접자의 반응에 따라 추가적인 질문이 이루어질 수 있다.
2. 훈련을 받지 않았거나 경험이 없는 면접자는 비구조적 면접을 수행하기 어려울 수 있다. 이는 면접자가 즉흥적으로 질문을 던지고, 피면접자의 답변에 따라 상황에 맞게 면접을 진행하는 능력이 필요하기 때문이다.

■ **구조적 면접(structured interview)**
직무기술서를 바탕으로 면접 질문이 미리 준비되며, 모든 피면접자에게 동일한 질문을 던지는 체계적인 면접 방식이다. 훈련이 부족하거나 경험이 없는 면접자도 구조적 면접을 통해 일관성 있게 면접을 수행할 수 있다.

🔍 **정답** ③

08 인적자원 개발 및 교육훈련에 관한 설명으로 가장 적절하지 않은 것은?

① E-learning은 인터넷이나 사내 인트라넷을 사용하여 실시하는 온라인 교육을 의미하며, 시간과 공간의 제약을 초월하여 많은 종업원을 대상으로 교육을 실시할 수 있다는 장점이 있다.

② 기업은 직무순환(job rotation)을 통해 종업원들로 하여금 기업의 목표와 다양한 기능들을 이해하게 하며, 그들의 문제해결 및 의사결정 능력 등을 향상시킨다.

③ 교차훈련(cross-training)이란 팀 구성원이 다른 팀원의 역할을 이해하고 수행하는 방법을 말한다.

④ 승계계획(succession planning)이란 조직이 조직체의 인적자원 수요와 구성원이 희망하는 경력목표를 통합하여 구성원의 경력 진로(career path)를 체계적으로 계획·조정하는 인적자원관리 과정을 말한다.

⑤ 교육훈련 설계(training design)는 교육훈련의 필요성 평가로부터 시작되며, 이러한 평가는 조직분석, 과업분석, 개인분석 등을 포함한다.

18 설비배치 유형에 관한 비교설명으로 가장 적절한 것은?

① 공정별배치(process layout)는 대량생산을 통한 원가의 효율성이 제품별배치(product layout)보다 상대적으로 높다.

② 제품별배치는 생산제품의 다양성과 제품설계변경에 대한 유연성이 공정별배치보다 상대적으로 높다.

③ 제품별배치는 설비의 활용률(utilization)이 공정별배치에 비해 상대적으로 낮다.

④ 제품별배치는 경로설정(routing)과 작업일정계획(scheduling)이 공정별배치에 비해 상대적으로 단순하다.

⑤ 공정별배치는 설비의 고장에 따른 손실이 제품별배치보다 상대적으로 크다.

22 생산계획에 관한 설명으로 적절한 항목만을 모두 선택한 것은?

> a. 총괄계획(aggregate planning)을 수립할 때 재고유지비용이 크다면, 수요추종전략(chase strategy)이 생산수준평준화전략(level strategy)보다 유리하다.
> b. 자재소요계획(MRP)을 통해 하위품목에 대한 조달일정이 정해진 이후, 완제품에 대한 주생산계획(MPS)을 수립한다.
> c. 로트크기(lot size)는 총괄계획의 주요결과물 중 하나이다.
> d. 주생산계획은 완제품의 생산시점과 생산량을 결정하고 이를 통해 그 제품의 예상재고를 파악할 수 있다.

① a, b   ② a, c   ③ a, d

④ b, c   ⑤ a, c, d

08

■ **승계계획(succession planning)**
조직의 핵심 역할, 직무, 리더십 포지션에 대한 후계자를 미리 준비하고 육성하는 과정이다. 이는 조직 내에서 중요한 직책이 공석이 될 경우를 대비해, 적절한 인재를 미리 식별하고 개발하여 공석을 신속하게 채울 수 있도록 준비하는 것이 목표이다. 주로 리더십 승계나 핵심 인재 승계를 위한 계획이다.

■ **경력 개발(career development)**
구성원의 개인적 경력 목표와 조직의 요구를 통합하여, 구성원이 자신의 경력 진로(career path)를 발전시킬 수 있도록 체계적으로 계획하고 지원하는 과정이다. 경력 개발은 승계계획과 달리, 모든 직원의 경력 목표를 고려하며, 구성원의 성장과 경력 발전에 초점을 맞춘다.

정답 ④

18

■ **설비배치 유형**
① 제품별 배치는 대량생산을 통해 고정비를 분산시키고, 생산 공정이 표준화되어 비용 절감이 가능한다. 반면, 공정별 배치는 다양한 제품을 소규모로 생산하는 데 적합하지만, 생산 공정이 복잡하고, 제품을 이동시키는 비용과 시간이 더 많이 들기 때문에 대량생산에서는 비효율적이다.
② 제품별 배치는 대량 생산에 적합하지만, 제품 설계가 변경되거나 다양한 제품을 생산할 때는 유연성이 낮다. 이는 공정이 고정된 흐름에 맞춰져 있기 때문에, 설계 변경 시 생산 라인을 재조정해야 하는 어려움이 있기 때문이다.
③ 특정 제품을 대량으로 생산하기 위해 설비와 공정이 연속적으로 배치되는 방식이다. 이 방식에서는 작업이 표준화되고, 설비가 지속적으로 사용되기 때문에 설비의 활용률이 높다. 같은 제품을 반복적으로 생산하는 과정이므로, 설비가 거의 항상 가동 상태에 있을 수 있다.
⑤ 공정별 배치에서는 각 설비가 독립적으로 운영되며, 설비 고장 시 다른 작업장에서 대체할 수 있기 때문에 손실이 상대적으로 작다.

정답 ④

22

■ **생산계획**
b. 주생산계획(MPS)이 먼저 수립된 후, 이를 바탕으로 자재소요계획(MRP)이 수행된다. MPS는 최종 제품에 대한 생산 계획을 제시하고, MRP는 그에 맞춰 부품 및 하위 품목의 필요 시기와 수량을 계산하여 조달 일정을 결정한다. 따라서 MRP는 MPS 이후에 이루어지며, MPS 없이 하위 품목의 조달 일정(MRP)을 먼저 결정하는 것은 불가능한다.
c. 로트크기(lot size)는 주로 주생산계획(MPS) 또는 자재소요계획(MRP)에서 결정된다. 로트크기는 특정 제품이나 부품을 한 번에 얼마나 많은 양을 생산하거나 주문할 것인지를 결정하는 항목으로, 구체적인 생산 또는 조달 계획에서 중요한 역할을 한다.

정답 ③

23 생산시스템 지표들 간의 관계에 관한 설명으로 가장 적절하지 않은 것은? 단, 아래의 각 보기마다 보기 내에서 언급된 지표를 제외한 나머지 지표들과 생산환경은 변하지 않는다고 가정하며, 생산능력(capacity)은 단위시간당 생산되는 실제 생산량(산출량)을 나타낸다.

① 수요와 리드타임(lead time)의 변동성이 커지면 재고는 증가한다.

② 준비시간(setup time)이 길어지면 생산능력은 감소한다.

③ 주기시간(cycle time)을 단축하면 생산능력은 증가한다.

④ 설비의 고장과 유지보수로 인해 시간지연이 길어지면 처리시간 (flow time)은 커지고 생산능력은 감소한다.

⑤ 로트크기(lot size)를 크게 하면 생산능력은 증가하고 재고는 감소한다.

24 식스시그마 방법론에 관한 설명으로 가장 적절한 것은?

① 하향식(top-down) 프로젝트활동보다는 품질분임조나 제안 제도와 같은 자발적 상향식(bottom-up) 참여가 더 강조된다.

② 시그마수준(sigma level) 6은 품질특성의 표준편차(σ)를 지속적으로 감소시켜 규격상하한선 (specification limit) 사이의 폭이 표준편차의 6배와 같아지는 상태를 의미한다.

③ 고객이 중요하게 생각하는 소수의 핵심품질특성(CTQ, critical to quality)을 선택하여 집중적으로 개선하며, 블랙벨트와 같은 전문요원을 양성한다.

④ 품질자료의 계량적 측정과 통계적 분석보다는 정성적 품질 목표의 설정과 구성원의 지속적 품질개 선노력이 더 강조된다.

⑤ 품질특성의 표준편차가 감소하면 불량률과 시그마수준 모두 감소한다.

23　■ 로트크기(lot size)

한 번에 생산하거나 주문하는 수량을 의미한다. 로트크기를 크게 하면 더 많은 양을 한 번에 생산하거나 주문하게 된다.

■ 생산능력(capacity)

생산능력은 생산 시스템이 주어진 시간 내에 처리할 수 있는 최대 생산량을 의미한다. 로트크기를 늘리는 것은 생산능력 자체를 증가시키지 않는다. 생산능력은 기계, 인력, 시간, 설비 등의 제약에 의해 결정되며, 로트크기를 크게 한다고 해서 생산할 수 있는 능력이 늘어나는 것은 아니다. 오히려 큰 로트크기는 장비 사용 시간을 증가시켜 다른 제품의 생산을 지연시킬 수 있다.

■ 재고

로트크기를 크게 하면 한 번에 많은 양을 생산하거나 주문하게 되므로, 재고는 증가할 가능성이 크다. 큰 로트크기는 필요 이상의 재고를 보유하게 만들어 재고 유지 비용이 증가할 수 있다. 반면, 로트크기를 작게 하면 필요한 만큼만 생산하거나 주문하므로 재고 수준을 줄일 수 있다.　　정답 ⑤

24　■ 식스시그마(Six Sigma) 방법론

① 식스시그마 방법론은 현장 직원의 자발적인 참여(품질분임조나 제안 제도)를 강조하는 방식의 상향식(bottom-up) 참여 보다는 조직의 최고 경영진과 중간 관리자의 강력한 지원과 리더십 하에 진행되는 하향식(top-down) 접근이 핵심이다.

② 시그마 수준 6(sigma level 6)는 결함 없는 제품을 만들기 위한 목표로, 규격 상한선(USL)과 하한선(LSL) 사이에 표준편차(σ)의 6배가 들어가는 상태를 의미한다. 즉, 한쪽 방향에서 표준편차 6개가 규격 한계 내에 들어가야 하며, 전체 규격 폭은 12σ가 된다. 시그마 수준 6은 규격 상하한선 간의 폭이 표준편차의 6배가 아니라 12배가 되는 상태를 의미한다.

④ 식스시그마는 정성적 목표 설정이나 지속적인 품질 개선 노력보다는, 계량적 데이터 측정과 통계적 분석을 통한 품질 개선에 더 중점을 둔다.

⑤ 표준편차가 감소하면 제품 특성 값들이 규격 범위 안에 더 많이 들어가기 때문에, 불량률은 감소한다. 또한, 시그마 수준은 증가하게 된다. 시그마 수준이 높을수록 공정의 품질이 더 우수하다는 의미이므로, 표준편차가 줄어들수록 시그마 수준이 더 높아진다.　　정답 ③

01 동기부여 이론에 관한 설명으로 가장 적절한 것은?

① 아담스(Adams)의 공정성이론(equity theory)은 절차적 공정성과 상호작용적 공정성을 고려한 이론이다.

② 핵크만(Hackman)과 올드햄(Oldham)의 직무특성이론에서 직무의 의미감에 영향을 미치는 요인은 과업의 정체성, 과업의 중요성, 기술의 다양성이다.

③ 브룸(Vroom)의 기대이론에서 수단성(instrumentality)이 높으면 보상의 유의성(valence)도 커진다.

④ 인지적 평가이론(cognitive evaluation theory)에 따르면 내재적 보상에 의해 동기부여가 된 사람에게 외재적 보상을 주면 내재적 동기부여가 더욱 증가한다.

⑤ 허쯔버그(Herzberg)의 2요인이론(two factor theory)에서 위생 요인은 만족을 증대시키고 동기요인은 불만족을 감소시킨다

02 조직에서 개인의 태도와 행동에 관한 설명으로 가장 적절한 것은?

① 조직몰입(organizational commitment)에서 지속적 몰입(continuance commitment)은 조직구성원으로서 가져야 할 의무감에 기반한 몰입이다.

② 정적 강화(positive reinforcement)에서 강화가 중단될 때, 변동 비율법에 따라 강화된 행동이 고정비율법에 따라 강화된 행동 보다 빨리 사라진다.

③ 감정지능(emotional intelligence)이 높을수록 조직몰입은 증가 하고 감정노동(emotional labor)과 감정소진(emotional burnout)은 줄어든다.

④ 직무만족(job satisfaction)이 높을수록 이직의도는 낮아지고 직무관련 스트레스는 줄어든다.

⑤ 조직시민행동(organizational citizenship behavior)은 신사적 행동(sportsmanship), 예의바른 행동(courtesy), 이타적 행동(altruism), 전문가적 행동(professionalism)의 네 요소로 구성된다

01 ■ 동기부여 이론

① 아담스의 공정성이론은 분배적 공정성(distributive justice)을 다루는 이론이다. 이는 개인이 자신의 노력이나 성과에 대해 받는 보상이 타인과 비교했을 때 공정한지 여부를 판단하는 이론이다. 즉, 개인이 투입한 노력(입력)과 그에 따른 보상(출력)을 타인의 것과 비교하여 불공정성을 느끼면 불만족을 느끼고, 이를 해소하려는 동기가 발생한다는 내용이다. 절차적 공정성(procedural justice)과 상호작용적 공정성(interactional justice)은 이후에 발전된 개념이다.

③ 기대(expectancy): 특정 노력이 성과로 이어질 확률에 대한 믿음.
수단성(instrumentality): 특정 성과가 원하는 보상으로 이어질 확률에 대한 믿음.
유의성(valence): 보상이 개인에게 얼마나 가치 있고 바람직한가에 대한 평가.

④ 내재적 동기는 개인이 스스로 그 활동을 즐기거나 흥미를 느껴서 행동하는 동기이다. 그러나 외재적 보상(예: 돈, 상장)이 내재적 동기로 동기부여된 활동에 부여되면, 그 활동이 외부의 통제 하에 있다고 느껴질 수 있다. 즉, 활동을 스스로 하는 것이 아니라 보상을 위해 한다고 느껴지게 되어 내재적 동기가 감소할 수 있다.

⑤ 허쯔버그 이론에 따르면, 위생 요인은 불만족을 감소시키는 역할을 하고, 동기 요인은 만족을 증대시키는 역할을 한다.

정답 ②

02 ■ 조직에서 개인의 태도와 행동

① *지속적 몰입(continuance commitment)은 조직을 떠나는 데 따르는 비용이나 손실에 대한 인식에 기반한 몰입이다. 즉, 개인이 조직을 떠날 경우 경제적, 사회적 손실이 클 것이라고 생각하거나, 대체할 만한 다른 직장을 찾는 것이 어렵다고 느낄 때 발생하는 몰입이다. 반면, 규범적 몰입(normative commitment)은 조직구성원으로서 느끼는 의무감에 기반한 몰입이다. 이는 조직에 대한 도덕적 또는 윤리적 책임감을 느껴서, 또는 조직이 자신에게 제공한 혜택에 대해 보답해야 한다는 생각으로 조직에 남아 있으려는 몰입 형태이다.

② 고정 비율법(Fixed Ratio, FR)은 일정한 횟수의 행동이 나타날 때마다 강화가 주어진다. 예를 들어, 5번 행동을 하면 강화(보상)를 받는 경우이다. 고정 비율법에 따라 강화된 행동은 보상이 일정하다는 것을 알기 때문에, 강화가 중단되면 비교적 빠르게 그 행동을 멈출 수 있다. 변동 비율법(Variable Ratio, VR)은 강화가 주어지는 횟수가 불규칙하게 설정된다. 예를 들어, 평균적으로 5번 행동 후에 강화가 주어지지만, 정확한 횟수는 매번 다르다(때로는 3번, 때로는 7번). 이 방식은 도박과 같은 상황에서 볼 수 있으며, 이 강화 스케줄은 매우 높은 저항성을 갖습니다. 즉, 강화가 중단되더라도 사람은 언제 보상이 다시 올지 모르기 때문에 행동이 쉽게 사라지지 않는다.

③ 감정지능이 높은 사람은 자신의 감정을 잘 인식하고 조절하며, 타인의 감정에도 공감할 수 있기 때문에, 더 좋은 대인관계를 유지하고 직무 만족도가 높아질 수 있다. 이러한 이유로 감정지능이 높을수록 조직몰입이 증가한다는 부분은 대체로 맞는 설명이다. 그러나 감정노동은 직무에서 요구되는 감정을 표현하는 과정에서 발생하는 노동으로, 감정지능이 높다고 해서 감정노동의 요구가 줄어드는 것은 아니다. 예를 들어, 서비스 직종에서 감정지능이 높을지라도 여전히 감정적 표현을 요구받는 경우가 많습니다. 오히려 감정지능이 높은 사람은 감정노동을 더 잘 수행할 수 있지만, 그렇다고 해서 감정노동의 강도나 빈도가 줄어들지는 않는다. 감정지능이 높으면 감정노동을 더 효과적으로 처리할 수 있겠지만, 감정노동 자체가 줄어든다고 보기 어렵다.

⑤ "조직시민행동(Organizational Citizenship Behavior, OCB)은 이타적 행동, 양심적 행동, 예의바른 행동, 신사적 행동, 시민 덕목 등 다섯가지 요소로 구성되어 있다.

정답 ④

03 비교경영연구에서 합스테드(Hofstede)의 국가간 문화분류의 차원으로 가장 적절하지 않은 것은?

① 고맥락(high context)과 저맥락(low context)
② 불확실성 회피성향(uncertainty avoidance)
③ 개인주의(individualism)와 집단주의(collectivism)
④ 권력거리(power distance)
⑤ 남성성(masculinity)과 여성성(femininity)

04 리더십이론에 관한 설명으로 가장 적절한 것은?

① 허시(Hersey)와 블랜차드(Blanchard)의 상황이론에 따르면 설득형(selling) 리더십 스타일의 리더
   보다 참여형(participating) 리더십 스타일의 리더가 과업지향적 행동을 더 많이 한다.
② 피들러(Fiedler)의 상황이론에 따르면 개인의 리더십 스타일이 고정되어 있지 않다는 가정 하에
   리더는 상황이 변할 때마다 자신의 리더십 스타일을 바꾸어 상황에 적용한다.
③ 블레이크(Blake)와 머튼(Mouton)의 관리격자이론(managerial grid theory)은 리더십의 상황이론
   에 해당된다.
④ 거래적 리더십(transactional leadership)이론에서 예외에 의한 관리(management by exception)
   란 과업의 구조, 부하와의 관계, 부하에 대한 권력행사의 예외적 상황을 고려하여 조건적 보상을 하는
   것이다.
⑤ 리더-구성원 교환관계이론(LMX: leader-member exchange theory)에서는 리더와 부하와의 관
   계의 질에 따라서 부하를 내집단(in-group)과 외집단(out-group)으로 구분한다.

05 조직구조에 관한 설명으로 가장 적절하지 않은 것은?

① 공식화(formalization)의 정도는 조직 내 규정과 규칙, 절차와 제도, 직무 내용 등이 문서화되어 있
   는 정도를 통해 알 수 있다.
② 번즈(Burns)와 스토커(Stalker)에 따르면 기계적 조직(mechanistic structure)은 유기적 조직
   (organic structure)에 비하여 집권화와 전문화의 정도가 높다.
③ 수평적 조직(horizontal structure)은 고객의 요구에 빠르게 대응 할 수 있고 협력을 증진시킬 수
   있다.
④ 민쯔버그(Mintzberg)에 따르면 애드호크라시(adhocracy)는 기계적 관료제(machine bureaucracy)
   보다 공식화와 집권화의 정도가 높다.
⑤ 네트워크 조직(network structure)은 공장과 제조시설에 대한 대규모 투자가 없어도 사업이 가능
   하다.

03 ▪ **합스테드(Hofstede)의 국가간 문화분류의 차원**
1. 권력 거리 지수: 권력의 불평등을 수용하는 정도.
2. 개인주의 대 집단주의: 개인의 목표를 중시하는지, 집단의 목표를 중시하는지.
3. 남성성 대 여성성: 경쟁과 성취를 중시하는지, 관계와 협력을 중시하는지.
4. 불확실성 회피 지수: 불확실성을 얼마나 회피하려고 하는지. 　　　🔍정답 ①

04 ▪ **리더십이론**
① 설득형 리더십은 과업지향적 행동이 높고, 구성원에게 과업을 구체적으로 지시하고 지도하는 데 많은 비중을 둔다. 반면 참여형 리더십은 과업지향적 행동보다는 관계지향적 행동에 더 중점을 둔다. 참여형 리더는 구성원과 함께 의사결정을 하고 동기를 부여하지만, 구체적으로 과업을 지시하는 부분은 덜 강조된다.
② 피들러는 개인의 리더십 스타일이 고정되어 있으며, 쉽게 변하지 않는다고 가정한다. 따라서, 상황이 변할 때마다 리더가 자신의 스타일을 유연하게 바꾸는 것이 아니라, 상황 자체를 리더의 스타일에 맞게 조정해야 한다고 주장한다. 만약 상황이 리더의 스타일과 맞지 않으면, 리더가 자신의 스타일을 바꾸는 것이 아니라 상황을 바꾸거나 리더를 교체하는 것이 필요하다고 주장한다.
③ 블레이크와 머튼의 관리격자이론(또는 관리 그리드 이론)은 리더십 스타일을 두 가지 차원으로 구분하여 분석하는 행동 중심의 리더십 이론이다.
④ 예외에 의한 관리는 조건적 보상을 제공하는 것이 아니라, 리더가 부하의 성과를 모니터링하고 문제나 실수가 발생할 때만 개입하는 관리 방식이다. 이는 과업의 구조나 부하와의 관계, 권력 행사와 관련된 예외적 상황을 고려해 보상을 주는 개념이 아니다. 　　　🔍정답 ⑤

05 ▪ **애드호크라시(adhocracy)**
1. 애드호크라시는 유연하고 분권화된 조직 구조이다. 이 조직은 빠르게 변화하는 환경에서 혁신과 창의성을 중시하며, 상황에 맞게 즉흥적으로 조직 구조를 조정할 수 있다.
2. 공식화(formalization)와 집권화(centralization)의 정도가 낮다. 공식적인 규칙이나 절차가 적고, 의사결정 권한이 상부에 집중되지 않고 다양한 부서와 개인에게 분산되어 있다.

▪ **기계적 관료제(machine bureaucracy)**
1. 기계적 관료제는 고도로 공식화되고 집권화된 조직 구조이다. 절차와 규칙이 명확하고, 의사결정이 상위 관리층에 의해 이루어진다.
2. 공식화와 집권화의 정도가 높다. 표준화된 절차와 규칙을 통해 조직이 운영되며, 구성원들은 명확한 규칙에 따라 행동하고, 권한은 상위 관리자에게 집중된다. 　　　🔍정답 ④

06 교육훈련 평가에 관한 커크패트릭(Kirkpatrick)의 4단계 모형에서 제시된 평가로 가장 적절하지 않은 것은?

① 교육훈련 프로그램에 대한 만족도와 유용성에 대한 개인의 반응평가

② 교육훈련을 통해 새로운 지식과 기술을 습득하였는가에 대한 학습평가

③ 교육훈련을 통해 직무수행에서 행동의 변화를 보이거나 교육 훈련내용을 실무에 활용하는가에 대한 행동평가

④ 교육훈련으로 인해 부서와 조직의 성과가 향상되었는가에 대한 결과평가

⑤ 교육훈련으로 인해 인지능력과 감성능력이 향상되었는가에 대한 기초능력평가

07 직무에 관한 설명으로 가장 적절한 것은?

① 직무기술서(job description)와 직무명세서(job specification)는 직무분석(job analysis)의 결과물이다.

② 직무분석방법에는 분류법, 요소비교법, 점수법, 서열법 등이 있다.

③ 직무기술서는 해당 직무를 수행하기 위해 필요한 지식, 기술, 능력 등을 기술하고 있다.

④ 직무평가(job evaluation)방법에는 관찰법, 질문지법, 중요사건법, 면접법 등이 있다.

⑤ 수행하는 과업의 수와 다양성을 증가시키는 수평적 직무확대를 직무충실화(job enrichment)라 한다.

08 인사평가 및 선발에 관한 설명으로 가장 적절한 것은?

① 내부모집은 외부모집에 비하여 모집과 교육훈련의 비용을 절감 하는 효과가 있고 새로운 아이디어의 도입 및 조직의 변화와 혁신에 유리하다.

② 최근효과(recency effect)와 중심화 경향(central tendency)은 인사 선발에 나타날 수 있는 통계적 오류로서 선발도구의 신뢰성과 관련이 있다.

③ 선발도구의 타당성은 기준관련 타당성, 내용타당성, 구성타당성 등을 통하여 측정할 수 있다.

④ 행위기준고과법(BARS: behaviorally anchored rating scales)은 개인의 성과목표대비 달성 정도를 요소별로 상대 평가하여 서열을 매기는 방식이다.

⑤ 360도 피드백 인사평가에서는 전통적인 평가 방법인 상사의 평가와 피평가자의 영향력이 미치는 부하의 평가를 제외한다.

06 ▪ **커크패트릭(Kirkpatrick)의 4단계 모형**
1. 반응(Reaction): 훈련에 대한 학습자의 만족도나 반응을 평가하는 단계이다. 훈련이 흥미로웠는지, 학습자가 긍정적인 경험을 했는지 등을 평가한다.
2. 학습(Learning): 훈련을 통해 지식, 기술, 태도가 얼마나 향상되었는지를 평가하는 단계이다. 이는 훈련이 목표로 삼은 구체적인 지식이나 기술의 습득 여부를 측정하는 것으로, 인지능력의 향상을 평가할 수 있는 부분이다. 그러나 감성능력(정서적 측면)의 향상은 이 단계에서 직접적으로 다루어지지 않는다.
3. 행동(Behavior): 훈련 후 실제로 현장에서 행동이 변화했는지를 평가하는 단계이다. 즉, 학습한 내용을 실제 업무에 적용하고 있는지에 초점을 맞춘다. 감성능력(정서적 변화)이 이 단계에서 측정될 수 있지만, 커크패트릭의 모형에서는 구체적으로 감성능력 향상에 대한 평가를 중점으로 두고 있지는 않는다.
4. 결과(Results): 훈련이 조직의 성과나 목표 달성에 미친 영향을 평가하는 단계이다. 예를 들어, 생산성, 효율성, 수익성 등 조직 차원의 성과 지표를 확인한다.
⑤ 기초능력평가라는 용어는 커크패트릭 모형에서 사용되지 않으며, 인지능력과 감성능력의 향상을 평가하는 방식도 해당 모형의 단계와 일치하지 않는다.
정답 ⑤

07 ▪ **직무**
② 분류법, 요소비교법, 점수법, 서열법은 직무평가방법에 해당한다.
③ 직무기술서는 직무의 구체적인 내용을 설명하는 문서이다. 주로 해당 직무에서 수행해야 할 책임, 역할, 과업 등을 상세하게 기술한다. 직무명세서는 해당 직무를 수행하기 위해 요구되는 개인의 자격 요건을 설명하는 문서이다.
④ 직무분석 방법에는 관찰법, 질문지법, 중요사건법, 면접법 등이 있다.
⑤ 직무충실화는 수직적 직무확대를 의미하며, 직무 수행자의 책임과 권한을 증가시킴으로써 직무에 질적 향상을 주는 방식이다. 직무확대는 수평적 직무확대를 의미한다. 이는 직무의 양적 확대로, 직무 수행자가 맡는 과업의 수와 다양성을 증가시키는 방식이다.
정답 ①

08 ▪ **인사평가 및 선발**
① 내부모집은 모집과 교육훈련 비용을 절감하는 효과가 있지만, 새로운 아이디어의 도입이나 조직의 변화와 혁신에는 한계가 있다. 반면, 외부모집이 새로운 아이디어를 도입하고 조직의 변화와 혁신을 촉진하는 데 유리하지만, 모집과 교육훈련 비용이 더 많이 소요된다.
② 최근효과와 중심화 경향은 통계적 오류가 아니라, 평가 과정에서 발생하는 평가자의 인지적 편향 또는 평가 오류에 해당하며, 선발 도구의 신뢰성보다는 평가의 정확성(타당성)과 관련이 있다.
④ BARS는 피평가자의 성과를 절대적인 기준에 따라 평가하는 방법이다. 즉, 미리 설정된 행동 기준(anchors)을 기준으로 개별 피평가자의 수행을 평가하며, 다른 사람과 비교하거나 상대적으로 서열을 매기지 않는다.
⑤ 360도 피드백(360-degree feedback)은 피평가자를 다양한 관점에서 평가하는 다면 평가 방법이다. 이 방법은 피평가자의 직무 수행에 대해 상사, 동료, 부하, 고객 등 여러 이해관계자가 평가에 참여하여 다각적인 피드백을 제공한다. 여기에는 피평가자의 상사, 동료, 부하, 자신(자기평가), 외부 고객 또는 협력업체 등이 포함될 수 있다.
정답 ③

17 라인밸런싱(line balancing)에 관한 설명으로 가장 적절하지 않은 것은?

① 밸런스 효율(balance efficiency)과 밸런스 지체(balance delay)를 합하면 항상 100%가 된다.

② 최다 후속작업 우선규칙이나 최대 위치가중치(positional weight) 우선규칙 등의 작업할당 규칙은 휴리스틱(heuristic) 이므로 최적해를 보장하지 않는다.

③ 주기시간(cycle time)은 병목(bottleneck) 작업장의 작업시간과 동일하다.

④ 주기시간을 줄이기 위해서는 작업장 수를 줄일 필요가 있다.

⑤ 작업장 수를 고정하면 주기시간을 줄일수록 밸런스 효율은 향상된다.

18 공급사슬관리(SCM)에 관한 설명으로 가장 적절하지 않은 것은?

① 수요 변동이 있는 경우에 창고의 수를 줄여 재고를 집중하면 수요처별로 여러 창고에 분산하는 경우에 비해 리스크 풀링(risk pooling) 효과로 인하여 전체 안전재고(safety stock)는 감소한다.

② 공급사슬의 성과척도인 재고자산회전율(inventory turnover)을 높이기 위해서는 재고공급일수(days of supply)가 커져야 한다.

③ 지연차별화(delayed differentiation)는 최종 제품으로 차별화하는 단계를 지연시키는 것으로 대량 고객화(mass customization)의 전략으로 활용될 수 있다.

④ 크로스 도킹(cross docking)은 입고되는 제품을 창고에 보관 하지 않고 재분류를 통해 곧바로 배송하는 것으로 재고비용과 리드타임(lead time)을 줄일 수 있다.

⑤ 묶음단위 배치주문(order batching)과 수량할인으로 인한 선구매 (forward buying)는 공급사슬의 채찍효과(bullwhip effect)를 초래하는 원인이 된다.

17 ▪ 라인밸런싱(Line Balancing)

1. 라인밸런싱은 생산라인에서 각 작업장의 작업량을 균등하게 분배하여 병목현상을 줄이고, 전체 생산 효율을 극대화하는 기법이다. 이는 주어진 생산 목표에 맞춰 작업을 배치하고, 과도한 대기 시간이나 과부하를 피하는 것이 목적이다.

2. 주기시간(Cycle Time)은 제품 하나를 완성하는 데 걸리는 시간으로, 라인의 생산율을 결정하는 중요한 요소이다. 주기시간을 줄이면 제품이 더 빠르게 완성되며, 생산량을 증가시킬 수 있다.

3. 주기시간을 줄이기 위해서는 작업장 수를 줄이는 것이 아니라, 작업을 효율적으로 배분하여 작업 시간이 균형 있게 분배되도록 해야 한다. 또한, 작업자들의 숙련도 향상, 기계의 성능 향상, 공정 개선 등의 방법을 통해 작업 처리 속도를 높일 수 있다.

🔍정답 ④

18 ▪ 재고자산회전율(inventory turnover)

1. 재고자산회전율은 일정 기간 동안 재고가 몇 번 판매되었는지를 나타내는 성과 척도이다. 높은 재고자산회전율은 재고가 더 자주 회전하고, 적정 재고를 유지하면서 판매가 잘 이루어지고 있다는 뜻이다.

2. 재고자산회전율 계산 공식

$$재고자산회전율 = \frac{판매비용}{평균재고}$$

즉, 재고자산회전율을 높이려면 재고를 줄이거나 판매를 늘려야 한다.

▪ 재고공급일수(days of supply)

1. 재고공급일수는 현재 재고가 앞으로 며칠 동안의 판매를 충족할 수 있는지를 나타내는 척도이다. 쉽게 말해, 현재의 재고로 앞으로 몇 일 동안을 버틸 수 있는지를 의미한다.

2. 재고공급일수 계산 공식

$$재고공급일수 = \frac{평균재고}{일일 판매량}$$

재고공급일수가 커질수록 이는 재고가 많이 쌓여 있다는 의미이며, 이는 재고자산회전율이 낮다는 것을 의미한다.

② 재고자산회전율을 높이기 위해서는 재고공급일수가 줄어야 한다. 재고공급일수가 커지면 재고가 많이 쌓여 있고, 판매가 더디다는 것을 의미하기 때문에 재고자산회전율이 낮아지게 된다.

🔍정답 ②

21 품질경영에 관한 설명으로 가장 적절하지 않은 것은?

① CTQ(critical to quality)는 고객입장에서 판단할 때 중요한 품질특성을 의미하며, 집중적인 품질 개선 대상이다.

② 전체 품질비용을 예방, 평가, 실패비용으로 구분할 때 일반적으로 예방비용의 비중이 가장 크다.

③ DMAIC은 6시그마 프로젝트를 수행하는 절차이며, 정의-측정-분석-개선-통제의 순으로 진행된다.

④ 품질특성의 표준편차가 작아지면 공정능력(process capability)은 향상되고 불량률은 감소한다.

⑤ TQM(total quality management)은 결과보다는 프로세스 지향적이고 고객만족, 전원참여, 프로세스의 지속적인 개선을 강조한다.

22 MRP(자재소요계획)에 관한 설명 중 적절한 항목만을 모두 선택한 것은?

> a. MRP를 위해서는 재고기록, MPS(기준생산계획), BOM(자재명세서)의 입력 자료가 필요하다.
> b. 각 품목의 발주시점은 그 품목에 대한 리드타임을 고려하여 정한다.
> c. MRP는 BOM의 나무구조(tree structure)상 하위품목에서 시작하여 상위품목 방향으로 순차적으로 작성한다.
> d. MRP를 위해서는 BOM에 표시된 하위품목에 대한 별도의 수요예측(forecasting) 과정이 필요하다.

① a, b   ② a, c   ③ b, c
④ b, d   ⑤ c, d

21 ▪ **품질비용**

실패비용의 비중이 일반적으로 가장 큼: 품질 문제가 발생할 때, 특히 외부 실패비용은 매우 크고 기업에 큰 영향을 미친다. 리콜, 수리, 고객 불만 처리, 평판 손실 등은 비용이 매우 많이 들기 때문에, 예방비용이나 평가비용에 비해 실패비용이 전체 품질비용 중에서 가장 큰 비중을 차지할 수 있다.

정답 ②

22 ▪ **MRP(자재소요계획)**

c. MRP는 완제품의 생산 일정과 수량을 바탕으로, 그 제품을 만들기 위해 필요한 하위 부품들이 언제, 얼마나 필요한지를 순차적으로 계산한다. 이때 상위품목에서 출발하여, 이를 구성하는 하위품목을 계산하는 방식이다. BOM은 제품을 완성하는 데 필요한 부품 목록과 그 구성 요소의 계층적인 관계를 나무구조 형태로 나타낸다. 즉, 완제품을 최상위 품목으로 두고, 이를 만들기 위해 필요한 하위 부품들이 단계별로 나열된다. 상위품목(Finished Goods)은 완제품을 의미하고, 하위품목(Sub-Assemblies)은 이를 구성하는 부품 또는 재료를 의미한다.

d. MRP는 하위품목에 대한 종속 수요를 계산하는 시스템이므로, 하위품목에 대한 별도의 수요예측 과정이 필요하지 않다. 하위품목의 수요는 상위품목의 생산계획과 BOM을 통해 자동으로 결정되며, 독립적으로 예측할 필요가 없다.

정답 ①

01 리더십이론에 관한 설명으로 가장 적절한 것은?

① 변혁적 리더십(transformational leadership)은 영감을 주는 동기부여, 지적인 자극, 상황에 따른 보상, 예외에 의한 관리, 이상적인 영향력의 행사로 구성된다.

② 피들러(Fiedler)는 과업의 구조가 잘 짜여져 있고, 리더와 부하의 관계가 긴밀하고, 부하에 대한 리더의 지위권력이 큰 상황에서 관계지향적 리더가 과업지향적 리더보다 성과가 높다고 주장하였다.

③ 스톡딜(Stogdill)은 부하의 직무능력과 감성지능이 높을수록 리더의 구조주도(initiating structure) 행위가 부하의 절차적 공정성과 상호작용적 공정성에 대한 지각을 높인다고 주장하였다.

④ 허쉬(Hersey)와 블랜차드(Blanchard)는 부하의 성숙도가 가장 낮을 때는 지시형 리더십(telling style)이 효과적이고 부하의 성숙도가 가장 높을 때는 위임형 리더십(delegating style)이 효과적이라고 주장하였다.

⑤ 서번트 리더십(servant leadership)은 리더와 부하의 역할교환, 명확한 비전의 제시, 경청, 적절한 보상과 벌, 자율과 공식화를 통하여 집단의 성장보다는 집단의 효율성과 생산성을 높이는 데 초점을 두고 있다.

02 조직구조와 조직설계에 관한 설명으로 가장 적절하지 않은 것은?

① 통제의 범위(span of control)는 부문간의 협업에 필요한 업무 담당자의 자율권을 보장해 줄 수 있도록 하는 부서별 권한과 책임의 범위이다.

② 부문별 조직(divisional structure)은 시장과 고객의 요구에 대응 할 수 있으나 각 사업부 내에서 규모의 경제를 달성하기가 쉽지 않다.

③ 조식에서 의사결정권한이 조직 내 특정 부서나 개인에게 집중 되어 있는 정도를 보고 해당 조직의 집권화(centralization) 정도를 알 수 있다.

④ 기능별 조직(functional structure)은 기능별 전문성을 확보할 수 있으나 기능부서들 간의 조정이 어렵고 시장의 변화에 즉각적으로 대응하기가 쉽지 않다.

⑤ 매트릭스 조직(matrix structure)은 이중적인 보고체계로 인하여 보고담당자가 역할갈등을 느낄 수 있고 업무에 혼선이 생길 수 있다.

01 ▪ **리더십이론**

① 상황에 따른 보상과 예외에 의한 관리는 거래적 리더십의 요소이며, 변혁적 리더십의 요소가 아니다. 변혁적 리더십은 이상적인 영향력, 영감을 주는 동기부여, 지적인 자극, 개별적 배려로 구성된다.

② 피들러의 이론에 따르면, 과업 구조가 잘 짜여 있고, 리더와 부하의 관계가 긴밀하며, 리더의 지위 권력이 강한 매우 유리한 상황에서는 과업지향적 리더가 더 높은 성과를 낸다고 주장했다. 관계지향적 리더는 중간 정도로 유리한 상황에서 더 효과적이라고 한다.

③ Ralph Stogdill은 리더십 특성 이론을 비판한 연구로 잘 알려져 있다. 그는 리더의 개인적 특성만으로 리더십의 효과성을 설명할 수 없다고 주장했으며, 리더십은 상황적 요인과 특성의 상호작용에 의해 결정된다고 보았습니다. 스톡딜의 주요 연구는 리더의 특성과 상황적 요인 간의 상호작용에 대한 것이지, 부하의 직무능력, 감성지능, 또는 절차적 공정성 및 상호작용적 공정성에 대한 지각과 관련된 주장을 하지는 않았다.

⑤ 서번트 리더십은 효율성과 생산성을 직접적으로 목표로 삼지 않으며, 리더와 부하의 역할 교환, 적절한 보상과 벌 등도 서번트 리더십의 핵심 요소가 아니다. 대신, 서번트 리더는 부하의 개인적 성장과 자율성을 증진시키고, 이를 통해 장기적으로 조직이 더 나은 성과를 내도록 돕습니다. 생산성과 효율성은 구성원들의 성장과 동기부여의 결과로 나타나는 간접적인 성과일 수 있다.

🔍정답 ④

02 ▪ **통제의 범위(Span of Control)**

1. 통제의 범위란 한 명의 관리자(리더)가 효과적으로 관리할 수 있는 부하 직원의 수를 의미한다. 이는 관리자가 직접적으로 통제하고 지시할 수 있는 직원의 수에 관한 개념이다.

2. 통제의 범위가 좁으면(적은 수의 부하) 관리자가 더 세밀하게 부하를 관리할 수 있으며, 통제의 범위가 넓으면(많은 부하) 관리자는 더 많은 직원들을 감독해야 하므로 개별적으로 관리하는 데 한계가 있을 수 있다.

🔍정답 ①

03 직무설계에서 핵크만(Hackman)과 올드햄(Oldham)의 직무특성이론에 관한 설명으로 가장 적절하지 않은 것은?

① 다양한 기술이 필요하도록 직무를 설계함으로써, 직무수행자가 해당 직무에서 의미감을 경험하게 한다.

② 자율성을 부여함으로써, 직무수행자가 해당 직무에서 책임감을 경험하게 한다.

③ 도전적인 목표를 제시함으로써, 직무수행자가 해당 직무에서 성장 욕구와 성취감을 경험하게 한다.

④ 직무수행과정에서 피드백을 제공함으로써, 직무수행자가 해당 직무에서 직무수행 결과에 대한 지식을 가지게 한다.

⑤ 과업의 중요성을 높여줌으로써, 직무수행자가 해당 직무에서 의미감을 경험하게 한다.

04 동기부여 이론에 관한 설명으로 가장 적절한 것은?

① 허쯔버그(Herzberg)의 2요인이론(two factor theory)에서 승진, 작업환경의 개선, 권한의 확대, 안전욕구의 충족은 위생요인에 속하고 도전적 과제의 부여, 인정, 급여, 감독, 회사의 정책은 동기요인에 해당된다.

② 강화이론(reinforcement theory)에서 벌(punishment)과 부정적 강화(negative reinforcement)는 바람직하지 못한 행동의 빈도를 감소시키지만 소거(extinction)와 긍정적 강화(positive reinforcement)는 바람직한 행동의 빈도를 증가시킨다.

③ 브룸(Vroom)의 기대이론에 따르면 행위자의 자기 효능감(selfefficacy)이 클수록 과업성취에 대한 기대(expectancy)가 커지고 보상의 유의성(valence)과 수단성(instrumentality)도 커지게 된나.

④ 매슬로우(Maslow)의 욕구이론에 따르면 생리욕구-친교욕구-안전욕구성장욕구-자아실현욕구의 순서로 욕구가 충족된다.

⑤ 아담스(Adams)의 공정성 이론(equity theory)에 의하면 개인이 지각하는 투입(input)에는 개인이 직장에서 투여한 시간, 노력, 경험 등이 포함될 수 있고, 개인이 지각하는 산출(output)에는 직장에서 받은 급여와 유무형의 혜택들이 포함될 수 있다

03 ▪ **직무특성이론(Job Characteristics Theory)**
1. 기술 다양성(Skill Variety): 직무에서 다양한 기술과 능력을 요구하는 정도.
2. 과업 정체성(Task Identity): 직무 수행자가 작업의 처음부터 끝까지 전체 과정을 책임지는 정도.
3. 과업 중요성(Task Significance): 직무가 다른 사람에게 미치는 영향력과 중요성.
4. 자율성(Autonomy): 직무 수행자가 자신의 업무에 대해 자율적으로 결정할 수 있는 정도.
5. 피드백(Feedback): 직무 수행자가 자신의 성과에 대해 명확한 정보를 얻을 수 있는 정도.

③ 직무특성이론은 직무 자체의 특성이 개인에게 동기부여를 제공하는 방식에 초점을 맞추고 있다. 도전적인 목표는 목표 설정 이론(Goal-setting theory)에서 주로 다루는 개념으로, 개인에게 도전적인 목표를 제시해 동기부여를 높이는 방식을 설명하는 이론이다.   ◉정답 ③

04 ▪ **동기부여 이론**
① 위생요인: 급여, 작업환경의 개선, 회사의 정책, 감독, 안전욕구의 충족.
　동기요인: 승진, 권한의 확대, 도전적인 과제의 부여, 인정.
② 부정적 강화는 바람직하지 않은 행동을 감소시키는 것이 아니라, 바람직한 행동을 증가시키는 방식이다. 이는 벌(punishment)과는 반대되는 개념이다. 벌(punishment)은 바람직하지 않은 행동의 빈도를 감소시키기 위해 사용되지만, 부정적 강화는 행동을 증가시키는 방법이다. 소거(extinction)는 강화가 제거됨으로써 행동의 빈도를 감소시키는 방식이지, 바람직한 행동의 빈도를 증가시키는 것이 아니다.
③ 자기 효능감(self-efficacy)은 주로 "내가 이 과업을 성공적으로 수행할 수 있는가"에 대한 믿음으로, 기대(expectancy)에 영향을 미친다. 자기 효능감이 높을수록 개인은 자신의 성공 가능성을 더 높게 평가한다. 그러나 수단성(instrumentality)과 보상의 유의성(valence)는 자기 효능감과는 무관한다. 수단성은 성과와 보상의 관계에 대한 인식이고, 유의성은 보상 자체의 개인적 가치에 대한 평가이기 때문에, 이 두 가지는 자기 효능감과 직접적인 연관이 없다.
④ 매슬로우의 욕구 충족 순서는 생리욕구-안전욕구-사회적 욕구-존경 욕구-자아실현 욕구이다.   ◉정답 ⑤

05 지각, 귀인, 의사결정에 관한 설명으로 가장 적절한 것은?

① 10명의 후보자가 평가위원과 일대일 최종 면접을 할 때 피평가자의 면접순서는 평가자의 중심화 경향 및 관대화 경향에 영향을 미칠 수 있으나 최근효과 및 대비효과와는 관련이 없다.

② 켈리(Kelley)의 귀인모형에 따르면 특이성(distinctiveness)과 합의성(consensus)이 낮고 일관성(consistency)이 높은 경우에는 내적귀인을 하게 되고 특이성과 합의성이 높고 일관성이 낮은 경우에는 외적귀인을 하게 된다.

③ 행위자 관찰자효과(actor observer effect)는 행위자 입장에서는 행동에 미치는 내적요인에 대한 이해가 충분하나, 관찰자 입장에서는 행위자의 능력과 노력 등의 내적요인을 간과하거나 무시하고 행위자의 외적요인으로 귀인하려는 오류이다.

④ 제한된 합리성(bounded rationality)하에서 개인은 만족할 만한 수준의 대안을 찾는 의사결정을 하기 보다는 인지적 한계와 탐색 비용을 고려하지 않고 최적의 대안(optimal solution)을 찾는 의사결정을 한다.

⑤ 집단 사고(group think)는 응집력이 강한 대규모 집단에서 복잡한 의사결정을 할 때, 문제에 대한 토론을 진행할수록 집단내의 의견이 양극화되는 현상이다.

06 인사선발 및 인사평가에 관한 설명으로 가장 적절하지 않은 것은?

① 동일한 피평가자를 반복 평가하여 비슷한 결과가 나타나는 것은 신뢰성(reliability)과 관련이 있다.

② 신입사원의 입사시험 성적과 입사 이후 업무성과의 상관관계를 조사하는 방법은 선발도구의 예측타당성(predictive validity)과 관련이 있다.

③ 행위기준고과법(BARS: behaviorally anchored rating scales)은 중요사건기술법과 평성척도법을 응용하여 개발된 인사평가 방법이다.

④ 평가도구가 얼마나 평가목적을 잘 충족시키는가는 타당성(validity)과 관련이 있다.

⑤ 선발도구의 타당성을 측정하는 방법에는 내적 일관성(internal consistency) 측정방법, 양분법(split half method), 시험 재시험(test-retest) 방법 등이 있다.

05 ▪ 지각, 귀인, 의사결정

① 최근효과(Recency Effect): 사람은 가장 마지막에 본 정보나 경험을 더 생생하게 기억하고 평가하는 경향이 있다. 따라서 면접에서 마지막에 면접을 본 후보자는 평가자의 기억에 더 강하게 남을 수 있으며, 이것이 평가에 영향을 미칠 수 있다. 이는 면접 순서와 직접적인 관련이 있다.

대비효과(Contrast Effect): 평가자가 바로 이전에 본 후보자와 비교하여 다음 후보자를 평가하는 경향을 말한다. 예를 들어, 바로 앞의 후보자가 매우 뛰어났다면 다음 후보자가 상대적으로 낮게 평가될 수 있고, 반대로 앞의 후보자가 부족했다면 다음 후보자가 더 좋게 평가될 수 있다. 이 역시 면접 순서와 밀접하게 관련이 있다.

③ 행위자는 자신의 행동을 외적 요인(상황적 요인)으로 귀인하는 경향이 있다. 즉, 자신의 행동을 상황이나 환경 때문이라고 설명하는 경우가 많습니다. 예를 들어, 자신이 시험에서 좋은 성적을 못 받았다면 "시험이 어려웠다"거나 "컨디션이 좋지 않았다"는 식으로 설명한다.

관찰자는 타인의 행동을 내적 요인(성격, 능력, 성향)으로 귀인하는 경향이 있다. 즉, 관찰자는 다른 사람의 행동을 그 사람의 성격이나 능력 탓으로 돌리는 경향이 있다. 예를 들어, 다른 사람이 시험에서 성적이 나쁘면 "그 사람이 공부를 열심히 하지 않았다"거나 "능력이 부족하다"는 식으로 판단한다.

④ 제한된 합리성(bounded rationality)은 개인이 최적의 대안(optimal solution)을 찾기 어렵다는 전제에서 출발한다. 이는 인간이 의사결정을 할 때 인지적 한계, 정보의 불완전성, 시간 및 자원 제약 등으로 인해 모든 가능한 대안을 완벽히 분석하고 최적의 결정을 내릴 수 없다는 것을 의미한다. 따라서 실제 의사결정 과정에서 개인은 최적의 대안을 찾기보다는 만족할 만한 수준의 대안을 찾는 경향이 있다. 이를 "만족화(satisficing)"라고 한다.

⑤ 집단 사고(groupthink)란, 응집력이 강한 집단에서 의사결정을 할 때 비판적 사고 없이 집단의 의견에 동조하려는 경향을 의미한다. 집단 내에서 합의에 도달하려는 압박 때문에 다양한 의견이 충분히 고려되지 않고, 비판적 검토 없이 특정 방향으로 의사결정이 이루어지는 경우가 많습니다. 이는 집단의 결속력이 강할 때 더욱 두드러지며, 의사결정의 질을 떨어뜨릴 수 있다.

집단 사고에서는 집단 내 의견이 일치되는 방향으로 수렴되는 경향이 있으며, 의견이 양극화되지 않는다. 오히려 반대 의견이나 비판이 억제되고, 하나의 결정으로 통합되려는 경향이 강해진다. 　정답 ②

06 ▪ 선발도구

1. 타당성(validity)은 선발도구가 측정하고자 하는 것을 얼마나 정확하게 측정하는지를 의미한다. 즉, 선발도구가 실제로 의도한 개념이나 능력을 측정하고 있는지에 관한 것이다. 타당성에는 내용 타당성, 기준 관련 타당성(예: 예측 타당성, 동시 타당성), 구성 타당성 등이 포함된다.

2. 반면, 신뢰성(reliability)은 선발도구가 일관되게 결과를 측정하는지, 즉 동일한 조건에서 반복해서 측정했을 때 일관된 결과를 얻을 수 있는지를 의미한다. 신뢰성 측정 방법에는 문장에서 언급된 내적 일관성(internal consistency), 양분법(split-half method), 시험 재시험(test-retest) 방법 등이 포함된다. 　정답 ⑤

07 임금 및 보상에 관한 설명으로 가장 적절하지 않은 것은?

① 직무급은 해당기업에 존재하는 직무들을 평가하여 상대적 가치에 따라 임금을 결정하는 방식이다.
② 서열법, 분류법, 요소비교법, 점수법은 직무의 상대적 가치를 평가하는 방법이다.
③ 내재적 보상이 클수록 임금의 내부공정성이 높아지고, 외재적 보상이 클수록 임금의 외부공정성이 높아진다.
④ 직능급은 종업원이 보유하고 있는 직무수행능력을 고려하여 임금을 결정하는 방식이다.
⑤ 기업의 지불능력, 종업원의 생계비 수준, 노동시장에서의 수요와 공급 등은 기업의 임금수준을 결정하는 요인이다.

08 갈등과 협상에 관한 설명으로 가장 적절하지 않은 것은?

① 분배적 협상(distributive negotiation)의 동기는 제로섬(zero sum)에 초점을 맞추고 있고, 통합적 협상(integrative negotiation)의 동기는 포지티브섬(positive sum)에 초점을 맞추고 있다.
② 분배적 협상보다 통합적 협상에서 정보의 공유가 상대적으로 많이 이루어지는 경향이 있다.
③ BATNA(best alternative to a negotiated agreement)가 얼마나 매력적인가에 따라서 협상 당사자의 협상력이 달라진다.
④ 갈등관리유형 중 회피형(avoiding)은 자기에 대한 관심과 자기 주장의 정도가 높고 상대에 대한 관심과 협력의 정도가 낮은 경우이다.
⑤ 통합적 협상에서는 제시된 협상의 이슈(issue)뿐만 아니라 협상 당사자의 관심사(interests)에도 초점을 맞추어야 좋은 협상결과가 나온다.

19 생산공정 및 설비배치에 관한 설명으로 가장 적절한 것은?

① 제품이 다양하고 뱃치크기(batch size)가 작을수록 잡숍공정(job shop process)보다는 라인공정이 선호된다.
② 주문생산공정은 계획생산공정보다 유연성이 높지만 최종제품의 재고수준이 높아지는 단점이 있다.
③ 제품별배치에서는 공정별배치에 비해 설비의 고장이나 작업자의 결근 등이 발생할 경우 생산시스템 전체가 중단될 가능성이 낮으며 노동 및 설비의 이용률이 높다.
④ 그룹테크놀로지(GT)를 이용하여 설계된 셀룰러배치는 공정별 배치에 비해 가동준비시간과 재공품 재고가 감소되는 등의 장점이 있다.
⑤ 프로젝트공정에 주로 사용되는 고정위치배치에서는 장비와 인원 등이 작업장의 특정위치에 고정되므로 작업물의 이동경로 관리가 중요하다.

07 ▪ 내재적 보상과 외재적 보상

1. 내재적 보상(intrinsic rewards)은 개인이 일을 통해 얻게 되는 심리적 보상이나 만족을 의미한다. 예를 들어, 업무 자체에서 느끼는 성취감, 자율성, 성장 기회 등이 내재적 보상에 속한다. 이러한 보상은 임금과는 직접적으로 관련이 없다.
2. 외부공정성은 조직 외부에서 유사한 직무나 직무 수행자들 간의 보상이 얼마나 일치하는지를 나타내는 개념이다. 외재적 보상이 크다고 해서 반드시 외부공정성이 높아진다고 할 수는 없다.
3. 임금의 내부공정성(internal equity)은 조직 내에서 비슷한 일을 하는 사람들 간에 보상이 공정하게 이루어지고 있음을 의미한다. 이는 주로 조직 내부의 임금 체계와 관련이 있다.
4. 임금의 외부공정성(external equity)은 조직 외부의 다른 기업이나 산업과 비교했을 때 임금이 공정하게 지급되고 있는지를 나타낸다.

🔍정답 ③

08 ▪ 갈등관리유형

회피형: 자기 주장(자신의 이익에 대한 관심)도 낮고, 상대방에 대한 관심도 낮은 유형이다. 갈등을 해결하기 위해 노력하지 않고, 갈등 상황을 회피하거나 무시하는 방식을 취한다.

🔍정답 ④

19 ▪ 생산공정 및 설비배치

① 잡숍공정(job shop process)은 다품종 소량생산에 적합한 공정이다. 즉, 제품의 종류가 다양하고, 각 제품이 소량으로 생산될 때 사용된다. 이 공정은 유연성이 높아서 다양한 제품을 생산하는 데 유리하다. 예를 들어, 주문제작 제품이나 특수한 요구사항이 있는 제품을 생산할 때 적합하다.

라인공정(line process)은 소품종 대량생산에 적합하다. 즉, 동일한 제품을 대량으로, 반복적으로 생산하는 경우에 사용된다. 라인공정은 생산 과정이 표준화되어 있고, 일정한 흐름을 따르므로 대량생산에 유리하지만, 다양한 제품을 소량으로 생산하는 데는 비효율적이다.

② 주문생산공정(make-to-order)은 고객이 주문한 후에 생산이 시작되는 공정이다. 이 방식은 유연성이 높다. 다양한 고객 요구를 반영할 수 있으며, 맞춤형 제품을 제공할 수 있다. 그러나 주문이 들어온 후에 생산이 시작되기 때문에 최종제품의 재고 수준은 낮거나 거의 없다. 즉, 생산된 제품은 즉시 고객에게 전달되므로 재고가 많이 쌓이지 않는다.

③ 제품별 배치(product layout)는 라인 생산 방식처럼 생산 공정이 제품의 흐름에 따라 배열된 방식이다. 이 방식은 대량생산에 적합하며, 제품이 순차적으로 하나의 생산 라인을 따라 이동하면서 생산된다. 이 방식의 단점은 설비 고장이나 작업자의 결근 같은 문제가 발생할 경우, 생산 시스템 전체가 중단될 가능성이 높다는 것이다. 이는 제품이 순차적으로 생산되기 때문에, 특정 공정에서의 문제가 곧바로 전체 생산에 영향을 미칠 수 있다. 또한 이 방식에서는 유연성이 낮기 때문에, 변화하는 수요나 제품의 다양성에 대응하기 어렵다.

⑤ 고정위치 배치(fixed-position layout)는 프로젝트 공정에서 자주 사용되는 방식으로, 제품(작업물)이 고정된 위치에 있고, 장비와 인원이 작업물이 있는 곳으로 이동하여 작업을 수행하는 방식이다. 이 방식은 대형 제품(예: 선박, 항공기, 건설 프로젝트 등)에서 주로 사용된다.

🔍정답 ④

21 토요타생산시스템(TPS)에 관한 설명으로 가장 적절한 것은?

① TPS 집을 구성하는 2가지 기둥은 JIT와 풀시스템이다.
② 생산평준화(heijunka)를 위해 지도카(jidoka), 자재소요계획(MRP) 등을 활용한다.
③ 전통적인 제조방식에 비해 다기능 작업자보다는 하나의 작업에 전문적인 능력을 갖춘 작업자의 육성을 강조한다.
④ 재작업, 대기, 재고 등을 낭비의 유형으로 간주한다.
⑤ 이용률 최대화 및 재공품의 안정적 흐름을 위해, 공정에 품질 등의 문제가 발생하더라도 공정을 계속적으로 운영할 것을 강조한다.

23 수요예측 및 생산계획에 관한 설명으로 가장 적절한 것은?

① 시계열분석기법에서는 과거 수요를 바탕으로 평균, 추세, 계절성 등과 같은 수요의 패턴을 분석하여 미래 수요를 예측한다.
② 지수평활법은 최근의 수요일수록 적은 가중치가 부여되는 일종의 가중이동평균법이다.
③ 예측치의 편의(bias)가 커질수록 예측오차의 누적값은 0에 가까워지며 예측오차의 평균절대편차(MAD)는 증가한다.
④ 총괄생산계획(APP)을 통해 제품군 등을 기준으로 월별 혹은 분기별 생산량과 재고수준을 결정한 후, 주일정계획(MPS)을 통해 월별 혹은 분기별 인력운영 및 하청 계획을 수립한다.
⑤ 자재소요계획은 전사적자원관리(ERP)가 생산부문으로 진화 · 발전된 것으로, 원자재 및 부품 등의 필요량과 필요시기를 산출한다.

24 품질경영에 관한 설명으로 가장 적절하지 않은 것은?

① 품질분임조(QC서클)는 품질, 생산성, 원가 등과 관련된 문제를 해결하기 위해 모이는 작업자 그룹이다.
② ZD(zero defect)프로그램에서는 불량이 발생되지 않도록 통계적 품질관리의 적용이 강조된다.
③ 품질비용은 일반적으로 통제비용과 실패비용의 합으로 계산된다.
④ 6시그마 품질수준은 공정평균(process mean)이 규격의 중심에서 '1.5 × 공정표준편차(process standard deviation)' 만큼 벗어났다고 가정한 경우, 100만개 당 3.4개 정도의 불량이 발생하는 수준을 의미한다.
⑤ 데밍(Deming)에 의해 고안된 PDCA 사이클은 품질의 지속적 개선을 위한 도구로 활용된다.

21 ▪ 토요타 생산 시스템(Toyota Production System, TPS)

① 토요타 생산 시스템(TPS)의 두 가지 기둥은 JIT(Just-in-Time)와 자동화(Jidoka)이다. 풀 시스템은 JIT의 일부로서, 수요에 맞춰 생산하는 방식을 의미한다. 즉, TPS의 기둥은 JIT와 Jidoka이며, 풀 시스템은 JIT의 하위 개념이다.

② Heijunka를 실현하기 위해서는 칸반(Kanban), 풀 시스템(Pull system) 같은 도구를 주로 사용한다.

③ TPS에서는 하나의 작업에만 전문화된 작업자보다는 여러 작업을 수행할 수 있는 다기능 작업자를 육성하는 것이 중요하다. 이는 생산 과정에서 작업자들이 다양한 공정에 투입될 수 있도록 하여, 작업자의 유연성을 높이고, 생산 흐름에서 병목 현상을 최소화하는 데 기여한다.

⑤ TPS에서는 품질 문제가 발생하면 즉시 생산을 멈추는 것을 강조한다. 지도카는 생산 공정에서 품질 문제를 즉시 감지하고 공정을 멈추어 문제를 해결하는 시스템이다. 이를 통해 불량품이 계속 생산되는 것을 방지하고, 나중에 더 큰 문제로 발전하는 것을 막습니다.

🔍정답 ④

23 ▪ 수요예측 및 생산계획

② 지수평활법은 최근의 데이터일수록 더 큰 가중치가 부여되는 일종의 예측 기법이다. 즉, 가장 최근의 데이터가 미래 예측에 더 큰 영향을 미치고, 과거의 데이터는 시간이 지날수록 가중치가 기하급수적으로 줄어듭니다. 이 방식은 최근 데이터를 더 신뢰하는 경향이 있는 데이터의 예측에 유리하다.

③ 예측치의 편의(bias)란, 예측치가 일관되게 한 방향으로 치우쳐 있는 정도를 의미한다. 예측치가 실제 값보다 계속적으로 높거나 낮다면, 예측 모델에 편의가 있는 것이다. 편의가 커질수록 예측 오차의 누적값은 0에 가까워지지 않고, 오히려 누적되며 더 크게 증가한다.

④ APP는 제품군을 기준으로 월별 또는 분기별 생산량과 재고 수준뿐만 아니라 인력운영 및 하청 계획을 포함하여 결정한다. MPS는 주간 또는 일간의 세부적인 생산 일정과 개별 제품의 생산 타이밍을 계획하는 데 중점을 둔다. 인력 운영이나 하청 계획은 APP에서 이미 수립되는 것이므로, MPS에서는 주로 세부적인 생산 계획에 집중한다.

⑤ MRP는 생산계획에 맞춰 자재 소요를 산출하는 시스템일 뿐, ERP의 진화 과정으로 발전된 개념이 아니다. ERP는 MRP에서 발전된 것이 아니라, 기업의 전반적인 자원을 통합 관리하기 위해 별도로 개발된 시스템이다. MRP는 ERP의 생산 부문 모듈에 포함될 수 있지만, ERP는 훨씬 더 포괄적인 범위의 자원 관리 시스템이다.

🔍정답 ①

24 ▪ ZD(Zero Defect) 프로그램

1. ZD는 "무결점, 불량 제로"를 목표로 하는 품질 관리 철학으로, 불량을 예방하고 처음부터 올바르게 작업함으로써 제품의 결함을 아예 없애는 것을 목표로 한다. 이는 불량이 절대 발생해서는 안 된다는 철학적 접근을 강조하며, 불량 예방을 우선시한다.

2. ZD는 모든 작업에서 결함이 발생하지 않도록 작업자들에게 높은 품질 기준을 요구하며, 실수를 허용하지 않는 문화를 만들어 나가는 것을 중점으로 둔다. 즉, 사후 관리보다는 사전 예방이 중요하다.

▪ 통계적 품질관리(SQC)

1. 통계적 품질관리는 통계적 방법을 사용하여 생산 공정에서 불량을 모니터링하고 제어하는 기법이다. SQC는 결함이 발생할 수 있는 변동을 감지하고, 이를 분석하여 공정을 개선하는 데 사용된다. 즉, SQC는 불량을 줄이기 위한 사후 관리 도구로, 결함을 분석하여 지속적으로 품질을 개선하는 접근법이다.

2. SQC는 불량의 최소화를 목표로 하지만, 결함이 발생할 수 있음을 전제로 한다. 이를 통계적으로 모니터링하여 결함 발생 후 관리하는 것을 중점으로 한다.

🔍정답 ②

01 동기부여 이론에 관한 설명으로 가장 적절한 것은?

① 목표설정이론에 따르면 구체적인 목표보다 일반적인 목표를 제시 하는 것이 구성원들의 동기부여에 더 효과적이다.

② 공정성이론에 따르면 분배공정성, 절차공정성, 상호작용공정성의 순서로 동기부여가 이루어지는데, 하위 차원의 공정성이 달성된 이후에 상위차원의 공정성이 동기부여에 영향을 미친다.

③ 교육훈련이나 직무재배치는 기대이론(expectancy theory)에서 말하는 1차 결과(노력-성과 관계)에 대한 기대감을 높여주는 방법이다.

④ 앨더퍼(Alderfer)가 제시한 ERG 이론에 따르면 한 욕구의 충족을 위해 계속 시도함에도 불구하고 좌절되는 경우 개인은 이를 포기하는 대신 이보다 상위욕구를 달성하기 위해 노력한다.

⑤ 핵크만(Hackman)과 올드햄(Oldham)의 직무특성모형(job characteristics model)에 의하면, 다양한 기능을 사용하는 직무기회를 제공하는 경우보다 자신이 잘하는 한 가지 기능만 사용하는 직무를 부여하는 경우에 동기부여 수준이 더 높다.

02 리더십 이론에 관한 설명으로 가장 적절하지 않은 것은?

① 하급자에게 분명한 업무를 부여하는 행위는 오하이오주립대학교(Ohio State University) 리더십 행동연구에서 구조주도(initiating structure) 측면에 해당한다.

② 허쉬(Hersey)와 블랜차드(Blanchard)의 상황적 리더십이론(situational leadership theory)은 과업특성에 따라 리더십 스타일의 유효성이 달라진다고 주장한다.

③ 피들러(Fiedler)의 리더십 상황모형에서 높은 LPC(Least Preferred Co-worker) 점수는 관계지향적 리더십 스타일을 의미한다.

④ 리더십 대체이론(substitutes for leadership)에 따르면 집단의 높은 응집력은 리더의 관계지향적 행위를 대체할 수 있다.

⑤ '부하가 상사를 카리스마 리더로 인식할 때 조직 성과가 높아지는 것이 아니라, 조직 성과가 높은 경우 상사를 카리스마 리더로 인식하는 정도가 강해진다'는 연구결과는 리더십 귀인이론(attribution theory of leadership)의 예이다.

01 ▪ **동기부여 이론**

① 목표설정이론에 따르면 구체적이고 명확한 목표가 일반적인 목표보다 더 효과적인 동기부여 수단이다. 구체적인 목표는 사람들에게 도전감을 주고, 더 명확한 기준을 제공하여 동기부여를 강화한다.

② 공정성이론에서는 분배공정성, 절차공정성, 상호작용공정성이 동기부여에 영향을 미치는 방식이 순차적이지 않으며, 각 차원은 동기부여에 동시에 또는 개별적으로 영향을 미칠 수 있으며, 반드시 하위 차원이 달성된 후 상위 차원이 영향을 미치는 구조는 아니다.

④ ERG 이론의 핵심 개념 중 하나는 좌절-퇴행 가설이다. 이 가설에 따르면, 상위 욕구(예: 성장 욕구)가 좌절될 경우 개인은 이를 포기하는 대신 하위 욕구(예: 관계 욕구나 생존 욕구)를 달성하기 위해 노력할 수 있다는 것이다.

⑤ 핵크만과 올드햄의 모형에서는 다양한 기능을 요구하는 직무가 더 높은 동기부여를 유발한다고 설명하고 있다. 이는 직무가 더욱 도전적이고 흥미롭게 느껴지기 때문이다. 따라서, "자신이 잘하는 한 가지 기능만 사용하는 직무가 동기부여를 더 높인다"는 설명은 직무특성모형의 원리와 맞지 않는다. 🔍**정답** ③

02 ▪ **리더십 이론**

허쉬와 블랜차드의 이론에 따르면, 리더십 스타일은 부하의 성숙도 또는 준비도 수준에 따라 달라져야 한다. 성숙도는 부하가 과업을 성공적으로 수행할 수 있는 능력(competence)과 의지(commitment)를 의미한다. 즉, 부하가 과업을 수행할 능력과 의지가 어느 정도인가에 따라 리더는 더 많은 지시를 할지, 더 많은 지원을 할지를 결정한다. 과업 특성이 아니라, 부하의 준비도가 리더십 스타일의 유효성을 결정짓는 핵심 요소이다. 🔍**정답** ②

03 다음 중 적절한 항목만을 모두 선택한 것은?

> a. 프렌치(French)와 레이븐(Raven)이 제시한 권력의 원천 중 준거적 권력(referent power)은 개인의 특성보다는 조직의 특성에 기반을 둔 권력이다.
> b. 집단의사결정 방식 중 구성원간 상호작용을 제한하는 정도는 브레인스토밍(brainstorming)보다 명목집단법(nominal group technique)이 더 강하다.
> c. 자원의 크기가 고정되어 있을 때, 이해관계가 상반되는 양 당사자가 자신의 몫을 극대화하려는 협상방식을 분배적 협상(distributive bargaining)이라고 한다.
> d. 몰입상승(escalation of commitment)이란 의사결정의 속도와 질을 높여주는 의사결정 현상을 말한다.

① b   ② c   ③ a, d

④ b, c   ⑤ b, c, d

04 보상관리에 관한 설명 중 가장 적절한 것은?

① 보상관리 전략은 기업 성장주기(life cycle)와 관련이 있는데, 초기와 성장기에는 복리후생을 중시하고 안정기와 쇠퇴기에는 성과급을 강조하는 것이 일반적이다.

② '동일노동 동일임금'의 원칙을 실시하기 위해서는 연공급보다 직무급이 더 적합하다.

③ 임금조사(wage survey)를 통해 경쟁사 및 유사한 조직체의 임금자료를 조사하는 것은 보상관리의 내적 공정성을 확보하기 위해서이다.

④ 연공급의 문제점을 극복하기 위한 방안으로 제시된 직능급에서는 직무의 중요도, 난이도, 위험도 등이 반영된 직무의 상대가치를 기준으로 보상수준이 결정된다.

⑤ 스캔론 플랜과 럭커 플랜은 개인의 업무성과를 기초로 임금 수준을 정하는 개인성과급 제도이다.

03 ▪ 준거적 권력(referent power)

1. 준거적 권력은 개인의 매력, 존경, 또는 동일시에 의해 발생하는 권력이다. 사람들은 특정 인물을 존경하거나 동경하기 때문에 그 인물을 따르고, 그와 동일시하고자 하는 욕구에서 나오는 권력이다.
2. 이 권력은 주로 개인의 특성(예: 카리스마, 성격, 매력 등)에 기반한다. 개인의 가치관, 행동, 성취 등을 다른 사람들이 긍정적으로 보고 그를 따르고자 할 때 발생하는 권력이다.

🔍정답 ④

04 ▪ 보상관리

① 초기와 성장기에는 성과급을 통해 직원들에게 동기부여를 제공하고 성과를 강화하는 전략이 더 일반적이다. 복리후생은 이 단계에서 우선순위가 아닐 수 있다. 반면, 안정기와 쇠퇴기에는 안정성이 중요하므로, 직원들에게 복리후생을 통한 안정적인 환경을 제공하는 것이 더 강조된다. 성과급은 상대적으로 덜 강조될 수 있다.

③ 외적 공정성은 조직 외부, 즉 다른 기업이나 경쟁사와 비교했을 때 임금이 공정하게 책정되었는지를 의미한다. 외부 시장에서 유사한 직무나 산업에서 지급되는 임금 수준을 비교하여, 자사 임금이 경쟁력 있는지 평가하는 것이 외적 공정성이다. 임금조사(wage survey)는 주로 외적 공정성을 확보하기 위한 도구이다. 조직 외부의 임금 수준을 파악하여 자사의 임금이 시장 수준과 비교해 공정한지 확인하고, 이를 통해 외부 인재 유치와 유지에 도움을 준다.

④ 직무급은 직무의 중요도, 난이도, 책임, 위험도 등의 직무 자체의 상대적 가치를 기준으로 보상수준이 결정되는 방식이다. 이는 직무평가를 통해 직무의 상대적 가치를 평가하고, 그에 따라 보상을 결정하는 체계이다. 즉, 직무급에서는 동일한 직무에 대해 동일한 보상이 지급된다. 여기서 보상은 직무 자체의 특성에 따라 결정된다.

직능급은 직무를 수행하는 개인의 능력, 기술, 자격을 기준으로 보상수준이 결정되는 방식이다. 즉, 직무 자체의 난이도나 중요성보다는 직무를 수행하는 사람의 능력과 숙련도에 중점을 둔다. 직능급은 연공급의 문제점을 극복하기 위해 도입된 제도로, 직원의 능력이나 기술 수준에 따라 임금이 결정된다. 따라서, 동일한 직무를 수행하더라도 더 높은 기술이나 자격을 갖춘 직원은 더 높은 보상을 받는다.

⑤ 스캔론 플랜은 노동비 절감을 목표로 한 집단 성과급 제도이다. 이 제도는 조직 내에서 생산성을 높이거나 비용을 절감하는 등 전체 조직의 성과를 기반으로 보상을 지급한다. 즉, 개인의 성과보다는 팀이나 조직 전체의 성과가 임금 보상에 영향을 미친다.

럭커 플랜도 집단 성과급 제도의 일종으로, 생산성 향상을 통해 창출된 부가가치를 노동자와 회사가 공유하는 방식이다. 이 제도 역시 조직 전체의 성과를 기반으로 보상을 지급하며, 부가가치율을 기준으로 성과를 측정한다.

🔍정답 ②

05 종업원 모집 및 선발에 관한 설명 중 가장 적절하지 않은 것은?

① 선발도구의 타당성(validity)이란 선발대상자의 특징을 측정한 결과가 일관성 있게 나타나는 것을 말한다.

② 사내공모제(job posting)는 지원자가 직무에 대한 잘못된 정보로 인해 회사를 이직할 가능성이 낮은 모집 방법이다.

③ 평가센터법(assessment center)은 비용상의 문제로 하위직보다 주로 상위 관리직 채용에 활용된다.

④ 지원자의 특정 항목에 대한 평가가 다른 항목의 평가 또는 지원자에 대한 전반적 평가에 영향을 주는 것을 후광효과(halo effect)라고 한다.

⑤ 다수의 면접자가 한 명의 피면접자를 평가하는 방식을 패널면접 (panel interview)이라고 한다.

06 복리후생에 관한 설명으로 가장 적절하지 않은 것은?

① 복리후생은 근로자의 노동에 대한 간접적 보상으로서, 임금은 이에 포함되지 않는다.

② 허쯔버그(Herzberg)의 2요인이론(two-factor theory)에 따르면 경제적 복리후생은 동기요인에 해당하며 직원 동기부여에 긍정적 영향을 미친다.

③ 우리나라에서 산전·후휴가 및 연차유급휴가는 법정 복리후생에 해당한다.

④ 우리나라에서 고용보험 보험료는 근로자가 일부 부담하지만, 산업재해보상보험 보험료는 회사가 전액 부담한다.

⑤ 카페테리아(cafeteria)식 복리후생제도는 여러 복리후생 프로그램 중 종업원 자신이 선호하는 것을 선택할 수 있도록 하는 제도를 말한다.

07 조직구조에 관한 설명 중 적절하지 않은 것만을 모두 선택한 것은?

> a. 기능별 구조(functional structure)에서는 기능부서간 협력과 의사 소통이 원활해지는 장점이 있다.
> b. 글로벌기업 한국지사의 영업담당 팀장이 한국지사장과 본사 영업 담당 임원에게 동시에 보고하는 체계는 네트워크 조직(network organization)의 특징을 보여준다.
> c. 단순 구조(simple structure)에서는 수평적 분화와 수직적 분화는 낮으나, 공식화 정도는 높다.

① a   ② c   ③ a, c

④ b, c   ⑤ a, b, c

05 ▪ 타당성(validity)

1. 타당성은 선발도구가 실제로 측정하고자 하는 특성을 얼마나 정확하게 측정하는지를 의미한다. 즉, 선발도구가 그 목적에 맞게 설계되었고, 측정 대상자의 특징을 제대로 측정하고 있는지를 판단하는 기준이다.

2. 예를 들어, 선발도구가 직무 수행 능력을 예측하기 위해 설계되었으면, 그 도구가 실제로 직무 수행 능력을 정확히 예측하는지 여부가 타당성이다.

▪ 신뢰성(reliability)

1. 신뢰성은 측정 결과가 일관성 있게 나타나는지를 의미한다. 즉, 동일한 조건에서 반복 측정했을 때, 측정 도구가 일관된 결과를 제공하는지 여부를 평가한다.

2. 신뢰성은 측정 도구가 얼마나 안정적으로 결과를 도출하는지와 관련이 있으며, 반복된 측정에서 같은 결과를 얻을 수 있어야 한다.

🔍정답 ①

06 ▪ 허쯔버그(Herzberg)의 2요인이론(two-factor theory)

1. 위생요인: 급여, 작업환경의 개선, 회사의 정책, 감독, 안전욕구의 충족.

2. 동기요인: 승진, 권한의 확대, 도전적인 과제의 부여, 인정.

🔍정답 ②

07 ▪ 조직구조

a. 기능별 구조는 부서 내에서의 의사소통과 협력이 원활할 수 있지만, 부서 간 협력과 의사소통은 오히려 어려워지는 경우가 많습니다. 각 부서가 서로 다른 목표와 관점을 가지고 일하기 때문에, 협업이 필요한 상황에서 부서 간 조율이 쉽지 않을 수 있다.

b. 매트릭스 조직은 이중 보고 체계를 가진 구조로, 기능 조직과 프로젝트 조직이 동시에 운영되는 형태이다. 매트릭스 조직에서는 한 명의 직원이 두 명 이상의 상사에게 보고하는 경우가 발생하는데, 일반적으로 하나는 기능적 상사(예: 영업부서 상사)이고, 다른 하나는 프로젝트나 지역 상사(예: 한국지사장)이다.

c. 단순 구조에서 공식화 정도는 낮고, 조직이 작기 때문에 규칙이나 절차를 엄격하게 정의할 필요가 적습니다. 또한, 의사결정이 비공식적으로 이루어지는 경향이 많습니다.

🔍정답 ⑤

17 테일러(Taylor)의 과학적 관리법과 포드(Ford)의 이동컨베이어 시스템에 관한 설명으로 가장 적절하지 않은 것은?

① 과학적 관리법은 전사적품질경영(TQM)에서 시작된 것으로, 개별 과업 뿐 아니라 전체 생산시스템의 능률 및 품질향상에 기여하였다.

② 과학적 관리법은 방임관리를 지양하고 고임금ㆍ저노무비용의 실현을 시도하였다.

③ 과학적 관리법의 주요 내용인 과업관리의 방법으로는 작업의 표준화, 작업조건의 표준화, 차별적 성과급제 등이 있다.

④ 이동컨베이어 시스템은 컨베이어에 의해 작업자와 전체 생산 시스템의 속도를 동시화함으로써 능률향상을 시도하였다.

⑤ 이동컨베이어 시스템을 효율적으로 이용하기 위해 장비의 전문화, 작업의 단순화, 부품의 표준화 등이 제시되었다.

20 수요예측에 관한 설명 중 가장 적절한 것은?

① 정량적 수요예측 기법에는 시장조사법(market research), 유추법(historical analogy), 시계열분석법(time series analysis), 인과분석법(causal analysis) 등이 있다.

② 가중이동평균법(weighted moving average)의 일종인 단순지수 평활법(simple exponential smoothing)에서는 다음 시점의 수요 예측치로 이번 시점의 수요예측치와 실제 수요의 가중평균을 사용한다.

③ 평균절대편차(MAD)는 예측오차의 절대적인 크기 뿐 아니라 예측치의 편향(bias) 정도를 측정하기 위해서도 사용된다.

④ 수요는 평균수준, 추세, 계절적 변동, 주기적 변동, 우연 변동 등으로 구성되며, 이 중 우연 변동에 대한 예측 정확도가 수요 예측의 정확도를 결정한다.

⑤ 일반적으로 단기예측보다는 장기예측의 정확도가 더 높다.

17 ▪ **과학적 관리법(Scientific Management)**

과학적 관리법은 프레더릭 테일러(Frederick W. Taylor)에 의해 20세기 초에 도입된 관리 이론으로, 개별 작업의 효율성을 극대화하는 데 중점을 둔다. 테일러는 작업을 분석하고, 가장 효율적인 작업 방식을 찾아내어, 이를 통해 생산성을 높이려는 방법을 제안했다.

▪ **전사적 품질경영(TQM, Total Quality Management)**

전사적 품질경영(TQM)은 1960년대에 등장한 경영 기법으로, 전체 조직 차원에서 품질을 향상시키고 지속적으로 개선하는 데 중점을 둔다. TQM은 모든 구성원과 부서가 품질 향상에 기여해야 하며, 고객 만족을 최우선 목표로 설정한다.

🔍정답 ①

20 ▪ **수요예측**

① 시장조사법과 유추법은 정성적 수요예측 기법이다. 이들은 전문가 의견이나 과거 유사 사례를 바탕으로 예측하는 방법으로, 정량적 분석보다는 직관적이고 경험적인 접근을 사용한다. 시계열분석법과 인과분석법은 정량적 수요예측 기법으로, 과거 데이터를 분석하여 수요를 예측하는 통계적이고 수학적인 방법이다.

③ MAD(Mean Absolute Deviation)는 예측 오차의 절대값의 평균을 계산하여, 예측치가 실제 값과 얼마나 차이가 있는지를 측정하는 지표이다. 이때 오차의 부호(즉, 예측치가 실제보다 크거나 작은지 여부)는 고려하지 않고, 단순히 오차의 절대적인 크기에만 집중한다.

④ 우연 변동은 비정상적이고 일시적인 사건에 의해 발생하기 때문에 예측할 수 없는 변동이다. 따라서 우연 변동에 대한 예측은 본질적으로 어렵거나 불가능하다. 수요 예측의 정확도를 결정하는 것은 우연 변동에 대한 예측 정확성이 아니라, 추세, 계절적 변동, 주기적 변동 등 예측 가능한 패턴을 얼마나 잘 예측하는가에 달려 있다.

⑤ 단기예측은 가까운 미래에 대한 예측이므로 예측 모델이 비교적 안정적이고, 외부 환경의 변화나 예측 변수의 변동이 적습니다. 그 결과, 예측 정확도가 높다. 장기예측은 시간이 길어지면서 변수 간의 관계가 변화하거나, 예상치 못한 경제적, 사회적, 기술적 변화가 발생할 가능성이 커져 불확실성이 증가한다. 따라서 예측의 정확도는 시간이 지나면서 점점 떨어진다.

🔍정답 ②

21 재고관리시스템에 관한 설명 중 가장 적절한 것은?

① 정량발주시스템(Q시스템)은 주문시점마다 재고수준을 점검하고, 정기발주시스템(P시스템)은 재고에 변동이 발생할 때마다 재고 수준을 점검한다.

② 정량발주시스템은 재고수준이 재주문점(reorder point) 이하로 떨어지는 경우 사전에 결정한 주문량과 현 재고 수준과의 차이만큼을 주문하고, 정기발주시스템은 일정 시점마다 사전에 결정한 주문량만큼을 주문한다.

③ 정량발주시스템에서는 품절이 발생하지 않으며, 정기발주시스템 에서는 주문시점부터 주문량이 도착할 때까지의 기간에만 품절이 발생한다.

④ 수요의 변동성이 커질수록, 특정 서비스수준(service level)의 달성을 위해 정량발주시스템에서는 재주문점이 증가하고 정기 발주시스템에서는 주문량이 증가하는 것이 일반적이다.

⑤ 정량발주시스템에서 EOQ모형을 사용하는 경우, 주문량은 1회 주문비용 및 단위당 연간 재고유지비용에 정비례한다.

24 적시생산(JIT) 시스템에 관한 설명으로 가장 적절한 것은?

① 사전에 수립된 자재소요계획에 따라 실제 생산이 이루어지도록 지시하는 일종의 풀(pull) 시스템이다.

② 각 제품의 수요율과 생산율을 최대한 일치시키고자 필요한 만큼씩만 생산하게 되므로 로트크기 감소를 위한 생산준비시간의 단축이 중요한 요소가 된다.

③ 칸반(kanban)시스템을 통해 공급자에게 소규모의 빈번한 조달을 요구해야 하므로 다수의 공급자를 유지하고 공급자와 단기계약을 체결하는 것이 중요하다.

④ 무결함(zero defect) 생산을 추구하므로 불량품이 재고에 의해 보충되도록 적정 수준의 안전재고를 유지하는 것이 중요하다.

⑤ 생산시스템의 효율을 극대화하기 위해 생산준비 이후 동일 제품을 최대한 많이 생산하고 다음 제품으로 생산 전환을 하는 혼류생산(mixed-model production) 및 생산평준화(production leveling)를 실시한다.

21 ▪ 재고관리시스템

① *Q시스템(정량발주시스템)은 재고에 변동이 있을 때마다, 즉 재고가 소진될 때마다 재고 수준을 점검하고, 재고가 특정 기준 이하로 떨어지면 고정된 주문량을 주문한다. P시스템(정기발주시스템)은 정해진 시간 간격마다 재고 수준을 점검하고, 필요한 만큼 주문한다. 즉, 주문이 주기적으로 이루어지며, 재고 변동이 있을 때마다 점검하지는 않는다.

② 정량발주시스템(Q 시스템)은 고정된 주문량을 주문하는 것이지, 재고 수준과의 차이만큼을 주문하지 않는다. 정기발주시스템(P 시스템)은 사전에 정해진 주문량을 주문하는 것이 아니라, 목표 재고 수준과 현재 재고의 차이만큼을 주문한다.

③ 정량발주시스템(Q 시스템)에서도 품절이 발생할 수 있다. 리드타임이 길어지거나 수요가 급증하는 경우, 적절히 설정된 재주문점이 아니라면 재고가 소진되어 품절이 발생할 수 있다. 정기발주시스템(P 시스템)은 주기적인 재고 점검 방식이기 때문에, 주문 시점 사이에 예상보다 빠른 재고 소진이 일어나면 주기 내에서도 품절이 발생할 수 있다. 주문이 도착하기 전뿐만 아니라, 주문 주기 도중에도 수요 변동으로 인해 품절이 발생할 수 있다.

⑤ EOQ는 1회 주문비용(S)에 정비례하지 않고, 1회 주문비용의 제곱근에 비례한다. 즉, 주문비용이 증가하면 EOQ도 증가하지만, 비례적으로 증가하지 않고 제곱근만큼 증가한다.

정답 ④

24 ▪ 적시생산(JIT) 시스템

① JIT 시스템은 풀 시스템을 사용하여 실제 수요에 따라 생산을 조정하며, 사전에 수립된 계획에 따라 생산이 이루어지지 않는다.

③ 칸반 시스템은 소규모 빈번한 조달을 요구하지만, 다수의 공급자를 유지하거나 단기 계약을 체결하는 것은 이 시스템에 부적합하다. 오히려 소수의 신뢰할 수 있는 공급자와 장기적인 협력 관계를 맺는 것이 중요하며, 이를 통해 안정적이고 유연한 조달 체계를 구축하는 것이 칸반 시스템의 성공에 필수적이다.

④ 무결함 생산은 생산 과정에서 불량품을 발생시키지 않도록 설계하고 운영하는 방식이다. 이는 품질 관리와 공정 개선을 통해 불량을 사전에 방지하는 것을 목표로 하며, 불량이 발생했을 때 이를 보충하는 것이 아니라 불량 자체를 없애는 것에 중점을 둔다.

⑤ 혼류생산은 여러 가지 제품을 작은 배치로 섞어서 생산하는 방식이다. 즉, 동일 제품을 많이 생산하고 나서 다른 제품으로 전환하는 방식이 아니라, 다양한 제품을 작은 단위로 섞어가며 생산하는 방식이다. 생산평준화는 하루 또는 특정 기간 동안의 생산량을 일정하게 유지하면서 다양한 제품을 균일하게 생산하는 것을 목표로 한다. 이는 생산 시스템의 변동을 줄이고, 효율적인 자원 배분과 공정 운영을 가능하게 한다.

정답 ②

01 귀인(attribution)에 관한 설명으로 가장 적절한 것은?

① 내적 귀인(internal attribution)은 사건의 원인을 행위자의 운과 맡은 과업의 성격 탓으로 귀인하는 것이고 외적 귀인(external attribution)은 행위자의 외향적 성격과 대인관계 역량에 귀인하는 것이다.

② 켈리(Kelley)의 귀인모형에서 합의성(consensus)이 높으면 행위자의 내적 요인에 귀인하는 경향이 있다.

③ 근원적 귀인오류(fundamental attribution error)는 사건의 원인에 대해서 외적 요인을 간과하거나 무시하고 행위자의 내적 요인으로 귀인하려는 오류이다.

④ 자존적 편견(self-serving bias)은 사건의 결과를 실패로 보지 않고 성공을 위한 학습으로 지각하여 실패를 행위자 자신의 탓으로 돌리려는 귀인오류이다.

⑤ 켈리(Kelley)의 귀인모형에서 특이성(distinctiveness)이 높으면 행위자의 내적 요인에 귀인하는 경향이 있다.

02 학습 및 동기부여 이론에 관한 설명으로 가장 적절한 것은?

① 알더퍼(Alderfer)의 ERG이론, 브룸(Vroom)의 기대이론(expectancy theory), 허쯔버그(Herzberg)의 2요인이론(two factor theory)은 동기부여의 과정이론(process theory)에 해당된다.

② 강화이론(reinforcement theory)에서 긍정적인 강화(positive reinforcement)와 부정적인 강화(negative reinforcement)는 바람직한 행동의 빈도를 증가시킨다.

③ 브룸(Vroom)의 기내이론에 따르면 유의성(valence)은 행위자의 성장욕구가 높을수록 크고 존재욕구가 높을수록 작으며 수단성에 영향을 미친다.

④ 매슬로우(Maslow)의 욕구단계이론에 따르면 성장욕구의 충족이 좌절 되었을 때 관계욕구를 충족시키려는 좌절-퇴행(frustration regression)의 과정이 발생한다.

⑤ 아담스(Adams)의 공정성 이론(equity theory)에 의하면 절차적 공정성, 분배적 공정성, 상호작용적 공정성 순서로 동기부여가 일어난다.

01 ▪ 귀인(attribution)

① 내적 귀인은 사건의 원인을 행위자의 성격, 능력, 노력, 또는 의지 등 개인적인 요인에 돌리는 것을 말한다. 즉, 성취나 실패의 원인을 행위자 본인의 특성이나 행동에 귀인하는 것이다. 외적 귀인은 사건의 원인을 외부 환경, 운, 다른 사람의 행동, 상황적 요인 등 행위자 외부의 요인에 돌리는 것을 말한다. 즉, 성취나 실패의 원인을 주변 환경이나 외부 요인에 귀인하는 것이다.

② 합의성이 높다는 것은 다른 사람들도 같은 상황에서 비슷하게 행동한다는 의미이다. 이는 행위자의 내적 요인보다는 상황적, 외부 요인이 행동을 유발했을 가능성이 크다는 것을 시사한다. 예시: 여러 사람들이 비슷하게 행동한다면, 이는 개인의 특성이 아니라, 해당 상황이나 환경의 영향 때문일 가능성이 높다. 따라서 합의성이 높으면 외적 요인에 귀인하게 된다.

④ 자존적 편견은 사람들이 자신을 유리하게 바라보기 위해 사용하는 귀인 오류이다. 사람들은 성공은 자신의 내적 요인(능력, 노력) 덕분으로 돌리고, 실패는 외부 요인(운이 없었거나, 상황이 나빴기 때문에)을 탓한다. 이로 인해 자신에 대한 긍정적인 자아상을 유지하려는 심리적 경향을 나타낸다.

⑤ 특정 상황에서만 그러한 행동이 나타남. 특이성이 높다면, 외적 요인에 귀인할 가능성이 크다.   🔍**정답** ③

02 ▪ 학습 및 동기부여 이론

① 알더퍼의 ERG 이론과 허쯔버그의 2요인이론은 내용이론에 속한다. 이들은 무엇이 사람을 동기부여하는가에 대한 설명에 초점을 맞춘다. 브룸의 기대이론은 과정이론에 속하며, 사람들이 어떻게 동기부여되는가에 대해 설명한다.

③ 유의성(valence)은 행위자가 결과나 보상에 대해 가지는 선호도이며, 특정 욕구(성장욕구, 존재욕구)에 따라 결정되지 않는다. 유의성은 수단성에 영향을 미치지 않으며, 각 구성 요소는 기대이론 내에서 독립적으로 작용한다.

④ ERG 이론의 특징은, 만약 상위 욕구가 충족되지 않으면 하위 욕구로 다시 돌아가 하위 욕구를 충족시키려는 좌절-퇴행(frustration-regression) 현상이 발생할 수 있다는 것이다.

⑤ 아담스의 공정성 이론은 분배적 공정성을 중심으로 동기부여를 설명하는 이론이며, 동기부여가 절차적 공정성, 분배적 공정성, 상호작용적 공정성의 순서로 일어난다는 개념은 아담스의 공정성 이론에서 다루지 않는다.   🔍**정답** ②

03 리더십이론에 관한 설명으로 가장 적절한 것은?

① 거래적 리더십(transactional leadership)은 조건적 보상, 예외에 의한 관리(management by exception), 지적인 자극, 이상적인 영향력의 행사로 구성된다.

② 피들러(Fiedler)의 리더십 모형은 리더를 둘러싼 상황을 과업의 구조, 부하와의 관계, 부하의 성취욕구, 작업환경으로 구분한다.

③ 브룸(Vroom)과 예튼(Yetton)의 리더십 모형은 리더십의 스타일을 리더와 부하의 관계의 질에 따라 방임형, 민주형, 절충형, 독재형의 4가지 형태로 나눈다.

④ 허쉬(Hersey)와 블랜차드(Blanchard)는 부하의 성숙도를 부하의 능력(ability)과 의지(willingness), 두 가지 측면에서 파악하여 4가지로 나누었다.

⑤ 블레이크(Blake)와 머튼(Mouton)은 (1,1)형 리더를 이상적인 리더십 스타일로 규정하였다.

04 케플란(Kaplan)과 노튼(Norton)의 균형성과표(BSC: Balanced Scorecard)에서 제시한 4가지 관점으로 가장 적절하지 않은 것은?

① 재무적 관점
② 고객관점
③ 학습과 성장 관점
④ 내부 프로세스 관점
⑤ 사회적 책임 관점

05 조직에서의 기술에 관한 설명으로 가장 적절하지 않은 것은?

① 페로우(Perrow)에 따르면 장인(craft)기술을 사용하는 부서는 과업의 다양성이 낮으며 발생하는 문제가 비일상적이고 문제의 분석 가능성이 낮다.

② 톰슨(Thompson)에 따르면 집합적(pooled) 상호의존성은 집약형 기술을 사용하여 부서 간 상호조정의 필요성이 높고 표준화, 규정, 절차보다는 팀웍이 중요하다.

③ 우드워드(Woodward)에 따르면 연속공정생산기술은 산출물에 대한 예측가능성이 높고 기술의 복잡성이 높다.

④ 페로우에 따르면 공학적(engineering) 기술을 사용하는 부서는 과업의 다양성이 높고 잘 짜여진 공식과 기법에 의해서 문제의 분석가능성이 높다.

⑤ 페로우에 따르면 비일상적(nonroutine) 기술을 사용하는 부서는 과업의 다양성이 높고 문제의 분석가능성이 낮다.

03 ▪ 리더십이론

① 거래적 리더십은 조건적 보상과 예외에 의한 관리로 구성되며, 리더와 부하 간의 교환 관계에 중점을 둔다. 지적인 자극과 이상적인 영향력은 변혁적 리더십의 구성 요소로, 부하를 변화를 통해 고무시키고 동기부여 하는 방식이다.

② 피들러의 리더십 모형은 상황적 요인을 리더-구성원 관계, 과업의 구조, 리더의 지위 권력으로 구분한다.

③ 브룸과 예튼의 리더십 모형은 리더십 스타일을 리더와 부하의 관계의 질에 따라 나누는 것이 아니라, 의사 결정 과정에서 리더가 부하를 참여시키는 정도에 따라 리더십 스타일을 구분한다.

⑤ 블레이크와 머튼의 관리 격자(Managerial Grid) 이론에서는 (1,1)형 리더는 최소한의 관심을 보이는 비효율적인 리더로 간주되며, 이상적인 리더십 스타일은 (9,9)형이다.

🔍정답 ④

04 ▪ 균형성과표(BSC) 4가지 관점

1. 재무적 관점 – 기업의 전통적인 성과 지표인 매출, 이익, 비용, 투자 수익률 등 재무적인 측면을 다룬다. 재무적 성과는 기업의 목표가 되는 이익 창출 여부를 평가하는 데 핵심적인 역할을 한다.

2. 고객 관점 – 고객 만족도와 고객의 요구 충족을 중심으로 고객이 기업의 제품이나 서비스를 어떻게 평가하는지를 측정한다. 고객 만족과 충성도가 높을수록 기업의 장기적인 성공 가능성이 커진다

3. 내부 프로세스 관점 – 기업이 효율적으로 내부 운영을 관리하고, 제품 또는 서비스를 효율적으로 제공하는지 평가하는 관점이다. 이는 프로세스의 개선, 혁신, 운영 효율성 향상 등을 목표로 한다.

4. 학습과 성장 관점 – 조직 내 지식, 기술, 조직 문화 등을 강화하여 장기적으로 조직이 발전할 수 있는 기반을 마련하는 것을 평가한다. 이는 인적 자원 개발, 혁신적인 조직 문화, 기술력 향상 등이 포함된다.

🔍정답 ⑤

05 ▪ 톰슨(Thompson)의 상호의존성 유형

1. 집합적 상호의존성에서는 부서 간의 상호조정이 필요하지 않거나 매우 낮다. 각 부서는 독립적으로 작업하고, 그 결과를 나중에 합산하는 방식이기 때문에, 팀워크보다는 표준화된 절차와 규정이 더 중요하다.

2. 집약형 기술과 팀워크는 교호적 상호의존성(Reciprocal Interdependence)에 더 적합한 개념이다. 교호적 상호의존성에서는 부서 간에 긴밀한 상호작용과 조정이 필요하고, 팀워크와 협력이 중요한 역할을 한다.

🔍정답 ②

06 직무평가(job evaluation) 방법으로 가장 적절한 것은?

① 요소비교법(factor comparison method)
② 강제할당법(forced distribution method)
③ 중요사건기술법(critical incident method)
④ 행동기준평가법(behaviorally anchored rating scale)
⑤ 체크리스트법(check list method)

07 임금 및 보상에 관한 설명으로 가장 적절하지 않은 것은?

① 직무급은 종업원이 맡은 직무의 상대적 가치에 따라 임금을 결정 하는 방식이다.
② 해당 기업의 종업원이 받는 임금수준을 타 기업 종업원의 임금수준과 비교하는 것은 임금의 외부공정성과 관련이 있다.
③ 해당 기업 내 종업원간의 임금수준의 격차는 임금의 내부공정성과 관련이 있다.
④ 직능급은 종업원이 보유하고 있는 직무수행능력을 기준으로 임금을 결정하는 방식이다.
⑤ 기업의 임금체계와 임금의 내부공정성은 해당 기업의 지불능력, 생계비 수준, 노동시장에서의 임금수준에 의해 결정된다.

08 인사평가 및 선발에 관한 설명으로 가장 적절한 것은?

① 중심화경향은 평가자가 피평가자의 중심적인 행동특질을 가지고 피평가자의 나머지 특질을 평가하는 경향이다.
② 인사평가의 실용성 및 수용성을 파악하기 위해서는 관대화경향, 중심화경향, 후광효과, 최근효과, 대비효과를 지표로 측정하여야 한다.
③ 시험-재시험 방법(test-retest method), 내적 일관성(internal consistency) 측정방법, 양분법(split half method)은 선발도구의 신뢰도 측정에 사용되는 방법이다.
④ 신입사원의 입사 시험성적과 입사 후 일정기간이 지난 후의 직무 태도를 비교하여 상관관계를 조사하는 방법은 선발도구의 현재 타당도(concurrent validity)를 조사하는 방법이다.
⑤ 인사평가의 신뢰성은 특정의 평가도구가 얼마나 평가목적을 잘 충족시키느냐에 관한 것이다.

06

▪ 직무평가 방법

1. 서열법 (Ranking Method) – 조직 내 모든 직무를 상대적 중요도에 따라 서열을 매기는 방법으로 소규모 조직 또는 직무가 단순한 경우
2. 분류법 (Job Classification Method) – 직무를 여러 등급(클래스)으로 분류하여, 각 등급에 적합한 직무를 분류하는 방법으로 정부 기관이나 대기업 등에서 널리 사용,
3. 요소 비교법 (Factor Comparison Method) – 직무를 여러 평가 요소(예: 책임, 기술, 노력, 작업 환경 등)로 나누어 각 요소별로 직무의 중요도를 비교하고 평가하는 방법으로 각 요소에 대해 상대적인 가치를 정하고, 이를 통해 직무 간 비교를 한다. 복잡한 직무나 조직 내 다양한 직무를 평가할 때 사용.
4. 점수법 (Point Method) – 직무의 각 요소(예: 기술, 책임, 노력, 근무 환경 등)를 기준으로 점수를 부여하고, 각 직무에 할당된 점수를 합산하여 직무의 총 점수를 산출하는 방법으로 점수가 높을수록 직무의 가치가 크다고 평가된다. 많은 직무를 평가해야 하는 중대형 조직에서 널리 사용

🔍정답 ①

07

▪ 내부공정성(Internal Equity)

1. 내부공정성은 조직 내에서 동일한 직무를 수행하는 직원들 간 또는 다른 직무 간의 임금이 얼마나 공정하게 책정되었는지를 나타낸다.
2. 이는 주로 직무 평가를 통해 결정되며, 각 직무의 중요도, 복잡성, 책임감 등에 따라 임금이 차등 지급된다.

▪ 외부공정성(External Equity)

1. 외부공정성은 조직 외부에서 유사한 직무에 종사하는 다른 기업의 직원들과 비교하여 임금이 얼마나 공정한지를 평가하는 개념이다.
2. 외부공정성은 기업의 지불능력, 생계비 수준, 노동시장의 임금 수준과 같은 외부 요인에 의해 결정된다. 🔍정답 ⑤

08

▪ 인사평가 및 선발

① 중심화경향은 평가자가 극단적인 평가를 피하고, 피평가자의 성과나 특성을 평균에 가까운 중간 수준으로 평가하려는 경향을 말한다. 후광효과는 평가자가 특정한 하나의 특질이나 인상을 바탕으로 피평가자의 나머지 특질을 평가하는 경향을 말한다.
② 관대화 경향, 중심화 경향, 후광효과, 최근효과, 대비효과는 모두 인사평가에서 발생할 수 있는 평가 오류를 설명하는 개념들이며, 실용성 및 수용성을 측정하는 지표가 아니다.
④ 예측 타당도는 신입사원의 입사 시험 성적과 입사 후 일정 기간이 지난 후의 직무 성과나 태도 간의 상관관계를 조사하는 방식으로, 미래 성과를 예측하는 것이다. 현재 타당도는 현재 시점에서 선발 도구와 직무 성과 간의 상관관계를 평가하는 방법이다. 미래 성과와의 상관관계는 다루지 않는다.
⑤ 신뢰성은 평가의 일관성과 관련된 개념으로, 평가 도구가 동일한 조건에서 일관된 결과를 내는지를 평가한다. 신뢰성은 평가 목적을 잘 충족시키는지와는 관계가 없다. 평가 목적을 충족시키는지는 타당성의 문제로, 평가 도구가 평가 대상의 특성을 얼마나 정확하게 측정하고 있는지를 평가하는 것이다. 🔍정답 ③

17 생산 · 서비스 공정 및 설비배치에 관한 설명으로 가장 적절한 것은?

① 배치공정(batch process)은 조립라인공정(assembly line process)에 비해 일정계획 수립 및 재고 통제가 용이하고 효율성이 높다.

② 주문생산공정(make-to-order process)은 원하는 서비스수준(service level)을 최소 비용으로 충족시키는 것이 주요 목적이며, 재고생산공정(make-to-stock process)은 생산시간을 최소화하는 것이 주요 목적이다.

③ 고객접촉의 정도가 높을수록 서비스공정의 불확실성이 낮아지고 비효율성이 감소하게 된다.

④ 공정별배치를 셀룰러(cellular)배치로 변경함으로써 생산준비시간을 단축시키는 것이 가능하다.

⑤ 제품별배치에서는 제품이 정해진 경로를 따라 이동하지만 프로젝트 배치와 공정별배치에서는 다양한 이동경로를 갖는다.

18 식스시그마(Six Sigma) DMAIC 방법론의 M(Measure) 단계에서 수행되는 활동으로 가장 적절한 것은?

① 품질의 현재 수준을 파악한다.

② 핵심인자(vital few)를 찾아낸다.

③ 통계적 방법을 활용하여 핵심인자의 최적 운영 조건을 도출한다.

④ 관리도(control chart)를 이용하여 개선 결과를 측정하고 관리하는 방안을 마련한다.

⑤ 고객의 니즈(needs)를 바탕으로 핵심품질특성(CTQ: Critical to Quality)을 파악한다.

19 아래의 도구 중 프로젝트의 완료시간을 계산하는 데 사용되는 적절한 도구만을 모두 선택한 것은?

a. PERT/CPM	b. 간트차트(Gantt Chart)
c. 이시가와 다이어그램(Ishikawa Diagram)	d. 파레토차트(Pareto Chart)

① a

② b

③ a, b

④ a, d

⑤ c,

17 ■ 생산·서비스 공정 및 설비배치

① 배치공정은 여러 제품을 소량으로 생산하므로, 수요 변동에 맞춰 일정 계획을 자주 변경해야 하고, 이는 계획 수립을 복잡하게 만든다. 반면, 조립라인공정은 표준화된 제품을 대량으로 생산하므로 일정 계획을 세우기가 훨씬 쉽습니다.

② 주문생산공정(MTO)는 고객의 개별 요구를 충족시키는 것이 핵심 목적이며, 최소 비용을 목표로 하지 않는다. 오히려 재고를 최소화하고 맞춤형 서비스를 제공하는 것이 주된 목표이다. 비용 절감보다는 고객의 요구에 맞춘 생산과 유연성이 더 중요하다.

재고생산공정(MTS)는 생산 시간을 최소화하는 것이 목적이 아니다. 생산은 미리 이루어지며, 중요한 것은 고객 주문에 신속하게 대응할 수 있도록 재고를 유지하는 것이다. 주문 처리 시간을 최소화하고 고객이 즉시 제품을 받을 수 있도록 하는 것이 목적이다.

③ 고객 접촉의 정도가 높을수록 서비스 제공자는 고객의 개별 요구를 실시간으로 반영해야 하며, 이는 표준화된 절차가 아닌 맞춤형 서비스를 제공해야 하는 상황을 의미한다.

⑤ 제품별 배치는 대량 생산이나 조립라인 생산에서 주로 사용되는 방식으로, 생산 라인이 고정되어 있고, 제품이 정해진 경로를 따라 한 방향으로 이동하면서 각 공정을 거칩니다. 공정별 배치는 유사한 공정을 수행하는 기계나 설비를 그룹으로 묶어 배치하는 방식이다. 이 방식에서는 각 제품이 다양한 경로를 따라 이동할 수 있으며, 공정의 특성에 따라 제품마다 이동 경로가 달라질 수 있다. 프로젝트 배치는 제품이나 작업물이 고정된 위치에 있고, 필요한 자재나 장비, 인력이 작업 위치로 이동하여 작업을 수행하는 방식이다. 이 경우, 제품 자체는 이동하지 않으며, 작업에 필요한 자원이 이동한다.

정답 ④

18 ■ 6시그마(Six Sigma) DMAIC

1. Define(정의): 문제와 목표를 명확히 정의하고 프로젝트를 계획.
2. Measure(측정): 프로세스 성능을 측정하고 데이터를 수집.
3. Analyze(분석): 데이터를 분석하여 문제의 근본 원인을 파악.
4. Improve(개선): 최적의 개선 방안을 실행하여 성능을 향상.
5. Control(관리): 개선된 결과를 지속적으로 유지하고 관리.

정답 ①

19 ■ PERT (Program Evaluation and Review Technique)

불확실성이 큰 프로젝트에서 사용하는 일정 관리 기법이다. 작업 기간을 낙관적 시간(O), 비관적 시간(P), 예상 시간(M)의 세 가지 추정치를 사용하여 평균적으로 계산한다. 주로 연구 개발 프로젝트나 대규모 복잡한 프로젝트에서 사용된다.

■ CPM (Critical Path Method)

확정적인 작업 시간을 기반으로 프로젝트 완료 시간을 계산하는 방법이다. 각 작업의 소요 시간을 정확히 알고 있을 때 사용된다. 각 작업의 소요 시간을 합산하여 최장 경로(Critical Path)를 찾아낸다. 이 경로에 있는 작업은 지연되면 전체 프로젝트가 지연될 수 있는 작업들이다.

■ 간트차트(Gantt Chart)

바 차트 형식으로, 각 작업의 시작과 종료 시점을 시간축에 맞춰 표시한다. 각 작업이 언제 시작되고 언제 끝나는지, 그리고 각 작업 간의 종속성과 겹침을 시각적으로 표현할 수 있다.

정답 ③

21 재고관리에 관한 설명으로 가장 적절한 것은?

① 주문량은 주기재고(cycle inventory)에 직접적인 영향을 미치며, 판매촉진 활동 등으로 인해 예상되는 수요증가는 안전재고(safety stock)에 직접적인 영향을 미친다.

② 경제적 주문량(EOQ) 모델에 기초하였을 때, 연간 재고유지비용은 연간 주문비용보다 작게 된다.

③ EOQ 모델의 기본 가정 하에서는 정량발주모형(fixed-order quantity model)보다 정기발주모형 (fixed-order interval model)의 평균 재고수준이 높게 된다.

④ 단일기간(single-period) 재고모형은 정기간행물, 부패성 품목 등 수명주기가 짧은 제품의 주문량 결정 뿐 아니라 호텔 객실 등의 초과예약수준 결정에도 활용될 수 있다.

⑤ ABC 재고분류에서 세심한 관리가 필요한 A항목에 포함된 품목은 높은 재고수준을 감수하고서라도 발주간격을 늘리는 것이 바람직하다.

22 공급사슬관리(SCM)에 관한 설명으로 가장 적절하지 않은 것은?

① 공급사슬 참여자간에 원활한 정보공유가 이루어지지 않는 경우, 공급사슬에서 고객과의 거리가 멀어질수록 주문의 변동 폭이 증가하는 채찍효과(bullwhip effect)가 발생할 수 있다.

② 하우 리(Hau Lee)에 의하면 수요의 불확실성 정도 뿐 아니라 공급의 불확실성 정도에 따라서도 공급사슬 전략에 차이가 발생하게 된다.

③ 재고일수는 확보하고 있는 물량으로 공급이 가능한 기간을 의미하며, 재고일수가 짧을수록 재고회전율은 높게 된다.

④ 대량고객화(mass customization)의 구현을 위해 제품의 모듈화 설계(modular design), 차별화 지연(process postponement) 등이 활용될 수 있다.

⑤ 공급자재고관리(vendor managed inventory)를 활용하면, 구매자의 재고유지 비용은 빈번한 발주와 리드타임 증가로 인해 상승하고 공급자의 수요예측 정확도는 낮아진다.

23 적시생산(JIT)시스템에 관한 설명으로 가장 적절한 것은?

① 생산리드타임(production lead time) 단축, 생산준비시간(set-up time) 단축, 생산평준화 (production leveling) 등을 추구한다.

② 로트(lot)의 크기를 최대화하여 단위 제품당 생산시간과 생산비용을 최소화한다.

③ 선후행 작업장 사이에 발생하는 재고의 양은 칸반(Kanban)의 수에 반비례하므로 칸반의 수를 최대화하고 재고를 줄이기 위한 방안을 지속적으로 강구한다.

④ 품질향상을 위해 품질비용 중 예방비용(prevention cost)의 최소화를 목표로 한다.

⑤ 수요의 변동이 생산시스템에 미치는 영향을 최소화하기 위해 자재소요계획(MRP)을 기반으로 생산 및 통제를 실시한다.

21 ▪ 재고관리

① 예상된 수요 증가는 주기재고에 반영되며, 안전재고는 예상치 못한 수요 변동이나 공급의 불확실성을 대비하기 위한 재고이므로, 예상된 수요 증가는 안전재고에 직접적인 영향을 미치지 않는다.

② EOQ의 목적은 재고유지비용과 주문비용을 최소화하고 균형을 맞추는 것이기 때문에, 두 비용은 동일한 수준에서 최적화된다.

③ EOQ(경제적 주문량) 모델은 고정된 주문량을 사용하여 재고를 보충하는 방식이다.

⑤ A항목은 가치가 높기 때문에 낮은 재고 수준을 유지하고, 재고 비용을 최소화하는 것이 중요하다. 따라서 발주 간격을 짧게 하여 빈번하게 발주함으로써 재고 수준을 낮추고, 과잉 재고를 방지하는 것이 바람직하다. 🔍정답 ④

22 ▪ VMI(Vendor Managed Inventory)

1. VMI는 공급자가 구매자의 재고 수준을 직접 관리하는 시스템이다. 구매자의 재고 정보를 공급자가 실시간으로 확인하며, 필요할 때 적절한 양을 공급하여 재고를 최적화하는 방식이다.

2. VMI를 도입하면 구매자의 재고유지 비용은 일반적으로 감소한다. 빈번한 발주로 인한 비용 상승보다는, 최적화된 발주와 재고 관리를 통해 비용을 줄일 수 있다. 리드타임도 효과적으로 관리되어 비용이 증가하는 것이 아니라 오히려 줄어듭니다.

3. VMI를 통해 공급자는 실시간 수요 데이터를 활용하므로, 수요예측 정확도가 향상된다. 수요 예측이 더 어려워지거나 정확도가 떨어지지 않는다. 🔍정답 ⑤

23 ▪ 적시생산(JIT)시스템

② JIT 시스템에서는 가능한 한 작은 로트 크기를 유지하고, 생산 라인을 자주 전환하면서 낭비를 줄이는 것이 중요하다.

③ 칸반의 수를 늘리면 재고가 증가하게 되며, 칸반의 수를 줄이면 재고가 감소한다. 칸반의 수를 늘리면 선후행 작업장 사이에 더 많은 재고가 쌓이게 된다.

④ JIT에서는 불량 제품이 생산 라인에 들어서지 않도록 사전 예방을 강조한다. 이는 사후에 문제를 수정하거나 교정하는 것보다 사전에 예방하는 것이 훨씬 비용 효율적이기 때문이다.

⑤ JIT는 실제 수요에 따라 생산을 조정하는 풀 시스템이기 때문에, 수요 변동에 유연하게 대응한다. 생산과 재고 관리의 목표는 재고를 최소화하고, 필요할 때 필요한 만큼만 생산하여 수요에 맞게 빠르게 대응하는 것이다. 반면 MRP는 예측된 수요에 기반하여 자재를 미리 준비하고, 생산 계획을 세우는 푸시 시스템이다. 예측에 의존하기 때문에 수요 변동에 대한 대응력이 JIT보다 떨어질 수 있으며, 재고가 증가할 가능성이 있다. 🔍정답 ①

저 자 약 력

안길웅

건설안전기술사/건축시공기술사 · 산업안전지도사
인하공업전문대학 건축과 졸업 · 서울산업대 건축공학과 편입
(現) 안전명장지도사 사무소 대표(세종)
(現) 강남건축토목학원, 모든공부 건설안전 강사
(現) 건축 및 토목현장 등 다수의 안전컨설팅 업무 수행
(現) 건설안전기술사, 산업안전지도사 등 건설안전분야 및 국가기관,
　　　기업 등 다수의 강의 경력(10년 이상)

4주완성 합격마스터
산업안전지도사 1차 필기 3과목 기업진단 · 지도

2024년 10월 18일 제2판 제1쇄 발행
2024년 02월 15일 초판2쇄 발행
2023년 10월 12일 초판 발행

저　　　자　안길웅
발　행　인　김은영
발　행　처　오스틴북스
주　　　소　경기도 고양시 일산동구 백석동 1351번지
전　　　화　070)4123-5716
팩　　　스　031)902-5716
등 록 번 호　제396-2010-000009호
e - m a i l　ssung7805@hanmail.net
홈 페 이 지　www.austinbooks.co.kr

ISBN　　　979-11-93806-29-6(13500)
정　　　가　40,000원